工程优化方法

陈卫东　蔡荫林　于诗源
吴限德　刘淼群　张文松　编著

HEUP 哈尔滨工程大学出版社

内 容 简 介

本书阐述工程优化方法的基本理论和算法，内容主要包括线性规划、非线性规划、整数规划、模糊规划和多目标规划，并对如何建立数学模型、如何选择优化方法和提高优化效率，以及若干新算法做了适当的介绍。书中从工程应用的角度出发，注重算法基本思想和方法的阐述，力求深入浅出，通俗易懂。

本书为工科研究生的教材或主要参考书，也可作为航空、航天、船舶、工程力学、机械、土木等有关专业高年级本科生的选修教材或主要参考书，亦可供工程技术人员自学和参考。

图书在版编目（CIP）数据

工程优化方法 / 陈卫东等编著. — 哈尔滨：哈尔滨工程大学出版社，2017.11
ISBN 978-7-5661-1718-2

Ⅰ. ①工… Ⅱ. ①陈… Ⅲ. ①工程－最优设计
Ⅳ. ①TB21

中国版本图书馆 CIP 数据核字（2017）第 269119 号

责任编辑 王洪菲
封面设计 博鑫设计

出版发行 哈尔滨工程大学出版社
社　　址 哈尔滨市南岗区东大直街 124 号
邮政编码 150001
发行电话 0451-82519328
传　　真 0451-82519699
经　　销 新华书店
印　　刷 北京中石油彩色印刷有限责任公司
开　　本 787 mm×960 mm 1/16
印　　张 27
字　　数 592 千字
版　　次 2017 年 11 月第 1 版
印　　次 2017 年 11 月第 1 次印刷
定　　价 81.00 元
http://www.hrbeupress.com
E-mail:heupress@hrbeu.edu.cn

前　　言

工程优化设计是20世纪60年代以来出现的一种工程设计方法。它以最优化数学理论为基础,借助电子计算机来合理地选择设计方案。国内外大量的实践已经表明,当一个设计所希望达到的目标以及必须满足的限制条件都能用数学关系式表达时,这种方法既可以大大缩短设计周期,又可使设计质量显著提高。而且随着最优化理论、方法和电子计算技术的迅速发展,这种应用显得越来越迫切,而且越来越广泛。因此,越来越多的工程技术人员希望能了解和掌握工程优化设计的基本理论和方法。国内不少理工科大学已把工程优化方法作为研究生或高年级本科生的课程。

本书是在我们已有的"工程优化方法"研究生讲义的基础上编写的。该讲义经多年应用,得到学生的一致好评。本次编写中,一是增加了十几年来发展起来的新的理论和方法,如线性规划的内点算法及进化算法、信赖域方法、极大熵方法,等等;二是将我们20余年来,应用工程优化方法于结构优化设计与基于可靠性的结构优化设计方面的研究成果,给予了适当的介绍,用以作为若干算法在工程设计中应用的实例。

全书共分为10章。第1章给出了优化问题的数学表达和基本概念;第2章是无约束优化方法,它们可直接用来解决实际问题,又可以作为求解约束问题的工具;第3章介绍线性规划的解法;第4章讨论非线性规划问题的计算方法,首先简要地做一些理论讨论,然后把讨论的问题与第2章、第3章的内容相联系,并介绍若干求解非线性规划问题的有效算法;第5章介绍离散变量优化与整数规划;第6章介绍模糊规划;第7章介绍多目标规划;第8章集中介绍了优化方法的若干新进展;第9章提供了选择优化算法的一般原则和提高优化算法效率的途径,其中许多内容是作者20余年来应用优化方法的体会;第10章较详细介绍了作者应用优化算法于工程实践的实例。本书的最后,提供了所介绍的优化理论、方法或应用它们的原始文献,供读者参考。相信这些内容对读者,特别是对工程技术人员会有所裨益。

本书主要面向工科研究生、高年级本科生和工程技术人员。因此编写中着重介绍最优化理论和方法的基本原理和在实际中比较有效的计算方法,尽可能把所介绍的方法的基本思想、理论分析、计算的方法和步骤阐述清楚,并介绍应用算法的例题,而不是主要对所介绍的方法进行严密的数学推导和证明。在编写中尽量做到思路清晰,深入浅出,通俗易懂。凡具有微积分和线性代数知识的读者都能读懂本书大部分内容。顺便指出,若将本书作为研究生的教材或主要参考书,带"＊＊"号的章节为选学内容;若作为高年级本科生教材或主要参考书,可选择未带“＊”和“＊＊”号的章节。为了帮助学习和复习，在每章后面附有习题和复习思考题，习题中带“＊”的为选做题。

由于编者的水平有限，书中如有不妥之处，恳请批评指正。

编著者

2017年8月于哈尔滨工程大学

主要符号的说明

$\boldsymbol{X} = [x_1, x_2, \cdots, x_n]$——$n$ 维行向量

$\boldsymbol{X} = [x_1, x_2, \cdots, x_n]^{\mathrm{T}}$——$n$ 维列向量,其中的 T 表示转置

$\boldsymbol{C} = \{X \mid X$ 所满足的性质$\}$—— 满足某种性质的 X 的全体(集合)

$\boldsymbol{R}^n$——n 维实数空间

min—— 极小化

max—— 极大化

s. t. —— 在 …… 约束条件下满足于,是“Subject to” 的缩写

$f(\boldsymbol{X})$—— 目标函数

$\nabla f(\boldsymbol{X})$——$f(\boldsymbol{X})$ 的梯度

$\nabla^2 f(\boldsymbol{X})$——$f(\boldsymbol{X})$ 的二阶导数矩阵

$g_i(\boldsymbol{X})$—— 第 i 个不等式约束

$h_j(\boldsymbol{X})$—— 第 j 个等式约束

$\boldsymbol{X}^*$—— 最优点

$f(\boldsymbol{X}^*)$—— 最优目标函数值

$\| \cdot \|$—— · 的模

$| \cdot |$—— · 的绝对值

$\subset$—— 被包含

$\supset$—— 包含

$\in$—— 属于

$\notin$—— 不属于

$\forall$—— 对于任意的

$\approx$—— 近似等于

$\equiv$—— 恒等

$\vee$—— 集合的并集

$\wedge$—— 集合的交集

$\varnothing$—— 空集

【—— 证明的开始

】—— 证明的结束

目　　录

第1章　极值理论与最优化问题的数学表达

所谓**最优化**(Optimization)就是追求最好的结果或最优的目标。因此它是在所有可能方案中选择最合理的一种方案以达到最优目标的一门学科。而寻求最优方案的方法就是最优化方法。从数学上讲,凡是追求最优目标的数学问题都属于最优化问题。也就是说,最优化问题是在一定约束条件下寻求函数极值的问题。可见,作为最优化问题,第一,有多个可供选择的方案;第二,有追求的目标,而且追求的目标是方案的函数。

最简单的最优化问题在微积分中已经遇到过,就是函数极值问题。例如:对边长为 a 的正方形铁板,在四个角处剪去相等的正方形以制成方形无盖水槽,问如何剪法可使水槽的容积最大?如图1-1所示,设剪去的正方形边长为 x,则水槽的容积是

$$f(x) = (a-2x)^2x$$

令 $f'(x) = 0$ 可解得,$x_1 = \frac{a}{2}$ 和 $x_2 = \frac{a}{6}$,x_1 不符题意,故 x_2 为所求。由于 $f''(x)\big|_{x=\frac{a}{6}} = -4a < 0$,说明所求 $x_2 = \frac{a}{6}$ 的确是使容积 $f(x)$ 最大的极值点。

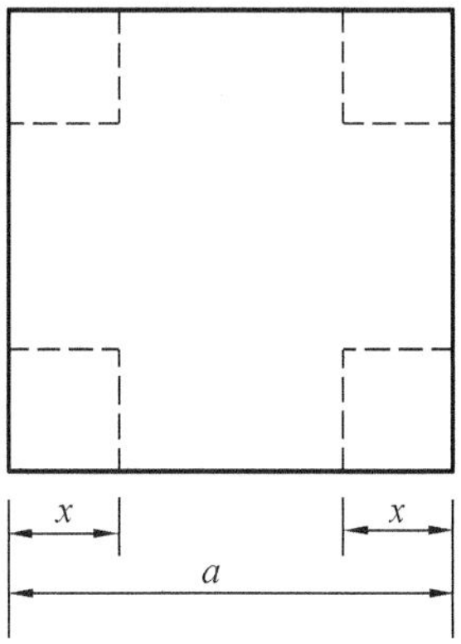

图1-1

又例如:把半径为1的实心金属球熔化后铸成一个实心圆柱体,问圆柱体取什么样的尺寸才能使它的表面积最小?

设所铸成的圆柱体的底面半径为 r,高为 h,表面积为 s,则这个问题可以表示为求 r 与 h,条件是

$$r^2h - \frac{4}{3} = 0$$

使 $s = 2\pi rh + 2\pi r^2$ 最小。

这个问题可以采用拉格朗日(Lagrange)乘子法求解这个有等式约束的函数极值问题。拉格朗日函数是

$$L(r,h,\lambda) = 2\pi rh + 2\pi r^2 + \lambda\left(r^2h - \frac{4}{3}\right)$$

将其分别对 r,h,λ 求偏导并令其等于零,得到联立代数方程

$$\left.\begin{aligned}\frac{\partial L}{\partial r} &= 2\pi h + 4\pi r + 2rh\lambda = 0\\ \frac{\partial L}{\partial h} &= 2\pi r + \lambda r^2 = 0\\ \frac{\partial L}{\partial \lambda} &= r^2 h - \frac{4}{3} = 0\end{aligned}\right\}$$

由第一、二个方程,得 $h = 2r$,再与第三个方程联立可解出

$$r = \left(\frac{2}{3}\right)^{\frac{1}{3}} \text{ 和 } h = 2\left(\frac{2}{3}\right)^{\frac{1}{3}}$$

此时圆柱体的表面积是 $s = 6\pi\left(\frac{2}{3}\right)^{\frac{2}{3}}$。

还有,在变分学中,把求泛函的极值问题化为求解相应的微分方程等。上面所述求解极值问题的方法都归结为非线性方程组的求解,如果不借助于计算机,它们只有在极特殊的情况下才能求解出来。因此,通常微积分的极值问题大都限于一元和二元的问题,我们称它为经典的最优化方法。

近几十年来,特别是第二次世界大战以后,随着运筹学的形成和发展,以及电子计算机的飞速发展,使最优化方法获得迅速的发展,创立了许多新的理论和方法来求解各种大型问题,从而形成了近代的最优化理论和方法。同时,由于它是一门新的学科,还不很成熟,许多问题还有待解决。

1.1　极值理论简介

为了介绍近代最优化方法,本节对微分学应用中的极值理论作一简要的介绍。其中,有关的概念,例如梯度、方向导数等,是十分重要的,是学习以后各章的重要基础。

1.1.1　一元函数的极值

图1-2所示为定义在区间$[a,b]$上的函数$f(x)$的图形。我们分别称x_1和x_2为函数$f(x)$的极大点和极小点,统称为$f(x)$的极值点。而称$f(x_1)$和$f(x_2)$为函数$f(x)$的极大值和极小值,统称为函数$f(x)$的极值。

函数的极值点是函数的一阶导数为零的点。即对于在$[a,b]$内处处有一阶导数的函数$f(x)$,极值点x存在的必要条件为

$$f'(x) = 0 \tag{1-1}$$

在一般情况下,函数的一阶导数$f'(x) = 0$的点并不一定都是极值点。我们称使$f(x)$的一

阶导数$f'(x)=0$的点为函数$f(x)$的驻点。可见极值点必为驻点,而驻点不一定是极值点。要确定驻点是否是极值点还要考虑函数$f(x)$在该点附近的变化情况。即:若函数$f(x)$在该点的左边递增,而在右边递减,则可以断定该点为$f(x)$的一个极大点,如图1-2中的x_1点;如果$f(x)$在该点左边递减,而在右边递增,则可以断定该点为$f(x)$的一个极小点,如图1-2中的x_2点。上述即是判定驻点是否为极值点的充分条件。因为函数$f(x)$值的递增与递减又可由函数二阶导数表示,故极值点的充分必要条件可归结为:若函数在驻点附近有连续的二阶导数且小于零($f''(x)<0$)时则该点为极大点;若函数在驻点附近有连续的二阶导数且大于零($f''(x)>0$)时则该点为极小点。

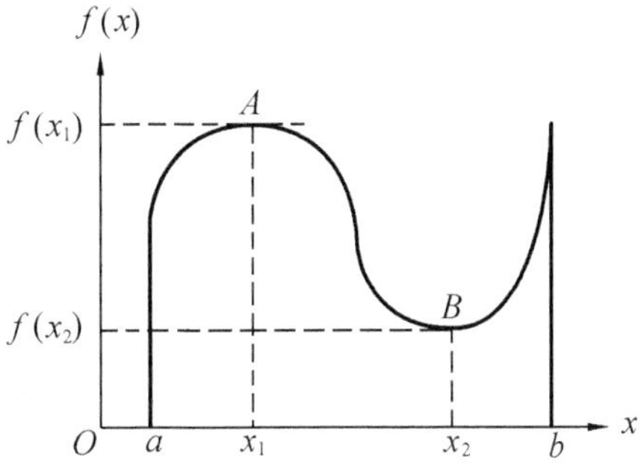

图1-2

例1-1 求$y=\sin x$在$[0,\pi]$内的极值点。

解 求导数$y'=\cos x$。

解方程$y'=\cos x=0$,得$x=\dfrac{\pi}{2}$为函数$\sin x$的驻点。

求二阶导数$y''=-\sin x$。在$x=\dfrac{\pi}{2}$处,$y''\left(\dfrac{\pi}{2}\right)=-\sin\left(\dfrac{\pi}{2}\right)=-1<0$,故$x=\dfrac{\pi}{2}$为函数$y=\sin x$的极大点,见图1-3。

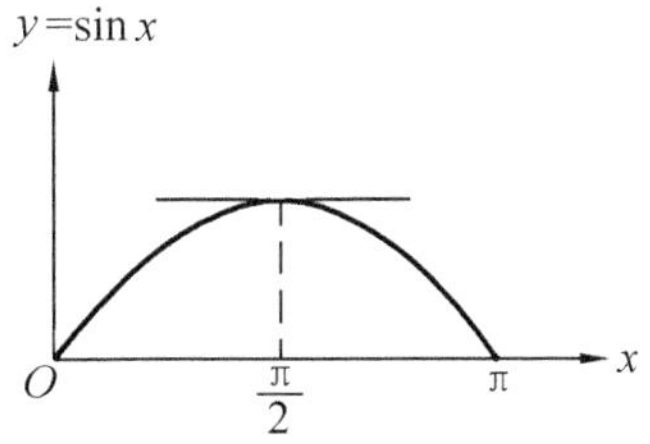

图1-3

1.1.2 二元函数的极值

二元函数$f(x,y)$的图形可以表示成空间的一个曲面。图1-4所示p点为函数$z=f(x,y)$在该点附近为极大点与极小点的情况。从图1-4可知,二元函数极值点存在的必要条件是过该点(x_0,y_0)函数$z=f(x,y)$的切面平行于xy平面。由于切面方程为

$$z-f(x_0,y_0)=f'_x(x_0,y_0)(x-x_0)+f'_y(x_0,y_0)(y-y_0)$$

式中$f'_x(x_0,y_0)$和$f'_y(x_0,y_0)$分别是函数$f(x,y)$在(x_0,y_0)点处对x和y的一阶偏导数,要它和xy平面平行,而x和y又有一定的任意性,故必须

$$\left.\begin{aligned}f'_x(x_0,y_0)&=0\\f'_y(x_0,y_0)&=0\end{aligned}\right\}\qquad(1-2)$$

式(1-2)即为点(x_0,y_0)为二元函数$f(x,y)$极值点的必要条件。我们称满足式(1-2)的点(x_0,y_0)为函数$f(x,y)$的驻点。一般,驻点不一定是极值点,但极值点必为驻点。

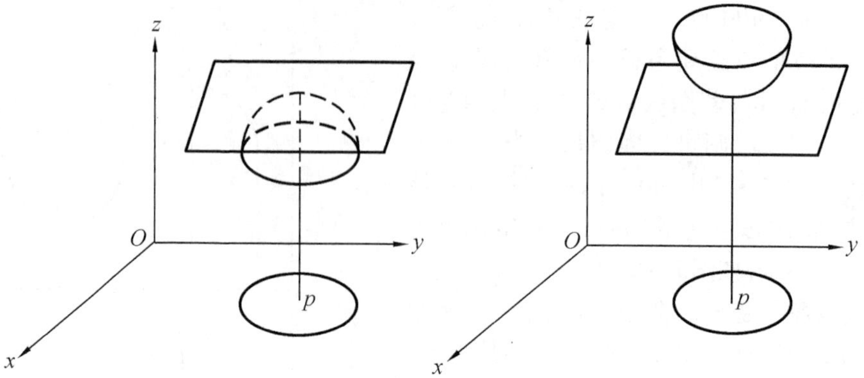

图1-4

可以证明,点(x_0,y_0)为极值点的充分必要条件是

$$\left.\begin{array}{l} f'_x(x_0,y_0)=f'_y(x_0,y_0)=0 \\ [f''_{xy}(x_0,y_0)]^2-f''_{xx}(x_0,y_0)f''_{yy}(x_0,y_0)<0 \\ f''_{xx}(x_0,y_0)<0\text{ 时为极大点} \\ f''_{xx}(x_0,y_0)>0\text{ 时为极小点} \end{array}\right\} \tag{1-3}$$

式中$f''_{xx}(x_0,y_0)$,$f''_{xy}(x_0,y_0)$和$f''_{yy}(x_0,y_0)$是函数$f(x,y)$在点(x_0,y_0)处的二阶偏导数。

1.1.3 多元函数的极值

为表达方便,我们用向量(列阵)和矩阵表达n维空间点和函数的表达式。在n维欧氏空间$\boldsymbol{R}^n$内区域$\boldsymbol{D}$上的函数可表示为

$$f(\boldsymbol{X}) \qquad (\boldsymbol{X}\in\boldsymbol{D}\subset\boldsymbol{R}^n)$$

其中向量$\boldsymbol{X}$的分量$x_1,x_2,\cdots,x_n$为函数$f(\boldsymbol{X})$的自变量。符号"$\in$"意为"属于","$\subset$"意为"被包含"。

1.1.3.1 函数$f(\boldsymbol{X})$的梯度 $f(\boldsymbol{X})$

若$f(\boldsymbol{X})$在$\boldsymbol{X}_0$处可微,则$f(\boldsymbol{X})$在该点必存在关于各变量的一阶偏导数。我们把这个$f(\boldsymbol{X})$在$\boldsymbol{X}_0$处的n个偏导数分量组成的向量称为$f(\boldsymbol{X})$在该点的**梯度**(Gradient),记作 $f(\boldsymbol{X}_0)$,即有

$$\nabla f(\boldsymbol{X}_0)=\left[\frac{\partial f(\boldsymbol{X}_0)}{\partial x_1},\frac{\partial f(\boldsymbol{X}_0)}{\partial x_2},\cdots,\frac{\partial f(\boldsymbol{X}_0)}{\partial x_n}\right]^{\mathrm{T}} \tag{1-4}$$

梯度也可以称为函数$f(\boldsymbol{X})$关于变量向量的一阶导数。其长度(模)为

$$\|\nabla f(\boldsymbol{X}_0)\|=[\nabla f(\boldsymbol{X}_0)^{\mathrm{T}}\nabla f(\boldsymbol{X}_0)]^{\frac{1}{2}}=\left[\sum_{i=1}^{n}\left(\frac{\partial f(\boldsymbol{X}_0)}{\partial x_i}\right)^2\right]^{\frac{1}{2}} \tag{1-5}$$

梯度有两个重要的性质。

第一,函数在某点的梯度若不为零,则必与过该点的函数等值面相“垂直”,如图 1 – 5 所示。图中 L 是等值面 $f(\boldsymbol{X}_0)$ 上的任一光滑曲线,S 是过点 $\boldsymbol{X}_0$ 的 L 的切线。即有

$$\nabla f(\boldsymbol{X}_0)^{\mathrm{T}}S = 0 \qquad (1-6)$$

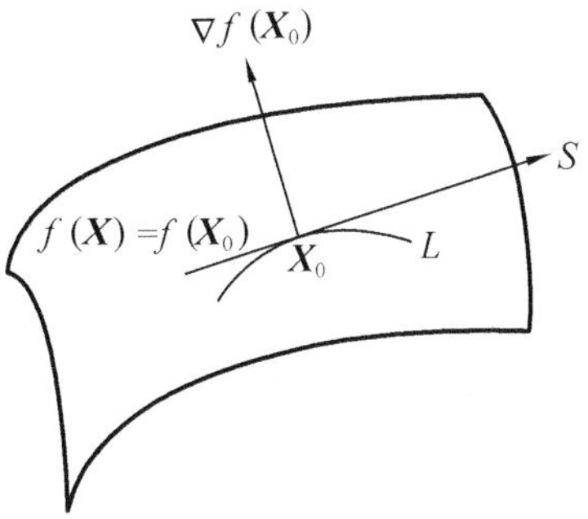

图 1 – 5

第二,梯度方向是函数在该点函数值具有最大变化率的方向。

以上两性质在最优化方法中非常重要,但要注意它只是函数在 $\boldsymbol{X}_0$ 点处附近的局部性质。

下面是一些特殊类型函数的梯度公式,我们常常要用到它们。

(1) 若 $f(\boldsymbol{X}) = c$(常数),则 $\nabla f(\boldsymbol{X}) = 0$,即

$$c = 0 \qquad (1-7)$$

这是因为 c 对于各个变量的偏导数都为零。

(2)
$$(\boldsymbol{B}^{\mathrm{T}}\boldsymbol{X}) = \boldsymbol{B} \qquad (1-8)$$

式中的 $\boldsymbol{B}$ 是分量全为常数的 n 维向量,$\boldsymbol{X}$ 也是 n 维向量。

(3)
$$(\boldsymbol{X}^{\mathrm{T}}\boldsymbol{X}) = 2\boldsymbol{X} \qquad (1-9)$$

式中的 $\boldsymbol{X}$ 是 n 维向量。

(4) 若 $\boldsymbol{H}$ 是 $n \times n$ 阶对称方阵,则

$$(\boldsymbol{X}^{\mathrm{T}}\boldsymbol{H}\boldsymbol{X}) = 2\boldsymbol{H}\boldsymbol{X} \qquad (1-10)$$

若函数为一向量值函数 $\boldsymbol{G}(x)$,它有 m 个分量,即有 $G(\boldsymbol{X}) = [g_1(\boldsymbol{X}), g_2(\boldsymbol{X}), \cdots, g_m(\boldsymbol{X})]^{\mathrm{T}}$,则定义其在 $\boldsymbol{X}_0$ 点的梯度为

$$\boldsymbol{G}(\boldsymbol{X}_0) = \begin{bmatrix} \dfrac{\partial g_1(\boldsymbol{X}_0)}{\partial x_1} & \dfrac{\partial g_1(\boldsymbol{X}_0)}{\partial x_2} & \cdots & \dfrac{\partial g_1(\boldsymbol{X}_0)}{\partial x_n} \\ \dfrac{\partial g_2(\boldsymbol{X}_0)}{\partial x_1} & \dfrac{\partial g_2(\boldsymbol{X}_0)}{\partial x_2} & \cdots & \dfrac{\partial g_2(\boldsymbol{X}_0)}{\partial x_n} \\ \cdots & \cdots & & \cdots \\ \dfrac{\partial g_m(\boldsymbol{X}_0)}{\partial x_1} & \dfrac{\partial g_m(\boldsymbol{X}_0)}{\partial x_2} & \cdots & \dfrac{\partial g_m(\boldsymbol{X}_0)}{\partial x_n} \end{bmatrix} \qquad (1-11)$$

上式中的矩阵也称为向量函数 $\boldsymbol{G}(\boldsymbol{X})$ 在点 $\boldsymbol{X}_0$ 处的**雅可比**(Jacobi) 矩阵。

常用的几个向量值函数的梯度公式如下。

(1)
$$\boldsymbol{C} = \boldsymbol{0} \qquad (1-12)$$

式中的 $\boldsymbol{C}$ 是分量全为常数的 n 维向量,$\boldsymbol{0}$ 是 $n \times n$ 阶零矩阵。这是因为常数关于变量 $x_1, x_2, \cdots, x_n$

的偏导数都为零。

(2)
$$\boldsymbol{X} = \boldsymbol{I} \tag{1-13}$$
式中 $\boldsymbol{X}$ 是 n 维向量,$\boldsymbol{I}$ 是 $n \times n$ 阶单位矩阵。

(3)
$$(\boldsymbol{HX}) = \boldsymbol{H} \tag{1-14}$$
式中 $\boldsymbol{H}$ 是 $n \times n$ 阶对称方阵,$\boldsymbol{X}$ 为 n 维向量。

1.1.3.2　方向导数

设在变量空间中一点 $\boldsymbol{X}_0$,对应的函数值为 $f(\boldsymbol{X}_0)$,若通过 $\boldsymbol{X}_0$ 点有某固定不变的向量 $\boldsymbol{P}$,$\boldsymbol{E}$ 是方向 $\boldsymbol{P}$ 上的单位向量,则当变量从 $\boldsymbol{X}_0$ 点沿方向 $\boldsymbol{P}$ 移动到距离为 t 时有
$$\boldsymbol{X} = \boldsymbol{X}_0 + t\boldsymbol{E} \tag{1-15}$$
则称极限
$$\lim_{t \to 0} \frac{f(\boldsymbol{X}_0 + t\boldsymbol{E}) - f(\boldsymbol{X}_0)}{t} = \frac{\partial f(\boldsymbol{X}_0)}{\partial \boldsymbol{P}} = f'_p(\boldsymbol{X}_0) \tag{1-16}$$
为函数 $f(\boldsymbol{X})$ 在点 $\boldsymbol{X}_0$ 处沿方向 $\boldsymbol{P}$ 的**方向导数**(Directional derivative)。

可见,若 $\dfrac{\partial f(\boldsymbol{X}_0)}{\partial \boldsymbol{P}} < 0$,则 $f(\boldsymbol{X})$ 从 $\boldsymbol{X}_0$ 出发在 $\boldsymbol{X}_0$ 附近沿 $\boldsymbol{P}$ 方向是下降的;若 $\dfrac{\partial f(\boldsymbol{X}_0)}{\partial P} > 0$,则 $f(\boldsymbol{X})$ 从 $\boldsymbol{X}_0$ 出发在 $\boldsymbol{X}_0$ 附近沿 $\boldsymbol{P}$ 方向是上升的。

可以证明,函数 $f(\boldsymbol{X})$ 在点 $\boldsymbol{X}_0$ 处沿 $\boldsymbol{P}$ 的方向导数,等于该点函数梯度与单位向量 $\boldsymbol{E}$ 的点乘积,即有
$$f'_P(\boldsymbol{X}_0) = \nabla f(\boldsymbol{X}_0)^{\mathrm{T}} \cdot \boldsymbol{E} \tag{1-17}$$
【证　$f(\boldsymbol{X})$ 在点 $\boldsymbol{X}_0$ 的泰勒展开式为
$$f(\boldsymbol{X}_0 + \boldsymbol{P}) = f(\boldsymbol{X}_0) + \nabla f(\boldsymbol{X}_0)^{\mathrm{T}}\boldsymbol{P} + 0(\|\boldsymbol{P}\|)$$
此时有 $f(\boldsymbol{X}_0 + t\boldsymbol{E}) = f(\boldsymbol{X}_0) + \nabla f(\boldsymbol{X}_0)^{\mathrm{T}}(t\boldsymbol{E}) + 0(\|t\boldsymbol{E}\|)$,由式(1-16)有
$$\begin{aligned} f'_P(\boldsymbol{X}_0) &= \lim_{t \to 0} \frac{f(\boldsymbol{X}_0) + \nabla f(\boldsymbol{X}_0)^{\mathrm{T}}(t\boldsymbol{E}) + 0(\|t\boldsymbol{E}\|) - f(\boldsymbol{X}_0)}{t} \\ &= \lim_{t \to 0}\left(\nabla f(\boldsymbol{X}_0)^{\mathrm{T}}\boldsymbol{E} + \frac{0(\|t\boldsymbol{E}\|)}{t}\right) = \nabla f(\boldsymbol{X}_0)^{\mathrm{T}}\boldsymbol{E} \end{aligned}$$
】

从而可见,若
$$\nabla f(\boldsymbol{X}_0)^{\mathrm{T}}\boldsymbol{P} < 0 \tag{1-18}$$
则 $\boldsymbol{P}$ 的方向是函数 $f(\boldsymbol{X})$ 在点 $\boldsymbol{X}_0$ 处的下降方向;若
$$\nabla f(\boldsymbol{X}_0)^{\mathrm{T}}\boldsymbol{P} > 0 \tag{1-19}$$
则 $\boldsymbol{P}$ 的方向是函数 $f(\boldsymbol{X})$ 在点 $\boldsymbol{X}_0$ 处的上升方向。也就是说,方向导数的正负决定了函数的升降,而升降的快慢由它的绝对值大小确定。

由式(1-17)可知
$$f'_P(\boldsymbol{X}_0) = \|\nabla f(\boldsymbol{X}_0)\| \cos\beta \tag{1-20}$$

式中的β是梯度$\nabla f(\boldsymbol{X}_0)$与方向$\boldsymbol{P}$之间的夹角。可见当$\boldsymbol{P} = -\nabla f(\boldsymbol{X}_0)$时$\beta = 180°$,$f'_p(\boldsymbol{X}_0)$的值最小。因此函数的负梯度方向是它的最速下降方向(参见图1-6)。同理,梯度方向是函数的最速上升方向。函数在与其梯度垂直(或称正交)的方向上变化率为零,即有(1-6)式。函数在与其梯度成锐角的方向上是上升的,而在成钝角的方向上是下降的。

例1-2　求函数$f(\boldsymbol{X}) = x_1^2 + x_2^2 + 1$在点$\boldsymbol{X}_0 = [0,3]^{\mathrm{T}}$处的最速下降方向,并求沿这个方向移动一个单位长后新点的函数值。

解　因为

$$\frac{\partial f(\boldsymbol{X})}{\partial x_1} = 2x_1,\ \frac{\partial f(\boldsymbol{X})}{\partial x_2} = 2x_2$$

所以最速下降方向是$-\nabla f(\boldsymbol{X}_0) = \begin{bmatrix} -2x_1 \\ -2x_2 \end{bmatrix}_{\boldsymbol{X}=\boldsymbol{X}_0} = \begin{bmatrix} 0 \\ -6 \end{bmatrix}$。这个方向上的单位向量是$\boldsymbol{E} = \dfrac{-\nabla f(\boldsymbol{X}_0)}{\|-\nabla f(\boldsymbol{X}_0)\|} = \begin{bmatrix} 0 \\ -1 \end{bmatrix}$,新点是$\boldsymbol{X}_1 = \boldsymbol{X}_0 + \boldsymbol{E} = \begin{bmatrix} 0 \\ 3 \end{bmatrix} + \begin{bmatrix} 0 \\ -1 \end{bmatrix} = \begin{bmatrix} 0 \\ 2 \end{bmatrix}$,对应的函数值为$f(\boldsymbol{X}_1) = 0^2 + 2^2 + 1 = 5$,参见图1-7。

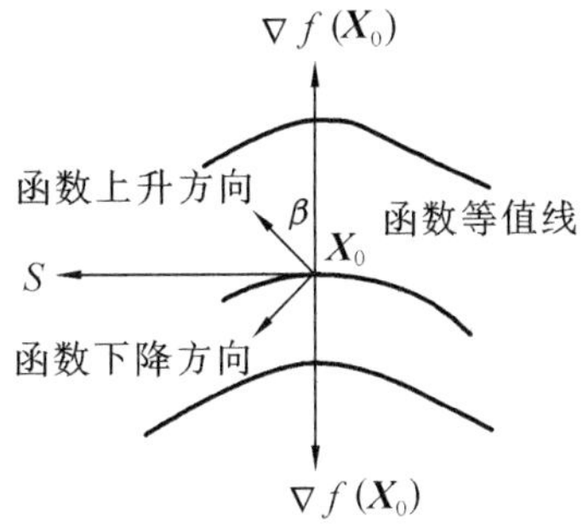

图1-6

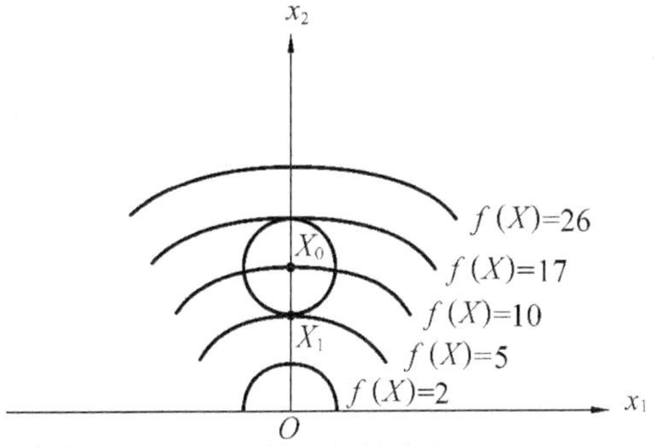

图1-7

1.1.3.3　多元函数的泰勒(Taylor)展开式与近似表达式

由高等数学可知,若函数$f(\boldsymbol{X})$在点$\boldsymbol{X}_0$的邻域至少有连续的二阶微分,则在$\boldsymbol{X}_0$处的泰勒展开式为

$$f(\boldsymbol{X}) = f(\boldsymbol{X}_0) + \sum_{i=1}^{n} \frac{\partial f(\boldsymbol{X}_0)}{\partial x_i}\Delta x_i + \frac{1}{2}\sum_{i=1}^{n}\sum_{j=1}^{n}\frac{\partial^2 f(\boldsymbol{X}_0)}{\partial x_i \partial x_j}\Delta x_i \Delta x_j + \text{高阶无穷小量} \tag{1-21}$$

式中$\Delta x_i = x_i - x_{0i}(i = 1,2,\cdots,n)$。

上式可写成矩阵形式

$$f(\boldsymbol{X}_0 + \Delta X) = f(\boldsymbol{X}_0) + \nabla f(\boldsymbol{X}_0)^{\mathrm{T}}\Delta X + \frac{1}{2}\Delta \boldsymbol{X}^{\mathrm{T}}\boldsymbol{H}(\boldsymbol{X}_0)\Delta X + \text{高阶无穷小量} \quad (1-22)$$

式中$\nabla f(\boldsymbol{X}_0)$为$f(\boldsymbol{X})$在点$\boldsymbol{X}_0$处的梯度，而

$$\boldsymbol{H}(\boldsymbol{X}_0) = {}^2 f(\boldsymbol{X}_0) = [\nabla f(\boldsymbol{X}_0)] = \begin{bmatrix} \frac{\partial^2 f(\boldsymbol{X}_0)}{\partial x_1^2} & \frac{\partial^2 f(\boldsymbol{X}_0)}{\partial x_1 \partial x_2} & \cdots & \frac{\partial^2 f(\boldsymbol{X}_0)}{\partial x_1 \partial x_n} \\ \frac{\partial^2 f(\boldsymbol{X}_0)}{\partial x_2 x_1} & \frac{\partial^2 f(\boldsymbol{X}_0)}{\partial x_2^2} & \cdots & \frac{\partial^2 f(\boldsymbol{X}_0)}{\partial x_2 \partial x_n} \\ \vdots & \vdots & & \vdots \\ \frac{\partial^2 f(\boldsymbol{X}_0)}{\partial x_n \partial x_1} & \frac{\partial^2 f(\boldsymbol{X}_0)}{\partial x_n \partial x_2} & \cdots & \frac{\partial^2 f(\boldsymbol{X}_0)}{\partial x_n^2} \end{bmatrix} \quad (1-23)$$

式(1－23)是$f(\boldsymbol{X})$在点$\boldsymbol{X}_0$处的二阶导数矩阵，称为**海辛(Hesse)矩阵**。它的每一元素$\frac{\partial^2 f(\boldsymbol{X}_0)}{\partial x_i \partial x_j}(i,j = 1,2,\cdots,n)$是$f(\boldsymbol{X})$在点$\boldsymbol{X}_0$处的二阶偏导数。由于当$f(\boldsymbol{X})$的所有二阶偏导数连续时有

$$\frac{\partial^2 f(\boldsymbol{X}_0)}{\partial x_i \partial x_j} = \frac{\partial^2 f(\boldsymbol{X}_0)}{\partial x_j \partial x_i}(i,j = 1,2,\cdots,n) \quad (1-24)$$

所以$\boldsymbol{H}(\boldsymbol{X}_0)$为$n \times n$阶的实对称矩阵。

若对于任何的ΔX，总有

$$\Delta \boldsymbol{X}^{\mathrm{T}}\boldsymbol{H}(\boldsymbol{X}_0)\Delta X \geqslant 0 \quad (1-25)$$

则称$\boldsymbol{H}(\boldsymbol{X}_0)$是半正定的。特别的，若对于$\Delta X \neq 0$恒有

$$\Delta \boldsymbol{X}^{\mathrm{T}}\boldsymbol{H}(\boldsymbol{X}_0)\Delta X > 0 \quad (1-26)$$

则称$\boldsymbol{H}(\boldsymbol{X}_0)$是正定的。

当$\boldsymbol{H}(\boldsymbol{X}_0)$正定时，称$-\boldsymbol{H}(\boldsymbol{X}_0)$是负定的；当$\boldsymbol{H}(\boldsymbol{X}_0)$为半正定时，称$-\boldsymbol{H}(\boldsymbol{X}_0)$为半负定的。

附带说明一下，对称矩阵为正定的条件是矩阵的主对角线各元素以及其对应的行列式均为正，或者是矩阵的全部特征值为正。

在讨论函数的局部性质及研究算法时，经常需要用到多元函数的一阶近似(线性近似)和二阶近似(平方近似)表达式，这就是取泰勒展开式的一次和二次项来近似得到展开点附近的函数值。即有一阶近似公式为

$$f(\boldsymbol{X}) \approx f(\boldsymbol{X}_0) + \nabla f(\boldsymbol{X}_0)^{\mathrm{T}}\Delta X \quad (1-27)$$

二阶近似公式为

$$f(\boldsymbol{X}) \approx f(\boldsymbol{X}_0) + \nabla f(\boldsymbol{X}_0)^{\mathrm{T}}\Delta X + \frac{1}{2}\Delta \boldsymbol{X}^{\mathrm{T}}\boldsymbol{H}(\boldsymbol{X}_0)\Delta X \quad (1-28)$$

1.1.3.4 多元函数极值点的判定条件

设 $\boldsymbol{X}^*$ 为 $\boldsymbol{R}^n$ 空间区域 $\boldsymbol{D}$ 内函数 $f(\boldsymbol{X})$ 的一个驻点，即有 $\nabla f(\boldsymbol{X}^*) = 0$，且具有连续二阶偏导数，则由式(1－28)，$f(\boldsymbol{X})$ 在 $\boldsymbol{X}^*$ 附近可近似表示为

$$f(\boldsymbol{X}) - f(\boldsymbol{X}^*) \approx \frac{1}{2}\Delta\boldsymbol{X}^{\mathrm{T}}\boldsymbol{H}(\boldsymbol{X}^*)\Delta X$$

当 $\boldsymbol{X}$ 充分接近 $\boldsymbol{X}^*$（但 $\boldsymbol{X} \neq \boldsymbol{X}^*$）时，上式左端的符号取决于右端项。因此若 $\boldsymbol{H}(\boldsymbol{X}^*)$ 为正定，即对一切 $\Delta X \neq 0$ 恒有

$$\Delta\boldsymbol{X}^{\mathrm{T}}\boldsymbol{H}(\boldsymbol{X}^*)\Delta X > 0$$

则在 $\boldsymbol{X}^*$ 附近必有

$$f(\boldsymbol{X}) - f(\boldsymbol{X}^*) > 0$$

即

$$f(\boldsymbol{X}) > f(\boldsymbol{X}^*)$$

故 $\boldsymbol{X}^*$ 必为 $f(\boldsymbol{X})$ 的极小点。从而我们得到 $\boldsymbol{X}^*$ 是区域 $\boldsymbol{D}$ 内极小点的充分条件为：

第一，$\nabla f(\boldsymbol{X}^*) = 0$（为必要条件）；

第二，$\boldsymbol{H}(\boldsymbol{X}^*)$ 为正定。

若 $\boldsymbol{X}^*$ 在区域 $\boldsymbol{D}$ 的边界上，则上述的充分条件应为：

第一，$\nabla f(\boldsymbol{X}^*)^{\mathrm{T}}\boldsymbol{P} \geqslant 0$，式中的 $\boldsymbol{P}$ 为 $\boldsymbol{X}^*$ 点处的任何允许方向；

第二，$\boldsymbol{H}(\boldsymbol{X}^*)$ 为正定。

从理论上讲，利用海辛矩阵的正定性来判断极小点是很重要的，但在实际上往往有困难。故在实际的优化算法中不再考虑这些充分条件，而是根据问题的特性对求得的解的最优性质做出判断。

1.2 最优化问题的数学表达

工程设计中**最优化问题**（Optimization problem）的一般提法是要选择一组参数（变量），在满足一系列有关的限制条件（约束）下，使设计指标（目标）达到最优值。因此，最优化问题通常可以表示为以下的数学规划形式的问题。

对于一组可用列向量 $\boldsymbol{X}$ 表示的变量，我们的目的是

$$\left.\begin{array}{l}\text{求 } \boldsymbol{X} = [x_1, x_2, \cdots, x_n]^{\mathrm{T}} \\ \text{满足约束（或记为 s.t.）} g_i(\boldsymbol{X}) \leqslant 0 \ (i = 1,2,\cdots,n) \\ h_j(\boldsymbol{X}) = 0 \ (j = 1,2,\cdots,n) \\ \text{使目标函数 } f(\boldsymbol{X}) \text{ 取极值}\end{array}\right\} \tag{1-29}$$

式中的 s.t. 是“Subject to”的缩写，表示“在……约束条件之下”。取极值为取最大值或最小

值，分别记为 $\max f(\boldsymbol{X})$ 或 $\min f(\boldsymbol{X})$。

因此，进行工程优化设计时，应将工程设计问题用上述形式表示成数学问题，再用最优化的方法求解。这项工作就是建立优化设计的数学模型。

1.2.1　设计变量与设计空间

式(1－29)中的 $\boldsymbol{X}$ 是 n 维实数空间(记为 $\boldsymbol{R}^n$)中的一个向量，它由 n 个分量 $x_1, x_2, \cdots, x_n$ 组成。它是在最优化过程中变化而决定设计方案的量，即在最优化中需要进行选择的一组数值，称为**设计变量**(Design variable)向量。从几何上讲，每个变量向量就是以各变量分量为坐标轴的变量空间的一个点。当 $n=1$ 时，即只有一个变量分量，这个变量沿直线变化；当 $n=2$ 时，即只有两个变量分量时，这个变量向量的所有点组成一平面；而当 $n=3$ 时，组成立体空间。有三个以上变量分量时则构成多维空间。**设计空间**(Design space)的每一个设计变量向量对应于一个设计点，即对应于一个设计方案。设计空间包含了该项设计的所有可能方案。

例1－3　有一平面十杆构架，各杆长度如图(1－8)所示，由十根等截面直杆组成，在节点2处受外力作用。问如何选择各杆的横截面面积可使构架的质量最小。条件是在外力作用下各杆的应力 σ_i 不应超过允许值 $[\sigma_i]$，各节点的位移 δ_j 不应超过允许值 $[\delta_j]$，j 是节点的位移自由度。

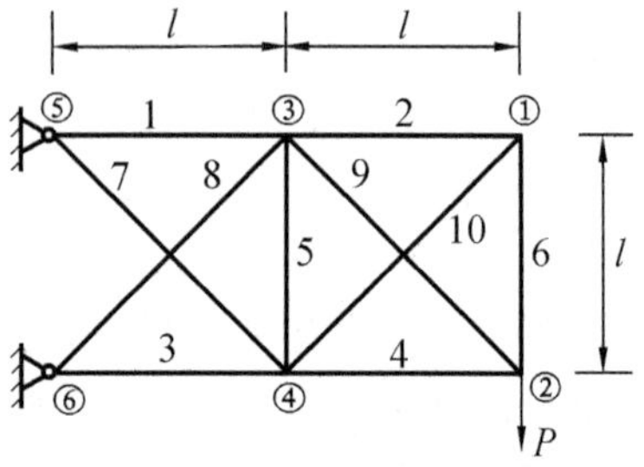

图1－8

这个问题可表达成式(1－29)的形式为

$$\left.\begin{aligned}
&\text{求 } \boldsymbol{A} = [A_1, A_2, \cdots, A_{10}]^{\mathrm{T}} \\
&\min \quad W(\boldsymbol{A}) = \sum_{i=1}^{10} l_i A_i \rho_i \\
&\text{s.t.} \quad g_i(\boldsymbol{A}) = \sigma_i(\boldsymbol{A}) - [\sigma_i] \leqslant 0 (i = 1,2,\cdots,10) \\
&\qquad g_{j+10}(\boldsymbol{A}) = \delta_j(\boldsymbol{A}) - [\delta_j] \leqslant 0 (j = 1,2,\cdots,8) \\
&\qquad \boldsymbol{A} \geqslant 0
\end{aligned}\right\} \tag{1-30}$$

式中　W—— 结构质量；

l_i, A_i, ρ_i—— 分别为第 i 杆的长度、横截面面积和密度。

上式中的 $\boldsymbol{A}$ 就是设计变量向量，它由十个分量组成，对应于一个设计方案。

1.2.2　等式约束和不等式约束，可行区和可行点

式(1－29)中的 $g_i(\boldsymbol{X}) \leqslant 0$(也可以表示为 $g_i(\boldsymbol{X}) \geqslant 0$)和 $h_j(\boldsymbol{X}) = 0$，就是所选择的变量

向量必须以不等式或等式加以满足的限制条件，分别称为不等式约束和等式约束。例如式(1－30)中的对应力和位移的限制为两组不等式约束。等式和不等式约束通常都是变量向量的实值连续函数，并假定它们都有二阶连续偏导数。对于 n 维变量，这些等式约束是 n 维设计空间的超曲面。当 $n=3$ 时，等式约束为三维立体空间内的曲面；当 $n=2$ 时，等式约束为二维平面上的曲线。对于不等式约束 $g_i(\boldsymbol{X})\leqslant 0$，就是要求变量必须限于等式约束 $g_j(\boldsymbol{X})=0$ 所确定的超曲面的一侧。在变量空间中，每一个不等式约束都将设计空间分成两部分，一部分满足该不等式的条件($g_i(\boldsymbol{X})\leqslant 0$)，另一部分则不满足($g_i(\boldsymbol{X})>0$)。两部分的分界面就是约束面，它是 $g_i(\boldsymbol{X})=0$ 的点的集合。设计空间中满足所有不等式约束条件的向量 $\boldsymbol{X}$ 构成**可行区**(Feasible region)(记为 $\boldsymbol{D}$)。它是由约束曲面围成的。$\boldsymbol{D}$ 内的每一个设计点所对应的设计方案都是可接受的。可行区 $\boldsymbol{D}$ 可表示为

$$\boldsymbol{D}=\{\boldsymbol{X}\mid g_i(\boldsymbol{X})\leqslant 0 \quad (i=1,2,\cdots,I)\} \tag{1-31}$$

$\boldsymbol{D}$ 以外的设计空间就是非可行区。图1－9示出了二维空间的约束曲面和可行区的示意图。

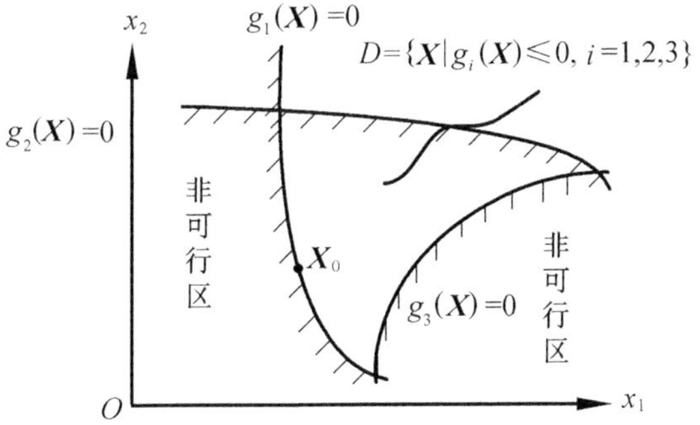

图1－9

在约束界面上和可行区中的所有点都满足不等式约束条件，每个点都是可行的方案，称为**可行点**(Feasible point)，但不一定是最优点。显然，在非可行区中的任何点称为非可行(容许)点，它们对应于不可接受的设计方案。

在约束边界上的设计点称为边界点。这个边界所代表的约束称为临界约束。例如图1－9中的点 $\boldsymbol{X}_0$ 在 $g_1(\boldsymbol{X})=0$ 上，这时 $g_1(\boldsymbol{X})=0$ 是临界约束，而其余约束就不是临界约束。

1.2.3 目标函数(Objective function)

式(1－29)中的 $f(\boldsymbol{X})$ 称为目标函数。例如式(1－30)中的 $W(\boldsymbol{A})$。它是设计变量向量的实值连续函数，通常还假定它有二阶连续偏导数。目标函数是比较可供选择的许多设计方案的依据，最优化的目的就是要使它取极值。在变量空间中，目标函数取某常值的所有点组成的面称为等值面。即它是使目标函数取同一常数值的点集：

$$\{X \mid f(\boldsymbol{X}) = c, c \text{ 为常数}\}$$

当 $n = 2$，即只有两个变量分量时为等值线。

等值面具有以下性质（参见图 1-10）

（1）有不同值的等值面之间不相交。因为目标函数是单值函数。

（2）除了极值点所在的等值面以外，不会在区域的内部中断。因为目标函数是连续函数。

（3）等值面稠密的地方，目标函数值变化得比较快；稀疏的地方变化得比较慢。

（4）一般地说，在极值点附近等值面近似地呈现为同心椭圆面族。

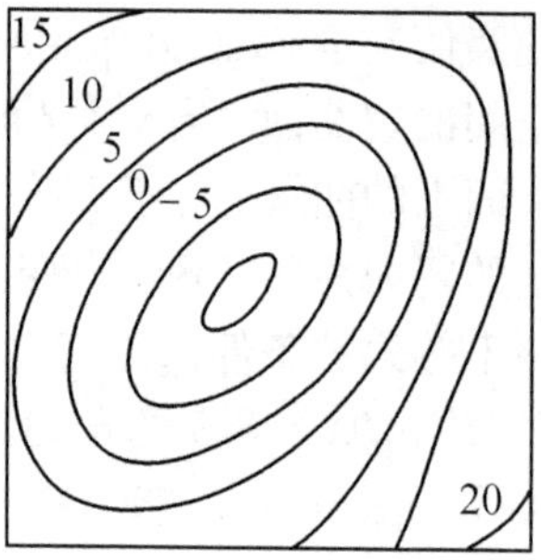

图 1-10

1.2.4　最优解

求解式（1-29），就是要在可行区 $\boldsymbol{D}$ 内找一点 $\boldsymbol{X}^*$，使得目标函数 $f(\boldsymbol{X})$ 在该点取极值。因为 $\min f(\boldsymbol{X}) = \max\{-f(\boldsymbol{X})\}$，所以我们可将取极值的问题归结为取极小值的问题，从而式（1-29）的最优化问题可归结为：在满足约束

$$\left.\begin{aligned} g_i(\boldsymbol{X}) \leqslant 0 \quad (i = 1,2,\cdots,I) \\ h_j(\boldsymbol{X}) = 0 \quad (j = 1,2,\cdots,J) \end{aligned}\right\} \tag{1-32}$$

的条件下求 $f(\boldsymbol{X}^*) = \min f(\boldsymbol{X})$。

这里的 $\boldsymbol{X}^*$ 称为问题的**最优点**（Optimal point），相应的目标函数值 $f(\boldsymbol{X}^*)$ 称为**最优值**（Optimal value），而 $(\boldsymbol{X}^*, f(\boldsymbol{X}^*))$ 称为**最优解**（Optimal solution）。

当 $\boldsymbol{X}^*$ 仅使目标函数取最小值，而不受约束条件限制，即只要求满足

$$\min f(\boldsymbol{X}) = f(\boldsymbol{X}^*) \tag{1-33}$$

时，此时的 $(\boldsymbol{X}^*, f(\boldsymbol{X}^*))$ 称为无约束最优解。

例 1-4　对于以下的规划问题

$$\left.\begin{aligned} \min \quad & f(\boldsymbol{X}) = 60 - 10x_1 - 4x_2 + x_1^2 + x_2^2 - x_1x_2 \\ \text{s.t.} \quad & g_1(\boldsymbol{X}) = x_2^2 + x_1^2 - 25 \leqslant 0 \\ & g_2(\boldsymbol{X}) = -x_1 \leqslant 0 \\ & g_3(\boldsymbol{X}) = -x_2 \leqslant 0 \end{aligned}\right\}$$

其最优解示于图 1-11。其中 $\boldsymbol{X}^* = [4,3]^{\mathrm{T}}$ 和 $f(\boldsymbol{X}^*) = 21$ 为约束最优解，而 $\boldsymbol{X}^* = [8,6]^{\mathrm{T}}$ 和 $f(\boldsymbol{X}^*) = 8$ 为无约束最优解。

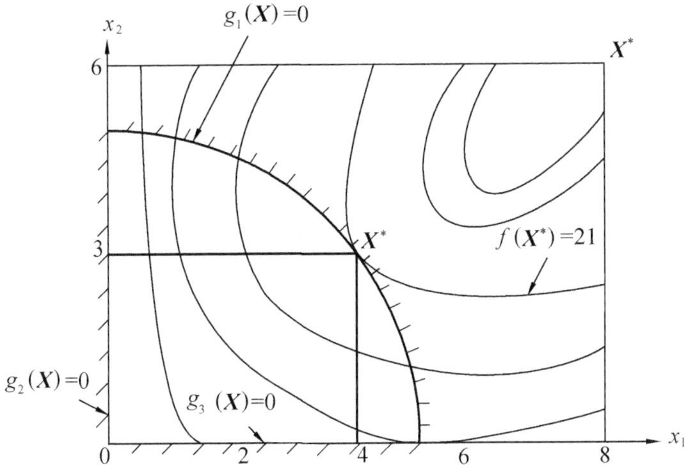

图 1 - 11

1.3 最优化问题的分类

式(1 - 29) 表达的数学规划问题按目标函数和约束函数的性质可作如下分类。

当式(1 - 29) 中的目标函数 $f(\boldsymbol{X})$ 和约束函数 $g_i(\boldsymbol{X})(i = 1,2,\cdots,I)$,$h_j(\boldsymbol{X})(j = 1,\cdots,J)$ 都是变量向量 $\boldsymbol{X}$ 的线性函数时,称之为**线性规划**(Linear programming) 问题。

例如

$$\left.\begin{aligned}\min\quad & f(\boldsymbol{X}) = 3x_1 + 2x_2 + x_3 - 2x_4 \\ \text{s.t.}\quad & h_1(\boldsymbol{X}) = x_2 - 2x_2 + 4x_4 - 4 = 0 \\ & h_2(\boldsymbol{X}) = x_2 + x_3 - 2x_4 - 5 = 0 \\ & g_1(\boldsymbol{X}) = x_1 \geqslant 0 \\ & g_2(\boldsymbol{X}) = x_2 \geqslant 0 \\ & g_3(\boldsymbol{X}) = x_3 \geqslant 0 \\ & g_4(\boldsymbol{X}) = x_4 \geqslant 0\end{aligned}\right\}$$

就是一个线性规划问题。线性规划问题通常可写成以下的矩阵形式

$$\left.\begin{aligned}\min\quad & f(\boldsymbol{X}) = \boldsymbol{C}^{\mathrm{T}}\boldsymbol{X}(\boldsymbol{X} \in \boldsymbol{R}^n) \\ \text{s.t.}\quad & \boldsymbol{AX} = \boldsymbol{B} \\ & \boldsymbol{X} \geqslant 0\end{aligned}\right\} \tag{1 - 34}$$

式中 $\boldsymbol{C}$ 和 $\boldsymbol{B}$——n 和 m 阶常值列阵;

$\boldsymbol{A}$——$n \times m$ 常值矩阵；

m—— 约束数。

我们将在第 3 章介绍线性规划的求解。

当式(1 - 29) 中的目标函数$f(\boldsymbol{X})$ 和约束函数 $g_i(\boldsymbol{X})(i = 1,2,\cdots,I)$,$h_j(\boldsymbol{X})(j = 1,2,\cdots,J)$ 中有一个或多个是 $\boldsymbol{X}$ 的非线性函数时，称为**非线性规划**(Nonlinear programming) 问题。我们将在第 4 章介绍非线性规划的解法。其中，若式(1 - 29) 中的$f(\boldsymbol{X})$ 为 $\boldsymbol{X}$ 的二次函数，而 $g_i(\boldsymbol{X})(i = 1,2,\cdots,I)$,$h_j(\boldsymbol{X})(j = 1,2,\cdots,J)$ 都是 $\boldsymbol{X}$ 的线性函数时，称之为**二次规划**(Quadratic programming) 问题。

例如

$$\left.\begin{aligned} \min \quad & f(\boldsymbol{X}) = x_1^2 - 2x_1x_2 + 2x_2^2 - 2x_1 - 6x_2 \\ \text{s.t.} \quad & g_1(\boldsymbol{X}) = 2 - x_1 - x_2 \geqslant 0 \\ & g_2(\boldsymbol{X}) = 2 + x_1 - 2x_2 \geqslant 0 \\ & g_3(\boldsymbol{X}) = x_1 \geqslant 0 \\ & g_4(\boldsymbol{X}) = x_2 \geqslant 0 \end{aligned}\right\}$$

就是一个二次规划问题。通常二次规划问题可用矩阵形式表示为

$$\left.\begin{aligned} \min \quad & f(\boldsymbol{X}) = \boldsymbol{C}^{\mathrm{T}}\boldsymbol{X} + \frac{1}{2}\boldsymbol{X}^{\mathrm{T}}\boldsymbol{H}\boldsymbol{X}(\boldsymbol{X} \in \boldsymbol{R}^n) \\ \text{s.t.} \quad & \boldsymbol{A}\boldsymbol{X} \leqslant \boldsymbol{B} \\ & \boldsymbol{X} \geqslant 0 \end{aligned}\right\} \tag{1 - 35}$$

式中 $\boldsymbol{C}$ 和 $\boldsymbol{B}$——n 和 m 阶常值列阵；

$\boldsymbol{H}$ 和 $\boldsymbol{A}$——$n \times n$ 和 $m \times n$ 阶常值矩阵；

m—— 约束数。

若式(1 - 29) 中的 $i = j = 0$，称这样的最优化问题为**无约束最优化**(Unconstrained optimization) 问题。

例如下述的求 Rosenbrock 函数的极小点问题

$$\min f(\boldsymbol{X}) = 100(x_2 - x_1^2)^2 + (1 - x_1)^2$$

和求 Dixon 函数的极小点问题

$$\min f(\boldsymbol{X}) = (1 - x_1)^2 + (1 - x_{10})^2 + \sum_{i=1}^{9}(x_1^2 - x_{i+1})^2$$

都是无约束最优化问题。这两个函数分别是 2 维和 10 维的。它们是常用于检验和比较最优化方法优劣的有名的试验函数中的两个。

在无约束优化问题中，当$f(\boldsymbol{X})$ 是一元函数时，就是一维无约束最优化问题，求解一维无约束最优化问题的方法称为**一维搜索**(One dimension search)，它多用于沿某选定方向寻求最优点。由于这种寻优是许多数学规划解法中的重要组成部分，故它在最优化方法中占有重要的

地位,将在第 2 章介绍。

由于求解非线性约束最优化问题的方法中有一类是将约束问题转换为无约束优化问题求解,故无约束最优化问题也很重要,将在第 2 章介绍其解法。

如果限定设计变量向量的各分量只能取离散值,或只允许取整数值时,则称对应的数学规划问题为离散变量优化或**整数规划**(Integer programming) 问题。我们将在第 5 章介绍。

此外,当 $f(\boldsymbol{X})$,$g(\boldsymbol{X})$ 和 $h(\boldsymbol{X})$ 中的某些或全部具有模糊性时,则为**模糊规划**(Fuzzy programming) 问题。当 $f(\boldsymbol{X})$ 由多个目标组成时,则为**多目标规划**(Polygoal programming) 问题。它们的解法将分别在第 6 章、第 7 章介绍。

最后,若按所求解的最优化问题的规模来区分,则目前通常称设计变量和约束条件都在 10 个以下的为小型最优化设计问题;设计变量和约束条件都在 10 到 50 之间的称为中型最优化问题;而设计变量和约束条件都在 50 以上的称为大型最优化设计问题。

1.4 迭代算法及其收敛性

1.4.1 迭代算法(Iterative algorithm)

一般地说,对于变量分量多、约束多的最优化问题,目前求解式(1 - 29) 很难采用解析的方法。而往往采用数值迭代的方法。即从变量空间的某个初始点出发,在变量空间逐次沿着可使目标函数减少的方向移动。每移动一次,得到一个新点。例如,第 k 次以后,沿着方向 $\boldsymbol{P}_k$ 可得到新点

$$\boldsymbol{X}_{k+1} = \boldsymbol{X}_k + t_k \boldsymbol{P}_k \tag{1 - 36}$$

式中 k—— 移动(迭代) 次数;

$\boldsymbol{P}_k$—— 该次移动的方向,称为步向,它也是有 n 个分量的向量;

t_k—— 该次沿 $\boldsymbol{P}_k$ 方向直线移动的距离,称为步长,它是一个标量。

显然,步长将受到约束条件的限制。

我们把这种从初始点 $\boldsymbol{X}_0$ 出发,按一定的规则逐次产生序列 $\boldsymbol{X}_k$ 的迭代方法称为算法。如果这个序列的极限是式(1 - 29) 的极小点 $\boldsymbol{X}^*$,则称该算法所产生的序列 $\boldsymbol{X}_k$ 收敛于 $\boldsymbol{X}^*$。不过一般说来,计算机只能进行有限次迭代而得到近似解,即当迭代点根据终止准则满足我们事先给定的精度时就认为得到了最优解。

由式(1 - 36) 可见,每迭代一次相当于变量向量从变量空间的一点沿直线移动到另一点,而后一点的位置由步向和步长决定。各种不同的算法的本质差异,往往就在于确定方向和移动步长的方法不同,特别是用不同的方法确定步向。

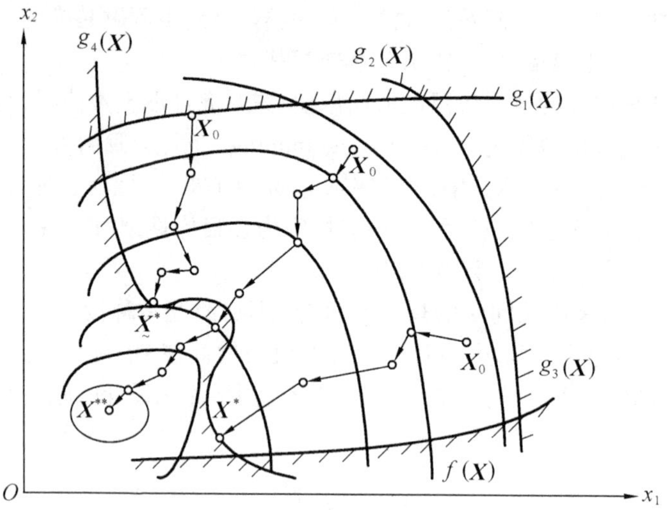

图 1 – 12

图 1 – 12 为上述迭代过程的示意图。图中 $\underset{\sim}{X}^*$，X^* 和 X^{**} 分别为约束局部最优点、全局最优点和无约束最优点。当采用迭代算法时，其基本步骤如下：

（1）选定初始点 X_0，令 $k=0$；

（2）按算法的规则确定步向 P_k，使 $\nabla f(X_k)^{\mathrm{T}}P_k<0$；

（3）按算法的规则确定 t_k，使 $f(X_k+t_kP_k)<f(X_k)$；

（4）计算 $X_{k+1}=X_k+t_kP_k$；

（5）判定 X_{k+1} 是否满足终止准则，若满足则打印出结果并停机，否则令 $k=k+1$，转（2）。

上述基本步骤也可用框图示于图 1 – 13。图中矩形框为计算框，六角形框为判别框，它有分支。计算框中的等号代表算法语言中的“赋值号”。在上述的迭代算法中，确定搜索方向 P_k 以后，重要的一环是选取步长 t_k。许多算法中，常用一维搜索的方法。即选 t_k 使

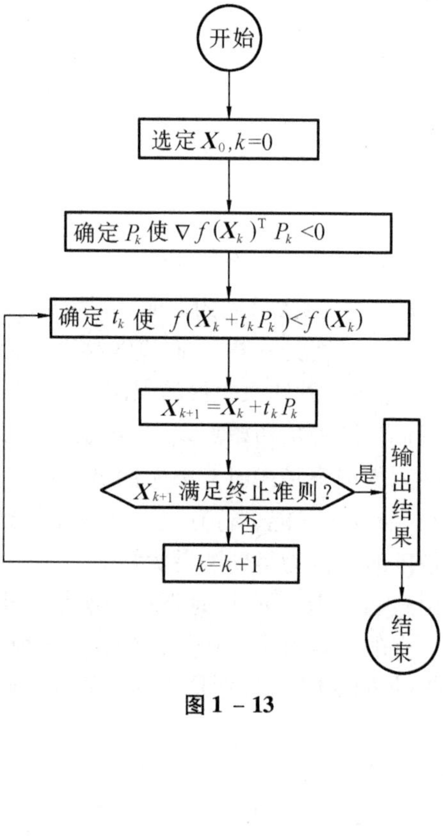

图 1 – 13

$$f(\boldsymbol{X}_k + t_k\boldsymbol{P}_k) = \min_t f(\boldsymbol{X}_k + t\boldsymbol{P}_k) \tag{1-37}$$

按这种方法确定的步长,又称为最优步长。这种沿已选定的方向求目标函数极小点的方法,实际上是求一元函数

$$\varphi(t) = f(\boldsymbol{X}_k + t\boldsymbol{P}_k) \tag{1-38}$$

的极小点的迭代法(即一维搜索)。这种求步长的方法无疑可使目标函数在已选定的方向上获得最多的下降,但相应要增大计算工作量。

顺便指出,当用一维搜索求得 $\varphi(t)$ 的极小点 t^* 时有

$$\varphi'(t^*) = 0 \tag{1-39}$$

因为 $\varphi(t) = f(x_1 = x_1^k + t\boldsymbol{P}_1^k, x_2 = x_2^k + t\boldsymbol{P}_2^k, \cdots, x_n = x_n^k + t\boldsymbol{P}_n^k)$

由多元函数的复合求导公式得

$$\begin{aligned}\varphi'(t) &= \frac{\mathrm{d}\varphi}{\mathrm{d}t} = \frac{\partial f}{\partial x_1}\frac{\partial x_1}{\partial t} + \frac{\partial f}{\partial x_2}\frac{\partial x_2}{\partial t} + \cdots + \frac{\partial f}{\partial x_n}\frac{\partial x_n}{\partial t} = \frac{\partial f}{\partial x_1}\boldsymbol{P}_1^k + \frac{\partial f}{\partial x_2}\boldsymbol{P}_2^k + \cdots + \frac{\partial f}{\partial x_n}\boldsymbol{P}_n^k \\ &= \sum_{i=1}^{n}\frac{\partial f(\boldsymbol{X}_k + t\boldsymbol{P}_k)}{\partial x_i}\boldsymbol{P}_i^k = \nabla f(\boldsymbol{X}_k + t\boldsymbol{P}_k)^{\mathrm{T}}\boldsymbol{P}_k\end{aligned}$$

故此时有

$$\varphi'(t^*) = \nabla f(X + t^*\boldsymbol{P})^{\mathrm{T}}P = 0 \tag{1-40}$$

可见,此时极小点 t^* 处目标函数的梯度与移动方向 $\boldsymbol{P}$ 正交。

1.4.2 收敛速度

作为一个算法,能够收敛到问题的解当然是必要的;但这还不够,还必须以较快的速度收敛才是较好的算法。收敛速度通常用下述关于收敛的阶来度量。

若 k 从某个 k_0 开始有

$$\frac{\|\boldsymbol{X}_{k+1} - \boldsymbol{X}^*\|}{\|\boldsymbol{X}_k - \boldsymbol{X}^*\|} \leqslant C \quad (0 < C < 1) \tag{1-41}$$

则称序列 $\boldsymbol{X}_k$ 为**线性收敛**(Linear convergence)或一阶收敛。

若 k 从某个 k_0 开始有

$$\frac{\|\boldsymbol{X}_{k+1} - \boldsymbol{X}^*\|}{\|\boldsymbol{X}_k - \boldsymbol{X}^*\|^{\alpha}} \leqslant C \quad (1 < \alpha < 2, C > 0) \tag{1-42}$$

则称序列 $\boldsymbol{X}_k$ 为**超线性收敛**(Hyper-linear convergence)。

若 k 从某个 k_0 开始有

$$\frac{\|\boldsymbol{X}_{k+1} - \boldsymbol{X}^*\|}{\|\boldsymbol{X}_k - \boldsymbol{X}^*\|^2} \leqslant C \quad (C > 0) \tag{1-43}$$

则称序列 $\boldsymbol{X}_k$ 为**二阶收敛**(Quadratic convergence)。

一般说来,线性收敛是比较慢的,而二阶收敛是很快的,超线性收敛居中。通常,如果一个

算法具有超线性以上的收敛速度,我们就视为它是一个较好的算法。

1.4.3 终止准则

通常,取以下几种公式中的一个或多个作为算法的终止准则。

(1) 根据变量点接近的情况来判别,即当

$$\frac{\| \boldsymbol{X}_{k+1} - \boldsymbol{X}_k \|}{\| \boldsymbol{X}_k \|} < \varepsilon_1 \quad (\text{当} \ \| \boldsymbol{X}_k \| \geqslant \varepsilon_2) \tag{1-44}$$

时认为 $\boldsymbol{X}_{k+1} \approx \boldsymbol{X}^*$。

(2) 根据目标函数值下降的情况来判别,即当

$$\frac{|f(\boldsymbol{X}_{k+1}) - f(\boldsymbol{X}_k)|}{|f(\boldsymbol{X}_k)|} < \varepsilon_1 \quad (\text{当} \ |f(\boldsymbol{X}_k)| \geqslant \varepsilon_2) \tag{1-45}$$

时认为 $\boldsymbol{X}_{k+1} \approx \boldsymbol{X}^*$。

(3) 当算法中利用了梯度时,因为无约束极小点的必要条件是 $\nabla f(\boldsymbol{X}^*) = 0$,故可根据梯度的大小来判别,即当

$$\| \nabla f(\boldsymbol{X}_k) \| < \varepsilon_3 \tag{1-46}$$

时认为算法已收敛。但因为采用这种终止准则要计算梯度而有时并不方便。

式(1-44)、式(1-45)和式(1-46)中的 ε_1,ε_2 和 ε_3 为事先给定的精度要求,通常可根据具体情况取 10^{-3} 到 10^{-5} 的值。

需要指出,以上三种终止准则都有一定的局限性。例如,采用第一种终止准则,则当遇到陡坡时(参见图1-14)可能使迭代过早结束。采用第二种终止准则,则当遇到目标函数等值线的平坦部分时(参见图1-15)也可能使迭代过早结束。而仅用梯度信息时,则可能使迭代在鞍点结束。因此,一般可同时采用以上终止准则中的两种。

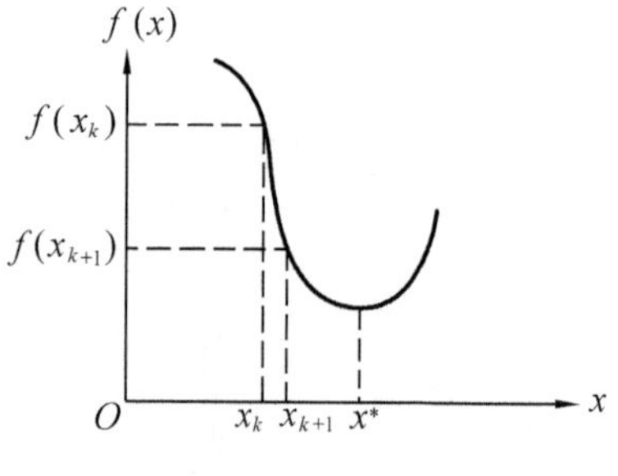

图1-14

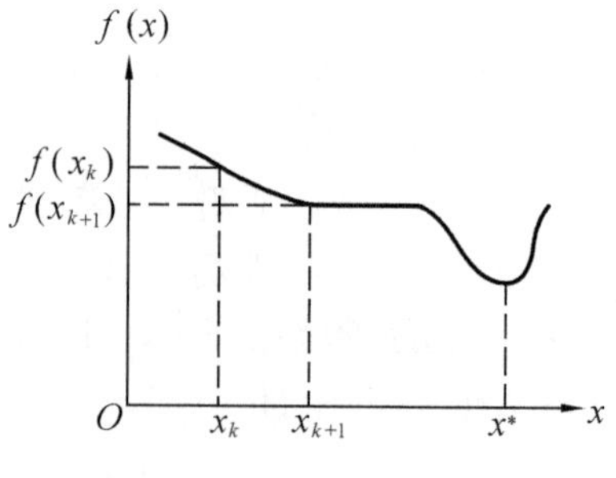

图1-15

另外,为防止迭代次数很多时仍达不到预定的终止精度而无法结束运算,通常还在算法中

规定最大的迭代次数。当算法达到此规定的迭代次数时，虽不满足规定的终止准则但仍停止运算。

1.5 函数的凸性与凸规划

1.5.1 局部最优(Local optimization)与全局最优(Global optimization)

目前求解非线性规划的计算方法虽然很多，但从理论上讲一般都只能求得局部最优解。显然，我们需要的是全局最优解。局部最优点和全局最优点可用公式表示如下。

若 $\boldsymbol{X}^* \in \boldsymbol{D}$，恒有

$$f(\boldsymbol{X}^*) \leqslant f(\boldsymbol{X}) \qquad (1-47)$$

则称 $\boldsymbol{X}^*$ 为全局(或整体或总体)最优点。若将上式中的"≤"改为"<"，则称 $\boldsymbol{X}^*$ 为严格全局最优点。

若 $\boldsymbol{X}^* \in \boldsymbol{D}$，对于 $\| X - \boldsymbol{X}^* \| \leqslant \varepsilon$ 恒有

$$f(\boldsymbol{X}^*) \leqslant f(\boldsymbol{X}) \qquad (1-48)$$

则称 $\boldsymbol{X}^*$ 为局部最优点，式中 ε 为任意正数。若将上式中的 $f(\boldsymbol{X}^*) \leqslant f(\boldsymbol{X})$ 改为 $f(\boldsymbol{X}^*) < f(\boldsymbol{X})$，则称 $\boldsymbol{X}^*$ 为严格局部最优点。

显然，全局最优点一定是局部最优点，但局部最优点不一定是全局最优点。

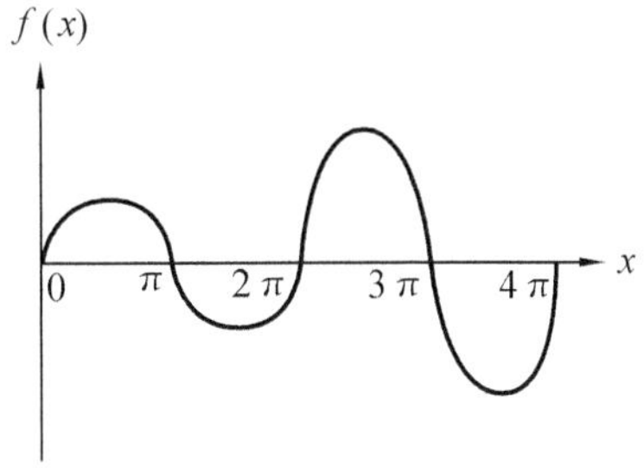

图 1-16

例如，对于 $\min f(\boldsymbol{X}) = x\sin x (0 \leqslant x \leqslant 4\pi)$，其图形示于图 1-16。由图可见，$x = 0$，$x = 1.5\pi$，$x = 3.5\pi$ 都是局部最优点；但只有 $x = 3.5\pi$ 为全局最优点。

1.5.2 凸集(Convex set)及其极点(Pole)

1.5.2.1 集合：若干元素的集体称为集合。元素可以是代数中的数，几何中的点、线等，记作

$$\boldsymbol{C} = \{\boldsymbol{X} \mid p\} \qquad (1-49)$$

它表示 $\boldsymbol{C}$ 是所有具有 p 的特性的 $\boldsymbol{X}$ 的集合。例如，通过点 $\boldsymbol{X}$ 的射线是所有 $\alpha \geqslant 0$ 的 $\alpha\boldsymbol{X}$ 点的集合(参见图 1-17)，即

$$\text{射线} = \{\alpha\boldsymbol{X} \mid \alpha \geqslant 0\} \qquad (1-50)$$

又如，连接 $\boldsymbol{X}_1$ 和 $\boldsymbol{X}_2$ 两点的线段是所有 $0 \leqslant \alpha \leqslant 1$ 的 $(1-\alpha)\boldsymbol{X}_1 + \alpha\boldsymbol{X}_2$ 的点的集合(参见图 1-18)，即

$$\text{线段} = \{(1-\alpha)\boldsymbol{X}_1 + \alpha\boldsymbol{X}_2 \mid 0 \leqslant \alpha \leqslant 1\} \qquad (1-51)$$

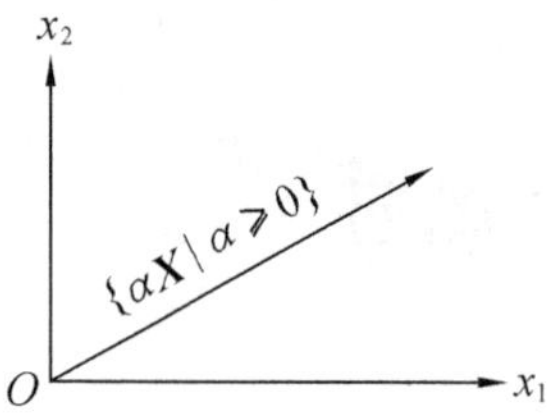

图 1 - 17

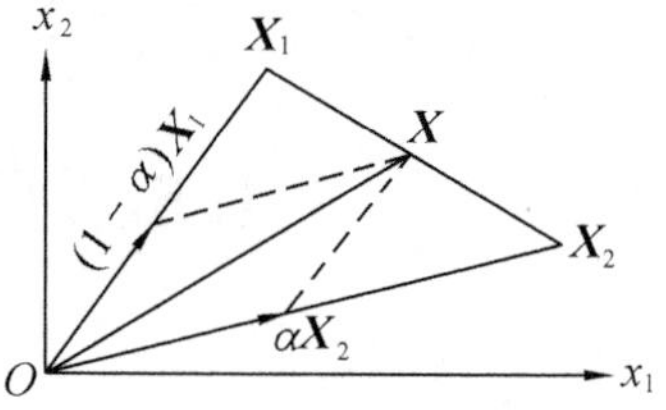

图 1 - 18

若 $\boldsymbol{X}$ 是该线段中的某一点,则

$$\boldsymbol{X} = (1 - \alpha)\boldsymbol{X}_1 + \alpha \boldsymbol{X}_2 \tag{1-52}$$

相当于向量$(1 - \alpha)\boldsymbol{X}_1$ 和 $\alpha\boldsymbol{X}_2$ 的合向量。而在一维空间中,x 轴上任意两点 x_1 和 x_2 之间的任意点 $x(\alpha)$ 的坐标是

$$x(\alpha) = (1 - \alpha)x_1 + \alpha x_2 \tag{1-53}$$

1.5.2.2　凸组合(Convex combination)

设 $\boldsymbol{X}_1,\boldsymbol{X}_2,\cdots,\boldsymbol{X}_m$ 是 $\boldsymbol{R}^n$ 中的 m 个已知点。若对于某点 $\boldsymbol{X} \in \boldsymbol{R}^n$,存在常数 $\alpha_1,\alpha_2,\cdots,\alpha_m > 0$ 且 $\sum_{i=1}^{m} \alpha_i = 1$ 使

$$\boldsymbol{X} = \sum_{i=1}^{m} \alpha_i \boldsymbol{X}_i \tag{1-54}$$

则称 $\boldsymbol{X}$ 是 $\boldsymbol{X}_1,\boldsymbol{X}_2,\cdots,\boldsymbol{X}_m$ 的凸组合。

可见,式(1 - 52) 表示了 $\boldsymbol{X}_1$ 和 $\boldsymbol{X}_2$ 所有凸组合的集合,它是连接 $\boldsymbol{X}_1$ 和 $\boldsymbol{X}_2$ 两点的线段。

1.5.2.3　凸集(Convex set)

设集合 $\boldsymbol{C} \subset \boldsymbol{R}^n$,如果对于任意两点 $\boldsymbol{X}_1,\boldsymbol{X}_2 \in \boldsymbol{C}$,它们的任意组合仍属于 $\boldsymbol{C}$,则称集合 $\boldsymbol{C}$ 为凸集。或者说,从 $\boldsymbol{R}^n$ 中某点集合 $\boldsymbol{C}$ 任取两点 $\boldsymbol{X}_1$ 和 $\boldsymbol{X}_2$,若连接此两点的线段上的一切点都在该点集合之中,则称该点的集合为凸集,即有

若 $\boldsymbol{C} \subset \boldsymbol{R}^n$ 为凸集,则对于任意的 $\boldsymbol{X}_1,\boldsymbol{X}_2 \in \boldsymbol{C}$ 有

$$\boldsymbol{X} = (1 - \alpha)\boldsymbol{X}_1 + \alpha\boldsymbol{X}_2 \in \boldsymbol{C} \quad (0 \leqslant \alpha \leqslant 1) \tag{1-55}$$

显见,整个 $\boldsymbol{R}^n$、线段、超平面、球都是凸集。图 1 - 19(a) 中的图形是凸集,而图 1 - 19(b) 中的图形是非凸集。

1.5.2.4　极点(Pole)

若凸集 $\boldsymbol{C}$ 中的点不在这个集合中另外两个不同点的连线上,则称它为极点。例如三角形的三个顶点,球体球面上的各点,凸多面体的各顶点都是极点。

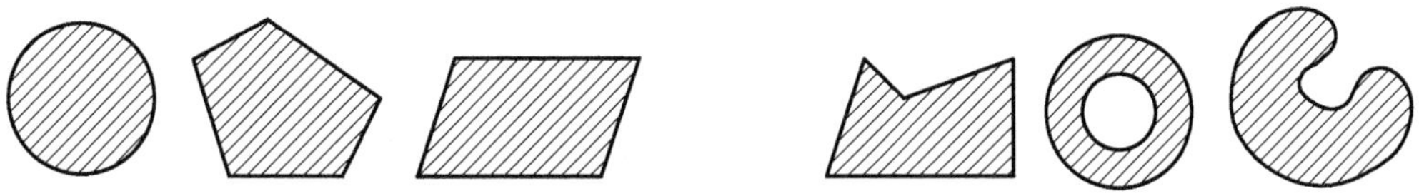

(a)　　　　(b)

图 1 - 19

1.5.3　函数的凸性

定义：设 $f(\boldsymbol{X})$ 为凸集 $\boldsymbol{C} \subset \boldsymbol{R}^n$ 上的函数，若对于任何实数 $\alpha(0 \leqslant \alpha \leqslant 1)$ 及 $\boldsymbol{C}$ 中的任意两点 $\boldsymbol{X}_1$ 和 $\boldsymbol{X}_2$ 有

$$f[\alpha \boldsymbol{X}_1 + (1 - \alpha)\boldsymbol{X}_2] \leqslant \alpha f(\boldsymbol{X}_1) + (1 - \alpha)f(\boldsymbol{X}_2) \tag{1 - 56}$$

则称 $f(\boldsymbol{X})$ 是定义在凸集 $\boldsymbol{C}$ 上的**凸函数**(Convex function)。

对于一元函数，上式的几何意义可以从图1 - 20明显看出。图中连线上任一点 $x^{(i)}$ 的值 $\alpha f(x^{(1)}) + (1 - \alpha) f(x^{(2)})$ 大于该点的函数值 $f[\alpha x^{(1)} + (1 - \alpha)x^{(2)}]$。

若将式(1 - 56)中的"≤"改为"<"，则称 $f(\boldsymbol{X})$ 为严格凸函数。显然，若 $f(\boldsymbol{X})$ 为凸函数，则 $-f(\boldsymbol{X})$ 为**凹函数**(Concave function)。

例如，二次函数 $f_1(\boldsymbol{X}) = x^2 + 4$ 是一个凹函数，$f_2(\boldsymbol{X}) = 4 - x_1^2 - x_2^2 - x_3^2$ 是一个凹函数，而 $f_3(\boldsymbol{X}) = 4 + x_1^2 - x_2^2$ 既不是凸函数也不是凹函数。

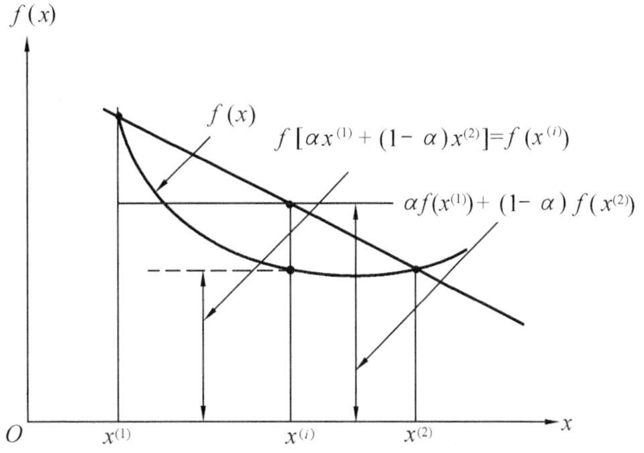

图 1 - 20

凸函数有以下的基本性质：

(1) 若 $f(\boldsymbol{X})$ 为凸集 $\boldsymbol{C}$ 上的凸函数，则 $f(\boldsymbol{X})$ 在 $\boldsymbol{C}$ 上的最小点也就是 $f(\boldsymbol{X})$ 在 $\boldsymbol{C}$ 上的全局最小点；

(2) 若 $\boldsymbol{X}_1$ 和 $\boldsymbol{X}_2$ 为凸函数 $f(\boldsymbol{X})$ 的两个最小点，则其连线上的一切点也都是最小点；

(3) 若函数 $f_1(\boldsymbol{X})$ 和 $f_2(\boldsymbol{X})$ 为凸集 $\boldsymbol{C}$ 上的两个凸函数，则对任意正实数 a 和 b，函数

$$f(\boldsymbol{X}) = af_1(\boldsymbol{X}) + bf_2(\boldsymbol{X}) \tag{1 - 57}$$

仍为 $\boldsymbol{C}$ 上的凸函数。

1.5.4　函数的凸性条件

可以根据函数的梯度和二阶导数矩阵来判断函数是否为凸函数。

(1) 若 $f(\boldsymbol{X})$ 为凸集 $\boldsymbol{C}$ 上的可微函数，则 $f(\boldsymbol{X})$ 为 $\boldsymbol{C}$ 内凸函数的充分必要条件是：对于任意的 $\boldsymbol{X}$ 和 $\bar{\boldsymbol{X}}$ 恒有

$$f(\boldsymbol{X}) \geqslant f(\bar{\boldsymbol{X}}) + \nabla^{\mathrm{T}} f(\bar{x})(\boldsymbol{X} - \bar{\boldsymbol{X}}) \quad (\boldsymbol{X} \neq \bar{\boldsymbol{X}}) \tag{1-58}$$

(2) 若 $f(\boldsymbol{X})$ 为凸集 $\boldsymbol{C}$ 上的二次可微函数，则 $f(\boldsymbol{X})$ 为 $\boldsymbol{C}$ 内凸函数的充分必要条件是：$\nabla^2 f(\boldsymbol{X})$ 处处半正定。若 $\nabla^2 f(\boldsymbol{X})$ 处处正定，则 $f(\boldsymbol{X})$ 为 $\boldsymbol{C}$ 内的严格凸函数。

例如，函数 $f(\boldsymbol{X}) = 60 - 10x_1 - 4x_2 + x_1^2 + x_2^2 - x_1x_2$ 在 $\boldsymbol{C} = \{\boldsymbol{X} \mid -\infty < x_i < +\infty, i = 1,2\}$ 上为一严格凸函数，因为

$$\frac{\partial^2 f(\boldsymbol{X})}{\partial x_1^2} = 2, \frac{\partial^2 f(\boldsymbol{X})}{\partial x_1 \partial x_2} = \frac{\partial^2 f(\boldsymbol{X})}{\partial x_2 \partial x_1} = -1, \frac{\partial^2 f(\boldsymbol{X})}{\partial x_2^2} = 2, \nabla^2 f(\boldsymbol{X}) = \begin{bmatrix} 2 & -1 \\ -1 & 2 \end{bmatrix}$$ 是正定的。

1.5.5　凸规划及其性质

若规划问题

$$\left.\begin{aligned} \min \quad & f(\boldsymbol{X}) && \boldsymbol{X} \in \boldsymbol{R}^n \\ \text{s.t.} \quad & g_i(\boldsymbol{X}) \leqslant 0 && (i = 1,2,\cdots,I) \\ & h_j(\boldsymbol{X}) = 0 && (j = 1,2,\cdots,J) \end{aligned}\right\} \tag{1-59}$$

式中　$f(\boldsymbol{X}), g_i(\boldsymbol{X})$——$\boldsymbol{X}$ 的凸函数；

$h_j(\boldsymbol{X})$——$\boldsymbol{X}$ 的线性函数，则称这个规划问题为**凸规划**(Convex programming) 问题。

凸规划有如下的性质：

(1) 可以证明，凸规划的可行区为凸集，因而凸规划的局部最优解就是它的全局最优解；

(2) 当凸规划的目标函数 $f(\boldsymbol{X})$ 为严格凸函数时，若存在最优解，则这个最优解一定是唯一的最优解。

可见，凸规划是一类比较简单而又具有重要理论意义的非线性规划。

由于线性函数为凸函数，又为凹函数，故线性规划也属于凸规划。

例 1-5　证明下述规划问题为凸规划问题：

$$\left.\begin{aligned} \min \quad & f(\boldsymbol{X}) = x_1^2 + x_2^2 - 4x_1 + 4 \\ \text{s.t.} \quad & g_1(\boldsymbol{X}) = -2 - x_1 + x_2 \leqslant 0 \\ & g_2(\boldsymbol{X}) = 1 + x_1^2 - x_2 \leqslant 0 \\ & g_3(\boldsymbol{X}) = -x_1 \leqslant 0 \\ & g_4(\boldsymbol{X}) = -x_2 \leqslant 0 \end{aligned}\right\}$$

因为$\frac{\partial^2 f(\boldsymbol{X})}{\partial x_1^2} = 2, \frac{\partial^2 f(\boldsymbol{X})}{\partial x_1 \partial x_2} = \frac{\partial^2 f(\boldsymbol{X})}{\partial x_2 \partial x_1} = 0, \frac{\partial^2 f(\boldsymbol{X})}{\partial x_2^2} = 2, \nabla^2 f(\boldsymbol{X}) = \begin{bmatrix} 2 & 0 \\ 0 & 2 \end{bmatrix}$正定，故$f(\boldsymbol{X})$为凸函数。

因为$\frac{\partial^2 g_2(\boldsymbol{X})}{\partial x_1^2} = 2, \frac{\partial^2 g_2(\boldsymbol{X})}{\partial x_1 \partial x_2} = \frac{\partial^2 g_2(\boldsymbol{X})}{\partial x_2 \partial x_1} = 0, \frac{\partial^2 g_2(\boldsymbol{X})}{\partial x_2^2} = 0, \nabla^2 g(\boldsymbol{X}) = \begin{bmatrix} 2 & 0 \\ 0 & 0 \end{bmatrix}$正定，故$g_2(\boldsymbol{X})$为凸函数。而$g_1(\boldsymbol{X}), g_3(\boldsymbol{X})$和$g_4(\boldsymbol{X})$都是线性函数，则上述约束条件形成的可行区为凸集。

故上述规划问题为凸规划问题。最优解为$\boldsymbol{X}^* = [0.58, 1.34]^{\mathrm{T}}$。$f(\boldsymbol{X}^*) = 3.8$，参见图 1 - 21。

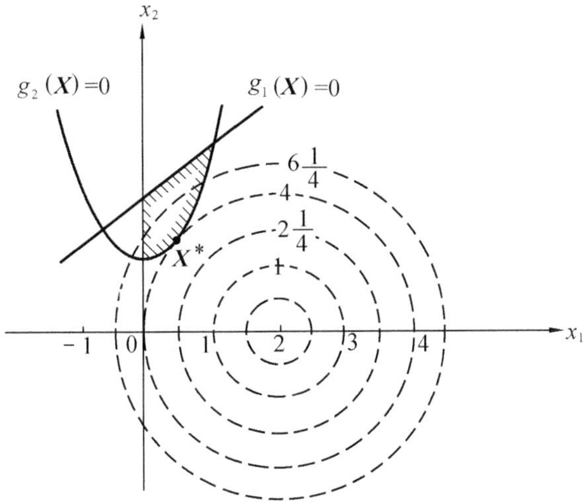

图 1 - 21

复习思考题

1 - 1　函数$f(\boldsymbol{X})$的梯度$\nabla f(\boldsymbol{X})$是如何定义的，它有何重要的性质？

1 - 2　函数$f(\boldsymbol{X})$在$\boldsymbol{X}_0$点沿方向$\boldsymbol{P}$移动的方向导数是如何定义的，它和该点处函数的梯度有何关系？

1 - 3　说明并证明下式：$\varphi'(t^*) = \nabla f(\boldsymbol{X} + t^* \boldsymbol{P})\boldsymbol{P} = 0$。

1 - 4　判定多元函数极值点的必要条件和充分条件分别是什么？

1 - 5　什么是设计点、可行点、边界点、最优点和临界约束？

1－6　目标函数等值面有何性质？

1－7　最优解包括哪些内容？

1－8　线性规划、二次规划、非线性规划、整数规划、模糊规划、多目标规划各有何特点？

1－9　迭代算法的收敛速度有哪几种，分别是如何定义的？

1－10　迭代算法的终止准则一般有哪几种？

1－11　什么是凸规划，它有何性质？

习　题（带* 号的题为选做题）

1－1　设 $\boldsymbol{B}=[b_1,b_2,\cdots,b_n]^{\mathrm T}$，$\boldsymbol{X}=[x_1,x_2,\cdots,x_n]^{\mathrm T}$，$\boldsymbol{H}$ 为 $n\times n$ 阶对称矩阵。证明以下的梯度公式：

(1) $\nabla(\boldsymbol{B}^{\mathrm T}\boldsymbol{X})=\boldsymbol{B}$；　(2) $\nabla(\boldsymbol{X}^{\mathrm T}\boldsymbol{X})=2\boldsymbol{X}$；　(3) $\nabla(\boldsymbol{X}^{\mathrm T}\boldsymbol{H}\boldsymbol{X})=2\boldsymbol{H}\boldsymbol{X}$；　(4) $\nabla(\boldsymbol{H}\boldsymbol{X})=\boldsymbol{H}$。

1－2　已知 $f(\boldsymbol{X})=3x_1^2-4x_1x_2+x_2^2$，问在 $\boldsymbol{X}_0=[0,1]^{\mathrm T}$ 处，沿方向 $\boldsymbol{P}_0=[2,1]^{\mathrm T}$ 移动，函数值上升还是下降？

1－3　已知 $f(\boldsymbol{X})=x_1^2+x_2^2+x_3^2-2x_1x_2-2x_2x_3+3x_2$，问在 $\boldsymbol{X}_0=[1,-1,3]^{\mathrm T}$ 处沿方向 $\boldsymbol{P}_0=[-2,7,8]^{\mathrm T}$ 移动，函数值上升还是下降？

1－4　试证 $\boldsymbol{X}^*=[4,2]^{\mathrm T}$ 是函数 $f(\boldsymbol{X})=x_1^2+2x_2^2-4x_1-2x_1x_2$ 的极值点；并用泰勒展开式求这个函数在 $\boldsymbol{X}^*$ 处的二次函数近似式。

1－5　用图解法求解：

(1) $\left.\begin{aligned}\min\quad & f(\boldsymbol{X})=x_1+x_2\\ \text{s.t.}\quad & x_1^2+x_2^2-2\leqslant 0\end{aligned}\right\}$；　(2) $\left.\begin{aligned}\min\quad & f(\boldsymbol{X})=x_1^2+x_2^2\\ \text{s.t.}\quad & (x_1-1)^3-x_2^2=0\end{aligned}\right\}$；

(3)* $\left.\begin{aligned}\min\quad & f(\boldsymbol{X})=(x_1-2)^2+(x_2-1)^2\\ \text{s.t.}\quad & x_1^2+x_2^2-5x_2=0\\ & x_1+x_2-5\geqslant 0\\ & x_1,x_2\geqslant 0\end{aligned}\right\}$。

1－6　判断下列函数是否为凸函数或凹函数：

(1) $f(\boldsymbol{X})=x^2$；　(2) $f(\boldsymbol{X})=\dfrac{1}{x}$；

(3) $f(\boldsymbol{X})=x_1\mathrm{e}^{-(x_1+x_2)}$；　(4) $f(\boldsymbol{X})=x_1^2+2x_1x_2-10x_1+5x_2$；

(5) $f(\boldsymbol{X})=2x_1^2+x_1x_2+x_2^2+2x_3^2-6x_1x_3$。

1－7*　证明定义在 $\boldsymbol{R}^n$ 中的线性函数 $f(\boldsymbol{X})=a^{\mathrm T}X+b$ 既是凸函数又是凹函数。

1－8　下述非线性规划问题是否为凸规划问题：

(1)
$$\left.\begin{aligned}\min\quad & f(\boldsymbol{X}) = 2x_1^2 + x_2^2 - 2x_1x_2 + 1\\ \text{s.t.}\quad & x_1^2 + x_2^2 - 4 \leqslant 0\\ & x_1 + x_2 - 1 \leqslant 0\\ & x_1 - x_2 - 1 \leqslant 0\end{aligned}\right\};$$

(2)*
$$\left.\begin{aligned}\min\quad & f(\boldsymbol{X}) = (x_1 - 3)^2 + (x_2 - 2)^2\\ \text{s.t.}\quad & x_1^2 + x_2 = 5\\ & x_1 + 2x_2 \leqslant 4\end{aligned}\right\}。$$

1-9* 由图 1-20 证明：

$$f[ax^{(1)} + (1-\alpha)x^{(2)}] \leqslant \alpha f(x^{(1)}) + (1-\alpha)f(x^{(2)})。$$

第 2 章　无约束优化方法

无约束优化方法是数学规划的基本内容之一。无约束优化问题可以表示为

$$\min f(\boldsymbol{X})\ (\boldsymbol{X} \in \boldsymbol{R}^n) \tag{2-1}$$

求它的最优解 $\boldsymbol{X}^*$ 和 $f(\boldsymbol{X}^*)$ 的方法就是无约束优化方法。

无约束优化方法一般可分为两大类。一类是使用函数导数的间接解法。另一类是不使用函数的导数只用到函数值的直接解法。一般地说，间接法收敛速度较快，但要计算函数的导数；直接法不涉及导数，适应性强，但收敛速度较慢。通常是在可求得函数导数的情况下多用间接法，而在不能求得导数或根本不存在函数导数的情况下用直接法。

在大多数多维无约束优化算法中，正如上章提到的多采用迭代公式

$$\boldsymbol{X}_{k+1} = \boldsymbol{X}_k + t_k \boldsymbol{P}_k \tag{1-36}$$

即在设计空间沿方向 $\boldsymbol{P}_k$ 移动设计点使目标函数下降。许多多维优化方法的本质区别在于构造不同的方向 $\boldsymbol{P}_k$。而当 $\boldsymbol{P}_k$ 确定后，希望沿 $\boldsymbol{P}_k$ 方向找到使目标函数下降最多的点，即沿直线 $\boldsymbol{X}_k + t\boldsymbol{P}_k$ 求使目标函数达到最优点的 t_k；实际上就是求单变量 t 的函数的极小点，简称为**一维搜索或线性搜索**（Line search）。本章将介绍一维优化方法（一维搜索）和多维优化方法。显然，这里的一维不是指设计点只有一个变量分量。

2.1　一维搜索

这一节要讨论的问题是求

$$\min \varphi(t) \tag{2-2}$$

我们称求解这个问题的方法为一维搜索或直线搜索。它是一个变量下的搜索，广泛用于多变量问题中的步向已定情况下对步长的探索，因而是解决多维优化问题的重要基础。

任何一个寻求未知函数最优值或用试算（试验）方法而不是纯粹解析计算方法寻求最优值的问题都可称为搜索问题。存在两类途径进行这种搜索。一类是在许多变量点估计目标函数值，然后给出目标函数的近似表示式，再对它应用间接法（已知函数关系解数学问题）求出最优点，这就是函数逼近法。本节的抛物线法等就是这种方法。另一类方法是直接法，它利用过程中的局部数据直接求出最优点，本节的区间消去法就属于这类方法，它们是在逐次移动中不断缩小最优点所在区域而求得最优点的方法。

2.1.1 区间消去法

区间消去法(Interval contraction method) 是不断缩减最优点所在区间而求得最优点的方法。在这里主要介绍 Fibonacci **法**(分数法) 和**黄金分割法**(Golden section method)。

Fibonacci(斐波纳西) 法和黄金分割法适用于在$[a,b]$ 区间上求任何单谷(或单峰) 函数 $\varphi(t)$ 的极小点问题。对目标函数除要求单谷或单峰以外没有其他要求,甚至可以不连续,如图 2 - 1 所示,因而这类方法得到广泛应用。

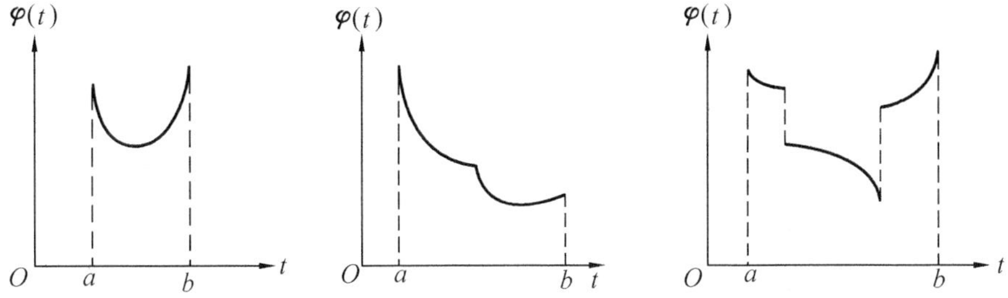

图 2 - 1

现在的问题是在已知的变量区间$[a,b]$ 内求最优点 t^*。假设函数 $\varphi(t)$ 在此区间内为单谷函数,则 $\varphi(t)$ 在此区间内有唯一的极小点 t^*。我们采用逐次取试算点,并比较试算点的函数值,从而逐步将极小点所在区间缩小到所要求的精度范围,从而求得近似极小点的方法。问题是怎样选取试算点才能有好的效率,即怎样使试算的次数少而求得的解近似程度高。

设在区间$[a,b]$ 内任取两点 a_1 和 b_1($a_1 < b_1$),并算得函数值$f(a_1)$ 和$f(b_1)$。则如图2 - 2 所示,必有下述三种情况之一。

(1)$f(a_1) < f(b_1)$,则极小点必在$[a,b_1]$ 内,故可将搜索区间减缩成$[a,b_1]$;

(2)$f(a_1) > f(b_1)$,则极小点必在$[a_1,b]$ 内,故可将搜索区间缩减成$[a_1,b]$;

(3)$f(a_1) = f(b_1)$,则极小点必在$[a_1,b_1]$ 内,故可将搜索区间缩减成$[a,b_1]$ 或$[a_1,b]$。

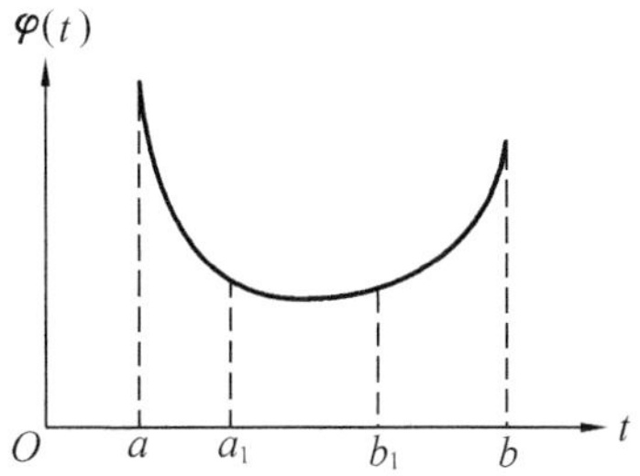

图 2 - 2

这样,试算两个点就可以抛弃一段搜索区间,而且在留下的区间内,还有一个已算过的点。因此,从第二次以后,每试算一个点就可以去掉一段。在保留的区间内重复使用上述方法,就会使搜索区间越来越小,直到它小于给定的精度要求,就可以将最后区间的任一端点或中点作为最优点。

那么,用什么方法安排试算点效率最高而方法最好呢?即用什么方法同样计算例如 n 个函数值能使区间缩小率(缩短后的区间长度和原区间长度之比)最大呢?或者说如何取点既能保证最优点的所在区间缩小到要求的程度又使试算次数最少呢?

2.1.1.1 Fibonacci(斐波纳西)法[1]

上面提到的计算 n 次函数值可以获得的区间最大缩短率为多少的问题,也可以说成是计算 n 次函数值最多能把多长的区间缩短为长度为 1 的区间的问题。

设这一最大的初始区间为 F_n。参照图 2－3 我们来分析上述问题。设图 2－3 的坐标原点处有所研究单谷函数的极小值,并采用从最后一次计算点位置递推到第一次计算位置的方法来分析。

(1)$n=0, n=1$ 的情况:由于任何区间的缩短至少要有两次计算的结果相比较才有可能实现,所以 $F_0=F_1=1$。

(2)$n\geqslant 2$ 的情况:由图 2－3 可知,一个长为 $2-\delta$ 的区间,可以通过在 $1-\delta$ 和 1 两点安排计算点而将它缩短为单位长区间,因为不论这两个函数值哪一个小都使剩下的区间长度为 1。这两点在图中用 ⓝ 和 (n-1) 表示。图中的 δ 为两次计算点之间的最小间距,从理论上讲,它可以是任意小的正数。

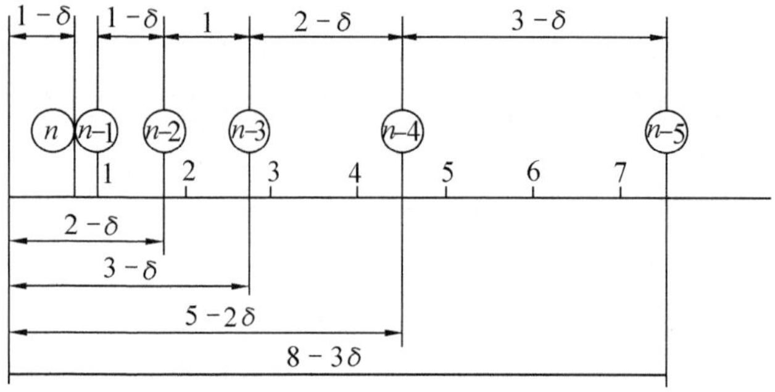

图 2－3

由于 $n\geqslant 2$ 时区间最大长度及相应的右端点的确定是根据计算者事先并不知道哪一个计算点会得到最好结果这一前提出发的,所以前后两次计算点必须对于该区间对称布置,从而可逆推得到前一计算点的位置如图所示。即三次($n=3$)试算可将 $3-\delta$ 的初始区间缩短为单位长区间,四次($n=4$)试算可将 $5-2\delta$ 的初始区间缩短为单位长区间,五次($n=5$)试算可将 $8-3\delta$ 的初始区间缩短为单位长区间等。而且是计算两次函数值最多能把长为 $2-\delta$ 的区间缩减为单位长,三次最多能把 $3-\delta$ 的区间缩减为单位长,四次最多能把 $5-2\delta$ 的区间缩减为单位长,五次最多能把 $8-3\delta$ 的区间缩减为单位长等。

而且,我们发现,每次(第 n 次)可被缩减的最大区间长度为其后顺序所得两次(即 $n-1$ 和

$n-2$) 可被缩短的最大区间长度之和，即有

$$F_n = F_{n-1} + F_{n-2} \qquad (n \geqslant 2) \tag{2-3}$$

或

$$\frac{F_{n-1}}{F_n} + \frac{F_{n-2}}{F_n} = 1 \qquad (n \geqslant 2) \tag{2-4}$$

上二式中的 F_n 正好是 Fibonacci 数，它是一个 n 的数列，而且前后两项之比是一个分数序列，参见表 2-1。

表 2-1

n	0	1	2	3	4	5	6
F_n	1	1	2	3	5	8	13
$\frac{F_{n-1}}{F_n}$		1	$\frac{1}{2}=0.5$	$\frac{2}{3}=0.667$	$\frac{3}{5}=0.6$	$\frac{5}{8}=0.625$	$\frac{8}{13}=0.615\ 38$

n	7	8	9	10	11	12	…	∞
F_n	21	34	55	89	144	233	…	
$\frac{F_{n-1}}{F_n}$	$\frac{13}{21}=$ 0.619 05	$\frac{21}{34}=$ 0.617 65	$\frac{34}{55}=$ 0.618 18	$\frac{55}{89}=$ 0.617 98	$\frac{89}{144}=$ 0.618 06	$\frac{144}{233}=$ 0.618 03	…	0.618 034

由上面的讨论可知，运用 Fibonacci 数来选取计算点必能有最高的效率，因为它可将区间最大可能地缩短。而且计算 n 次函数值所能得到的最大缩短率为 $\frac{1}{F_n}$。

例如：$F_{20} = 10\ 946$，所以计算 20 次函数值就可以把原长度为 L 的区间缩减为

$$\frac{L}{10\ 946} = 0.000\ 091\ 357L$$

同时可见，若要把区间 $[a,b]$ 的长度缩减为原来的 ε 倍，即减至 $(b-a)\varepsilon$，那么只要

$$F_n \geqslant \frac{1}{\varepsilon} \tag{2-5}$$

即可。从而可以根据 ε 找到 F_n 并求得计算次数 n，它可以保证最小点所在区间缩短到要求程度而计算次数最少。可见这种方法是一种最优搜索方法，是限定计算次数并且每次只计算一次函数值的序贯最优方法。

下面介绍采用这种方法的算法。如图 2-4 所示，考虑前两次的搜索。第一次是在长度

$$L_0 = b_0 - a_0 \tag{2-6}$$

内按分数法的要求取两对称点 t_1 与 t'_1，假设比较函数值后舍去了右端，则在第二次有

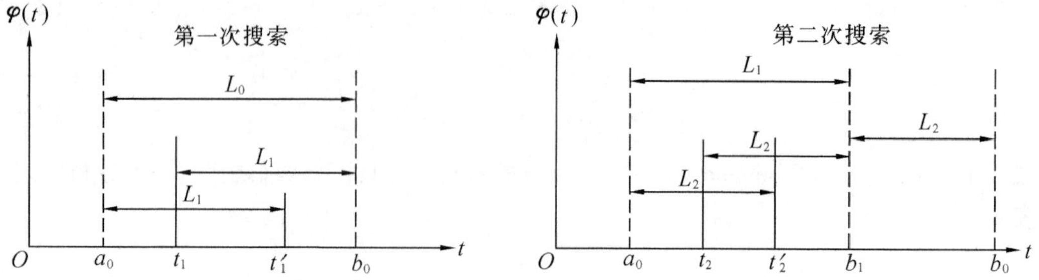

图2－4

$$\left.\begin{aligned} a_1 &= a_0 \\ b_1 &= t_1' \\ t_2' &= t_1 \end{aligned}\right\} \tag{2-7}$$

经过第一次搜索后区间由 L_0 缩减为

$$L_1 = \frac{F_{n-1}}{F_n}(b_0 - a_0) \tag{2-8}$$

经过第二次搜索后区间由 L_1 缩减为

$$L_2 = \frac{F_{n-2}}{F_{n-1}}L_1 = \frac{F_{n-2}}{F_n}(b_0 - a_0) \tag{2-9}$$

由图2－4可见,所选的 t_1 和 t_1' 应是

$$\left.\begin{aligned} & t_1 = b_0 - L_1 = b_0 + \frac{F_{n-1}}{F_n}(b_0 - a_0) \\ \text{或}\quad & t_1 = t_2' = a_0 + L_2 = a_0 + \frac{F_{n-2}}{F_n}(b_0 - a_0) = a_1 + \frac{F_{n-2}}{F_{n-1}}(b_1 - a_1) \end{aligned}\right\} \tag{2-10}$$

$$\left.\begin{aligned} & t_1' = a_0 + L_1 = a_0 + \frac{F_{n-1}}{F_n}(b_0 - a_0) \\ \text{或}\quad & t_1' = b_1 = b_0 - L_2 = b_0 + \frac{F_{n-2}}{F_n}(b_0 - a_0) \end{aligned}\right\} \tag{2-11}$$

且有

$$t_1 + t_1' = a_0 + b_0 \tag{2-12}$$

依此类推,第 k 次搜索时应有

$$t_k = b_{k-1} + \frac{F_{n-k}}{F_{n-k+1}}(a_{k-1} - b_{k-1}) \tag{2-13}$$

$$t_k' = a_{k-1} + \frac{F_{n-k}}{F_{n-k+1}}(b_{k-1} - a_{k-1}) \tag{2-14}$$

$$t_k + t'_k = a_{k-1} + b_{k-1} \tag{2-15}$$

因此,用 Fibonacci 法进行一维搜索的算法可由图 2 - 5 示出的计算机程序框图给出。

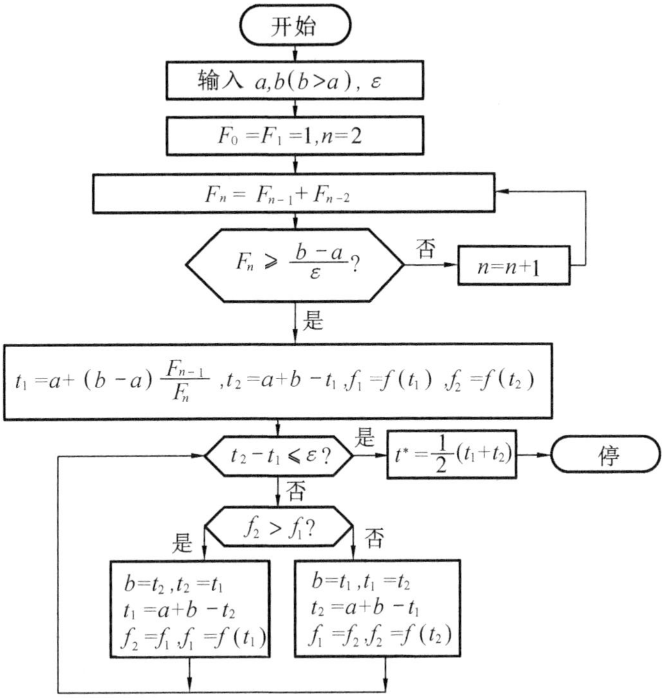

图 2 - 5

Fibonacci 法是 Kiefer J 于 1953 年首先提出的[2]。由于方法中的 t 是一个分数,故也称为分数法。从某种意义上讲,这种方法是缩短区间最好的方法,但在开始搜索以前必须预先知道计算函数值的次数 n 并直接用 Fibonacci 数,这就增加了困难。但是,在离散变量优化中,不存在这种困难,因而分数法成为重要的一维搜索方法。

2.1.1.2 黄金分割法(0.618 法)[3]

由表 2 - 1 我们可以发现,$\dfrac{F_{n-1}}{F_n}$ 数列可以分为奇数项 $\dfrac{F_{2k-1}}{F_{2k}}$ 和偶数项 $\dfrac{F_{2k}}{F_{2k+1}}(k = 1,2,\cdots)$。它们分别单调递增和单调递减,而且其值都在 0 到 1 之间,即为有界的,从而这两个数列都收敛于有限数。

事实上,当 $k \to \infty$ 时,设 $F_{2k-1}/F_{2k} \to \lambda, F_{2k}/F_{2k+1} \to \mu$。

因为
$$\frac{F_{2k-1}}{F_{2k}} = \frac{F_{2k-1}}{F_{2k-1} + F_{2k-2}} = \frac{1}{1 + F_{2k-2}/F_{2k-1}}$$

所以
$$\lambda = \lim_{k\to\infty}\frac{F_{2k-1}}{F_{2k}} = \frac{1}{1+\mu} \tag{2-16}$$

又因为
$$\frac{F_{2k}}{F_{2k+1}} = \frac{F_{2k}}{F_{2k}+F_{2k-1}} = \frac{1}{1+F_{2k-1}/F_{2k}}$$

所以
$$\mu = \lim_{k\to\infty}\frac{F_{2k}}{F_{2k+1}} = \frac{1}{1+1/(1+\mu)} = \frac{1+\mu}{2+\mu} = \frac{1}{1+\lambda} \tag{2-17}$$

即有
$$\mu^2+\mu-1=0$$

解得
$$\mu = \frac{-1\pm\sqrt{5}}{2}$$

取 $\mu > 0$ 有

$$\mu = \frac{\sqrt{5}-1}{2}$$

将式(2－17)代入式(2－16)可得到 $\lambda = \dfrac{1}{1+1/(1+\lambda)}$，同理可求得

$$\lambda = \mu = \frac{\sqrt{5}-1}{2} = 0.618\,033\,988\,741\,894\,8\cdots \approx 0.618 \tag{2-18}$$

可见，上述的两个数列有共同的极限。

在 Fibonacci 法中，用到的是逐次区间缩短率 F_{n-1}/F_n，它们是随 n 变化的，因而需要定出 n，并由它求得 F_{n-1} 和 F_n；而黄金分割法则是取极限 λ 作为每次试算的共同缩短率。这样就可避免事先确定试算次数和应用Fibonacci数，而效果仍然很好。因为Fibonacci法的最大缩短率是 $1/F_n$，而黄金分割法的最大缩短率是 λ^{n-1}，两者相差不大。表2－2列出了 n 从2到9两种方法的缩短率。

表2－2

n	2	3	4	5	6	7	8	9	…
λ^{n-1}	0.618	0.382	0.236	0.146	0.090 2	0.055 7	0.034 4	0.021 3	…
$1/F_n$	0.5	0.333	0.200	0.125	0.076 9	0.047 6	0.029 4	0.018 2	…
$\lambda^{n-1}F_n$	1.24	1.15	1.18	1.17	1.17	1.17	1.17	1.17	…

由表可见，当 n 较大时，$\lambda^{n-1}F_n$ 约为1.17。即对于较大的 n，黄金分割法所得到的最终区间要比Fibonacci法得到的长17%，所以黄金分割法的效率略低于Fibonacci法。由于黄金分割法取 $\lambda=0.618$ 为共同缩短率，故又称之为0.618法。至于为什么称这种方法为黄金分割法，这是因为早在两千年前就有古代的数学家研究过上述的常数 λ。当时的命题是：任取一条线段，在该线段上有一点 λ 把这个线段分成大部和小部，使这两部分满足：

全线：大部 = 大部：小部。由上述命题有(参见图 2 - 6)

$$\frac{1}{\lambda} = \frac{\lambda}{1-\lambda}$$

即
$$\lambda^2 + \lambda - 1 = 0$$

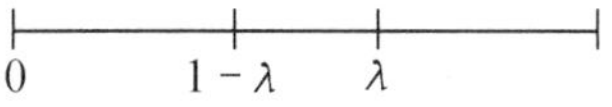

图 2 - 6

从而可求得 $\lambda = \dfrac{\sqrt{5}-1}{2} \approx 0.618$

由于这种比例在造型艺术中容易引起美感,所以当时很重视满足上式分割点的发现,所以称之为黄金分割。当然,将黄金分割引进近代的应用数学,只是最近几十年的事。

图 2 - 7 给出了黄金分割法的算法框图。

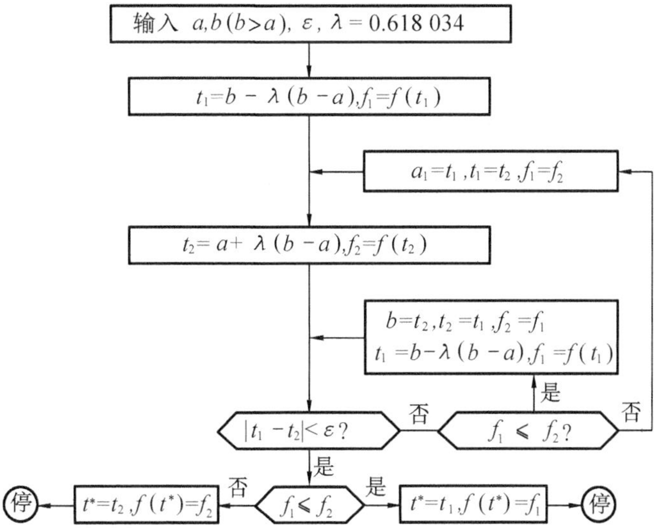

图 2 - 7

2.1.2 曲线拟合法(函数逼近法或插值方法)

用区间消去法进行一维搜索具有一定程度的吸引力,因为它仅仅要求函数是单谷的,而且搜索的效率还比较高。但是,在许多问题中,函数不仅是单谷(单峰)的,而且具有一定程度的光滑性,因此希望能利用这种性质来建立一些有效的一维搜索方法。这些方法通常以曲线拟合(函数逼近)的方法为基础,而根据函数值及函数的导数来确定拟合(逼近)的方法。这类方法又称为插值法[4]。

2.1.2.1 牛顿切线法

假定需要一维最小化的函数 $\varphi(t)$ 在搜索区间 $[a,b]$ 具有连续的一阶和二阶导数 $\varphi'(t)$ 和

$\varphi''(t)$。如果对于给定的初始点 t_0,已求出 $\varphi(t_0)$,$\varphi'(t_0)$ 和 $\varphi''(t_0)$,则在 t_0 附近可以用以下的二次函数 $q(t)$ 来近似表示 $\varphi(t)$,即有

$$q(t) = \varphi(t_0) + \varphi'(t_0)(t - t_0) + \frac{1}{2}\varphi''(t_0)(t - t_0)^2 \approx \varphi(t) \qquad (2-19)$$

这样,我们可以通过寻求 $q(t)$ 的导数为零的点,求得 $\varphi(t)$ 的极小点的近似值 t_1。于是,令

$$q'(t) = \varphi'(t_0) + \varphi''(t_0)(t_1 - t_0) = 0 \qquad (2-20)$$

就可得到

$$t_1 = t_0 - \frac{\varphi'(t_0)}{\varphi''(t_0)} \qquad (2-21)$$

当得到 t_1 后又可计算 $\varphi'(t_1)$ 及 $\varphi''(t_1)$,重复这一过程。故这种方法求极小点的迭代公式为

$$t_{k+1} = t_k - \frac{\varphi'(t_k)}{\varphi''(t_k)} \qquad (2-22)$$

实际上,它是求如图2-8所示过$(t_k,\varphi'(t_k))$点的切线方程

$$\varphi''(t_k) = \frac{\varphi'(t) - \varphi''(t_k)}{t - t_k} \qquad (2-23)$$

与 t 轴的交点$(t_{k+1},0)$。由于这种方法实质上是求 $\varphi'(t) = 0$ 这一非线性方程式根的牛顿-雷弗生法,因此称为牛顿切线法。由图2-8可知,这种方法收敛很快,为二阶收敛,通常如果初始点选择适当时,经过几次迭代即可得到满足一般精度要求的结果。但是它需要求二阶导数,如果在多维最优化问题的一维搜索中使用这种方法,就要涉及海辛矩阵,计算工作量较大。因此这种方法通常仅用于多维最优化中使用牛顿法而不必再另行计算二阶导数的情况。另外这种方法要求初始点选择必须得当,即要求起始点比较靠近最优点。否则不一定收敛或不收敛而搜索失败。

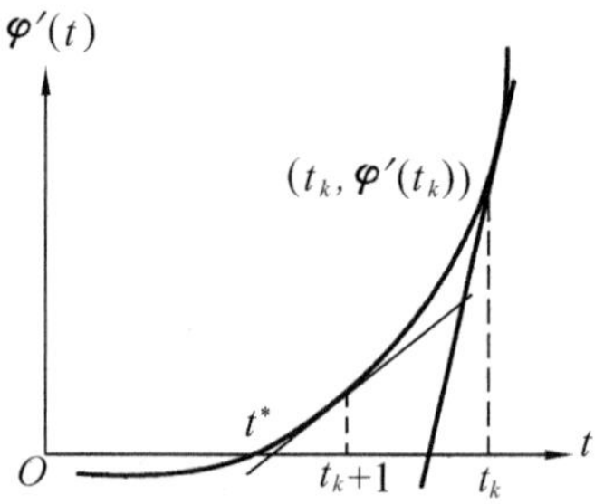

图2-8

2.1.2.2 抛物线法之一

牛顿法利用了一点的函数值和其一、二阶导数来构造一个二次函数去逼近原来的函数,并取该二次函数的极小点作为原来函数的近似极小点。在寻求函数极小点的区间内,我们也可以利用在若干点处的函数值来构造这样的二次函数(或低次插值多项式),用它作为求极小点的函数的近似表达式,并用这个多项式的极小点作为原函数极小点的近似。三点二次插值就是常用的这类方法,称为**抛物线法**(Parabola method)。

假定已知目标函数为连续函数的 $\varphi(t)$ 的三点 t_1,t_2 和 t_3,且 $t_1 < t_2 < t_3$,并已知其函数值分别为 $\varphi(t_1)$,$\varphi(t_2)$ 和 $\varphi(t_3)$。

现在设 $Q(t)$ 为函数 $\varphi(t)$ 的一个二次插值多项式

$$Q(t) = a_0 + a_1 t + a_2 t^2 \approx \varphi(t) \tag{2-24}$$

式中 a_0,a_1 和 a_2 是多项式的系数。并且三点 t_1,t_2 和 t_3 均在此二次多项式表达的抛物线上,即有

$$\left.\begin{aligned} Q(t_1) &= a_0 + a_1 t_1 + a_2 t_1^2 = \varphi(t_1) \\ Q(t_2) &= a_0 + a_1 t_2 + a_2 t_2^2 = \varphi(t_2) \\ Q(t_3) &= a_0 + a_1 t_3 + a_2 t_3^2 = \varphi(t_3) \end{aligned}\right\} \tag{2-25}$$

由于多项式 $Q(t)$ 的极小点 t^* 为方程

$$\frac{\mathrm{d}Q(t)}{\mathrm{d}t} = a_1 + 2a_2 t = 0 \tag{2-26}$$

的根,故

$$t^* = -\frac{a_1}{2a_2} \tag{2-27}$$

可见,为确定这个极小点,只要计算出 a_1 和 a_2 即可。由式(2-25)利用相邻两方程消去 a_0 得

$$\left.\begin{aligned} a_1(t_1 - t_2) + a_2(t_1^2 - t_2^2) &= \varphi(t_1) - \varphi(t_2) \\ a_1(t_2 - t_3) + a_2(t_2^2 - t_3^2) &= \varphi(t_2) - \varphi(t_3) \end{aligned}\right\} \tag{2-28}$$

由此方程组可解得

$$\left.\begin{aligned} a_1 &= \frac{(t_2^2 - t_3^2)\varphi(t_1) + (t_3^2 - t_1^2)\varphi(t_2) + (t_1^2 - t_2^2)\varphi(t_3)}{(t_1 - t_2)(t_2 - t_3)(t_3 - t_1)} \\ a_2 &= -\frac{(t_2 - t_3)\varphi(t_1) + (t_3 - t_1)\varphi(t_2) + (t_1 - t_2)\varphi(t_3)}{(t_1 - t_2)(t_2 - t_3)(t_3 - t_1)} \end{aligned}\right\} \tag{2-29}$$

将式(2-29)代入式(2-27)得到极小点公式为

$$t^* = \frac{1}{2}\frac{(t_2^2 - t_3^2)\varphi(t_1) + (t_3^2 - t_1^2)\varphi(t_2) + (t_1^2 - t_2^2)\varphi(t_3)}{(t_2 - t_3)\varphi(t_1) + (t_3 - t_1)\varphi(t_2) + (t_1 - t_2)\varphi(t_3)} \tag{2-30}$$

或

$$t^* = \frac{1}{2}\frac{(t_1 + t_2)(t_1 - t_2)[\varphi(t_3) - \varphi(t_2)] + (t_2 + t_3)(t_2 - t_3)[\varphi(t_1) - \varphi(t_2)]}{(t_2 - t_3)[\varphi(t_1) - \varphi(t_2)] + (t_1 - t_2)[\varphi(t_3) - \varphi(t_2)]} \tag{2-31}$$

若 t_1,t_2 和 t_3 三点等距,即 $t_3 - t_2 = t_2 - t_1 = \Delta t$,则上式变成

$$t^* = t_2 + \frac{\Delta t[\varphi(t_1) - \varphi(t_3)]}{2[\varphi(t_3) - 2\varphi(t_2) + \varphi(t_1)]} \tag{2-32}$$

若再将新得到的三点布置在求得的 t^* 点附近,重新用上述方法进行,则所得结果进一步逼近原函数的极小点。可以证明,这种方法具有超线性收敛的性质。而且不需要函数的导数,也是一种常用的一维搜索方法。

2.1.2.3 抛物线法之二

同理,我们还可以利用两点的函数值及其中一点的导数值来构造这个二次函数,以近似求得原来函数的极小点。即,若已知 $\varphi(t)$ 的两点 t_1 和 $t_2(t_1 < t_2)$ 及其函数值 $\varphi(t_1)$ 和 $\varphi(t_2)$,以及 t_1 的导数 $\varphi'(t_1)$。

仍设 $Q(t)$ 为函数 $\varphi(t)$ 的一个二次插值多项式式(2 - 24)。由于 t_1 和 t_2 在此抛物线上,故有

$$\left.\begin{aligned} Q(t_1) &= a_0 + a_1 t_1 + a_2 t_1^2 = \varphi(t_1) \\ Q(t_2) &= a_0 + a_1 t_2 + a_2 t_2^2 = \varphi(t_2) \end{aligned}\right\} \tag{2 - 33}$$

同时,

$$Q'(t) = a_1 + 2a_2 t \tag{2 - 34}$$

故同样有

$$t^* = -\frac{a_1}{2a_2} \tag{2 - 27}$$

且

$$\varphi'(t_1) = a_1 + 2a_2 t_1 \tag{2 - 35}$$

由式(2 - 33) 有

$$a_1(t_1 - t_2) + a_2(t_1^2 - t_2^2) = \varphi(t_1) - \varphi(t_2) \tag{2 - 36}$$

将式(2 - 35) 代入式(2 - 36) 有

$$a_2 = -\frac{[\varphi(t_1) - \varphi(t_2)] - \varphi'(t_1)(t_1 - t_2)}{(t_1 - t_2)^2} \tag{2 - 37}$$

再由式(2 - 35) 有

$$a_1 = \frac{2[\varphi(t_1) - \varphi(t_2)]t_1 + \varphi'(t_1)(t_2^2 - t_1^2)}{(t_1 - t_2)^2} \tag{2 - 38}$$

将 a_1 和 a_2 代入式(2 - 27) 便可求得

$$t^* = \frac{1}{2}\frac{2[\varphi(t_1) - \varphi(t_2)]t_1 + \varphi'(t_1)(t_2^2 - t_1^2)}{[\varphi(t_1) - \varphi(t_2)] - \varphi'(t_1)(t_1 - t_2)} \tag{2 - 39}$$

当取 $t_1 = 0$ 时,上式变成

$$t^* = \frac{\varphi'(t_1)t_2^2}{2[\varphi(t_1) - \varphi(t_2) + \varphi'(t_1)t_2]} \tag{2 - 40}$$

同样,可用迭代的方法按照规定的精度用上述方法使解逐次逼近原函数的极小点。

2.1.2.4 三次插值法

抛物线法是构造一个二次三项式 $Q(t)$ 来逼近被极小化的函数 $\varphi(t)$。下面介绍用四个已知条件构造一个三次四项式来逼近被极小化的函数的三次插值法。有时它比二次插值法更为有效。

假定已知在区间$[a,b]$ 内两点 t_1 和 t_2 的函数值 $\varphi(t_1)$ 和 $\varphi(t_2)$ 以及其一阶导数 $\varphi'(t_1)$ 和 $\varphi'(t_2)$。并且为了保证极小点在区间内部,假定

$$\varphi'(t_1) < 0, \varphi'(t_2) > 0 \qquad (t_1 > t_2) \tag{2-41}$$

现在,设 $Q(t)$ 为函数 $\varphi(t)$ 的一个三次插值多项式

$$Q(t) = a_0 + a_1(t - t_1) + a_2(t - t_1)^2 + a_3(t - t_1)^3 \approx \varphi(t) \tag{2-42}$$

式中 a_0, a_1, a_2 和 a_3 都是多项式的系数。并且在 t_1 和 t_2,函数 $Q(t)$ 和 $\varphi(t)$ 有相同的函数值和一阶导数,即有

$$\left.\begin{aligned}
&Q(t_1) = a_0 = \varphi(t_1)\\
&Q'(t_1) = a_1 = \varphi'(t_1)\\
&Q(t_2) = a_0 + a_1(t_2 - t_1) + a_2(t_2 - t_1)^2 + a_3(t_2 - t_1)^3 = \varphi(t_2)\\
&Q'(t_2) = a_1 + 2a_2(t_2 - t_1) + 3a_3(t_2 - t_1)^2 = \varphi'(t_2)
\end{aligned}\right\} \tag{2-43}$$

现在要求 $Q(t)$ 在 $[a,b]$ 内的极小点,即要求

$$Q'(t) = a_1 + 2a_2(t - t_1) + 3a_3(t - t_1)^2 = 0 \tag{2-44}$$

在 $[a,b]$ 内的根。另一方面,由极小点的充分条件,还应有

$$Q''(t) = 2a_2 + 6a_3(t - t_1) > 0 \tag{2-45}$$

式(2-44)有两根

$$t = t_1 + \frac{-a_2 \pm \sqrt{a_2^2 - 3a_1a_3}}{3a_3} \qquad (a_3 \neq 0) \tag{2-46}$$

或

$$t = t_1 - \frac{a_1}{2a_2} \qquad (a_3 = 0) \tag{2-47}$$

【**注** 当 $a_3 = 0$ 时,$Q(t)$ 为二次多项式,式(2-44)为线性方程。因为 $\varphi'(t_1) \neq \varphi'(t_2)$,故 $a_2 \neq 0$。】

当 $a_3 \neq 0$ 时,将式(2-46)代入式(2-45)应有

$$2(-a_2 \pm \sqrt{a_2^2 - 3a_1a_3}) + 2a_2 = \pm 2\sqrt{a_2^2 - 3a_1a_3} > 0$$

故应取正号而有

$$t - t_1 = \frac{-a_2 + \sqrt{a_2^2 - 3a_1a_3}}{3a_3} = \frac{a_2^2 - (a_2^2 - 3a_1a_3)}{3a_3(-a_2 - \sqrt{a_2^2 - 3a_1a_3})} = \frac{-a_1}{a_2 + \sqrt{a_2^2 - 3a_1a_3}} \tag{2-48}$$

而且上式概括了 $a_3 = 0$ 和 $a_3 \neq 0$ 两种情况。从而函数 $Q(t)$ 的极小点为

$$t^* = t_1 - \frac{a_1}{a_2 + \sqrt{a_2^2 - 3a_1a_3}} \tag{2-49}$$

下面用已知的 $\varphi(t_1), \varphi(t_2), \varphi'(t_1)$ 和 $\varphi'(t_2)$ 求上式中的系数 a_1, a_2 和 a_3。

令

$$\left.\begin{aligned} u &= \varphi'(t_2) \\ v &= \varphi'(t_1) = a_1 \\ s &= 3[\varphi(t_2) - \varphi(t_1)]/(t_2 - t_1) \end{aligned}\right\} \tag{2-50}$$

将式(2－43)代入上式有

$$s = 3[a_1 + a_2(t_2 - t_1) + a_3(t_2 - t_1)^2] \tag{2-51}$$

再令

$$z = s - u - v \tag{2-52}$$

将式(2－51)、式(2－50)和式(2－43)代入上式,得

$$z = a_1 + a_2(t_2 - t_1) \tag{2-53}$$

即有

$$z - a_1 = a_2(t_2 - t_1) \tag{2-54}$$

再令

$$w^2 = z^2 - uv \tag{2-55}$$

将式(2－53)、式(2－54)和式(2－43)代入上式,得

$$w^2 = (a_2^2 - 3a_1a_3)(t_2 - t_1)^2 \tag{2-56}$$

即有

$$w = \sqrt{a_2^2 - 3a_1a_3}(t_2 - t_1) \tag{2-57}$$

将式(2－57)代入式(2－49)有

$$t^* = t_1 - \frac{a_1}{a_2 + w/(t_2 - t_1)}$$

得到

$$t^* - t_1 = -\frac{a_1(t_2 - t_1)}{a_2(t_2 - t_1) + w}$$

将式(2－53)和式(2－50)代入上式,得

$$t^* - t_1 = -\frac{v(t_2 - t_1)}{z - v + w} \tag{2-58}$$

注意到式(2－55)进行以下变换有

$$t^* - t_1 = -\frac{uv(t_2 - t_1)}{u(z - v + w)} = -\frac{(z^2 - w^2)(t_2 - t_1)}{u(z + w) - (z^2 - w^2)}$$

即

$$t^* - t_1 = \frac{(w - z)(t_2 - t_1)}{u + w - z} \tag{2-59}$$

最后由式(2－58)与式(2－59)右端的分子分母分别相加得

$$t^* - t_1 = \frac{(w - z - v)(t_2 - t_1)}{u + 2w - v} = \left(1 - \frac{u + w + z}{u - v + 2w}\right)(t_2 - t_1)$$

从而

$$t^* = t_1 + \left(1 - \frac{u + w + z}{u - v + 2w}\right)(t_2 - t_1) \tag{2-60}$$

式中 u,v,w 和 z 分别可由式(2－50)、式(2－52)和式(2－55)求得。

由于 $u = \varphi'(t_2) > 0$, $-v = -\varphi'(t_1) > 0$,而 $w^2 = z^2 - uv > 0$,故有 $2w > 0$,从式(2－60)中得分母一定大于零。

同样,可采用迭代的方法利用式(2－60)求得满足一定精度要求的解。图2－9示出了三次插值法的算法框图。

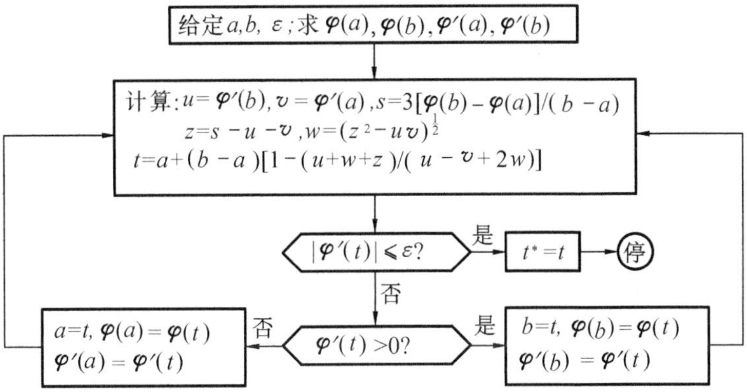

图2－9

以上介绍了几种常用的一维搜索方法,各有其优缺点。在实际应用时应根据问题的特点来选择相应的方法。

2.1.3 搜索区间和初始步长的确定

在进行一维搜索时,需要首先确定搜索区间。设函数$\varphi(t)$具有单谷性质,则可以利用下述方法来确定这个区间。

(1) 首先选取初始点t_0和初始步长h。

(2) 计算函数值$\varphi(t_0)$和$\varphi(t_0+h)$。

(3) 若$\varphi(t_0)\geqslant\varphi(t_0+h)$(参见图2－10),则计算$\varphi(t_0+2^k h)$,$k=1,2,\cdots$直到对于某个$k=m$使$\varphi(u)\geqslant\varphi(v)<\varphi(w)$成立。式中$u=t_0+2^{m-2}h$,$v=t_0+2^{m-1}h$,$w=t_0+2^m h$。

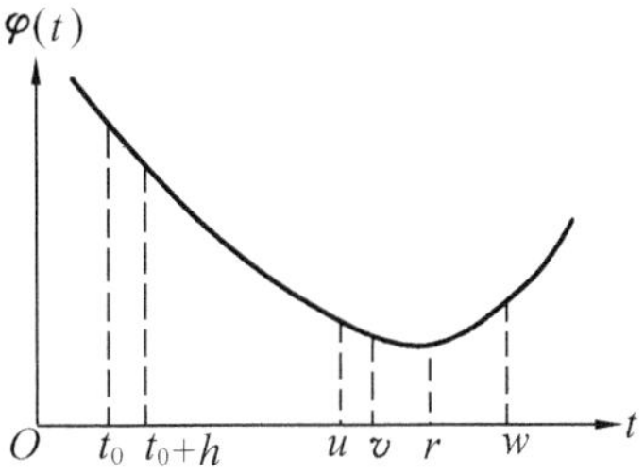

图2－10

这时我们得到的极小点必在其中的搜索区间$[u,w]$。显然,只要比较v和区间$[v,w]$的中点$r=(v+w)/2$的函数值,就可以将$[u,w]$缩短三分之一左右。即当$\varphi(v)<\varphi(r)$时,取$[u,r]$为搜索区间,而当$\varphi(v)\geqslant\varphi(r)$时,取$[v,w]$为搜索区间。

(4) 若$\varphi(t_0)<\varphi(t_0+h)$,则计算$\varphi(t_0)$和$\varphi(t_0-h)$。当$\varphi(t_0-h)>\varphi(t_0)$时(参见图2－11),则取$[t_0-h,t_0+h]$为搜索区间。

当 $\varphi(t_0-h)\leqslant\varphi(t_0)$（参见图2－12），则计算 $\varphi(t_0-2^kh)$，$(k=1,2,\cdots)$ 直到对于某个 $k=m$ 使 $\varphi(u)>\varphi(v)\leqslant\varphi(w)$ 成立，式中 $u=t_0-2^{m-2}h, v=t_0-2^{m-1}h, w=t_0-2^mh$。

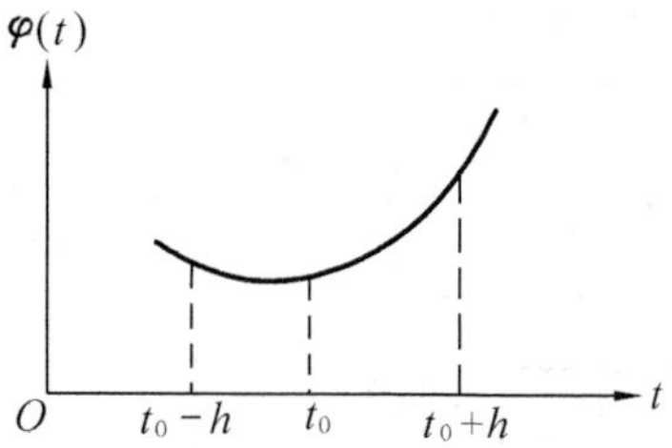

图2－11

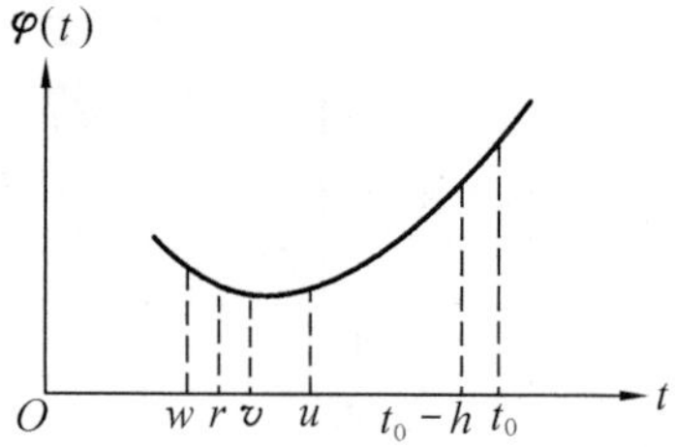

图2－12

此时，我们可得到搜索区间 $[u,w]$。同理只要比较 v 和区间 $[v,w]$ 中点 r 的函数值，就可以确定搜索区间。即当 $\varphi(v)\geqslant\varphi(r)$ 时取 $[w,v]$ 为搜索区间，否则取 $[r,u]$。在上面的确定搜索区间的方法中，首先需要选定合适的初始步长 h。若 h 选得太小，则显然要迭代很多次才能找到搜索区间；若 h 选得太大，虽然可能一步就把极小点包括进来，然而给下一步搜索极小点的过程增加负担。下面介绍一个确定初始步长 h 的公式。

首先，假定 $\varphi(t)$ 具有一阶和二阶连续导数 $\varphi'(t)$ 和 $\varphi''(t)$，则在 t_0 附近将 $\varphi(t)$ 进行泰勒展开并取二次项有

$$\varphi(t)\approx\tilde{\varphi}(t)=\varphi(t_0)+\varphi'(t_0)(t-t_0)+\frac{1}{2}\varphi''(t_0)(t-t_0)^2 \tag{2-61}$$

令 $\tilde{\varphi}'(t)=0$ 可求得近似极小点为

$$\tilde{t}^*=t_0-\frac{\varphi'(t_0)}{\varphi''(t_0)}$$

若 $\varphi(t)$ 的极小值可估计到，并记为 φ_e，即有 $\varphi(t^*)=\varphi_e$，且对于某个 $\tilde{t}$ 有 $\tilde{\varphi}(\tilde{t})=\varphi_e$，则 $\tilde{t}$ 就是 t^* 的一个近似值。于是，由式(2－61)有

$$\varphi_e(t)=\varphi(t_0)+\varphi'(t_0)(\tilde{t}-t_0)+\frac{1}{2}\varphi''(t_0)(\tilde{t}-t_0)^2 \tag{2-62}$$

令 $\tilde{\varphi}'(\tilde{t})=0$ 有

$$\varphi'(t_0)+\varphi''(t_0)(\tilde{t}-t_0)=0 \tag{2-63}$$

由式(2－62)和式(2－63)可解得

$$\tilde{t}=t_0+\frac{2[\varphi_e-\varphi(t_0)]}{\varphi'(t_0)} \tag{2-64}$$

上式中不含难于求得的 $\varphi(t)$ 的二阶导数。此时我们可取步长 $h=|\tilde{t}-t_0|$，所以有

$$h = \left| \frac{2[\varphi_e - \varphi(t_0)]}{\varphi'(t_0)} \right| \tag{2-65}$$

在求解多维极小化问题时，通常已求得步向 $\boldsymbol{P}_k$，再进行一维搜索。即有

$$\left.\begin{aligned} f(\boldsymbol{X}_k + t_k\boldsymbol{P}_k) &= \min_t f(\boldsymbol{X}_k + t\boldsymbol{P}_k) \\ \boldsymbol{X}_{k+1} &= \boldsymbol{X}_k + t_k\boldsymbol{P}_k \end{aligned}\right\}$$

令

$$\varphi(t) = f(\boldsymbol{X}_k + t\boldsymbol{P}_k)$$

则由复合函数微分有

$$\varphi'(t) = \nabla f(\boldsymbol{X}_k + t\boldsymbol{P}_k)^{\mathrm{T}}\boldsymbol{P}_k \tag{2-66}$$

且此时是从 $\boldsymbol{X}_k$ 开始搜索的，故 $t_0 = 0$，所以有

$$\varphi(t_0) = \varphi(0) = f(\boldsymbol{X}_k) \tag{2-67}$$

此时式(2－66)成为

$$\varphi'(t_0) = \varphi'(0) = \nabla f(\boldsymbol{X}_k)^{\mathrm{T}}\boldsymbol{P}_k \tag{2-68}$$

从而由式(2－65)得到初始步长

$$h = \left| \frac{2[f_e - f(\boldsymbol{X}_k)]}{\nabla f(\boldsymbol{X}_k)^{\mathrm{T}}\boldsymbol{P}_k} \right| \tag{2-69}$$

式中 f_e 是 $f(\boldsymbol{X})$ 的极小值的估计值。

通常，在多次迭代求函数 $\varphi(t)$ 的极小点时，第一次用式(2－69)确定初始步长 h，而以后各次可取初始步长为

$$h = \| \boldsymbol{X}_{k+1} - \boldsymbol{X}_k \| \tag{2-70}$$

这是因为 $\boldsymbol{X}_k$ 到 $\boldsymbol{X}_{k+1}$ 的距离 $\| \boldsymbol{X}_{k+1} - \boldsymbol{X}_k \|$ 与从 $\boldsymbol{X}_{k-1}$ 到 $\boldsymbol{X}_k$ 的距离 $\| \boldsymbol{X}_k - \boldsymbol{X}_{k-1} \|$ 一般是接近的。计算实践表明，这种方法是有效的。

2.2 无约束优化的解析法

从本节起开始讨论多维最优化问题。本节讨论用解析方法求解无约束多维最优化问题。多维无约束最优化问题的一般形式是

$$\min f(\boldsymbol{X}) \tag{2-71}$$

这个问题的求解是指，若

$$f(\boldsymbol{X}^*) \leqslant f(\boldsymbol{X}) \tag{2-72}$$

则 $\boldsymbol{X}^*$ 就是问题的最优点。

用解析方法求解无约束优化问题用到函数的导数。本节将要介绍的梯度法、共轭梯度法和拟牛顿法都是使用函数梯度(即一阶导数)的解析法，而牛顿法还要用到海辛矩阵(即二阶导数)。

2.2.1 梯度法

梯度法(Gradient method)是19世纪中叶由Cauchy提出来的求多元函数极值的最早的数值方法[5]。这种方法直观、简单,而且一些更有效的方法都是在它的基础上发展起来的。因此,它是最基本的方法之一。

由第一章我们知道,函数的负梯度方向是函数值在该点的最速下降方向。因此,一个非常自然的想法是:若函数$f(\boldsymbol{X})$有一阶连续偏导数,则可沿函数的负梯度方向移动变量点,即有

$$\boldsymbol{X}_{k+1} = \boldsymbol{X}_k + t_k\boldsymbol{P}_k \tag{1-36}$$

式中的步向

$$\boldsymbol{P}_k = -\nabla f(\boldsymbol{X}_k) \tag{2-73}$$

式中的步长 t_k 由一维搜索求得,即有

$$f(\boldsymbol{X}_k - t_k \nabla f(\boldsymbol{X}_k)) = \min_{t>0} f(\boldsymbol{X}_k - t\nabla f(\boldsymbol{X}_k)) \tag{2-74}$$

由此,按负梯度方向确定最优点的算法如下:

(1) 选定初始点 $\boldsymbol{X}_0$,置 $k=0$;

(2) 计算$f(\boldsymbol{X}_k)$和$\nabla f(\boldsymbol{X}_k)$;

(3) 进行一维搜索求 t_k;

(4) 求 $\boldsymbol{X}_{k+1} = \boldsymbol{X}_k - t_k\nabla f(\boldsymbol{X}_k)$;

(5) 判别收敛准则是否满足,若满足则输出最优解后停机,否则令 $k=k+1$,转(2)。

梯度法的计算框图见图2-13。

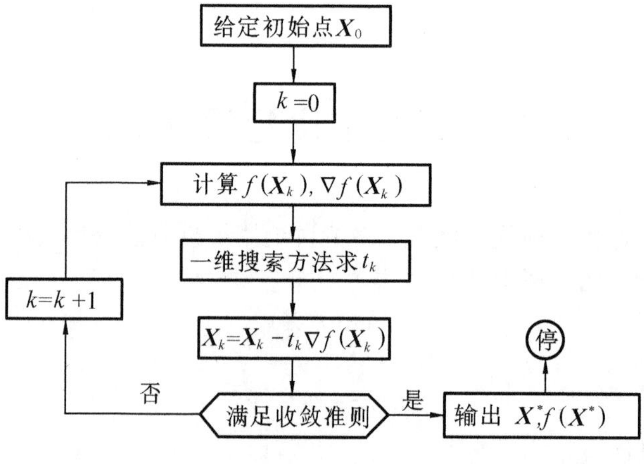

图2-13

对于具有对称正定海辛矩阵$\boldsymbol{H}$的二次函数

$$f(\boldsymbol{X}) = \boldsymbol{C} + \boldsymbol{B}^{\mathrm{T}}\boldsymbol{X} + \frac{1}{2}\boldsymbol{X}^{\mathrm{T}}\boldsymbol{H}\boldsymbol{X} \tag{2-75}$$

其梯度由式(1-7)、式(1-8)和式(1-10)有

$$\nabla f(\boldsymbol{X}) = \boldsymbol{B} + \boldsymbol{H}\boldsymbol{X} \tag{2-76}$$

现在,利用按一维搜索确定 t_k 时应由式(1-40)来确定 t_k 的表达式。由式(1-40)则有

$$\nabla f(\boldsymbol{X}_{k+1})^{\mathrm{T}} \nabla f(\boldsymbol{X}_k) = 0 \tag{2-77}$$

将式(2-76)、式(1-36)和式(2-73)代入上式得

$$[\boldsymbol{H}(\boldsymbol{X}_k - t_k \nabla f(\boldsymbol{X}_k)) + \boldsymbol{B}]^{\mathrm{T}} \nabla f(\boldsymbol{X}_k) = 0$$

再代入式(2-76)有

$$[\nabla f(\boldsymbol{X}_k) - t_k\boldsymbol{H} \nabla f(\boldsymbol{X}_k)]^{\mathrm{T}} \nabla f(\boldsymbol{X}_k) = 0$$

从而解得

$$t_k = \frac{\nabla f(\boldsymbol{X}_k)^{\mathrm{T}} \nabla f(\boldsymbol{X}_k)}{\nabla f(\boldsymbol{X}_k)^{\mathrm{T}}\boldsymbol{H} \nabla f(\boldsymbol{X}_k)} \tag{2-78}$$

例 2-1 用梯度法求解 $\min f(\boldsymbol{X}) = x_1^2 + 25x_2^2$。

解 取 $\boldsymbol{X}_0 = [2,2]^{\mathrm{T}}$

$$f(\boldsymbol{X}_0) = 104, \nabla f(\boldsymbol{X}) = [2x_1, 50x_2]^{\mathrm{T}}, \nabla f(\boldsymbol{X}_0) = [4,100]^{\mathrm{T}}$$

从而

$$\boldsymbol{X}_1 = \boldsymbol{X}_0 - t_0 \nabla f(\boldsymbol{X}_0) = \begin{bmatrix} 2-4t_0 \\ 2-100t_0 \end{bmatrix}$$

由
$$\frac{\mathrm{d}f}{\mathrm{d}t_0} = \frac{\mathrm{d}[(2-4t_0)^2 + 25(2-100t_0)^2]}{\mathrm{d}t_0} = 500\,032t_0 - 10\,016 = 0$$

得 $t_0 = 0.020\,03$。故有

$$\boldsymbol{X}_1 = \begin{bmatrix} 2-4t_0 \\ 2-100t_0 \end{bmatrix} = \begin{bmatrix} 1.92 \\ -0.003 \end{bmatrix}。$$

以下的计算见表 2-3。搜索情况参见图 2-14。由上例可见,用梯度法进行搜索时,变量点的移动轨迹呈锯齿形,即前后两次步向 $\boldsymbol{P}_{k+1}$ 与 $\boldsymbol{P}_k$ 是相互正交的。这是因为梯度法中

$$\boldsymbol{P}_k = -\nabla f(\boldsymbol{X}_k)$$

而
$$f(\boldsymbol{X}_{k+1}) = \min_t f(\boldsymbol{X}_k + t\boldsymbol{P}_k)$$

由式(1-40)

$$\nabla f(\boldsymbol{X}_{k+1})^{\mathrm{T}}\boldsymbol{P}_k = \nabla f(\boldsymbol{X}_{k+1})^{\mathrm{T}} \cdot (-\nabla f(\boldsymbol{X}_k)) = 0$$

即
$$\boldsymbol{P}_{k+1}^{\mathrm{T}}\boldsymbol{P}_k = 0 \tag{2-79}$$

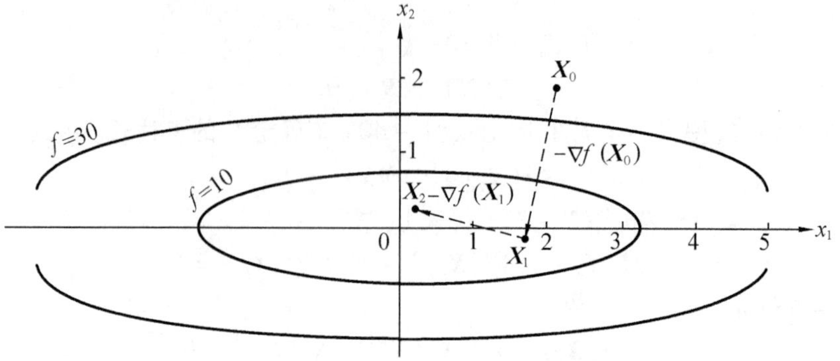

图 2-14

表 2-3 例题 2-1 的优化迭代历程

迭代次数 k	x_{1k}	x_{2k}	$\frac{\partial f}{\partial x_1}$	$\frac{\partial f}{\partial x_2}$	$f(X_k)$	t_k
0	2	2	4	100	104	0.020 03
1	1.92	-0.003	3.84	-0.15	3.69	0.482
2	0.070	0.070	0.14	3.50	0.13	0.020
3	0.067	≈0	0.134	0	0.004	0.48
4	0.003	0	0.006	0	≈0	

可见,一般说来,函数的负梯度方向仅在一点的附近才具有“最速下降”的性质,而对整个极小化过程来说,则不一定是“最速下降”的。这种算法的优点就是迭代过程简单,要求的存储量也少,而且在远离极小点时,函数下降的还是较快的。

梯度法的收敛速度与目标函数的性质有很大关系。若目标函数为同心圆面,则从任一点出发时,均沿梯度方向一步可达到极小点。如果目标函数在最优点附近是一个拉得很长的椭圆面,则收敛很慢(参见图 2-15)。理论上可以证明,这种方法在最优点附近的收敛速度取决于目标函数的椭圆程度。因此对于一般的目标函数,在初始点远离极小点时的开头几步可使用这种方法。

可以证明,梯度法是线性收敛的算法。为了加速梯度法的收敛速度,1964 年 Shan 等人提出了平行切线法[6]。这种方法是将从 X_k 出发沿负梯度方向进行一维搜索求得的点作为 X'_k,再从 X'_k 出发沿着 X_{k-1} 指向 X'_k 的方向再用一维搜索求得 X_{k+1}。参见图 2-16。即有

$$X'_k = X_k - t'_k \nabla f(X_k) \tag{2-80}$$

$$X_{k+1} = X'_k - t_k(X'_k - X_{k-1}) \tag{2-81}$$

式中的 t_k 与 t'_k 都由一维搜索求得。

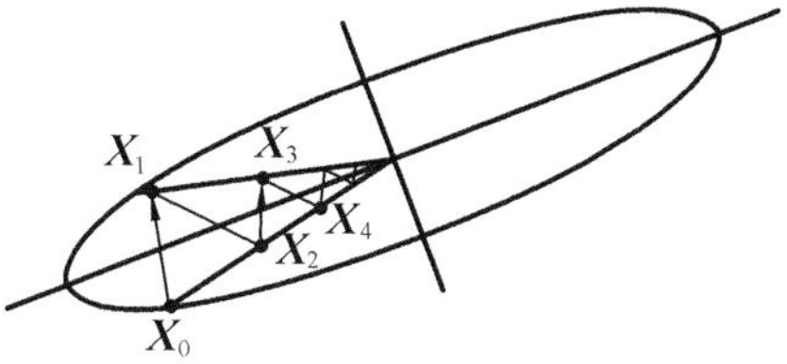

图 2-15

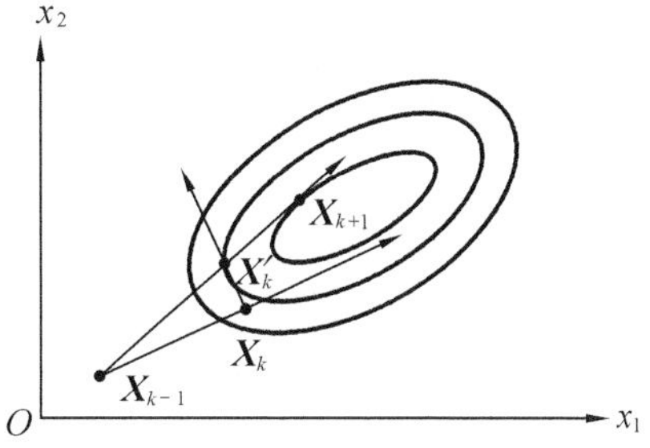

图 2-16

例 2-2 用平行切线法求解 $\min f(X) = x_1^2 + 25x_2^2$。

解 X_0 与 X_1 和梯度法相同，由前例有

$$X_0 = [2,2]^T, X_1 = [1.92, -0.003]^T, X'_1 = [0.07, 0.07]^T$$

$$X_2 = X'_1 - t_1(X'_1 - X_0) = \begin{bmatrix} 0.07 - t_1(0.07-2) \\ 0.07 - t_1(0.07-2) \end{bmatrix} = \begin{bmatrix} 0.07 + 1.93t_1 \\ 0.07 + 1.93t_1 \end{bmatrix}$$

由 $\frac{df}{dt_1} = \frac{d[(0.07+1.93t_1)^2 + 25(0.07+1.93t_1)^2]}{dt_1} = 0$ 求得 $t_1 = -\frac{0.07}{1.93}$。从而 $X_2 = \begin{bmatrix} 0 \\ 0 \end{bmatrix}$。可见一步达到了极小点。

2.2.2 牛顿法

若 $f(X)$ 有二阶连续偏导数，且二阶导数矩阵 $H(X)$ 正定并可显式地表达出来。则可使用下述的牛顿（Newton）法。这种方法具有二阶收敛的性质，收敛速度很快。

考虑 X_k 到 X_{k+1} 时的迭代。此时若在 X_k 点对 $f(X)$ 用泰勒级数展开并略去高于二次的项，则有

$$f(X) \approx \varphi(X) = f(X_k) + \nabla f(X)^T(X - X_k) + \frac{1}{2}(X - X_k)^T H(X_k)(X - X_k)$$

为求 $\varphi(X)$ 的极小点，可令其梯度为零，即有

$$\nabla\varphi(X) = \nabla f(X_k) + H(X_k)(X - X_k) = 0$$

当 H 正定时，$H(X_k)^{-1}$ 存在，所以有

$$X_{k+1} = X_k - H(X_k)^{-1}\nabla f(X_k) \tag{2-82}$$

这个 X_{k+1} 可作为 $f(X)$ 的极小点 X^* 的新的近似，上式就是牛顿法的迭代公式。

可见，牛顿法的方向是

$$P_k = -H(X_k)^{-1}\nabla f(X_k) \tag{2-83}$$

它是一个下降方向，因为这时

$$\nabla f(X_k)^{\mathrm{T}}P_k = -\nabla f(X_k)^{\mathrm{T}}H(X_k)^{-1}\nabla f(X_k) < 0$$

但是，由于目标函数可能很复杂，即使是下降方向，也不能一定保证$f(X_{k+1}) < f(X_k)$。因此，需用一维搜索来确定步长，即有

$$f(X_{k+1}) = \min_{t>0} f(X_k - tH(X_k)^{-1}\nabla f(X_k)) \tag{2-84}$$

另外，$H(X_k)$有时可能不是正定的，因而$H^{-1}(X_k)$不存在；或者$|\nabla f(X_k)^{\mathrm{T}}P_k| \leqslant \varepsilon \|\nabla f(X_k)\| \cdot \|P_k\|$（$\varepsilon$为很小的正数），而$P_k$几乎与$-\nabla f(X_k)$正交。这时都可以改用负梯度方向作为搜索方向。而当$P_k$不是下降方向而是上升方向时，则可将$P_k$反向作为搜索方向，即用$-P_k$作为搜索方向。

用式(2-83)、(2-84)以及上述方法组成的算法称为修正牛顿法。它是常用的无约束优化方法之一。其计算步骤如下：

(1) 选定初始点X_0，令$k=0$，并给定$\varepsilon_1,\varepsilon_2>0$；

(2) 计算$\nabla f(X_k)$，$H(X_k)$；

(3) 若$H(X_k)$奇异，则转(10)；

(4) 求牛顿方向$P_k = -H(X_k)^{-1}\nabla f(X_k)$；

(5) 若$|\nabla f(X_k)^{\mathrm{T}}P_k| \leqslant \varepsilon_1 \|\nabla f(X_k)\| \cdot \|P_k\|$，则转(10)；

(6) 若$|\nabla f(X_k)^{\mathrm{T}}P_k| \geqslant \varepsilon_2 \|\nabla F(X_k)\| \cdot \|P_k\|$，则转(11)；

(7) 沿P_k进行一维搜索，即求t_k使

$$f(X_k + t_kP_k) = \min_{t>0} f(X_k + tP_k)$$

(8) 令$X_{k+1} = X_k + t_kP_k$；

(9) 判别收敛准则是否满足，若满足则输出最优解后停机，否则置$k=k+1$，转(2)；

(10) 令$P_k = -\nabla f(X_k)$，转(7)；

(11) 令$P_k = -P_k$，转(7)。

例2-3　用牛顿法求解$\min f(X) = x_1^2 + 25x_2^2$。

解　仍取$X_0 = [2,2]^{\mathrm{T}}$，则

$$\nabla f(X_0) = [4,100]^{\mathrm{T}}, H(X) = \begin{bmatrix} 2 & 0 \\ 0 & 50 \end{bmatrix}（正定）$$

$$H(X)^{-1} = \begin{bmatrix} \frac{1}{2} & 0 \\ 0 & \frac{1}{50} \end{bmatrix}$$

所以

$$X_1 = X_0 - H(X_0)^{-1} \nabla f(X_0) = \begin{bmatrix}2\\2\end{bmatrix} - \begin{bmatrix}\frac{1}{2} & 0\\ 0 & \frac{1}{50}\end{bmatrix}\begin{bmatrix}4\\100\end{bmatrix} = \begin{bmatrix}0\\0\end{bmatrix}$$

可见,用牛顿法求解上述的二次函数只需一次迭代即可求得极小点,比梯度法效率高很多,为二阶收敛的算法。

例 2-4 用牛顿法求解 $\min f(X) = x_1^4 + x_1 x_2 + (1 + x_2)^2$。

解 取 $X_0 = [0,0]^{\mathrm{T}}$, $\nabla f(X) = \begin{bmatrix}4x_1^3 + x_2\\ x_1 + 2(1 + x_2)\end{bmatrix}$, $H(X) = \begin{bmatrix}12x_1^2 & 1\\ 1 & 2\end{bmatrix}$

所以

$$\nabla f(X_0) = \begin{bmatrix}0\\2\end{bmatrix}, H(X_0) = \begin{bmatrix}0 & 1\\1 & 2\end{bmatrix}(\text{不正定}), H(X_0)^{-1} = \frac{1}{-1}\begin{bmatrix}2 & -1\\-1 & 0\end{bmatrix} = \begin{bmatrix}-2 & 1\\1 & 0\end{bmatrix}$$

令
$$P_0 = -H(X_0)^{-1} \nabla f(X_0) = \begin{bmatrix}2 & -1\\-1 & 0\end{bmatrix}\begin{bmatrix}0\\2\end{bmatrix} = \begin{bmatrix}-2\\0\end{bmatrix}$$

由于
$$\nabla f(X_0)^{\mathrm{T}} P_0 = [0,2]\begin{bmatrix}-2\\0\end{bmatrix} = \begin{bmatrix}0\\0\end{bmatrix}$$

故令
$$P_0 = -\nabla f(X_0) = \begin{bmatrix}0\\-2\end{bmatrix}$$

则
$$X_1 = X_0 + t_0 P_0 = \begin{bmatrix}0\\-2t_0\end{bmatrix}$$

再沿 P_0 进行一维搜索:

由
$$\frac{\mathrm{d}f}{\mathrm{d}t_0} = \frac{\mathrm{d}[(1 - 2t_0)^2]}{\mathrm{d}t_0} = -4(1 - 2t_0) = 0$$

求得 $t_0 = \dfrac{1}{2}$,故 $X_1 = \begin{Bmatrix}0\\-1\end{Bmatrix}$。

第二次迭代:

$$\nabla f(X_1) = \begin{bmatrix}-1\\0\end{bmatrix}, H(X_1) = \begin{bmatrix}0 & 1\\1 & 2\end{bmatrix}, H(X_1)^{-1} = \begin{bmatrix}-2 & 1\\1 & 0\end{bmatrix}$$

令
$$P_1 = -H(X_1)^{-1} \nabla f(X_1) = -\begin{bmatrix}-2 & 1\\1 & 0\end{bmatrix}\begin{bmatrix}-1\\0\end{bmatrix} = \begin{bmatrix}-2\\1\end{bmatrix}$$

此时
$$\nabla f(X_1)^{\mathrm{T}} P_1 = [-1,0]\begin{bmatrix}-2\\1\end{bmatrix} = 2 > 0$$

故令
$$P_1 = -\begin{bmatrix}-2\\1\end{bmatrix} = \begin{bmatrix}2\\-1\end{bmatrix}$$

则
$$X_2 = X_1 + t_1 P_1 = \begin{bmatrix} 0 \\ -1 \end{bmatrix} + t_1 \begin{bmatrix} 2 \\ -1 \end{bmatrix} = \begin{bmatrix} 2t_1 \\ -1-t_1 \end{bmatrix}$$

再沿 P_1 一维搜索求 t_1：

由
$$\frac{\mathrm{d}f}{\mathrm{d}t_1} = \frac{\mathrm{d}(16t_1^4 - t_1^2 - 2t_1)}{\mathrm{d}t_1} = 64t_1^3 - 2t_1 - 2 = 0$$

求得
$$t_1 = 0.347\ 942\ 2$$

则
$$X_2 = \begin{bmatrix} 0.695\ 884\ 4 \\ -1.347\ 942\ 2 \end{bmatrix}, f(X_2) = -0.582\ 445\ 1, \nabla f(X_2) = \begin{bmatrix} 0.73 \times 10^{-7} \\ 0 \end{bmatrix} \approx \begin{bmatrix} 0 \\ 0 \end{bmatrix}$$

故 X_2 为极小点。

牛顿法的收敛速度很快。可以证明，对于一个正定的二次函数，用它迭代一次即可达到极小点。

【证 考虑齐次二次函数 $f(X) = ax_1^2 + 2bx_1x_2 + cx_2^2 \quad (a > 0, c > 0, ac - b^2 > 0)$

$$H(X) = \begin{bmatrix} \frac{\partial^2 f}{\partial x_1^2} & \frac{\partial^2 f}{\partial x_1 x_2} \\ \frac{\partial^2 f}{\partial x_1 x_2} & \frac{\partial^2 f}{\partial x_2^2} \end{bmatrix} = \begin{bmatrix} 2a & 2b \\ 2b & 2c \end{bmatrix} = 2\begin{bmatrix} a & b \\ b & c \end{bmatrix}$$

因为 $ac - b^2 > 0$，所以有 $[H(X)]^{-1} = \frac{1}{2(ac - b^2)}\begin{bmatrix} c & -b \\ -b & a \end{bmatrix}$ 存在，而

$$\nabla f(X) = \begin{bmatrix} 2ax_1 + 2bx_2 \\ 2bx_1 + 2cx_2 \end{bmatrix} = 2\begin{bmatrix} ax_1 + bx_2 \\ bx_1 + cx_2 \end{bmatrix}$$

故

$$H(X)^{-1} \nabla f(X) = \frac{1}{ac - b^2}\begin{bmatrix} c & -b \\ -b & a \end{bmatrix}\begin{bmatrix} ax_1 + bx_2 \\ bx_1 + cx_2 \end{bmatrix} = \frac{ac - b^2}{ac - b^2}\begin{bmatrix} x_1 \\ x_2 \end{bmatrix} = X$$

所以用牛顿法求极小点时有

$$X_{k+1} = X_k - t_k X_k \to \begin{bmatrix} 0 \\ 0 \end{bmatrix}$$ 】

牛顿法的缺点是要计算函数的二阶导数矩阵并求逆，计算量大，要求的存储量也大。

2.2.3 共轭方向与共轭梯度法

由前面可知，梯度法有锯齿现象，收敛慢；牛顿法收敛快但要计算二阶导数矩阵，计算量和存储量大。而理论上可以证明，若各次迭代方向选为共轭方向时，则迭代次数不超过设计变量分量数(n)时就能收敛，而且与初始点无关。

下面介绍向量共轭的概念和共轭梯度法。

2.2.3.1 共轭方向

1. 向量的共轭

设 $\boldsymbol{H}$ 是 $n \times n$ 的对称正定矩阵。若 n 维空间中非零向量系 $\boldsymbol{P}_0,\boldsymbol{P}_1,\cdots,\boldsymbol{P}_{n-1}$ 满足

$$\boldsymbol{P}_i^{\mathrm{T}}\boldsymbol{H}\boldsymbol{P}_j = \boldsymbol{0} \quad (i,j = 1,2,\cdots,n-1;i \neq j) \tag{2-85}$$

则称 $\boldsymbol{P}_0,\boldsymbol{P}_1,\cdots,\boldsymbol{P}_{n-1}$ 是对 H 共轭的,并称 $\boldsymbol{P}_0,\boldsymbol{P}_1,\cdots,\boldsymbol{P}_{n-1}$ 的方向是对 $\boldsymbol{H}$ 的**共轭方向**(Conjugate directions)。

当 $\boldsymbol{H} = \boldsymbol{I}$(单位矩阵)时,式(2-85)变为

$$\boldsymbol{P}_i^{\mathrm{T}}\boldsymbol{P}_j = \boldsymbol{0} \quad (i \neq j) \tag{2-86}$$

即向量 $\boldsymbol{P}_0,\boldsymbol{P}_1,\cdots,\boldsymbol{P}_{n-1}$ 互相正交。可见,“共轭”是“正交”或“垂直”的推广。但两向量对 $\boldsymbol{H}$ 共轭时有可能相互正交,也可能相互不正交,且两向量相互正交时也不一定对 $\boldsymbol{H}$ 共轭。例如:

若 $\boldsymbol{H} = \begin{bmatrix} 2 & 1 \\ 1 & 2 \end{bmatrix}$,则向量 $\boldsymbol{P}_1 = [1,1]^{\mathrm{T}}$ 与 $\boldsymbol{P}_2 = [1,-1]^{\mathrm{T}}$ 即对 $\boldsymbol{H}$ 共轭且相互正交;

若 $\boldsymbol{H} = \begin{bmatrix} 2 & 1 \\ 1 & 2 \end{bmatrix}$,则向量 $\boldsymbol{P}_1 = [1,0]^{\mathrm{T}}$ 与 $\boldsymbol{P}_2 = [1,-2]^{\mathrm{T}}$ 对 $\boldsymbol{H}$ 共轭但相互不正交;

若 $\boldsymbol{H} = \begin{bmatrix} 2 & 1 \\ 1 & 2 \end{bmatrix}$,则向量 $\boldsymbol{P}_1 = [1,0]^{\mathrm{T}}$ 与 $\boldsymbol{P}_2 = [0,1]^{\mathrm{T}}$ 对 $\boldsymbol{H}$ 不共轭,但相互正交。

2. 共轭向量的性质

(1) 若非零向量系 $\boldsymbol{P}_0,\boldsymbol{P}_1,\cdots,\boldsymbol{P}_{n-1}$ 是为 $\boldsymbol{H}$ 共轭的,则这 n 个向量线性无关。

【**证** 设向量系 $\boldsymbol{P}_0,\boldsymbol{P}_1,\cdots,\boldsymbol{P}_{n-1}$ 之间存在线性组合关系

$$\alpha_0 p_0 + \alpha_1 p_1 + \cdots + \alpha_{n-1} p_{n-1} = \sum_{j=0}^{n-1} \alpha_j p_j = 0$$

对 $i = 0,1,2,\cdots,n-1$ 用 $\boldsymbol{P}_i^{\mathrm{T}}\boldsymbol{H}$ 左乘上式得

$$\sum_{j=0}^{n-1} \alpha_j \boldsymbol{P}_i^{\mathrm{T}}\boldsymbol{H}\boldsymbol{P}_j = 0(i = 0,1,\cdots,n-1)$$

因为 $\boldsymbol{P}_0,\boldsymbol{P}_1,\cdots,\boldsymbol{P}_{n-1}$ 为 $\boldsymbol{H}$ 共轭,所以将式(2-85)代入上式有

$$\alpha_i \boldsymbol{P}_i^{\mathrm{T}}\boldsymbol{H}\boldsymbol{P}_i = 0(i = 0,1,\cdots,n-1)$$

因为 $\boldsymbol{H}$ 正定,$\boldsymbol{P}_i$ 是非零向量,因而必有

$$\alpha_i = 0 \quad (i = 0,1,\cdots,n-1)$$

可见,向量系 $\boldsymbol{P}_0,\boldsymbol{P}_1,\cdots,\boldsymbol{P}_{n-1}$ 线性无关。 】

(2) 若 $\boldsymbol{H}$ 为 $n \times n$ 对称正定矩阵,非零向量 $\boldsymbol{P}_0,\boldsymbol{P}_1,\cdots,\boldsymbol{P}_{n-1}$ 是为 $\boldsymbol{H}$ 共轭的向量系,则对二次目标函数

$$f(\boldsymbol{X}) = \frac{1}{2}\boldsymbol{X}^{\mathrm{T}}\boldsymbol{H}\boldsymbol{X} + \boldsymbol{B}^{\mathrm{T}}\boldsymbol{X} + \boldsymbol{C}$$

顺次进行 n 次一维搜索以后有

$$P_j^{\mathrm{T}} \nabla f(\boldsymbol{X}_n) = 0 \quad (0 \leqslant j < n) \tag{2-87}$$

且 $\boldsymbol{X}_n$ 是 $f(\boldsymbol{X})$ 的极小点。

【**证** 对于二次函数 $\nabla f(\boldsymbol{X}) = \boldsymbol{H}\boldsymbol{X} + \boldsymbol{B}$

有

$$\nabla f(\boldsymbol{X}_k) = \boldsymbol{H}\boldsymbol{X}_k + \boldsymbol{B} \quad (k = 0,1,\cdots,n-1)$$

$$\nabla f(\boldsymbol{X}_{k+1}) = \boldsymbol{H}\boldsymbol{X}_{k+1} + \boldsymbol{B} \quad (k = 0,1,\cdots,n-1)$$

上二式相减得

$$\nabla f(\boldsymbol{X}_{k+1}) - \nabla f(\boldsymbol{X}_k) = \boldsymbol{H}(\boldsymbol{X}_{k+1} - \boldsymbol{X}_k) \tag{1}$$

而

$$\boldsymbol{X}_{k+1} = \boldsymbol{X}_k + t_k\boldsymbol{P}_k$$

将上式代入式(1) 有

$$\nabla f(\boldsymbol{X}_{k+1}) = \nabla f(\boldsymbol{X}_k) + t_k\boldsymbol{H}\boldsymbol{P}_k \tag{2}$$

因为 t_k 是由一维搜索得到的,所以有

$$\nabla f(\boldsymbol{X}_{k+1})^{\mathrm{T}}\boldsymbol{P}_k = \boldsymbol{0} \tag{3}$$

因此有

$$\nabla f(\boldsymbol{X}_{k+1})^{\mathrm{T}}\boldsymbol{P}_k + t_k P_k^{\mathrm{T}}\boldsymbol{H}\boldsymbol{P}_k = \boldsymbol{0} \tag{4}$$

当 $k = n-1$ 时,由式(2) 有

$$\begin{aligned}\nabla f(\boldsymbol{X}_n) &= \nabla f(\boldsymbol{X}_{n-1}) + t_{n-1}\boldsymbol{H}\boldsymbol{P}_{n-1} \\ &= \nabla f(\boldsymbol{X}_{n-2}) + t_{n-2}\boldsymbol{H}\boldsymbol{P}_{n-2} + t_{n-1}\boldsymbol{H}\boldsymbol{P}_{n-1} \\ &= \cdots \\ &= \nabla f(\boldsymbol{X}_1) + \sum_{i=1}^{n-1} t_i\boldsymbol{H}\boldsymbol{P}_i\end{aligned}$$

上式可写成通式

$$\nabla f(\boldsymbol{X}_n) = \nabla f(\boldsymbol{X}_{j+1}) + \sum_{i=j+1}^{n-1} t_i\boldsymbol{H}\boldsymbol{P}_i \quad (0 \leqslant j \leqslant n-2) \tag{5}$$

用 $\boldsymbol{P}_j (j = 0,1,2,\cdots,n-2)$ 左乘式(5) 两边有

$$\nabla f(\boldsymbol{X}_n)^{\mathrm{T}}\boldsymbol{P}_j = \nabla f(\boldsymbol{X}_{j+1})^{\mathrm{T}}\boldsymbol{P}_j + \sum_{i=j+1}^{n-1} t_i\boldsymbol{P}_j^{\mathrm{T}}\boldsymbol{H}\boldsymbol{P}_i \tag{6}$$

由式(3) 知式(6) 右端的第一项为零,而由 $\boldsymbol{P}_0,\boldsymbol{P}_1,\cdots,\boldsymbol{P}_{n-1}$ 的共轭性可知第二项为零。加上$\nabla f(\boldsymbol{X}_n)^{\mathrm{T}}\boldsymbol{P}_{n-1} = \boldsymbol{0}$,故得

$$\nabla f(\boldsymbol{X}_n)^{\mathrm{T}}\boldsymbol{P}_j = \boldsymbol{0} \quad (0 \leqslant j < n) \tag{7}$$

由式(7) 可见$\nabla f(\boldsymbol{X}_n)$ 和 n 个不为零的线性无关向量 $\boldsymbol{P}_0,\boldsymbol{P}_1,\cdots,\boldsymbol{P}_{n-1}$ 正交,故必有

$$\nabla f(\boldsymbol{X}_n) = \boldsymbol{0} \tag{8}$$

从而 $\boldsymbol{X}_n$ 必为 $f(\boldsymbol{X})$ 的极小点。 】

这就说明,对于二次函数,从任意初始点 $\boldsymbol{X}_0$ 出发沿 n 个为 $\boldsymbol{H}$ 共轭的方向进行一维搜索时,

最多经过 n 次迭代就可求得极小点。函数的这种性质称为二次收敛性；具有这种性质的算法称为二次收敛的算法。也就是说，若各次迭代的步向选为共轭方向时，则迭代次数不超过 n 次时就能收敛，且与初始点无关。一般说来，具有二次收敛性的算法，其收敛的阶都在超线性以上。

例如，设有二元二次型正定函数

$$f(\boldsymbol{X}) = \frac{1}{2}\boldsymbol{X}^{\mathrm{T}}\boldsymbol{H}\boldsymbol{X} + \boldsymbol{B}^{\mathrm{T}}\boldsymbol{X} + \boldsymbol{C} \tag{1}$$

如图 2 - 17 所示，任选初始点 $\boldsymbol{X}_0$，沿某下降方向 $\boldsymbol{P}_0$ 作直线搜索得 $\boldsymbol{X}_1$，则有

$$\nabla f(\boldsymbol{X}_1)^{\mathrm{T}}\boldsymbol{P}_0 = \boldsymbol{0} \tag{2}$$

且 $\boldsymbol{P}_0$ 所在直线必与某等值线相切于 $\boldsymbol{X}_1$。则最好下一次的搜索方向 $\boldsymbol{P}_1$ 直指向极小点 $\boldsymbol{X}^*$。下面求这个 $\boldsymbol{P}_1$ 应满足的条件。此时有

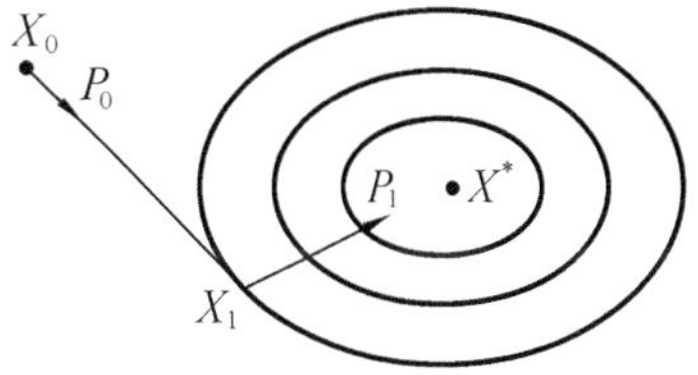

图 2 - 17

(1) $$\boldsymbol{X}^* = \boldsymbol{X}_1 + t_1\boldsymbol{P}_1 \tag{3}$$

式中 t_1 是最优步长。显然当 $\boldsymbol{X}_1 \neq \boldsymbol{X}^*$ 时，$t_1 \neq 0$。

(2) $$\nabla f(\boldsymbol{X}^*) = \boldsymbol{0} \tag{4}$$

因为

$$\nabla f(\boldsymbol{X}) = \boldsymbol{H}\boldsymbol{X} + B \tag{5}$$

由式(4) 和(5) 得

$$\nabla f(\boldsymbol{X}_1) + t_1\boldsymbol{H}_1\boldsymbol{P}_1 = \boldsymbol{0} \tag{6}$$

用 $\boldsymbol{P}_0^{\mathrm{T}}$ 左乘上式并注意到式(2) 与 $t_1 \neq 0$，得到

$$\boldsymbol{P}_0^{\mathrm{T}}\boldsymbol{H}\boldsymbol{P}_1 = \boldsymbol{0} \tag{7}$$

上式即 $\boldsymbol{P}_1$ 应满足的条件：$\boldsymbol{P}_1$ 与 $\boldsymbol{P}_0$ 为 $\boldsymbol{H}$ 共轭或 $\boldsymbol{P}_0$ 与 $\boldsymbol{P}_1$ 为共轭方向。说明对于二元二次函数，从任意初始点 $\boldsymbol{X}_0$ 出发，沿任意下降方向 $\boldsymbol{P}_0$ 作直线搜索得 $\boldsymbol{X}_1$ 后，再从 $\boldsymbol{X}_1$ 出发沿 $\boldsymbol{P}_0$ 的共轭方向 $\boldsymbol{P}_1$ 作直线搜索时，所得到的 $\boldsymbol{X}_2$ 必是极小点 $\boldsymbol{X}^*$。

由于任意函数可由泰勒级数展开成近似的二次函数，故用上述这种称为共轭方向法的方法可求得任意函数的近似极小点。

提供共轭向量系的方法有很多。下面介绍构造向量系时避开海辛矩阵且常用的共轭方向法 —— **共轭梯度法**(Conjugate gradient method)。

2.2.3.2 F - R 共轭梯度法

如果取初始点 $\boldsymbol{X}_0$ 处的负梯度方向作为 $\boldsymbol{P}_0$，而以后各次的共轭方向 $\boldsymbol{P}_k$ 由 $\boldsymbol{X}_k$ 处的负梯度方向与已经得到的共轭方向 $\boldsymbol{P}_{k-1}$ 的线性组合来确定，则构成一种称为共轭梯度法的共轭方向法。此时

$$\boldsymbol{P}_0 = -\nabla f(\boldsymbol{X}_0) \tag{2-88}$$

$$P_k = -\nabla f(X_k) + \sum_{i=0}^{k-1} \beta_i P_i (k = 1,2,\cdots)$$

最简单的线性组合为 $\beta_0 = \beta_1 = \cdots = \beta_{k-2} = 0$

故

$$P_k = -\nabla f(X_k) + \beta_{k-1} P_{k-1} (k = 1,2,\cdots) \tag{2-89}$$

可以证明,为保证 P_k 与 P_{k-1} 共轭,上式中的 β_{k-1} 应为

$$\beta_{k-1} = \frac{\nabla f(X_k)^{\mathrm{T}} \nabla f(X_k)}{\nabla f(X_{k-1})^{\mathrm{T}} \nabla f(X_{k-1})} = \frac{\| \nabla f(X_k) \|^2}{\| \nabla f(X_{k-1}) \|^2} \tag{2-90}$$

即 β 等于前后两目标函数梯度向量的内积之比。

用式(2-88)、式(2-89)和式(2-90)构成的共轭梯度法是1964年由 Fletcher R 和 Reeves M C[7] 提出的,故称为 F-R 共轭梯度法。

另外,将式(2-89)左右两边同乘 $\nabla f(X_k)$ 有

$$P_k^{\mathrm{T}} \nabla f(X_k) = -\nabla f(X_k)^{\mathrm{T}} \nabla f(X_k) + \beta_{k-1} P_{k-1}^{\mathrm{T}} \nabla f(X_k)$$

将式(2-87)代入有

$$P_k^{\mathrm{T}} \nabla f(X_k) = -\| \nabla f(X_k) \|^2 < 0 \tag{2-91}$$

可见,搜索方向 P_k 总是下降方向。实际上,可以把共轭梯度法看作梯度法的改进。当令所有的 $\beta_{k-1} = 0$ 时,共轭梯度法就是梯度法。因此,共轭梯度法的效果不低于梯度法。可以证明共轭梯度法的收敛速度是超线性的。同时,由于这种方法不涉及矩阵,所以要求的存贮量小,适合于高维问题。因而共轭梯度法在无穷维的最优控制问题中得到大量的应用。

由于 n 维问题的共轭方向最多只有 n 个,故在 n 步以后继续进行是没有意义的。同时,舍入误差的积累也愈来愈多,也会对算法的收敛造成影响。因此,在实际应用时需要采用重开始的办法,即在迭代 n 次后,以所得到的近似极小点 X_n 作为初始点,重新进行迭代。

F-R 共轭梯度法的计算步骤是:

(1) 给定初始点 X_0 及判断收敛与否的正小数 ε;

(2) 置 $k = 0$;

(3) 计算 $f(X_k)$ 与 $\nabla f(X_k)$;

(4) 判别收敛准则 $\| \nabla f(X_k) \| \leq \varepsilon$ 是否满足,若满足则停机;

(5) $k = 0$ 时,令 $P_k = -\nabla f(X_0)$,$k \neq 0$ 时,令 $P_k = -\nabla f(X_k) + \beta_{k-1} P_{k-1}$;其中 $\beta_{k-1} = \| \nabla f(X_k) \|^2 / \| \nabla f(X_{k-1}) \|^2$;

(6) 一维搜索求 t_k 使

$$f(X_k + t_k P_k) = \min_t f(X_k + t P_k)$$

(7) 令 $X_{k+1} = X_k + t_k P_k$;

(8) 令 $k = k + 1$;

(9) 判别 k 是否大于 n,若大于则转(2),否则转(3)。

F-R 共轭梯度法的计算框图见图2-18。

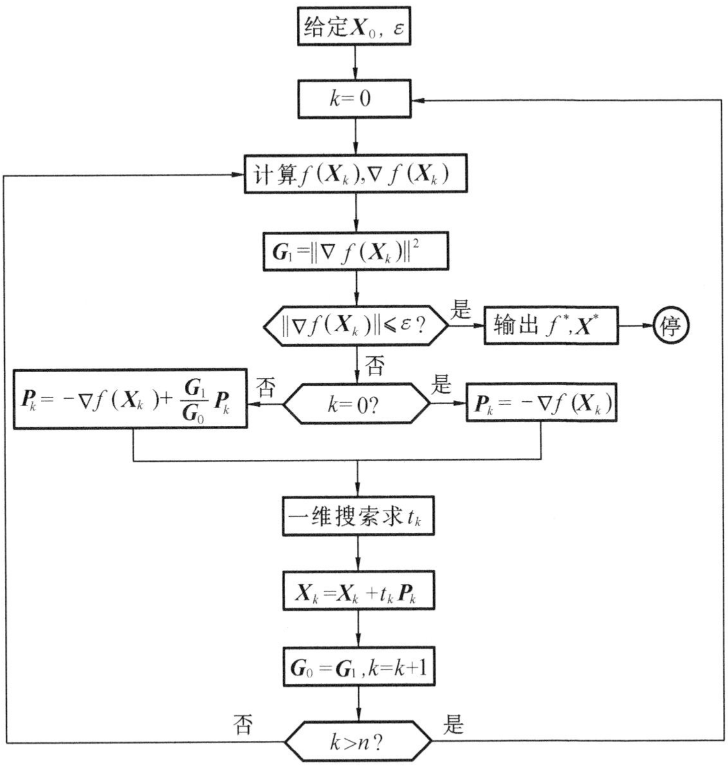

图 2－18

例 2－5　用共轭梯度法求解 $\min f(\boldsymbol{X}) = x_1^2 + 25x_2^2$

解　仍取 $\boldsymbol{X}_0 = [2,2]^{\mathrm{T}}$,则

$$\nabla f(\boldsymbol{X}) = [2x_1,50x_2]^{\mathrm{T}},\nabla f(\boldsymbol{X}_0) = [4,100],\ \|\nabla f(\boldsymbol{X}_0)\|^2 = 10\ 016$$

第一步用梯度法有

$$t_0 = 0.020\ 030\ 7,\boldsymbol{P}_0 = -\nabla f(\boldsymbol{X}_0) = \begin{bmatrix} -4 \\ -100 \end{bmatrix}$$

$$\boldsymbol{X}_1 = \boldsymbol{X}_0 + t_0\boldsymbol{P}_0 = \begin{bmatrix} 1.92 \\ -0.003\ 07 \end{bmatrix}$$

所以

$$\nabla f(\boldsymbol{X}_1) = \begin{bmatrix} 3.84 \\ -0.153\ 5 \end{bmatrix},\ \|\nabla f(\boldsymbol{X}_1)\|^2 = 14.768$$

故

$$\beta_0 = \|\nabla f(\boldsymbol{X}_1)\|^2 / \|\nabla f(\boldsymbol{X}_0)\|^2 = 0.001\ 474\ 4$$

$$P_1 = -\nabla f(X_1) + \beta_0 P_0 = \begin{bmatrix} -3.845\,9 \\ 0.006\,06 \end{bmatrix}$$

因为 $X_2 = X_1 + t_1 P_1 = \begin{bmatrix} -3.845\,9t_1 + 1.92 \\ 0.006\,06t_1 - 0.003\,07 \end{bmatrix}$。所以由一维搜索得

$$\frac{\mathrm{d}f}{\mathrm{d}t_1} = \frac{\mathrm{d}[(1.92 - 3.845\,9t_1)^2 + 25(0.006\,06t_1 - 0.003\,07)^2]}{\mathrm{d}t_1} = 0$$

可求得 $t_1 = 0.499\,23$。

从而 $X_2 = X_1 + t_1 P_1 = \begin{bmatrix} 0.000\,011 \\ 0.000\,044 \end{bmatrix} \approx \begin{bmatrix} 0 \\ 0 \end{bmatrix}$，可见两步收敛到极小点。

2.2.3.3 P－R 共轭梯度法

1969 年 Polak E 和 Ribiere G[8] 对 F－R 方法进行了改进。因为 $\nabla f(X_k)^{\mathrm{T}} \nabla f(X_{k-1}) = 0$，故

$$\begin{aligned} \nabla f(X_k)^{\mathrm{T}} \nabla f(X_k) &= \nabla f(X_k)^{\mathrm{T}} \nabla f(X_k) - \nabla f(X_k)^{\mathrm{T}} \nabla f(X_{k-1}) \\ &= (\nabla f(X_k) - \nabla f(X_{k-1}))^{\mathrm{T}} \nabla f(X_k) \end{aligned}$$

因而

$$\beta_{k-1} = \frac{(\nabla f(X_k) - \nabla f(X_{k-1}))^{\mathrm{T}} \nabla f(X_k)}{\nabla f(X_{k-1})^{\mathrm{T}} \nabla f(X_{k-1})} \tag{2-92}$$

用上式代替式(2－90)形成的共轭梯度法即为P－R共轭梯度法。对于二次函数，F－R共轭梯度法与P－R共轭梯度法等价。但对非二次函数二者不相同。1977 年 M J D Powell 给出了明确的结论，他举出了一个具有 165 个变量的例子，极小值为 －268.276，用 F－R 共轭梯度法迭代50 次得到的函数值为 －218.388，用 P－R 共轭梯度法只 12 次就得到 6 位相同的极小值。他从理论上分析了 P－R 共轭梯度法优于 F－R 共轭梯度法的原因。

2.2.4 拟牛顿法

前面我们介绍了梯度法与牛顿法，它们的主要区别是所确定的迭代方向 P_k 不同；但我们可以发现，这些 P_k 都与梯度有关，且可写成如下的统一形式

$$P_k = -H_k \nabla f(X_k) \tag{2-93}$$

这时，对于梯度法有

$$H_k = I(\text{单位矩阵})$$

对于牛顿法

$$H_k = [\ \ ^2 f(X_k)]^{-1}$$

同时，我们知道梯度法简单但收敛特性不好；牛顿法收敛速度很快，但要求二阶导数矩阵并求逆，计算量和存储量都大。这就自然给人们提出，可否用某个近似于$[\ \ ^2 f(X_k)]^{-1}$ 的矩阵 H_k 来代替它，使产生的搜索方向 P_k 具有较好的性质，从而使算法有较快的收敛速度，而 H_k

又不必与 $^2f(\boldsymbol{X}_k)$ 相联系。

为了使 $\boldsymbol{H}_k$ 确实逼近$[\quad ^2f(\boldsymbol{X}_k)]^{-1}$ 并容易计算,自然要对 $\boldsymbol{H}_k$ 提出一些要求。

第一,为了保证用 $\boldsymbol{H}_k$ 形成的步向 $\boldsymbol{P}_k$ 具有使函数下降的性质,要求 $\boldsymbol{H}_k$ 是对称正定的。因为当 $\boldsymbol{H}_k$ 正定时,必有$\nabla f(\boldsymbol{X}_k)^{\mathrm{T}}\boldsymbol{P}_k = -\nabla f(\boldsymbol{X}_k)^{\mathrm{T}}\boldsymbol{H}_k \nabla f(\boldsymbol{X}_k) < 0$。

第二,要求 $\boldsymbol{H}_k$ 之间的迭代具有简单的形式。显然最好是

$$\boldsymbol{H}_{k+1} = \boldsymbol{H}_k + \Delta\boldsymbol{H}_k \tag{2-94}$$

称上式为校正公式,$\Delta\boldsymbol{H}_k$ 称为校正矩阵。

第三,$\boldsymbol{H}_k$ 应满足以下的拟牛顿条件。首先,由二次函数

$$f(\boldsymbol{X}) = \frac{1}{2}\boldsymbol{X}^{\mathrm{T}}\nabla^2 f(\boldsymbol{X})\boldsymbol{X} + \boldsymbol{B}^{\mathrm{T}}\boldsymbol{X} + \boldsymbol{C}$$

有 $$\nabla f(\boldsymbol{X}_k) = \nabla^2 f(\boldsymbol{X})\boldsymbol{X}_k + B \text{ 和 } \nabla f(\boldsymbol{X}_{k+1}) = \nabla^2 f(\boldsymbol{X})\boldsymbol{X}_{k+1} + B$$

上两式相减得

$$\nabla f(\boldsymbol{X}_{k+1}) - \nabla f(\boldsymbol{X}_k) = \nabla^2 f(\boldsymbol{X})(\boldsymbol{X}_{k+1} - \boldsymbol{X}_k)$$

故有

$$\boldsymbol{X}_{k+1} - \boldsymbol{X}_k = [\nabla^2 f(\boldsymbol{X})]^{-1}[\nabla f(\boldsymbol{X}_{k+1}) - \nabla f(\boldsymbol{X}_k)]$$

因为具有正定海辛矩阵$\nabla^2 f(\boldsymbol{X}_k)$ 的函数在极小点附近可以用二次函数很好地近似,所以自然想到对于一般的函数如果能迫使 $\boldsymbol{H}_{k+1}$ 满足

$$\boldsymbol{X}_{k+1} - \boldsymbol{X}_k = \boldsymbol{H}_{k+1}[\nabla f(\boldsymbol{X}_{k+1}) - \nabla f(\boldsymbol{X}_k)] \tag{2-95}$$

则 $\boldsymbol{H}_{k+1}$ 就可以很好地逼近$[\nabla^2 f(\boldsymbol{X}_k)]^{-1}$。我们称上式为拟牛顿条件。

若记

$$\boldsymbol{X}_{k+1} - \boldsymbol{X}_k = \boldsymbol{Z}_k \tag{2-96}$$

$$\nabla f(\boldsymbol{X}_{k+1}) - \nabla f(\boldsymbol{X}_k) = \boldsymbol{Y}_k \tag{2-97}$$

则上述的拟牛顿条件可写为

$$\boldsymbol{H}_{k+1}\boldsymbol{Y}_k = \boldsymbol{Z}_k \tag{2-98}$$

下面就根据以上三个条件导出 $\boldsymbol{H}_k$ 的某种形式。

首先,我们将式(2-94)代入式(2-98),有

$$\boldsymbol{H}_k\boldsymbol{Y}_k + \Delta\boldsymbol{H}_k\boldsymbol{Y}_k = \boldsymbol{Z}_k$$

即有

$$\Delta\boldsymbol{H}_k\boldsymbol{Y}_k = \boldsymbol{Z}_k - \boldsymbol{H}_k\boldsymbol{Y}_k \tag{1}$$

可见,求得的 $\Delta\boldsymbol{H}_k$ 可分为两部分,它的第一部分乘 $\boldsymbol{Y}_k$ 应等于 $\boldsymbol{Z}_k$。而第二部分乘 $\boldsymbol{Y}_k$ 应等于 $-\boldsymbol{H}_k\boldsymbol{Y}_k$。

可以设想,$\Delta\boldsymbol{H}_k$ 的一种比较简单的形式为

$$\Delta\boldsymbol{H}_k = \boldsymbol{Z}_k U_k^{\mathrm{T}} - \boldsymbol{H}_k\boldsymbol{Y}_k V_k^{\mathrm{T}} \tag{2}$$

即有 $\Delta\boldsymbol{H}_k\boldsymbol{Y}_k = \boldsymbol{Z}_k U_k^{\mathrm{T}}\boldsymbol{Y}_k - \boldsymbol{H}_k\boldsymbol{Y}_k V_k^{\mathrm{T}}\boldsymbol{Y}_k$。上式又可写成

$$\Delta\boldsymbol{H}_k\boldsymbol{Y}_k = U_k^{\mathrm{T}}\boldsymbol{Y}_k\boldsymbol{Z}_k - [V_k^{\mathrm{T}}\boldsymbol{Y}_k]\boldsymbol{H}_k\boldsymbol{Y}_k \tag{3}$$

将式(3) 和式(1) 相比较,可知应有

$$U_k^{\mathrm{T}}\boldsymbol{Y}_k = V_k^{\mathrm{T}}\boldsymbol{Y}_k = 1 \tag{4}$$

考虑到 $\Delta\boldsymbol{H}_k$ 应具有对称性,则 $\boldsymbol{U}_k,\boldsymbol{V}_k$ 可取如下的最简单形式

$$\left.\begin{aligned}\boldsymbol{U}_k &= \alpha_k\boldsymbol{Z}_k\\ \boldsymbol{V}_k &= \beta_k\boldsymbol{H}_k\boldsymbol{Y}_k\end{aligned}\right\} \tag{5}$$

式中 α_k,β_k 都是实数。

将式(5) 代回式(4) 得到 $\alpha_k\boldsymbol{Z}_k^{\mathrm{T}}\boldsymbol{Y}_k = \beta_k\boldsymbol{Y}_k^{\mathrm{T}}\boldsymbol{H}_k\boldsymbol{Y}_k = 1$。若 $\boldsymbol{Z}_k^{\mathrm{T}}\boldsymbol{Y}_k$ 和 $\boldsymbol{Y}_k^{\mathrm{T}}\boldsymbol{H}_k\boldsymbol{Y}_k$ 都不为零时,必有

$$\left.\begin{aligned}\alpha_k &= \frac{1}{\boldsymbol{Z}_k^{\mathrm{T}}\boldsymbol{Y}_k}\\ \beta_k &= \frac{1}{\boldsymbol{Y}_k^{\mathrm{T}}\boldsymbol{H}_k\boldsymbol{Y}_k}\end{aligned}\right\} \tag{6}$$

将式(6) 代回式(5) 可求得 $\boldsymbol{U}_k,\boldsymbol{V}_k$ 如下

$$\left.\begin{aligned}\boldsymbol{U}_k &= \frac{\boldsymbol{Z}_k}{\boldsymbol{Z}_k^{\mathrm{T}}\boldsymbol{Y}_k}\\ \boldsymbol{V}_k &= \frac{\boldsymbol{H}_k\boldsymbol{Y}_k}{\boldsymbol{Y}_k^{\mathrm{T}}\boldsymbol{H}_k\boldsymbol{Y}_k}\end{aligned}\right\} \tag{7}$$

将式(7) 代回到式(2) 则可得到

$$\Delta\boldsymbol{H}_k = \frac{\boldsymbol{Z}_k\boldsymbol{Z}_k^{\mathrm{T}}}{\boldsymbol{Z}_k^{\mathrm{T}}\boldsymbol{Y}_k} - \frac{\boldsymbol{H}_k\boldsymbol{Y}_k\boldsymbol{Y}_k^{\mathrm{T}}\boldsymbol{H}_k}{\boldsymbol{Y}_k^{\mathrm{T}}\boldsymbol{H}_k\boldsymbol{Y}_k} \tag{2-99}$$

将上式代入到校正公式(2 - 94) 最后得到

$$\boldsymbol{H}_{k+1} = \boldsymbol{H}_k + \frac{\boldsymbol{Z}_k\boldsymbol{Z}_k^{\mathrm{T}}}{\boldsymbol{Z}_k^{\mathrm{T}}\boldsymbol{Y}_k} - \frac{\boldsymbol{H}_k\boldsymbol{Y}_k\boldsymbol{Y}_k^{\mathrm{T}}\boldsymbol{H}_k}{\boldsymbol{Y}_k^{\mathrm{T}}\boldsymbol{H}_k\boldsymbol{Y}_k} \tag{2-100}$$

上式即为著名的DFP校正公式。应用上式来确定迭代步向的算法是1959年由Davidon W C[9] 首先提出并于1963年被Fletcher R和Powell M J D[10] 所简化的,故称DFP法。它是一种很有效的算法。

可以证明,式(2 - 100) 中的两分母在 $\boldsymbol{X}_k$ 不是极小点时是大于零的,即式(2 - 100) 是有意义的。

【证 第一分母

$$\begin{aligned}\boldsymbol{Z}_k^{\mathrm{T}}\boldsymbol{Y}_k &= \boldsymbol{Y}_k^{\mathrm{T}}\boldsymbol{Z}_k = [\nabla f(\boldsymbol{X}_{k+1}) - \nabla f(\boldsymbol{X}_k)]^{\mathrm{T}}t_k\boldsymbol{P}_k = t_k\nabla f(\boldsymbol{X}_{k+1})^{\mathrm{T}}\boldsymbol{P}_k - t_k\nabla f(\boldsymbol{X}_k)^{\mathrm{T}}\boldsymbol{P}_k\\ &= -t_k\nabla f(\boldsymbol{X}_k)^{\mathrm{T}}\boldsymbol{P}_k = t_k\nabla f(\boldsymbol{X}_k)^{\mathrm{T}}\boldsymbol{H}_k\nabla f(\boldsymbol{X}_k) > 0\end{aligned}$$

第二分母

$$\begin{aligned}\boldsymbol{Y}_k^{\mathrm{T}}\boldsymbol{H}_k\boldsymbol{Y}_k &= [\nabla f(\boldsymbol{X}_{k+1}) - \nabla f(\boldsymbol{X}_k)]^{\mathrm{T}}\boldsymbol{H}_k[\nabla f(\boldsymbol{X}_{k+1}) - \nabla f(\boldsymbol{X}_k)]\\ &= \nabla f(\boldsymbol{X}_{k+1})^{\mathrm{T}}\boldsymbol{H}_k\nabla f(\boldsymbol{X}_{k+1}) + \nabla f(\boldsymbol{X}_k)^{\mathrm{T}}\boldsymbol{H}_k\nabla f(\boldsymbol{X}_k) - 2\nabla f(\boldsymbol{X}_{k+1})^{\mathrm{T}}\boldsymbol{H}_k\nabla f(\boldsymbol{X}_k)\end{aligned}$$

此式第一项和第二项大于零,第三项等于零,故有

$$Y_k^{\mathrm{T}} H_k Y_k > 0$$ 】

对于具有正定海辛矩阵的二次目标函数，DFP 法具有以下的性质。

(1) 若初始 $\boldsymbol{H}_0$ 是对称正定的，则算法产生的搜索方向 $\boldsymbol{P}_0, \boldsymbol{P}_1, \cdots, \boldsymbol{P}_{k+1}$ 是共轭方向，即 DFP 法也是一种共轭方向法，从而亦可经过 n 次迭代求得极小点，具有二次收敛性。收敛速度是超线性的。

(2) 若 $\boldsymbol{H}_0$ 对称正定，则每次的 $\boldsymbol{H}_k$ 都是正定的，且有 $\boldsymbol{H}_n = [\nabla^2 f(\boldsymbol{X})]^{-1}$。

DFP 法的计算步骤见图 2－19。

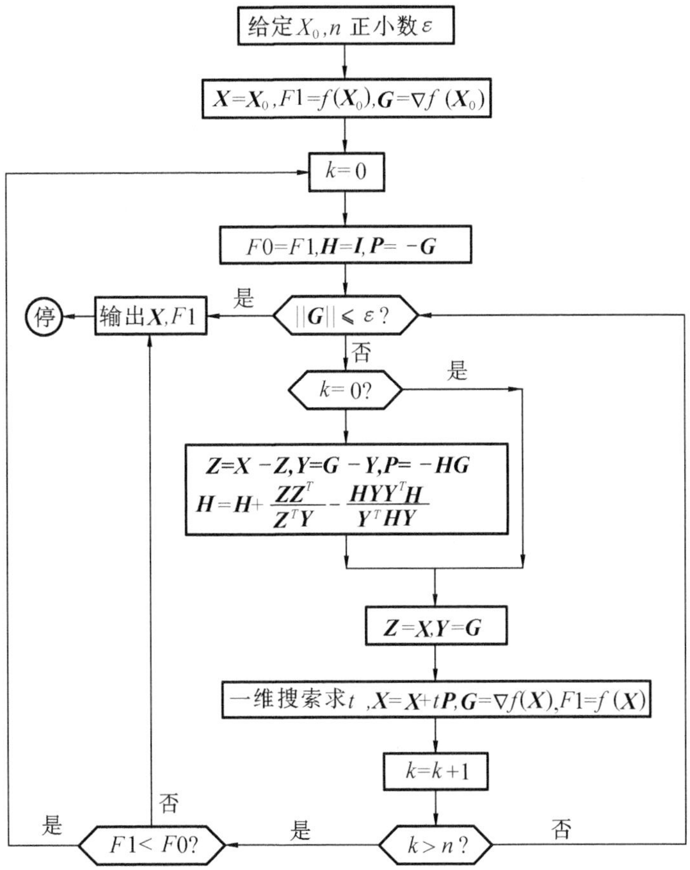

图 2－19

例 2－6　用 DFP 法求 $f(\boldsymbol{X}) = x_1^2 + 25x_2^2$ 的极小值。

解　仍取 $\boldsymbol{X}_0 = [2, 2]^{\mathrm{T}}$，取 $\boldsymbol{H}_0 = I = \begin{bmatrix} 1 & 0 \\ 0 & 1 \end{bmatrix}$。

第一步：

$$\nabla f(\boldsymbol{X}_0) = \begin{bmatrix} 2x_1 \\ 50x_2 \end{bmatrix}_{\boldsymbol{X}_0} = \begin{bmatrix} 4 \\ 100 \end{bmatrix}$$

$$\boldsymbol{X}_1 = \boldsymbol{X}_0 - t_0 \boldsymbol{H}_0 \nabla f(\boldsymbol{X}_0) = \begin{bmatrix} 2 \\ 2 \end{bmatrix} - t_0 \begin{bmatrix} 1 & 0 \\ 0 & 1 \end{bmatrix} \begin{bmatrix} 4 \\ 100 \end{bmatrix} = \begin{bmatrix} 2 - 4t_0 \\ 2 - 100t_0 \end{bmatrix}$$

由
$$\frac{\mathrm{d}f(\boldsymbol{X}_1)}{\mathrm{d}t_0} = \frac{\mathrm{d}[(2 - 4t_0)^2 + 25(2 - 100t_0)^2]}{\mathrm{d}t_0} = 0$$

可解得 $t_0 = 0.020\,030\,7$，得 $\boldsymbol{X}_1 = \begin{bmatrix} 1.92 \\ -0.003\,07 \end{bmatrix}$。

第二步：
$$\nabla f(\boldsymbol{X}_1) = \begin{bmatrix} 2x_1 \\ 50x_2 \end{bmatrix}_{\boldsymbol{X}_1} = \begin{bmatrix} 3.84 \\ -0.153\,5 \end{bmatrix}$$

$$\boldsymbol{Z}_0 = \boldsymbol{X}_1 - \boldsymbol{X}_0 = \begin{bmatrix} 1.92 - 2 \\ -0.003\,07 - 2 \end{bmatrix} = \begin{bmatrix} -0.08 \\ -2.003\,07 \end{bmatrix}$$

$$\boldsymbol{Y}_0 = \nabla f(\boldsymbol{X}_1) - \nabla f(\boldsymbol{X}_0) = \begin{bmatrix} 3.84 - 4 \\ -0.153\,5 - 100 \end{bmatrix} = \begin{bmatrix} -0.16 \\ -100.153\,5 \end{bmatrix}$$

求

$$\boldsymbol{H}_1 = \boldsymbol{H}_0 + \frac{\boldsymbol{Z}_0 \boldsymbol{Z}_0^{\mathrm{T}}}{\boldsymbol{Z}_0^{\mathrm{T}} \boldsymbol{Y}_0} - \frac{\boldsymbol{H}_0 \boldsymbol{Y}_0 \boldsymbol{Y}_0^{\mathrm{T}} \boldsymbol{H}_0}{\boldsymbol{Y}_0^{\mathrm{T}} \boldsymbol{H}_0 \boldsymbol{Y}_0}$$

$$= \begin{bmatrix} 1 & 0 \\ 0 & 1 \end{bmatrix} + \frac{\begin{bmatrix} -0.08 \\ -2.003\,07 \end{bmatrix} [-0.08, -2.003\,07]}{[-0.08, -2.003\,07] \begin{bmatrix} -0.16 \\ -100.153\,5 \end{bmatrix}}$$

$$- \frac{\begin{bmatrix} 1 & 0 \\ 0 & 1 \end{bmatrix} \begin{bmatrix} -0.16 \\ -100.153\,5 \end{bmatrix} [-0.16, -100.153\,5] \begin{bmatrix} 1 & 0 \\ 0 & 1 \end{bmatrix}}{[-0.16, -100.153\,5] \begin{bmatrix} 1 & 0 \\ 0 & 1 \end{bmatrix} \begin{bmatrix} -0.16 \\ -100.153\,5 \end{bmatrix}}$$

$$= \begin{bmatrix} 1 & -0.000\,8 \\ -0.000\,8 & 0.02 \end{bmatrix}$$

故

$$\boldsymbol{X}_2 = \boldsymbol{X}_1 - t_1 \boldsymbol{H}_1 \nabla f(\boldsymbol{X}_1) = \begin{bmatrix} 1.92 \\ -0.003\,07 \end{bmatrix} - t_1 \begin{bmatrix} 1 & -0.000\,8 \\ -0.000\,8 & 0.02 \end{bmatrix} \begin{bmatrix} 3.84 \\ -0.153\,5 \end{bmatrix}$$

$$= \begin{bmatrix} 1.92 - 3.840\,13t_1 \\ -0.003\,07 + 0.006\,14t_1 \end{bmatrix}$$

由令
$$\frac{\mathrm{d}f(\boldsymbol{X}_2)}{\mathrm{d}t_1} = \frac{\mathrm{d}[(1.92 - 3.840\,13t_1)^2 + 25(-0.003\,07 + 0.006\,14t_1)^2]}{\mathrm{d}t_1} = 0$$

可解得 $t_1 = 0.5$。

故有 $X_2 = \begin{bmatrix} 1.92 - 3.840\ 13t_1 \\ -0.003\ 07 + 0.006\ 14t_1 \end{bmatrix} = \begin{bmatrix} 0 \\ 0 \end{bmatrix}$。即两步收敛到极小点。

从上面推导校正公式的过程可见，自然还存在许多满足构造 H_k 的三个条件的校正公式，从而有不同的算法。由于这些算法都可以看作是牛顿法的推广，故又称这类方法为**拟牛顿法**（Quasi - Newton method）。在这类方法中，目前认为最好的是用以下校正公式的算法

$$H_{k+1} = H_k + \frac{\left[\left(1 + \frac{Y_k^T H_k Y_k}{Z_k^T Y_k}\right) Z_k Z_k^T - H_k Y_k Z_k^T - Z_k Y_k^T H_k\right]}{Z_k^T Y_k} \qquad (2-101)$$

这种称为BFGS（由Broyden，Fletcher，Goldfarb和Shanno给出）的算法具有与DFP法完全相同的性质。但是DFP法由于舍入误差的影响和一维搜索的不精确可能导致某个 H_k 奇异，而有 BFGS法的 H_k 不易奇异，比DFP法有更好的数值稳定性，而且对一维搜索的精度要求不高。

在拟牛顿法中，通常取初始矩阵 H_0 为单位矩阵。Shanno和Phua在1978年提出将 H_0 取为 $[(Z_0^T Y_0)/(Z_0^T Z_0)]H$。他们证明了这样做有时可以使算法的实现得到很大的改善，因此现已被广泛采用。

可以证明，逆牛顿法的收敛速度是超线性的，其收敛速度介于梯度法与牛顿法之间。大量计算实践表明，它是最有效的算法之一。在一般情况下，也优于共轭梯度法。

上面介绍了用到函数导数的一些无约束优化方法。Powell M J D 曾分别用梯度法、牛顿法、共轭梯度法与 DFP 法计算了以下的 Rosenbrock“弯谷”函数：

$$f(X) = 100(x_2 - x_1^2)^2 + (1 - x_1)^2$$

采取的初始点为 $X_0 = [-1,1]^T$，该函数的最优点为 $X^* = [1,1]^T$。表2－4列出了计算的迭代情况。图2－20示出了Rosenbrock“弯谷”函数的图像。

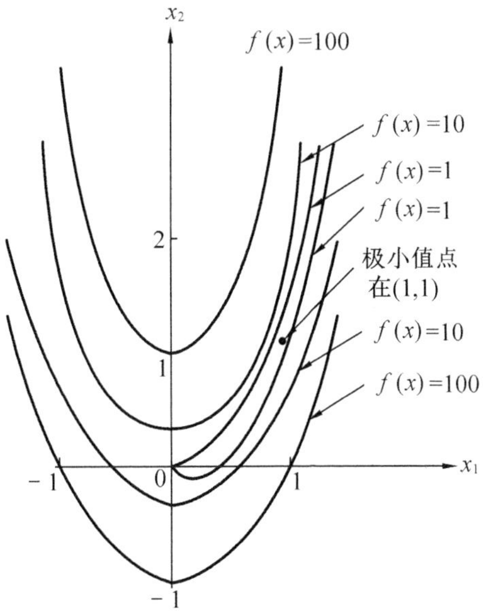

图 2－20

表2－4　几种算法计算试验函数的情况

算法	迭代次数	x_1	x_2	$f(X^*)$	收敛速度
梯度法	100	－0.594	0.352	2.54	线性
牛顿法	3	1.000	1.000	0.00	二阶
F－P法	73	1.004	1.009	0.00	超线性
DFP法	20	0.999	0.999	0.00	超线性与二阶之间

2.3　无约束优化的直接法

本节仍讨论无约束最优化问题的求解方法。上节介绍的方法都要用到目标函数的导数。但实际问题是有时目标函数十分复杂，导数表达式更加复杂甚至难以求得。此时可采用本节介绍的方法，它们无需用到目标函数的导数而只需计算函数值，只要目标函数是连续的都可以使用。这类方法称为求解无约束优化的直接法。直接法的收敛速度通常要比解析法慢一些。

本节主要讨论无约束优化直接法中的模式搜索法、旋转方向法、单纯形法和方向加速法。

2.3.1　模式搜索法(步长加速法)

这里介绍1961年Hooke R和Jeeres T A提出的**模式搜索法**[11](Pattern search method)，又称步长加速法。

这种迭代方法包括两种搜索方式。第一种搜索方式是探测性搜索，它在现行迭代点附近按照一定的办法求下降目标函数的有利方向。第二种搜索方式是模式性搜索，即沿着上面求得的有利方向对步长进行加速以求得好点。

这种方法的迭代过程如下。

(1) 给定初始点 $\boldsymbol{X}_0$ 和沿各坐标方向 $\boldsymbol{e}_i(i=1,2,\cdots,n;\boldsymbol{e}_i$ 是第 i 元素为1其余为零的列向量) 的初始搜索步长 $\boldsymbol{\lambda}=[\lambda_1,\lambda_2,\cdots,\lambda_n]^{\mathrm{T}}$ 以及加速因子 $\alpha\geqslant 1$ 与缩小因子 $\beta\in(0,1)$。

(2) 进行探测性搜索

从 $\boldsymbol{X}_0$ 出发，依次沿坐标方向 $\boldsymbol{e}_i(i=1,2,\cdots,n)$ 以相应步长 $\lambda_i(i=1,2,\cdots,n)$ 进行探测性搜索。即先沿 $\boldsymbol{e}_1$ 求 $\boldsymbol{X}_{0,1}=\boldsymbol{X}_0+\lambda_1\boldsymbol{e}_1$，若 $f(\boldsymbol{X}_{0.1})<f(\boldsymbol{X}_0)$ 则成功，再沿 $\boldsymbol{e}_2$ 探测。若 $f(\boldsymbol{X}_{0,1})\geqslant f(\boldsymbol{X}_0)$，则失败。此时再从 $\boldsymbol{X}_0$ 沿 $\boldsymbol{e}_1$ 的反方向求 $\boldsymbol{X}_{0,1}=\boldsymbol{X}_0-\lambda_1\boldsymbol{e}_1$，若 $f(\boldsymbol{X}_{0,1})<f(\boldsymbol{X}_0)$，则成功，再沿 $\boldsymbol{e}_2$ 探测。若 $f(\boldsymbol{X}_{0.1})\geqslant f(\boldsymbol{X}_0)$，则失败，令 $\boldsymbol{X}_{0,1}=\boldsymbol{X}_0$，然后再从 $\boldsymbol{X}_{0,1}$ 出发沿 $\boldsymbol{e}_2$ 进行类似上面的探测，得 $\boldsymbol{X}_{0,2}$。

重复上述步骤，直到沿 n 个坐标方向都探测完毕得到 $\boldsymbol{X}_{0,n}$。再检验总的探测结果是否满足

$f(\boldsymbol{X}_{0,n})<f(\boldsymbol{X}_0)$。若满足，则以 $\boldsymbol{X}_{0,n}$ 为起点进行模式搜索。否则，要将步长 $\boldsymbol{\lambda}$ 缩短为 $\beta\boldsymbol{\lambda}$，再从 $\boldsymbol{X}_0$ 开始重新进行上述探测性搜索。

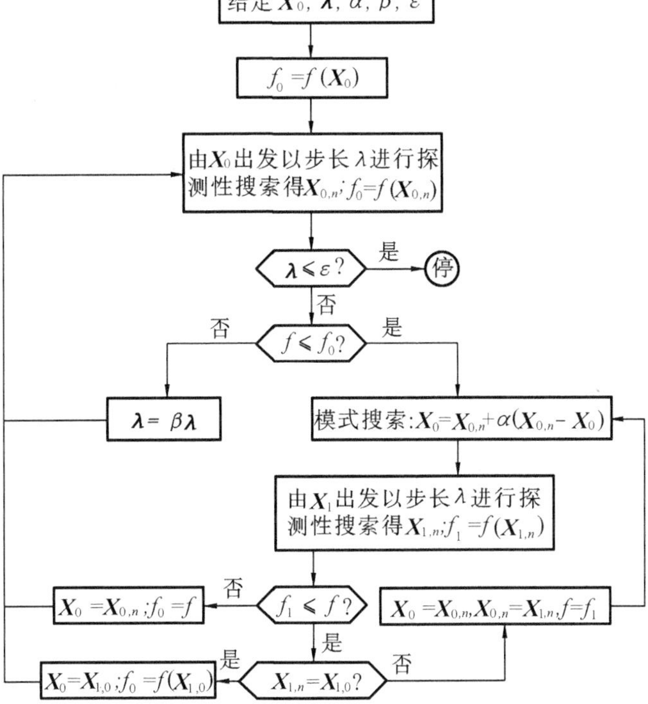

图 2-21

(3) 模式搜索

从 $\boldsymbol{X}_{0,n}$ 出发沿 $\boldsymbol{X}_{0,n}-\boldsymbol{X}_0$ 移动得

$$\boldsymbol{X}_1=\boldsymbol{X}_{0,n}+\alpha(\boldsymbol{X}_{0,n}-\boldsymbol{X}_0) \tag{2-102}$$

再以 $\boldsymbol{X}_1$ 为起点用上述的探测性搜索的方法进行搜索，即沿 n 个坐标方向探测有利方向得 $\boldsymbol{X}_{1,n}$。并检验是否 $f(\boldsymbol{X}_{1,n})<f(\boldsymbol{X}_1)$。若满足则模式搜索成功，完成一次迭代。若不满足则模式搜索失败，此时要退回到 $\boldsymbol{X}_{0,n}$，并令 $\boldsymbol{\lambda}=\beta\boldsymbol{\lambda}$ 重新进行探测性搜索。

如此继续迭代，当步长 $\boldsymbol{\lambda}$ 减小到满足精度要求时停止迭代，最后的迭代点即为最优点。

以上的迭代过程可用计算机框图示于图 2-21。

例 2-7　用模式搜索法求解 $\min f(\boldsymbol{X})=x_1^2+2x_2^2-4x_2-2x_1x_2$。

解　取 $\boldsymbol{X}_0=[1,1]^{\mathrm{T}}$。

(1) 从 $\boldsymbol{X}_0$ 出发，取 $\lambda_1=1$ 进行探测性搜索：

$$X_{0,1} = X_0 + \lambda_1 e_1 = \begin{bmatrix}1\\1\end{bmatrix} + \begin{bmatrix}1\\0\end{bmatrix} = \begin{bmatrix}2\\1\end{bmatrix}$$

求得$f(X_{0,1}) = -6 < -3 = f(X_0)$,探测成功。
再沿 e_2 探测有

$$X_{0,2} = X_{0,1} + \lambda_1 e_2 = \begin{bmatrix}2\\1\end{bmatrix} + \begin{bmatrix}0\\1\end{bmatrix} = \begin{bmatrix}2\\2\end{bmatrix}$$

求得$f(X_{0,2}) = -4 > -6 = f(X_{0,1})$,探测失败。再沿 e_2 的反方向探测有

$$X_{0,2} = X_{0,1} - \lambda_1 e_2 = \begin{bmatrix}2\\1\end{bmatrix} - \begin{bmatrix}0\\1\end{bmatrix} = \begin{bmatrix}2\\0\end{bmatrix}$$

得$f(X_{0,2}) = -4 > -6 = f(X_{0,1})$,探测也失败。故 $X_{0,2} = X_{0,1} = \begin{bmatrix}2\\1\end{bmatrix}$,$f(X_{0,2}) = -6$。

(2) 取 $\alpha = 1$ 进行模式搜索:

$$X_1 = X_{0,2} + \alpha(X_{0,2} - X_0) = 2X_{0,2} - X_0 = 2\begin{bmatrix}2\\1\end{bmatrix} - \begin{bmatrix}1\\1\end{bmatrix} = \begin{bmatrix}3\\1\end{bmatrix}$$

得$f(X_1) = -7$。再从 X_1 沿 e_1,e_2 进行探测性搜索如下:

$X_{1,1} = X_1 + \lambda_1 e_1 = \begin{bmatrix}4\\1\end{bmatrix}$,$f(X_{1,1}) = -6 > -7 = f(X_1)$,失败;

$X_{1,1} = X_1 - \lambda_1 e_1 = \begin{bmatrix}2\\1\end{bmatrix}$,$f(X_{1,1}) = -6 > -7 = f(X_1)$,失败。

取 $X_{1,1} = X_1$。

$X_{1,2} = X_{1,1} + \lambda_1 e_2 = \begin{bmatrix}3\\2\end{bmatrix}$,$f(X_{1,2}) = -7 = f(X_1)$,失败;

$X_{1,2} = X_{1,1} - \lambda_1 e_2 = \begin{bmatrix}3\\0\end{bmatrix}$,$f(X_{1,2}) = -3 > -7 = f(X_1)$ 失败。

故得 $X_{1,2} = X_{1,1} = X_1$,$f(X_{1,2}) = f(X_1) = -7$。完成一次迭代。

(3) 再从 X_1 出发进行第二次迭代。首先进行探测,令 $\lambda_2 = \beta\lambda_1 = 0.5$ 有

$X_{1,1} = X_1 + \lambda_2 e_1 = \begin{bmatrix}3.5\\1\end{bmatrix}$,$f(X_{1,1}) = -6.75 > -7 = f(X_1)$,失败;

$X_{1,1} = X_1 - \lambda_2 e_1 = \begin{bmatrix}2.5\\1\end{bmatrix}$,$f(X_{1,1}) = -6.75 > -7 = f(X_1)$,失败;

$X_{1,2} = X_{1,1} + \lambda_2 e_2 = \begin{bmatrix}3\\1.5\end{bmatrix}$,$f(X_{1,2}) = -7.5 > -7 = f(X_1)$ 成功。

(4) 从 $\boldsymbol{X}_{1,2}$ 出发取 $\alpha = 1$ 进行模式搜索：

$$\boldsymbol{X}_2 = \boldsymbol{X}_{1,2} + \alpha(\boldsymbol{X}_{1,2} - \boldsymbol{X}_1) = \begin{bmatrix}3\\2\end{bmatrix}, f(\boldsymbol{X}_2) = -7$$

再从 $\boldsymbol{X}_2$ 出发以 $\lambda_2 = 1$ 沿 $\boldsymbol{e}_1, \boldsymbol{e}_2$ 作探测性搜索；

$\boldsymbol{X}_{2,1} = \boldsymbol{X}_2 + \lambda_2\boldsymbol{e}_1 = \begin{bmatrix}4\\2\end{bmatrix}, f(\boldsymbol{X}_{2,1}) = -8 < -7 = f(\boldsymbol{X}_2)$，成功。

$\boldsymbol{X}_3 = \boldsymbol{X}_{2,1} = \begin{bmatrix}4\\2\end{bmatrix}$。完成第二次迭代。

(5) 再往下继续迭代时无论怎样缩短步长，也得不到更好点，故得极小点 $\boldsymbol{X}^* = \begin{bmatrix}4\\2\end{bmatrix}$。

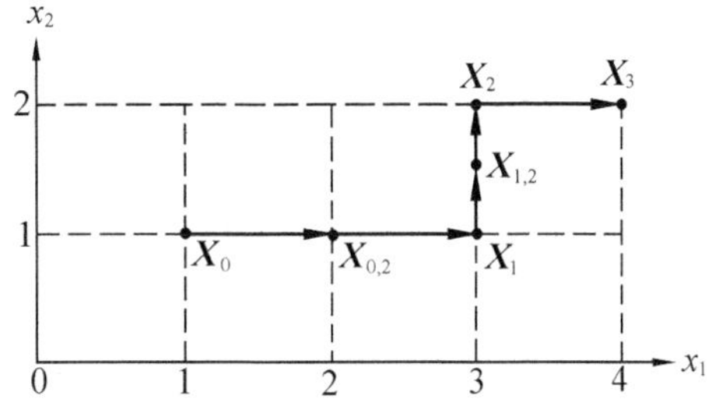

图 2 - 22

以上迭代过程参见图 2 - 22。

2.3.2 旋转方向法(Rosenbrock 法)

旋转方向法(Rotating direction method) 是 1960 年由 Rosenbrock H H[12] 提出的。这种方法是在每次迭代时，先沿一组正交方向，例如开始可取坐标方向，进行坐标轮换搜索，得一好点。然后将原正交向量组转动一个角度，使其中之一的方向通过初始点和所找到的好点。其中，新的正交向量组用以下的 Gram - Schmidt 正交化方法求得：

设已有向量组 $\boldsymbol{d} = [\boldsymbol{d}_1, \boldsymbol{d}_2, \cdots, \boldsymbol{d}_n]^{\mathrm{T}}$ 且线性无关，则新的正交向量组为

$$\left.\begin{aligned}\bar{\boldsymbol{d}}_1 &= \frac{\boldsymbol{d}_1}{\|\boldsymbol{d}_1\|}\\ \bar{\boldsymbol{d}}_i &= \frac{\boldsymbol{d}_i - \sum\limits_{j=1}^{i-1}(\boldsymbol{d}_i^{\mathrm{T}}\bar{\boldsymbol{d}}_j)\bar{\boldsymbol{d}}_j}{\left\|\boldsymbol{d}_i - \sum\limits_{j=1}^{i-1}(\boldsymbol{d}_i^{\mathrm{T}}\bar{\boldsymbol{d}}_j)\bar{\boldsymbol{d}}_j\right\|}(i = 2,3,\cdots,n)\end{aligned}\right\} \tag{2 - 103}$$

旋转方向法的迭代步骤如下。

(1) 给定初始点 $\boldsymbol{X}^0$，n 个相互正交的一组初始搜索方向 $\boldsymbol{S}^1, \boldsymbol{S}^2, \cdots, \boldsymbol{S}^n$(可取坐标方向)，相应的初始步长 $\lambda_1^0, \lambda_2^0, \cdots, \lambda_n^0$，步长因子 α(一般取 2 或 3)，β(一般取 0.5) 和 $\varepsilon > 0$。令 $\boldsymbol{R}^0 = \boldsymbol{X}^0$，$\lambda_j = \lambda_j^0, \boldsymbol{S}^j = \mathrm{e}_j (j = 1,2,\cdots,n)$ 和 $k = 0, j = 1$。

(2) 如果 $f(\boldsymbol{R}^{j-1} + \lambda_j\boldsymbol{S}^j) < f(\boldsymbol{R}^{j-1})$，则称沿 $\boldsymbol{S}^j$ 的方向搜索成功，取 $\boldsymbol{R}^j = \boldsymbol{R}^{j+1} + \lambda_j\boldsymbol{S}^j$ 并将步长 λ_j 换成 $\alpha\lambda_j$。如果 $f(\boldsymbol{R}^{j-1} + \lambda_j\boldsymbol{S}^j) \geqslant f(\boldsymbol{R}^{j-1})$，则称沿 $\boldsymbol{S}^j$ 的方向搜索失败，取 $\boldsymbol{R}^j = \boldsymbol{R}^{j-1}$ 并将步长 λ_j 换成 $-\beta\lambda_j$。

(3) 判断是否 $j = n$，若 $j < n$，则令 $j = j + 1$ 返回(2)。如果 $j = n$，则转(4)。称沿 n 个方

向的一组搜索为一次循环。

(4) 如果$f(\boldsymbol{R}^n) < f(\boldsymbol{R}^0)$,即沿$\boldsymbol{S}^1,\boldsymbol{S}^2,\cdots,\boldsymbol{S}^n$的$n$次搜索中至少有一次搜索是成功的,则令$\boldsymbol{R}^0 = \boldsymbol{R}^n$和$j = 1$再返回(2)。

如果$f(\boldsymbol{R}^n) = f(\boldsymbol{R}^0)$,即最后一次循环中,沿$\boldsymbol{S}^1,\boldsymbol{S}^2,\cdots,\boldsymbol{S}^n$的$n$次搜索都是失败的,这时,如果$f(\boldsymbol{R}^n) < f(\boldsymbol{X}^k)$,即在连续$n$次循环中,每个方向上至少出现一次成功的搜索,则转(6)。否则,如果$f(\boldsymbol{R}^n) = f(\boldsymbol{X}^k)$,即在$n$次循环中,未出现过成功的搜索,则转(5)。

(5) 判别$|\lambda_j| \leqslant \varepsilon(j = 1,2,\cdots,n)$,若满足,则迭代停止;否则令$\boldsymbol{R}^0 = \boldsymbol{R}^n$和$j = 1$再返回(2)。

(6) 令$\boldsymbol{X}^{k+1} = \boldsymbol{R}^n$,如果$\|\boldsymbol{X}^{k+1} - \boldsymbol{X}^k\| \leqslant \varepsilon$,则取$\boldsymbol{X}^{k+1}$为$f(\boldsymbol{X})$的近似极小点,迭代停止;否则转(7)。

(7) 由关系式$\boldsymbol{X}^{k+1} - \boldsymbol{X}^k = \sum_{j=1}^{n} \lambda_j \boldsymbol{S}^j$中求出$\lambda_1,\lambda_2,\cdots,\lambda_n$(实际上$\lambda_j$是由$\boldsymbol{X}^k$到$\boldsymbol{X}^{k+1}$的迭代中连续$n$次循环沿着方向$\boldsymbol{S}^j$的步长的代数和)。设$\lambda_j \neq 0(j = 1,2,\cdots,n)$(在理论上$\lambda_j$可能为零,即沿方向$\boldsymbol{S}^j$的成功步长的代数和$\lambda_j$为零,但在实际上可能性很小),则令

$$\left.\begin{aligned} \boldsymbol{d}_1 &= \sum_{j=1}^{n} \lambda_j \boldsymbol{S}^j \\ \boldsymbol{d}_j &= \sum_{i=j}^{n} \lambda_i \boldsymbol{S}^i (j = 2,3,\cdots,n) \end{aligned}\right\} \tag{2-104}$$

显然,$\boldsymbol{d}_1,\boldsymbol{d}_2,\cdots,\boldsymbol{d}_n$线性无关。

(8) 令$\boldsymbol{S}^j = \bar{\boldsymbol{d}}_j(j = 1,2,\cdots,n)$,$\bar{\boldsymbol{d}}_j$为用式(2-103)求得的新的正交向量组。令$\lambda_j = \lambda_j^0$,$\boldsymbol{R}^0 = \boldsymbol{X}^{k+1}$,$k = k+1$,$j = 1$,转向(2)。

以上迭代过程的计算机框图见图2-23。

上述的旋转方向法算法中用Gram-Schmidt正交化方法求得新的正交向量组,要求原向量组线性无关,从而算法要求坐标轮换搜索时$\boldsymbol{X}^{k+1}$应是从$\boldsymbol{X}^k$出发依次沿n个正交方向寻得的最优点;而且在式$\boldsymbol{X}^{k+1} = \boldsymbol{X}^k + \sum_{i=1}^{n} \lambda_i \boldsymbol{S}^i$中应有$\lambda_i \neq 0(i = 1,2,\cdots,n)$,即从$\boldsymbol{X}^k$出发得到的$\boldsymbol{X}^{k+1}$必须是沿$n$个正交方向都至少有一次搜索是成功的。

例2-8　用旋转方向法求解$\min f(\boldsymbol{X}) = 4(x_1 - 5)^2 + (x_2 - 6)^2$。

解　(1) 取$\boldsymbol{X}_0 = [8,9]^{\mathrm{T}}$,$\lambda_1^0 = \lambda_2^0 = 0.1$,$\alpha = 3$,$\beta = 0.5$,$f_0 = f(\boldsymbol{X}^0) = 45$,$\boldsymbol{S}^1 = [1,0]^{\mathrm{T}}$,$\boldsymbol{S}^2 = [0,1]^{\mathrm{T}}$。

(2) 令$\boldsymbol{R}^0 = \boldsymbol{X}^0$,$k = 0$,进行坐标轮换搜索:

$f(\boldsymbol{R}^0 + \lambda_1 \boldsymbol{S}^1) = f(8.1,9) = 47.44 > 45 = f_0$,失败。

令$\boldsymbol{R}^1 = \boldsymbol{R}^0$,$\lambda_1 = -\beta\lambda_1 = -0.05$。

$f(\boldsymbol{R}^1 + \lambda_2 \boldsymbol{S}^2) = f(8,9.1) = 45.61 > 45 = f_0$,失败。

令$\boldsymbol{R}^2 = \boldsymbol{R}^1$,$\lambda_2 = -\beta\lambda_2 = -0.05$。

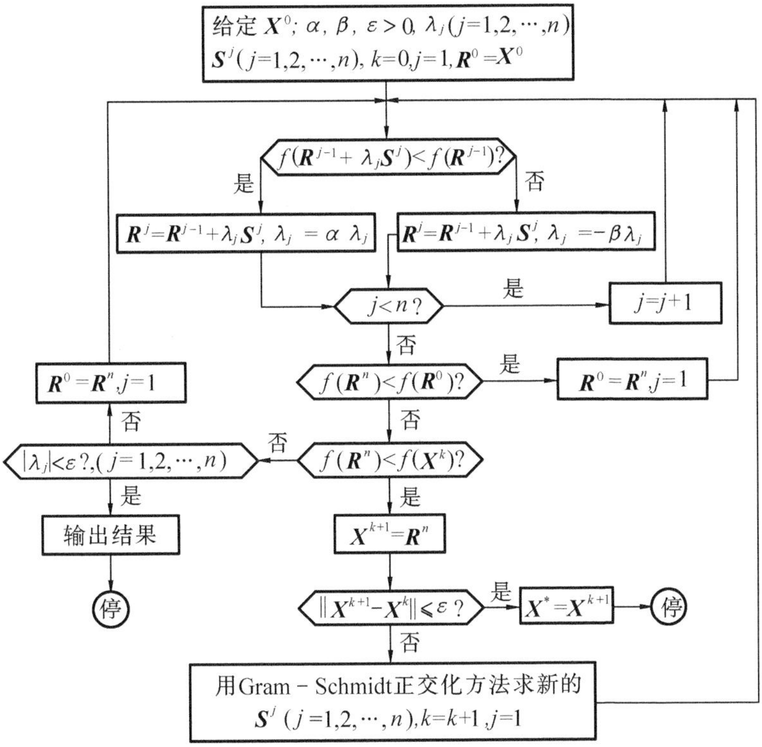

图 2 - 23

再以新的步长进行坐标轮换搜索:令 $\boldsymbol{R}^0=\boldsymbol{R}^2$。

$f(\boldsymbol{R}^0+\lambda_1\boldsymbol{S}^1)=f(7.95,9)=43.81<45=f_0$,成功。

令 $\boldsymbol{R}^1=\boldsymbol{R}^0+\lambda_1\boldsymbol{S}^1=[7.95,9]^{\mathrm{T}}$,$\lambda_1=\alpha\lambda_1=3\times(-0.05)=-0.15$。

$f(\boldsymbol{R}^1+\lambda_2\boldsymbol{S}^2)=f(7.95,8.95)=43.125<45=f_0$,成功。

令 $\boldsymbol{R}^2=\boldsymbol{R}^1+\lambda_1\boldsymbol{S}^2=[7.95,8.95]^{\mathrm{T}}$,$\lambda_2=\alpha\lambda_2=3\times(-0.05)=-0.15$。

两次都成功,再沿方向 $\boldsymbol{S}^1$ 和 $\boldsymbol{S}^2$ 不断以新的步长进行坐标轮换搜索,直到沿两个方向都同时失败,说明沿此方向再搜索已无意义时为止,即完成此次迭代。第一次迭代的以后几个循环的计算结果见表 2 - 5。

当 $\boldsymbol{X}^0=[6,7]^{\mathrm{T}}$ 时,连续两次失败,完成第一次迭代。此时的 $\lambda_1=\lambda_2=-0.5\times(-4.05)=2.025$。取 $\boldsymbol{X}^1=[6,7]^{\mathrm{T}}$,$f(\boldsymbol{X}^1)=5$。由 $\boldsymbol{X}^1-\boldsymbol{X}^0=\bar{\lambda}_1\boldsymbol{S}^1+\bar{\lambda}_2\boldsymbol{S}^2$,即$\begin{bmatrix}6\\7\end{bmatrix}-\begin{bmatrix}8\\9\end{bmatrix}=\begin{bmatrix}\bar{\lambda}_1\\\bar{\lambda}_2\end{bmatrix}$得 $\bar{\lambda}_1=\bar{\lambda}_2=-2$,这里的 $\bar{\lambda}_1$ 和 $\bar{\lambda}_2$ 是第一次迭代中沿方向 $\boldsymbol{S}^1$ 和 $\boldsymbol{S}^2$ 进行坐标轮换搜索时历次的代数和。

表2－5 例2－8的部分计算过程

j	λ_j	x_1	x_2	$f(\boldsymbol{X})$	成功或失败	$\bar{\lambda}_j$
1	－0.15	7.80	8.95	40.06	成功	－0.2
2	－0.15	7.80	8.80	39.20	成功	－0.2
1	－0.45	7.35	8.80	29.93	成功	－0.65
2	－0.45	7.35	8.35	27.61	成功	－0.65
1	－1.35	6.00	8.35	9.522	成功	－2
2	－1.35	6.00	7.00	5.00	成功	－2
1	－4.05	1.95	7.00	38.21	失败	－2
2	－4.05	6.00	2.95	13.30	失败	－2

(3)进行转轴运算，令 $\boldsymbol{d}_1 = \bar{\lambda}_1\boldsymbol{S}^1 + \bar{\lambda}_2\boldsymbol{S}^2 = [-2,\ -2]^{\mathrm{T}}, \boldsymbol{d}_2 = \bar{\lambda}_2\boldsymbol{S}^2 = [0,\ -2]^{\mathrm{T}}$。用式(2－103)求正交化向量 $\bar{\boldsymbol{d}}_1$ 与 $\bar{\boldsymbol{d}}_2$：$\bar{\boldsymbol{d}}_1 = \dfrac{\boldsymbol{d}_1}{\|\boldsymbol{d}_1\|} = \left[-\dfrac{1}{\sqrt{2}},\ -\dfrac{1}{\sqrt{2}}\right]^{\mathrm{T}}$，因为

$$\boldsymbol{d}_2 - (\boldsymbol{d}_2^{\mathrm{T}}\bar{\boldsymbol{d}}_1)\bar{\boldsymbol{d}}_1 = \begin{bmatrix} 0 \\ -2 \end{bmatrix} - [0,\ -2]\begin{bmatrix} -\dfrac{1}{\sqrt{2}} \\ -\dfrac{1}{\sqrt{2}} \end{bmatrix}\begin{bmatrix} -\dfrac{1}{\sqrt{2}} \\ -\dfrac{1}{\sqrt{2}} \end{bmatrix} = \begin{bmatrix} 1 \\ -1 \end{bmatrix}$$

所以

$$\bar{\boldsymbol{d}}_2 = \frac{\boldsymbol{d}_2 - \boldsymbol{d}_2^{\mathrm{T}}\bar{\boldsymbol{d}}_1}{\|\boldsymbol{d}_2 - \boldsymbol{d}_2^{\mathrm{T}}\bar{\boldsymbol{d}}_1\|} = \begin{bmatrix} \dfrac{1}{\sqrt{2}} \\ -\dfrac{1}{\sqrt{2}} \end{bmatrix}$$

(4)令 $\boldsymbol{S}^1 = \bar{\boldsymbol{d}}_1, \boldsymbol{S}^2 = \bar{\boldsymbol{d}}_2, \lambda_1 = \lambda_2 = 2.025, \boldsymbol{R}^0 = \boldsymbol{X}^0 = [6,7]^{\mathrm{T}}$ 进行第二次迭代的坐标轮换搜索：

$$\boldsymbol{R}^1 = \boldsymbol{R}^0 + \lambda_1\boldsymbol{S}^1 = \begin{bmatrix} 6 \\ 7 \end{bmatrix} + 2.025\begin{bmatrix} -\dfrac{1}{\sqrt{2}} \\ -\dfrac{1}{\sqrt{2}} \end{bmatrix} = \begin{bmatrix} 4.568 \\ 5.568 \end{bmatrix}$$

$f(\boldsymbol{R}^1) = 0.932\,7 < 5 = f(\boldsymbol{R}^0)$，成功。令 $\lambda_1 = 3 \times 2.025 = 6.075$，

$$\boldsymbol{R}^2 = \boldsymbol{R}^1 + \lambda_2\boldsymbol{S}^2 = \begin{bmatrix} 4.568 \\ 5.568 \end{bmatrix} + 2.025\begin{bmatrix} \dfrac{1}{\sqrt{2}} \\ -\dfrac{1}{\sqrt{2}} \end{bmatrix} = \begin{bmatrix} 6.000 \\ 4.136 \end{bmatrix}$$

$f(\boldsymbol{R}^2)=7.474>0.9327=f(\boldsymbol{R}^1)$,失败。令 $\lambda_2=-0.5\times 2.025=-1.0125$。

以下的坐标轮换搜索结果如表 2 - 6。

表 2 - 6 例 2 - 8 的部分计算过程

j	λ_j	x_1	x_2	$f(\boldsymbol{X})$	成功或失败	λ_j
1	6.075	6.272	1.272	11.175	失败	2.025
2	-1.0125	3.852	6.284	5.351	失败	0
1	-3.038	6.716	7.716	14.722	失败	2.025
2	0.506	4.926	5.210	0.646	成功	0.506
1	1.518	3.852	4.136	8.743	失败	2.025
2	1.518	6.000	4.136	7.473	失败	0.506

从上表可见,在每一方向都得到一次成功以后(一次迭代中每方向至少要有一次搜索成功)又连续二次失败,故第二次迭代完成。此时

$$\lambda_1=\lambda_2=-0.5\times 1.518=-0.759,\boldsymbol{X}^2=[4.926,5.210]^{\mathrm{T}},f(\boldsymbol{X}^2)=0.646$$

(5) 再作转轴运算,如此下去,再经过两次迭代可达 $\boldsymbol{X}=[5.036,5.938]^{\mathrm{T}},f(\boldsymbol{X})=9.46\times 10^{-3}$。这个问题的精确解为 $\boldsymbol{X}^*=[5,6]^{\mathrm{T}},f(\boldsymbol{X}^*)=0$。可见,已得到一个较好的近似解。

例题说明,旋转方向法的收敛也是很慢的;但由于坐标可以转动,因而不会任意被限制在"山脊"上,故可用来求得极小点的初始近似点。

2.3.3 单纯形法

无约束优化的单纯形法(Simplex method)[13] 与前面介绍的模式搜索法和旋转方向法不同,不是沿某一方向进行搜索,而是在 n 维空间形成有 $n+1$ 个顶点的多面体,然后比较各个顶点的函数值,去掉其中的最坏点而代之以新点。即构成一新的单纯形,用这样的方法逼近极小点。

在 n 维空间中,若 $n+1$ 个点构成的多面体的各棱长彼此相等,则称为正规单纯形,通常我们可用这种正规单纯形作为初始单纯形。产生正规单纯形的方法如下。

给定一个初始点 $\boldsymbol{X}^0$ 以及棱长 a,则这个正规单纯形的 $n+1$ 个顶点的坐标是:

$$\left.\begin{aligned}
\boldsymbol{X}^0&=[x_1^0,x_2^0,\cdots,x_n^0]^{\mathrm{T}}\\
\boldsymbol{X}^1&=[x_1^0+p,x_2^0+q,x_3^0+q,\cdots,x_n^0+q]^{\mathrm{T}}\\
\boldsymbol{X}^2&=[x_1^0+q,x_2^0+p,x_3^0+q,\cdots,x_n^0+q]^{\mathrm{T}}\\
&\ \ \vdots\\
\boldsymbol{X}^n&=[x_1^0+q,x_2^0+q,x_3^0+q,\cdots,x_n^0+p]^{\mathrm{T}}
\end{aligned}\right\}\tag{2-105}$$

式(2 - 105) 可写成如下的通式:

$$x_1^k = x_i^0 + q(i \neq k), x_k^k = x_i^0 + p \quad (i = 1,2,\cdots,n; k = 1,2,\cdots,n) \tag{2-106}$$

$$\| \boldsymbol{X}^0 - \boldsymbol{X}^k \|^2 = p^2 + (n-1)q^2 = a^2 \quad (k = 1,2,\cdots,n) \tag{2-107}$$

$$\| \boldsymbol{X}^k - \boldsymbol{X}^i \|^2 = 2(p-q)^2 = a^2 \quad (k \neq i; i = 1,2,\cdots,n; k = 1,2,\cdots,n) \tag{2-108}$$

由式(2 - 108) 有

$$p = \frac{a}{\sqrt{2}} + q \tag{2-109}$$

由式(2 - 107) 与(2 - 109) 可解得

$$\left.\begin{aligned} q &= \frac{\sqrt{n+1} - 1}{n\sqrt{2}} a \\ p &= \frac{\sqrt{n+1} + n - 1}{n\sqrt{2}} a \end{aligned}\right\} \tag{2-110}$$

对于 $n = 2$ 的二维情况有

$$\left.\begin{aligned} \boldsymbol{X}^0 &= [x_1^0, x_2^0]^{\mathrm{T}} \\ \boldsymbol{X}^1 &= [x_1^0 + p, x_2^0 + q]^{\mathrm{T}} \\ \boldsymbol{X}^2 &= [x_1^0 + q, x_2^0 + p]^{\mathrm{T}} \end{aligned}\right\}$$

参见图 2 - 24,有

$$\left.\begin{aligned} p^2 + q^2 &= a^2 \\ \frac{\sqrt{2}}{2} a + q &= p \end{aligned}\right\}$$

从而解得 $p = \dfrac{\sqrt{3}+1}{2\sqrt{2}} a, q = \dfrac{\sqrt{3}-1}{2\sqrt{2}} a$。

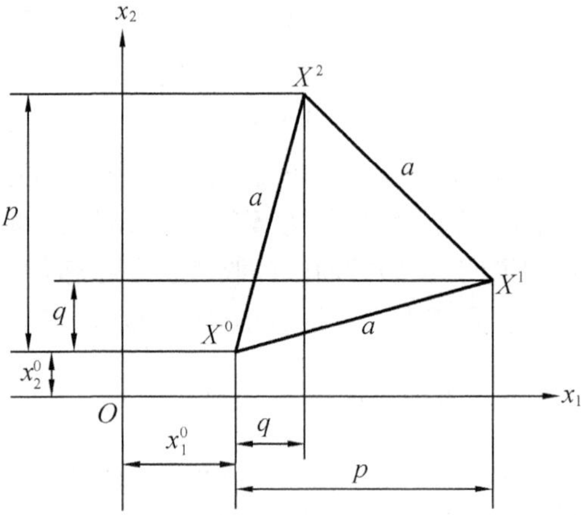

图 2 - 24

单纯形法的迭代算法如下。

(1) 给定初始点 $\boldsymbol{X}_0$,构造初始单纯形,其顶点为 $\boldsymbol{X}_0, \boldsymbol{X}_1, \cdots, \boldsymbol{X}_n$。给定 $\varepsilon > 0$。

(2) 丢掉最坏点

计算单纯形各顶点的函数值,并进行比较,求最好点与最坏点,即

$$f_G = f(\boldsymbol{X}_G) = \min\{f(\boldsymbol{X}_0), f(\boldsymbol{X}_1), \cdots, f(\boldsymbol{X}_n)\}$$

$$f_B = f(\boldsymbol{X}_B) = \max\{f(\boldsymbol{X}_0), f(\boldsymbol{X}_1), \cdots, f(\boldsymbol{X}_n)\}$$

称 $\boldsymbol{X}_G$ 和 $\boldsymbol{X}_B$ 为单纯形的最好点和最坏点。

去掉最坏点 $\boldsymbol{X}_B$,则其余 n 个点构成的单纯形的中心是

$$\boldsymbol{X}_C = \frac{1}{n}\left[\sum_{i=0}^{n} \boldsymbol{X}_i - \boldsymbol{X}_B\right] \tag{2-111}$$

(3) 反射

以 X_C 为中心，将 X_B 反射为 X_R，即

$$X_R = X_C + \alpha(X_C - X_B) \tag{2-112}$$

其中 $\alpha > 0$，称为反射系数。常取 $\alpha = 1$ 或 1.3。因为 X_B 是最坏点，反射后一般得到的 X_R 要比 X_B 好，参见图 2-25(a)。

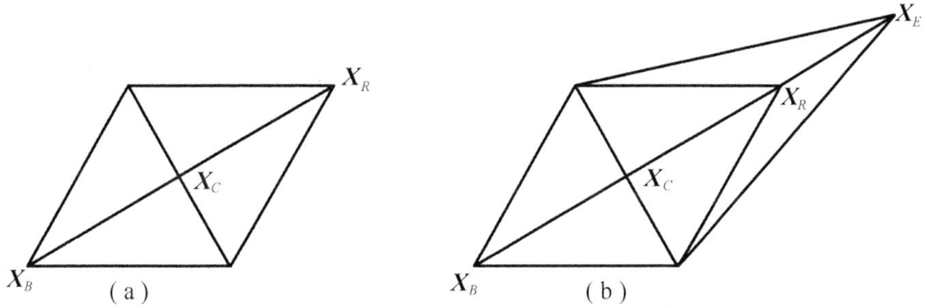

图 2-25

(4) 扩大

反射后，若反射点 X_R 比原单纯形中最好点 X_G 还好，则可对单纯形进行延伸或扩大。即令

$$X_E = X_C + \gamma(X_R - X_C) \tag{2-113}$$

其中，$\gamma > 1$ 是给定的扩大系数，常取 $\gamma = 2$。若 $f(X_E) < f(X_R)$ 扩大成功，则以 X_E 代替 X_B，组成新的单纯形，转(7)，若 $f(X_E) \geqslant f(X_R)$ 扩大失败，则放弃 X_E 回到 X_R，以 X_R 代替 X_B 形成新的单纯形，转(7)，参见图 2-25(b)。

(5) 缩小

若反射点并不比最好点 X_G 好，则有以下可能的情况。

若反射点 X_R 不比其余所有的顶点坏，则可以 X_R 代替 X_B，转(7)；若反射点 X_R 只比最坏点 X_B 好，则在 X_C 与 X_R 之间取缩小点(参见图 2-26(a))。即有

$$X_P = X_C + \beta(X_R - X_C) \tag{2-114}$$

其中 β 是给定的收缩系数，常取 $\beta = 0.5$。若反射点比最坏点还坏，即反射失败，则在 X_B 和 X_C 之间取缩小点(参见图 2-26(b))。即有

$$X_{C'} = X_C + \beta(X_B - X_C) \tag{2-115}$$

再以 $X_{C'}$ 代替 X_B 形成新的单纯形，转(7)。

(6) 缩小棱长

若缩小时得到的缩小点 X_P 或 $X_{C'}$ 比最坏点还坏，则保持最好点不动，把单纯形的棱长都缩小一半，即将所有向量 $X_i - X_G (i = 0,1,\cdots,n; i \neq G)$ 都缩小一半，即

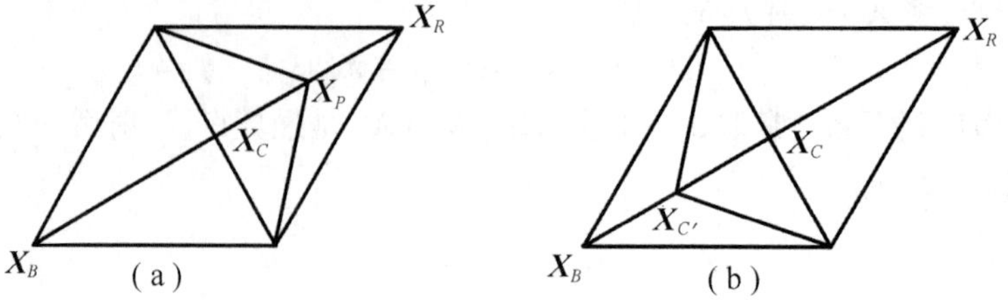

图2-26

$$X_i = X_G + 0.5(X_i - X_G) = \frac{1}{2}(X_i + X_G) \quad (i = 0,1,\cdots,n; i \neq G) \qquad (2-116)$$

得到新的单纯形后,再转(7)。

(7) 判别收敛准则成立与否,成立则得 $X^* = X_G$,否则返回(2)。收敛准则可取 $\left\{\frac{1}{n+1}\sum_{i=0}^{n}[f(X_i) - f(X_G)]^2\right\}^{\frac{1}{2}} < \varepsilon$。以上算法的框图见图2-27。

例2-9 用单纯形法求解 $\min f(X) = 4(x_1 - 5)^2 + (x_2 - 6)^2$。

解 取 $X_0 = [8,9]^T$。为计算方便,取直角三角形为初始单纯形,$X_1 = [10,11]^T$,$X_2 = [8,11]^T$。求得 $f(X_0) = 45$,$f(X_1) = 125$,$f(X_2) = 65$。可知 X_1 为最坏点,X_0 为最好点,即 $X_B = X_1$,$X_G = X_0$,X_1 和 X_0 的中心点为

$$X_C = \frac{1}{2}\left(\sum_{i=0}^{3} X_i - X_B\right) = \frac{1}{2}\left[\begin{bmatrix}8\\9\end{bmatrix} + \begin{bmatrix}8\\11\end{bmatrix}\right] = \begin{bmatrix}8\\10\end{bmatrix}$$

反射点为 $X_R = X_C + \alpha(X_C - X_B) = 2X_C - X_B = 2\begin{bmatrix}8\\10\end{bmatrix} - \begin{bmatrix}10\\11\end{bmatrix} = \begin{bmatrix}6\\9\end{bmatrix}$(取 $\alpha = 1$)。

由于 $f(X_R) = 13 < f(X_G)$,故需扩大。取 $\gamma = 2$,则有

$$X_E = X_C + \gamma(X_R - X_C) = \begin{bmatrix}8\\10\end{bmatrix} + 2\left[\begin{bmatrix}6\\9\end{bmatrix} - \begin{bmatrix}8\\10\end{bmatrix}\right] = \begin{bmatrix}4\\8\end{bmatrix}$$

因为 $f(X_E) < f(X_R)$,扩大成功。取 X_E 代替 $X_B = X_1$,由 X_E,X_0 和 X_2 形成新的单纯形,进行下一次迭代。

这个问题的最优解为 $X^* = [5,6]^T$ 与 $f(X^*) = 0$。经过约32次迭代,可把目标函数 $f(X)$ 减小到 10^{-6}。其迭代过程的前几次情况示于图2-28。

单纯形法收敛较慢。对于求不到目标函数的导数或目标函数值靠实验方法得到,并且变量较少($n < 10$)和精度要求不高的情况,还是有效的。

2.3.4 Powell 法(方向加速法)

1964年Powell M J D提出的方向加速法[14]是目前最有效的无约束优化直接解法。它也

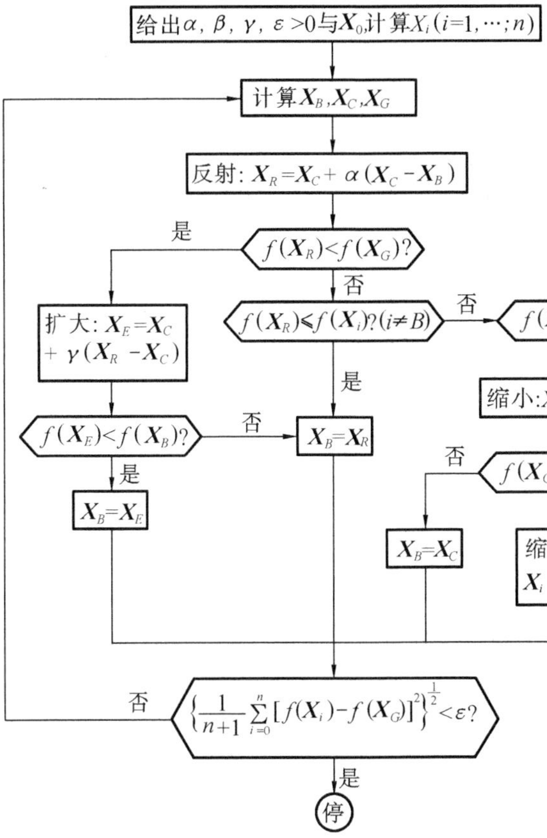

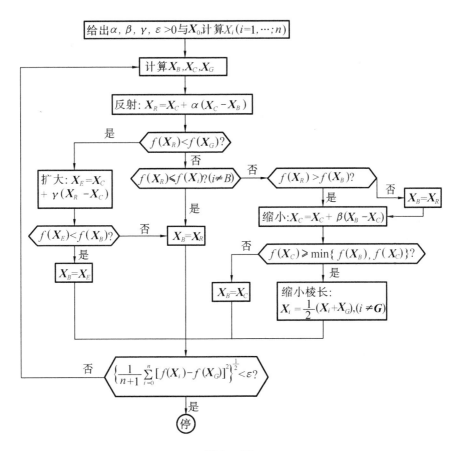

图 2-27

是一种共轭方向法,具有二次收敛性质。

这种方法的特点是通过调整方向使目标函数值较快达到最优值。它的原理是每迭代一次便调换一个方向,换掉的是在该次迭代中使目标函数已下降最多的方向。

下面以有两个变量的问题为例,介绍这个方法的迭代过程。

(1) 首先选择初始点 $\boldsymbol{X}_0$ 和初始方向 $\boldsymbol{e}_1=[1,0]^{\mathrm{T}}$,$\boldsymbol{e}_2=[0,1]^{\mathrm{T}}$,即坐标的单位向量。

(2) 从 $\boldsymbol{X}_0$ 出发,依次沿方向 $\boldsymbol{e}_1$ 到达 $\boldsymbol{X}_1$,再从 $\boldsymbol{X}_1$ 沿 $\boldsymbol{e}_2$ 到达 $\boldsymbol{X}_2$,两次的步长都用一维搜索确定,即有

$$f(\boldsymbol{X}_1)=\min_t f(\boldsymbol{X}_0+t\boldsymbol{e}_1),\boldsymbol{X}_1=\boldsymbol{X}_0+t\boldsymbol{e}_1$$

$$f(\boldsymbol{X}_2)=\min_t f(\boldsymbol{X}_1+t\boldsymbol{e}_2),\boldsymbol{X}_2=\boldsymbol{X}_1+t\boldsymbol{e}_2$$

(3) 若 $\|\boldsymbol{X}_2-\boldsymbol{X}_0\|\leqslant\varepsilon$($\varepsilon$ 为预先给定的正小数),则说明 $\boldsymbol{X}_2$ 与 $\boldsymbol{X}_0$ 之间的距离已充分小

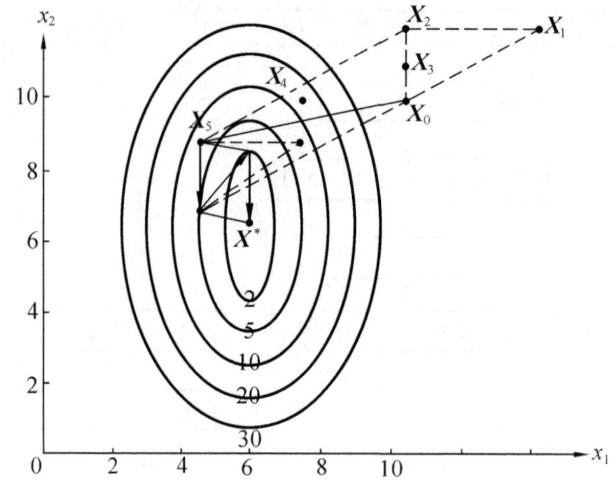

图 2 - 28

而可以结束迭代;否则,进行步长加速,即令

$$X_4 = X_2 + (X_2 - X_0) = 2X_2 - X_0 \tag{2-117}$$

点 X_4 称为步长加速点,向量 $X_2 - X_0$ 的方向称为始终方向。

然后计算$f(X_i)$并记为$f_i(i=0,1,2,4)$,再计算相邻两点函数值之差,并记其最大者为Δ,即有

$$\Delta = \max(f_{i-1} - f_i) = f_{m-1} - f_m (i = 1,2) \tag{2-118}$$

(4) 若$f_4 > f_0$或$\frac{1}{2}(f_0 - 2f_2 + f_4) \geqslant \Delta$,则表示这一循环的始终方向不好或好处不大。因此

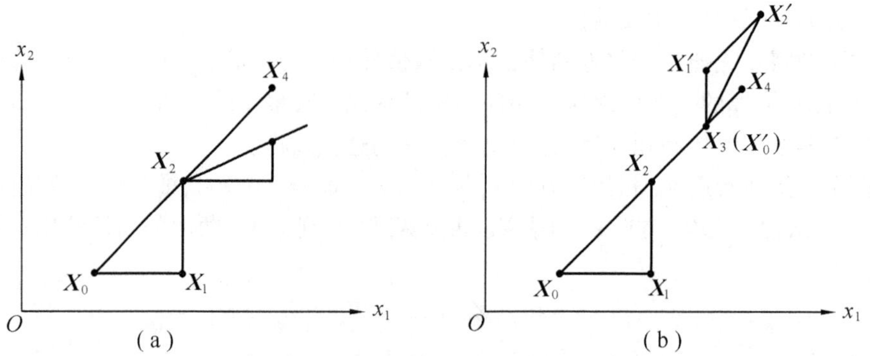

图 2 - 29

应回到 $\boldsymbol{X}_2$，再以 $\boldsymbol{X}_2$ 为新的起点，仍沿 $\boldsymbol{e}_1$，$\boldsymbol{e}_2$ 方向进行搜索，参见图 2 - 29(a)。

若 $f_4 < f_0$ 或 $\frac{1}{2}(f_0 - 2f_2 + f_4) < \Delta$，则表示沿始终方向的搜索有好处。因此应以有利的始终方向去取代 Δ 所对应的方向 $\boldsymbol{e}_m$，即该循环中用一维搜索使目标函数下降得最多的那个方向。并将 $\boldsymbol{e}_m$ 以后的方向顺序前移而将始终方向排在最后。例如，若

$$\Delta = \max(f_0 - f_1, f_1 - f_2) = f_0 - f_1$$

即 $m = 1$，则去掉 $\boldsymbol{e}_1$，新得的向量系由 $\boldsymbol{e}_2$ 与 $\boldsymbol{P} = \boldsymbol{X}_2 - \boldsymbol{X}_0$ 组成。即有 $\boldsymbol{e}_1 = \boldsymbol{e}_2$ 和 $\boldsymbol{e}_2 = \boldsymbol{P}$。再沿始终方向进行一维搜索得到最优点 $\boldsymbol{X}_3$，即有

$$f(\boldsymbol{X}_3) = \min_t f(\boldsymbol{X}_2 + t(\boldsymbol{X}_2 - \boldsymbol{X}_0)), \boldsymbol{X}_3 = \boldsymbol{X}_2 + t_2(\boldsymbol{X}_2 - \boldsymbol{X}_0)$$

最后令 $\boldsymbol{X}_0 = \boldsymbol{X}_3$，结束了这一循环的迭代。

(5) 重复(2)到(4)的过程，直到满足给定的精度 ε 为止。参见图 2 - 29(b)。Powell 法每迭代一次，调换其中的一个方向，所有调入的方向组成共轭向量系，即调入的方向为共轭方向。

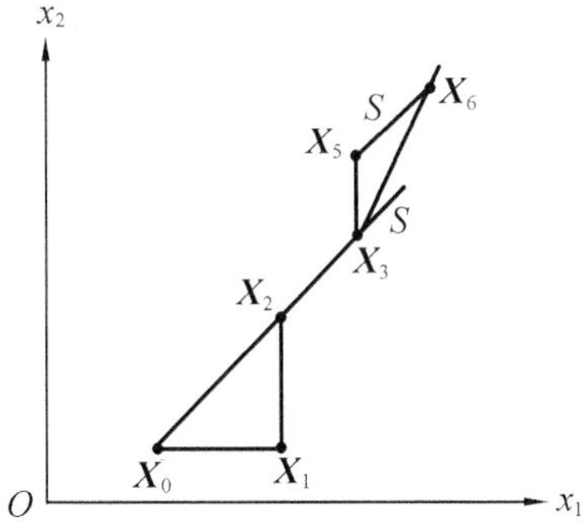

图 2 - 30

【证　对于二次函数 $f(\boldsymbol{X}) = \frac{1}{2}\boldsymbol{X}^{\mathrm{T}}\boldsymbol{H}\boldsymbol{X} + \boldsymbol{B}^{\mathrm{T}}\boldsymbol{X} + \boldsymbol{C}$ 有 $\nabla f(\boldsymbol{X}) = \boldsymbol{H}\boldsymbol{X} + \boldsymbol{B}$。

如图 2 - 30，因为从 $\boldsymbol{X}_2$ 沿 $\boldsymbol{S}$ 方向由一维搜索得到 $\boldsymbol{X}_3$，所以有 $\boldsymbol{S}^{\mathrm{T}}\nabla f(\boldsymbol{X}_3) = 0$，即

$$\boldsymbol{S}^{\mathrm{T}}(\boldsymbol{H}\boldsymbol{X}_3 + B) = \boldsymbol{0} \tag{1}$$

又因为从 $\boldsymbol{X}_5$ 沿 $\boldsymbol{S}$ 由一维搜索得到 $\boldsymbol{X}_6$，所以有 $\boldsymbol{S}^{\mathrm{T}}\nabla f(\boldsymbol{X}_6) = 0$，即

$$\boldsymbol{S}^{\mathrm{T}}(\boldsymbol{H}\boldsymbol{X}_6 + \boldsymbol{B}) = 0 \tag{2}$$

用式(2)减式(1)得 $\boldsymbol{S}^{\mathrm{T}}\boldsymbol{H}(\boldsymbol{X}_6 - \boldsymbol{X}_3) = 0$。

可见 $\boldsymbol{X}_6 - \boldsymbol{X}_3$ 和 $\boldsymbol{S}$ 是为 $\boldsymbol{H}$ 共轭的，即新形成的始终方向与原方向 $\boldsymbol{S}$ 共轭。】

Powell 法的计算机框图见图 2 - 31。

例 2 - 10　用 Powell 法求解

$$\min f(\boldsymbol{X}) = 10(x_1 + x_2 - 5)^2 + (x_1 - x_2)^2$$

解　由解析法可求出

$$\boldsymbol{X}^* = [2.5, 2.5]^{\mathrm{T}}, f(\boldsymbol{X}^*) = 0$$

下面用 Powell 法求解。

(1) 从 $\boldsymbol{X}_0 = [0,0]^{\mathrm{T}}$ 出发，沿 $\boldsymbol{e}_1 = [1,0]^{\mathrm{T}}$ 进行一维搜索求 $\boldsymbol{X}_1$

$$\boldsymbol{X}_1 = \boldsymbol{X}_0 + t_0\boldsymbol{e}_1 = [t_0, 0]^{\mathrm{T}}$$

由 $\frac{\mathrm{d}f(\boldsymbol{X}_1)}{\mathrm{d}t_0} = \frac{\mathrm{d}[10(t_0 - 5)^2 + t_0^2]}{\mathrm{d}t_0} = 0$ 求得 $t_0 = 4.545\ 5$，故 $\boldsymbol{X}_1 = [4.545\ 5, 0]^{\mathrm{T}}$。

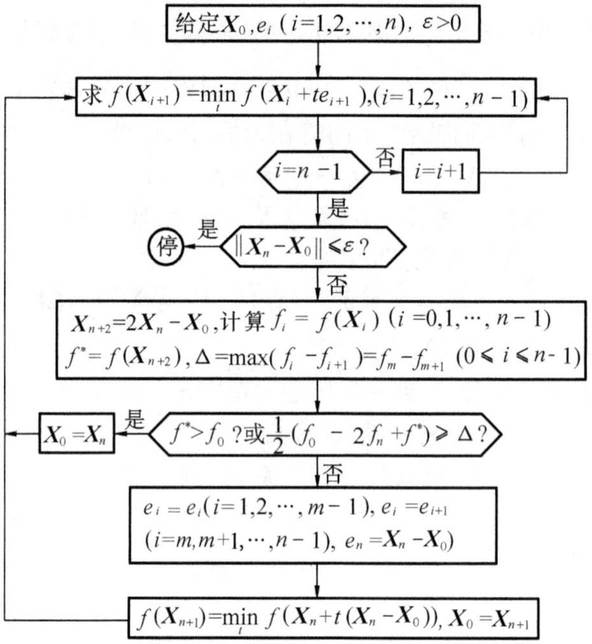

图 2-31

(2) 从 X_1 出发,沿 $e_2=[0,1]^T$ 进行一维搜索求 X_2

$$X_2=X_1+t_1e_2=[4.545\ 5,t_1]^T$$

由$\dfrac{df(X_2)}{dt_1}=\dfrac{d[10(4.545\ 5+t_1-5)^2+(4.545\ 5-t_1)^2]}{dt_1}=0$,求得 $t_1=0.824\ 6$。

故 $X_2=[4.545\ 5,0.824\ 6]^T$。

(3) 求步长加速点

$$X_4=2X_2-X_0=2\begin{bmatrix}4.545\ 5\\0.824\ 6\end{bmatrix}-\begin{bmatrix}0\\0\end{bmatrix}=\begin{bmatrix}9.091\ 0\\1.652\ 8\end{bmatrix}$$

求各点函数值:

$$f_0=f(X_0)=250,f_1=f(X_1)=22.727\ 3$$
$$f_2=f(X_2)=15.214\ 8,f_4=f(X_4)=385.239\ 2$$

则 $\Delta=\max(f_0-f_1,f_1-f_2)=227.272\ 7=f_0-f_1$,得 $m=1$。

又
$$\frac{1}{2}(f_0-2f_2+f_4)=302.408\ 4$$

因为$f_4>f_0$ 且$\frac{1}{2}(f_0-2f_2+f_4)>\Delta$,故下一次迭代应回到 X_2,再以 X_2 为出发点,沿 e_1,e_2

进行搜索。重复上述步骤，而 $X_0=X_2=[4.5455,0.8264]^T$。

(4) 从新的 X_0 沿 e_1,e_2 求得 $X_1=[3.8693,0.8264]^T$，$X_2=[3.8693,1.3797]^T$。

(5) 由 $X_4=2X_2-X_0=[3.1931,1.9930]^T$，求得各点函数值：

$$f_0=f(X_0)=15.2148,\ f_1=f(X_1)=10.1852$$

$$f_2=f(X_2)=6.8181,\ f_4=f(X_4)=1.7469$$

求得 $\Delta=5.0296=f_0-f_1$，得 $m=1$，$\frac{1}{2}(f_0-2f_2+f_4)=1.1628$。

因为$f_4<f_0$且$\frac{1}{2}(f_0-2f_2+f_4)<\Delta$，故下一次迭代时应去掉方向 $e_m=e_1$，而以始终方向 $P=X_2-X_0=[-0.6762,0.5533]^T$ 换入，即 $e_1=e_2=[0,1]^T$，$e_2=P=[-0.6762,0.5533]^T$。新的起点为 P 方向的最优点 X_3，即 $X_0=X_3=X_2+t(X_2-X_0)=[2.4689,2.5252]^T$。

再重复以上步骤，直到满足要求为止。由于 X_3 已接近最优点且$f(X_3)=0.0035$已接近最优值，故认为可以结束迭代。这里仅迭代两次即接近最优点，因为这种方法具有二次收敛性质。

上述的算法收敛较快，是直接法中最有效的一种方法。但由于每次迭代仅调换变量数中的一个方向，故当变量数很大时效率不高，一般只适用于20个变量以内的情况。

复习思考题

2-1　为什么分数法是每次计算一次函数值消去区间最好的方法？

2-2　分数法与黄金分割法相比各有何优缺点？

2-3　比较梯度法、牛顿法、共轭梯度法的优缺点。

2-4　何谓向量共轭，共轭方向法有何特点？

2-5　什么是函数的二次收敛性质？

2-6　为什么 DFP 法是拟牛顿法，拟牛顿法的条件是什么？

2-7　比较梯度法、牛顿法、共轭梯度法，和拟牛顿法的步向公式、收敛速度、计算工作量、存贮量和适用情况。

2-8　单纯形法有哪些策略可改变设计点，它们的表达式分别是什么？

2-9　Powell 法的思想和方法是怎样的，为什么它是共轭方向法？

习　题

2-1　分别用0.618和分数法，求$f(X)=(X^2-1)^2$在区间[0,2]内的极小点。0.618法

时 $\varepsilon = 0.1$,分数法时取 $n = 5, \delta = 0.01$。

2-2　用0.618法求 $f(\boldsymbol{X}) = x^2 - 3x + 2$ 在区间[0,3]内的极小点,用计算机程序求解时给定 $\varepsilon = 0.001$。并用手算前四次结果。

2-3　用二次插值法求:

$$\left.\begin{array}{ll}\min & \varphi(t) = t^3 - 2t - 1 \\ \text{s.t} & t \geqslant 0\end{array}\right\}$$

可取初始搜索区间为[0,3], $t_0 = 1, \varepsilon = 0.002$。

2-4　试证明梯度法前后两次步向正交。

2-5　用梯度法、平行切线法和F-R法分别求:

(1) $\min f(\boldsymbol{X}) = x_1^2 + 4x_2^2, \boldsymbol{X}_0 = [1,1]^{\mathrm{T}}$;

(2) $\min f(\boldsymbol{X}) = 2x_1^2 - 2x_1x_2 + x_2^2 + 2x_1 - 2x_2, \boldsymbol{X}_0 = [0,0]^{\mathrm{T}}$;

(3)* $\min f(\boldsymbol{X}) = 2x_1^2 + (x_2 - 1)^4, \boldsymbol{X}_0 = [1,0]^{\mathrm{T}}$,迭代三次。

2-6　用牛顿法求:

(1) $\min f(\boldsymbol{X}) = 4(x_1 - 5)^2 + (x_2 - 6)^2, \boldsymbol{X}_0 = [8,9]^{\mathrm{T}}$;

(2) $\min f(\boldsymbol{X}) = (x_1 - 2)^4 + (x_1 - 2x_2)^2, \boldsymbol{X}_0 = [0,3]^{\mathrm{T}}, \varepsilon = 10^{-3}$;

(3)* $\min f(\boldsymbol{X}) = 2x_1^2 + (x_2 - 1)^4, \boldsymbol{X}_0 = [1,0]^{\mathrm{T}}, \varepsilon = 0.2$。

2-7　分别用DFP,BFGS算法求:

(1) $\min f(\boldsymbol{X}) = 60 - 10x_1 - 4x_2 + x_1^2 + x_2^2 - x_1x_2, \boldsymbol{X}_0 = [0,0]^{\mathrm{T}}$;

(2) $\min f(\boldsymbol{X}) = 2x_1^2 - 2x_1x_2 + x_2^2 + 2x_1 - 2x_2, \boldsymbol{X}_0 = [0,0]^{\mathrm{T}}$;

(3)* $\min f(\boldsymbol{X}) = \frac{3}{2}x_1^2 + \frac{1}{2}x_2^2 - x_1x_2 - 2x_1, \boldsymbol{X}_0 = [0,0]^{\mathrm{T}}$。

2-8　用模式搜索法求:

(1) $\min f(\boldsymbol{X}) = x_1^2 + 2x_2^2$,取 $\boldsymbol{X}_0 = [-2,-1]^{\mathrm{T}}$,初始步长 $\lambda = 0.5$,计算10~15个点;

(2) $\min f(\boldsymbol{X}) = x_1^2 + x_2^2 - 2x_1x_2 - 4x_1, \boldsymbol{X}_0 = [1,1]^{\mathrm{T}}$,初始步长 $\lambda = 1$,收缩因子 $\beta = 0.5$;

(3)* $\min f(\boldsymbol{X}) = (x_1 - 1)^2 + 5(x_1^2 - x_2)^2$,取 $\boldsymbol{X}_0 = [2,0]^{\mathrm{T}}$,初始步长 $\lambda = 0.5$。

2-9　用旋转方向法求:

(1) $\min f(\boldsymbol{X}) = (x_1 - 3) + 2(x_2 + 2)^2, \boldsymbol{X}_0 = [0,0]^{\mathrm{T}}$;

(2) $\min f(\boldsymbol{X}) = 3x_1^2 + x_2^2 - 2x_1x_2 + 4x_1 + 3x_2, \boldsymbol{X}_0 = [4,5]^{\mathrm{T}}$,可取初始步长 $\boldsymbol{\lambda}_0 = [1,1]^{\mathrm{T}}$,步长因子 $\alpha = 3, \beta = 0.5$,迭代两次。

2-10　用单纯形法求:

(1) $\min f(\boldsymbol{X}) = x_1^2 + x_2^2 - x_1x_2 - 3x_1, \boldsymbol{X}_0 = [0,0]^{\mathrm{T}}, \boldsymbol{X}_1 = [-2,0]^{\mathrm{T}}, \boldsymbol{X}_2 = [0,2]^{\mathrm{T}}$,给定 $\alpha = 1, \beta = 0.5, \gamma = 2, \varepsilon = 0.35$;

(2) $\min f(\boldsymbol{X}) = x_1^2 + 2x_2^2$,取 $\boldsymbol{X}_0 = [-2,-1]^{\mathrm{T}}$,初始步长 $\lambda = 0.5$,计算到单纯形的三个初始点全部被取代为止;

(3) * $\min f(\boldsymbol{X}) = (x_1 - 1)^2 + 5(x_1^2 - x_2)^2$，取 $\boldsymbol{X}_0 = [2,0]^{\mathrm{T}}$，初始步长 $\lambda = 0.5$，计算到单纯形三个初始点全部被替代为止。

2 - 11　用 Powell 法求：

(1) $\min f(\boldsymbol{X}) = 10(x_1 + x_2 - 5)^2 + (x_1 - x_2)^2$，$\varepsilon = 0.01$，$\boldsymbol{X}_0 = [0,0]^{\mathrm{T}}$；

(2) $\min f(\boldsymbol{X}) = x_1^2 + 2x_2^2 - 2x_1x_2 - 4x_1$，$\varepsilon = 0.01$，$\boldsymbol{X}_0 = [0,0]^{\mathrm{T}}$；

(3) * $\min f(\boldsymbol{X}) = (x_1 + x_2)^2 + (x_1 - 1)^2$，$\varepsilon = 0.01$，$\boldsymbol{X}_0 = [2,-1]^{\mathrm{T}}$。

第3章　线性规划

从本章起将讨论约束的最优化问题。其中最简单的是线性规划问题。即目标函数和约束函数都是变量的线性函数的数学规划问题。

线性规划是数学规划中发展最早的一个分支。线性规划不仅本身具有实用价值，而且是一些非线性规划解法的基础。1947年，美国数学家丹泽格（Dantzig G B）提出了一般的线性规划数学模型和求解线性规划问题的通用方法——单纯形法，为这门学科奠定了基础。此后30年线性规划的理论和算法逐步丰富和发展。到20世纪70年代后期又取得重大进展。1979年，前苏联数学家哈奇扬（Хачиян Л Г）提出运用求解线性不等式组的椭球法去求解线性规划问题，并证明该算法是一个多项式时间算法。这一工作具有重要理论意义，但实用效果不佳。1984年，在美国工作的印度数学家卡玛卡（Karmarkar N）提出了求解线性规划的投影尺度法，这是一个有实用意义的多项式时间算法。这一工作引起人们对内点算法的关注，此后相继出现了多种更为简便实用的内点算法。本章将主要介绍求解线性规划问题的单纯形法及较为简便实用的内点算法。

首先，我们先看一个简单的例题。

例3－1　某工厂生产甲、乙两种产品。甲产品由1个单位的A种原料和1个单位的B种原料用3个工时完成，可售价4元。乙产品由1个单位的A种原料和2个单位的B种原料用2个工时完成，可售价3元。现共计有A种原料50个单位，B种原料80个单位，共可用工时140，参见表3－1。问怎样组织生产，收入最多。

表3－1　例3－1的原始数据

产品	原料A	原料B	工时	单价／元
甲	1	1	3	4
乙	1	2	2	3
共计	50	80	140	

解　设生产甲产品x_1，生产乙产品x_2，共收入Z元，则由题意有如下的数学规划问题：

$$\left.\begin{aligned} \max \quad & Z = 4x_1 + 3x_2 \\ \text{s.t.} \quad & x_1 + x_2 \leqslant 50 \\ & x_1 + 2x_2 \leqslant 80 \\ & 3x_1 + 2x_2 \leqslant 140 \\ & x_1, x_2 \geqslant 0 \end{aligned}\right\}$$

这个问题有四个约束条件,其中最后的约束条件是变量的非负性条件 $\boldsymbol{X} \geqslant 0$。现在目标函数和约束函数都与变量向量 $\boldsymbol{X} = [x_1, x_2]^{\mathrm{T}}$ 呈线性关系,所以是一个线性规划问题。

这个问题是有三个约束方程和变量为非负的条件的二维问题,因此可以用作图的方法求解,如图 3 - 1 所示。

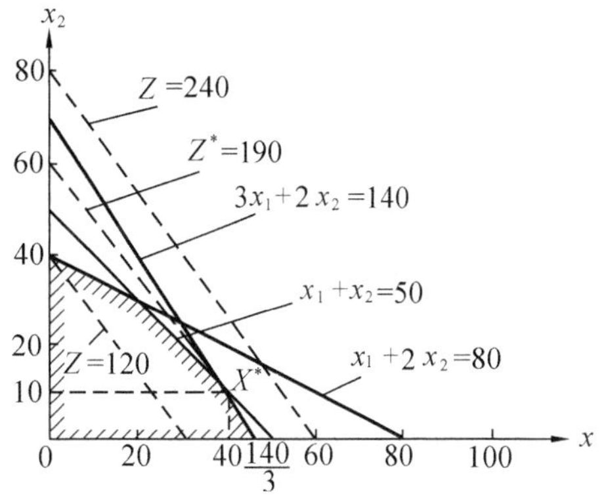

图 3 - 1

首先,我们可由表示约束等式的直线与 x_1, $x_2 \geqslant 0$ 的条件绘出可行区(图 3 - 1 中的阴影区)。然后画出目标函数的等值线,显然它们是一族平行的直线。则求解这个问题的几何含义是要在可行区中寻找一点,使得过这点的等值线的函数值最大。由图,显然 $\boldsymbol{X}^* = [40, 10]^{\mathrm{T}}$ 满足上述条件且可求得 $\boldsymbol{X}^* = 190$。由这个例题可见,最优解位于可行区的顶点。

3.1　线性规划问题的数学表达

一般,线性规划问题可以化为下述的标准形式:

$$\left.\begin{aligned} \min \quad & Z = \sum_{j=1}^{n} c_j x_j \\ \text{s.t.} \quad & \sum_{j=1}^{n} a_{ij} x_j = b_i \quad (i = 1, 2, \cdots, m) \\ & x_j \geqslant 0 \quad (j = 1, 2, \cdots, n) \end{aligned}\right\} \tag{3 - 1}$$

式中　$b_i \geqslant 0, c_j, a_{ij}$—— 都是给定的常数;

　　m—— 约束方程数,称为问题的阶数;

　　n—— 变量分量的个数,称为问题的维数。

式(3 - 1) 也可写成如下的矩阵形式:

$$\left.\begin{aligned} \min \quad & \boldsymbol{Z} = \boldsymbol{C}^{\mathrm{T}}\boldsymbol{X} \\ \text{s.t.} \quad & \boldsymbol{AX} = \boldsymbol{B} \\ & \boldsymbol{X} \geqslant 0 \end{aligned}\right\} \tag{3-2}$$

下面说明如何将不是上述标准形式的线性规划问题化为上述的标准形式。

(1) 若约束是以如下的不等式

$$\sum_{j=1}^{n} a_{ij}x_j \leqslant b_i (i = 1,2,\cdots,m)$$

给出的,则可引进**松弛变量**(Slack variable) 变成如下的等式形式:

$$\left.\begin{aligned} & \sum_{j=1}^{n} a_{ij}x_j + x_{n+i} = b_i (i = 1,2,\cdots,m) \\ & x_{n+i} \geqslant 0 \quad (i = 1,2,\cdots,m) \end{aligned}\right\} \tag{3-3}$$

(2) 若约束是以如下的不等式

$$\sum_{j=1}^{n} a_{ij}x_j \geqslant b_i (i = 1,2,\cdots,m)$$

给出的,则可引进**剩余变量**(Surplus variable) 变成如下的等式形式:

$$\left.\begin{aligned} & \sum_{j=1}^{n} a_{ij}x_j - x_{n+i} = b_i (i = 1,2,\cdots,m) \\ & x_{n+i} \geqslant 0 \quad (i = 1,2,\cdots,m) \end{aligned}\right\} \tag{3-4}$$

(3) 若问题为求 $\max\boldsymbol{Z} = \boldsymbol{C}^{\mathrm{T}}\boldsymbol{X}$,则等价于

$$\min(-\boldsymbol{Z}) = (-\boldsymbol{C})^{\mathrm{T}}\boldsymbol{X} \tag{3-5}$$

(4) 当某些变量分量为自由变量而无非负性要求时,则可将自由变量变成两个变量分量而具有非负性条件,即令

$$\left.\begin{aligned} & x_j = x_j' - x_j'' \\ & x_j', x_j'' \geqslant 0 \end{aligned}\right\} \tag{3-6}$$

事实上,当 $x_j' \geqslant x_j''$ 时 $x_j \geqslant 0$,当 $x_j' \leqslant x_j''$ 时 $x_j \leqslant 0$。

例如,以下的线性规划问题:

$$\left.\begin{aligned} \max \quad & \boldsymbol{Z} = -x_1 - x_2 \\ \text{s.t.} \quad & 2x_1 + 3x_2 \leqslant 6 \\ & x_1 + x_2 = 3 \\ & x_1 + 7x_2 \geqslant 4 \\ & x_1 \geqslant 0 \end{aligned}\right\}$$

等价于以下的标准形式的线性规划问题:

$$\left.\begin{aligned}
\min \quad & (-Z) = x_1 + x_2' - x_2'' \\
\text{s.t.} \quad & 2x_1 + 3x_2' - 3x_2'' + x_3 = 6 \\
& x_1 + 7x_2' - 7x_2'' - x_4 = 4 \\
& x_1 + x_2' - x_2'' = 3 \\
& x_1, x_2', x_2'', x_3, x_4 \geqslant 0
\end{aligned}\right\}$$

可见,例题3 －1 化为标准形式应为:

$$\left.\begin{aligned}
\min \quad & (-Z) = -4x_1 - 3x_2 \\
\text{s.t.} \quad & x_1 + x_2 + x_3 = 50 \\
& x_1 + 2x_2 + x_4 = 4 \\
& 3x_1 + 2x_2 + x_5 = 140 \\
& x_1, x_2, x_3, x_4, x_5 \geqslant 0
\end{aligned}\right\}$$

3.2 线性规划的单纯形法

下面讨论标准形式线性规划问题的单纯形法解法。

一种有效的线性规划解法是1947 年由 Dantzig 提出的**单纯形法**(Simplex method)[15](“单纯形”一词与现在的线性规划单纯形法已没有什么联系。它是在方法研究过程中对于一个特殊问题而引用的术语,人们习惯地沿用了下来。无约束优化中直接解法之一的单纯形法与这里的单纯形法毫无共同之处)。

为了解单纯形法的基本理论,首先介绍若干基本概念。

3.2.1 若干基本概念

3.2.1.1 可行解(Feasible solution)与最优解(Optimal solution)

由线性代数可知:如果线性规划问题标准形式(3 －1) 中的线性约束方程组有解,则当方程组中的线性无关方程的个数少于变量数时有无穷多组解。因此,我们将假定 m 个线性约束方程是线性无关的,且 $m < n$,从而方程组将有无穷多组解。我们的目的就是要从这无穷多组解中求满足非负性要求且使目标函数最小的解 —— 最优解。

对于式(3 －1) 或(3 －2) 的标准线性规划形式,我们称任何满足 $\boldsymbol{AX} = \boldsymbol{B}$ 的 X 为一个解。若还有 $\boldsymbol{X} \geqslant 0$,则称它是一个可行解。

若对于任何可行解 $\boldsymbol{X}$ 有

$$\boldsymbol{C}^{\mathrm{T}}\boldsymbol{X} \geqslant \boldsymbol{C}^{\mathrm{T}}\boldsymbol{X}^* \tag{3-7}$$

则称 X^* 为最优解。

3.2.1.2 基本变量(Basic variable)与非基本变量(Non - basic variable)

在式(3 - 1)或式(3 - 2)中,若从 $m \times n(m < n)$ 的矩阵 A 中任取 $m \times m$ 的非奇异矩阵 D,并记其余的 $n - m$ 列矩阵为 N,即有 $A = [D,N]$;同时对应的将 X 分解为 $X = \begin{Bmatrix} X_D \\ X_N \end{Bmatrix}$,将 C 分解为 $C = \begin{Bmatrix} C_D \\ C_N \end{Bmatrix}$,则有

$$\left.\begin{aligned} Z &= C_D^{\mathrm{T}} X_D + C_N^{\mathrm{T}} X_N \\ D X_D + N X_N &= B \end{aligned}\right\} \tag{3 - 8}$$

称 $X_D = [x_{D1}, x_{D2}, \cdots, x_{Dm}]^{\mathrm{T}}$ 中的 $x_{Di}(i = 1,2,\cdots,m)$ 为基本变量,它的集合称为基底。而称 $X_N = [x_{N1}, x_{N2}, \cdots, x_{n,n-m}]^{\mathrm{T}}$ 中的 $x_{Ni}(i = 1,2,\cdots,n - m)$ 为非基本变量。

由于 D 为非奇异矩阵,故由式(3 - 8)有

$$X_D = D^{-1}B - D^{-1}NX_N \tag{3 - 9}$$

称非基本变量为零(即 $X_N = 0$)时求得的解

$$\left.\begin{aligned} X_D &= D^{-1}B \\ X_N &= 0 \end{aligned}\right\} \tag{3 - 10}$$

为**基本解**(Basic solution)。若 $X_D = D^{-1}B$ 中的某个或几个分量为零,则称之为退化的基本解。而当

$$X_D = D^{-1}B \geqslant 0 \tag{3 - 11}$$

时,则称 X_D 为**基本可行解**(Basic feasible solution)。如果该解是退化的基本解,则称之为退化的基本可行解。

3.2.2 线性规划问题的基本性质

1. 线性规划问题如果存在可行区,则该可行区是凸集。

【**证** 设 X_1 和 X_2 是两个不同的可行解,即有

$$AX_1 = B, X_1 \geqslant 0$$
$$AX_2 = B, X_2 \geqslant 0$$

则对任意的常数 $0 \leqslant k \leqslant 1$ 有

$$A[kX_1 + (1 - k)X_2] = kAX_1 + (1 - k)AX_2 = kB + (1 - k)B = B$$

且显然 $kX_1 + (1 - k)X_2 \geqslant 0$。所以对任意的 $0 \leqslant k \leqslant 1$, $kX_1 + (1 - k)X_2$ 也是可行解。这就证明了线性规划问题的可行区是凸集。】

一般说来,具有最优解的线性规划问题的可行区是一个凸多面体。它是由 m 个超平面组成并限于 $X \geqslant 0$ 的部分。

2. 如果线性规划问题是凸集,则目标函数的最优值一定在凸集的某个极点达到。

【证 设线性规划问题的凸集上有有限个极点 $X_1, X_2, \cdots, X_l$。假定目标函数的最优值不在上述极点上达到,则必存在一点 X_0,使得

$$C^T X_0 < C^T X_j \quad (j = 1,2,\cdots,l) \tag{1}$$

因为 X_0 在凸集中,则它可用 $X_1, X_2, \cdots, X_l$ 表达为

$$X_0 = \sum_{j=1}^{l} \alpha_j X_j \tag{2}$$

式中 $\alpha_j \geqslant 0, \sum_{j=1}^{l} \alpha_j = 1$。用 C^T 左乘式(2) 的两边得到

$$C^T X_0 = \sum_{j=1}^{l} \alpha_j C^T X_j \tag{3}$$

设 $C^T X_t = \min_{1 \leqslant j \leqslant l} \{C^T X_j\}$。用 $C^T X_t$ 替换式(3) 中的 $C^T X_j$,有

$$C^T X_0 \geqslant C^T X_t \sum_{j=1}^{l} \alpha_j = C^T X_t \tag{4}$$

显然式(4) 与式(1) 是矛盾的,因而目标函数最优值必在凸集的极点上达到。 】

3. 线性规划问题的基本可行解位于可行区的极点。

【证 首先假设存在可行解 X_1 和 X_2,使基本可行解 X 可表示成

$$X = kX_1 + (1-k)X_2 \quad (0 \leqslant k \leqslant 1)$$

则可将 X 分解为基本和非基本变量,从而有

$$X_D = kX_{1D} + (1-k)X_{2D}$$

$$X_N = kX_{1N} + (1-k)X_{2N}$$

由于 $X_N = 0, k \geqslant 0, 1-k \geqslant 0$;$X_1$ 和 X_2 均大于等于0,故

$$X_{1N} = X_{2N} = 0$$

由此 X_{1D} 和 X_{2D} 也是基本解,从而 X_{1D} 和 X_{2D} 分别应有

$$DX_{1D} = B, DX_{2D} = B$$

由于 D 是非奇异的,上列方程组有唯一解。所以必有

$$X_D = X_{1D} = X_{2D}$$

即 X_1 和 X_2 就是 X,这就证明了基本可行解是可行区的极点。 】

由以上三条性质可见:为求解线性规划问题,只需考虑可行区的极点,而可行区的极点又是与基本可行解相对应的。因此,我们至少可以通过比较 C_n^m 个基本可行解求得最优解。

3.2.3 单纯形法

根据上面线性规划问题的基本性质,单纯形法的思路是:从一个已知的基本可行解出发,寻找使目标函数值有较大下降的另一个基本可行解。由于基本可行解是有限的,因而经过有

限次迭代,必可达到最优点。那么,怎样由一个基本可行解找到另一个基本可行解?怎样确定可使目标函数值获得较大下降的基本可行解?下面就来回答这两个问题。

3.2.3.1 由一个基本可行解得到另一个基本可行解的方法

1. 首先,设等式约束系数矩阵 $\boldsymbol{A}$ 的列向量分别用 $\boldsymbol{P}_1,\boldsymbol{P}_2,\cdots,\boldsymbol{P}_n$ 表示,即有

$$\boldsymbol{A}=[\boldsymbol{P}_1,\boldsymbol{P}_2,\cdots,\boldsymbol{P}_m,\boldsymbol{P}_{m+1},\cdots,\boldsymbol{P}_n] \tag{3-12}$$

则

$$\boldsymbol{D}=[\boldsymbol{P}_1,\boldsymbol{P}_2,\cdots,\boldsymbol{P}_m] \tag{3-13}$$

$$\boldsymbol{N}=[\boldsymbol{P}_{m+1},\boldsymbol{P}_{m+2},\cdots,\boldsymbol{P}_n] \tag{3-14}$$

由于 $\boldsymbol{D}$ 为非奇异矩阵,故由式(3-8)有

$$\boldsymbol{X}_D+\boldsymbol{D}^{-1}\boldsymbol{N}\boldsymbol{X}_N=\boldsymbol{D}^{-1}\boldsymbol{B} \tag{3-15}$$

若令上式中的

$$\boldsymbol{D}^{-1}\boldsymbol{N}=\boldsymbol{D}^{-1}[\boldsymbol{P}_{m+1},\cdots,\boldsymbol{P}_n]=[\boldsymbol{Y}_{m+1},\boldsymbol{Y}_{m+2},\cdots,\boldsymbol{Y}_n] \tag{3-16}$$

式中

$$\boldsymbol{Y}_j=[y_{1j},y_{2j},\cdots,y_{mj}]^{\mathrm{T}}\quad(j=m+1,\cdots,n) \tag{3-17}$$

并假定 $\boldsymbol{Z}_D$ 为基本可行解,即有

$$\boldsymbol{D}^{-1}\boldsymbol{B}=\boldsymbol{Y}_0=[y_{10},y_{20},\cdots,y_{m0}]^{\mathrm{T}}\geqslant 0 \tag{3-18}$$

则式(3-15)可写为

$$x_{Di}+\sum_{j=m+1}^{n}y_{ij}x_j=y_{i0}\quad(i=1,2,\cdots,m) \tag{3-19}$$

即有

$$\left.\begin{array}{lllll}
x_{D1} & & +y_{1,m+1}x_{m+1}+\cdots+y_{1n}x_n=y_{10} \\
& x_{D2} & +y_{2,m+1}x_{m+1}+\cdots+y_{2n}x_n=y_{20} \\
& \ddots & \vdots \\
& & x_{Dm}+y_{m,m+1}x_{m+1}+\cdots+y_{mn}x_n=y_{m0}
\end{array}\right\} \tag{3-20}$$

现在,若将式(3-20)的系数矩阵的前 m 列向量用 $\boldsymbol{Y}_1,\boldsymbol{Y}_2,\cdots,\boldsymbol{Y}_m$ 表示。则不难看出 $\boldsymbol{Y}_1,\boldsymbol{Y}_2,\cdots,\boldsymbol{Y}_m$ 是单位向量,可构成 n 维空间的基底。因此,向量 $\boldsymbol{Y}_0$ 可表示为

$$y_{10}\boldsymbol{Y}_1+y_{20}\boldsymbol{Y}_2+\cdots+y_{m0}\boldsymbol{Y}_m=\boldsymbol{Y}_0 \tag{3-21}$$

从而可找到 $\boldsymbol{X}=[y_{10},y_{20},\cdots,y_{m0},0,\cdots,0]^{\mathrm{T}}$ 是与基底 $\boldsymbol{Y}_1,\boldsymbol{Y}_2,\cdots,\boldsymbol{Y}_m$ 相对应的一个基本可行解。

下面的问题是如何从这个基本可行解求得另一个基本可行解。在讨论中要求基本可行解是非退化的,因此进一步假定 $y_{10},y_{20},\cdots,y_{m0}$ 全部是正数。

2. 换基

采用线性代数中的约当(Jordon)消去法,我们可以把方程组系数矩阵的任何一个列向量化为单位向量。例如,把 $\boldsymbol{Y}_s(m+1\leqslant s\leqslant n)$ 化为单位向量。这时,在原来的基底向量 $\boldsymbol{Y}_1,\boldsymbol{Y}_2,\cdots,\boldsymbol{Y}_m$ 中必然有一个向量要化为非单位向量,而其余 $m-1$ 个向量仍然保持为单位向量,这 $m-1$ 个向量加上 $\boldsymbol{Y}_s$ 就是新的基底。若和这个新的基底相对应的解是可行的,则它就是一个新

的基本可行解。

下面介绍约当消去法过程。

设需将第 r 个基本变量 $x_r(1 \leqslant r \leqslant m)$ 换成非基本变量 $x_s(m+1 \leqslant s \leqslant n)$，则方法是：

(1) 将式(3-20)中的第 r 方程

$$x_{Dr} + \sum_{j=m+1}^{n} y_{rj}x_j = y_{r0} \tag{3-22}$$

乘以$\dfrac{y_{is}}{y_{rs}}(i=1,2,\cdots,m)$得到一组新的 m 个方程，即

$$\frac{y_{is}}{y_{rs}}x_{Dr} + \sum_{\substack{j=m+1\\ j\neq s}}^{n} \frac{y_{is}}{y_{rs}}y_{rj}x_j + y_{is}x_s = \frac{y_{is}}{y_{rs}}y_{r0} \quad (i=1,2,\cdots,m) \tag{3-23}$$

(2) 将式(3-20)中 $i \neq r(i=1,2,\cdots,m)$ 的各式减去对应的式(3-23)的各式，则得到 $i \neq r(i=1,2,\cdots,m)$ 的 $m-1$ 个方程为

$$x_{Di} - \frac{y_{is}}{y_{rs}}x_{Dr} + \sum_{\substack{j=m+1\\ j\neq s}}^{n}\left(y_{ij} - \frac{y_{is}}{y_{rs}}y_{rj}\right)x_j = y_{i0} - \frac{y_{is}}{y_{rs}}y_{r0} \quad (i=1,2,\cdots,m,i\neq r) \tag{3-24}$$

(3) 将式(3-22)乘以 $1/y_{rs}$ 得到新的第 r 方程为

$$\frac{1}{y_{rs}}x_{Dr} + \sum_{\substack{j=m+1\\ j\neq s}}^{n} \frac{y_{rj}}{y_{rs}}x_j + x_s = \frac{1}{y_{rs}}y_{r0} \tag{3-25}$$

现重写式(3-24)与(3-25)如下：

$$\left.\begin{array}{l}
x_{D1} \qquad + \left(0 - \dfrac{y_{1s}}{y_{rs}}\right)x_{Dr} + \displaystyle\sum_{\substack{j=m+1\\ j\neq s}}^{n}\left(y_{1j} - \dfrac{y_{1s}}{y_{rs}}y_{rj}\right)x_j = y_{10} - \dfrac{y_{1s}}{y_{rs}}y_{r0} \\
\quad x_{D2} \qquad + \left(0 - \dfrac{y_{2s}}{y_{rs}}\right)x_{Dr} + \displaystyle\sum_{\substack{j=m+1\\ j\neq s}}^{n}\left(y_{2j} - \dfrac{y_{2s}}{y_{rs}}y_{rj}\right)x_j = y_{20} - \dfrac{y_{2s}}{y_{rs}}y_{r0} \\
\qquad \ddots \qquad\qquad \vdots \\
\qquad\quad x_{Ds} \qquad + \dfrac{1}{y_{rs}}x_{Dr} + \displaystyle\sum_{\substack{j=m+1\\ j\neq s}}^{n} \dfrac{y_{rj}}{y_{rs}}x_j = \dfrac{y_{r0}}{y_{rs}} \\
\qquad\qquad \ddots \qquad\qquad \vdots \\
\qquad\qquad\quad x_{Dm} + \left(0 - \dfrac{y_{ms}}{y_{rs}}\right)x_{Dr} + \displaystyle\sum_{\substack{j=m+1\\ j\neq s}}^{n}\left(y_{mj} - \dfrac{y_{ms}}{y_{rs}}y_{rj}\right)x_j = y_{m0} - \dfrac{y_{ms}}{y_{rs}}y_{r0}
\end{array}\right\} \tag{3-26}$$

现在，将式(3-26)与式(3-20)相比较，可见已将 x_{Dr} 与 x_{Ds} 互换，且新的系数 $\tilde{y}_{ij}(i=1,2,\cdots,m;j=0,1,2,\cdots,n)$ 可由式(3-19)中非基本变量的系数求得。即有

$$\tilde{y}_{rj} = \frac{y_{rj}}{y_{rs}}(j=0,1,2,\cdots,n) \tag{3-27}$$

和
$$\tilde{y}_{rj} = y_{ij} - \frac{y_{is}}{y_{rs}} y_{rj} (i = 1,2,\cdots,m; j = 0,1,2,\cdots,n; i \neq r) \quad (3-28)$$

我们称上述的换基运算为转轴运算,而式(3 - 27) 和(3 - 28) 即为转轴公式。公式中的 y_{rs} 称为**主元**(Pivot element)。

3. 主元 y_{rs} 行号 r 的选择

为使新的基本解仍为可行,显然应有 $\tilde{y}_{i0} \geqslant 0 (i = 1,2,\cdots,m)$。这样:第一,由式(3 - 27) 可见应有 $y_{rs} > 0$,也就是说主元 y_{rs} 只能从第 s 列的正分量 y_{is} 中选取。第二,由式(3 - 28) 可见,必须

$$\tilde{y}_{i0} = y_{i0} - \frac{y_{is}}{y_{rs}} y_{r0} \geqslant 0 (i = 1,2,\cdots,m; i \neq r) \quad (3-29)$$

可见,若限定 $y_{is} > 0$,则式(3 - 29) 可写成

$$\frac{y_{i0}}{y_{is}} \geqslant \frac{y_{r0}}{y_{rs}} (i = 1,2,\cdots,m) \quad (3-30)$$

式(3 - 30) 说明,主元 y_{rs} 所在行的序号 r 应是使比值 $\frac{y_{i0}}{y_{is}}$(其中 $y_{is} > 0, i = 1,2,\cdots,m$) 取最小值的序号 i,即有

$$\frac{y_{r0}}{y_{rs}} = \min_{1 \leqslant i \leqslant m} \left\{ \frac{y_{i0}}{y_{is}} \middle| y_{is} > 0 \right\} \quad (3-31)$$

若 $y_{is} \leqslant 0 (i = 1,2,\cdots,m)$,则可以证明问题不存在有界解,而有 $\tilde{Z} \to -\infty$,显然这个无界解不是最优解,即问题不存在最优解。

【证:考虑式(3 - 21):

$$y_{10}\boldsymbol{Y}_1 + y_{20}\boldsymbol{Y}_2 + \cdots + y_{m0}\boldsymbol{Y}_m = \boldsymbol{Y}_0 \quad (1)$$

同理有
$$y_{1s}\boldsymbol{Y}_1 + y_{2s}\boldsymbol{Y}_2 + \cdots + y_{ms}\boldsymbol{Y}_m = \boldsymbol{Y}_s \quad (2)$$

式(2) 两边乘以待定常数 θ 后再由式(1) 减去它可得

$$(y_{10} - \theta y_{1s})\boldsymbol{Y}_1 + (y_{20} - \theta y_{2s})\boldsymbol{Y}_2 + \cdots + (y_{m0} - \theta y_{ms})\boldsymbol{Y}_m + \theta \boldsymbol{Y}_s = \boldsymbol{Y}_0 \quad (3)$$

若 $\boldsymbol{Y}_0 > 0$(即 $\boldsymbol{X} = \begin{Bmatrix} \boldsymbol{D}^{-1}\boldsymbol{B} \\ 0 \end{Bmatrix}$是非退化的),且 $y_{1s}, y_{2s}, \cdots, y_{ms} \leqslant 0$,则由式(3) 可见,只要选取 $\theta > 0$, 则总可找到小的正数 θ 使式(3) 左端的各项系数大于零。于是得到如下的可行解:

$$\boldsymbol{X}_\theta = [y_{10} - \theta y_{1s}, \cdots, y_{m0} - \theta y_{ms}, 0, \cdots, \theta, 0, \cdots, 0]^{\mathrm{T}}$$

$\boldsymbol{X}_\theta$ 对应的目标函数是

$$\boldsymbol{Z}_\theta = \sum_{i=1}^{m} c_i (y_{i0} - \theta y_{is}) + c_s \theta = \sum_{i=1}^{m} c_i y_{i0} + \theta \left(c_s - \sum_{i=1}^{m} c_i y_{is} \right) = Z_0 + \theta (c_s - z_s)$$

可见,当对应于 $\boldsymbol{Y}_s$ 的判别数 $(c_s - z_s)$ 小于零时(以后可知此时问题未达最优),$\boldsymbol{Z}_\theta < \boldsymbol{Z}_0$,即 $\boldsymbol{X}_\theta$ 是使目标函数下降的可行解。若 θ 是任意的大正数,则由

$$Z_\theta = Z_0 + \theta(c_s - \boldsymbol{C}_D^{\mathrm{T}}\boldsymbol{Y}_s)$$

可知相应于可行解的目标函数值将任意减小,即

$$Z_\theta \to -\infty$$

】

3.2.3.2 使目标函数下降最多的基本可行解的确定

1. 最优解的判别

将式(3-9)代入式(3-8)的第一式:

$$Z = \boldsymbol{C}^{\mathrm{T}}\boldsymbol{X} = \boldsymbol{C}_D^{\mathrm{T}}\boldsymbol{X}_D + \boldsymbol{C}_N^{\mathrm{T}}\boldsymbol{X}_N \tag{3-32}$$

有

$$Z = \boldsymbol{C}_D^{\mathrm{T}}\boldsymbol{D}^{-1}\boldsymbol{B} + (\boldsymbol{C}_N^{\mathrm{T}} - \boldsymbol{C}_D^{\mathrm{T}}\boldsymbol{D}^{-1}N)\boldsymbol{X}_N \tag{3-33}$$

式(3-33)右端的第一项显然是对应于基本可行解 $\boldsymbol{X} = \begin{bmatrix}\boldsymbol{D}^{-1}B \\ 0\end{bmatrix}$ 的目标函数值。因此,如果

$$\boldsymbol{C}_N^{\mathrm{T}} - \boldsymbol{C}_D^{\mathrm{T}}\boldsymbol{D}^{-1}N \geqslant 0 \tag{3-34}$$

则此时有 $Z \geqslant \boldsymbol{C}_D^{\mathrm{T}}\boldsymbol{D}^{-1}\boldsymbol{B}$。可见 $\boldsymbol{X}_D = \boldsymbol{D}^{-1}\boldsymbol{B}$ 为最优解。

因此,式(3-34)是最优解的判别式。由式(3-16)、(3-34)可写成如下的代数形式:

$$c_j - \boldsymbol{C}_D^{\mathrm{T}}\boldsymbol{Y}_j \geqslant 0 \qquad (j = m+1, m+2, \cdots, n) \tag{3-35}$$

或

$$c_j - \sum_{i=1}^{m} c_{Di}y_{ij} \geqslant 0 \qquad (j = m+1, m+2, \cdots, n) \tag{3-36}$$

令

$$z_j = \sum_{i=1}^{m} c_{Di}y_{ij} \qquad (j = m+1, m+2, \cdots, n) \tag{3-37}$$

则式(3-36)可写成

$$c_j - z_j \geqslant 0 \qquad (j = m+1, m+2, \cdots, n) \tag{3-38}$$

注意到当 $j = 1,2,\cdots,m$ 时 $c_j - z_j = 0$。因为在 $z_j = \sum_{i=1}^{m} c_{Di}y_{ij}$ 中 $y_{ij} = \begin{cases}0(i \neq j) \\ 1(i = j)\end{cases}$。

至此,若式(3-38)成立,则 $\boldsymbol{X}_D = \boldsymbol{D}^{-1}\boldsymbol{B} \geqslant 0$ 为最优解。在进行换基的转轴运算以后,最优解的判别值为 $\tilde{c}_j - \tilde{z}_j$。

此时,由式(3-37)有

$$\tilde{z}_j = \sum_{i=1}^{m} c_{Di}\tilde{y}_{ij} = \sum_{\substack{i=1 \\ i \neq r}}^{m} c_{Di}\tilde{y}_{ij} + c_s\tilde{y}_{rj} \quad (j = m+1, m+2, \cdots, n)$$

代入转轴公式有

$$\begin{aligned}\tilde{z}_j &= \sum_{i=1}^{m} c_{Di}\left(y_{ij} - \frac{y_{is}}{y_{rs}}y_{rj}\right) + c_s\frac{y_{rj}}{y_{rs}} = \sum_{i=1}^{m} c_{Di}y_{ij} + \frac{y_{rj}}{y_{rs}}\left(c_s - \sum_{i=1}^{m} c_{Di}y_{is}\right) \\ &= z_j + \frac{y_{rj}}{y_{rs}}(c_s - z_s) \quad (j = m+1, m+2, \cdots, n)\end{aligned}$$

从而

$$\tilde{c}_j - \tilde{z}_j = (c_j - z_j) - \frac{y_{rj}}{y_{rs}}(c_s - z_s) \quad (j = m+1, m+2, \cdots, n) \tag{3-39}$$

2. 换基中主元 y_{rs} 列号 s 的选取

为求最优解，在换基中我们的目的是要使

$$\tilde{Z} = \boldsymbol{C}_D^{\mathrm{T}}\tilde{\boldsymbol{X}}_D < Z = \boldsymbol{C}_D^{\mathrm{T}}\boldsymbol{X}_D$$

因此，在选取主元(即确定主元所在的行号 r 和列号 s) 时要考虑换基后可否使目标函数下降。由于当 $c_j - z_j \geqslant 0 \quad (j = m+1, m+2, \cdots, n)$ 则已达最优，故当非最优时必至少有一个 j 有 $c_j - z_j < 0 \quad (j = m+1, m+2, \cdots, n)$，因而 s 的确定应满足下式以使目标函数有最多的下降：

$$c_s - z_s = \min_{m+1 \leqslant j \leqslant n}\{c_j - z_j\} < 0 \tag{3-40}$$

前已述及，为使新的解为可行，主元 y_{rs} 的行号 r 应满足

$$\frac{y_{r0}}{y_{rs}} = \min_{1 \leqslant i \leqslant m}\left\{\frac{y_{i0}}{y_{is}} \middle| y_{is} > 0\right\} \tag{3-31}$$

式(3－31) 和(3－40) 即为确定主元 y_{rs} 的公式。

3. 换基后基本可行解的目标函数值

换基后，基本解的目标函数值 $\tilde{Z} = \boldsymbol{C}_D^{\mathrm{T}}\tilde{y}_0 = \sum_{\substack{i=1\\ i\neq r}}^{m} c_{Di}\tilde{y}_{i0} + c_s\tilde{y}_{r0}$。代入转轴公式有

$$\tilde{Z} = \sum_{\substack{i=1\\ i\neq r}}^{m} c_{Di}\left(y_{i0} - \frac{y_{is}}{y_{rs}}y_{r0}\right) + c_s\frac{y_{r0}}{y_{rs}} = \sum_{i=1}^{m} c_{Di}\left(y_{i0} - \frac{y_{is}}{y_{rs}}y_{r0}\right) + c_s\frac{y_{r0}}{y_{rs}}$$

$$= \sum_{i=1}^{m} c_{Di}y_{i0} + \frac{y_{r0}}{y_{rs}}\left(c_s - \sum_{i=1}^{m} c_{Di}y_{is}\right)$$

即有

$$\tilde{Z} = Z + \frac{y_{r0}}{y_{rs}}(c_s - z_s) \tag{3-41}$$

可见，当$\frac{y_{r0}}{y_{rs}} \geqslant 0$时，对于$(c_s - z_s) < 0$ 有 $\tilde{Z} \leqslant Z$。即每进行一次转轴运算可使基本可行解的目标函数值下降一次。

至此，我们得到了从一个基本可行解到达使目标函数下降最多的另一个基本可行解的方法和公式。即按式(3－31) 和式(3－40) 确定主元，并按式(3－27) 和式(3－28) 进行转轴运算。

3.2.3.3 单纯形法的计算步骤

若已有初始的基本可行解 $\boldsymbol{X}_D = \boldsymbol{D}^{-1}\boldsymbol{B} = \boldsymbol{Y}_0 \geqslant \boldsymbol{0}$，则根据上述方法形成的单纯形法的求解步骤是：

(1) 计算 $c_j - z_j = c_j - \sum_{i=1}^{m} c_{Di}y_{ij} (i = m+1, m+2, \cdots, n)$；

(2) 若 $c_j - z_j \geqslant 0 (j = m+1, m+2, \cdots, n)$，则 $\boldsymbol{Z}_D$ 为最优解，停机；

(3) 若 $c_j - z_j(j = m+1, m+2, \cdots, n)$ 中至少有一个不大于等于零,则令

$$c_s - z_s = \min_{m+1 \leqslant j \leqslant n} (c_j - z_j)$$

得主元 y_{rs} 的列号 s;

(4) 若 $y_{is} \leqslant 0(i = 1,2,\cdots,m)$,则问题无有界解,停机;

(5) 若 $y_{is}(i = 1,2,\cdots,m)$ 中至少有一个不小于等于零,则令

$$\frac{y_{r0}}{y_{rs}} = \min_{1 \leqslant i \leqslant m} \left\{ \frac{y_{i0}}{y_{is}} \right\}$$

得主元 y_{rs} 的行号;

(6) 以 y_{rs} 为主元进行转轴运算

$$\tilde{Z} = Z + \frac{y_{r0}}{y_{rs}}(c_s - z_s),\text{即} -\tilde{Z} = (-Z) - \frac{y_{r0}}{y_{rs}}(c_s - z_s);$$

$$\tilde{c}_j - \tilde{z}_j = (c_j - z_j) - \frac{y_{rj}}{y_{rs}}(c_s - z_s)(j = m+1, m+2, \cdots, n);$$

$$\tilde{y}_{rj} = \frac{y_{rj}}{y_{rs}}(j = 0,1,2,\cdots,n);\tilde{y}_{ij} = y_{ij} - \frac{y_{is}}{y_{rs}}y_{rj}(i = 1,2,\cdots,m; i \neq r; j = 0,1,2,\cdots,n)$$

转(2)。

考察上面的转轴运算公式,可以发现:$\tilde{Z}, \tilde{c}_j - \tilde{z}_j, \tilde{y}_{ij}$ 的计算有如下的规律(表 3－2)。

表 3－2　转轴运算

i 行	$(-Z) \xrightarrow{-} (c_s - z_s)$	$c_j - z_j \xrightarrow{-} c_s - z_s$	$y_{ij} \xrightarrow{-} y_{is}$
	↓ ÷	↓ ÷	↓ ÷
r 行	$y_{r0} \overset{\times}{\longleftarrow} y_{rs}$	$y_{rj} \overset{\times}{\longleftarrow} y_{rs}$	$y_{rj} \overset{\times}{\longleftarrow} y_{rs}$
	0 列　　s 列	j 列　　s 列	j 列　　s 列
主元所在 r 行的 y_{ij} 都除 y_{rs}			

因此,单纯形法可用如下的单纯形表来计算,见表 3－3。

表3－3 单纯形表

		x_1	x_2	$\cdots$	x_r	$\cdots$	x_m	x_{m+1}	$\cdots$	x_s	$\cdots$	x_n
	$-Z$	c_1-z_1	c_2-z_2	$\cdots$	$\cdots$	$\cdots$	$\cdots$	$\cdots$	$\cdots$	c_s-z_s	$\cdots$	c_n-z_n
x_{D1}	y_{10}	y_{11}	y_{12}	$\cdots$	$\cdots$	$\cdots$	$\cdots$	$\cdots$	$\cdots$	y_{1s}	$\cdots$	y_{1n}
x_{D2}	y_{20}	y_{21}	y_{22}	$\cdots$	$\cdots$	$\cdots$	$\cdots$	$\cdots$	$\cdots$	y_{2s}	$\cdots$	y_{2n}
$\vdots$	$\vdots$	$\vdots$	$\vdots$							$\vdots$	$\vdots$	$\vdots$
x_{Dr}	y_{r0}	y_{r1}	y_{r2}	$\cdots$	$\cdots$	$\cdots$	$\cdots$	$\cdots$	$\cdots$	y_{rs}	$\cdots$	y_{rn}
$\vdots$	$\vdots$	$\vdots$	$\vdots$	$\cdots$	$\cdots$	$\cdots$	$\cdots$	$\cdots$	$\cdots$	$\vdots$	$\cdots$	$\vdots$
x_{Dm}	y_{m0}	y_{m1}	y_{m2}	$\cdots$	$\cdots$	$\cdots$	$\cdots$	$\cdots$	$\cdots$	y_{ms}	$\cdots$	y_{mn}

可见：

(1) 这种表有 $m+2$ 行，$n+2$ 列；

(2) 对应于基本向量的 m 列 $\boldsymbol{Y}$ 为单位向量。

具体方法是：

(1) 由初始基本可行解计算出上表；

(2) 如果 $c_j-z_j \geqslant 0(j=1,2,\cdots,n)$ 则得到最优解；

(3) 如果至少有一个 $c_j-z_j<0(j=1,2,\cdots,n)$，则找 c_j-z_j 最小的列为第 s 列；

(4) 将 $y_{i0}(i=1,2,\cdots,m)$ 分别除以 s 列中大于零的 $y_{is}(=1,2,\cdots,m)$，取各个$\frac{y_{i0}}{y_{is}}$最小者为$\frac{y_{r0}}{y_{rs}}$，即找到第 r 行，主元为 y_{rs}；

(5) 按上面转轴运算的规律求得下一个表格，并重新开始。

下面用上述方法求解例题3－1。

例3－2 用单纯形法求解

$$
\left.\begin{aligned}
\min\quad & Z=-4x_1-3x_2 \\
\text{s.t.}\quad & x_1+x_2+x_3=50 \\
& x_1+2x_2+x_4=80 \\
& 3x_1+2x_2+x_5=140 \\
& x_1,x_2,x_3,x_4,x_5 \geqslant 0
\end{aligned}\right\}
$$

可知 $m=3,n=5$。

解 显然，若取 x_3,x_4,x_5 为基本变量，则有初始基本可行解

$$X_D = [50,80,140]^{\mathrm{T}} = D^{-1}B = Y_0 = \begin{bmatrix} 50 \\ 80 \\ 140 \end{bmatrix} \geqslant \mathbf{0}$$

此时 $D = \begin{bmatrix} 1 & 0 & 0 \\ 0 & 1 & 0 \\ 0 & 0 & 1 \end{bmatrix} = I$(单位矩阵),$D^{-1} = I$,且 $C_D^{\mathrm{T}} = [0,0,0]$,故 $Z = C_D^{\mathrm{T}} Y_0 = 0$。由 $c_j - z_j = c_j - C_D^{\mathrm{T}} Y_j (j = 1,2)$ 求得

$$c_1 - z_1 = -4, c_2 - z_2 = -3$$

非基本变量的系数 y_{ij} 为

$$D^{-1}N = I\begin{bmatrix} 1 & 1 \\ 1 & 2 \\ 3 & 2 \end{bmatrix} = \begin{bmatrix} 1 & 1 \\ 1 & 2 \\ 3 & 2 \end{bmatrix} = [Y_1, Y_2]$$

故得表 3－4。

表 3－4　例 3－2 计算表之一

		x_1	x_2	x_3	x_4	x_5
$-Z$	0	-4	-3	0	0	0
x_3	50	1	1	1	0	0
x_4	80	1	2	0	1	0
x_5	140	3(主元)	2	0	0	1

由上表可见:

(1) 对于基本变量有 $y_{ij} = 0, y_{ii} = 1 (i = 1,2,3; j = 1,2,\cdots,5)$;

(2) 第一、二列的 $c_j - z_j$ 均小于零,故未达最优解;

(3) 取最小的 $c_j - z_j$ 为 $c_1 - z_1$,故 $s = 1$;

(4) y_{11}, y_{21}, y_{31} 都大于零,可求得

$\dfrac{y_{10}}{y_{11}} = 50, \dfrac{y_{20}}{y_{21}} = 80, \dfrac{y_{30}}{y_{31}} = \dfrac{140}{3}$,故得 $\dfrac{y_{r0}}{y_{rs}} = \dfrac{y_{30}}{y_{31}} = \dfrac{140}{3}$

得 $r = 3, y_{rs} = 3$。

有了 $y_{rs} = 3$,由表 3－4 可作转轴运算得表 3－5。

表3－5 例3－2计算表之二

		x_1	x_2	x_3	x_4	x_5
$-Z$	$\frac{560}{3}$	0	$-\frac{1}{3}$	0	0	$\frac{4}{3}$
x_3	$\frac{10}{3}$	0	$\frac{1}{3}$(主元)	1	0	$-\frac{1}{3}$
x_4	$\frac{100}{3}$	0	$\frac{4}{3}$	0	1	$-\frac{1}{3}$
x_1	$\frac{140}{3}$	1	$\frac{2}{3}$	0	0	$\frac{1}{3}$

可见：

(1) 仅有 $c_2 - z_2 < 0$,故 $s = 2$;

(2) y_{is} 都大于零,$\min\left\{\frac{y_{i0}}{y_{is}}\right\} = \frac{10}{3} \times 3 = 10 = \frac{y_{10}}{y_{1s}}$,故 $r = 1$,$y_{rs} = \frac{1}{3}$,再由表3－5可作转轴运算得表3－6。

表3－6 例3－2计算表之三

		x_1	x_2	x_3	x_4	x_5
$-Z$	190	0	0	1	0	1
x_2	10	0	1	3	0	－1
x_4	20	0	0	－4	1	1
x_1	40	1	0	－2	0	1

可见：

(1) $c_j - z_j \geqslant 0 \quad (j = 1,2,\cdots,5)$,故已达最优解;

(2) 此时最优解为 $$\boldsymbol{X}^* = \begin{bmatrix} x_1 = 40 \\ x_2 = 10 \\ x_4 = 20 \end{bmatrix}$$

即,生产甲产品40,乙产品10最好,此时剩下B种原料20单位,工时和甲种原料均已用完($x_3 = x_5 = 0$)。收入为190元。对照图3－1可知,表3－4到表3－5相当于从点(0,0)移动到顶点$\left(\frac{140}{0},0\right)$,表3－5到3－6相当于从点$\left(\frac{140}{0},0\right)$移动到另一顶点$\boldsymbol{X}^* = [40,10]^{\mathrm{T}}$。

3.2.3.4 初始基本容许解的求法

对于式(3 - 1) 的标准的线性规划问题:

$$\left.\begin{aligned}&\min \quad Z = \sum_{j=1}^{n} c_j x_j \\ &\text{s.t.} \quad \sum_{j=1}^{n} a_{ij} x_j = b_i \quad (i = 1,2,\cdots,m) \\ &\qquad\ x_j \geqslant 0 \quad (j = 1,2,\cdots,n)\end{aligned}\right\} \tag{3-1}$$

若有可行解为 $\boldsymbol{X}_0 = [x_{10}, x_{20}, \cdots, x_{n0}]^{\mathrm{T}}$,则$[x_{10}, x_{20}, \cdots, x_{n0}, \underbrace{0, \cdots, 0}_{m}]^{\mathrm{T}}$ 必为下式

$$\left.\begin{aligned}&\min \quad \sum_{j=1}^{n} x_{n+i} = 0 \\ &\text{s.t.} \quad \sum_{j=1}^{n} a_{ij} x_j + x_{n+i} = b_i \quad (i = 1,2,\cdots,m) \\ &\qquad x_j \geqslant 0 (j = 1,2,\cdots,n), x_{n+i} \geqslant 0 \quad (i = 1,2,\cdots,m)\end{aligned}\right\} \tag{3-42}$$

的可行解。

式(3 - 42) 的可行解一般不一定是式(3 - 1) 的可行解。但若式(3 - 42) 的可行解(x_{10}, $x_{20}, \cdots, x_{n+1,0}, \cdots, x_{n+m,0}$) 中有 $x_{n+1,0}, \cdots, x_{n+m,0}$ 都等于零,则此解必为式(3 - 1) 的可行解。

可见,式(3 - 1) 有基本可行解时,必然式(3 - 42) 中的 $x_{n+i}(i = 1,2,\cdots,m)$ 都为零。

即

$$\min \sum_{i=1}^{m} x_{n+i} = 0 \tag{3-43}$$

而另一方面,若 $\sum_{j=1}^{n} x_{n+i} > 0$,则可以证明式(3 - 1) 无可行解。

【**证** 用反证法

设式(3 - 1) 有可行解$\tilde{\boldsymbol{X}} = [\tilde{x}_1, \tilde{x}_2, \cdots, \tilde{x}_n]^{\mathrm{T}}$。显然 $n + m$ 维向量$[\tilde{\boldsymbol{X}}^{\mathrm{T}}, \boldsymbol{0}^{\mathrm{T}}]^{\mathrm{T}}$ 就是式(3 - 42) 的可行解,而且这个解的目标函数值$\tilde{Z} = \sum_{i=1}^{m} x_{n+i} = 0$。它说明$[\tilde{\boldsymbol{X}}^{\mathrm{T}}, \boldsymbol{0}^{\mathrm{T}}]^{\mathrm{T}}$ 是比最优解更好的解,这是不可能的。从而证明了当 $\sum_{i=1}^{m} x_{n+i} > 0$ 时式(3 - 1) 无解。 】

由于 x_{n+i} 不是问题的变量,是人为加的,故称为**人工变量**(Artificial variable)。

可见,可用两阶段(或称两相) 的方法求得式(3 - 1) 的初始基本可行解。即第 Ⅰ 相引进人工变量,解对应于式(3 - 1) 的式(3 - 42) 求得式(3 - 1) 的初始基本可行解。然后再按单纯形法第 Ⅱ 相求解式(3 - 1)。

例 3 - 3 用两相法求解

$$\left.\begin{aligned}\min\quad & Z = 5x_1 + 21x_3\\ \text{s.t.}\quad & x_1 - x_2 + 6x_3 \geqslant 2\\ & x_1 + x_2 + 2x_3 \geqslant 1\\ & x_1, x_2, x_3 \geqslant 0\end{aligned}\right\}$$

解　(1) 先化为标准形式:

$$\left.\begin{aligned}\min\quad & Z = 5x_1 + 21x_3\\ \text{s.t.}\quad & x_1 - x_2 + 6x_3 - x_4 = 2\\ & x_1 + x_2 + 2x_3 - x_5 = 1\\ & x_1, x_2, x_3, x_4, x_5 \geqslant 0\end{aligned}\right\}$$

(2) 相 Ⅰ 求初始可行解:

引进人工变量 x_6, x_7 并解对应的如下问题:

$$\left.\begin{aligned}\min\quad & Z' = x_6 + x_7\\ \text{s.t.}\quad & x_1 - x_2 + 6x_3 - x_4 + x_6 = 2\\ & x_1 + x_2 + 2x_3 - x_5 + x_7 = 1\\ & x_1, x_2, x_3, x_4, x_5, x_6, x_7 \geqslant 0\end{aligned}\right\}$$

表3-7,3-8,3-9列出了相 Ⅰ 的计算过程。由表3-9可知,相 Ⅰ 已达最优,$Z' = 0$,$\boldsymbol{X}_1^* = \left[x_2 = \frac{1}{4}, x_3 = \frac{3}{8}\right]^{\mathrm{T}}$。

表3-7　例3-3的计算表之一

		x_1	x_2	x_3	x_4	x_5	x_6	x_7
$-Z'$	-3	-2	0	-8	1	1	0	0
x_6	2	1	-1	6(主元)	-1	0	1	0
x_7	1	1	1	2	0	-1	0	1

表3-8　例3-3的计算表之二

		x_1	x_2	x_3	x_4	x_5	x_6	x_7
$-Z'$	$-\frac{1}{3}$	$-\frac{2}{3}$	$-\frac{4}{3}$	0	$-\frac{1}{3}$	1	$\frac{4}{3}$	0
x_3	$\frac{1}{3}$	$\frac{1}{6}$	$-\frac{1}{6}$	1	$-\frac{1}{6}$	0	$\frac{1}{6}$	0
x_7	$\frac{1}{3}$	$\frac{2}{3}$	$\frac{4}{3}$(主元)	0	$\frac{1}{3}$	-1	$-\frac{1}{3}$	1

表 3－9 例 3－3 的计算表之三

		x_1	x_2	x_3	x_4	x_5	x_6	x_7
$-Z'$	0	0	0	0	0	0	1	1
x_3	$\frac{3}{8}$	$\frac{1}{4}$	0	1	$-\frac{1}{8}$	$-\frac{1}{8}$	$\frac{1}{8}$	$\frac{1}{8}$
x_2	$\frac{1}{4}$	$\frac{1}{2}$	1	0	$\frac{1}{4}$	$-\frac{3}{4}$	$-\frac{1}{4}$	$\frac{3}{4}$

(3) 相Ⅱ问题的求解。初始基本可行解为 $x_2 = \frac{1}{4}$ 和 $x_3 = \frac{3}{8}$。此时 x_6, x_7 已不必要，且 Z' 应换成 Z。

即按原目标函数 $Z = 5x_1 + 21x_3$ 求得 Z。

因为 $\boldsymbol{C}_D^{\mathrm{T}} = [21,0]$，$c_1 - z_1 = 5 - \frac{21}{4} = -\frac{1}{4}$，$c_2 - z_2 = 0 - 0 = 0$，$c_3 - z_3 = 21 - 21 = 0$，$c_4 - z_4 = 0 - \frac{-21}{8} = \frac{21}{8}$，$c_5 - z_5 = 0 - \frac{-21}{8} = \frac{21}{8}$，其中 $z_j = \sum_{i=1}^{m} c_{Di} y_{ij}$，得表 3－10。经转轴运算可得表 3－11。

表 3－10 例 3－3 的计算表之四

		x_1	x_2	x_3	x_4	x_5
$-Z$	$-\frac{63}{8}$	0	0	0	$\frac{21}{8}$	$\frac{21}{8}$
x_3	$\frac{3}{8}$	$\frac{1}{4}$	0	1	$-\frac{1}{8}$	$-\frac{1}{8}$
x_2	$\frac{1}{4}$	$\frac{1}{2}$（主元）	1	0	$\frac{1}{4}$	$-\frac{3}{4}$

表 3－11 例 3－3 的计算表之五

		x_1	x_2	x_3	x_4	x_5
$-Z$	$-\frac{31}{4}$	0	$\frac{1}{2}$	0	$\frac{11}{4}$	$\frac{9}{4}$
x_3	$\frac{1}{4}$	0	$-\frac{1}{2}$	1	$-\frac{1}{4}$	$\frac{1}{4}$
x_1	$\frac{1}{2}$	1	2	0	$\frac{1}{2}$	$-\frac{3}{2}$

由于此时 $c_j - z_j \geqslant 0 (j = 1,2,\cdots,5)$，故已达最优。解为 $x_1^* = \frac{1}{2}$，$x_3^* = \frac{1}{4}$，$x_2^* = x_4^* = x_5^* = 0$，$Z = \frac{31}{4}$。

3.3 修正单纯形法

对于具有 n 个变量,m 个等式约束的标准线性规划问题,大量的计算实践表明,单纯形法要经过 $m \sim 1.5\,m$ 次的迭代达到最优解。当 n 比 m 大得多时,仅有一小部分列向量参与进基与出基的变换,而大部分列向量与换基无关。但在单纯形法中需要算出所有的 $\boldsymbol{Y}_j(j=0,1,2,\cdots,n)$ 并跟着作换基运算,因而计算量大,存储量大。

下面介绍修正单纯形法,它是单纯形法的改进,克服了上述缺点,并将求解初始基本可行解的相 Ⅰ 问题作了统一处理。是求解线性规划问题的较好方法。

对于式(3-1)标准的线性规划问题,若考虑相 Ⅰ 问题求初始可行解,并将目标函数变成一个约束,则问题有以下的约束条件:

$$\left.\begin{array}{lllr} -Z+c_1x_1+c_2x_2+\cdots+c_nx_n & & & =0 \\ & x_{n+1}+x_{n+2}+\cdots+x_{n+1+m} & & =0 \\ a_{11}x_1+a_{12}x_2+\cdots+a_{1n}x_n & & +x_{n+2+m} & =b_1 \\ \quad\vdots & \ddots & & \vdots \\ a_{m1}x_1+a_{m2}x_2+\cdots+a_{mn}x_n & & +x_{n+1+m} & =b_m \end{array}\right\} \tag{3-44}$$

式中 $x_{n+2},\cdots,x_{n+1+m}$ 为考虑相 Ⅰ 求初始可行解的人工变量,而 x_{n+1} 为将人工变量之和成为一约束后再加上的人工变量。

若记上述约束方程组的系数矩阵为 $\overline{\boldsymbol{A}}$,则有

$$\overline{\boldsymbol{A}}=\left[\begin{array}{c|cccc|ccc|cccc} 1 & c_1 & c_2 & \cdots & c_m & c_{m+1} & \cdots & c_n & 0 & 0 & \cdots & 0 \\ 0 & 0 & 0 & \cdots & 0 & 0 & \cdots & 0 & 1 & 1 & \cdots & 1 \\ \hline 0 & a_{11} & a_{12} & \cdots & a_{1m} & a_{1,m+1} & \cdots & a_{1n} & 0 & 1 & & \boldsymbol{O} \\ \vdots & \vdots & \vdots & \ddots & \vdots & \vdots & \ddots & \vdots & & & \ddots & \\ 0 & a_{m1} & a_{m2} & \cdots & a_{mm} & a_{m,m+1} & \cdots & a_{mn} & 0 & \boldsymbol{O} & & 1 \end{array}\right]$$

$$=\left[\begin{array}{c|c|ccc|ccc} 1 & \boldsymbol{C}_D^{\mathrm{T}} & c_{m+1} & \cdots & c_n & 0\ 0 & \cdots & 0 \\ 0 & 0\ 0\ \cdots\ 0 & 0 & \cdots & 0 & & \boldsymbol{C}_M^{\mathrm{T}} & \\ \hline 0 & & a_{1,m+1} & \cdots & a_{1n} & 0\ 1 & & \boldsymbol{O} \\ \vdots & \boldsymbol{D} & \vdots & \ddots & \vdots & \vdots & \ddots & \\ 0 & & a_{m,m+1} & \cdots & a_{mn} & 0\ \boldsymbol{O} & & 1 \end{array}\right] \tag{3-45}$$

令

$$
\boldsymbol{D}_2 = \left[\begin{array}{cc|c} 1 & 0 & \boldsymbol{C}_D^{\mathrm{T}} \\ 0 & 1 & \boldsymbol{C}_M^{\mathrm{T}} \\ \hline 0 & 0 & \\ \vdots & \vdots & D \\ 0 & 0 & \end{array}\right] \tag{3-46}
$$

式中

$$
\left.\begin{aligned} \boldsymbol{C}_D^{\mathrm{T}} &= [c_1, c_2, \cdots, c_m]_{1\times m} \\ \boldsymbol{C}_M^{\mathrm{T}} &= [1, 1, \cdots, 1]_{1\times m} \end{aligned}\right\} \tag{3-47}
$$

$$
\boldsymbol{D} = \begin{bmatrix} a_{11} & a_{12} & \cdots & a_{1m} \\ a_{21} & a_{22} & \cdots & a_{2m} \\ \vdots & \vdots & & \vdots \\ a_{m1} & a_{m2} & \cdots & a_{mm} \end{bmatrix} = [\boldsymbol{P}_1, \boldsymbol{P}_2, \cdots, \boldsymbol{P}_m] \tag{3-48}
$$

则对应于 $x_1, x_2, \cdots, x_n$ 的 $\overline{\boldsymbol{A}}$ 中的列向量

$$
\overline{\boldsymbol{P}}_j = \begin{bmatrix} c_j \\ 0 \\ \overline{\boldsymbol{P}}_j \end{bmatrix} \quad (j = 1, 2, \cdots, n) \tag{3-49}
$$

而对应于式(3 - 44) 的 $m + 2$ 个约束的右端项为列向量

$$
\overline{\boldsymbol{B}} = \begin{bmatrix} 0 \\ 0 \\ \overline{\boldsymbol{B}} \end{bmatrix} \tag{3-50}
$$

将 $\boldsymbol{D}_2$ 求逆有

$$
\boldsymbol{D}_2^{-1} = \left[\begin{array}{cc|c} 1 & 0 & -\boldsymbol{C}_D^{\mathrm{T}}\boldsymbol{D}^{-1} \\ 0 & 1 & -\boldsymbol{C}_M^{\mathrm{T}}\boldsymbol{D}^{-1} \\ \hline \multicolumn{2}{c|}{\boldsymbol{O}} & \boldsymbol{D}^{-1} \end{array}\right] \tag{3-51}
$$

(因为 $\boldsymbol{D}_2\boldsymbol{D}_2^{-1} = \boldsymbol{I}$)

现在将 $\boldsymbol{D}_2^{-1}$ 与 $\overline{\boldsymbol{P}}_j (j = 1, 2, \cdots, n)$ 相乘有

$$
\boldsymbol{D}_2^{-1}\overline{\boldsymbol{P}}_j = \left[\begin{array}{cc|c} 1 & 0 & -\boldsymbol{C}_D^{\mathrm{T}}\boldsymbol{D}^{-1} \\ 0 & 1 & -\boldsymbol{C}_M^{\mathrm{T}}\boldsymbol{D}^{-1} \\ \hline \multicolumn{2}{c|}{\boldsymbol{O}} & \boldsymbol{D}^{-1} \end{array}\right] \begin{bmatrix} c_j \\ 0 \\ \overline{\boldsymbol{P}}_j \end{bmatrix} = \left[\begin{array}{c} c_j - \boldsymbol{C}_D^{\mathrm{T}}\boldsymbol{D}^{-1}\boldsymbol{P}_j \\ 0 - \boldsymbol{C}_M^{\mathrm{T}}\boldsymbol{D}^{-1}\boldsymbol{P}_j \\ \hline \boldsymbol{D}^{-1}\boldsymbol{P}_j \end{array}\right] \quad (j = 1, 2, \cdots, n) \tag{3-52}
$$

记 $\overline{\boldsymbol{Y}}_j = \boldsymbol{D}_2^{-1}\overline{\boldsymbol{P}}_j$。

因为$\boldsymbol{D}^{-1}[\boldsymbol{P}_1,\boldsymbol{P}_2,\cdots,\boldsymbol{P}_n] = \boldsymbol{Y}_1,\boldsymbol{Y}_2,\cdots,Y_m,\boldsymbol{Y}_{m+1},\cdots,\boldsymbol{Y}_n$(参见式(3－13)与式(3－16))。即有

$$\boldsymbol{Y}_j = \boldsymbol{D}_2^{-1}\boldsymbol{P}_j \quad (j = 1,2,\cdots,n) \tag{3-53}$$

所以

$$c_j - \boldsymbol{C}_D^{\mathrm{T}}\boldsymbol{D}^{-1}\boldsymbol{P}_j = c_j - \boldsymbol{C}_D^{\mathrm{T}}\boldsymbol{Y}_j = c_j - \sum_{i=1}^{m} c_{Di}\boldsymbol{Y}_{ij} = c_j - z_j \quad (j = 1,2,\cdots,n) \tag{3-54}$$

是对应于原目标函数(相 Ⅱ 的)的判别数。而$0 - \boldsymbol{C}_M^{\mathrm{T}}\boldsymbol{D}^{-1}\boldsymbol{P}_j = 0 - \boldsymbol{C}_M^{\mathrm{T}}\boldsymbol{Y}_j$;即有

$$c_j^M - z_j^M = -\sum_{i=1}^{m} y_{ij} \quad (j = 1,2,\cdots,n) \tag{3-55}$$

是对应于相 Ⅰ 问题目标函数的判别数。

因此,式(3－52)成为

$$\boldsymbol{D}_2^{-1}\bar{\boldsymbol{P}}_j = \begin{bmatrix} c_j - z_j \\ c_j^M - z_j^M \\ \hline \boldsymbol{Y}_j \end{bmatrix} \tag{3-56}$$

由上可见:

(1) 用$\boldsymbol{D}_2^{-1}$的第一行乘$\bar{\boldsymbol{P}}_j$可求得相 Ⅱ 问题的判别数;

(2) 用$\boldsymbol{D}_2^{-1}$的第二行乘$\bar{\boldsymbol{P}}_j$可求得相 Ⅰ 问题的判别数;

(3) 用$\boldsymbol{D}_2^{-1}$的其余各行乘$\bar{\boldsymbol{P}}_s$可求得$\boldsymbol{Y}_s$。

另一方面,

$$\boldsymbol{D}_2^{-1}\bar{\boldsymbol{B}} = \left[\begin{array}{cc|c} 1 & 0 & -\boldsymbol{C}_D^{\mathrm{T}}\boldsymbol{D}^{-1} \\ 0 & 1 & -\boldsymbol{C}_M^{\mathrm{T}}\boldsymbol{D}^{-1} \\ \hline \multicolumn{2}{c|}{\boldsymbol{O}} & \boldsymbol{D}^{-1} \end{array}\right]\begin{bmatrix} 0 \\ 0 \\ \bar{B} \end{bmatrix} = \begin{bmatrix} -\boldsymbol{C}_D^{\mathrm{T}}\boldsymbol{D}^{-1}\boldsymbol{B} \\ -\boldsymbol{C}_M^{\mathrm{T}}\boldsymbol{D}^{-1}\boldsymbol{B} \\ \hline \boldsymbol{D}^{-1}\boldsymbol{B} \end{bmatrix} = \begin{bmatrix} -\boldsymbol{Z} \\ -\boldsymbol{Z}^M \\ \hline \boldsymbol{Y}_0 \end{bmatrix} \tag{3-57}$$

因此可见:

(1) 用$\boldsymbol{D}_2^{-1}$的第一行乘$\bar{\boldsymbol{B}}$可求得相 Ⅱ 问题对应于基本可行解的目标函数值;

(2) 用$\boldsymbol{D}_2^{-1}$的第二行乘$\bar{\boldsymbol{B}}$可求得相 Ⅰ 问题对应于基本可行解的目标函数值;

(3) 用$\boldsymbol{D}_2^{-1}$的其余各行乘$\bar{\boldsymbol{B}}$可求得$\boldsymbol{Y}_0$,即可求得基本可行解。

因此,可依次利用单纯形法的步骤分别对相 Ⅰ 和相 Ⅱ 问题求解。显然,在运算中要用到$\boldsymbol{D}^{-1}$,因此现在的一个关键问题是如何在换基后求得$\tilde{\boldsymbol{D}}^{-1}$。下面来说明,换基后的$\tilde{\boldsymbol{D}}^{-1}$可由换基前的$\boldsymbol{D}^{-1}$求得,即

令$\tilde{\boldsymbol{D}}^{-1} = [\tilde{\beta}_{ij}](i = 1,2,\cdots,m;j = 1,2,\cdots,m)$,$\boldsymbol{D}^{-1} = [\beta_{ij}](i = 1,2,\cdots,m;j = 1,2,\cdots,m)$

若有

$$\begin{bmatrix} \tilde{\beta}_{11} & \tilde{\beta}_{12} & \cdots & \tilde{\beta}_{1s} & \cdots & \tilde{\beta}_{1m} \\ \tilde{\beta}_{21} & \tilde{\beta}_{22} & \cdots & \tilde{\beta}_{2s} & \cdots & \tilde{\beta}_{2m} \\ \vdots & \vdots & & \vdots & & \vdots \\ \tilde{\beta}_{r1} & \tilde{\beta}_{r2} & \cdots & \tilde{\beta}_{rs} & \cdots & \tilde{\beta}_{rm} \\ \vdots & \vdots & & \vdots & & \vdots \\ \tilde{\beta}_{m1} & \tilde{\beta}_{m2} & \cdots & \tilde{\beta}_{ms} & \cdots & \tilde{\beta}_{mm} \end{bmatrix} = \begin{bmatrix} 1 & & & -\frac{y_{1s}}{y_{rs}} & 0 & 0 \\ & 1 & & -\frac{y_{2s}}{y_{rs}} & 0 & 0 \\ & & \ddots & \vdots & \vdots & \vdots \\ & & & \frac{1}{y_{rs}} & 0 & 0 \\ & \boldsymbol{O} & & \vdots & \ddots & \vdots \\ & & & -\frac{y_{ms}}{y_{rs}} & 0 & 1 \end{bmatrix} \begin{bmatrix} \beta_{11} & \beta_{12} & \cdots & \beta_{1s} & \cdots & \beta_{1m} \\ \beta_{21} & \beta_{22} & \cdots & \beta_{2s} & \cdots & \beta_{2m} \\ \vdots & \vdots & & \vdots & & \vdots \\ \beta_{r1} & \beta_{r2} & \cdots & \beta_{rs} & \cdots & \beta_{rm} \\ \vdots & \vdots & & \vdots & & \vdots \\ \beta_{m1} & \beta_{m2} & \cdots & \beta_{ms} & \cdots & \beta_{mm} \end{bmatrix}$$

则

$$\left.\begin{aligned} \tilde{\beta}_{ij} &= \beta_{ij} - \frac{y_{is}}{y_{rs}}\beta_{rj} \quad (i,j = 1,2,\cdots,m;i \neq r) \\ \tilde{\beta}_{rj} &= \frac{y_{rj}}{y_{rs}} \quad (j = 1,2,\cdots,m) \end{aligned}\right\} \tag{3-58}$$

可以证明,上述的

$$\widetilde{\boldsymbol{D}}^{-1} = \boldsymbol{E}_r\boldsymbol{D}^{-1} \tag{3-59}$$

成立。式中

$$\boldsymbol{E}_r = \begin{bmatrix} 1 & 0 & \cdots & -\frac{y_{1s}}{y_{rs}} & 0 & 0 \\ & \ddots & 0 & -\frac{y_{2s}}{y_{rs}} & 0 & 0 \\ & & 1 & \vdots & \vdots & \vdots \\ & & & \frac{1}{y_{rs}} & 0 & 0 \\ & \boldsymbol{O} & & \vdots & \ddots & \vdots \\ & & & -\frac{y_{ms}}{y_{rs}} & 0 & 1 \end{bmatrix} \tag{3-60}$$

【证 因为 $\boldsymbol{D}^{-1}\boldsymbol{D} = \boldsymbol{D}^{-1}[\boldsymbol{P}_1,\boldsymbol{P}_2,\cdots,\boldsymbol{P}_r,\cdots,\boldsymbol{P}_m] = \boldsymbol{I}$

所以

$$\boldsymbol{D}^{-1}\boldsymbol{P}_1=\begin{bmatrix}1\\0\\\vdots\\0\\0\end{bmatrix},\boldsymbol{D}^{-1}\boldsymbol{P}_2=\begin{bmatrix}0\\1\\0\\\vdots\\0\end{bmatrix},\cdots,\boldsymbol{D}^{-1}\boldsymbol{P}_m=\begin{bmatrix}0\\0\\0\\\vdots\\1\end{bmatrix}\tag{1}$$

而 $$\boldsymbol{D}^{-1}\tilde{\boldsymbol{D}}=\boldsymbol{D}^{-1}[\boldsymbol{P}_1,\boldsymbol{P}_2,\cdots,\boldsymbol{P}_s,\cdots,\boldsymbol{P}_m]=[\boldsymbol{D}^{-1}\boldsymbol{P}_1,\boldsymbol{D}^{-1}\boldsymbol{P}_2,\cdots,\boldsymbol{D}^{-1}\boldsymbol{P}_s=\boldsymbol{Y}_s,\cdots,\boldsymbol{D}^{-1}\boldsymbol{P}_m]\tag{2}$$

将式(1)代入式(2)有

$$\boldsymbol{D}^{-1}\tilde{\boldsymbol{D}}=\begin{bmatrix}1&0&0&y_{1s}&0&0\\&1&0&y_{2s}&0&0\\&&\ddots&\vdots&\vdots&\vdots\\&&&y_{rs}&0&0\\&\boldsymbol{O}&&\vdots&1&0\\&&&y_{ms}&0&1\end{bmatrix}\tag{3}$$

对式(3)求逆有

$$(\boldsymbol{D}^{-1}\tilde{\boldsymbol{D}})^{-1}=\begin{bmatrix}1&0&0&-\frac{y_{1s}}{y_{rs}}&0&0\\&1&0&-\frac{y_{2s}}{y_{rs}}&0&0\\&&\ddots&\vdots&\vdots&\vdots\\&&&\frac{1}{y_{rs}}&0&0\\&\boldsymbol{O}&&\vdots&1&0\\&&&-\frac{y_{ms}}{y_{rs}}&0&1\end{bmatrix}\overset{\text{记为}}{=\!=}E_r\tag{4}$$

另一方面，$(\boldsymbol{D}^{-1}\tilde{\boldsymbol{D}})^{-1}=\tilde{\boldsymbol{D}}^{-1}\boldsymbol{D}$，即有

$$\tilde{\boldsymbol{D}}^{-1}\boldsymbol{D}=\boldsymbol{E}_r\tag{5}$$

可见 $$\tilde{\boldsymbol{D}}^{-1}=\boldsymbol{E}_r\boldsymbol{D}^{-1}$$ 】

必须指出，由 $\boldsymbol{D}^{-1}$ 求 $\tilde{\boldsymbol{D}}^{-1}$ 的运算也符合计算 $\tilde{Z},\tilde{c}_j-\tilde{z}_j,\tilde{y}_{ij}$ 的规律。

修正单纯形法的步骤如下。

(1) 求相 Ⅰ 的初始可行解

令 $x_{n+i}(i=1,2,\cdots,m+1)$ 为基本变量，取 $\boldsymbol{D}_2$ 中的 $\boldsymbol{D}=\boldsymbol{I}$(单位矩阵)，即有

$$
\boldsymbol{D}_2=\left[\begin{array}{cc|cccc}
1 & 0 & 0 & 0 & \cdots & 0\\
0 & 1 & 1 & 1 & \cdots & 1\\
\hline
 & & 1 & & & \boldsymbol{O}\\
\boldsymbol{O} & & & 1 & & \\
 & & & & \ddots & \\
 & & \boldsymbol{O} & & & 1
\end{array}\right]
\qquad
\boldsymbol{D}_2^{-1}=\left[\begin{array}{cc|cccc}
1 & 0 & 0 & 0 & \cdots & 0\\
0 & 1 & -1 & -1 & \cdots & -1\\
\hline
 & & 1 & & & \boldsymbol{O}\\
\boldsymbol{O} & & & 1 & & \\
 & & & & \ddots & \\
 & & \boldsymbol{O} & & & 1
\end{array}\right]
$$

并可由 $\boldsymbol{D}^{-1}\boldsymbol{B}=\boldsymbol{B}=\boldsymbol{Y}_0$ 求得 $\boldsymbol{X}_D=\boldsymbol{B}\geqslant 0$ 为相 Ⅰ 的初始基本可行解。

(2) 求相 Ⅰ 的最优解

以 $\boldsymbol{D}_2^{-1}$ 的第二行乘 $\bar{\boldsymbol{P}}_j$ 得判别数 $c_j^M-z_j^M$，若 $c_j^M-z_j^M\geqslant 0$，且 $x_{n+1}=0$ 则转相 Ⅱ（即表的第二行对应的人工变量均为零）；若 $c_j^M-z_j^M\geqslant 0$，但是 $x_{n+1}<0$，则无可行解；若 $c_j^M-z_j^M\leqslant 0$，则令 $c_s^M-z_s^M=\min(c_j^M-z_j^M)<0$，定出主元列号，$s$ 然后计算 $\bar{\boldsymbol{Y}}_s=\boldsymbol{D}_2^{-1}\bar{\boldsymbol{P}}_s$ 与 $\dfrac{y_{i0}}{y_{is}}$。并取 $\dfrac{y_{r0}}{y_{rs}}=\min\left\{\dfrac{y_{i0}}{y_{is}}\,\middle|\,y_{is}>0\right\}$ 定出主元行号 r 并得到 y_{rs}。

有了主元 y_{rs}，则可按规律进行转轴运算求得新的 Z 或 Z^M，求得新的 $\boldsymbol{Y}_0$ 和 $\boldsymbol{D}_2^{-1}$。并重复这一过程。

(3) 求相 Ⅱ 的最优解

将 $\boldsymbol{D}_2^{-1}$ 的第一行代替第二行进行上述类同相 Ⅰ 的运算(2)，即可求解相 Ⅱ 问题。

修正单纯形法的计算框图见图 3－2。

例 3－4 用修正单纯形法求解

$$
\begin{aligned}
\min\quad & Z=5x_1+21x_3\\
\text{s.t.}\quad & x_1-x_2+6x_3-x_4=2\\
& x_1+x_2+2x_3-x_5=1\\
& x_1,x_2,x_3,x_4,x_5\geqslant 0
\end{aligned}
$$

解 上述问题化为式(3－44)的形式为：

$$
\left.\begin{aligned}
& -Z+5x_1+21x_3=0\\
& x_6+x_7+x_8=0\\
& x_1-x_2+6x_3-x_4+x_7=2\\
& x_1+x_2+2x_3-x_5+x_8=1\\
& x_1,x_2,x_3,x_4,x_5,x_6,x_7,x_8\geqslant 0
\end{aligned}\right\}
$$

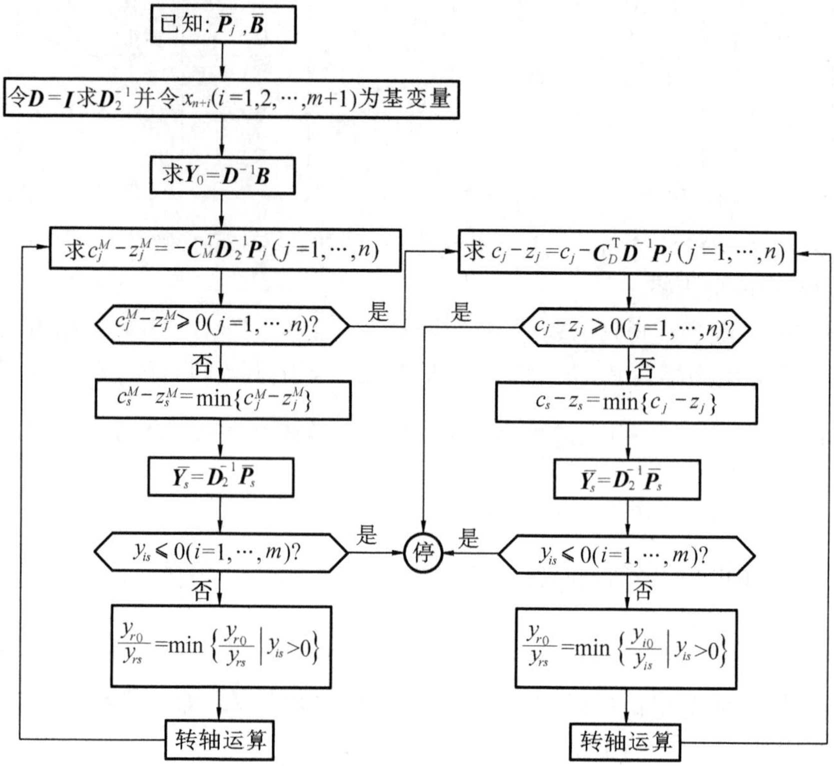

图 3 - 2

这个问题的 $m=2, n=5$, 系数矩阵为 $\bar{A}=\left[\begin{array}{c:ccccc:ccc}1 & 5 & 0 & 21 & 0 & 0 & 0 & 0 & 0\\ 0 & 0 & 0 & 0 & 0 & 0 & 1 & 1 & 1\\ \hdashline 0 & 1 & -1 & 6 & -1 & 0 & 0 & 1 & 0\\ 0 & 1 & 1 & 2 & 0 & -1 & 0 & 0 & 1\end{array}\right]$。

对应于原问题的系数矩阵为 $\bar{P}_j=\begin{bmatrix}c_j\\ C_j^M\\ \hline P_j\end{bmatrix}=\begin{bmatrix}5\\0\\1\\1\end{bmatrix},\begin{bmatrix}0\\0\\-1\\1\end{bmatrix},\begin{bmatrix}21\\0\\6\\2\end{bmatrix},\begin{bmatrix}0\\0\\-1\\0\end{bmatrix},\begin{bmatrix}0\\0\\0\\-1\end{bmatrix},(j=1,2,\cdots,5)$。

取 $x_{n+i}(i=2,3)$, 即 x_7, x_8 为初始基本变量, 故有

$$D_2^{-1}=\begin{bmatrix}1 & 0 & 0 & 0\\ 0 & 1 & -1 & -1\\ \hdashline 0 & 0 & 1 & 0\\ 0 & 0 & 0 & 1\end{bmatrix},\bar{B}=\begin{bmatrix}0\\0\\ \cdots\\2\\1\end{bmatrix}$$

从而可求得$D_2^{-1}\bar{B}=Y_0=\begin{bmatrix}-Z\\-Z^M\\ \hdashline Y_0\end{bmatrix}=\begin{bmatrix}0\\-3\\ \hdashline 2\\1\end{bmatrix}$,即有基本可行解$X_D=\begin{bmatrix}x_7=2\\x_8=1\end{bmatrix}$。下面由$D_2^{-1}$的第二行乘$\bar{P}_j$求相Ⅰ问题的判别数$c_j^M-z_j^M(j=1,2,\cdots,5)$,$c_1^M-z_1^M=-2$,$c_2^M-z_2^M=0$,$c_3^M-z_3^M=-8$,$c_4^M-z_4^M=1$,$c_5^M-z_5^M=1$。可知有两个判别数小于零而未获相Ⅰ的最优解,从而需换基。

第一次迭代(相Ⅰ):

因为$c_3^M-z_3^M=\min(c_j^M-z_j^M)=-8$,故得主元列号$s=3$。再求$\bar{Y}_{s=3}=D_2^{-1}\bar{P}_{s=3}=\begin{bmatrix}21\\-8\\6\\2\end{bmatrix}$,

可见$Y_3=\begin{bmatrix}6\\2\end{bmatrix}$。由前可知$Y_0=\begin{bmatrix}2\\1\end{bmatrix}$,因而可求得$\dfrac{y_{70}}{y_{73}}=\dfrac{2}{6}$,$\dfrac{y_{80}}{y_{83}}=\dfrac{1}{2}$,所以$\dfrac{y_{r0}}{y_{rs}}=\min\left\{\dfrac{y_{i0}}{y_{is}}\middle| y_{is}>0\right\}=\dfrac{y_{70}}{y_{73}}$,可见主元行号$r=7$,主元$y_{rs}=y_{73}=6$。上面的计算可列表3-12如下:

表3-12 例3-4计算表之一

	$\bar{Y}_0$	D_2^{-1}				$\bar{Y}_{s=3}$
$-Z$	0	1	0	0	0	21
$-Z^M$	-3	0	1	-1	-1	-8
x_7	2	0	0	1	0	6(主元)
x_8	1	0	0	0	1	2

有了主元y_{73},下面进行转轴运算求得新的$\bar{Y}_0$与D_2^{-1},见表(3-13)。

有了新的$\bar{Y}_0$与D_2^{-1},又可用D_2^{-1}的第二行乘$\bar{P}_j$求$c_j^M-z_j^M$以判别是否达最优。算得$c_j^M-z_j^M$为:$c_1^M-z_1^M=\dfrac{1}{3}-1=-\dfrac{2}{3}$,$c_2^M-z_2^M=-\dfrac{1}{3}-1=-\dfrac{4}{3}$,$c_3^M-z_3^M=6\times\dfrac{1}{3}-1\times2=0$,$c_4^M-$

$z_4^M = -\frac{1}{3}, c_3^M - z_5^M = 1$。因为有两个判别数小于零,故未达最优而需换基。

第二次迭代(相 Ⅰ):

因为 $c_2^M - z_2^M = \min(c_j^M - z_j^M) = -\frac{4}{3}$, 所以 $s = 2$, 此时 $\bar{\boldsymbol{Y}}_s = \boldsymbol{D}_2^{-1}\bar{\boldsymbol{P}}_2 = \left[\frac{7}{2}, -\frac{4}{3}, -\frac{1}{6}, \frac{4}{3}\right]^{\mathrm{T}}$,显然 y_{82} 大于零,故 $r = 8, y_{rs} = \frac{4}{3}$。上面的运算如表 3 - 14 所示。

表 3 - 13 例 3 - 4 计算表之二

	$\bar{\boldsymbol{Y}}_0$	$\boldsymbol{D}_2^{-1}$			
$-Z$	-7	1	0	$-\frac{7}{2}$	0
$-Z^M$	$-\frac{1}{3}$	0	1	$\frac{1}{3}$	-1
x_3	$\frac{1}{3}$	0	0	$\frac{1}{6}$	0
x_8	$\frac{1}{3}$	0	0	$-\frac{1}{3}$	1

表 3 - 14 例 3 - 4 计算表之三

	$\bar{\boldsymbol{Y}}_0$	$\boldsymbol{D}_2^{-1}$				$\bar{\boldsymbol{Y}}_2$
$-Z$	-7	1	0	$-\frac{7}{2}$	0	$\frac{7}{2}$
$-Z^M$	$-\frac{1}{3}$	0	1	$\frac{1}{3}$	-1	$-\frac{4}{3}$
x_3	$\frac{1}{3}$	0	0	$\frac{1}{6}$	0	$-\frac{1}{6}$
x_8	$\frac{1}{3}$	0	0	$-\frac{1}{3}$	1	$\frac{4}{3}$(主元)

有了 y_{rs},按转轴运算规律可求得新的 $\bar{\boldsymbol{Y}}_0$ 与 $\boldsymbol{D}_2^{-1}$,如下表 3 - 15。

表 3－15 例 3－4 的计算表之四

	$\bar{Y}_0$	D_2^{-1}			
$-Z$	$-\frac{63}{8}$	1	0	$-\frac{21}{8}$	$-\frac{21}{8}$
$-Z^M$	0	0	1	0	0
x_3	$\frac{3}{8}$	0	0	$\frac{1}{8}$	$\frac{1}{8}$
x_2	$\frac{1}{4}$	0	0	$-\frac{1}{4}$	$\frac{3}{4}$

此时 $-Z^M=0$，并可得 $c_j^M-z_j^M=0(j=1,2,\cdots,5)$，故相 Ⅰ 已达最优。得到原目标函数的初始可行解为 $x_3=\frac{3}{8}, x_2=\frac{1}{4}$。

下面求解相 Ⅱ 问题。

首先，对相Ⅱ问题由 D_2^{-1} 的第一行乘 $\bar{P}_j$ 求 c_j-z_j 为：$c_1-z_1=5-\frac{21}{8}-\frac{21}{8}=-\frac{1}{4}, c_2-z_2=\frac{21}{8}-\frac{21}{8}=0, c_3-z_3=21-\frac{126}{8}-\frac{42}{8}=0, c_4-z_4=\frac{21}{8}, c_5-z_5=\frac{21}{8}$。

因为 $c_1-z_1<0$，故未达最优且 $s=1$。

第一次迭代（相 Ⅱ）：

求
$$\bar{Y}_{s=1}=D_2^{-1}\bar{P}_{s=1}=\begin{bmatrix}5-\frac{21}{8}-\frac{21}{8}=-\frac{1}{4}\\0\\\frac{1}{8}+\frac{1}{8}=\frac{1}{4}\\-\frac{1}{4}+\frac{3}{4}=\frac{1}{2}\end{bmatrix}$$

从而，$\frac{y_{r0}}{y_{rs}}=\min\left\{\frac{y_{i0}}{y_{is}}\middle| y_{is}>0\right\}=\min\left\{\frac{y_{30}}{y_{31}}=\frac{3/8}{1/4}=\frac{3}{2}, \frac{y_{20}}{y_{21}}=\frac{1/4}{1/2}=\frac{1}{2}\right\}=\frac{y_{20}}{y_{21}}=\frac{1}{2}$。

故 $r=2, y_{rs}=y_{21}=\frac{1}{2}$。

有了新的 y_{rs}，按表 3－16 作转轴运算求新的 $\bar{Y}_0$ 与 D_2^{-1}。

表3－16　例3－4计算表之五

	$\bar{Y}_0$	D_2^{-1}				$\bar{Y}_{s=1}$
$-Z$	$-\frac{63}{8}$	1	0	$-\frac{21}{8}$	$-\frac{21}{8}$	$-\frac{1}{4}$
$-Z^M$	0	0	1	0	0	0
x_3	$\frac{3}{8}$	0	0	$\frac{1}{8}$	$\frac{1}{8}$	$\frac{1}{4}$
x_2	$\frac{1}{4}$	0	0	$-\frac{1}{4}$	$\frac{3}{4}$	$\frac{1}{2}$(主元)

转轴运算见表3－17。

表3－17　例3－4计算表之六

	$\bar{Y}_0$	D_2^{-1}			
$-Z$	$-\frac{31}{4}$	1	0	$-\frac{11}{4}$	$-\frac{9}{4}$
$-Z^M$	0	0	1	0	0
x_3	$\frac{1}{4}$	0	0	$\frac{1}{4}$	$-\frac{1}{4}$
x_1	$\frac{1}{2}$	0	0	$-\frac{1}{2}$	$\frac{3}{2}$

再求得判别数为 $c_1-z_1=5-\frac{11}{4}-\frac{9}{4}=0$，$c_2-z_2=\frac{11}{4}-\frac{9}{4}=\frac{1}{2}$，$c_3-z_3=21-\frac{66}{4}-\frac{18}{4}=0$，$c_4-z_4=\frac{11}{4}$，$c_5-z_5=\frac{9}{4}$。因为 c_j-z_j 都大于等于零，故已达最优。解为 $\boldsymbol{X}^*=\left[\frac{1}{2},0,\frac{1}{4},0,0\right]^{\mathrm{T}}$，即 $x_1^*=\frac{1}{2}$，$x_3^*=\frac{1}{4}$，其余变量为零。目标函数 $Z^*=\frac{31}{4}$。

以上结果与前面由单纯形法求得的一样，但计算量和存储量都要小一些，故目前线性规划问题的求解通常都采用上述修正(改进)的单纯形法。

3.4* 对偶单纯形法

3.4.1 线性规划的对偶理论

每一个线性规划问题都存在一个与其对应的另一个线性规划问题。前者称为"**原问题**"(Primal problem),后者称为原问题的"**对偶问题**"(Dual problem)。同时,原问题又是对偶问题的对偶问题,即两者互为对偶的线性规划问题。研究它们之间的关系的理论称为线性规划的对偶理论。

3.4.1.1 对偶公式

先看一个实际问题。有 n 种食物,每一种食物含有 m 种营养成分,第 j 种食物每单位含有第 i 种营养成分 a_{ij} 单位。若已知每人每天需要第 i 种营养成分为 b_i 单位,第 j 种食物的单价为 c_j。问一个消费者如何选购食物,既能满足营养的需要又花费最小。

设选购第 j 种食物的数量为 x_j 单位($j = 1,2,\cdots,n$),则上述问题可以表示为如下的数学规划问题

$$\left.\begin{aligned} \min \quad & Z = \sum_{j=1}^{n} c_j x_j \\ \text{s.t.} \quad & \sum_{j=1}^{n} c_j x_j \geqslant b_i \quad (i = 1,2,\cdots,m) \\ & x_j \geqslant 0 \quad (j = 1,2,\cdots,n) \end{aligned}\right\} \tag{3-61}$$

上式可写成矩阵形式:

$$\left.\begin{aligned} \min \quad & \boldsymbol{Z} = \boldsymbol{C}^{\mathrm{T}}\boldsymbol{X} \\ \text{s.t.} \quad & \boldsymbol{A}\boldsymbol{X} \geqslant \boldsymbol{B} \\ & \boldsymbol{X} \geqslant 0 \end{aligned}\right\} \tag{3-62}$$

式中 $\boldsymbol{X} = [x_1,\cdots,x_n]^{\mathrm{T}}$

$\boldsymbol{C} = [c_1,\cdots,c_n]^{\mathrm{T}}$

$\boldsymbol{B} = [b_1,\cdots,b_m]^{\mathrm{T}}$

$$\boldsymbol{A} = [\boldsymbol{P}_1,\boldsymbol{P}_2,\cdots,\boldsymbol{P}_n] = \begin{bmatrix} a_{11} & a_{12} & \cdots & a_{1n} \\ a_{21} & a_{22} & \cdots & a_{2n} \\ \vdots & \vdots & \ddots & \vdots \\ a_{m1} & a_{m2} & \cdots & a_{mn} \end{bmatrix}$$

显然,这是一个线性规划问题。

再看与之有关的另一个实际问题。有一个工厂,要生产 m 种有不同营养成分的药物来代替上述食物。设第 i 种药物的价格为 w_i,显然药物的价格不应超过与之相当的食物的价格。问每种药物的价格应如何确定,才能获利最大。

上述问题同样可用下面的数学规划问题来表示

$$\left.\begin{aligned} &\max \quad Y = \sum_{i=1}^{m} b_i w_i \\ &\text{s.t.} \quad \sum_{i=1}^{m} a_{ij} w_i \leqslant c_j \quad (j = 1,2,\cdots,n) \\ &\qquad w_i \geqslant 0 \quad (i = 1,2,\cdots,m) \end{aligned}\right\} \tag{3-63}$$

或写成矩阵形式有

$$\left.\begin{aligned} &\max \quad \boldsymbol{Y} = \boldsymbol{B}^{\mathrm{T}}\boldsymbol{W} = \boldsymbol{W}^{\mathrm{T}}\boldsymbol{B} \\ &\text{s.t.} \quad \boldsymbol{A}^{\mathrm{T}}\boldsymbol{W} \leqslant \boldsymbol{C} \\ &\qquad \boldsymbol{W} \geqslant 0 \end{aligned}\right\} \tag{3-64}$$

式中 $\boldsymbol{W} = [w_1, w_2, \cdots, w_m]^{\mathrm{T}}$。

式(3-63)或式(3-64)表达的也是一个线性规划问题。且显然,上述两个问题之间有一定的内在联系。

一般地,我们称式(3-61)或式(3-62)表示的线性规划问题为原问题,而称式(3-63)或式(3-64)表示的线性规划问题为原问题的对偶问题。

由式(3-61)~式(3-64)可见:

(1)原问题的变量是 $\boldsymbol{X}$,它有 n 个变量分量;对偶问题的变量是 $\boldsymbol{W}$,它的变量分量个数是 m,即原问题的约束方程数。可见,原问题的一个约束对应于对偶问题的一个变量分量;

(2)原问题是求目标函数 $\boldsymbol{C}^{\mathrm{T}}\boldsymbol{X}$ 的极小值;而对偶问题是求目标函数 $\boldsymbol{B}^{\mathrm{T}}\boldsymbol{W}$(或 $\boldsymbol{W}^{\mathrm{T}}\boldsymbol{B}$)的极大值;

(3)目标函数的系数与约束方程的右端项在两个问题中是互换的;

(4)对偶问题约束方程左端形成的系数矩阵是原问题约束方程左端形成的系数矩阵的转置矩阵。

对于标准形式的线性规划问题式(3-2):

$$\left.\begin{aligned} &\min \quad \boldsymbol{Z} = \boldsymbol{C}^{\mathrm{T}}\boldsymbol{X} \\ &\text{s.t.} \quad \boldsymbol{AX} = \boldsymbol{B} \\ &\qquad \boldsymbol{X} = \boldsymbol{0} \end{aligned}\right\} \tag{3-2}$$

它相当于

$$\left.\begin{aligned} \min \quad & \boldsymbol{Z} = \boldsymbol{C}^{\mathrm{T}}\boldsymbol{X} \\ \text{s. t.} \quad & \boldsymbol{AX} \geqslant \boldsymbol{B} \\ & \boldsymbol{AX} \leqslant \boldsymbol{B} \\ & \boldsymbol{X} \geqslant 0 \end{aligned}\right\} \tag{3-65}$$

即

$$\left.\begin{aligned} \min \quad & \boldsymbol{Z} = \boldsymbol{C}^{\mathrm{T}}\boldsymbol{X} \\ \text{s. t.} \quad & \begin{bmatrix} \boldsymbol{A} \\ -\boldsymbol{A} \end{bmatrix}\boldsymbol{X} \geqslant \begin{bmatrix} \boldsymbol{B} \\ -\boldsymbol{B} \end{bmatrix} \\ & \boldsymbol{X} \geqslant 0 \end{aligned}\right\} \tag{3-66}$$

若相应于式(3－61)或式(3－62)到式(3－63)或式(3－64)的变换,并令$\boldsymbol{U} = [u_1, u_2, \cdots, u_m]^{\mathrm{T}}$为相应于式(3－65)中约束方程组$\boldsymbol{AX} \geqslant \boldsymbol{B}$的对偶变量。令$\boldsymbol{V} = [v_1, v_2, \cdots, v_m]^{\mathrm{T}}$为相应于式(3－65)中约束方程组$\boldsymbol{AX} \leqslant \boldsymbol{B}$的对偶变量,则式(3－66)的对偶问题是:

$$\left.\begin{aligned} \max \quad & Y = \sum_{i=1}^{m} b_i(u_i - v_i) \\ \text{s. t.} \quad & \sum_{i=1}^{m} a_{ij}(u_i - v_i) \leqslant c_j (j = 1, 2, \cdots, n) \\ & u_i, v_i \geqslant 0 (i = 1, 2, \cdots, m) \end{aligned}\right\} \tag{3-67}$$

令$w_i = u_i - v_i (i = 1, 2, \cdots, m)$。即

$$\boldsymbol{W} = \boldsymbol{U} - \boldsymbol{V}$$

因为$u_i, v_i \geqslant 0 (i = 1, 2, \cdots, m)$,可见$\boldsymbol{W}$是不受正负限制的自由变量。从而式(3－67)可用矩阵表示为

$$\left.\begin{aligned} \max \quad & \boldsymbol{Y} = \boldsymbol{B}^{\mathrm{T}}\boldsymbol{W} \\ \text{s. t.} \quad & \boldsymbol{A}^{\mathrm{T}}\boldsymbol{W} \leqslant \boldsymbol{C} \end{aligned}\right\} \tag{3-68}$$

上式即为标准形式线性规划所对应的对偶规划公式。

例如,对于线性规划原问题

$$\left.\begin{aligned} \min \quad & Z = -5x_1 - 3x_2 - 2x_3 - 4x_4 \\ \text{s. t.} \quad & 5x_1 + x_2 + x_3 + 8x_4 = 10 \\ & 2x_1 + 4x_2 + 3x_3 + 2x_4 = 10 \\ & x_1, x_2, x_3, x_4 \geqslant 0 \end{aligned}\right\}$$

其对偶线性规划问题为

$$\left.\begin{aligned} \max \quad & Y = 10w_1 + 10w_2 \\ \text{s.t.} \quad & 5w_1 + 2w_2 \leqslant -5 \\ & w_1 + 4w_2 \leqslant -3 \\ & w_1 + 3w_2 \leqslant -2 \\ & 8w_1 + 2w_2 \leqslant -4 \end{aligned}\right\}$$

(其中变量 w_1 与 w_2 是自由变量)

3.4.1.2　对偶线性规划问题的基本性质:

(1) 对称性:对偶问题的对偶问题是原问题,即原问题与对偶问题互为对偶。

【**证**　若将式(3 - 63) 表达的对偶问题作为原问题,则该问题也可表示为

$$\left.\begin{aligned} \min \quad & -\boldsymbol{Y} = -\boldsymbol{B}^{\mathrm{T}}\boldsymbol{W} \\ \text{s.t.} \quad & -\boldsymbol{A}^{\mathrm{T}}\boldsymbol{W} \leqslant -\boldsymbol{C} \\ & \boldsymbol{W} \geqslant 0 \end{aligned}\right\}$$

其对偶规划为:

$$\left.\begin{aligned} \max \quad & -\boldsymbol{Z} = -\boldsymbol{C}^{\mathrm{T}}\boldsymbol{X} \\ \text{s.t.} \quad & -\boldsymbol{A}\boldsymbol{X} \leqslant -\boldsymbol{B} \\ & \boldsymbol{X} \geqslant 0 \end{aligned}\right\}$$

即

$$\left.\begin{aligned} \min \quad & \boldsymbol{Z} = \boldsymbol{C}^{\mathrm{T}}\boldsymbol{X} \\ \text{s.t.} \quad & \boldsymbol{A}\boldsymbol{X} \geqslant \boldsymbol{B} \\ & \boldsymbol{X} \geqslant 0 \end{aligned}\right\}$$

可见,原问题与对偶问题互为对偶。 】

(2) 对偶定理:原问题和对偶问题有最优解的充要条件是同时有可行解;若原问题有最优解,则对偶问题也有最优解,而且有相等的目标函数值。

【**证**

(1) 设原问题式(3 - 62) 和对偶问题式(3 - 64) 分别有可行解 X_0 和 $\boldsymbol{W}_0$,即有

$$\boldsymbol{A}\boldsymbol{X}_0 \geqslant \boldsymbol{B}, \boldsymbol{X}_0 \geqslant 0 \tag{1}$$

$$\boldsymbol{A}^{\mathrm{T}}\boldsymbol{W}_0 \leqslant \boldsymbol{C}, \boldsymbol{W}_0 \geqslant 0 \tag{2}$$

则对式(3 - 62) 的任一可行解 $\bar{\boldsymbol{X}}$ 由(1)、(2) 式有

$$\boldsymbol{C}^{\mathrm{T}}\bar{\boldsymbol{X}} \geqslant (\boldsymbol{A}^{\mathrm{T}}\boldsymbol{W}_0)^{\mathrm{T}}\bar{\boldsymbol{X}} = \boldsymbol{W}_0^{\mathrm{T}}(\boldsymbol{A}\bar{\boldsymbol{X}}) \geqslant \boldsymbol{W}_0^{\mathrm{T}}\boldsymbol{B} \tag{3}$$

可见,对于对偶问题的任一可行解 $\boldsymbol{W}_0$,$\boldsymbol{W}_0^{\mathrm{T}}\boldsymbol{B}$ 是原问题目标函数的下界,故原问题有最优解。

同样,对于对偶问题的任一可行解 $\bar{\boldsymbol{W}}$,有

$$\bar{\boldsymbol{W}}^{\mathrm{T}}\boldsymbol{B} \leqslant \bar{\boldsymbol{W}}^{\mathrm{T}}(\boldsymbol{A}\boldsymbol{X}_0) = (\boldsymbol{W}^{\mathrm{T}}\boldsymbol{A})\boldsymbol{X}_0 \leqslant \boldsymbol{C}^{\mathrm{T}}\boldsymbol{X}_0 \tag{4}$$

可见,对于原问题的任一可行解 $\boldsymbol{X}_0$,$\boldsymbol{C}^{\mathrm{T}}\boldsymbol{X}_0$ 是对偶问题目标函数的上界,故对偶问题有最优解。

从而,若 $\boldsymbol{X}_0$ 和 $\boldsymbol{W}_0$ 分别是原问题和对偶问题的可行解,且 $\boldsymbol{C}^{\mathrm{T}}\boldsymbol{X}_0=\boldsymbol{W}_0^{\mathrm{T}}\boldsymbol{B}$ 时,则 $\boldsymbol{X}_0$ 和 $\boldsymbol{W}_0$ 分别是原问题和对偶问题的最优解。

(2) 设原问题式(3-62)有最优解。引入剩余变量 $\boldsymbol{X}_s$,参照式(3-4),原问题式(3-62)化为标准形式,则式(3-2)有

$$\left.\begin{aligned}\min\quad & Z=[\boldsymbol{C}^{\mathrm{T}},\boldsymbol{O}^{\mathrm{T}}]\begin{bmatrix}\boldsymbol{X}\\ \boldsymbol{X}_s\end{bmatrix}\\ \text{s.t.}\quad & [\boldsymbol{A},\ -\boldsymbol{I}]\begin{bmatrix}\boldsymbol{X}\\ \boldsymbol{X}_s\end{bmatrix}=\boldsymbol{B}\\ & \boldsymbol{X},\boldsymbol{X}_s\geqslant\boldsymbol{O}\end{aligned}\right\}\tag{3-69}$$

用单纯形法可求得最优解(为基本可行解)$\boldsymbol{X}_0$。根据最优判别式(3-34)有

$$\boldsymbol{C}_D^{\mathrm{T}}\boldsymbol{D}^{-1}[\boldsymbol{A},\ -\boldsymbol{I}]\leqslant[\boldsymbol{C}^{\mathrm{T}},\boldsymbol{O}^{\mathrm{T}}]\tag{5}$$

令

$$\boldsymbol{W}_0^{\mathrm{T}}=\boldsymbol{C}_D^{\mathrm{T}}\boldsymbol{D}^{-1}$$

由式(5)有

$$\boldsymbol{W}_0^{\mathrm{T}}[\boldsymbol{A},\ -\boldsymbol{I}]\leqslant[\boldsymbol{C}^{\mathrm{T}},\boldsymbol{O}^{\mathrm{T}}]$$

即有

$$\boldsymbol{W}_0^{\mathrm{T}}\boldsymbol{A}\leqslant\boldsymbol{C}^{\mathrm{T}},\boldsymbol{W}_0^{\mathrm{T}}\geqslant\boldsymbol{O}^{\mathrm{T}}$$

或

$$\boldsymbol{A}^{\mathrm{T}}\boldsymbol{W}_0\leqslant\boldsymbol{C},\boldsymbol{W}_0\geqslant\boldsymbol{O}\tag{6}$$

故 $\boldsymbol{W}_0$ 是对偶问题的可行解。又因为

$$\boldsymbol{W}_0^{\mathrm{T}}\boldsymbol{B}=\boldsymbol{C}_D^{\mathrm{T}}\boldsymbol{D}^{-1}\boldsymbol{B}=\boldsymbol{C}_D^{\mathrm{T}}\boldsymbol{X}_{D,0}=\boldsymbol{C}^{\mathrm{T}}\boldsymbol{X}_0$$

故由式(1)知 $\boldsymbol{W}_0$ 是对偶问题的最优解,而且

$$\min\boldsymbol{C}^{\mathrm{T}}\boldsymbol{X}=\boldsymbol{C}^{\mathrm{T}}\boldsymbol{X}_0=\boldsymbol{W}_0^{\mathrm{T}}\boldsymbol{B}=\max\boldsymbol{W}^{\mathrm{T}}\boldsymbol{B}\tag{7}$$

即目标函数在最优处相等。 】

总之,对偶定理说明:

(1) 若一个线性规划问题有可行解,且目标函数在可行解集内有界,则对偶问题也有可行解,而且目标函数相等,此时得到最优解;

(2) 若一个线性规划问题没有可行解,则对偶问题也没有可行解;

(3) 若一个线性规划问题有可行解但目标函数在可行解集内无界,则对偶问题没有可行解。

同时,由上可见:若 $\boldsymbol{D}$ 是原问题的最优基,则 $\boldsymbol{C}_D^{\mathrm{T}}\boldsymbol{D}^{-1}$ 是对偶问题的最优解。从而由原问题的最后单纯形表可以得到对偶问题的解。

3.4.2 对偶单纯形法(Dual simplex method)

由对偶定理的证明可以看到,对于原问题的任意基本解 $\boldsymbol{X}_0$,对应的系数矩阵为 $\boldsymbol{D}=[\boldsymbol{P}_1,\boldsymbol{P}_2,\cdots,\boldsymbol{P}_m]$,可令 $\boldsymbol{W}_0^{\mathrm{T}}=\boldsymbol{C}_D^{\mathrm{T}}\boldsymbol{D}^{-1}$ 为对偶问题的基本解。而当 $\boldsymbol{X}_0$ 与之相应的 $\boldsymbol{W}_0^{\mathrm{T}}=\boldsymbol{C}_D^{\mathrm{T}}\boldsymbol{D}^{-1}$ 分别是原问题与对偶问题的可行解时,$\boldsymbol{X}_0$ 与 $\boldsymbol{W}_0$ 分别是原问题与对偶问题的最优解。

因此,可以说单纯形法是从一个基本可行解 $\boldsymbol{X}_0$ 出发迭代到另一个基本可行解,在迭代过程中保持解的可行性;同时使它们对应的目标函数判别数($c_j-z_j,j=1,2,\cdots,n$)变为非负,也就是使它对应的对偶规划的解 $\boldsymbol{W}_0^{\mathrm{T}}=\boldsymbol{C}_0^{\mathrm{T}}\boldsymbol{D}^{-1}$ 的不可行性消失,而由非正变为非负,并得到最优解。这里解的可行性就是指要求 $\boldsymbol{W}_0$ 满足原问题的约束条件。

因为原问题与对偶问题互为对偶,故也可把迭代过程建立在满足对偶问题的可行解上。即在迭代过程中保持对应的对偶问题的解 $\boldsymbol{W}_0$ 的可行性(即 $\boldsymbol{X}_0$ 的判别数非负),逐步消去原问题基本解 $\boldsymbol{X}_0$ 的不可行性,最后达到双方同时为可行解,$\boldsymbol{X}_0$ 与 $\boldsymbol{W}_0$ 也就同时为最优解了。这就是对偶单纯形法的基本思路。

因此,为求原问题的最优解,初始点也可以是不可行的基本解(变量 $\boldsymbol{X}$ 的某些分量可取负值),但满足最优性判别条件(所有判别数 $c_j-z_j\geqslant 0,j=1,2,\cdots,n$),即对偶变量 $\boldsymbol{W}_0$ 是可行解。这种基本解称为对偶可行解。迭代过程是从一对偶可行解到另一个对偶可行解的迭代,直到某个 $\boldsymbol{X}\geqslant\boldsymbol{0}$ 则达最优解。可见,这种迭代是要将基本变量中的某个负的分量 x_r 取出,去替换非基本变量中的某个 x_s,经过换基后使所有判别数保持非负。所以从原问题来看,每迭代一次,原问题由非可行解向可行解靠近。当原问题得到可行解时便达到了最优。

那么,第一,应换出的基本解分量 x_r 如何选取呢?

首先,当达最优时,最优基本可行解为

$$\boldsymbol{X}^*=\boldsymbol{D}^{-1}\boldsymbol{B}\geqslant\boldsymbol{0}$$

因此,当基本变量 $\boldsymbol{X}$ 不满足 $\boldsymbol{X}=\boldsymbol{D}^{-1}\boldsymbol{B}\geqslant 0$ 时,$\boldsymbol{X}$ 必为非最优解,即一定有小于零的分量。设所有小于零的分量的最小的一个为 x_r,即有

$$x_r=\min_{1\leqslant i\leqslant m}\{x_i<0\} \tag{3-70}$$

则式中的 r 就是要换出的基本变量的行号。

第二,换入的基本变量如何选取呢?

首先,设换基后对偶变量为

$$\widetilde{\boldsymbol{W}}=\boldsymbol{W}+\theta\boldsymbol{D}_r^{-1} \tag{3-71}$$

式中 $\boldsymbol{D}_r^{-1}$ 是 $\boldsymbol{D}^{-1}$ 中对应于 x_r 的列向量,即有

$$x_r=(\boldsymbol{D}_r^{-1})^{\mathrm{T}}\boldsymbol{B} \tag{3-72}$$

则对偶目标函数为

$$\widetilde{Y}=\widetilde{\boldsymbol{W}}^{\mathrm{T}}\boldsymbol{B}=\boldsymbol{W}^{\mathrm{T}}\boldsymbol{B}+\theta(\boldsymbol{D}_r^{-1})^{\mathrm{T}}\boldsymbol{B}=Y+\theta x_r \tag{3-73}$$

可见,因为 $x_r < 0$,只有当 $\theta \leqslant 0$ 时有 $\tilde{Y} > Y$,即对偶目标函数增大而向最优靠近。

但是,θ 究竟应如何取值呢?应该是要求对偶变量迭代后仍是对偶可行解,即应有

$$\widetilde{\boldsymbol{W}}^{\mathrm{T}}\boldsymbol{A} \leqslant \boldsymbol{C}$$

设
$$(\boldsymbol{D}_r^{-1})^{\mathrm{T}}\boldsymbol{P}_j = y_{rj} \quad (j = 1,2,\cdots,n) \tag{3-74}$$

(1) 若 $y_{rj} \geqslant 0(j = 1,2,\cdots,n)$,则由式(3-71)有

$$\widetilde{\boldsymbol{W}}^{\mathrm{T}}\boldsymbol{P}_j = \boldsymbol{W}^{\mathrm{T}}\boldsymbol{P}_j + \theta(\boldsymbol{D}_r^{-1})^{\mathrm{T}}\boldsymbol{P}_j = \boldsymbol{W}^{\mathrm{T}}\boldsymbol{P}_j + \theta y_{rj} \quad (j = 1,2,\cdots,n)$$

得
$$\widetilde{\boldsymbol{W}}^{\mathrm{T}}\boldsymbol{P}_j - \boldsymbol{W}^{\mathrm{T}}\boldsymbol{P}_j = \theta y_{rj} < 0 \quad (j = 1,2,\cdots,n)$$

因为
$$\boldsymbol{W}^{\mathrm{T}}\boldsymbol{P}_j \leqslant c_j \quad (j = 1,2,\cdots,n)$$

故
$$\widetilde{\boldsymbol{W}}^{\mathrm{T}}\boldsymbol{P}_j \leqslant \boldsymbol{W}^{\mathrm{T}}\boldsymbol{P}_j = c_j \quad (j = 1,2,\cdots,n)$$

可见,当 $\theta < 0$ 取任意值时上式都成立,故由式(3-71)可知 $\widetilde{\boldsymbol{W}}$ 为无界解,从而原问题无可行解。

(2) 由上可见,若问题有解,必有 $y_{rj} < 0 \quad (j = 1,2,\cdots,n)$;由式(3-71)有

$$\widetilde{\boldsymbol{W}}^{\mathrm{T}}\boldsymbol{P}_j - c_j = \boldsymbol{W}^{\mathrm{T}}\boldsymbol{P}_j - c_j + \theta(\boldsymbol{D}_r^{-1})^{\mathrm{T}}\boldsymbol{P}_j \quad (j = 1,2,\cdots,n)$$

为满足约束
$$\widetilde{\boldsymbol{W}}^{\mathrm{T}}\boldsymbol{P}_j \leqslant c_j$$

应有
$$\boldsymbol{W}^{\mathrm{T}}\boldsymbol{P}_j - c_j + \theta(\boldsymbol{D}_r^{-1})^{\mathrm{T}}\boldsymbol{P}_j \leqslant 0 \quad (j = 1,2,\cdots,n)$$

代入式(3-74)有
$$\theta y_{ij} < c_j - \boldsymbol{W}^{\mathrm{T}}\boldsymbol{P}_j \quad (j = 1,2,\cdots,n)$$

可见,有
$$\theta \geqslant \frac{c_j - \boldsymbol{W}^{\mathrm{T}}\boldsymbol{P}_j}{y_{rj}} \quad (j = 1,2,\cdots,n) \tag{3-75}$$

从而应取
$$\theta = \frac{c_s - \boldsymbol{W}^{\mathrm{T}}\boldsymbol{P}_s}{y_{rs}} = \max_{1 \leqslant j \leqslant n}\left\{\frac{c_j - \boldsymbol{W}^{\mathrm{T}}\boldsymbol{P}_j}{y_{rj}} \,\middle|\, y_{rj} < 0\right\} \tag{3-76}$$

上式中的 s 即需换入的变量分量的列号。从而当 y_{rs} 确定以后,以 y_{rs} 为主元进行转轴运算,可求得新的 $\boldsymbol{W}^{\mathrm{T}} = \boldsymbol{C}_D^{\mathrm{T}}\boldsymbol{D}^{-1}$,$\boldsymbol{X} = \boldsymbol{D}^{-1}B$,直到 $\boldsymbol{X} \geqslant \boldsymbol{0}$ 便使问题达到了最优。

用对偶单纯形法求解原问题,不是去构造一个对偶问题的单纯形表,而是在原问题的单纯形表上进行对偶问题求解的运算。做法是从一个对偶可行解出发,在保持对偶问题的可行性(即原问题的判别数非负)的同时向最优解靠近,当原问题的基本变量全部非负时达到最优。

下面通过例题介绍上述对偶单纯形法的解题步骤。

例 3-5 用对偶单纯形法求解

$$\left.\begin{aligned}
\min \quad & Z = 2x_1 + x_2 \\
\text{s.t.} \quad & 3x_1 + x_2 \geqslant 3 \\
& 4x_1 + 3x_2 \geqslant 6 \\
& x_1 + 2x_2 \geqslant 2 \\
& x_1, x_2 \geqslant 0
\end{aligned}\right\}$$

首先化为标准形式为

$$\left.\begin{aligned}\min\quad & Z = 2x_1 + x_2 \\ \text{s.t.}\quad & -3x_1 - x_2 + x_3 = -3 \\ & -4x_1 - 3x_2 + x_4 = -6 \\ & -x_1 - 2x_2 + x_5 = -2 \\ & x_1, x_2, x_3, x_4, x_5 \geqslant 0\end{aligned}\right\}$$

下面按对偶单纯形法求解。

(1) 取 x_3, x_4, x_5 为基本变量，有

$$\boldsymbol{C}^{\mathrm{T}} = [2,1,0,0,0], \boldsymbol{D} = \begin{bmatrix}1 & 0 & 0\\0 & 1 & 0\\0 & 0 & 1\end{bmatrix}, \boldsymbol{D}^{-1} = \begin{bmatrix}1 & 0 & 0\\0 & 1 & 0\\0 & 0 & 1\end{bmatrix}, \boldsymbol{W}^{\mathrm{T}} = \boldsymbol{C}_D^{\mathrm{T}}\boldsymbol{D}^{-1} = [0,0,0]$$

由 $c_j - z_j = c_j - \boldsymbol{C}_D^{\mathrm{T}}\boldsymbol{D}^{-1}y_j = c_j - \boldsymbol{W}^{\mathrm{T}}\boldsymbol{P}_j$ 有：$c_1 - z_1 = c_1 - \boldsymbol{W}^{\mathrm{T}}\boldsymbol{P}_1 = 2, c_2 - z_2 = c_2 - \boldsymbol{W}^{\mathrm{T}}\boldsymbol{P}_2 = 1, c_3 - z_3 = c_4 - z_4 = c_5 - z_5 = 0$，可得到单纯形表，见表3－18。

表3－18 例3－5计算表之一

		x_1	x_2	x_3	x_4	x_5
$-Z$	0	2	1	0	0	0
x_3	－3	－3	－1	1	0	0
x_4	－6	－4	－3（主元）	0	1	0
x_5	－2	－1	－2	0	0	1

(2) 由 $x_r = \min\limits_{1\leqslant i\leqslant m}\{x_i \mid x_i < 0\}$ 知应取 x_4 为离基变量，即主元行号 $r = 4$。

(3) 因为 $\dfrac{c_1 - \boldsymbol{W}^{\mathrm{T}}\boldsymbol{P}_1}{y_{41}} = -\dfrac{1}{2}, \dfrac{c_2 - \boldsymbol{W}^{\mathrm{T}}\boldsymbol{P}_2}{y_{42}} = -\dfrac{1}{3}$，由式(3－76)可知，主元列号 $s = 2$，即主元为 y_{42}。

(4) 进行转轴运算得表3－19，表中判别数（$c_j - z_j = c_j - \boldsymbol{W}^{\mathrm{T}}\boldsymbol{P}_j$）都为非负，但因为 x_3 非正，故未达最优。可以明显看到 x_3 应离基。并可由 $\dfrac{c_1 - \boldsymbol{W}^{\mathrm{T}}\boldsymbol{P}_1}{y_{31}} = -\dfrac{2}{5}, \dfrac{c_4 - \boldsymbol{W}^{\mathrm{T}}\boldsymbol{P}_4}{y_{34}} = -1$ 得到主元为 y_{31}。

表3－19 例3－5计算表之二

		x_1	x_2	x_3	x_4	x_5
$-Z$	-2	$\frac{2}{3}$	0	0	$\frac{1}{3}$	0
x_3	-1	$-\frac{5}{3}$(主元)	0	1	$-\frac{1}{3}$	0
x_2	2	$\frac{4}{3}$	1	0	$-\frac{1}{3}$	0
x_5	2	$\frac{5}{3}$	0	0	$-\frac{2}{3}$	1

(5) 再以 y_{31} 为主元进行转轴运算得表3－20。

表3－20 例3－5计算表之三

		x_1	x_2	x_3	x_4	x_5
$-Z$	$-\frac{12}{5}$	0	0	$\frac{2}{5}$	$\frac{1}{5}$	0
x_1	$\frac{3}{5}$	1	0	$-\frac{3}{5}$	$\frac{1}{5}$	0
x_2	$\frac{6}{5}$	0	1	$\frac{4}{5}$	$-\frac{3}{5}$	0
x_5	1	0	0	1	-1	1

此时，判别数保持非负，基变量已全部非负，故已达最优。解为

$$\boldsymbol{X}^* = \left[\frac{3}{5},\frac{6}{5},0,0,1\right], \boldsymbol{W}^{*\mathrm{T}} = \boldsymbol{C}_D^{\mathrm{T}}\boldsymbol{D}^{-1} = [2,1,0]$$

$$Z^* = \boldsymbol{C}^{\mathrm{T}}\boldsymbol{X}^* = [2,1,0,0,0]\begin{bmatrix}\frac{3}{5}\\ \frac{6}{5}\\ 0\\ 0\\ 1\end{bmatrix} = \frac{12}{5} = \boldsymbol{W}^{*\mathrm{T}}\boldsymbol{B} = [2,1,0]\begin{bmatrix}\frac{3}{5}\\ \frac{6}{5}\\ 1\end{bmatrix} = \boldsymbol{Y}^*$$

由上例可见，对偶单纯形法有以下优点。

(1) 初始解可以是非可行解，只要判别数全为非负时就可按步骤换基，不需加人工变量，可以简化计算。

(2) 当问题的变量分量多于约束时，用对偶单纯形法可以减少工作量。故约束很少的问题宜用此法。

但是,对偶单纯形法需要一个初始对偶可行解,它有时也是不易求得的,故对偶单纯形法不如单纯形法采用得那样普遍。下面介绍一种求初始对偶可行解的方法。

3.4.3 求对偶单纯形法初始解的人工约束法

求解对偶单纯形法初始解的一种方法是人工约束法。

设原问题的系数矩阵中已求得 $\boldsymbol{D} = [\boldsymbol{P}_1,\boldsymbol{P}_2,\cdots,\boldsymbol{P}_m]$ 且存在 $\boldsymbol{D}^{-1} = [\boldsymbol{P}_1,\boldsymbol{P}_2,\cdots,\boldsymbol{P}_m]^{-1}$,则可求得 $\boldsymbol{X}_D = [x_1,x_2,\cdots,x_m]^{\mathrm{T}} = \boldsymbol{D}^{-1}\boldsymbol{B}$ 和 $\boldsymbol{W}^{\mathrm{T}} = \boldsymbol{C}_D^{\mathrm{T}}\boldsymbol{D}^{-1}$。若

$$\boldsymbol{W}^{\mathrm{T}}\boldsymbol{P}_j \leqslant c_j \quad (j = 1,2,\cdots,n) \tag{3-77}$$

则 $\boldsymbol{X}_D$ 对应的 $\boldsymbol{W}$ 是一对偶可行解,它作为初始解按对偶单纯形法求解原问题。

若式(3-77)的 n 个不等式中有一个以上(例如有 l 个)不成立,即有

$$\boldsymbol{W}^{\mathrm{T}}\boldsymbol{P}_i > c_i \quad (i = 1,2,\cdots,l)$$

或

$$c_i - \boldsymbol{W}^{\mathrm{T}}\boldsymbol{P}_i < 0 \quad (i = 1,2,\cdots,l) \tag{3-78}$$

可见,式中的 l 是违背对偶问题约束条件的约束数。我们从中找出违背约束最严重的一个,令其下标为 k,则有

$$c_k - \boldsymbol{W}^{\mathrm{T}}\boldsymbol{P}_k = \min_{i\in l}\{c_i - \boldsymbol{W}^{\mathrm{T}}\boldsymbol{P}_i \mid c_i < \boldsymbol{W}^{\mathrm{T}}\boldsymbol{P}_i\} \tag{3-79}$$

现在,若我们在原问题中加进一个约束条件,即

$$x_{i=1} + x_{i=2} + \cdots + x_{i=l} + x_{i=n} = M \tag{3-80}$$

则当常数 M 足够大时,由于原问题的目标函数是求极小,故增加这个约束条件对原问题的结果不会产生影响。

由式(3-80),我们得到

$$x_k = M - x_{n+1} - \sum_{\substack{i=1\\ i\neq k}}^{l} x_i \tag{3-81}$$

将上式代入目标函数及前 m 个约束条件中去,并记新增加的这个约束条件为第 $m+1$ 个约束,则新问题的系数向量为

$$\tilde{\boldsymbol{P}}_j = \begin{bmatrix}\boldsymbol{P}_j\\ 0\end{bmatrix} \quad (j \mid c_j - \boldsymbol{W}^{\mathrm{T}}\boldsymbol{P}_j \geqslant 0, j = 1,2,\cdots,n) \tag{3-82}$$

$$\tilde{\boldsymbol{P}}_j = \begin{bmatrix}\boldsymbol{P}_j - \boldsymbol{P}_k\\ 0\end{bmatrix} \quad (j \mid c_j - \boldsymbol{W}^{\mathrm{T}}\boldsymbol{P}_j < 0, j = 1,2,\cdots,n) \tag{3-83}$$

目标函数系数变为

$$\tilde{c}_j = c_j(j \mid c_j - \boldsymbol{W}^{\mathrm{T}}\boldsymbol{P}_j \geqslant 0, j = 1,2,\cdots,n) \tag{3-84}$$

$$\tilde{c}_j = c_j - c_k(j \mid c_j - \boldsymbol{W}^{\mathrm{T}}\boldsymbol{P}_j < 0, j = 1,2,\cdots,n) \tag{3-85}$$

且有

$$\widetilde{\boldsymbol{W}} = \begin{bmatrix}\boldsymbol{W}\\ 0\end{bmatrix} \tag{3-86}$$

则此时的 $\widetilde{\boldsymbol{W}}$ 即为新的原问题对应的对偶问题的一个对偶可行解。因为对于 $j \mid c_j - \boldsymbol{W}^{\mathrm{T}}\boldsymbol{P}_j \geqslant 0$ $(j = 1,2,\cdots,n)$ 有

$$\tilde{c}_j - \widetilde{\boldsymbol{W}}^{\mathrm{T}}\widetilde{\boldsymbol{P}}_j = c_j - \boldsymbol{W}^{\mathrm{T}}\boldsymbol{P}_j \geqslant 0 \quad (j = 1,2,\cdots,n)$$

而对于 $j \mid c_j - \boldsymbol{W}^{\mathrm{T}}\boldsymbol{P}_j < 0 (j = 1,2,\cdots,n)$ 有

$$\tilde{c}_j - \widetilde{\boldsymbol{W}}^{\mathrm{T}}\widetilde{\boldsymbol{P}}_j = (c_j - c_k) - \boldsymbol{W}^{\mathrm{T}}(\boldsymbol{P}_j - \boldsymbol{P}_k) = (c_j - \boldsymbol{W}^{\mathrm{T}}\boldsymbol{P}_j) - (c_k - \boldsymbol{W}^{\mathrm{T}}\boldsymbol{P}_k)$$

由式(3 - 79) 得 $\tilde{c}_j - \widetilde{\boldsymbol{W}}^{\mathrm{T}}\widetilde{\boldsymbol{P}}_j \geqslant 0 \quad (j = 1,2,\cdots,n)$。

而新增加的变量 x_{n+1} 的系数列向量为

$$\boldsymbol{P}_{n+1} = \begin{bmatrix} -\boldsymbol{P}_k \\ 1 \end{bmatrix} \tag{3-87}$$

对应的目标函数系数为

$$\tilde{c}_{n+1} = -c_k \tag{3-88}$$

此时

$$\tilde{c}_{n+1} - \widetilde{\boldsymbol{W}}^{\mathrm{T}}\widetilde{\boldsymbol{P}}_{n+1} = -c_k + \boldsymbol{W}^{\mathrm{T}}\boldsymbol{P}_k > 0$$

所以找到了 $\widetilde{\boldsymbol{W}}$ 是对偶可行解,而且只需增加一个变量分量 x_r 到 $\boldsymbol{X}_D$ 中;当然其他分量也要作相应变化。新的

$$\widetilde{\boldsymbol{D}} = [\widetilde{\boldsymbol{P}}_1, \widetilde{\boldsymbol{P}}_2, \cdots, \widetilde{\boldsymbol{P}}_m, \widetilde{\boldsymbol{P}}_k] \tag{3-89}$$

式中的 $\widetilde{\boldsymbol{P}}_j$ 分别可由式(3 - 82) 和(3 - 83) 求得。而

$$\widetilde{\boldsymbol{B}} = \begin{bmatrix} \boldsymbol{B}' \\ \boldsymbol{M} \end{bmatrix} \tag{3-90}$$

式中

$$\boldsymbol{B}' = \boldsymbol{B} - \boldsymbol{M}\boldsymbol{P}_k \tag{3-91}$$

有了 $\widetilde{\boldsymbol{D}}$ 与 $\widetilde{\boldsymbol{B}}$,则可求得新的

$$\boldsymbol{X}_D = \widetilde{\boldsymbol{D}}^{-1}\widetilde{\boldsymbol{B}} \tag{3-92}$$

其中有

$$x_k = M \tag{3-93}$$

下面通过一个例题介绍用上述人工约束法求初始对偶可行解的步骤。

例 3 - 6

(1) 求问题 Ⅰ:

$$\left.\begin{aligned} \min \quad & Z = -1.1x_1 - 2.2x_2 + 3.3x_3 - 4.4x_4 \\ \text{s.t.} \quad & x_1 + x_2 + 2x_3 = 5 \\ & x_1 + 2x_2 + x_3 + 3x_4 = 4 \\ & x_1, x_2, x_3, x_4 \geqslant 0 \end{aligned}\right\}$$

显然有 $\boldsymbol{C}^{\mathrm{T}} = [-1,1, -2.2, 3.3, -4.4]$,$\boldsymbol{A} = \begin{bmatrix} 1 & 1 & 2 & 0 \\ 1 & 2 & 1 & 3 \end{bmatrix}$,$\boldsymbol{B} = \begin{bmatrix} 5 \\ 4 \end{bmatrix}$。取 x_1, x_2 为基本变量有 $\boldsymbol{X}_D = [x_1, x_2]^{\mathrm{T}}$, 此时 $\boldsymbol{D} = \begin{bmatrix} 1 & 1 \\ 1 & 2 \end{bmatrix}$,$\boldsymbol{D}^{-1} = \begin{bmatrix} 2 & -1 \\ -1 & -1 \end{bmatrix}$,$\boldsymbol{C}_D^{\mathrm{T}} = [-1,1, -2,2]$,

$W^{\mathrm{T}} = C_D^{\mathrm{T}} D^{-1} = [0, -1, 1]$，从而求得 $c_1 - W^{\mathrm{T}} P_1 = 0, c_2 - W^{\mathrm{T}} P_2 = 0, c_3 - W^{\mathrm{T}} P_3 = 4.4 > 0$，$c_4 - W^{\mathrm{T}} P_4 = -1.1 < 0$。由式(3－79)可知 $x_k = x_4$。令新增加的约束为 $x_5 + x_4 = 10$。故 $x_4 = 10 - x_5$。代入目标函数及约束函数得到新的线性规划问题为问题Ⅱ

(2) 求问题Ⅱ：

$$\left.\begin{aligned} \min \quad & Z = -1.1x_1 - 2.2x_2 + 3.3x_3 + 4.4x_5 - 44 \\ \text{s.t.} \quad & x_1 + x_2 + 2x_3 = 5 \\ & x_1 + 2x_2 + x_3 - 3x_5 = -26 \\ & x_4 + x_5 = 10 \\ & x_1, x_2, x_3, x_4, x_5 \geqslant 0 \end{aligned}\right\}$$

可见有

$$\tilde{A} = \begin{bmatrix} 1 & 1 & 2 & 0 & 0 \\ 1 & 2 & 1 & 0 & -3 \\ 0 & 0 & 0 & 1 & 1 \end{bmatrix}, \tilde{W}^{\mathrm{T}} = [W^{\mathrm{T}}, 0] = [0, -1, 1, 0], \tilde{D} - \begin{bmatrix} 1 & 1 & 0 \\ 1 & 2 & 0 \\ 0 & 0 & 1 \end{bmatrix},$$

$$\tilde{D}^{-1} = \begin{bmatrix} 2 & -1 & 0 \\ -1 & 1 & 0 \\ 0 & 0 & 1 \end{bmatrix}, \tilde{C}^{\mathrm{T}} = [-1.1, -2.2, 3.3, 0, 4.4]。$$

故有

$$\tilde{c}_1 - W^{\mathrm{T}} \tilde{P}_1 = -1.1 - [0 - 1.1, 0]\begin{bmatrix} 1 \\ 1 \\ 0 \end{bmatrix} = 0, \tilde{c}_2 - W^{\mathrm{T}} \tilde{P}_2 = 0, \tilde{c}_3 - W^{\mathrm{T}} \tilde{P}_3 = 4.4 > 0, \tilde{c}_4 - W^{\mathrm{T}} \tilde{P}_4 =$$

$0, \tilde{c}_5 - W^{\mathrm{T}} \tilde{P}_5 = 1.1 > 0$。

故求出了对偶可行解。利用 $\tilde{D}^{-1}$ 可求得 $X_D^{\mathrm{T}} = [x_1, x_2, x_4] = \tilde{D}^{-1} \tilde{B} =$

$$\begin{bmatrix} 2 & -1 & 0 \\ -1 & 1 & 0 \\ 0 & 0 & 1 \end{bmatrix}\begin{bmatrix} 5 \\ -26 \\ 10 \end{bmatrix} = \begin{bmatrix} 36 \\ -31 \\ 10 \end{bmatrix}$$，其中 $x_k = x_4 = M = 10$。

因为 $x_2 = -31 < 0$ 故未达最优，可以 X_D 作为初始解按对偶单纯形法求解如下：

$$y_{ij} = \tilde{D}^{-1} \tilde{A} = \begin{bmatrix} 2 & -1 & 0 \\ -1 & 1 & 0 \\ 0 & 0 & 1 \end{bmatrix}\begin{bmatrix} 1 & 1 & 2 & 0 & 0 \\ 1 & 2 & 1 & 0 & -3 \\ 0 & 0 & 0 & 1 & 1 \end{bmatrix} = \begin{bmatrix} 1 & 0 & 3 & 0 & 3 \\ 0 & 1 & -1 & 0 & -3 \\ 0 & 0 & 0 & 1 & 1 \end{bmatrix}$$

故有下面的单纯形表，即表3－21。

表 3-21 例 3-6 计算表之一

		x_1	x_2	x_3	x_4	x_5
$-Z$		0	0	4.4	0	1.1
x_1	36	1	0	3	0	3
x_2	-31	0	1	-1	0	-3(主元)
x_4	10	0	0	0	1	1

由上表有 $x_r = x_2, y_{rs} = y_{25}$。进行转轴运算得表 3-22。

表 3-22 例 3-6 计算表之二

		x_1	x_2	x_3	x_4	x_5
$-Z$		0	$\frac{1.1}{3}$	$\frac{12.1}{3}$	0	0
x_1	5	1	1	2	0	0
x_5	$\frac{31}{3}$	0	$-\frac{1}{3}$	$\frac{1}{3}$	0	1
x_4	$-\frac{1}{3}$	0	$\frac{1}{3}$	$-\frac{1}{3}$(主元)	1	0

得 $x_r = x_4, y_{rs} = y_{43}$。再进行转轴运算得表 3-23。

表 3-23 例 3-6 计算表之三

		x_1	x_2	x_3	x_4	x_5
$-Z$		0	4.4	0	12.1	0
x_1	3	1	3	0	6	0
x_5	10	0	0	0	1	1
x_3	1	0	-1	1	-3	0

此时 $\boldsymbol{X}_D = [3.10,1]^{\mathrm{T}} \geqslant 0$，故已达最优。

问题 Ⅱ 的最优解为

$$\boldsymbol{X}_{\mathrm{II}}^* = [3,0,1,0,10]^{\mathrm{T}}, \boldsymbol{W}_{\mathrm{II}}^* = \boldsymbol{C}_D^{\mathrm{T}}\boldsymbol{D}^{-1} = [-1.1,4.4,3.3]$$

$$Z_{\mathrm{II}}^{*}=\boldsymbol{C}^{\mathrm{T}}\boldsymbol{X}_{\mathrm{II}}^{*}=[-1.1,-2.2,3.3,0,4.4]\begin{bmatrix}3\\0\\1\\0\\10\end{bmatrix}=44$$

$$Y_{\mathrm{II}}^{*}=\boldsymbol{W}_{\mathrm{II}}^{*}\boldsymbol{B}=[-1.1,4.4,3.3]\begin{bmatrix}3\\10\\1\end{bmatrix}=44=Z_{\mathrm{II}}^{*}$$

原问题 Ⅰ 的最优解为

$$\boldsymbol{X}_{\mathrm{I}}^{*}=[3,0,1,0]^{\mathrm{T}},Z_{\mathrm{I}}^{*}=\boldsymbol{C}^{\mathrm{T}}\boldsymbol{X}_{\mathrm{I}}^{*}=[-1,1,-2.2,3.3,-4.4]\begin{bmatrix}3\\0\\1\\0\end{bmatrix}=0$$

3.5* 线性规划问题的内点算法

前面介绍了求解线性规划问题的单纯形法。单纯形法的基本思想是:在凸多面体形成可行域的边界面上,迭代点从一个顶点到另一个相邻顶点逐次转移,使目标函数值逐步改进,最终达到最优基本解。显然,可行域的顶点越多,转移次数就可能越多。随着问题的规模增大,可行域的顶点个数将迅速增多。在最坏的情形下,单纯形法可能会走遍(或几乎走遍)所有顶点,于是迭代次数将会随问题规模增大而呈指数级上升。考虑到这种情况,人们自然会提出疑问:单纯形法是不是一个好的算法?

为评估算法的性能优劣,20 世纪 70 年代提出了一个评价指标,即所谓**算法复杂性**,它是指一个算法在最坏情形下的计算量随问题规模增大而增长的速度估计。这里的计算量用计算机执行算法所需要的基本运算(加、乘和比较)的总次数来衡量。问题的规模由某些具有代表性的数量和数据输入长度来表示。数据输入长度是指记录一个实例的所有数据的二进制代码的总位数。对于标准线性规划问题(LP),一个实例的规模可用三元组(m,n,l)来表示,这里 n 是变量的个数,m 是等式约束的个数,l 是数据输入长度。一个算法的计算量随问题规模变化而变化,按最坏情形衡量,算法的计算量可视为问题规模的函数,称此函数为算法复杂性函数。当算法复杂性函数是一个多项式函数时,称该算法具有多项式复杂性,或称该算法是一个多项式时间算法(这里的“时间”是指计算机执行算法所花费的时间)。对于线性规划问题(LP)的一个算法,其算法复杂性函数可记为$f(m,n,l)$。如果$f(m,n,l)$是 m,n 和 l 的多项式函数,则该算法是一个多项式时间算法。通常认为具有多项式复杂性的算法才是好的算法。那么单纯形法是否具有多项式复杂性呢？

1972 年，美国学者 Klee V L 与 Minty G L[16] 发表了一个例子，说明单纯形法的算法复杂性是指数级的。这就证实了单纯形法是非多项式时间算法。此后学者们集注于寻找线性规划的多项式时间算法，或考虑线性规划是否存在多项式时间算法。1979 年，苏联学者哈奇扬（Л. Г. Хачиян）发表了《线性规划的多项式算法》[17] 的文章，回答了这个问题。他把线性规划问题的求解转化为解一个严格线性不等式组，然后运用椭球法求解，并证明了这种解算方法具有多项式复杂性。这一方法通常称为**哈奇扬（Khachiyan）算法或椭球算法**。他第一次证明了线性规划问题存在多项式算法。然而，椭球算法虽然在理论上是多项式时间算法，但实际效果却远不及单纯形法。单纯形法虽然在理论上是非多项式时间算法，但在实际应用中却很有效，特别是对中等规模以下的问题。原因在于，单纯形法是在最坏情形（即对算法最不利的实例）下运算次数达到指数级，而经人工产生随机分布的蒙特卡罗实验证实，单纯形法的平均运算次数是多项式级的。尽管如此，人们仍希望找到实用的多项式时间算法，特别是考虑到大型线性规划问题的需要。

1984 年，在美国 Bell 实验室工作的印度学者 N K Karmarkar 提出了一个新的求解线性规划的多项式时间算法，通常称之为卡玛卡（Karmarkar）算法[18]，又称为**投影尺度算法**。它与椭球算法的思路完全不同。这一算法不仅在理论上其多项式复杂性的阶比椭球算法低，而且实际效果也比椭球算法好得多。在大型问题的应用中，它显示出能与单纯形法竞争的潜力。卡玛卡算法的基本思想与单纯形法相反，它不是沿可行域的表面去搜索最优解，而是在可行域的内部移动搜索，逐步逼近最优解。按照这一思路求解线性规划问题的方法被称为线性规划的内点算法。卡玛卡算法的出现激起了许多学者对内点算法的研究热情。其后，一些新的、改进的或变形的内点算法相继出现。已经证实，若通过好的程序来实行内点算法，包括 Karmarkar 最初的方法，的确可以得到“比单纯形法好”的效果。特别是对于含几千个以上变量的问题，它的收敛性态完全不同于单纯形法更令人吃惊的是，在实际计算中发现内点法的迭代次数可以与问题的规模无关，几乎保持在 20 ~ 40 次，这一事实也是内点法在实用上引人注目的重要原因。

与哈奇扬算法相比，卡玛卡算法是一个实用的多项式时间算法。但卡玛卡算法使用起来仍有不便之处，该算法不能直接用于通常形式的线性规划问题，包括标准形式的线性规划问题，必须先把问题转化为卡玛卡算法所要求的那种“标准形式”。这种转化既不方便也不自然。下面介绍几种更为简便实用的内点算法[19]。

3.5.1 原仿射尺度法（Prime Affine Scaling Algorithm）

原仿射尺度算法是 Karmarkar 算法的一种简化算法。它用仿射变换代替投影变换。早在 1967 年，苏联学者 DiKin I I[20] 就首先提出了这种方法，并于 1974 年给出了收敛性的证明；但他的这些工作直到 1986 年 Barnes[21] 等人再次研究该方法后，才被人们所发现并详细研究了这种称为原仿射尺度法的线性规划问题的求解方法。

原仿射尺度算法可以直接求解标准形式的线性规划问题 LP：

$$\left.\begin{aligned}\min\quad & Z=\boldsymbol{C}^{\mathrm{T}}X\\ \text{s.t.}\quad & \boldsymbol{AX}=\boldsymbol{B}\\ & \boldsymbol{X}\geqslant\boldsymbol{0}\end{aligned}\right\}\tag{3-2}$$

式中系数矩阵 $\boldsymbol{A}$ 是 $m\times n$ 阶满秩矩阵。对于 LP 的可行域

$$\boldsymbol{K}=\{\boldsymbol{X}\in\boldsymbol{R}^n\mid\boldsymbol{AX}=\boldsymbol{B},\boldsymbol{X}\geqslant\boldsymbol{0}\}\tag{3-94}$$

定义 $\boldsymbol{K}$ 的相对内部为

$$\mathring{\boldsymbol{K}}=\{\boldsymbol{X}\in\boldsymbol{R}^n\mid\boldsymbol{AX}=\boldsymbol{B},\boldsymbol{X}>\boldsymbol{0}\}\tag{3-95}$$

若 $\boldsymbol{X}\in\mathring{\boldsymbol{K}}$，则称 $\boldsymbol{X}$ 为 LP 的内点可行解。现设 $\mathring{\boldsymbol{K}}\neq\varnothing$（非空集），并设已知一个内点可行解 $\boldsymbol{X}^0$。算法的基本思路是：从 $\boldsymbol{X}^0$ 出发，寻求一个使目标函数值下降的可行方向，沿该方向移动到一个新的内点可行解 $\boldsymbol{X}^1$；如此逐步移动，当移动到与最优解充分接近时，迭代停止。这里的关键问题是，对于任一迭代点 $\boldsymbol{X}^k$，如何求得一个适当的移动方向 $\boldsymbol{d}^k$，使 $\boldsymbol{X}^k+t^k\boldsymbol{d}^k$ 是一个改进的内点可行解。

从 $\boldsymbol{K}$ 为凸多面体的情形可以看出，如果现行内点可行解 $\boldsymbol{X}^k$ 处于凸多面体的中心位置，显然应该沿着目标函数的最速下降方向（即负梯度方向）移动。但如果 $\boldsymbol{X}^k$ 显著偏离中心位置而与凸多面体的某一边界面特别靠近，则上述移动可能导致对整个迭代过程极为不利的情形。为此引进一个仿射尺度变换。

对应于 $\boldsymbol{X}^k$，定义 n 阶对角方阵 $\boldsymbol{D}^k$，它的对角元素为 $\boldsymbol{X}^k$ 的 n 个分量 $x_1^k,x_2^k,\cdots,x_n^k$，即 $\boldsymbol{D}^k=\mathrm{diag}(x_1^k,x_2^k,\cdots,x_n^k)$，简记为 $\boldsymbol{D}^k=\mathrm{diag}(\boldsymbol{X}^k)$。由 $\boldsymbol{X}^k>\boldsymbol{0}$，可知 $\boldsymbol{D}^k$ 可逆

$$(\boldsymbol{D}^k)^{-1}=\mathrm{diag}\left(\frac{1}{x_1^k},\frac{1}{x_2^k},\cdots,\frac{1}{x_n^k}\right)$$

在 $\boldsymbol{R}^n$ 中定义仿射尺度变换如下：

$$\boldsymbol{Y}=(\boldsymbol{D}^k)^{-1}\boldsymbol{X}\quad(\boldsymbol{X}\in\boldsymbol{R}^n)\tag{3-96}$$

在这一变换下，$\boldsymbol{R}^n$ 的正卦限中的点仍变为正卦限中的点，但其分量值发生变化。特别地，$\boldsymbol{X}^k$ 的像点为

$$\boldsymbol{Y}^k=(1,1,\cdots,1)^{\mathrm{T}}=\boldsymbol{e}\quad(\boldsymbol{e}\in\boldsymbol{R}^n)\tag{3-97}$$

它与非负卦限的每一边界面都保持单位距离，显然变换式（3－96）是可逆的，其逆变换为

$$\boldsymbol{X}=\boldsymbol{D}^kY\quad(Y\in\boldsymbol{R}^n)\tag{3-98}$$

在这一变换下，问题式（3－2）变换为

$$\left.\begin{aligned}\min\quad & Z=(\boldsymbol{C}^k)^{\mathrm{T}}Y\\ \text{s.t.}\quad & \boldsymbol{A}^k\boldsymbol{Y}=\boldsymbol{B}\\ & \boldsymbol{Y}\geqslant 0\end{aligned}\right\}\tag{3-99}$$

其中

$$C^k = CD^k,\ A^k = AD^k \tag{3-100}$$

对问题式(3－99)，从迭代点 Y^k 出发，移动方向应该是使 C^kY 迅速下降的方向。但是，为了保证新的迭代点 Y^{k+1} 仍满足约束条件 $A^kY=B$，不能直接用负梯度方向 $-C^k$ 作为移动方向，而应采用 $-C^k$ 在矩阵 A^k 的零空间中的投影 $\hat{d}^k$ 作为移动方向。记 A^k 的零空间为 N^k，即

$$N^k = \{X \in R^n \mid A^kX = 0\} \tag{3-101}$$

由于该投影 $\hat{d}^k \in N^k$，即满足 $A^k\hat{d}^k=0$，从而必能保证 Y^{k+1} 满足 $A^kY^{k+1}=B$。至于条件 $Y^{k+1}>0$ 则通过移动步长的控制来保证。

不难导出向量 $-C^k$ 在 N^k 上的正交投影为

$$\hat{d}^k = -[I-(A^k)^T(A^k(A^k)^T)^{-1}A^k]C^k \tag{3-102}$$

【证 设向量 $-C^k$ 在零空间 N^k 上的正交投影为 $\hat{d}^k$，先将 $-C^k$ 分解为

$$-C^k = \hat{d}^k + h^k \tag{1}$$

由于 $-C^k$ 与 N^k 正交，有

$$-C^kA^k = A^kP^k + A^kh^k = A^kh^k \tag{2}$$

而上式中的

$$h^k = \lambda_1 a_1^k + \lambda_2 a_2^k + \cdots + \lambda_m a_m^k = (A^k)^T\lambda \tag{3}$$

式中

$$a_i^k = [a_{i1}^k, a_{i1}^k, \cdots, a_{in}^k]^T \tag{4}$$

将式(3) 代入式(2) 有

$$-C^kA^k = A^k(A^k)^T\lambda \tag{5}$$

得

$$\lambda = -(A^k(A^k)^T)^{-1}A^kC^k \tag{6}$$

将上式代回式(3) 有

$$h^k = (A^k)^T\lambda = -(A^k)^T(A^k(A^k)^T)^{-1}A^kC^k \tag{7}$$

再由式(1) 得

$$\hat{d}^k = -((C^k)^T + h^k) = -[I-(A^k)^T(A^k(A^k)^T)^{-1}A^k]C^k \tag{8}$$ 】

由式(3－100)，有

$$\hat{d}^k = -[I-D^kA^T(A(D^k)^2A^T)^{-1}AD^k]D^kC \tag{3-103}$$

记

$$(u^k)^T = (A(D^k)^2A^T)^{-1}A(D^k)^2C$$

亦即

$$u^k = C(D^k)^2A^T(A(D^k)^2A^T)^{-1} \tag{3-104}$$

则

$$\hat{d}^k = -D^k(C^T - u^kA)^T \tag{3-105}$$

又令

$$w^k = C^{\mathrm{T}} - u^k A \tag{3-106}$$

则

$$\hat{d}^k = -D^k (w^k)^{\mathrm{T}} \tag{3-107}$$

按式(3－104)、式(3－106)和式(3－107)便可算出像空间中的移动方向 $\hat{d}^k$。于是，从 Y^k 出发，沿 $\hat{d}^k$ 方向移动，可得新点

$$Y^{k+1} = Y^k + t^k \hat{d}^k \tag{3-108}$$

其中 $t^k > 0$，称为步长系数。对上式再施行逆变换，即得原问题式(3－2)的新迭代点

$$X^{k+1} = D^k Y^{k+1} = D^k y^k + t^k D^k \hat{d}^k = X^k + t^k d^k \tag{3-109}$$

其中

$$d^k = D^k \hat{d}^k = -(D^k)^2 (w^k)^{\mathrm{T}} \tag{3-110}$$

即为原空间中的移动方向。由 $A^k \hat{d}^k = 0$ 可知 $Ad^k = 0$。从而保证 $AX^{k+1} = B$。至于 $X^{k+1} > 0$ 的要求，则通过步长系数 t^k 的适当选取来保证。

若 d^k 的分量 $d_i^k \geqslant 0$，则对于任意正数 t^k，均有 $x_i^{k+1} = x_i^k + t^k d_i^k > 0$；若分量 $d_j^k < 0$，为保证 $x_j^{k+1} > 0$，t^k 需满足 $t^k < \dfrac{x_j^k}{-d_j^k}$。以使得步长不超过 d^k 第一次与可行区边界相交时的步长值。因此步长系数可按下式选取：

$$t^k = \gamma \cdot \min\left\{ \frac{x_i^k}{-d_i^k} \,\middle|\, d_i^k < 0 \quad (i = 1,2,\cdots,n) \right\} \tag{3-111}$$

其中 γ 是一个小于1的正数。一般取 γ 接近于1。例如取 γ 为0.99或0.9995等。

由上可知，按式(3－109)、式(3－110)和式(3－111)确定的新点 X^{k+1} 仍为式(3－2)的内点可行解。下面说明新点还是一个改进的内点可行解。由式(3－109)和式(3－100)可知

$$C^{\mathrm{T}} X^{k+1} = C^{\mathrm{T}} X^k + t^k C^{\mathrm{T}} d^k = C^{\mathrm{T}} X^k + t^k (C^k)^{\mathrm{T}} \hat{d}^k \tag{3-112}$$

由 $\hat{d}^k$ 是 $-C^k$ 在 N^k 上的正交投影可知

$$-C^k = \hat{d}^k + h^k \tag{3-113}$$

其中 $h^k \in N_{\perp}^k$，而 $\hat{d}^k \in N^k$，因此 $(h^k)^{\mathrm{T}} \hat{d}^k = 0$。从而有

$$(C^k)^{\mathrm{T}} \hat{d}^k = -(\hat{d}^k)^{\mathrm{T}} \hat{d}^k - (h^k)^{\mathrm{T}} \hat{d}^k = -\|\hat{d}^k\|^2 \tag{3-114}$$

将式(3－114)代入式(3－112)即得

$$(C^k)^{\mathrm{T}} X^{k+1} = C^{\mathrm{T}} X^k - t^k \|\hat{d}^k\|^2 \tag{3-115}$$

由式(3－115)可知，只要 $d^k \neq 0$（从而 $\|\hat{d}^k\| \neq 0$），则必有 $C^{\mathrm{T}} X^{k+1} < C^{\mathrm{T}} X^k$。这说明迭代过程中目标函数值是严格递减的。那么，迭代过程何时可以停止呢？

由式(3－106)可见，当 $w^k \geqslant 0$ 时，即有 $u^k A \leqslant C^{\mathrm{T}}$。这表明此时 u^k 正好是对偶问题DP：

$$\left.\begin{aligned} &\max \quad uB \\ &\text{s.t.} \quad uA \leqslant C^{\mathrm{T}} \end{aligned}\right\} \tag{3-116}$$

的可行解。因此称由式(3－104)确定的 u^k 为对偶估计。其对应目标函数值与 X^k 的对应目标

函数值之差($\boldsymbol{C}^{\mathrm{T}}\boldsymbol{X}^k-\boldsymbol{u}^k\boldsymbol{B}$)称为对偶间隙。且有$\boldsymbol{C}^{\mathrm{T}}\boldsymbol{X}^k-\boldsymbol{u}^k\boldsymbol{B}=\boldsymbol{C}^{\mathrm{T}}\boldsymbol{X}^k-\boldsymbol{u}^k\boldsymbol{A}\boldsymbol{X}^k=(\boldsymbol{C}^{\mathrm{T}}-\boldsymbol{u}^k\boldsymbol{A})\boldsymbol{X}^k$,即有

$$\boldsymbol{C}^{\mathrm{T}}\boldsymbol{X}^k-\boldsymbol{u}^k\boldsymbol{B}=\boldsymbol{w}^k\boldsymbol{X}^k \tag{3-117}$$

当$\boldsymbol{w}^k\geqslant\boldsymbol{0}$且$\boldsymbol{w}^k\boldsymbol{X}^k=\boldsymbol{0}$时,$\boldsymbol{X}^k$和$\boldsymbol{u}^k$便分别为LP和DP的最优解。但由于在迭代过程中始终保持迭代点为可行域的相对内点,因而一般情况下,$\boldsymbol{w}^k\boldsymbol{X}^k$不会准确地达到零值。因此迭代过程的停止条件可设定为$\boldsymbol{w}^k\geqslant\boldsymbol{0}$且

$$|\boldsymbol{w}^k\boldsymbol{X}^k|<\delta \tag{3-118}$$

其中δ是一个给定的充分小正数,称之为精度参数。

现在将原仿射尺度法的计算步骤概括如下:

(1) 给出LP的一个内点可行解$\boldsymbol{X}^0$,并设定精度参数$\delta(\delta>0)$和$\varepsilon(\varepsilon>0)$,令$k=0$;

(2) 令$\boldsymbol{D}^k=\mathrm{diag}(\boldsymbol{X}^k)$,计算对偶估计$\boldsymbol{u}^k=\boldsymbol{C}^{\mathrm{T}}(\boldsymbol{D}^k)^2\boldsymbol{A}^{\mathrm{T}}(\boldsymbol{A}(\boldsymbol{D}^k)^2\boldsymbol{A}^{\mathrm{T}})^{-1}$和$\boldsymbol{w}^k=\boldsymbol{C}^{\mathrm{T}}-\boldsymbol{u}^k\boldsymbol{A}$;

(3) 检查$|\boldsymbol{w}^k\boldsymbol{X}^k|<\delta$是否成立,若不成立转下步;若成立,检查$\boldsymbol{w}^k$,若$\boldsymbol{w}^k\geqslant\boldsymbol{0}$或满足

$$\frac{\max\{|w_i^k|\,|\,w_i^k<0,i=1,2,\cdots,n\}}{\max\{|C_i^{\mathrm{T}}|\,|\,w_i^k<0,i=1,2,\cdots,n\}+1}<\varepsilon \tag{3-119}$$

则停止迭代,$\boldsymbol{X}^k$和$\boldsymbol{u}^k$分别为LP和DP的近似最优解。否则转下步;

(4) 计算移动方向

$$\boldsymbol{d}^k=-(\boldsymbol{D}^k)^2(\boldsymbol{w}^k)^{\mathrm{T}}$$

并检查$\boldsymbol{d}^k$;若$\boldsymbol{d}^k\geqslant\boldsymbol{0}$,停止迭代;这时,若$\boldsymbol{d}^k<\boldsymbol{0}$,原问题目标函数无下界;若$\boldsymbol{d}^k=\boldsymbol{0}$,则由式(3-115)可知原问题目标函数取常数值,$\boldsymbol{X}^k$即为最优解,否则转下步;

(5) 计算步长系数

$$t^k=\gamma\cdot\min\left\{\frac{x_i^k}{-d_i^k}\,\middle|\,d_i^k<0,i=1,2,\cdots,n\right\}$$

并实现转移

$$\boldsymbol{X}^{k+1}=\boldsymbol{X}^k+t^k\boldsymbol{d}^k \tag{3-120}$$

然后置$k\to k+1$,返步骤(2)。

在LP非退化的条件下,已被证明,按上述迭代算法所产生的点列$\{\boldsymbol{X}^k\}$是收敛的,其极限点$\boldsymbol{X}^*$即为LP的最优解。相应的对偶估计点列$\{\boldsymbol{u}^k\}$收敛于DP的最优解。

例3-7 用原仿射尺度算法求解如下问题:

$$\left.\begin{aligned}\min\quad & f=x_2-x_3\\ \mathrm{s.t.}\quad & 2x_1-2x_2+3x_3=2\\ & x_1+2x_2=5\\ & x_1,x_2,x_3\geqslant 0\end{aligned}\right\}$$

这里

$$A = \begin{bmatrix} 2 & -1 & 2 \\ 1 & 2 & 0 \end{bmatrix}, C^{T} = [0,1,-1]^{T}$$

易知 $X^0 = [1,2,1]^{T}$ 为一内点可行解。

第一次迭代：

$$D^0 = \mathrm{diag}[1,2,1]$$

$$u^0 = C(D^0)^2A^{T}(A(D^0)^2A^{T})^{-1} = \left[-\frac{9}{28},\frac{5}{14}\right]$$

$$w^0 = C^{T} - u^0A = \left[\frac{2}{7}, -\frac{1}{28}, -\frac{5}{14}\right]$$

$$|w^0X^0| = 0.142\ 86$$

$$d^0 = -(D^0)^2(w^0)^T = \left[-\frac{2}{7},\frac{1}{7},\frac{5}{14}\right]^{T}$$

$$t^0 = \gamma \cdot \min\left\{\frac{x_i^0}{-d_i^0} \middle| d_i^0 < 0, i = 1,2,3\right\} = 3.465$$

（这里取 $\gamma = 0.99$）

$$X^1 = X^0 + t^0d^0 = [0.01,2.495,2.237\ 5]^{T}$$

第二次迭代：

$$D^1 = \mathrm{diag}[0.01,2.495,2.237\ 5]$$

$$u^1 = C(D^1)^2A^{T}(A(D^1)^2A^{T})^{-1} = [-0.499\ 991,0.250\ 008]$$

$$w^1 = C^{T} - u^1A = [0.749\ 974, -0.000\ 006, -0.000\ 019]$$

$$|w^1X^1| = 0.007\ 44$$

$$\frac{\max\{|w_i^1| \mid w_i^1 < 0, i = 1,2,3\}}{\max\{|c_i^T| \mid w_i^1 < 0, i = 1,2,3\} + 1} = 0.000\ 009\ 5$$

若选取 $\delta = 0.01$，$\varepsilon = 0.000\ 1$ 则最优性停止条件已经满足，X^1 便可作为近似最优解。若认为精度不够，则继续迭代。如再移动一次，可得

$$X^2 = [0.000\ 1,2.499\ 949,2.249\ 875]^{T}$$

这是更好的近似最优解。事实上，点列 $\{X^k\}$ 的精确最优解为

$$X^* = [0,2.5,2.25]^{T}$$

原仿射尺度算法的起动需要先给出一个初始内点可行解。对于简单的问题，通过观察验算可以找出初始内点可行解。对于不易得出初始内点可行解的问题，如何使用原仿射尺度算法呢？这里介绍一种方法，称为**大 M 法**。它是把对原问题式(3－2)的求解转化为求解如下线性规划问题（称之为大 M 问题）：

$$\left.\begin{aligned} \min \quad & C^{T}X + Mx_a \\ \text{s.t.} \quad & AX + (B - Ae)x_a = B \\ & X \geqslant 0, x_a \geqslant 0 \end{aligned}\right\} \qquad (3-121)$$

其中 x_a 是人工变量,M 是一个足够大的正数。目标函数中的项 Mx_a,表示对人工变量取正值的惩罚。M 的取值大小根据实例的具体情况确定。大 M 问题式(3 - 121) 有明显的内点可行解 $(\boldsymbol{X}^0, x_a^0)^{\mathrm{T}} = (e,1)$,从而可以起动原仿射尺度算法。解算结果不外乎以下三种可能情形。

(1) 大 M 问题有最优解$(\boldsymbol{X}^*, x_a^*)^{\mathrm{T}}$,且 $x_a^* = 0$。这时 $\boldsymbol{X}^*$ 便是原问题的最优解。

因为,这时 $\boldsymbol{X}^*$ 是原问题式(3 - 2) 的可行解,而对于原问题的任一可行解 $\boldsymbol{X}$,$(\boldsymbol{X},\boldsymbol{0})$ 是大 M 问题的可行解,从而有

$$\boldsymbol{C}^{\mathrm{T}}\boldsymbol{X} = \boldsymbol{C}^{\mathrm{T}}\boldsymbol{X} + M \cdot \boldsymbol{0} \geqslant \boldsymbol{C}^{\mathrm{T}}\boldsymbol{X}^* + Mx_a^* = \boldsymbol{C}^{\mathrm{T}}\boldsymbol{X}^*$$

由此可知 $\boldsymbol{X}^*$ 是原问题的最优解。

(2) 大 M 问题有最优解$(\boldsymbol{X}^*, x_a^*)^{\mathrm{T}}$,但 $x_a^* > 0$。这时,原问题无可行解。

因为,假设原问题有可行解 $\boldsymbol{X}^0$,则 $(\boldsymbol{X}^0,0)^{\mathrm{T}}$ 是大 M 问题的可行解,从而有 $\boldsymbol{C}^{\mathrm{T}}\boldsymbol{X}^0 \geqslant \boldsymbol{C}^{\mathrm{T}}\boldsymbol{X}^* + Mx_a^*$ 成立。但另一方面,由于 $x_a^* > 0$,选取 M 足够大,必有 $\boldsymbol{C}^{\mathrm{T}}\boldsymbol{X}^* + Mx_a^* \geqslant \boldsymbol{C}^{\mathrm{T}}\boldsymbol{X}^0$ 成立。矛盾。

(3)M 大问题目标函数无下界。这时,原问题目标函数也无下界。

因为,假若原问题目标函数有下界f^0,则对于大 M 问题的任一可行解$(\boldsymbol{X},x_a)^{\mathrm{T}}$,如果 $x_a > 0$,由于 M 足够大,必有 $\boldsymbol{C}^{\mathrm{T}}\boldsymbol{X} + Mx_a \geqslant f^0$;如果 $x_a = 0$,此时 $\boldsymbol{X}$ 必是原问题的可行解,从而有 $\boldsymbol{C}^{\mathrm{T}} + Mx_a = \boldsymbol{C}^{\mathrm{T}}\boldsymbol{X} \geqslant f^0$。这与大 M 问题目标函数无下界相矛盾。

3.5.2** 对偶仿射尺度法(Dual affine scaling algorithm)

文献[22] 提出另一种仿射尺度法,由于它实际上是从标准形式的原问题的对偶问题出发,因而被称为对偶仿射尺度法。

对偶仿射尺度法的基本思想是:对 LP 的对偶问题 DP 使用原仿射尺度法,即从对偶问题的一个内点可行解出发,在对偶问题的可行域内部移动,得出改进的对偶内点可行解,同时得出一个原估计点;迭代点列始终保持对偶可行性,并使对偶目标函数值逐步增加,从而逐步逼近对偶最优解;与此同时,原估计点列对原问题的不可行性逐步消失,从而逐步逼近原问题的最优解。

原问题式(3 - 2) 的对偶问题可写成如下形式:

$$\left.\begin{aligned} \max \quad & \boldsymbol{uB} \\ \text{s.t.} \quad & \boldsymbol{uA} \leqslant \boldsymbol{C}^{\mathrm{T}} \end{aligned}\right\} \tag{3 - 122}$$

式中 $\boldsymbol{A} \in \boldsymbol{R}^{m\times n}(m > n)$,$\boldsymbol{B} \in \boldsymbol{R}^n$ 和 $\boldsymbol{B} \neq \boldsymbol{0}$,$\boldsymbol{u} \in \boldsymbol{R}^n$。引进松弛变量 $\boldsymbol{w} = (w_1, w_2, \cdots, w_n)$,式(3 - 122) 变为

$$\left.\begin{aligned} \max \quad & \boldsymbol{uB} \\ \text{s.t.} \quad & \boldsymbol{uA} + \boldsymbol{w} = \boldsymbol{C}^{\mathrm{T}} \\ & \boldsymbol{w} \geqslant \boldsymbol{0} \end{aligned}\right\} \tag{3 - 123}$$

式中 $\boldsymbol{u}$ 无符号限制。设对偶问题式(3 - 123) 的可行域的相对内部不空,并设已知一个对偶内点可行解($\boldsymbol{u}^0,\boldsymbol{w}^0$)。算法便从此点开始,逐步转移。设经 k 次迭代,得到迭代点($\boldsymbol{u}^k,\boldsymbol{w}^k$),它满足

$$\boldsymbol{u}^k\boldsymbol{A} + \boldsymbol{w}^k = \boldsymbol{C}^{\mathrm{T}},\boldsymbol{w}^k > 0 \tag{3 - 124}$$

现在来分析,从($\boldsymbol{u}^k,\boldsymbol{w}^k$) 出发,如何确定一个移动方向,使移动后的新点是一个更好的对偶内点可行解。

记移动方向为($\boldsymbol{d}_u^k,\boldsymbol{d}_w^k$),这里 $\boldsymbol{d}_u^k$ 是 m 维行向量,$\boldsymbol{d}_w^k$ 是 n 维行向量。从($\boldsymbol{u}^k,\boldsymbol{w}^k$) 出发,沿此方向移动到新点($\boldsymbol{u}^{k+1},\boldsymbol{w}^{k+1}$)。即

$$\boldsymbol{u}^{k+1} = \boldsymbol{u}^k + \beta^k\boldsymbol{d}_u^k \tag{3 - 125}$$

$$\boldsymbol{w}^{k+1} = \boldsymbol{w}^k + \beta^k\boldsymbol{d}_w^k \tag{3 - 126}$$

其中 $\beta^k > 0$。则新点应满足下列条件:

$$\boldsymbol{u}^{k+1}\boldsymbol{A} + \boldsymbol{w}^{k+1} = \boldsymbol{C}^{\mathrm{T}} \tag{3 - 127}$$

$$\boldsymbol{w}^{k+1} > 0 \tag{3 - 128}$$

$$\boldsymbol{u}^{k+1}\boldsymbol{B} \geqslant \boldsymbol{u}^k\boldsymbol{B} \tag{3 - 129}$$

将式(3 - 125) 和式(3 - 126) 代入式(3 - 129),并注意到式(3 - 124) 可得

$$\boldsymbol{d}_u^k\boldsymbol{A} + \boldsymbol{d}_w^k = 0 \tag{3 - 130}$$

将式(3 - 125) 代入式(3 - 129) 可得

$$\boldsymbol{d}_u^k\boldsymbol{B} \geqslant 0 \tag{3 - 131}$$

为了获得有利而又可行的移动方向,按照原仿射尺度法的手段,对向量 $\boldsymbol{w}$ 作仿射尺度变换:

$$= \boldsymbol{w}\boldsymbol{G}_k^{-1},\boldsymbol{w} = \quad \boldsymbol{G}_k \tag{3 - 132}$$

其中

$$\boldsymbol{G}^k = \mathrm{diag}(\boldsymbol{w}^k) = \mathrm{diag}(w_1^k,w_2^k,\cdots,w_n^k) \tag{3 - 133}$$

在这一变换下,向量 $\boldsymbol{w}^k$ 变换为 ${}^{k} = \boldsymbol{e}^{\mathrm{T}}$,向量 $\boldsymbol{d}_w^k$ 变换为

$$\boldsymbol{d}_v^k = \boldsymbol{d}_w^k\boldsymbol{G}_k^{-1} \tag{3 - 134}$$

从而

$$\boldsymbol{d}_w^k = \boldsymbol{d}_v^k\boldsymbol{G}^k \tag{3 - 135}$$

将式(3 - 135) 代入式(3 - 130) 可得

$$\boldsymbol{d}_u^k\boldsymbol{A}(\boldsymbol{G}^k)^{-1} = -\boldsymbol{d}_v^k$$

上式两端右乘$(\boldsymbol{G}^k)^{-1}\boldsymbol{A}^{\mathrm{T}}$ 得

$$\boldsymbol{d}_u^k\boldsymbol{A}(\boldsymbol{G}^k)^{-2}\boldsymbol{A}^{\mathrm{T}} = -\boldsymbol{d}_v^k(\boldsymbol{G}^k)^{-1}\boldsymbol{A}^{\mathrm{T}} \tag{3 - 136}$$

由 $\boldsymbol{A}$ 行满秩可知矩阵 $\boldsymbol{A}(\boldsymbol{G}^k)^{-2}\boldsymbol{A}^{\mathrm{T}}$ 可逆,从而得出

$$\boldsymbol{d}_u^k = -\boldsymbol{d}_v^k(\boldsymbol{G}^k)^{-1}\boldsymbol{A}^{\mathrm{T}}(\boldsymbol{A}(\boldsymbol{G}^k)^{-2}\boldsymbol{A}^{\mathrm{T}})^{-1} \tag{3 - 137}$$

记

$$Q^k = (G^k)^{-1}A^T(A(G^k)^{-2}A^T)^{-1} \tag{3-138}$$

则有

$$d_u^k = -d_v^k Q^k \tag{3-139}$$

为满足式(3-131)，d_v^k 应满足

$$-d_v^k Q^k B \geqslant 0 \tag{3-140}$$

为此，选取

$$d_v^k = -(Q^k B)^T \tag{3-141}$$

因为这时有

$$d_u^k B = -d_v^k Q^k B = (Q^k B)^T(Q^k B) = \| Q^k B \|^2 \geqslant 0$$

将式(3-141)和式(3-138)代入式(3-139)可得

$$d_u^k = B^T(A(G^k)^{-2}A^T)^{-1} \tag{3-142}$$

再由式(3-130)可得

$$d_w^k = -d_u^k A = -B^T(A(G^k)^{-2}A^T)^{-1}A \tag{3-143}$$

式(3-142)和式(3-143)便确定了移动方向。

移动步长则根据条件(3-128)来确定。现在来分析如何选取步长系数β^k，才能保证 $w^{k+1} > 0$。由式(3-126)和式(3-124)可知，若 d_w^k 的分量$(d_w^k)_i \geqslant 0$，则对于任意正数β^k，w^{k+1} 的对应分量

$$w_i^{k+1} = w_i^k + \beta^k(d_w^k)_i > 0$$

若某分量$(d_w^k)_j < 0$，为了使 $w_j^{k+1} > 0$，β^k 应满足

$$\beta^k < \frac{w_j^k}{-(d_j^k)_j}$$

因此选取步长系数

$$\beta^k = \gamma \cdot \min\left\{ \frac{w_i^k}{-(d_w^k)_i} \,\middle|\, (d_w^k)_i < 0 \quad (i = 1,2,\cdots,m) \right\} \tag{3-144}$$

其中 γ 为略小于1的正数。

确定了移动方向和移动步长，便可按迭代公式(3-125)和式(3-126)得出新点(u^{k+1}, w^{k+1})。且不难验证，只要 $d_w^k \neq 0$，新点必定是对偶问题式(3-128)的一个改进的内点可行解($u^{k+1}B = u^k B + \beta^k d_u^k A(G^k)^{-2}A^T(d_u^k)^T = u^k B + \beta^k \| d_u^k (G^k)^{-1} \|^2$)。此时，对于原问题式(3-2)能得出什么呢?如果令

$$X^k = -(G^k)^{-2}(d_w^k)^T \tag{3-145}$$

由式(3-143)可知，$AX^k = B$。一旦 $X^k \geqslant 0$，则 X^k 便是原问题式(3-2)的可行解。按式(3-145)定义的 X^k 被称为原估计。同样，对偶间隙为

$$C^{\mathrm{T}}X^k - u^kB = w^kX^k$$

如果$w^kX^k = 0$,同时$X^k \geqslant 0$,则(u^k, w^k)和X^k便分别为对偶问题和原问题的最优解。但作为迭代过程的停止判据,只能要求上述两条件近似成立。

同样可以得知,若$d_w^k \geqslant 0$但$d_w^k \neq 0$,则对偶问题式(3-123)的目标函数无上界。若$d_w^k = 0$由式(3-142)可知

$$B = A(G^k)^{-2}A^{\mathrm{T}}(d_u^k)^{\mathrm{T}} = A(G^k)^{-2}(d_u^kA)^{\mathrm{T}} = -A(G^k)^{-2}(d_w^k)^{\mathrm{T}} = 0$$

这时式(3-123)的目标函数取常数值,(u^k, w^k)即为式(3-123)的最优解。由式(3-145)知,这时$X^k = 0$,它便是原问题的最优解。可见,只要$B \neq 0$,则$d_w^k = 0$的情形就不会出现。

综上所述,可将对偶仿射尺度法的计算步骤概括如下。

(1) 给出初始对偶内点可行解(u^0, w^0),并设定精度参数$\delta(\delta > 0)$和$\varepsilon(\varepsilon > 0)$。令$k = 0$。

(2) 令$G^k = \mathrm{diag}(w^k)$。计算转移方向

$$d_u^k = B^{\mathrm{T}}(A(G^k)^{-2}A^{\mathrm{T}})^{-1}, d_w^k = -d_u^kA$$

并检查d_w^k。如果$d_w^k > 0$,则停止迭代,判定对偶问题无界,从而原问题无可行解;否则,转下步。

(3) 计算原估计

$$X^k = -(G^k)^{-2}(d_w^k)^{\mathrm{T}}$$

并检查最优性。

如果$|w^kX^k| < \delta$,并且X^k满足$X^k \geqslant 0$,或者满足$\max\{|x_i^k \| x_i^k < 0, (i = 1,2,\cdots,n)\} < \varepsilon$,则停止迭代,$X^k$和$(u^k, w^k)$便分别为原问题和对偶问题的近似最优解。否则转下步。

(4) 计算步长系数

$$\beta^k = \gamma \cdot \min\left\{\frac{w_i^k}{-(d_w^k)_i} \middle| (d_w^k)_i < 0 \quad (i = 1,2,\cdots,n)\right\}$$

并实现转移

$$u^{k+1} = u^k + \beta^kd_u^k, w^{k+1} = w^k + \beta^kd_w^k$$

然后置$k \leftarrow k + 1$,返步骤(2)。

在对偶非退化的条件下,已被证明,上述迭代算法产生的点列$\{u^k, w^k\}$和(X^k)是收敛的,其极限点(u^*, w^*)和X^*分别是对偶问题和原问题的最优解。

例3-8 用对偶仿射尺度法来解例3-7:

$$\left.\begin{aligned} \min \quad & f = x_2 - x_3 \\ \text{s.t.} \quad & 2x_1 - x_2 + 2x_3 = 2 \\ & x_1 + 2x_2 = 5 \\ & x_1, x_2, x_3 \geqslant 0 \end{aligned}\right\}$$

它的对偶问题可写为

$$
\left.\begin{aligned}
\max\quad & g = 2u_1 + 5u_2 \\
\text{s.t.}\quad & 2u_1 + u_2 + w_3 = 0 \\
& -u_1 + 2u_2 + w_2 = 1 \\
& 2u_1 + w_3 = -1 \\
& w_1, w_2, w_3 \geqslant 0
\end{aligned}\right\}
$$

令
$$u^0 = \left[-1, -\frac{1}{2}\right], w^0 = \left[\frac{5}{2}, 1, 1\right]$$

易知(u^0, w^0)为对偶内点可行解，置 $\gamma = 0.99$。

第一次迭代：

$$G^0 = \text{diag}\left[\frac{5}{2}, 1, 1\right]^{\mathrm{T}}$$

$$d_u^0 = [0.810\,077\,5, 1.529\,069\,8]$$

$$d_w^0 = [-3.149\,225, -2.248\,062, -1.620\,155]$$

$$X^0 = [0.503\,876, 2.248\,062, 1.620\,155]$$

$$w^0 X^0 = 5.127\,9$$

$$\beta^0 = 0.440\,379$$

$$u^1 = [-0.643\,259, 0.173\,371]$$

$$w^1 = [1.113\,146, 0.01, 0.286\,517]$$

第二次迭代：

$$G^1 = \text{diag}[1.113\,146, 0.01, 0.286\,517]$$

$$d_u^1 = [0.083\,685\,6, 0.041\,963\,6]$$

$$d_w^1 = [-0.209\,335, -0.000\,241\,55, -0.167\,371]$$

$$X^1 = [0.168\,942, 2.415\,48, 2.038\,82]^{\mathrm{T}}$$

$$w^1 X^1 = 0.796\,3$$

$$\beta^1 = 1.694\,75$$

$$u^2 = [-0.501\,433, 0.244\,488]$$

$$w^2 = [0.758\,377, 0.009\,590\,6, 0.002\,865\,2]$$

第三次迭代：

$$G^2 = \text{diag}[0.758\,377, 0, 009\,590\,6, 0.002\,865\,2]$$

$$d_u^2 = [0.000\,009\,234, 0.000\,119\,587]$$

$$d_w^2 = [-0.000\,138\,055, -0.000\,229\,94, -0.000\,018\,468]$$

$$X^2 = [0.000\,240, 2.499\,882, 2.249\,668]^{\mathrm{T}}$$

$$w^2 X^2 = 0.030\,6$$

若选取 $\delta = 0.01$，则尚不满足最优停止条件，再移动一次

$$\beta^2 = 41.292\,2$$

$$\boldsymbol{u}^3 = [-0.501\,052, 0.249\,426]$$

$$\boldsymbol{W}^3 = [0.752\,676\,4, 0.000\,095\,9, 0.002\,102\,6]$$

$$\boldsymbol{w}^3\boldsymbol{X}^3 = 0.006\,78 < \delta = 0.01$$

加之 $\boldsymbol{X}^2 \geqslant 0$，因此可取 $\boldsymbol{X}^2$ 为原问题的近似最优解，取 $(\boldsymbol{u}^3, \boldsymbol{w}^3)$ 为对偶问题的近似最优解。若认为精度不足，则继续迭代。

对偶仿射尺度算法的起动，需要一个初始对偶内点可行解，这对于简单问题，可通过观察验算获得。特别是，当目标系数向量 $\boldsymbol{C}^{\mathrm{T}} > \boldsymbol{0}$ 时，令 $\boldsymbol{u}^0 = \boldsymbol{0}$ 和 $\boldsymbol{w}^0 = \boldsymbol{C}^{\mathrm{T}}$，则 $(\boldsymbol{u}^0, \boldsymbol{w}^0)$ 便是一个对偶内点可行解。在不易获得初始对偶内点可行解的情况下，可采用下述**大 M 法**。

对于对偶问题式(3－123)，引入人工变量，考虑如下的对偶大 M 问题：

$$\left.\begin{aligned} \max \quad & \boldsymbol{uB} + M\boldsymbol{u}_a \\ \text{s.t.} \quad & \boldsymbol{uA} + \boldsymbol{h}\boldsymbol{u}_a + \boldsymbol{w} = \boldsymbol{C} \\ & \boldsymbol{w} \geqslant 0 \end{aligned}\right\} \tag{3-146}$$

式中 $\boldsymbol{u}_a$ 和 $\boldsymbol{u}$ 无符号限制，$\boldsymbol{M}$ 是一个足够大的正数，$\boldsymbol{h} = (h_1, h_2, \cdots, h_n)$，其分量取值为

$$h_i = \begin{cases} 0, & c_i > 0 \\ 1, & c_i \leqslant 0 \end{cases} \qquad (i = 1, 2, \cdots, n)$$

记 $\hat{\boldsymbol{C}} = \max\{|c_1|, |c_2|, \cdots, |c_n|\}$，令 $\tau > 1$。则有

$$\boldsymbol{C} + \tau\hat{\boldsymbol{C}}\boldsymbol{h} > 0$$

于是，令

$$\boldsymbol{u}^0 = \boldsymbol{0}, \boldsymbol{u}_a^0 = -\tau\hat{\boldsymbol{C}}, \boldsymbol{w}^0 = \boldsymbol{C} + \tau\hat{\boldsymbol{C}}\boldsymbol{h} \tag{3-147}$$

则 $(\boldsymbol{u}^0, \boldsymbol{u}_a^0, \boldsymbol{w}^0)$ 便是对偶大 $\boldsymbol{M}$ 问题(3－146)的内点可行解，从而可对式(3－146)起动对偶仿射尺度算法。由于 $\boldsymbol{M}$ 是足够大正数，在迭代过程中 $\boldsymbol{u}_a$ 的值必不断上升。设经 k 次迭代所得 $(\boldsymbol{u}^k, \boldsymbol{u}_a^k, \boldsymbol{w}^k)$ 中，$\boldsymbol{u}_a^k \geqslant 0$，或 $|\boldsymbol{u}_a^k|$ 已足够小，则可置

$$\boldsymbol{u}^0 = \boldsymbol{u}^k, \boldsymbol{w}^0 = \boldsymbol{w}^k + \boldsymbol{h}\boldsymbol{u}_a^k$$

对问题式(3－123)起动对偶仿射尺度算法。如果 $\boldsymbol{u}_a$ 的值不能逼近或超过零，则可判定对偶问题式(3－123)无可行解，从而原问题式(3－2)无最优解。

原仿射尺度算法和对偶仿射尺度算法在理论上未能被证明是多项式时间算法，但它们的实际效果都优于卡玛卡算法。对于中等规模以上的问题，它们的求解效率也优于单纯形法，特别是对于大型稀疏问题，其优势更为明显。

3.5.3 对数障碍函数法(Logarithmic barrier function method)

1986 年，Gill 等人[23] 第一次把原来用于非线性规划的对数障碍函数法应用于线性规划，

并且证明了对数障碍函数法和 Karmarkar 投影法是等价的。以后的研究进一步表明了 Karmarkar 法实际上是广义对数障碍函数法的特殊情况。

本节要介绍的对数障碍函数法也是一种从可行域内部移动寻优的迭代算法，但它采用了非线性规划中障碍函数法(即罚函数法)的思想。

设已知 LP 的一个内点可行解 $\boldsymbol{X}^0$，我们要寻求一个移动方向 $\boldsymbol{h}(\boldsymbol{h}\in\boldsymbol{R}^n)$，使得从 $\boldsymbol{X}^0$ 出发沿 $\boldsymbol{h}$ 移动所得新点是一个改进的内点可行解。为此对 LP 引进对数障碍函数，即考虑如下数学规划问题 $\boldsymbol{P}_\mu$：

$$\left.\begin{aligned}\min\quad & f_\mu(\boldsymbol{X})=\boldsymbol{C}^{\mathrm{T}}\boldsymbol{X}-\mu\sum_{j=1}^{n}\ln x_j\\ \text{s.t.}\quad & \boldsymbol{AX}=\boldsymbol{B}\end{aligned}\right\}\qquad(3-148)$$

其中参数 $\mu>0$。在 $\boldsymbol{P}_\mu$ 的约束条件中只保留了线性等式约束 $\boldsymbol{AX}=\boldsymbol{B}$，而把不等式约束 $\boldsymbol{X}\geqslant 0$ 和内点要求反映到目标函数 $f_\mu(\boldsymbol{X})$ 中。因为对数函数只有当 $\boldsymbol{X}>0$ 时才有定义。并且，当某个分量 $x_i\to 0^+$ 时，$f_\mu(\boldsymbol{X})$ 的值趋于正无穷。于是 $f_\mu(\boldsymbol{X})$ 的最小化必然阻止 $x_i\to 0^+$。这就好像是沿着非负卦限的边界筑起了一道壁垒。因此称 $f_\mu(\boldsymbol{X})$ 为障碍函数(或壁垒函数)，称 μ 为障碍参数(或罚参数)。这里 $\boldsymbol{P}_\mu$ 已是非线性规划问题，并且其最优解与参数 μ 有关。可以证明，当 $\mu\to 0^+$ 时，$\boldsymbol{P}_\mu$ 的最优解将收敛于 LP 的最优解。

为了使 $\boldsymbol{h}$ 是一个有利的移动方向，并考虑到，对于给定的 μ，$f_\mu(\boldsymbol{X})$ 是一个严格凸函数，因此要求 $\boldsymbol{h}$ 的值使函数 $f_\mu(\boldsymbol{X}^0+\boldsymbol{h})$ 达到最小值，并且用 $f_\mu(\boldsymbol{X}^0+\boldsymbol{h})$ 在 $\boldsymbol{X}^0$ 处的二阶 Taylor 展开式

$$f_\mu(\boldsymbol{X}^0)+[\nabla f_\mu(\boldsymbol{X}^0)]^{\mathrm{T}}\boldsymbol{h}+\frac{1}{2}\boldsymbol{h}^{\mathrm{T}}\nabla^2 f_\mu(\boldsymbol{X}^0)\boldsymbol{h}\qquad(3-149)$$

来代替 $f_\mu(\boldsymbol{X}^0+\boldsymbol{h})$。其中，$\nabla f_\mu(\boldsymbol{X}^0)$ 是 $f_\mu(\boldsymbol{X})$ 在 $\boldsymbol{X}^0$ 的梯度向量，$\nabla^2 f_\mu(\boldsymbol{X}^0)$ 是 $f_\mu(\boldsymbol{X})$ 在 $\boldsymbol{X}^0$ 的二阶偏导数矩阵(Hesse 矩阵)。于是移动方向 $\boldsymbol{h}$ 的寻求可归结为如下的等式约束极值问题：

$$\min\quad Q(\boldsymbol{h})=\frac{1}{2}\boldsymbol{h}^{\mathrm{T}}\nabla_\mu^f(\boldsymbol{X}^0)\boldsymbol{h}+[\nabla f_\mu(\boldsymbol{X}^0)]^{\mathrm{T}}\boldsymbol{h}\qquad(3-150(\mathrm{a}))$$

$$\text{s.t.}\quad \boldsymbol{Ah}=0\qquad(3-150(\mathrm{b}))$$

条件式(3 - 150(b))是为了保证沿 $\boldsymbol{h}$ 移动所得新点仍满足 $\boldsymbol{AX}=\boldsymbol{B}$。易知

$$\nabla f_\mu(\boldsymbol{X}^0)=\boldsymbol{C}-\mu(\boldsymbol{D}^0)^{-1}\boldsymbol{e},\nabla^2 f_\mu(\boldsymbol{X}^0)=\mu(\boldsymbol{D}^0)^{-2}$$

其中，$\boldsymbol{D}^0=\mathrm{diag}(\boldsymbol{X}^0)$，$\boldsymbol{e}=[1,1,\cdots,1]^{\mathrm{T}}(\in\boldsymbol{R}^n)$。于是式(3 - 150)可表示为

$$\min\quad Q(\boldsymbol{h})=\frac{\mu}{2}\boldsymbol{h}^{\mathrm{T}}(\boldsymbol{D}^0)^{-2}\boldsymbol{h}+[\boldsymbol{C}^{\mathrm{T}}-\mu\boldsymbol{e}^{\mathrm{T}}(\boldsymbol{D}^0)^{-1}]^{\mathrm{T}}\boldsymbol{h}\qquad(3-151(\mathrm{a}))$$

$$\text{s.t.}\quad \boldsymbol{Ah}=0\qquad(3-151(\mathrm{b}))$$

由微积分中多元函数条件极值理论可知，若 $\boldsymbol{h}$ 是问题(3 - 151(a))，(3 - 151(b))的最优解，则 $\boldsymbol{h}$ 使 Lagrange 函数

$$\boldsymbol{\Phi}=\frac{\mu}{2}\boldsymbol{h}^{\mathrm{T}}(\boldsymbol{D}^0)^{-2}\boldsymbol{h}+[\boldsymbol{C}^{\mathrm{T}}-\mu\boldsymbol{e}^{\mathrm{T}}(\boldsymbol{D}^0)^{-1}]^{\mathrm{T}}\boldsymbol{h}-\mu\boldsymbol{Ah}\qquad(3-152)$$

的各偏导数等于零。其中 $\boldsymbol{u}=(u_1,u_2,\cdots,u_m)$ 为Lagrange乘子向量。即知向量 $\boldsymbol{h}=(h_1,h_2,\cdots,h_n)^{\mathrm{T}}$ 除满足条件(3－151(b))外,还应满足

$$\frac{\partial \boldsymbol{\Phi}(\boldsymbol{h})}{\partial h_i}=0 \quad (i=1,2,\cdots,n)$$

亦即

$$\boldsymbol{\mu}(\boldsymbol{D}^0)^{-2}\boldsymbol{h}+\boldsymbol{C}-\boldsymbol{\mu}(\boldsymbol{D}^0)^{-1}e-(\mu A)^{\mathrm{T}}=0 \tag{3－153}$$

从而

$$\boldsymbol{h}=-\frac{1}{\mu}(\boldsymbol{D}^0)^2(\boldsymbol{C}-\mu(\boldsymbol{D}^0)^{-1}\boldsymbol{e}-\boldsymbol{A}^{\mathrm{T}}\boldsymbol{u}^{\mathrm{T}}) \tag{3－154}$$

上式两端左乘 $\boldsymbol{A}$,并注意到条件(3－151(b)),可得

$$\boldsymbol{A}(\boldsymbol{D}^0)^2(\boldsymbol{C}-\boldsymbol{\mu}(\boldsymbol{D}^0)^{-1}\boldsymbol{e})-\boldsymbol{A}(\boldsymbol{D}^0)^2\boldsymbol{A}^{\mathrm{T}}\boldsymbol{u}^{\mathrm{T}}=0 \tag{3－155}$$

若 $\boldsymbol{A}$ 行满秩,则 $\boldsymbol{A}(\boldsymbol{D}^0)^2\boldsymbol{A}^{\mathrm{T}}$ 可逆,从而得

$$\boldsymbol{u}^{\mathrm{T}}=(\boldsymbol{A}(\boldsymbol{D}^0)^2\boldsymbol{A}^{\mathrm{T}})^{-1}\boldsymbol{A}(\boldsymbol{D}^0)^2(\boldsymbol{C}-\boldsymbol{\mu}(\boldsymbol{D}^0)^{-1}\boldsymbol{e}) \tag{3－156}$$

若 $\boldsymbol{A}$ 非行满秩,则通过解方程组式(3－155)得出 $\boldsymbol{u}$。令

$$\boldsymbol{w}=\boldsymbol{C}^{\mathrm{T}}-\boldsymbol{u}\boldsymbol{A} \tag{3－157}$$

则式(3－154)可表示为

$$\boldsymbol{h}=\boldsymbol{D}^0(\boldsymbol{e}-\mu^{-1}\boldsymbol{D}^0\boldsymbol{w}^{\mathrm{T}}) \tag{3－158}$$

至此,式(3－156)～式(3－158)便确立了移动方向的计算方法。

现在将对数障碍函数法的计算步骤概述如下。

(1)给出原问题LP的一个内点可行解 $\boldsymbol{X}^0$,并设定障碍参数初值 $\mu_0(>0)$、缩减因子 $\sigma(>0)$ 和精度参数 $\delta(>0)$。令 $k=0$。

(2)令 $\boldsymbol{D}^k=\mathrm{diag}(\boldsymbol{X}^k)$,计算

$$(\boldsymbol{u}^{k+1})^{\mathrm{T}}=(\boldsymbol{A}(\boldsymbol{D}^k)^2\boldsymbol{A}^{\mathrm{T}})^{-1}\boldsymbol{A}(\boldsymbol{D}^k)^2(\boldsymbol{C}-\boldsymbol{\mu}^k(\boldsymbol{D}^k)^{-1}\boldsymbol{e}) \tag{3－159}$$

$$\boldsymbol{w}^{k+1}=\boldsymbol{C}^{\mathrm{T}}-\boldsymbol{u}^{k+1}\boldsymbol{A} \tag{3－160}$$

$$\boldsymbol{h}^k=\boldsymbol{D}^k[\boldsymbol{e}-(\boldsymbol{\mu}^k)^{-1}\boldsymbol{D}^k(\boldsymbol{w}^{k+1})^{\mathrm{T}}] \tag{3－161}$$

并检查 $\boldsymbol{h}^k$,若 $\boldsymbol{h}^k\geqslant 0$ 且 $\boldsymbol{C}^{\mathrm{T}}\boldsymbol{h}^k<0$,则停止迭代,LP目标函数无下界。否则转下步。

(3)计算

$$\boldsymbol{X}^{k+1}=\boldsymbol{X}^k+\boldsymbol{h}^k \tag{3－162}$$

并检查最优性。若

$$\boldsymbol{w}^{k+1}\boldsymbol{X}^{k+1}<\delta \tag{3－163}$$

则停止迭代,取 $\boldsymbol{X}^{k+1}$ 为LP的近似最优解;否则,令

$$\mu^{k+1}=\left(1-\frac{\sigma}{\sqrt{n}}\right)\mu^k \tag{3－164}$$

并置 $k\leftarrow k+1$。返(2)。

上述算法中,障碍参数初值μ^0和缩减因子σ如何选取?为保证算法的收敛性,要求$\mu^0 \geqslant \dfrac{\| \boldsymbol{C}^{\mathrm{T}}\boldsymbol{D}^0 \|}{\theta}$,即要求$\mu^0$满足

$$\mu^0 \geqslant \frac{1}{\theta}\sqrt{\sum_{i=1}^{n}(c_i x_i^0)^2} \tag{3-165}$$

要求σ满足

$$0 < \sigma \leqslant \frac{\theta(1-\theta)}{1+\theta/\sqrt{n}} \tag{3-166}$$

其中$0 < \theta < 1$。例如,令$\theta = \dfrac{1}{2}$,$\sigma = \dfrac{1}{6}$即满足要求。

对上述算法,有如下结论:

如果按式(3-161)确定的$\boldsymbol{h}^k$满足

$$\| (\boldsymbol{D}^k)^{-1}\boldsymbol{h}^k \| \leqslant \theta < 1 \tag{3-167}$$

则$\boldsymbol{X}^{k+1}$和$(\boldsymbol{u}^{k+1},\boldsymbol{w}^{k+1})$分别是LP和DP的内点可行解,且对偶间隙

$$\boldsymbol{C}^{\mathrm{T}}\boldsymbol{X}^{k+1} - \boldsymbol{u}^{k+1}\boldsymbol{B} = \boldsymbol{w}^{k+1}\boldsymbol{X}^{k+1} \leqslant \mu_k(\sqrt{n}+\theta)^2 \tag{3-168}$$

【证 易知,由式(3-161)确定的$\boldsymbol{h}^k$满足$\boldsymbol{A}\boldsymbol{h}^k = 0$,从而有

$$\boldsymbol{A}\boldsymbol{X}^{k+1} = \boldsymbol{A}(\boldsymbol{X}^k + \boldsymbol{h}^k) = \boldsymbol{A}\boldsymbol{X}^k = \boldsymbol{B}$$

由式(3-167)可知$\boldsymbol{e} + (\boldsymbol{D}^k)^{-1}\boldsymbol{h}^k > 0$。从而有

$$\boldsymbol{X}^{k+1} = \boldsymbol{D}^k\boldsymbol{e} + \boldsymbol{h}^k = \boldsymbol{D}^k(\boldsymbol{e} + (\boldsymbol{D}^k)^{-1}\boldsymbol{h}^k) > 0$$

即知$\boldsymbol{X}^{k+1}$是LP的内点可行解。由式(3-161)可得

$$(\boldsymbol{w}^{k+1})^{\mathrm{T}} = \mu^k(\boldsymbol{D}^k)^{-1}(\boldsymbol{e} - (\boldsymbol{D}^k)^{-1}\boldsymbol{h}^k) \tag{3-169}$$

同样由式(3-167)可知$\boldsymbol{e} - (\boldsymbol{D}^k)^{-1}\boldsymbol{h}^k > 0$,从而有$\boldsymbol{w}^{k+1} > 0$。即知$(\boldsymbol{u}^{k+1},\boldsymbol{w}^{k+1})$是DP的内点可行解。下面证明式(3-168)成立。

$$\boldsymbol{C}^{\mathrm{T}}\boldsymbol{X}^{k+1} - \boldsymbol{u}^{k+1}\boldsymbol{B} = (\boldsymbol{C}^{\mathrm{T}} - \boldsymbol{u}^{k+1}A)\boldsymbol{X}^{k+1} = \boldsymbol{w}^{k+1}\boldsymbol{X}^{k+1}$$

由式(3-169)

$$\begin{aligned}\boldsymbol{w}^{k+1}\boldsymbol{X}^{k+1} &= \mu^k(\boldsymbol{e} - (\boldsymbol{D}^k)^{-1}\boldsymbol{h}^k)^{\mathrm{T}}(\boldsymbol{D}^k)^{-1}\boldsymbol{X}^{k+1} \\ &\leqslant \mu^k \| (\boldsymbol{e} - (\boldsymbol{D}^k)^{-1}\boldsymbol{h}^k)^{\mathrm{T}} \| \, \| (\boldsymbol{D}^k)^{-1}\boldsymbol{X}^{k+1} \|\end{aligned}$$

由式(3-167)

$$\begin{aligned}&\| (\boldsymbol{e} - (\boldsymbol{D}^k)^{-1}\boldsymbol{h}^k) \| \leqslant \| \boldsymbol{e} \| + \| (\boldsymbol{D}^k)^{-1}\boldsymbol{h}^k \| \leqslant \sqrt{n} + \theta \\ &\| (\boldsymbol{D}^k)^{-1}\boldsymbol{X}^{k+1} \| \leqslant \| (\boldsymbol{D}^k)^{-1}(\boldsymbol{X}^k + \boldsymbol{h}^k) \| \\ &= \| \boldsymbol{e} + (\boldsymbol{D}^k)^{-1}\boldsymbol{h}^k \| \leqslant \| \boldsymbol{e} \| + \| (\boldsymbol{D}^k)^{-1}\boldsymbol{h}^k \| \leqslant \sqrt{n} + \theta\end{aligned}$$
】

式(3-168)的前提条件式(3-167)能否得到满足?可以证明,如果μ_0和σ的取值满足式(3-165)和式(3-166),并且初始内点可行解$\boldsymbol{X}^0$的选取使得

$$(\boldsymbol{D}^0)^{-1}\boldsymbol{e} = \boldsymbol{A}^{\mathrm{T}}\boldsymbol{v} \tag{3-170}$$

对某个$\boldsymbol{v}(\in \boldsymbol{R}^m)$成立,则对于$k=1,2,\cdots$均有式(3－167)成立。由此,根据上述定理和$\mu_k \to 0(k\to\infty)$可知,对数障碍函数算法是收敛的,由它产生的点列$\{\boldsymbol{X}^k\}$和$\{\boldsymbol{u}^k,\boldsymbol{w}^k\}$分别收敛于LP和DP的最优解。并且,已被证明,该算法是一个多项式时间算法。

由于对数障碍函数法对初始点有较高要求,因而在一般情况下难以直接对该问题起动算法。为此,采用添加人工变量和人工约束手段来起动算法,即考虑如下的变尺度大M问题:

$$\left.\begin{aligned}
\min\quad & \tilde{f}=\boldsymbol{C}\tilde{\boldsymbol{X}}+M\tilde{\boldsymbol{X}}_{n+1}\\
\text{s.t.}\quad & \boldsymbol{A}\tilde{\boldsymbol{X}}+\left(\frac{\boldsymbol{B}}{\rho}-\boldsymbol{A}\boldsymbol{e}\right)\tilde{x}_{n+1}=\frac{\boldsymbol{B}}{\rho}\\
& \tilde{x}_1+\cdots+\tilde{x}_n+\tilde{x}_{n+1}+\tilde{x}_{n+2}=n+2\\
& \tilde{\boldsymbol{X}}\geqslant\boldsymbol{0},\tilde{\boldsymbol{x}}_{n+1}\geqslant 0,\tilde{\boldsymbol{x}}_{n+2}\geqslant 0
\end{aligned}\right\}\qquad(3-171)$$

其中,$\tilde{\boldsymbol{x}}=\dfrac{\boldsymbol{X}}{\rho}$,$M$和$\rho$是足够大的正数。对于问题式(3－171),$(n+2)$维全1向量,即$\tilde{\boldsymbol{x}}^0=\boldsymbol{e}$,$\tilde{x}_{n+1}^0=1,\tilde{x}_{n+2}^0=1$便满足对数障碍函数法的初始点要求,从而可以起动该算法。由于M足够大,问题式(3－171)的最优解分量$\tilde{x}_{n+1}$必取零值。因此,当得出式(3－171)的最优解$(\tilde{\boldsymbol{x}}^*,\tilde{\boldsymbol{x}}_{n+1}^*,\tilde{\boldsymbol{x}}_{n+2}^*)$时,便得出原问题的最优解$\boldsymbol{x}^*=\rho\tilde{\boldsymbol{x}}^*$。

例3－9　用对数障碍函数法求解例3－7:

$$\left.\begin{aligned}
\min\quad & f=x_2-x_3\\
\text{s.t.}\quad & 2x_1-x_2+2x_3=2\\
& x_1+2x_2=5\\
& x_1,x_2,x_3\geqslant 0
\end{aligned}\right\}$$

因难以给出符合算法要求的初始点,故转为求解相应的变尺度大M问题:

$$\left.\begin{aligned}
\min\quad & \tilde{f}=\tilde{x}_2-\tilde{x}_3+M\tilde{x}_4\\
\text{s.t.}\quad & 2\tilde{x}_1-\tilde{x}_2+2\tilde{x}_3+\left(\frac{2}{\rho}-3\right)\tilde{x}_4=\frac{2}{\rho}\\
& \tilde{x}_1+2\tilde{x}_2+\left(\frac{5}{\rho}-3\right)=\frac{5}{\rho}\\
& \tilde{x}_1+\tilde{x}_2+\tilde{x}_3+\tilde{x}_4+\tilde{x}_5=5\\
& \tilde{x}_i\geqslant 0\quad(i=1,2,\cdots,5)
\end{aligned}\right\}$$

其中,$\tilde{x}_1=\dfrac{x_1}{\rho},\tilde{x}_2=\dfrac{x_2}{\rho},\tilde{x}_3=\dfrac{x_3}{\rho}$。为方便起见,下面将$\tilde{x}_i$改记为$x_i$,只要记住,还原成问题的最优解时,将相应分量值乘以ρ即可。这里,我们取$M=10^3,\rho=10^2$。上述变尺度大M问题则为

$$\left.\begin{aligned}\min\quad & \tilde{f} = x_2 - x_3 + 1\,000x_4 \\ \text{s.t.}\quad & 2x_1 - x_2 + 2x_3 - 2.89x_4 = 0.02 \\ & \tilde{x}_1 + 2x_2 - 2.95x_4 = 0.05 \\ & x_1 + x_2 + x_3 + x_4 + x_5 = 5 \\ & x_i \geqslant 0(i = 1,2,\cdots,5)\end{aligned}\right\}$$

这时，

$$\boldsymbol{A} = \begin{bmatrix}2 & -1 & 2 & -2.98 & 0 \\ 1 & 2 & 0 & -2.95 & 0 \\ 1 & 1 & 1 & 1 & 1\end{bmatrix}, \boldsymbol{B} = \begin{bmatrix}0.02 \\ 0.05 \\ 5\end{bmatrix}, \boldsymbol{C}^{\mathrm{T}} = [0,1,-1,1\,000,0]$$

取初始点 $\boldsymbol{X}^0 = [1,1,1,1,1]^{\mathrm{T}} = \boldsymbol{e}^{\mathrm{T}}$。按式(3 - 165) 和(3 - 166) 的要求选取 $\mu_0 = 2\,000$，$\sigma = 0.2$。

$$\boldsymbol{D}^0 = \mathrm{diag}(\boldsymbol{x}^0) = \boldsymbol{I}_5$$

$$(\boldsymbol{A}(\boldsymbol{D}^0)^2\boldsymbol{A}^{\mathrm{T}})^{-1} = \begin{bmatrix}0.081\,696\,7 & -0.052\,414\,2 & 0.000\,197\,355 \\ -0.052\,414\,2 & 0.106\,609\,4 & -0.000\,856\,437 \\ 0.000\,197\,35 & -0.000\,856\,44 & -0.200\,007\,8\end{bmatrix}$$

$$\boldsymbol{A}(\boldsymbol{D}^0)^2(\boldsymbol{C} - \mu_0(\boldsymbol{D}^0)^{-1}\boldsymbol{e}) = -[3\,023,3\,048,9\,000]^{\mathrm{T}}$$

$$(\boldsymbol{u}^1)^{\mathrm{T}} = (\boldsymbol{A}(\boldsymbol{D}^0)^2\boldsymbol{A}^{\mathrm{T}})^{-1}\boldsymbol{A}(\boldsymbol{D}^0)^2(\boldsymbol{C} - \mu_0(\boldsymbol{D}^0)^{-1}\boldsymbol{e}) = -[88.986\,808,158.789\,583,1\,798.056\,159]^{\mathrm{T}}$$

$$\boldsymbol{w}^1 = \boldsymbol{C} - \boldsymbol{u}^1\boldsymbol{A} = [2\,134.819\,4,2\,027.648\,5,1\,975.029\,8,2\,064.446\,2,1\,798.056\,2]^{\mathrm{T}}$$

$$\boldsymbol{h}^0 = \boldsymbol{D}^0[\boldsymbol{e} - (\mu^0)^{-1}\boldsymbol{D}^0(\boldsymbol{w}^1)^{\mathrm{T}}] = [-0.067\,410,-0.013\,825,0.012\,485,-0.032\,223,0.100\,972]^{\mathrm{T}}$$

$$\boldsymbol{X}^1 = \boldsymbol{X}^0 + \boldsymbol{h}^0 = [0.932\,590,0.986\,176,1.012\,485,0.967\,777,1.100\,972]^{\mathrm{T}}$$

不难验证，新点 $\boldsymbol{x}^1$ 是可行的。再令

$$\mu^1 = \left(1 - \frac{\sigma}{\sqrt{n}}\right)\mu_0 = 1\,821.115$$

$$\boldsymbol{D}^1 = \mathrm{diag}(\boldsymbol{X}^1)$$

如法继续迭代，直到满足 $\boldsymbol{w}^K\boldsymbol{X}^k < \delta$ 为止。

本节在论述了算法复杂性并指出单纯形法是非多项式时间算法之后，着重介绍了求解线性规划的内点算法。系统论述了三种简便实用的内点算法：原仿射尺度法，对偶仿射尺度法和对数障碍函数法。该类算法的基本思想是在可行域内部生成收敛于最优解的序列，并使得它在多项式时间界限内收敛到最优解。

值得注意的是，无论是各种原内点算法还是其他各种改进算法，都涉及矩阵求逆运算。且算法的大部分时间都花在矩阵求逆上。这种求逆计算实际上是求解一个线性方程组。因此，如何用最为有效的方法求解这些线性方程组就变成十分关键的问题。

复习思考题

3－1 线性规划问题的解存在哪几种可能的情况？

3－2 线性规划问题的基本性质是什么？

3－3 什么是单纯形法中的转轴运算，目的是什么？

3－4 单纯形法换基中主元的行号和列号是如何确定的？

3－5 单纯形法中初始基本容许解可用什么方法求得？

3－6 修正单纯形法的方法和步骤是怎样的？

3－7 修正单纯形法中如何由 D^{-1} 求 $\tilde{D}^{-1}$？

3－8* 线性规划的对偶定理说明什么？什么是对偶可行解？

3－9* 对偶单纯形法的思路是怎样的？

3－10* 人工约束法求初始对偶可行解的方法是怎样的？

3－11* 什么是“多项式时间算法”，算法的复杂性函数与什么有关？

3－12* 线性规划内点算法的基本思想是怎样的？

3－13* 原仿射尺度法的计算步骤是怎样的？

3－14* 对偶仿射尺度法的计算步骤是怎样的？

3－15* 对数障碍函数法的计算步骤是怎样的？

3－16* 用什么办法求上述三种算法的初始内点可行解？

习　　题

3－1 用图解法、单纯形法求解：

(1) $\left.\begin{aligned} \min\quad & f(X) = -x_1 + 2x_2 \\ \text{s.t.}\quad & -x_1 + x_2 \leqslant 2 \\ & x_1 + 2x_2 \leqslant 6 \\ & x_1, x_2 \geqslant 0 \end{aligned}\right\}$；

(2) $\left.\begin{aligned} \max\quad & f(X) = 3x_1 + 6x_2 \\ \text{s.t.}\quad & -x_1 + x_2 \leqslant 2 \\ & x_1 + 2x_2 \leqslant 6 \\ & x_1, x_2 \geqslant 0 \end{aligned}\right\}$。

3－2 建立下述问题的数学模型，并分别用图解法、单纯形法和修正单纯形法求解这个问题。

某工厂计划安排甲、乙两种产品，它们分别要在 A，B，C，D 四种不同的设备上加工。按工艺规定，两产品在各设备上需要的加工台时数（一台设备工作一小时称为一台时）见下表：

产品＼设备	A	B	C	D
甲	2	1	4	0
乙	2	2	0	4

已知各设备在计划内可提供的台时数分别是12,8,16,12。该工厂生产一件甲产品可得利2元,生产一件乙产品可得利3元。问应如何安排生产计划才能得利最多?

3 - 3 用修正单纯形法求解:

$$\left.\begin{aligned}\min\quad & f(X) = -2x_2 + x_3\\ \text{s.t.}\quad & -x_1 + 2x_2 - x_3 \leqslant 4\\ & x_1 + x_2 + x_3 \leqslant 9\\ & 2x_1 - x_2 - x_3 \leqslant 5\\ & x_1, x_2 \geqslant 0\end{aligned}\right\}。$$

3 - 4* 用单纯形法和修正单纯形法分别求解:

$$\left.\begin{aligned}\min\quad & f(X) = -(3x_1 + x_2 + 3x_3)\\ \text{s.t.}\quad & \begin{bmatrix}2 & 1 & 1\\ 1 & 2 & 3\\ 2 & 2 & 1\end{bmatrix}\begin{bmatrix}x_1\\ x_2\\ x_3\end{bmatrix} = \begin{bmatrix}2\\ 5\\ 6\end{bmatrix} \qquad X \geqslant 0\end{aligned}\right\}。$$

3 - 5* 用对偶单纯形法求解:

$$\left.\begin{aligned}\min\quad & f(X) = -x_1 + x_2 + x_3\\ \text{s.t.}\quad & -x_1 + x_2 - 2x_3 \geqslant 1\\ & -x_1 - 2x_2 + x_3 \geqslant 1\\ & 2x_1 - x_2 - x_3 \leqslant 5\\ & x_1, x_2, x_3 \geqslant 0\end{aligned}\right\}。$$

3 - 6* 用对偶单纯形法求解3 - 2题,并说明该对偶规划表达式的物理意义。

3 - 7* 用原仿射尺度算法求解:

$$\left.\begin{aligned}\min\quad & f(X) = -2x_1 + x_2\\ \text{s.t.}\quad & x_1 - x_2 + x_3 = 15\\ & x_2 + x_4 = 15\\ & x_1, x_2, x_3, x_4 \geqslant 0\end{aligned}\right\}。$$

3 - 8* 用对偶仿射尺度算法求解题3 - 7的线性规划问题。

3 - 9* 用对数障碍函数算法求解题3 - 7的线性规划问题。

3 - 10* 将对数障碍函数法的原理应用于线性规划的对偶问题,可得出求解线性规划问题的另一个内点算法(对偶障碍函数法)。试导出该算法的主要计算公式。

第4章　非线性规划

本章讨论有约束的优化问题或非线性规划问题，即求解

$$\left.\begin{aligned} \min \quad & f(\boldsymbol{X}) \\ \text{s.t.} \quad & g_i(\boldsymbol{X}) \leqslant 0 \ (i = 1,2,\cdots,I) \\ & h_j(\boldsymbol{X}) = 0 \ (j = 1,2,\cdots,J) \end{aligned}\right\} \tag{4-1}$$

我们把满足所有约束的 n 维向量 $\boldsymbol{X}$ 称为可行解，它的集合称为可行区，记为

$$\boldsymbol{D}\left\{\boldsymbol{X}\left|\begin{aligned} & g_i(\boldsymbol{X}) \leqslant 0 \ (i = 1,2,\cdots,I) \\ & h_j(\boldsymbol{X}) = 0 \ (j = 1,2,\cdots,J) \end{aligned}\right.\right\} \tag{4-2}$$

一般说来，求解上述的非线性规划问题比较复杂。目前，一部分算法是将非线性规划问题转化为线性规划问题来求解，例如系列线性规划法；一部分算法是将带约束的优化问题转化为无约束优化问题，然后用无约束优化方法求解，例如罚函数法，乘子法等；还有一部分算法是在优化过程中直接处理约束条件，例如可行方向法，梯度投影法等。

4.1　拉格朗日（Lagrange）乘子法

拉格朗日乘子法是一种经典的求解条件极值的解析方法，它将有约束的优化问题化为无约束极值问题求解。

一般带等式约束的最优化问题是求解：

$$\left.\begin{aligned} \min \quad & f(\boldsymbol{X}) \\ \text{s.t.} \quad & h_j(\boldsymbol{X}) = 0 \ (j = 1,2,\cdots,J) \end{aligned}\right\} \tag{4-3}$$

则拉格朗日乘子法是用与变量无关的常数 $\lambda_j(j = 1,2,\cdots,J)$ 分别乘诸约束函数 $h_j(\boldsymbol{X})$ $(j = 1,2,\cdots,J)$ 并与目标函数相加得到如下的拉格朗日函数：

$$L(\boldsymbol{X},\boldsymbol{\lambda}) = f(\boldsymbol{X}) + \sum_{j=1}^{J} \lambda_j h_j(\boldsymbol{X}) \tag{4-4}$$

式中 $\boldsymbol{\lambda} = [\lambda_1,\lambda_2,\cdots,\lambda_J]^{\mathrm{T}}$ 为拉格朗日乘子向量。

下面将要证明这个新的函数具有无条件极值的必要条件是：

$$\left.\begin{aligned}\frac{\partial L}{\partial x_i} &= 0 \ (i = 1,2,\cdots,I) \\ \frac{\partial h}{\partial \lambda_j} &= h_j = 0 \ (j = 1,2,\cdots,J)\end{aligned}\right\} \tag{4-5}$$

联立求解式(4－5) 可解得 $\boldsymbol{X}$ 与 $\boldsymbol{\lambda}$,它们就是问题式(4－3) 的解。

下面用两个变量分量,即 $\boldsymbol{X} = [x_1,x_2]^{\mathrm{T}}$ 和一个等式约束 $h(\boldsymbol{X})$ 的情况来说明式(4－5) 是如何导得的。

由二元函数的微分学可知,若 $Z = f(x,y)$,则微分

$$\mathrm{d}Z = \frac{\partial f}{\partial x}\mathrm{d}x + \frac{\partial f}{\partial y}\mathrm{d}y \tag{1}$$

现在目标函数和约束函数为

$$\left.\begin{aligned}f(\boldsymbol{X}) &= f(x_1,x_2) \\ h(\boldsymbol{X}) &= h(x_1,x_2) = 0\end{aligned}\right\} \tag{2}$$

所以有 $\mathrm{d}f(\boldsymbol{X}) = \frac{\partial f}{\partial x_1}\mathrm{d}x_1 + \frac{\partial f}{\partial x_2}\mathrm{d}x_2$,即有

$$\frac{\mathrm{d}f(\boldsymbol{X})}{\mathrm{d}x_1} = \frac{\partial f}{\partial x_1} + \frac{\partial f}{\partial x_2}\frac{\mathrm{d}x_2}{\mathrm{d}x_1} \tag{3}$$

和

$$\mathrm{d}h(\boldsymbol{X}) = \frac{\partial h}{\partial x_1}\mathrm{d}x_1 + \frac{\partial h}{\partial x_2}\mathrm{d}x_2 = 0$$

即有

$$\frac{\mathrm{d}x_2}{\mathrm{d}x_1} = -\frac{\partial h/\partial x_1}{\partial h/\partial x_2} \tag{4}$$

这就得到了 x_1,x_2 之间的关系,它把所研究的问题变为依赖于一个变量分量 x_1 的无条件极值问题。

根据函数的极值必定发生在它的一阶导数为零处的原理,令式(3) 为零,从而有

$$\frac{\mathrm{d}f(\boldsymbol{X})}{\mathrm{d}x_1} = \frac{\partial f}{\partial x_1} + \frac{\partial f}{\partial x_2}\frac{\mathrm{d}x_2}{\mathrm{d}x_1} = 0 \tag{5}$$

将式(4) 代入式(5) 得到

$$\frac{\partial f}{\partial x_1} + \frac{\partial f}{\partial x_2}\left(-\frac{\partial h/\partial x_1}{\partial h/\partial x_2}\right) = 0$$

或

$$\frac{\partial f/\partial x_1}{\partial h/\partial x_1} = \frac{\partial f/\partial x_2}{\partial h/\partial x_2} = 常数 \overset{令}{=} \lambda \tag{4-6}$$

式(4－6) 中的 λ 即**拉格朗日乘子**(Lagrange multiplier)。它表征目标函数的变化随着约束函数变化的变化率,故有时又称 λ 为灵敏度。

由式(4－6)可知

$$\left.\begin{aligned}&\frac{\partial f}{\partial x_1}+\lambda\frac{\partial h}{\partial x_1}=\frac{\partial}{\partial x_1}(f+\lambda h)=\frac{\partial L}{\partial x_1}=0\\&\frac{\partial f}{\partial x_2}+\lambda\frac{\partial h}{\partial x_2}=\frac{\partial}{\partial x_2}(f+\lambda h)=\frac{\partial L}{\partial x_2}=0\\&h(\boldsymbol{X})=\frac{\partial}{\partial\lambda}(f+\lambda h)=0\end{aligned}\right\}\tag{4-7}$$

式(4－7)中的第三个等式是由约束条件改写成的。式(4－7)有三个方程,可确定三个未知数 x_1,x_2 和 λ。式(4－7)为函数 $L(\boldsymbol{X},\lambda)=f(\boldsymbol{X})+\lambda h(\boldsymbol{X})$ 取极值的必要条件,此函数即为拉格朗日函数。

同理可证,对于多元函数 $f(\boldsymbol{X})$ 和多个等式约束 $h_j(\boldsymbol{X})=0\ (j=1,2,\cdots,J)$,可构成拉格朗日函数

$$L(\boldsymbol{X},\boldsymbol{\lambda})=f(\boldsymbol{X})+\sum_{j=1}^{J}\lambda_j h_j(\boldsymbol{X})\tag{4-4}$$

其具有无条件极值的必要条件是

$$\left.\begin{aligned}&\frac{\partial L}{\partial x_i}=\frac{\partial f}{\partial x_i}+\sum_{j=1}^{J}\lambda_j\frac{\partial h}{\partial x_i}=0\ (i=1,2,\cdots,n)\\&\frac{\partial L}{\partial\lambda_j}=h_j=0\ (j=1,2,\cdots,J)\end{aligned}\right\}\tag{4-5}$$

方程组式(4－5)可写成矩阵形式

$$\left.\begin{aligned}&\nabla_x L=\nabla f+\boldsymbol{\lambda}^{\mathrm{T}}\nabla\boldsymbol{H}=0\\&\boldsymbol{H}=0\end{aligned}\right\}\tag{4-8}$$

式中

$$\nabla\boldsymbol{H}=\begin{bmatrix}\frac{\partial h_1}{\partial x_1}&\frac{\partial h_1}{\partial x_2}&\cdots&\frac{\partial h_1}{\partial x_n}\\\frac{\partial h_2}{\partial x_1}&\frac{\partial h_2}{\partial x_2}&\cdots&\frac{\partial h_2}{\partial x_n}\\\vdots&\vdots&&\vdots\\\frac{\partial h_j}{\partial x_1}&\frac{\partial h_j}{\partial x_2}&\cdots&\frac{\partial h_j}{\partial x_n}\end{bmatrix}\tag{4-9}$$

为等式约束向量 $\boldsymbol{H}=[h_1,h_2,\cdots,h_J]^{\mathrm{T}}$ 的梯度。

式(4－8)有明显的几何意义。条件 $\nabla f+\boldsymbol{\lambda}^{\mathrm{T}}\nabla\boldsymbol{H}=0$ 表示目标函数等值面的法线应和所有约束面法线线性相关。在图 4－1 中,目标函数 $f(x_1,x_2,x_3)$ 受到两个等式约束 $h_1(x_1,x_2,x_3)=0$ 和

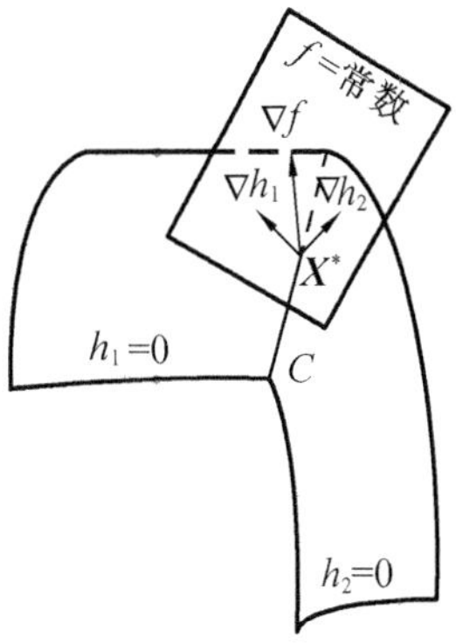

图 4－1

$h_2(x_1,x_2,x_3)=0$ 的限制，其最优点落在 h_1 和 h_2 的交线上。∇f，∇h_3 和 ∇h_2 线性相关即三者共面。也就是说，若 $\boldsymbol{X}^*$ 是最优点，则 $\nabla f(\boldsymbol{X}^*)$ 一定在 $\nabla h_1(\boldsymbol{X}^*)$ 和 $\nabla h_2(\boldsymbol{X}^*)$ 所确定的平面上。即在过点 $\boldsymbol{X}^*$ 与曲线 C(C 为两约束面的交线）正交的平面上。反之，若式(4－8）不成立，即 $\nabla f(\boldsymbol{X}^*)$ 不在这样的平面上，则负梯度 $-\nabla f(\boldsymbol{X}^*)$ 往曲线 C 在点 $\boldsymbol{X}^*$ 处的切线上的投影将不为零。于是沿这个投影方向在曲线 C(C 是可行集）上移动时将使目标函数下降，$\boldsymbol{X}^*$ 就不是最优点了。

例 4－1 求解：

$$\left.\begin{aligned}\min \quad & f(\boldsymbol{X})=1\,000x_1+\frac{4\times10^9}{x_1x_2}+2.5\times10^5x_2\\ \text{s.t.}\quad & x_1x_2=9\,000\end{aligned}\right\}$$

解 问题的拉格朗日函数为

$$L(\boldsymbol{X},\boldsymbol{\lambda})=1\,000x_1+\frac{4\times10^9}{x_1x_2}+2.5\times10^5x_2+\lambda(9\,000-x_1x_2)$$

由 L 取极值的必要条件有

$$\frac{\partial L}{\partial x_1}=1\,000-\frac{4\times10^9}{x_1^2x_2}-\lambda x_2=0 \tag{1}$$

$$\frac{\partial L}{\partial x_2}=2.5\times10^5-\frac{4\times10^9}{x_1x_2^2}-\lambda x_1=0 \tag{2}$$

$$\frac{\partial L}{\partial \lambda}=9\,000-x_1x_2=0 \tag{3}$$

由式(1)、式(2) 消去 λ 可得 $x_1=250x_2$，代入式(3) 得 $x_2=6$，因而有

$$x_1^*=1\,500,x_2^*=6,\lambda\approx117.3,f(\boldsymbol{X}^*)=3.44\times10^6$$

上面的解参见图 4－2。图中的 B 点即 $\boldsymbol{X}^*=\begin{bmatrix}1\,500\\6\end{bmatrix}$ 称为条件极值点，而图中的 A 点为无条件极值点。

对于不等式约束条件

$$g_i(\boldsymbol{X})\leqslant 0\ (i=1,2,\cdots,I)$$

可以转化为等式约束条件如下：

$$g_i(\boldsymbol{X})+v_i^2=0\ (i=1,2,\cdots,I) \tag{4－10}$$

式中 v_i 为松弛变量。这时拉格朗日函数为

$$L(\boldsymbol{X},\boldsymbol{\lambda},\ )=f(\boldsymbol{X})+\sum_{i=1}^{I}\lambda_i(g_i(X)+v_i^2) \tag{4－11}$$

$L(\boldsymbol{X},\boldsymbol{\lambda},\ )$ 取极值的必要条件为

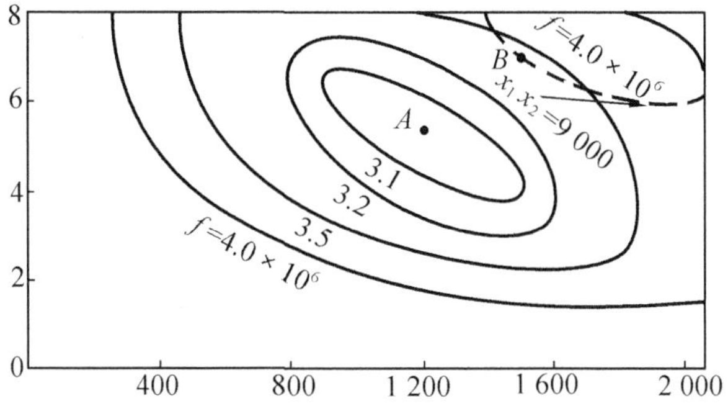

图 4 - 2

$$\left.\begin{aligned}\frac{\partial L}{\partial x_i}&=0\ (i=1,2,\cdots,I)\\\frac{\partial L}{\partial \lambda_i}&=0\ (i=1,2,\cdots,I)\\\frac{\partial L}{\partial v_i}&=0\ (i=1,2,\cdots,I)\end{aligned}\right\}\tag{4-12}$$

应用拉格朗日乘子法求解极值问题需要求解联立方程组式(4-5)或式(4-12)。因而除了一些很简单的问题可以用它来解析求解以外,一般很难用它来求解问题。但当拉格朗日乘子法推广到非负性条件和不等式约束时,形成了考虑一般非线性最优化问题的基础。这一推广就是库恩-图克条件。它除了能提供最优解的线索以外,还能检验解的最优性,因而十分重要。

4.2 约束问题的最优性条件

本节讨论约束问题的最优性条件。就是目标函数和约束函数在最优点处所应满足的必要条件和充分条件。例如,在无约束优化问题中,$\nabla f(\boldsymbol{X}^*)=0$ 就是一种一阶的最优性必要条件,而上节拉格朗日乘子法中的式(4-5)就是仅包含等式约束问题的一阶最优性必要条件。本节将重点介绍包含不等式约束问题的一阶最优性必要条件。

对于下列的不等式约束优化问题:

$$\left.\begin{aligned}&\min\quad f(\boldsymbol{X})\\&\text{s.t.}\quad g_i(\boldsymbol{X})\leqslant 0\ (i=1,2,\cdots,I)\end{aligned}\right\}\tag{4-13}$$

首先引入松弛变量 $v_i(i=1,2,\cdots,I)$,将上述的不等式约束化为等式约束:

$$g_i(\boldsymbol{X}) + v_i = 0 \ (i = 1,2,\cdots,I) \tag{4-14}$$

式中

$$v_i \geqslant 0 \ (i = 1,2,\cdots,I) \tag{4-15}$$

然后采用拉格朗日乘子法,则拉格朗日函数是

$$L(\boldsymbol{X},\boldsymbol{\mu},\ \ ) = f(\boldsymbol{X}) + \sum_{i=1}^{I}\mu_i(g_i(\boldsymbol{X}) + v_i) \tag{4-16}$$

则 $L(\boldsymbol{X},\boldsymbol{\mu},\ \ )$ 取极值的必要条件是:

$$\left.\begin{aligned} &\frac{\partial L}{\partial x_j} = \frac{\partial f}{\partial x_j} + \sum_{i=1}^{I}\mu_i\frac{\partial g_i}{\partial x_j} = 0 \ (j = 1,2,\cdots,J) \\ &\frac{\partial L}{\partial \mu_i} = g_i + v_i = 0 \ (i = 1,2,\cdots,I) \\ &\frac{\partial L}{\partial v_i} = \mu_i = 0 \ (v_i > 0, i = 1,2,\cdots,I) \\ &\frac{\partial L}{\partial \mu_i} = \mu_i > 0 \ (v_i = 0, i = 1,2,\cdots,I) \end{aligned}\right\} \tag{4-17}$$

在这里,特别要注意 L 的自变量 v 是受到式(4-15)约束的,因而得到式(4-17)中的第三、第四式。事实上,当 $v_i > 0$ 时,L 对 v_i 取极值的必要条件是 $\frac{\partial L}{\partial v_i} = 0$,见图4-3;而当 $v_i = 0$ 时,L 对 v_i 取极值的必要条件是 $\frac{\partial L}{\partial v_i} \geqslant 0$,见图4-4。由式(4-17)后三式可见,若 $g_i < 0$ 便有 $v_i > 0$,而当 $v_i > 0$ 时又有 $\mu_i = 0$;若 $g_i = 0$ 便有 $v_i = 0$,而当 $v_i = 0$ 时又有 $\mu_i \geqslant 0$,因此式(4-17)可写为

$$\left.\begin{aligned} &\frac{\partial L}{\partial x_j} = \frac{\partial f}{\partial x_j} + \sum_{i=1}^{I}\mu_i\frac{\partial g_i}{\partial x_j} = 0 \ (j = 1,2,\cdots,J) \\ &\mu_i g_i = 0 \ (i = 1,2,\cdots,I) \\ &\mu_i \geqslant 0 \ (i = 1,2,\cdots,I) \end{aligned}\right\} \tag{4-18}$$

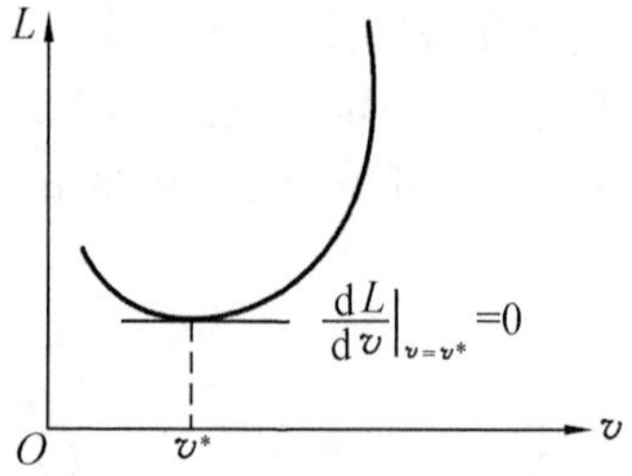

图4-3

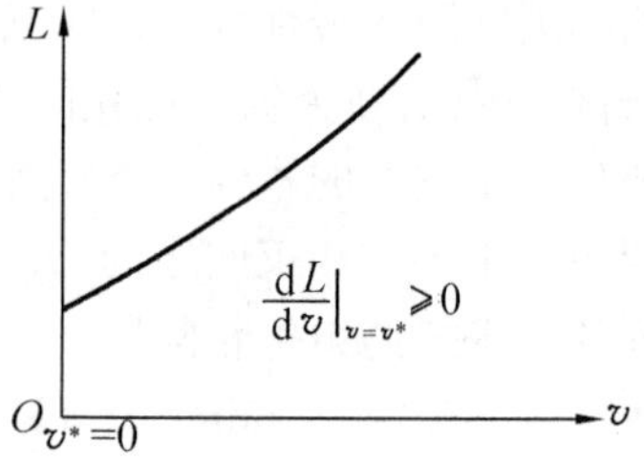

图4-4

这就是只含有不等式时的一阶最优性必要条件，称为只含不等式约束的库恩 - 图克（Kuhn - Tucker）条件，简称为 K - T 条件（K - T condition）。它是 1951 年由 H W kuhn 和 A W Tucker[24] 提出来的。由式（4 - 18）可见，若最优点 $\boldsymbol{X}^*$ 处有 $g_i(\boldsymbol{X}^*) < 0$，则对应于该约束的 μ_i 应为零，从而式（4 - 18）的第一式中的梯度$\frac{\partial g_i}{\partial x_j}$不起作用。

在相反的情况下，若最优点 $\boldsymbol{X}^*$ 处有 $g_i(\boldsymbol{X}^*) = 0$，则对应于该约束的 μ_i 可能不为零，从而式（4 - 18）的第一式中的梯度$\frac{\partial g_i}{\partial x_j}$才起作用。

综上两种情况，式（4 - 18）可表示为以下形式：

$$\left.\begin{aligned}&\nabla f(\boldsymbol{X}^*) + \sum_{i\in m}\mu_i \nabla g_i(\boldsymbol{X}^*) = 0\\&\mu_{i\in m} \geqslant 0\\&(m \in \{i \mid g_i(\boldsymbol{X}^*) = 0\ (i = 1,2,\cdots,I)\})\end{aligned}\right\} \tag{4 - 19}$$

即在最优点处，目标函数的负梯度，应该是所有临界约束梯度的非负线性组合。

上述的 K - T 条件是检验含不等式约束的约束优化问题的最优性条件，由它可直接导出某些最优化方法，它是拉格朗日乘子法中必要条件的推广。因此系数 μ_i 称为广义拉格朗日乘子或称为 K - T 乘子（K - T Multiplier）。应该特别注意的是拉格朗日乘子法中的拉格朗日乘子 λ_i 没有非负的限制，而 K - T 乘子 μ_i 一定是非负的，为了保证这个非负性条件，要求在最优处所有临界约束的梯度之间线性无关。

K - T 条件有明显的几何意义。即如上述，若 $\boldsymbol{X}^*$ 为最优点，则此点的目标函数负梯度应是所有临界约束的非负线性组合。它在二维空间的几何意义见图 4 - 5。图中设 g_1 和 g_2 是最优点处的临界约束，约束梯度∇g_1和∇g_2分别指向约束 g_1 和 g_2 增加的方向。目标函数负梯度指向目标函数下降的方向。此时，$-\nabla f$ 落在∇g_1 和∇g_2 形成的凸锥之中。从 $\boldsymbol{X}^*$ 出发不违反约束已无法使目标函数下降，因而 $\boldsymbol{X}^*$ 必为最优点。对于只有一个临界约束的情况，则 $-\nabla f$ 与∇g 相重合而目标函数面和约束面相切于最优点，如图 4 - 6 所示。由图可见，若此时 K - T 乘子 $\mu < 0$，则 $-\nabla f = \mu\nabla g$ 指向可行区，说明还可下降目标函数而不违反约束，故 $\boldsymbol{X}^*$ 不是最优点。可见，K - T 乘子在最优点一定是非负的。

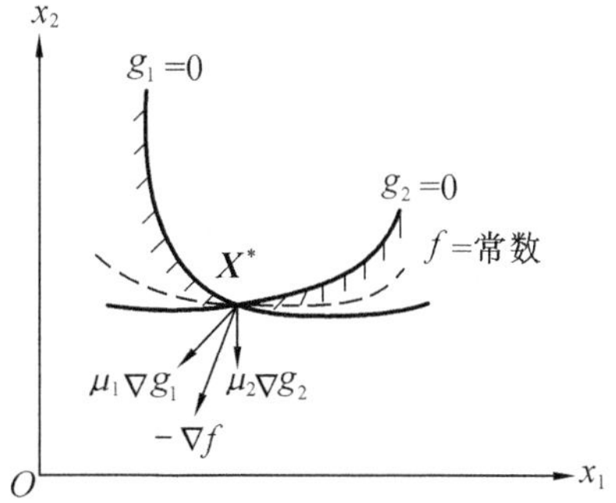

图 4 - 5

另一方面，如图 4 - 7 所示，若某点 $\boldsymbol{X}^0$ 不满足 K - T 条件，即 $-\nabla f$ 不落在∇_1和∇g_2 形成的凸锥之内，则此时从 $\boldsymbol{X}^0$ 仍可下降目标函数而不违反约束，故 $\boldsymbol{X}^0$ 非最优点。

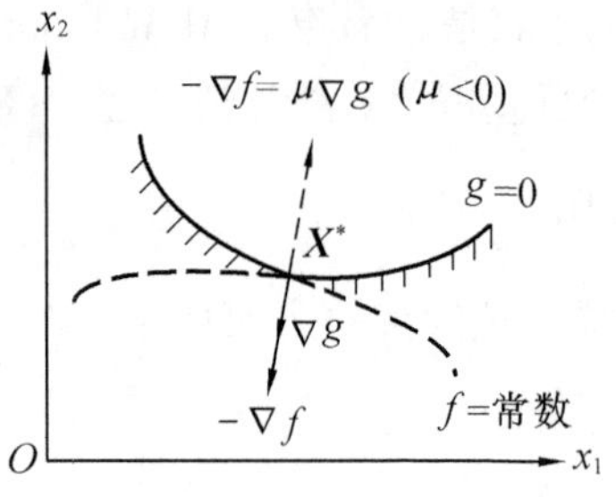

图4-6

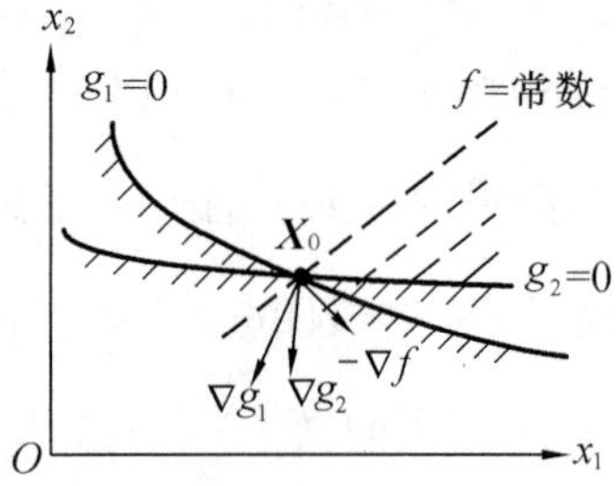

图4-7

例4-2 求解：

$$\left.\begin{aligned} \min \quad & f(\boldsymbol{X}) = (x_1 - 2) + x_2^2 \\ \text{s.t.} \quad & g_1(\boldsymbol{X}) = -x_1 \leqslant 0 \\ & g_2(\boldsymbol{X}) = -x_2 \leqslant 0 \\ & g_3(\boldsymbol{X}) = x_1^2 + x_2 - 1 \leqslant 0 \end{aligned}\right\}$$

图4-8给出了这个问题的可行区及$f(\boldsymbol{X})$的等值线。由图可见，该问题的极小点为$\boldsymbol{X}^* = [1,0]^{\mathrm{T}}$。临界约束是$g_2(\boldsymbol{X})$与$g_3(\boldsymbol{X})$。在$\boldsymbol{X}^*$处有$\nabla f(\boldsymbol{X}^*) = \begin{bmatrix} -2 \\ 0 \end{bmatrix}$，$\nabla g_2(\boldsymbol{X}^*) = \begin{bmatrix} 0 \\ -1 \end{bmatrix}$，$\nabla g_3(\boldsymbol{X}^*) = \begin{bmatrix} 2 \\ 1 \end{bmatrix}$。代入K-T条件有

$$\nabla f(\boldsymbol{X}^*) = -\mu_2 \nabla g_2(\boldsymbol{X}^*) - \mu_3 \nabla g_3(\boldsymbol{X}^*)$$

即

$$\begin{bmatrix} -2 \\ 0 \end{bmatrix} = -\mu_2 \begin{bmatrix} 0 \\ -1 \end{bmatrix} - \mu_3 \begin{bmatrix} 2 \\ 1 \end{bmatrix}$$

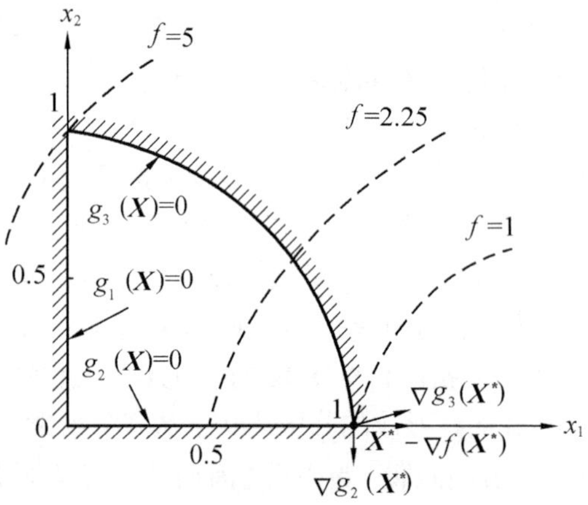

图4-8

当$\mu_2 = 1, \mu_3 = 1$时上式成立。可见$\boldsymbol{X}^*$确是极值点。且此时$\nabla g_2(\boldsymbol{X}^*)$和$\nabla g_3(\boldsymbol{X}^*)$是线性无关的。由图4-8可见，$-\nabla f(\boldsymbol{X}^*)$在$\nabla g_2(\boldsymbol{X}^*)$和$\nabla g_3(\boldsymbol{X}^*)$形成的锥内。

例4-3 求解：

$$
\left.\begin{aligned}
\min \quad & f(\boldsymbol{X}) = (x_1 - 2)^2 + x_2^2 \\
\text{s.t.} \quad & g_1(\boldsymbol{X}) = -x_1 \leqslant 0 \\
& g_2(\boldsymbol{X}) = -x_2 \leqslant 0 \\
& g_3(\boldsymbol{X}) = x_2 - (1 - x_1)^2 \leqslant 0
\end{aligned}\right\}
$$

图4-9给出了这个问题的可行区及 $f(\boldsymbol{X})$ 的等值线。由图可见,该问题的极小点是 $\boldsymbol{X}^* = [1,0]^{\mathrm{T}}$。临界约束是 $g_2(\boldsymbol{X})$ 与 $g_3(\boldsymbol{X})$。在 $\boldsymbol{X}^*$ 处有 $\nabla f(\boldsymbol{X}^*) = \begin{bmatrix} -2 \\ 0 \end{bmatrix}$,

$\nabla g_2(\boldsymbol{X}^*) = \begin{bmatrix} 0 \\ -1 \end{bmatrix}$,$\nabla g_3(\boldsymbol{X}^*) = \begin{bmatrix} 0 \\ 1 \end{bmatrix}$。

由于 $\nabla f(\boldsymbol{X}^*)$ 的第一分量是非零的,而 $\nabla g_2(\boldsymbol{X}^*)$ 和 $\nabla g_3(\boldsymbol{X}^*)$ 的第一分量都为零,故 $\boldsymbol{X}^*$ 虽为极小点,但K-T条件不成立。即不存在 μ_2,μ_3 使下式成立:

$$\mu_2 \nabla g_2(\boldsymbol{X}^*) + \mu_3 \nabla g_3(\boldsymbol{X}^*) = -\nabla f(\boldsymbol{X}^*)$$

原因是 $\nabla g_2(\boldsymbol{X}^*)$ 和 $\nabla g_3(\boldsymbol{X}^*)$ 线性相关。

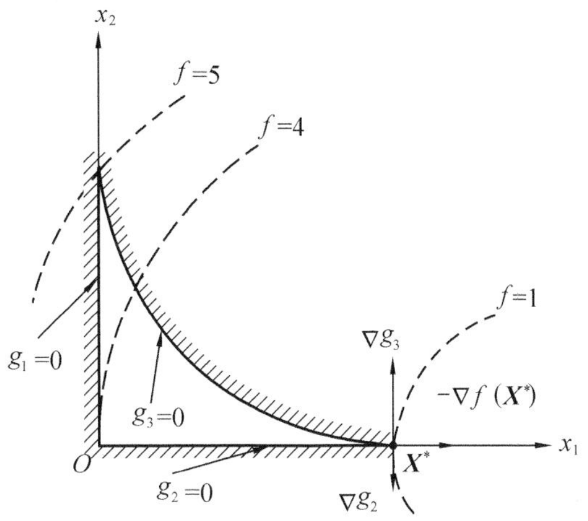

图4-9

例4-4 求解:

$$
\left.\begin{aligned}
\min \quad & f(\boldsymbol{X}) = x_1^2 + x_2^2 - 6x_1 - 4x_2 + 13 \\
\text{s.t.} \quad & g_1(\boldsymbol{X}) = x_1^2 + x_2^2 - 5 \leqslant 0 \\
& g_2(\boldsymbol{X}) = x_1^2 + 2x_2^2 - 4 \leqslant 0
\end{aligned}\right\}
$$

解 运用K-T条件求极小点。

由式(4-18)有以下条件:

$$
\left.\begin{aligned}
& 2x_1 - 6 + 2\mu_1 x_1 + \mu_2 = 0 \\
& 2x_2 - 4 + 2\mu_1 x_2 + 2\mu_2 = 0 \\
& \mu_1(x_1^2 + x_2^2 - 5) = 0 \\
& \mu_2(x_1^2 + 2x_2^2 - 4) = 0 \\
& \mu_1, \mu_2 \geqslant 0
\end{aligned}\right\}
$$

为确定K-T乘子 μ_1 和 μ_2,分别考虑以下四种情况。

(1) 若 $g_1(\boldsymbol{X})$ 与 $g_2(\boldsymbol{X})$ 均非临界约束,即有

$$\left.\begin{aligned}x_1^2+x_2^2-5&<0\\x_1^2+2x_2^2-4&<0\end{aligned}\right\}$$

此时有$\mu_1=\mu_2=0$,极小点应满足:

$$\left.\begin{aligned}2x_1-6&=0\\2x_2-4&=0\end{aligned}\right\}$$

可解得$x_1=3, x_2=2$。但由于解点违反两约束,故非正确解。

(2) 若$g_1(\boldsymbol{X})$为临界约束,$g_2(\boldsymbol{X})$为非临界约束,即有

$$\left.\begin{aligned}x_1^2+x_2^2-5&=0\\x_1^2+2x_2^2-4&<0\end{aligned}\right\}$$

此时有$\mu_1\geqslant 0, \mu_2=0$。极小点应满足:

$$\left.\begin{aligned}2x_1-6+2\mu_1x_1&=0\\2x_2-4+2\mu_1x_2&=0\\x_1^2+x_2^2-5&=0\end{aligned}\right\}$$

可解得$x_1=\frac{3}{2}\sqrt{\frac{20}{13}}\approx 1.86, x_2=\sqrt{\frac{20}{13}}\approx 1.24, \mu_1=2\sqrt{\frac{13}{20}}-1\approx 0.613$。但由于解点违反约束$g_2(\boldsymbol{X})$,故亦非正确解。

(3) 若$g_2(\boldsymbol{X})$为临界约束,$g_1(\boldsymbol{X})$为非临界约束,即有

$$\left.\begin{aligned}x_1+2x_2-4&=0\\x_1^2+x_2^2-5&<0\end{aligned}\right\}$$

此时有$\mu_1=0, \mu_2\geqslant 0$。极小点应满足:

$$\left.\begin{aligned}2x_1-6+\mu_2&=0\\2x_2-4+2\mu_2&=0\\x_1+2x_2-5&=0\end{aligned}\right\}$$

可解得$x_1=2.4, x_2=0.8, \mu_1=1.2$。但由于解点违反约束$g_1(\boldsymbol{X})$,故亦非正确解。

(4) 若两约束均为临界约束,即有

$$\left.\begin{aligned}x_1+2x_2-4&=0\\x_1^2+x_2^2-5&=0\end{aligned}\right\}$$

此时有$\mu_1\geqslant 0, \mu_2\geqslant 0$。极小点应满足:

$$\left.\begin{aligned}2x_1-6+2\mu_1x_1+\mu_2&=0\\2x_2-4+2\mu_1x_2+2\mu_2&=0\\x_1^2+x_2^2-5&=0\\x_1+2x_2-4&=0\end{aligned}\right\}$$

可解得 $x_1=2, x_2=1, \mu_1=\dfrac{1}{3}, \mu_2=\dfrac{2}{3}$。此时解点满足诸约束且 K－T 乘子均非负，故为所求极小点，即有

$$\boldsymbol{X}^*=[2,1]^{\mathrm{T}},\quad \boldsymbol{\mu}^*=\left[\frac{1}{3},\frac{2}{3}\right]^{\mathrm{T}}$$

以上解题过程参见图 4－10。

由例4－4的解题过程可以看到，直接应用 K－T 条件求解问题需要判定约束是否是临界的，并且需要求解非线性方程组。显然对于大型问题，求解是十分困难的。因此通常 K－T 条件是用来检验解的最优性，用它导出求解最优化问题的某些公式以及提供有关求解最优化问题的一些信息，因而具有重要的理论和实际意义。下面我们讨论 K－T 乘子向量的计算公式。

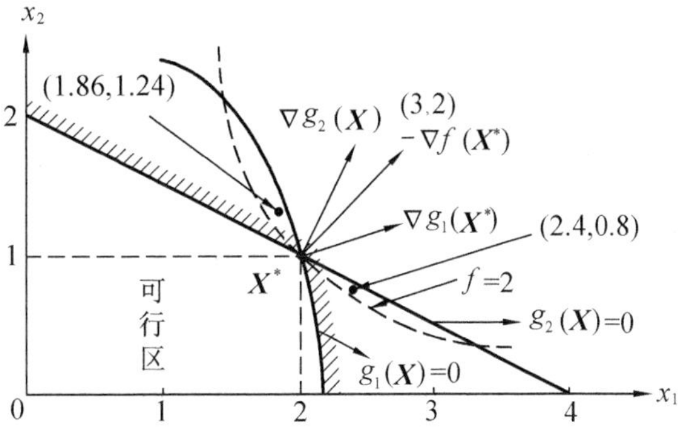

图 4－10

式(4－19)表示的 K－T 条件也可写成如下的矩阵形式：

$$\left.\begin{array}{l}\nabla f+\boldsymbol{N\mu}=0\\ \boldsymbol{\mu}\geqslant 0\end{array}\right\}\tag{4-20}$$

式中

$$\boldsymbol{N}=[\nabla g_1(\boldsymbol{X}^*),\nabla g_2(\boldsymbol{X}^*),\cdots,\nabla g_m(\boldsymbol{X}^*)]=\begin{bmatrix}\dfrac{\partial g_1}{\partial x_1} & \dfrac{\partial g_2}{\partial x_1} & \cdots & \dfrac{\partial g_m}{\partial x_1}\\ \dfrac{\partial g_1}{\partial x_2} & \dfrac{\partial g_2}{\partial x_2} & \cdots & \dfrac{\partial g_m}{\partial x_2}\\ \vdots & \vdots & & \vdots\\ \dfrac{\partial g_1}{\partial x_n} & \dfrac{\partial g_2}{\partial x_n} & \cdots & \dfrac{\partial g_m}{\partial x_n}\end{bmatrix}\tag{4-21}$$

$$\boldsymbol{\mu}=[\mu_1,\mu_2,\cdots,\mu_m]^{\mathrm{T}}\tag{4-22}$$

式中的 m 为 $\boldsymbol{X}^*$ 处临界约束的个数。

由式(4－20)的第一式我们有

$$\boldsymbol{N\mu}=-\nabla f$$

用 $\boldsymbol{N}^{\mathrm{T}}$ 左乘上式两端得

$$\boldsymbol{N}^{\mathrm{T}}\boldsymbol{N\mu}=-\boldsymbol{N}^{\mathrm{T}}\nabla f$$

当约束梯度彼此线性无关时，$\boldsymbol{N}^{\mathrm{T}}\boldsymbol{N}$ 为非奇异矩阵，从而可得到

$$\boldsymbol{\mu} = -(\boldsymbol{N}^{\mathrm{T}}\boldsymbol{N})^{-1}\boldsymbol{N}^{\mathrm{T}}\nabla f \tag{4-23}$$

式(4 - 23)即为计算 K - T 乘子向量的公式。在最优点处,K - T 条件被满足,应有 $\mu \geqslant 0$。

为了利用 K - T 条件提供某些求解问题的信息,我们引进残差向量 $\boldsymbol{R}$,即有

$$\boldsymbol{N}\boldsymbol{\mu} + \nabla f = \boldsymbol{R} \tag{4-24}$$

将式(4 - 24)两端前乘 $\boldsymbol{N}^{\mathrm{T}}$ 并将式(4 - 23)代入,得到

$$\boldsymbol{N}^{\mathrm{T}}\boldsymbol{R} = 0 \tag{4-25}$$

因为:

(1)在最优点处,$\boldsymbol{N}^{\mathrm{T}} \neq 0$,由式(4 - 25)必有 $\boldsymbol{R} = 0$,此时式(4 - 24)与式(4 - 20)的第一式等价,即 K - T 条件成立;

(2)在非最优点处,$\boldsymbol{N} \neq 0$,将式(4 - 23)与式(4 - 25)代入式(4 - 24)我们得到

$$\boldsymbol{R} = \{\boldsymbol{I} - \boldsymbol{N}(\boldsymbol{N}^{\mathrm{T}}\boldsymbol{N})^{-1}\boldsymbol{N}^{\mathrm{T}}\}\nabla f \tag{4-26}$$

式中,$\boldsymbol{I}$ 为单位矩阵,所以,我们将式(4 - 24)与式(4 - 25)联立起来有

$$\left.\begin{aligned} &\boldsymbol{N}\boldsymbol{\mu} + \nabla f = \boldsymbol{R} \\ &\boldsymbol{N}^{\mathrm{T}}\boldsymbol{R} = 0 \end{aligned}\right\} \tag{4-27}$$

式(4 - 27)不仅适用于最优点,也适用于非最优点。

对于既有等式又有不等式约束的非线性规划问题式(4 - 1),K - T 最优性必要条件为

$$\left.\begin{aligned} &\nabla f(\boldsymbol{X}^*) + \sum_{i \in m} \mu_i \nabla g_i(\boldsymbol{X}^*) + \sum_{j=1}^{J} \lambda_j \nabla h_j(\boldsymbol{X}^*) = 0 \\ &(m \in \{i \mid g_i(\boldsymbol{X}^*) = 0 \ (i = 1,2,\cdots,\boldsymbol{I})\}) \\ &\mu_i \geqslant 0,(i = 1,2,\cdots,\boldsymbol{I}) \end{aligned}\right\} \tag{4-28}$$

最后还应提到,K - T 条件是一阶最优性的必要条件而非充分条件。对于凸规划问题则既是必要条件又是充分条件。

对于一般的非线性规划问题式(4 - 1),$\boldsymbol{X}^*$ 为极小点的二阶充分条件可叙述为:

设 $\boldsymbol{X}^*$ 满足式(4 - 1)中的所有约束条件,且存在 $\boldsymbol{\mu}^* \geqslant 0$ 和 $\boldsymbol{\lambda}^*$ 使式(4 - 28)成立(即满足 K - T 条件),则当对于任意非零向量 Z 有

$$\left.\begin{aligned} &\boldsymbol{Z}^{\mathrm{T}}\nabla g_i(\boldsymbol{X}^*) \leqslant 0 \ (i \in m,\ \mu_i^* = 0) \\ &\boldsymbol{Z}^{\mathrm{T}}\nabla g_i(\boldsymbol{X}^*) = 0 \ (i \in m,\ \mu_i^* > 0) \\ &\boldsymbol{Z}^{\mathrm{T}}\nabla h_j(\boldsymbol{X}^*) = 0 \ (j = 1,2,\cdots,J) \\ &\boldsymbol{Z}^{\mathrm{T}}\nabla_X^2 L(\boldsymbol{X}^*,\boldsymbol{\mu}^*,\boldsymbol{\lambda}^*)\boldsymbol{Z} > 0 \end{aligned}\right\} \tag{4-29}$$

时,$\boldsymbol{X}^*$ 为式(4 - 1)的一个严格局部极小点。式中

$$L(\boldsymbol{X}^*,\boldsymbol{\mu}^*,\boldsymbol{\lambda}^*) = f(\boldsymbol{X}^*) + \sum_{i=1}^{I}\mu_i g_i(\boldsymbol{X}^*) + \sum_{j=1}^{J}\lambda_j h_j(\boldsymbol{X}^*) \tag{4-30}$$

为对应于式(4 - 1)的广义拉格朗日函数。

式中$\nabla_X^2 L$表示拉格朗日函数对$\boldsymbol{X}$的二阶偏导数矩阵。即

$$\nabla_X^2 L = \nabla^2 f(\boldsymbol{X}^*) + \sum_{i=1}^{I} \mu_i^* \nabla^2 g_i(\boldsymbol{X}^*) + \sum_{j=1}^{J} \lambda_j^* \nabla^2 h_j(\boldsymbol{X}^*) \tag{4-31}$$

从本节的讨论可见,拉格朗日函数在求解非线性规划问题中起着重要的作用。一般地说,非线性规划问题的最优解$\boldsymbol{X}^*$及其乘子$\boldsymbol{\mu}^*,\boldsymbol{\lambda}^*$是拉格朗日函数的鞍点。它关于$\boldsymbol{X}$是极小点,而关于$\boldsymbol{\mu},\boldsymbol{\lambda}$是极大点。即对于任一$\overline{\boldsymbol{X}}$与$\overline{\boldsymbol{\mu}},\overline{\boldsymbol{\lambda}}$总有

$$L(\overline{\boldsymbol{X}}, \boldsymbol{\mu}, \boldsymbol{\lambda}) \leqslant L(\overline{\boldsymbol{X}}, \overline{\boldsymbol{\mu}}, \overline{\boldsymbol{\lambda}}) \leqslant L(\boldsymbol{X}, \overline{\boldsymbol{\mu}}, \overline{\boldsymbol{\lambda}}) \tag{4-32}$$

还可以证明,若$(\overline{\boldsymbol{X}}, \overline{\boldsymbol{\mu}}, \overline{\boldsymbol{\lambda}})$是相应于式(4-1)拉格朗日函数$L(\boldsymbol{X}, \boldsymbol{\mu}, \boldsymbol{\lambda})$的鞍点,则$\overline{\boldsymbol{X}}$是式(4-1)的最优点。

4.3 对偶问题

对于非线性规划问题,像线性规划问题一样,也存在对偶问题[25]。且在一定条件下,原问题和对偶问题具有相同的目标函数,常常可以通过求解原问题和对偶问题之中比较简单的一个来求解另一个;有时也可同时近似地求解原问题和对偶问题,以得到对目标函数值的更好估计。

在对偶方法中,不是直接去处理原问题的约束,而是间接地去求解另一个问题,这个问题的变量向量为原问题的广义拉格朗日乘子,它对应于原问题的约束条件。

对于式(4-1)表达的非线性规划问题原问题:

$$\left.\begin{aligned} \min \quad & f(\boldsymbol{X}) \\ \text{s.t.} \quad & g_i(\boldsymbol{X}) \leqslant 0 \ (i = 1,2,\cdots,I) \\ & h_j(\boldsymbol{X}) = 0 \ (j = 1,2,\cdots,J) \end{aligned}\right\} \tag{4-1}$$

在上节中我们已介绍了最优点和它的拉格朗日函数$L(\boldsymbol{X}, \boldsymbol{\mu}, \boldsymbol{\lambda})$的鞍点之间的关系。同时从鞍点$(\overline{\boldsymbol{X}}, \overline{\boldsymbol{\mu}}, \overline{\boldsymbol{\lambda}})$的定义可以知道,当$\overline{\boldsymbol{\mu}},\overline{\boldsymbol{\lambda}}$给定时,$\overline{\boldsymbol{X}}$是$L$关于$\boldsymbol{X}$的极小点,而当$\overline{\boldsymbol{X}}$已知时,$(\overline{\boldsymbol{\mu}},\overline{\boldsymbol{\lambda}})$是$L$关于$(\boldsymbol{\mu},\boldsymbol{\lambda})$的极大点。如果对于每个$\boldsymbol{\mu} \geqslant 0$与$\boldsymbol{\lambda}$,$L(\boldsymbol{X}, \boldsymbol{\mu}, \boldsymbol{\lambda})$的极小点存在,即有

$$\varphi(\boldsymbol{\mu},\boldsymbol{\lambda}) = \min_{\boldsymbol{X}\in \boldsymbol{A}} L(\boldsymbol{X}, \boldsymbol{\mu}, \boldsymbol{\lambda}) = \min_{\boldsymbol{X}\in \boldsymbol{A}} \left\{ f(\boldsymbol{X}) + \sum_{i=1}^{I} \mu_i g_i(\boldsymbol{X}) + \sum_{j=1}^{j} \lambda_j h_j(\boldsymbol{X}) \right\} \tag{4-33}$$

式中,$\boldsymbol{A}$为$\boldsymbol{X}$的可行区。则我们称

$$\max_{\boldsymbol{\mu}\geqslant 0,\boldsymbol{\lambda}} \varphi(\boldsymbol{\mu},\boldsymbol{\lambda}) = \max_{\boldsymbol{\mu}\geqslant 0,\boldsymbol{\lambda}} \min_{\boldsymbol{X}\in \boldsymbol{A}} L(\boldsymbol{X}, \boldsymbol{\mu}, \boldsymbol{\lambda}) \tag{4-34}$$

为式(4-1)的**对偶问题**(Dual problem),也常称为最大最小问题,式(4-1)为式(4-34)的**原问题**(Prime problem)。

例 4-5 考虑原问题

$$\left.\begin{array}{ll}\min & f(\boldsymbol{X}) = x_1^2 + x_2^2 \\ \text{s.t.} & g(\boldsymbol{X}) = 2 - x_1 - x_2 \leqslant 0 \\ & x_1, x_2 \geqslant 0\end{array}\right\}$$

这个问题的最优解由图4－11可见为$x_1^* = x_2^* = 1, f(\boldsymbol{X}^*) = 2$。这个问题的拉格朗日函数是

$$L(\boldsymbol{X},\mu) = x_1^2 + x_2^2 + \mu(2 - x_1 - x_2) \quad (x_1, x_2 \geqslant 0)$$

其对偶函数

$$\begin{aligned}\varphi(\mu) &= \min L(\boldsymbol{X},\mu) = \min\{x_1^2 + x_2^2 + \mu(2 - x_1 - x_2) \quad (x_1, x_2 \geqslant 0)\} \\ &= \min_{x_1 \geqslant 0}\{x_1^2 - \mu x_1\} + \min_{x_2 \geqslant 0}\{x_2^2 - \mu x_2\} + 2\mu\end{aligned}$$

因为当$\mu < 0$时$x_1^2 - \mu x_1 \geqslant 0$，故$\min\limits_{x_1 \geqslant 0}\{x_1^2 - \mu x_1\} = 0$。而当$\mu \geqslant 0$时，令

$$\mathrm{d}(x_1^2 - \mu x_1)/\mathrm{d}x_1 = 2x_1 - \mu = 0$$

可解得$x_1 = \dfrac{\mu}{2}$为极小点，从而有

$$\min_{x_1 \geqslant 0}\{x_1^2 - \mu x_1\} = -\frac{\mu^2}{4}$$

同理，当$\mu < 0$时，$\min\limits_{x_2 \geqslant 0}\{x_2^2 - \mu x_2\} = 0$，而当$\mu \geqslant 0$时，

$$\min_{x_2 \geqslant 0}\{x_2^2 - \mu x_2\} = -\frac{\mu^2}{4}$$

从而可求得

$$\varphi(\mu) = \begin{cases} 2\mu & (\mu < 0) \\ -\dfrac{\mu^2}{2} + 2\mu & (\mu \geqslant 0)\end{cases}$$

从而对偶问题是

$$\max_{\mu \geqslant 0}\left\{-\frac{\mu^2}{2} + 2\mu\right\}$$

令$\dfrac{\mathrm{d}\left(-\dfrac{\mu^2}{2} + 2\mu\right)}{\mathrm{d}\mu} = -\mu + 2 = 0$可解得：$\mu^* = 2, \varphi(\mu^*) = 2 = f(\boldsymbol{X}^*)$。

图4－12示出了这个问题$\varphi(\mu)$的图像。

可见，在这个问题中，对偶问题的极大值和原问题的极小值相等。但是，这一对于线性规划对偶问题普遍成立的结论对于非线性规划并不是普遍成立的，而有如下的弱对偶定理：

若$\boldsymbol{X}$为原问题式（4－1）的可行解，而$(\boldsymbol{\mu}, \boldsymbol{\lambda})$为对偶问题式（4－34）的可行解，则必有

$$f(\boldsymbol{X}) \geqslant \varphi(\boldsymbol{\mu}, \boldsymbol{\lambda}) \tag{4-35}$$

【证

$$\varphi(\boldsymbol{\mu},\boldsymbol{\lambda}) = \min_{\boldsymbol{X}\in\boldsymbol{A}}\{f(\overline{\boldsymbol{X}}) + \sum_{i=1}^{I}\mu_i g_i(\overline{\boldsymbol{X}}) + \sum_{j=1}^{j}\lambda_j h_j(\overline{\boldsymbol{X}})\} \leqslant f(\boldsymbol{X}) + \sum_{i=1}^{I}\mu_i g_i(\boldsymbol{X}) + \sum_{j=1}^{j}\lambda_j h_j(\boldsymbol{X})$$

由于 $\boldsymbol{X}$ 为可行解,即有:$g_i(\boldsymbol{X}) \leqslant 0\ (i=1,2,\cdots,I)$ 和 $h_j(\boldsymbol{X}) = 0\ (j=1,2,\cdots,J)$,且$\boldsymbol{\mu} \geqslant 0$,故总有 $\varphi(\boldsymbol{\mu},\boldsymbol{\lambda}) \leqslant f(\boldsymbol{X})$。 】

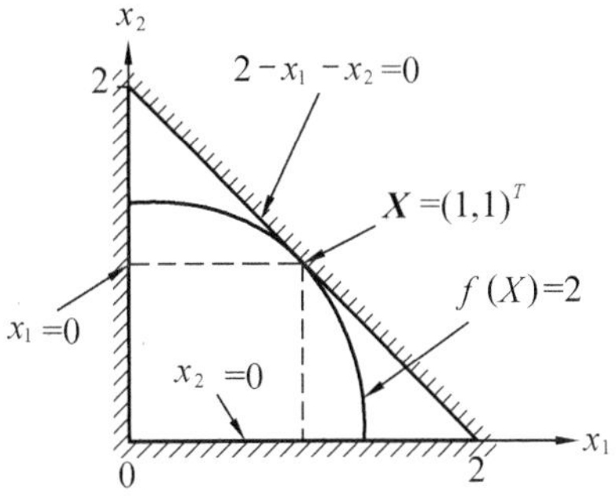

图 4 - 11

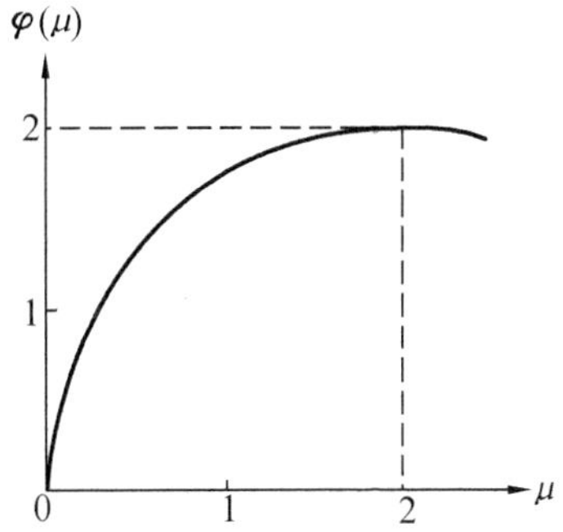

图 4 - 12

因此,对偶问题的极大值总不会超过原问题的极小值,即有

$$\max_{\mu\geqslant 0}\varphi(\boldsymbol{\mu},\boldsymbol{\lambda}) \leqslant \min_{\boldsymbol{X}\in\boldsymbol{A}} f(\boldsymbol{X}) \tag{4-36}$$

在上面的例题中,式(4 - 36) 取等号。然而,在一般情况下,式(4 - 36) 可能是严格不等式,即对偶问题的极大值与原问题的极小值之间存在差值,这一差值称为"对偶间隙"。

那么,在什么情况下式(4 - 36) 取等式,即对偶问题的极大值等于原问题的极小值呢?有如下的强对偶定理:

当式(4 - 1) 表达的非线性规划问题为凸规划问题,且存在 $\overline{\boldsymbol{X}}$ 使 $g_i(\overline{\boldsymbol{X}}) \leqslant 0\ (i=1,2,\cdots,I)$,$h_j(\overline{\boldsymbol{X}}) = 0\ (j=1,2,\cdots,J)$ 时;若原问题存在极小,则对偶问题存在极大,并且对偶间隙为零,即有

$$\max_{\mu\geqslant 0}\varphi(\boldsymbol{\mu},\boldsymbol{\lambda}) = \min_{X\in A} f(\boldsymbol{X}) \tag{4-37}$$

上面的例题为凸规划问题,故对偶问题目标函数的极大值与原问题目标函数的极小值相等。即对偶间隙为零。

非线性规划问题的对偶理论为求解非线性规划问题开辟了另一重要途径,特别是当原问题为凸规划问题时,由上述的强对偶定理可知,此时对偶问题的极大值等于原问题的极小值,且为唯一的全局最优解。这一特点在结构优化设计中获得广泛应用,例如文献[26 ~ 30]。详细论述参见第 10 章。

4.4　系列线性规划

由于线性规划的算法比较成熟,所以处理某些非线性规划的一类方法是把某些非线性规划问题适当线性化,然后求解一系列的线性规划问题,这类方法就是**系列线性规划法**(SLP - Sequential linear programming)。

由泰勒公式,一个非线性函数$f(\boldsymbol{X})$可以在$\boldsymbol{X}_k$点附近用线性展开式近似表示为

$$f(\boldsymbol{X}) \approx f(\boldsymbol{X}_k) + \nabla f(\boldsymbol{X}_k)^{\mathrm{T}}(\boldsymbol{X} - \boldsymbol{X}_k)$$

利用这个展开式,我们可以将非线性规划问题转化为线性规划问题。例如,对于只含不等式约束的式(4 - 13),若将$f(\boldsymbol{X})$和$g_i(\boldsymbol{X})$在$\boldsymbol{X}_k$处线性展开,则问题化为如下的线性规划问题:

$$\left.\begin{aligned} \min\quad & f(\boldsymbol{X}) = f(\boldsymbol{X}_k) + \nabla f(\boldsymbol{X}_k)^{\mathrm{T}}(\boldsymbol{X} - \boldsymbol{X}_k) \\ \text{s.t.}\quad & g_i(\boldsymbol{X}) = g_i(\boldsymbol{X}_k) + \nabla g_i(\boldsymbol{X}_k)^{\mathrm{T}}(\boldsymbol{X} - \boldsymbol{X}_k) \leqslant 0 \\ & (i = 1,2,\cdots,I) \end{aligned}\right\} \tag{4 - 38}$$

然后用求解线性规划的方法求出最优点$\boldsymbol{X}^*$,再于$\boldsymbol{X}^*$处线性展开,又可解出新的最优解。如此下去,直到满足收敛条件

$$\left[\sum_{i=1}^{n}(\boldsymbol{X}_{i,k+1} - \boldsymbol{X}_{i,k})^2\right]^{\frac{1}{2}} \leqslant \varepsilon \tag{4 - 39}$$

式中,ε是预先给定的正小数。

这种由一初始点出发,用一系列线性规划问题的最优解逼近一个非线性规划问题的最优解的方法,就是上述的系列线性规划法。它的优点是可以利用现成的线性规划程序;缺点是每次迭代的工作量较大,而且可能因线性化带来的失真使得到的最优解不大满足非线性约束条件。

例4 - 6　求

$$\left.\begin{aligned} \min\quad & f(\boldsymbol{X}) = -2x_1 - x_2 \\ \text{s.t.}\quad & g_1(\boldsymbol{X}) = x_1^2 - 6x_1 + x_2 \\ & g_2(\boldsymbol{X}) = x_1^2 + x_2^2 - 80 \leqslant 0 \\ & x_1 \geqslant 3, x_2 \geqslant 5 \end{aligned}\right\}$$

解

(1) 目标函数已为线性函数,故只需将约束函数线性化。为此先求出约束函数的梯度:

$$\nabla g_1(\boldsymbol{X}) = \begin{bmatrix} 2x_1 - 6 \\ 1 \end{bmatrix},\quad \nabla g_2(\boldsymbol{X}) = \begin{bmatrix} 2x_1 \\ 2x_2 \end{bmatrix}$$

(2) 取初始点为 $X_0 = \begin{bmatrix} 5 \\ 8 \end{bmatrix}$,则

$$\nabla g_1(X) = \begin{bmatrix} 4 \\ 1 \end{bmatrix}, \quad \nabla g_2(X) = \begin{bmatrix} 10 \\ 16 \end{bmatrix}$$

且有 $g_1(X_0) = 3, g_2(X_0) = 9$,从而有

$$g_1(X) = g_1(X_0) + \nabla g_1(X_0)^{\mathrm{T}}(X - X_0) = 4x_1 + x_2 - 25 \leqslant 0$$

$$g_2(X) = g_2(X_0) + \nabla g_2(X_0)^{\mathrm{T}}(X - X_0) = 10x_1 + 16x_2 - 169 \leqslant 0$$

于是,上述非线性规划问题化为下列线性规划问题:

$$\left.\begin{aligned} \min \quad & f(X) = -2x_1 - x_2 \\ \text{s.t.} \quad & g_1(X) = 4x_1 + x_2 - 25 \leqslant 0 \\ & g_2(X) = 10x_1 + 16x_2 - 169 \leqslant 0 \\ & x_1 \geqslant 3, x_2 \geqslant 5 \end{aligned}\right\}$$

利用线性规划的单纯形法可解得

$$X_1 = \begin{bmatrix} 4.278 \\ 7.888 \end{bmatrix}, \quad f(X_1) = -16.44$$

(3) 以 X_1 代替 X_0 重复第(2)步,又得到如下的第二个线性规划问题:

$$\left.\begin{aligned} \min \quad & f(X) = -2x_1 - x_2 \\ \text{s.t.} \quad & g_1(X) = 2.556x_1 + x_2 - 18.267 \leqslant 0 \\ & g_2(X) = 8.556x_1 + 15.776x_2 - 160.278 \leqslant 0 \\ & x_1 \geqslant 3, x_2 \geqslant 5 \end{aligned}\right\}$$

这个线性规划的解是

$$X_2 = \begin{bmatrix} 4.03 \\ 7.97 \end{bmatrix}, \quad f(X_2) = -16.03$$

(4) 继续迭代,直到满足收敛条件。该问题的最优解是 $X^* = [4,8]^{\mathrm{T}}, f(X^*) = -16$。其迭代过程示于图4-13。由图可见,系列线性规划的最优点列 $X_0, X_1, X_2, \cdots$ 逐步从非可行区向非线性规划问题的最优点 X^* 逼近。

上述的系列线性规划方法,由于初始点选得不好,或者线性展开的近似程度很低,有可能不收敛。

例4-7 求解:

$$\left.\begin{aligned} \min \quad & f(X) = x_1 + x_2 \\ \text{s.t.} \quad & x_1^2 + x_2^2 \leqslant 2 \end{aligned}\right\}$$

由图4-14容易看出,它的最优解为 $X^* = [-1, -1]^{\mathrm{T}}, f(X^*) = -2$。若取 $X_0 = [1,0]^{\mathrm{T}}$,将

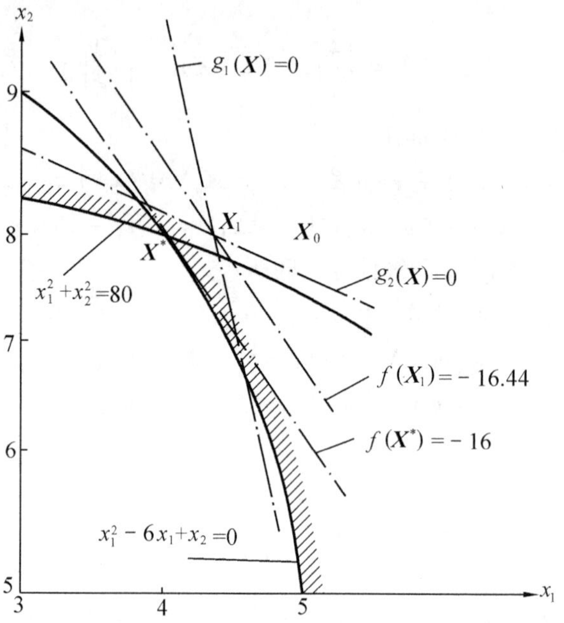

图 4 - 13

约束条件线性化,则对应的线性规划问题为

$$\left.\begin{aligned} \min \quad & f(X) = x_1 + x_2 \\ \text{s.t.} \quad & 2x_1 - 3 \leqslant 0 \end{aligned}\right\}$$

显然,这个问题有无界解(目标函数可趋向 $-\infty$)。

为了克服这种困难,常采用下列改进方法。

(1) 割平面法

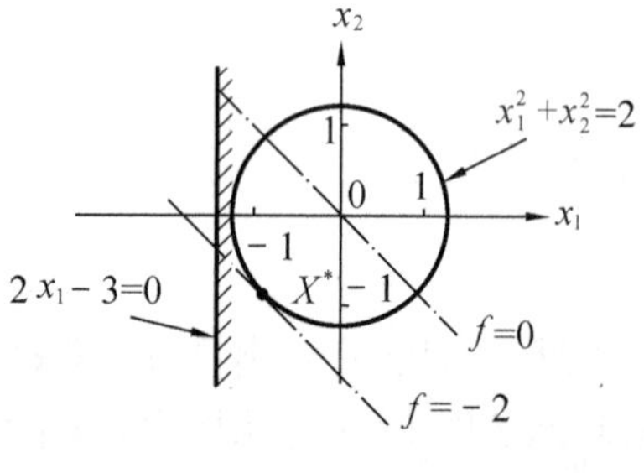

图 4 - 14

这种方法是在每次求解的线性规划问题的约束条件中,除了包括在现行变量点展开的约束线性不等式外,还包括以前各次迭代中的约束线性不等式。这种累加历次线性约束的方法,相当于将这些线性化约束超平面组合起来形成包络,而使线性化问题的最小点逐次逼近原问题的最小点。参见图 4 - 15。图中假定问题只有一个非线性约束。为什么要累加历次的线性化约束?这是因为,一般说来,原非线性规划问题的最优点可能是约束曲面和目标函数等值面的切点,而线性规划的最优点是可行区的顶点。保留旧的约束使线性规划的可行区顶点变得越来越多,从而比较有希望迭代收敛到切点,即原问题的最优点。因此,这种方法称为**割平面法**(Cutting plane method)。

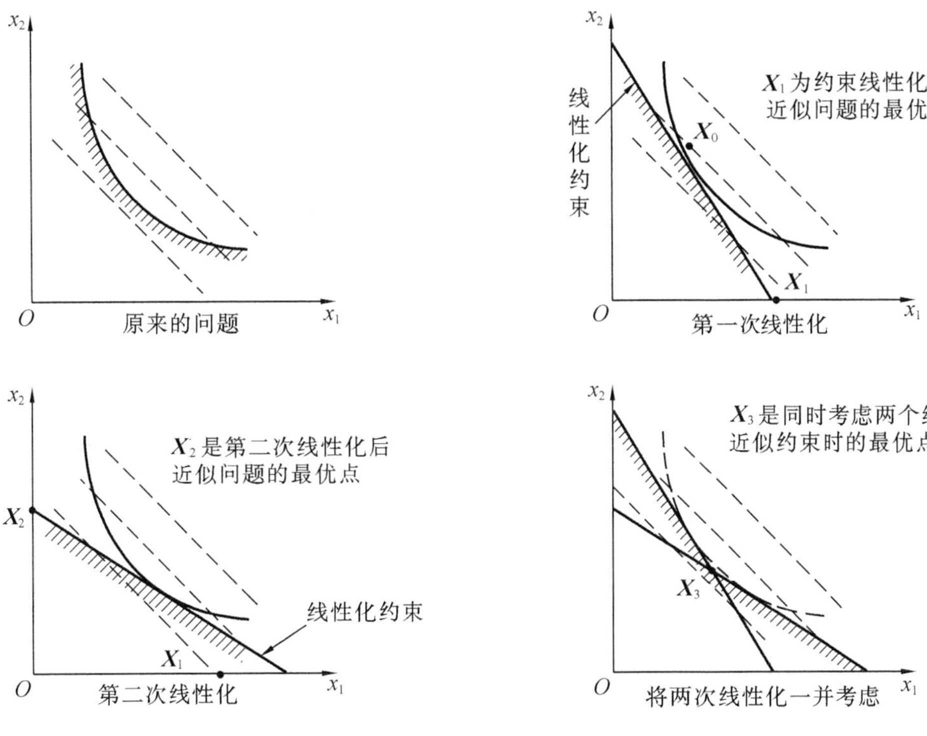

图 4 - 15

显然，用这种方法时，随着迭代的进行，线性规划问题变得越来越大而计算工作量迅速增加。同时，对于可行区是非凸的情况，很有可能把一部分可行区“切去”，而最优点恰好就在这个被切去的可行区内。

(2) 移动限制法

当用近似线性规划问题式(4 - 38)代替原问题时，显然越是远离现行泰勒展开点的地方，这种近似性越差。因此，我们可以在求解近似线性规划问题时对变量的移动范围加以人工限制，即给变量加上约束条件

$$-\boldsymbol{\delta} \leqslant \boldsymbol{X} - \boldsymbol{X}_k \leqslant \boldsymbol{\delta} \tag{4 - 40}$$

式中的 $\boldsymbol{\delta}$ 为元素是给定常数的列向量。这就在求解近似线性规划问题时，限制了变量的搜索范围。在这种称为移动限制法的方法中，确定变量的移动限 $\boldsymbol{\delta}$ 是很重要的，往往需要凭经验选取。为提高算法效率，开始时应选较大值，而后随着迭代次数的增加而减小。在前例中，如果取初始点为 $\boldsymbol{X}_0 = [3,6]^{\mathrm{T}}$ 而不是$[5,8]^{\mathrm{T}}$，在 $\boldsymbol{X}_0$ 处将约束线性化，同时加上步长限制，例如规定 $|x_1 - x_{1,0}| \leqslant 2$，$|x_2 - x_{2,0}| \leqslant 2$，则得到线性规划问题为

$$\left.\begin{array}{ll}\min & f(\boldsymbol{X}) = -2x_1 - x_2 \\ \text{s.t.} & x_2 - 9 \leqslant 0 \\ & 6x_1 + 12x_2 - 125 \leqslant 0 \\ & 1 \leqslant x_1 \leqslant 5, 4 \leqslant x_2 \leqslant 8, x_1 \geqslant 3, x_2 \geqslant 5\end{array}\right\}$$

这个问题的最优点是 $x_1 = 5, x_2 = \frac{95}{12}$。它已不是原问题的容许解,若要得到容许解,则可缩小步长限制,例如减半,规定 $|x_1 - x_{1,0}| \leqslant 1$, $|x_2 - x_{2,0}| \leqslant 1$,这时的线性规划问题的第三、四约束应为

$$2 \leqslant x_1 \leqslant 4, \quad 5 \leqslant x_2 \leqslant 7$$

这个问题的最优解为 $x_1 = 4, x_2 = 7$,它是原问题的容许解。可令 $\boldsymbol{X}_1 = [4,7]^{\mathrm{T}}$,再从 $\boldsymbol{X}_1$ 出发继续迭代原问题。

上述方法的计算步骤是:

(1) 令 $k = 0$;给定允许误差 $\varepsilon_1, \varepsilon_2 > 0$,给定 $\boldsymbol{X}_0$;

(2) 求解线性规划问题

$$\left.\begin{array}{ll}\min & f(\boldsymbol{X}) = f(\boldsymbol{X}_k) + \nabla f(\boldsymbol{X}_k)^{\mathrm{T}}(\boldsymbol{X} - \boldsymbol{X}_k) \\ \text{s.t.} & g_i(\boldsymbol{X}) + \nabla g_i(\boldsymbol{X}_k)^{\mathrm{T}}(\boldsymbol{X} - \boldsymbol{X}_k) \leqslant 0 \ (i = 1,2,\cdots,I) \\ & x_j - x_j^k \leqslant \delta_{j,k} (j = 1,2,\cdots,n)\end{array}\right\} \tag{4-41}$$

设其最优解为 $\boldsymbol{X}^*$,若 $\boldsymbol{X}^*$ 满足原问题的不等式约束,则令 $\boldsymbol{X}_{k+1} = \boldsymbol{X}^*$,并转(3);若 $\boldsymbol{X}^*$ 不满足约束条件,则将 $\delta_{i,k}$ 缩小,例如,以 $\delta_{i,k}/2$ 代替 $\delta_{i,k}$,并重新求解式(4-41);

(3) 若 $f(\boldsymbol{X}_{k+1}) - f(\boldsymbol{X}_k) < \varepsilon_1$,且 $\boldsymbol{X}_{k+1} - \boldsymbol{X}_k < \varepsilon_2$ 或者 $\delta_{i,k} < \varepsilon_2 (i = 1,2,\cdots,n)$,则 $\boldsymbol{X}_{k+1}$ 为近似最优解;否则,令 $\delta_{i,k+1} = \delta_{i,k}$,以 $k+1$ 代替 k 转(2) 继续进行迭代。

变量变化限 δ_i 的选取对算法有很大影响,如果 δ_i 取得太小,算法会收敛得很慢,如果太大,就会得到非容许解,从而要减小 δ_i 重作,也无形中增加了工作量。当初始点好时,δ_i 可取得大些,否则应适当取小。

4.5* 二次规划

若非线性规划的目标函数 $f(\boldsymbol{X})$ 是变量 $\boldsymbol{X}$ 的二次函数,不等式约束和等式约束都是变量 $\boldsymbol{X}$ 的线性函数,则这种非线性规划问题为二次规划问题。二次规划是非线性规划中比较简单的一种,易于求解。求解二次规划的方法较多,本节主要介绍基于线性规划而称为 Lemke 的算法[31]。

二次规划问题可用矩阵形式表示为

$$
\left.\begin{aligned}
\min \quad & f(\boldsymbol{X}) = \boldsymbol{C}^{\mathrm{T}}\boldsymbol{X} + \frac{1}{2}\boldsymbol{X}^{\mathrm{T}}\boldsymbol{H}\boldsymbol{X} \\
\text{s.t.} \quad & \boldsymbol{A}\boldsymbol{X} \leqslant \boldsymbol{B} \\
& \boldsymbol{X} \geqslant 0
\end{aligned}\right\} \tag{1-35}
$$

式中 $\boldsymbol{C}$ 和 $\boldsymbol{B}$ 分别为 n 和 I 阶常值列阵,$\boldsymbol{H}$ 和 $\boldsymbol{A}$ 分别为 $n \times n$ 和 $n \times I$ 的常值矩阵。式(1－35)中的第一式的第二项为二次型。若该二次型正定,则目标函数 $f(\boldsymbol{X})$ 为严格凸函数;若二次型半正定,则 $f(\boldsymbol{X})$ 为凸函数。此外,二次规划的可行区为凸集;因而二次规划为凸规划,它不仅有唯一的最优解,而且 K－T 条件是最优性的充分且必要的条件。

式(1－35)的拉格朗日函数为

$$
L(\boldsymbol{X},\boldsymbol{\mu},\boldsymbol{\lambda}) = \boldsymbol{C}^{\mathrm{T}}\boldsymbol{X} + \frac{1}{2}\boldsymbol{X}^{\mathrm{T}}\boldsymbol{H}\boldsymbol{X} + \boldsymbol{\mu}^{\mathrm{T}}(\boldsymbol{A}\boldsymbol{X} - \boldsymbol{B}) - \boldsymbol{\lambda}^{\mathrm{T}}\boldsymbol{A} \tag{4-42}
$$

式中 $\boldsymbol{\mu} = [\mu_1,\mu_2,\cdots,\mu_I]^{\mathrm{T}}$,$\boldsymbol{\lambda} = [\lambda_1,\lambda_2,\cdots,\lambda_n]^{\mathrm{T}}$。

在最优点处,K－T 条件成立,应有

$$
\left.\begin{aligned}
& \boldsymbol{C} + \boldsymbol{H}\boldsymbol{X} + \boldsymbol{A}\boldsymbol{\mu} - \boldsymbol{\lambda} = 0 \\
& \boldsymbol{A}\boldsymbol{X} - \boldsymbol{B} \leqslant 0, \boldsymbol{X} \geqslant 0 \\
& \boldsymbol{\mu}^{\mathrm{T}}(\boldsymbol{A}\boldsymbol{X} - \boldsymbol{B}) = 0, \boldsymbol{\lambda}^{\mathrm{T}}\boldsymbol{X} = 0
\end{aligned}\right\} \tag{4-43}
$$

现引进松弛变量 $\boldsymbol{V} = [v_1,v_2,\cdots,v_I]^{\mathrm{T}}$,且 $\boldsymbol{V} \geqslant \boldsymbol{O}$,则式(4－43)可写成

$$
\left.\begin{aligned}
& \boldsymbol{I}\boldsymbol{V} + \boldsymbol{A}\boldsymbol{X} = \boldsymbol{B} \\
& \boldsymbol{I}_n\boldsymbol{\lambda} - \boldsymbol{A}^{\mathrm{T}}\boldsymbol{\mu} - \boldsymbol{H}\boldsymbol{X} = \boldsymbol{C} \\
& \mu_i v_i = 0 \ (i = 1,2,\cdots,I) \\
& \lambda_j x_j = 0 \ (j = 1,2,\cdots,n) \\
& \boldsymbol{\mu} \geqslant 0, \boldsymbol{V} \geqslant 0, \boldsymbol{\lambda} \geqslant 0, \boldsymbol{X} \geqslant 0
\end{aligned}\right\} \tag{4-44}
$$

式中,$\boldsymbol{I}$ 和 $\boldsymbol{I}_n$ 分别为 1 和 n 阶单位方阵。

由上可见,求解式(1－35)等价于求解式(4－44)。并注意到在式(4－44)中,仅有 $\mu_i v_i = \lambda_j x_j = 0$ 是非线性的。因此,我们可以设法利用求解线性规划的单纯形法的某些思想来求解这个问题。下面介绍求解这个问题的 Lemke 算法。

4.5.1 线性互补问题

定义:称求解 $\boldsymbol{W} = [w_1,w_2,\cdots,w_n]^{\mathrm{T}}$,$\boldsymbol{Z} = [z_1,z_2,\cdots,z_n]^{\mathrm{T}}$,使

$$
\left.\begin{aligned}
& \boldsymbol{W} - \boldsymbol{P}\boldsymbol{Z} = \boldsymbol{Q} \\
& \boldsymbol{W} \geqslant \boldsymbol{O}, \boldsymbol{Z} \geqslant \boldsymbol{O} \\
& w_i z_i = 0 \ (i = 1,2,\cdots,n)
\end{aligned}\right\} \tag{4-45}
$$

的问题为线性互补问题。式中 $\boldsymbol{P}$ 为 $n \times n$ 的方阵,$\boldsymbol{Q}$ 为 $n \times 1$ 的列阵;称 (w_i, z_i) 为一对互补变量;而称 $w_i z_i = 0$ 为互补性条件。

将式(4 - 44) 与(4 - 45) 相比较,我们有

$$\left.\begin{aligned} &\boldsymbol{W}=\begin{bmatrix}\boldsymbol{V}\\ \boldsymbol{\lambda}\end{bmatrix},\boldsymbol{P}=\begin{bmatrix}\boldsymbol{O} & -\boldsymbol{A}\\ \boldsymbol{A}^{\mathrm{T}} & \boldsymbol{H}\end{bmatrix}\\ &\boldsymbol{Z}=\begin{bmatrix}\boldsymbol{\mu}\\ \boldsymbol{X}\end{bmatrix},\boldsymbol{Q}=\begin{bmatrix}\boldsymbol{B}\\ \boldsymbol{C}\end{bmatrix}\end{aligned}\right\} \tag{4-46}$$

因此,求解式(4 - 44) 又相当于求解式(4 - 45) 的线性互补问题。

4.5.2 线性互补问题的 *Lemke* 算法

4.5.2.1 互补基本可行解

在式(4 - 45) 中,除了线性约束外还有互补性条件,它是非线性的。因此在求解中,除了要用到线性规划中的基本变量,非基本变量以及基本可行解、转轴运算等概念以外,我们还要引进互补基本可行解等概念。

定义:若$[\boldsymbol{W}^{\mathrm{T}},\boldsymbol{Z}^{\mathrm{T}}]^{\mathrm{T}}$是式(4 - 45) 中前两式的基本可行解,而且每对互补变量(w_i,z_i),$(i=1,2,\cdots,n)$中只有一个是基本变量,则称$[\boldsymbol{W}^{\mathrm{T}},\boldsymbol{Z}^{\mathrm{T}}]^{\mathrm{T}}$为式(4 - 45) 的一组互补基本可行解。

例 4 - 7 求

$$\left.\begin{aligned} \min\quad & f(\boldsymbol{X})=x_1^2+2x_2^2-2x_1x_2-2x_1-6x_2\\ \text{s.t.}\quad & x_1+x_2-2\leqslant 0\\ & -x_1+2x_2-2\leqslant 0\\ & x_1,x_2\geqslant 0\end{aligned}\right\}$$

对比式(4 - 45) 与(4 - 46) 有

$$\boldsymbol{H}=\begin{bmatrix}2 & -2\\ -2 & 4\end{bmatrix},\quad \boldsymbol{C}=\begin{bmatrix}-2\\ 6\end{bmatrix},\quad \boldsymbol{A}=\begin{bmatrix}1 & 1\\ -1 & 2\end{bmatrix},\quad \boldsymbol{B}=\begin{bmatrix}2\\ 2\end{bmatrix}$$

$$\boldsymbol{X}=\begin{bmatrix}x_1\\ x_2\end{bmatrix},\quad \boldsymbol{P}=\begin{bmatrix}\boldsymbol{O} & -\boldsymbol{A}\\ \boldsymbol{A}^{\mathrm{T}} & \boldsymbol{H}\end{bmatrix}=\begin{bmatrix}0 & 0 & -1 & -1\\ 0 & 0 & 1 & -2\\ 1 & -1 & 2 & -2\\ 1 & 2 & -2 & 4\end{bmatrix}$$

$$\boldsymbol{Q}=\begin{bmatrix}\boldsymbol{B}\\ \boldsymbol{C}\end{bmatrix}=\begin{bmatrix}2\\ 2\\ -2\\ -6\end{bmatrix},\quad \boldsymbol{W}=[v_1,v_2,\lambda_1,\lambda_2]^{\mathrm{T}}=[w_1,w_2,w_3,w_4]^{\mathrm{T}}$$

$$\boldsymbol{Z}=[\mu_1,\mu_2,x_1,x_2]^{\mathrm{T}}=[z_1,z_2,z_3,z_4]^{\mathrm{T}}$$

且其中

$$\begin{bmatrix} w_1 \\ w_2 \end{bmatrix} = \begin{bmatrix} v_1 \\ v_2 \end{bmatrix} = \boldsymbol{B} - \boldsymbol{AX} = \begin{bmatrix} 2 - x_1 - x_2 \\ 2 + x_1 - 2x_2 \end{bmatrix}$$

对应于式(4 - 45),这个问题可写成如下形式:

$$\left.\begin{array}{l} w_1 + z_3 + z_4 = 2 \\ w_2 - z_3 + 2z_4 = 2 \\ w_3 - z_1 + z_2 - 2z_3 + 2z_4 = -2 \\ w_4 - z_1 - 2z_2 + 2z_3 - 4z_4 = -6 \\ w_1, w_2, w_3, w_4, z_1, z_2, z_3, z_4 \geqslant 0 \\ w_1z_1 = w_2z_2 = w_3z_3 = w_4z_4 = 0 \end{array}\right\}$$

显然,$z_1 = z_2 = z_3 = z_4 = 0, w_1 = 2, w_2 = 2, w_3 = -2, w_4 = -6$ 是一基本解且满足互补性条件,因而是互补基本解;但它们不满足变量的非负性条件,因而是不可行的。

若令 $w_3 = w_4 = z_3 = z_4 = 0$,可解得

$$w_1 = 2, \quad w_2 = 2, \quad z_1 = 1, \quad z_2 = \frac{1}{3}$$

这个解满足非负性条件,是一个基本可行解;但它不满足互补性条件,不是互补基本可行解。

若令 $w_1 = w_3 = w_4 = z_2 = 0$,可解得

$$w_2 = \frac{2}{5}, \quad z_1 = \frac{14}{5}, \quad z_3 = \frac{4}{5}, \quad z_4 = \frac{6}{5}$$

这个解既满足互补性条件也满足非负性条件,因而是一个互补基本可行解,也就是原问题的最优解。

由上可见:

第一,若找到式(4 - 45)的互补基本可行解,则这个解也就是原二次规划问题的解;

第二,需要一种算法来求解互补基本可行解。

首先,分析一下式(4 - 45),若不考虑互补性条件,则式(4 - 45)中前二式的基本可行解可用线性规划单纯形法中求解初始可行解的方法求得。而当考虑互补性条件时,则显然要对单纯形法作某种修改。

4.5.2.2 人造变量 z_0 的引进

下面继续讨论式(4 - 45)的求解。

若式(4 - 45)中的 $\boldsymbol{Q} > 0$(即 $\boldsymbol{Q}$ 的每一个分量都大于等于零),则 $\boldsymbol{Z} = 0, \boldsymbol{W} = \boldsymbol{Q}$ 是该问题的一组互补基本可行解。

若 $\boldsymbol{Q} < 0$(即至少有小于零的分量),则可类似于两相法的作法引进一个人造变量 z_0,得到下式:

$$\left.\begin{aligned} &\boldsymbol{W}-\boldsymbol{PZ}-\boldsymbol{I}z_0=0\\ &\boldsymbol{W}\geqslant 0,\boldsymbol{Z}\geqslant 0,z_0\geqslant 0\\ &w_iz_i=0\ (i=1,2,\cdots,n) \end{aligned}\right\} \tag{4-47}$$

式中的 $\boldsymbol{I}$ 为单位列向量。

对于式(4-47),显然下式是它的一个基本可行解:

$$\left.\begin{aligned} &z_0=\max\{-q_i,i=1,2,\cdots,n\}\\ &\boldsymbol{Z}=0\\ &\boldsymbol{W}=\boldsymbol{Q}+\boldsymbol{I}z_0 \end{aligned}\right\} \tag{4-48}$$

在上面的例题中,式(4-47)的第一式为

$$\left.\begin{aligned} &w_1+z_3+z_4-z_0=2\\ &w_2-z_3+2z_4-z_0=2\\ &w_3-z_1+z_2-2z_3+2z_4-z_0=-2\\ &w_4-z_1-2z_2+2z_3-4z_4-z_0=-6 \end{aligned}\right\}$$

它的一个基本可行解为 $z_0=6,\boldsymbol{Z}=0,w_1=8,w_2=8,w_3=4,w_4=0$;但它并不是原问题的可行解。现在的任务是对式(4-47)的第一、二式进行"进基"和"离基"的运算,直到变量 $z_0=0$,得到线性互补问题的解。自然,换基中应考虑互补性条件。

4.5.2.3 几乎互补基本可行解

定义:若

(1)$(\boldsymbol{W},\boldsymbol{Z},z_0)$ 是式(4-47)的一个基本可行解;

(2)对某个下标 $s\in\{1,2,\cdots,n\}$,w_s 和 z_s 都是非基本变量;

(3)z_0 是基本变量,除 (w_s,z_s) 外,其余各对互补变量都只有其中的一个是基本变量;

则称 $(\boldsymbol{W},\boldsymbol{Z},z_0)$ 是几乎互补基本可行解。

根据以上定义,显然 $z_0=\max\{-q_i,i=1,2,\cdots,n\}$,$\boldsymbol{Z}=0$ 及 $\boldsymbol{W}=\boldsymbol{Q}+\boldsymbol{I}z_0$(即式(4-48))是式(4-47)的一个几乎互补基本可行解。

4.5.2.4 换基运算求相邻几乎互补基本可行解

设已给定一几乎互补基本可行解 $(\boldsymbol{W},\boldsymbol{Z},z_0)$,其中 w_s 和 z_s 为非基本变量。若通过换基将 w_s 和 z_s 中的任一个引入基底,而将除 z_0 以外的某一变量从基底中换出,则得到一个和原来解相邻的几乎互补基本可行解。显然,每一对几乎互补基本可行解至多有两对相邻几乎互补基本可行解。如果当将 w_s 或 z_s 引入基底而使得 z_0 离开基底时,则显然求得的是互补基本可行解,也就是原问题的解,或者得到一组射线解指出无界的方向。

4.5.2.5 Lemke 算法的步骤

(1)若 $\boldsymbol{Q}\geqslant 0$,则 $(\boldsymbol{W},\boldsymbol{Z})=(\boldsymbol{Q},\boldsymbol{O})$ 即为所求互补基本可行解。

(2) 若 $\boldsymbol{Q}<0$(即至少有一小于零的分量),则将式(4-47)的第一式列成表格,并令

$$q_s = \min\{q_i, i = 1,2,\cdots,n\} \tag{4-49}$$

由式(4-49)可确定离基的变量的行号 s,以后以 s 行与 z_0 所在列的元素为主元进行如同线性规划单纯形法那样的转轴运算,从而使 z_0 成为基底变量而 w_s 离基。此时可得到基本可行解:$z_0=-q_s$,$\boldsymbol{Z}=0$ 和 $\boldsymbol{W}=\boldsymbol{Q}+\boldsymbol{I}z_0$,它们都是非负基本可行解。由于 w_s 离开了基底,考虑到互补性条件,下一次进基的应该是 z_s。

(3) 若 z_s 所在列的所有元素全小于等于零,即 $\boldsymbol{B}_s\leqslant 0$,则问题的解将是一根射线 $\boldsymbol{R}=\{(\boldsymbol{W},\boldsymbol{Z},z_0)+\lambda\boldsymbol{B},\lambda\geqslant 0\}$。换言之,对任意的 $\lambda\geqslant 0$,$(\boldsymbol{W},\boldsymbol{Z},z_0)+\lambda\boldsymbol{B}$ 都是问题的解,其中 $(\boldsymbol{W},\boldsymbol{Z},z_0)$ 是和最后的表相应的几乎互补可行解,而 $\boldsymbol{B}$ 是一方向向量,它在相应于 z_s 位置的元素为1,在当前基底变量所在的位置为 $-\boldsymbol{B}_s$,其余全部为零,运算结束。

(4) 若 z_s 所在列的元素不全小于等于零,则用当前右端项所在列的各个元素 q_i 除以 z_s 所在列的相应元素 y_{is},并令

$$\frac{q_r}{y_{rs}} = \min\left\{\frac{q_i}{y_{is}}, y_{is}>0\right\} \tag{4-50}$$

得行号 r。

(5) 若 r 行的基变量为 z_0,说明 z_s 应进基而 z_0 应离基,则完成转轴运算后即可得到所需的互补基本可行解,结束运算。

(6) 若 r 行的基变量不是 z_0,则以 r 行 s 列的元素为主元进行转轴运算,使 z_s 或者 w_s 成为基底变量,而 r 行的基变量 w_l 或者 $z_l(l\neq s)$ 离基。若 w_l 离基,则令 z_l 下一次进基;若 z_l 离基,则令 w_l 下一次进基。转到(3)。

可以证明,一般情况下,上列算法可以有限步结束迭代。当得到的是射线解时,说明原问题只有无界解或者约束不协调而无界。

对于本节的例题,将其对应的式(4-47)的第一式(即 $\boldsymbol{W}-\boldsymbol{PZ}-\boldsymbol{I}z_0=\boldsymbol{Q}$)列成表格如表4-1。

表4-1 例4-7计算表之一

	w_1	w_2	w_3	w_4	z_1	z_2	z_3	z_4	z_0	右端项
w_1	1	0	0	0	0	0	1	1	-1	2
w_2	0	1	0	0	0	0	-1	2	-1	2
w_3	0	0	1	0	-1	1	-2	2	-1	-2
w_4	0	0	0	1	-1	-2	2	4	-1(主元)	-6

表中,左边的 w_1,w_2,w_3,w_4 为基变量,它们的取值是右端项。可见,由于右端项有负值项

(即 $\boldsymbol{Q} < 0$),故为非可行解。

由式(4－49)可求得 $q_s = \min\{q_i, i = 1,2,3,4\} = -6$,得主元为－1,作转轴运算得表4－2。

表4－2　例4－7计算表之二

	w_1	w_2	w_3	w_4	z_1	z_2	z_3	z_4	z_0	右端项
w_1	1	0	0	－1	1	2	－1	5	0	8
w_2	0	1	0	－1	1	2	－3	6	0	8
w_3	0	0	1	－1	0	3	－4	6(主元)	0	4
z_0	0	0	0	－1	1	2	－2	4	1	6

得到的几乎互补基本可行解为

$$w_1 = 8, w_2 = 8, w_3 = 4, w_4 = 0, z_1 = z_2 = z_3 = z_4 = 0, z_0 = 6$$

由于离基的是 w_4,则下面应让和 w_4 互补的 z_4 进基,而应离基的变量由式(4－50)求得为

$$\frac{q_r}{y_{rs}} = \min\left\{\frac{q_i}{y_{is}}, y_{is} > 0, i = 1,2,3,4\right\} = \min\left\{\frac{8}{5}, \frac{8}{6}, \frac{4}{6}, \frac{6}{4}\right\} = \left\{\frac{4}{6}\right\}$$

即主元在第三行,w_3 应离基。再进行转轴运算得表4－3。

表4－3　例4－7计算表之三

	w_1	w_2	w_3	w_4	z_1	z_2	z_3	z_4	z_0	右端项
w_1	1	0	$-\frac{5}{6}$	$-\frac{1}{6}$	1	$-\frac{1}{2}$	$\frac{7}{3}$(主元)	0	0	$\frac{14}{3}$
w_2	0	1	－1	0	1	－1	1	0	0	4
w_3	0	0	$\frac{1}{6}$	$-\frac{1}{6}$	0	$\frac{1}{2}$	$-\frac{2}{3}$	1	0	$\frac{2}{3}$
z_0	0	0	$-\frac{2}{3}$	$-\frac{1}{3}$	1	0	$\frac{2}{3}$	0	1	$\frac{10}{3}$

得到的几乎互补基本可行解为

$$w_1 = \frac{14}{3}, w_2 = 4, w_3 = w_4 = z_1 = z_2 = z_3 = 0, z_4 = \frac{2}{3}, z_0 = \frac{10}{3}$$

w_3 和 z_3 都是非基变量,由于 w_3 刚离基,故下面应让 z_3 进基。由式(4－50)有

$$\frac{q_r}{y_{rs}} = \min\left\{\frac{q_i}{y_{is}}, y_{is} > 0, i = 1,2,3,4\right\} = \min\{2,4,5\} = 2$$

w_1 应离基。进行转轴运算得表 4 - 4。

表 4 - 4 例 4 - 7 计算表之四

	w_1	w_2	w_3	w_4	z_1	z_2	z_3	z_4	z_0	右端项
Z_3	$\frac{3}{7}$	0	$-\frac{5}{14}$	$-\frac{1}{14}$	$\frac{3}{7}$	$-\frac{3}{14}$	1	0	0	2
w_2	$-\frac{3}{7}$	1	$-\frac{9}{14}$	$\frac{1}{14}$	$\frac{4}{7}$	$-\frac{11}{14}$	0	0	0	2
z_4	$\frac{2}{7}$	0	$-\frac{1}{14}$	$-\frac{3}{14}$	$\frac{2}{7}$	$\frac{5}{14}$	0	1	0	2
z_0	$\frac{2}{7}$	0	$-\frac{3}{7}$	$-\frac{2}{7}$	$\frac{5}{7}$(主元)	$\frac{1}{7}$	0	0	1	2

得到的几乎互补基本可行解为

$$w_1 = 0, w_2 = 2, w_3 = w_4 = z_1 = z_2 = 0, z_3 = z_4 = z_0 = 2$$

w_1 和 z_1 都是非基变量，由于 w_1 刚离基，故下面应让 z_1 进基，再由式(4 - 50) 有

$$\frac{q_r}{y_{rs}} = \min\left\{\frac{q_i}{y_{is}}, y_{is} > 0, i = 1,2,3,4\right\} = \min\left\{\frac{14}{3}, \frac{14}{4}, \frac{14}{2}, \frac{14}{5}\right\} = \frac{14}{5}$$

故 z_0 应离基。进行转轴运算得最后的表 4 - 5。

表 4 - 5 例 4 - 7 计算表之五

	w_1	w_2	w_3	w_4	z_1	z_2	z_3	z_4	z_0	右端项
z_3	$\frac{3}{5}$	0	$-\frac{1}{10}$	$\frac{1}{10}$	0	$-\frac{3}{10}$	1	0	$-\frac{3}{5}$	$\frac{4}{5}$
w_2	$-\frac{1}{5}$	1	$-\frac{3}{10}$	$\frac{3}{10}$	0	$-\frac{9}{10}$	0	0	$-\frac{4}{5}$	$\frac{2}{5}$
z_4	$\frac{2}{5}$	0	$\frac{1}{10}$	$-\frac{1}{10}$	0	$\frac{3}{10}$	0	1	$-\frac{2}{5}$	$\frac{6}{5}$
z_1	$-\frac{2}{5}$	0	$-\frac{3}{5}$	$-\frac{2}{5}$	1	$\frac{1}{5}$	0	0	$\frac{7}{5}$	$\frac{14}{5}$

得到的互补基本可行解为

$$w_1 = 0, w_2 = \frac{2}{5}, w_3 = w_4 = 0, z_1 = \frac{14}{5}, z_2 = 0, z_3 = \frac{4}{5}, z_4 = \frac{6}{5}$$

即

$$x_1^* = z_3 = \frac{4}{5},\quad x_2^* = z_4 = \frac{6}{5}$$

$$f(\boldsymbol{X}^*) = x_1^{*2} + 2x_2^{*2} - 2x_1^* x_2^* - 6x_2^* = 7.2$$

由于 $x_1^* > 0, x_2^* > 0$,故与之对应的 K－T 乘子 $w_3 = w_4 = 0$。

由 $z_1 = \frac{14}{5} > 0, z_2 = 0$ 或由 $w_1 = 0, w_2 = \frac{2}{5} > 0$,可见第一个约束是临界约束。最优点落在该约束上;而第二个约束不是临界约束。图 4－16 示出了这一问题的求解过程。

迭代中设计点的途径是:

$$(0,0) \to \left(0,\frac{2}{3}\right) \to (2,2) \to \left(\frac{4}{5},\frac{6}{5}\right)$$

最优点是目标函数等值面与约束面的切点。

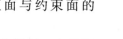

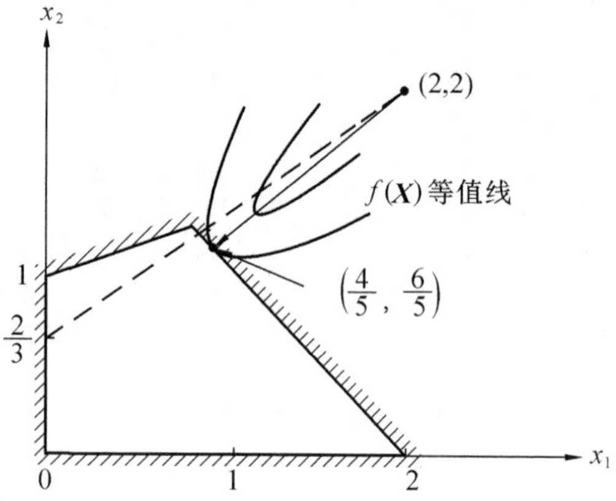

图 4－16

类似序列线性规划法有序列二次规划法。即将非线性规划问题每次在现行点将约束函数线性化,而将目标函数按泰勒公式展开后取二次项,使非线性规划问题化为近似的二次规划问题。求解这个二次规划问题后,再以此解点作为新的现行点构成新的二次规划问题,直到某种规定的收敛准则得到满足而求得原非线性规划问题的近似解。

4.6 可行方向法

本节介绍直接处理约束的优化方法中较大一类方法:可行方向法。其中,主要介绍三种方法:可用可行方向法、梯度侧移法和最佳矢量法。但通常所说的可行方向法,是本节将要介绍的 Zoutendijk 可行方向法及其改进方法。

在可行方向法中,通常是按照我们熟知的迭代公式

$$\boldsymbol{X}_{k+1} = \boldsymbol{X}_k + t_k \boldsymbol{P}_k \tag{1-20}$$

从一可行点 $\boldsymbol{X}_0$ 出发,用某种方法确定一个可行的方向 $\boldsymbol{P}_k$,再在 $\boldsymbol{P}_k$ 方向上进行一维搜索求 t_k,从而按上式得到新的迭代点 $\boldsymbol{X}_{k+1}$,使得 $\boldsymbol{X}_{k+1}$ 是可行点且使目标函数下降。这样反复下去,直到某个迭代点满足最优性条件为止。

4.6.1 *Zoutendijk* 可行方向法

很多直接处理约束条件的最优化方法是以Zoutendijk可行方向法[32]为基础的。所谓可行方向，是指如果在$\boldsymbol{X}_k$处有q个约束临界，则从$\boldsymbol{X}_k$出发的可行方向$\boldsymbol{P}_k$应满足

$$\boldsymbol{P}_k^{\mathrm{T}} \nabla g_j \leqslant 0 \ (j=1,2,\cdots,q) \tag{4-51}$$

如果约束是非线性的，必须取严格的小于号。任何一个满足约束条件式(4－51)的向量$\boldsymbol{P}_k$至少在$\boldsymbol{X}_k$的附近是在可行区内的，这可从图4－17中看出。通常我们要求这个可行方向还应该是可用的，即目标函数沿$\boldsymbol{P}_k$移动时在$\boldsymbol{X}_k$的附近应该下降或至少不增加。即应满足

$$\boldsymbol{P}_k^{\mathrm{T}} \nabla f \leqslant 0 \tag{4-52}$$

可见，既满足式(4－51)又满足式(4－52)的方向$\boldsymbol{P}_k$为可用可行方向。由图4－17可见，这两个不等式使$\boldsymbol{P}_k$位于一锥体内，我们称这个锥为可用可行方向锥。

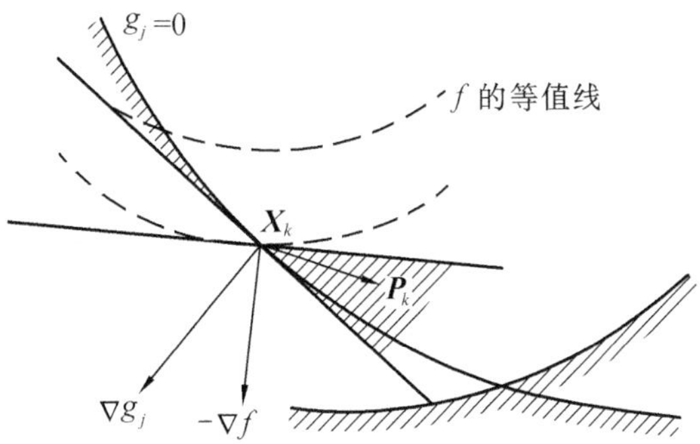

图4－17

1960年，Zoutendijk指出，寻求可用可行方向的问题可以归结为一个如下的线性规划问题。即使目标函数减少得尽可能多的可行方向是下列问题的解：

$$\left.\begin{aligned} &\min \quad y \\ &\text{s.t.} \quad \boldsymbol{P}^{\mathrm{T}} \nabla f - y \leqslant 0 \\ &\qquad \boldsymbol{P}^{\mathrm{T}} \nabla g_j - y \leqslant 0 \ (j=1,2,\cdots,q) \\ &\qquad -1 \leqslant p_i \leqslant 1 \ (i=1,2,\cdots,n) \end{aligned}\right\} \tag{4-53}$$

显然，当式(4－53)表达的线性规划问题的最优值$y^* < 0$时，$\boldsymbol{P}^*$满足式(4－51)和(4－52)，从而是该点的一个可用可行方向。如果$y^* = 0$，则可证明该点已经是一个局部极小点。

式(4－53)中的目标函数y，实际上是将式(4－51)和式(4－52)的严格不等式变为等式约束的松弛变量，从而式(4－53)的线性规划问题，实质上是当y值最小时方向$\boldsymbol{P}_k$附近的约束函数g_j的减少量，与目标函数的减少量大致一样。从而有可能使目标函数减少得最多而不违反约束。其中，$-1 \leqslant p_i \leqslant 1 \ (i=1,2,\cdots,n)$相当于$|p_i| \leqslant 1 \ (i=1,2,\cdots,n)$，这是因为$\boldsymbol{P}$只起一个方向的作用，故$\boldsymbol{P}$的分量可作如上的限制。对于一般非线性规划问题，上述的Zoutendijk算法有可能不收敛到最优点或K－T点，其主要原因是存在“锯齿现象”。为什么会产生锯齿现象?这是因为在寻求可用可行方向时只考虑了那些在该点临界的约束，这就可能使得到的可用可行方向直接指向另一个“几乎临界”的约束而产生锯齿形的前进路线。

为了避免锯齿现象，有两种办法。一种办法是在形成可行方向时也把“几乎临界约束”考

虑进来，即将

$$-\varepsilon \leqslant g_j(\boldsymbol{X}_k) \leqslant 0 \tag{4-54}$$

的约束也考虑在内。式中的 ε 为约束允差，是事先给定的正小数。并称这样的约束为“几乎临界约束”。另一种办法是在寻求方向时考虑所有约束而有全约束的可行方向法。

可以证明上述两种方法在适当条件下将收敛到 K－T 点，不会出现锯齿现象。由于后一种方法计算量更大，故不如前一种方法用得广泛。

下面我们主要通过例题，分别介绍这两种基于 Zoutendijk 可行方向法的算法。

4.6.2 全约束可行方向法

这种方法将式(4－53)修改为以下形式：

$$\left.\begin{aligned}&\min\quad y\\&\text{s.t.}\quad \boldsymbol{P}^{\mathrm{T}}\nabla f-y\leqslant 0\\&\qquad\ \ \boldsymbol{P}^{\mathrm{T}}\nabla g_j-y\leqslant -g_j(j=1,2,\cdots,J)\\&\qquad\ \ -1\leqslant p_i\leqslant 1\ (i=1,2,\cdots,n)\end{aligned}\right\}\tag{4-55}$$

事实上，当 $y^* < 0$ 时有 $\boldsymbol{P}^{*\mathrm{T}}\nabla f \leqslant y^* < 0$，因而 $\boldsymbol{P}^*$ 是 $\boldsymbol{X}_k$ 处的可用方向；另一方面，对于 $j \in q$ 有 $\boldsymbol{P}^{*\mathrm{T}}\nabla g_j \leqslant y^* - g_j = y^* < 0$，$\boldsymbol{P}^*$ 又是点 $\boldsymbol{X}_k$ 处的一个可行方向。

例 4－8 求解：

$$\left.\begin{aligned}&\min\quad f(\boldsymbol{X})=(x_1-2)^2+(x_2-0.5)^2\\&\text{s.t.}\quad x_1^2+x_2-1.5\leqslant 0\\&\qquad\ \ x_1-2x_2\leqslant 0\\&\qquad\ \ -x_1\leqslant 0\end{aligned}\right\}$$

解

1. $\nabla f(\boldsymbol{X})=\begin{bmatrix}2(x_1-2)\\2(x_2-0.5)\end{bmatrix},\nabla g_1(\boldsymbol{X})=\begin{bmatrix}2x_1\\1\end{bmatrix},\nabla g_2(\boldsymbol{X})=\begin{bmatrix}1\\-2\end{bmatrix},\nabla g_3(\boldsymbol{X})=\begin{bmatrix}-1\\0\end{bmatrix}$

选初始点为 $\boldsymbol{X}_0=[0,1]^{\mathrm{T}}$。

2. 第一次迭代：首先求步向再求步长。

(1) 在点 $\boldsymbol{X}_0$ 处仅有约束 $g_3(\boldsymbol{X})$ 是临界的。

$$\begin{aligned}&g_1(\boldsymbol{X}_0)=-0.5, && g_2(\boldsymbol{X}_0)=-2\\&\nabla f(\boldsymbol{X}_0)=[-4,1]^{\mathrm{T}}, && \nabla g_1(\boldsymbol{X}_0)=[0,1]^{\mathrm{T}}\\&\nabla g_2(\boldsymbol{X}_0)=[1,-2]^{\mathrm{T}}, && \nabla g_3(\boldsymbol{X}_0)=[-1,0]^{\mathrm{T}}\end{aligned}$$

因此，确定 $\boldsymbol{P}_0=[p_1,p_2]$ 的线性规划问题是

$$\left.\begin{aligned} \min\quad & y \\ \text{s.t.}\quad & -4P_1+P_2-y\leqslant 0 \\ & P_2-y\leqslant 0.5 \\ & P_1-2P_2-y\leqslant 2 \\ & -P_1-y\leqslant 0 \\ & -1\leqslant P_1\leqslant 1 \\ & -1\leqslant P_2\leqslant 1 \end{aligned}\right\}$$

这个线性规划问题的解是$[P_1, P_2, y_0]=[0.75, -0.25, -0.75]$。因为$y_0=-0.75\neq 0$，故需继续迭代。

(2) 求步长 t_0

先从 $\boldsymbol{X}_0=[0,1]^{\mathrm{T}}$ 出发，沿 $\boldsymbol{P}_0=[0.75, -0.25]^{\mathrm{T}}$ 作直线搜索，且要求 $\boldsymbol{X}_1=\boldsymbol{X}_0+t_0\boldsymbol{P}_0$ 是可行点。

$$\boldsymbol{X}_1=\boldsymbol{X}_0+t_0\boldsymbol{P}_0=\begin{bmatrix}0\\1\end{bmatrix}+t_0\begin{bmatrix}0.75\\-0.25\end{bmatrix}=\begin{bmatrix}0.75t_0\\1-0.25t_0\end{bmatrix}$$

将 $\boldsymbol{X}_1$ 代入诸非临界约束，得沿方向 $\boldsymbol{P}_0$ 达到诸约束界面的步长：

由 $g_1(\boldsymbol{X}_1)=(0.75t_0)^2+(1-0.25t_0)=0$ 可求得 $t_0=1.1908$；

由 $g_2(\boldsymbol{X}_1)=0.75t_0-2(1-0.25t_0)=0$ 可求得 $t_0=1.6$，从而求得

$$t_{\max}=\min\{1.1908, 1.6\}=1.1908,\quad \boldsymbol{X}_1=\begin{bmatrix}0.75t_0\\1-0.25t_0\end{bmatrix}=\begin{bmatrix}0.8931\\0.7023\end{bmatrix}$$

3. 第二次迭代

(1) 求步向

在点 $\boldsymbol{X}^1$ 处仅有约束 $g_1(\boldsymbol{X})$ 是临界的。

$$g_2(\boldsymbol{X}_1)=-0.5115,\quad g_3(\boldsymbol{X}_1)=-0.8931$$

$$\nabla f(\boldsymbol{X}_1)=[-2.2138, 0.4046]^{\mathrm{T}},\quad \nabla g_1(\boldsymbol{X}_0)=[1.7862, 1]^{\mathrm{T}}$$

$$\nabla g_2(\boldsymbol{X}_1)=[1, -2]^{\mathrm{T}},\quad \nabla g_3(\boldsymbol{X}_1)=[-1, 0]^{\mathrm{T}}$$

因此，确定 $\boldsymbol{P}_1=[p_1, p_2]^{\mathrm{T}}$ 的线性规划问题是：

$$\begin{aligned}&\min \quad y\\&\text{s.t.}\quad \left.\begin{aligned}&-2.2138p_1+0.4046p_2-y\leqslant 0\\&1.7862p_1+p_2-y\leqslant 0\\&p_1-2p_2-y\leqslant 0.5115\\&-p_1-y\leqslant 0.8931\\&-1\leqslant p_1\leqslant 1\\&-1\leqslant p_2\leqslant 1\end{aligned}\right\}\end{aligned}$$

这个问题的解是$[p_1,p_2,y_1]=[0.0246,-0.1774,-0.1302]$。因为$y_1\neq 0$,故需继续迭代。

(2) 求步长

先从$\boldsymbol{X}_1$出发沿方向$\boldsymbol{P}_1=[0.0246,-0.1774]^{\mathrm{T}}$作一维搜索,且要求$\boldsymbol{X}_2=\boldsymbol{X}_1+t_1\boldsymbol{P}_1$必须是可行点;再求沿$\boldsymbol{P}_1$使目标函数下降最多的步长。然后从中取最小者。可得$t_1=1.3416$,从而$\boldsymbol{X}_2=[0.9285,0.4643]^{\mathrm{T}}$。

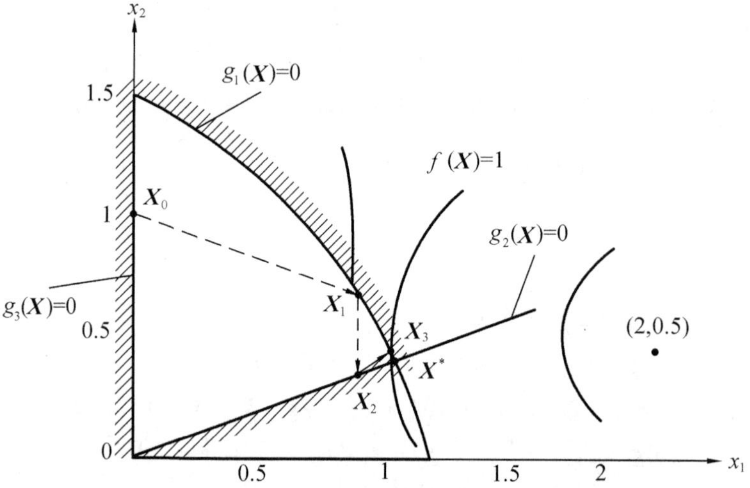

图4－18

表4－6列出了前四次迭代的计算结果,迭代点的移动轨迹示于图4－18。第四次的迭代点$[0.9890,0.4945]^{\mathrm{T}}$,离最优点$\boldsymbol{X}^*=[1,0.5]^{\mathrm{T}}$已经很近了。

表 4-6　例 4-8 的迭代历程

迭代次数 k	0	1	2	3	4
$\boldsymbol{X}_k$	$\begin{bmatrix}0\\1\end{bmatrix}$	$\begin{bmatrix}0.8931\\0.7023\end{bmatrix}$	$\begin{bmatrix}0.9285\\0.4643\end{bmatrix}$	$\begin{bmatrix}0.9776\\0.5444\end{bmatrix}$	$\begin{bmatrix}0.9890\\0.4945\end{bmatrix}$
$\boldsymbol{P}_k$	$\begin{bmatrix}0.75\\-0.25\end{bmatrix}$	$\begin{bmatrix}0.0264\\-0.1774\end{bmatrix}$	$\begin{bmatrix}0.0698\\0.1138\end{bmatrix}$	$\begin{bmatrix}0.0091\\0.0400\end{bmatrix}$	
y_k	-0.75	-0.1302	-0.1578	-0.1112	

4.6.3　考虑几乎临界约束的可行方向法

这种方法是在式(4-53)中同时考虑临界与满足式(4-54)的几乎临界约束的作用。

例 4-9　求解:

$$\left.\begin{aligned}\min\quad & f(\boldsymbol{X}) = (x_1-3)^2(4-x_2)\\ \text{s.t.}\quad & g_1(\boldsymbol{X}) = x_1^2+x_2^2-2x_1-4\leqslant 0\\ & g_2(\boldsymbol{X}) = x_1^2+x_2^2-5\leqslant 0\\ & g_3(\boldsymbol{X}) = x_1^2+x_2^2-2x_1-4\leqslant 0\\ & g_4(\boldsymbol{X}) = -x_1\leqslant 0\\ & g_5(\boldsymbol{X}) = -x_2\leqslant 0\end{aligned}\right\}$$

解

1. 取初始可行点为 $\boldsymbol{X}_0=[0.5,1]^{\mathrm{T}}$,约束允差初值 $\varepsilon_0=0.25$,收敛时 $\varepsilon=0.0001$。

2. 第一次迭代

(1) 求步向 $\boldsymbol{P}_0$

由于 $g_1(\boldsymbol{X}_0)=-3$,$g_2(\boldsymbol{X}_0)=-3.75$,$g_3(\boldsymbol{X}_0)=-4.75$,$g_4(\boldsymbol{X}_0)=-0.5$,$g_5(\boldsymbol{X}_0)=-1$ 都不满足式(4-54),故所有约束都不是临界或几乎临界的约束。此时我们取负梯度方向作为搜索方向,即有

$$\boldsymbol{P}_0=-\nabla f(\boldsymbol{X}_0)=[15,6.25]^{\mathrm{T}}$$

(2) 求步长

首先,求 $t_i>0$ 使

$$g_i(\boldsymbol{X}_0+t_i\boldsymbol{P}_0)=0,i=1,2,3,4,5$$

即求沿方向 $\boldsymbol{P}_0$ 到达诸约束界面的步长。

由 $g_1(\boldsymbol{X}_0+t_1\boldsymbol{P}_0)=(0.5+15t_1)^2+(1+6.25t_1)^2-2(0.25+15t_1)-4=0$,可求得 $t_1=$

0.124;同样可求得 $t_2 = 0.07797$, $t_3 = 0.1655$, $t_4 < 0$, $t_5 < 0$。可见

$$t_{\max} = \min\{t_1, t_2, t_3\} = t_2 = 0.07797$$

再在 $\boldsymbol{P}_0$ 方向上求使目标函数下降最多的步长。即在 $0 \leqslant t \leqslant t_{\max}$ 上求

$$\varphi_0(t) = f(\boldsymbol{X}_0 + t\boldsymbol{P}_0) = f\left(\begin{bmatrix} 0.5 + 15t \\ 1 + 6.25t \end{bmatrix}\right) = (15t - 2.5)^2(3 - 6.25t)$$

的极小值。

令 $\varphi_0'(t) = 0$ 得 $t = 0.1667$ 与 $t = 0.3756$,都大于 $t_{\max}$,故取 $t_0 = t_{\max} = 0.07797$。从而

$$\boldsymbol{X}_1 = \boldsymbol{X}_0 + t_0\boldsymbol{P}_0 = [1.67, 1.487]^{\mathrm{T}}$$

3. 第二次迭代

(1) 确定临界与几乎临界约束与 ε_1

由于 $g_1(\boldsymbol{X}_1) = -2.34$, $g_2(\boldsymbol{X}_1) = 0$, $g_3(\boldsymbol{X}_1) = -1.974$, $g_4(\boldsymbol{X}_1) = -1.67$, $g_5(\boldsymbol{X}_1) = -1.487$, 取 $\varepsilon_1 = \varepsilon_0 = 0.25$,故只有 $g_2(\boldsymbol{X})$ 是临界约束。

(2) 求 $\boldsymbol{P}_1$

形成的求可用可行方向子问题为

$$\left.\begin{aligned} &\min \quad y \\ &\text{s.t.} \quad \boldsymbol{P}_1^{\mathrm{T}} \nabla f(\boldsymbol{X}_1) = -6.68458p_1 - 1.7689p_2 - y \leqslant 0 \\ &\qquad\ \ \boldsymbol{P}_1^{\mathrm{T}} \nabla g_2(\boldsymbol{X}_1) = 3.34p_1 + 2.974p_2 - y \leqslant 0 \\ &\qquad\ \ -1 \leqslant p_1 \leqslant 1 \\ &\qquad\ \ -1 \leqslant p_2 \leqslant 1 \end{aligned}\right\}$$

可解得 $\boldsymbol{P}_1 = [0.473, -1]^{\mathrm{T}}$, $y = 1.39$。

(3) 求步长 t_1

先求 $t_i > 0$,使 $g_i(\boldsymbol{X}_1 + t_i\boldsymbol{P}_1) = 0\ (i = 1,2,4,5)$。

得到 $t_{\max} = \min\{t_1, t_3, t_5\} = t_3 = 1.0464$。

再沿 $\boldsymbol{P}_1$ 方向求 $0 \leqslant t \leqslant t_{\max}$ 使目标函数有较多下降。由 $\varphi_1'(t) = 0$ 可求得 $t = 2.811 > t_{\max}$。

故即求 $t = t_{\max} = 1.0464$。从而 $\boldsymbol{X}_2 = \boldsymbol{X}_1 + t_1\boldsymbol{P}_1 = [2.1649, 0.441]^{\mathrm{T}}$。

由于 $\varepsilon_1 = 0.25 < 1.39 = y$,故下次迭代仍取 $\varepsilon_2 = \varepsilon_1 = 0.25$。

4. 第三次迭代

(1) 确定临界与几乎临界约束

由于 $t_{\max} = t_3$,故 $g_3(\boldsymbol{X})$ 为临界约束。

$$g_1(\boldsymbol{X}_2) = -3.448, \quad g_2(\boldsymbol{X}_2) = -0.118$$
$$g_4(\boldsymbol{X}_2) = -2.165, \quad g_5(\boldsymbol{X}_2) = -0.441$$

故 $g_2(\boldsymbol{X}_2)$ 为几乎临界约束。

(2) 求可用可行方向 $\boldsymbol{P}_2$

形成的求可用可行方向子问题为

$$\left.\begin{array}{ll}\min & y \\ \text{s.t.} & -5.9p_1-0.7p_2-y\leqslant 0 \\ & 4.33p_1+0.88p_2-y\leqslant 0 \\ & 4.33p_1-1.12p_2-y\leqslant 0 \\ & -1\leqslant p_1\leqslant 1,\ -1\leqslant p_2\leqslant 1\end{array}\right\}$$

解得 $p_1=p_2=y=0$。此时,由于 $\varepsilon_2>\varepsilon$,故尚不是最优解,因为有几乎临界约束。从而将 ε_2 减半,即取 $\varepsilon_2=\dfrac{1}{8}$。此时仍有临界约束和几乎临界约束 $g_2(\boldsymbol{X})$ 和 $g_3(\boldsymbol{X})$。找方向的子问题不变,从而解仍为零。再将 ε_2 缩小一半,即令 $\varepsilon_2=\dfrac{1}{16}$。这时的临界约束与几乎临界约束仅有 $g_3(\boldsymbol{X})$。对应的找方向子问题为

$$\left.\begin{array}{ll}\min & y \\ \text{s.t.} & -5.9p_1-0.7p_2-y\leqslant 0 \\ & 4.33p_1-1.12p_2-y\leqslant 0 \\ & -1\leqslant p_1\leqslant 1,\ -1\leqslant p_2\leqslant 1\end{array}\right\}$$

解得 $p_1=0.041, p_2=1, y=-0.942$,得 $\boldsymbol{P}_2=[0.041,1]^{\mathrm{T}}$。

(3) 沿 $\boldsymbol{P}_2$ 一维搜索求得步长 $t_2=t_{\max}=0.103$,从而 $\boldsymbol{X}_3=\boldsymbol{X}_2+t_2\boldsymbol{P}_2=[2.169,0.544]^{\mathrm{T}}$。

从以上的迭代过程可以看出,$\boldsymbol{X}_k$ 逐步逼近位于 $g_2(\boldsymbol{X})=0$ 和 $g_3(\boldsymbol{X})=0$ 的交点的最优点 $\boldsymbol{X}^*=[2.179,0.5]^{\mathrm{T}}$。还可以继续迭代下去,但速度很慢。

由本节的例题可见,对于具有非线性约束的问题,可用可行方向法的工作量比较大。当非线性约束较多时,往往不是很有效的。而对于非线性等式约束,可用可行方向法不能收敛,因为这时一般已不存在可行方向了。

4.6.4 梯度侧移法

梯度侧移法由 Gellatly 于 1966 年提出[33]。它交替使用沿目标函数负梯度方向的梯度步和沿目标函数等值面的侧移步向最优点逼近。梯度步时减少目标函数并走到约束边界上,侧移步则走向约束面的另一端,再退到此两点连线的中点。然后再从中点出发,重复上述梯度步与侧移步,直到求得最优点为止。图 4-19 示出了在二维空间内运用这种方法时迭代点的移动轨迹。

沿目标函数负梯度方向进行的梯移公式也就是梯度法的迭代公式,即

$$\boldsymbol{X}_{k+1}=\boldsymbol{X}_k-t_k\nabla f(\boldsymbol{X}_k)$$

不同之处在于t_k的选取。它应从$\boldsymbol{X}_k$出发采取加倍减半的方法到达可行区边界某一给定的范围来确定。

从位于约束边界的迭代点出发进行侧移时，侧移方向应在目标函数等值面在该点的切平面内，且使迭代点离开约束面尽可能迅速。其迭代公式为

$$\boldsymbol{X}_{k+1} = \boldsymbol{X}_k + t_k\boldsymbol{D}_k \tag{4-56}$$

式中t_k仍为步长，同样可采取加倍减半的方法到达另一可行区边界上的点来确定；而$\boldsymbol{D}_k$为侧移方向。如图 4 - 20 所示，此时应有

$$R\,\overline{\nabla g} = \boldsymbol{D}_k + \overline{\nabla f}$$

式中$\overline{\nabla g}$为$\boldsymbol{X}_k$处约束梯度∇g的单位向量，$\overline{\nabla f}$为目标函数梯度的单位向量，R为与长度有关的参数。

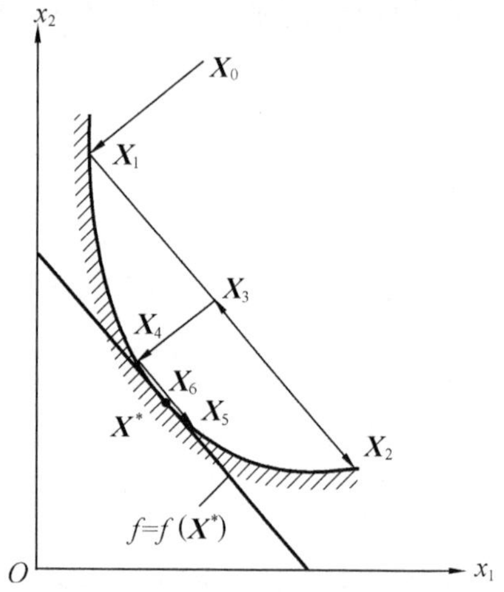

图 4 - 19

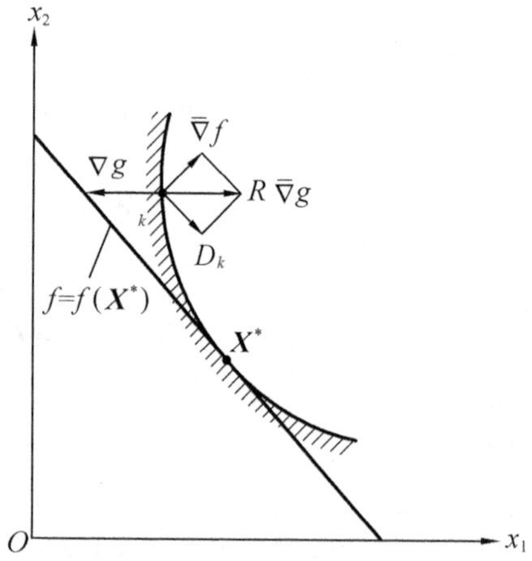

图 4 - 20

由上式有

$$\boldsymbol{D}_k = R\,\overline{\nabla g} - \overline{\nabla f} \tag{4-57}$$

由于$\boldsymbol{D}_k$与$\overline{\nabla f}$正交，故有

$$\nabla f^{\mathrm{T}}\boldsymbol{D}_k = 0 \tag{4-58}$$

将式(4 - 57) 代入式(4 - 58) 得

$$\nabla f^{\mathrm{T}}(R\,\overline{\nabla g} - \overline{\nabla f}) = 0$$

故有

$$R = \frac{\overline{\nabla f}^{\mathrm{T}}\,\overline{\nabla f}}{\overline{\nabla f}^{\mathrm{T}}\,\overline{\nabla g}}$$

又因为$\overline{\nabla f}^{\mathrm{T}}\,\overline{\nabla f}=1$,故

$$R=\frac{1}{\overline{\nabla f}^{\mathrm{T}}\,\overline{\nabla g}} \tag{4-59}$$

将式(4 - 57) 代回式(4 - 59) 得

$$\boldsymbol{D}_k=\frac{\overline{\nabla g}}{\overline{\nabla f}\,\overline{\nabla g}}-\overline{\nabla f} \tag{4-60}$$

此即确定侧移方向的公式。

若侧移出发点 $\boldsymbol{X}_k$ 落在多个(例如 s 个) 约束面的交点处,则上述的$\overline{\nabla g}$ 应为所有这些约束梯度单位向量的平均值,即

$$\overline{\nabla g}=\frac{1}{s}\sum_{i=1}^{s}\overline{\nabla g_i} \tag{4-61}$$

得到侧移步的起点 $\boldsymbol{X}_k$ 和终点 $\boldsymbol{X}_{k+1}$ 后,中点公式为

$$\boldsymbol{X}_{k+2}=\frac{1}{2}(\boldsymbol{X}_k+\boldsymbol{X}_{k+1}) \tag{4-62}$$

从以上推导可见,我们已设目标函数为线性函数。实际上,梯度侧移法比较适合于目标函数为线性函数的约束优化问题。

例 4 - 10 求解:

$$\begin{aligned}&\min\quad f(\boldsymbol{X})=x_1+x_2+x_3\\&\left.\begin{aligned}\text{s.t.}\quad & g(\boldsymbol{X})=(x_1-2)^2+(x_2-2)^2+(x_3-2)^2-4\leqslant 0\\ & 0\leqslant x_1\leqslant 2,0\leqslant x_2\leqslant 2,0\leqslant x_3\leqslant 2\end{aligned}\right\}\end{aligned}$$

解 本题约束界面为以点(2,2,2) 为圆心的椭球面。目标函数的等值面为对称于原点的平面,参考图 4 - 21。可用解析法求得其精确解为 $\boldsymbol{X}^*=\left(2-\frac{2}{\sqrt{3}}\right)[1,1,1]^{\mathrm{T}}$, $f(\boldsymbol{X}^*)=6-2\sqrt{3}$。下面用梯度侧移法求解。

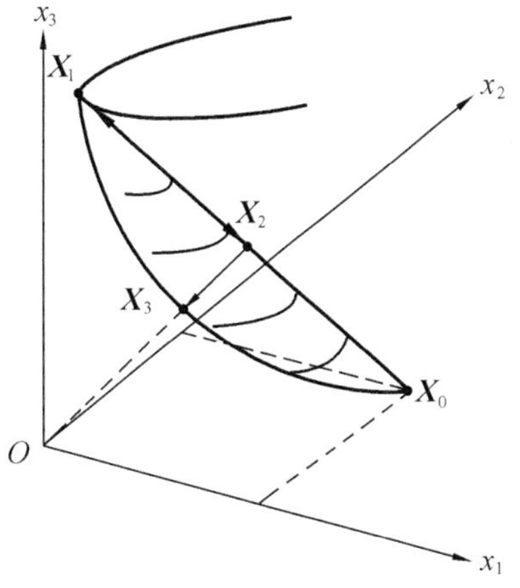

图 4 - 21

取 $\boldsymbol{X}_0=[2,2,0]^{\mathrm{T}}$,此点正好在边界上。下一步走侧移步,为此先求侧移步向 $\boldsymbol{D}_0$。

因为$\nabla g=\begin{bmatrix}2(x_1-2)\\2(x_2-2)\\2(x_3-2)\end{bmatrix}$,$\nabla g(\boldsymbol{X}_0)=\begin{bmatrix}0\\0\\-4\end{bmatrix}$

故$\overline{\nabla g_0}=\begin{bmatrix}0\\0\\-1\end{bmatrix}$。因为$\nabla f=\begin{bmatrix}1\\1\\1\end{bmatrix}$得$\overline{\nabla f_0}=\frac{1}{\sqrt{3}}\begin{bmatrix}1\\1\\1\end{bmatrix}$。

从而

$$D_0 = \frac{\overline{\nabla g_0}}{\overline{\nabla f}^{\mathrm{T}}\,\overline{\nabla g_0}} - \overline{\nabla f_0} = -\frac{1}{\sqrt{3}}\begin{bmatrix}0\\0\\-1\end{bmatrix} - \frac{1}{\sqrt{3}}\begin{bmatrix}-1\\-1\\2\end{bmatrix}$$

再沿 $\boldsymbol{D}_0$ 走到约束上对面的一点，即有

$$\boldsymbol{X}_1 = \boldsymbol{X}_0 + t_0\boldsymbol{D}_0 = \begin{bmatrix}2\\2\\0\end{bmatrix} + \frac{t_0}{\sqrt{3}}\begin{bmatrix}-1\\-1\\2\end{bmatrix} = \begin{bmatrix}2-\dfrac{t_0}{\sqrt{3}}\\2-\dfrac{t_0}{\sqrt{3}}\\\dfrac{2}{\sqrt{3}}t_0\end{bmatrix}$$

从而由

$$g(\boldsymbol{X}_1) = \left(2-\frac{t_0}{\sqrt{3}}-2\right)^2 + \left(2-\frac{t_0}{\sqrt{3}}-2\right)^2 + \left(\frac{2t_0}{\sqrt{3}}-2\right)^2 - 4 = 0$$

可求得 $t_0 = \frac{4}{\sqrt{3}}$。故 $\boldsymbol{X}_1 = \frac{2}{3}[1,1,4]^{\mathrm{T}}$。

回到这段直线的中点，得

$$\boldsymbol{X}_2 = \frac{1}{2}(\boldsymbol{X}_0 + \boldsymbol{X}_1) = \frac{4}{3}\begin{bmatrix}1\\1\\1\end{bmatrix}$$

再沿目标函数负梯度方向走至约束面上，求得 $\boldsymbol{X}_3$ 如下：

$$\boldsymbol{X}_3 = \boldsymbol{X}_2 - t_0\nabla f(\boldsymbol{X}_2) = \left(\frac{4}{3}-t_2\right)\begin{bmatrix}1\\1\\1\end{bmatrix}$$

从而由 $g(\boldsymbol{X}_3) = 3\left(\frac{4}{3}-t_2-2\right)^2 - 4 = 0$，求得 $t_2 = \frac{2}{\sqrt{3}} - \frac{2}{3}$，求得

$$\boldsymbol{X}_3 = \left(2-\frac{2}{\sqrt{3}}\right)\begin{bmatrix}1\\1\\1\end{bmatrix} = \boldsymbol{X}^*$$

此时目标函数 $f(\boldsymbol{X}_3) = f(\boldsymbol{X}^*) = 6-2\sqrt{3}$。

4.6.5 最佳矢量法

对于目标函数是线性函数，而约束函数是非线性函数的数学规划问题，文献[34]提出了最佳矢量法。这种算法交替使用目标函数负梯度方向的梯度步和最佳矢量步向最优点逼近。

梯度步减少目标函数并走到约束边界上;而最佳矢量步利用目标和约束函数的梯度,既减少目标函数又离开约束边界。图 4 - 22 示出了在二维空间内运用这种方法时迭代点的移动轨迹。

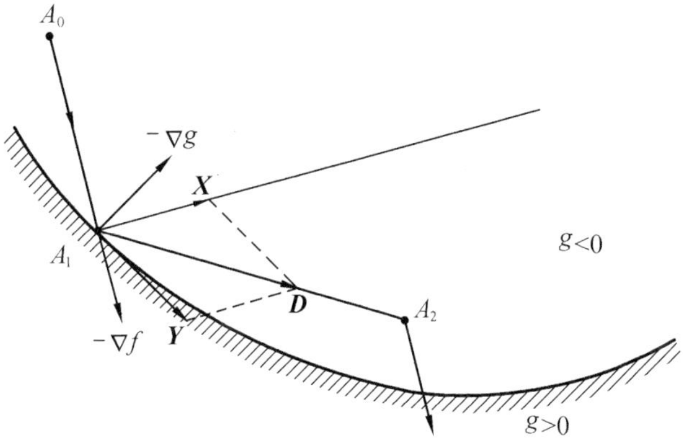

图 4 - 22

如图4 - 22 所示,设初始点位于A_0处。首先,沿目标函数负梯度方向∇f将迭代点移动到约束边界A_1。然后,沿如图的$\boldsymbol{D}$方向(最佳矢量方向)移动设计点到A_2。再从A_2负梯度方向移动到边界……。如此迭代,直到满足收敛准则。

下面推导最佳矢量方向$\boldsymbol{D}$的表达式。

首先,可求得等重侧移方向$\boldsymbol{X}$。由图有

$$\boldsymbol{X} = -\lambda\nabla g - \nabla f \tag{4 - 63}$$

式中∇f,∇g分别为约束、目标函数梯度的单位向量。由于$\boldsymbol{X}$与∇f正交,故有

$$\nabla f^{\mathrm{T}}\boldsymbol{X} = -\lambda\nabla f^{\mathrm{T}}\nabla g - \nabla f^{\mathrm{T}}\nabla f = 0 \tag{4 - 64}$$

得

$$\lambda = \frac{-\nabla f^{\mathrm{T}}\nabla f}{\nabla f^{\mathrm{T}}\nabla g}$$

注意到

$$\nabla f^{\mathrm{T}}\nabla f = 1 \tag{4 - 66}$$

将式(4 - 65) 代回式(4 - 63),得到

$$\boldsymbol{X} = \frac{\nabla g}{\nabla f^{\mathrm{T}}\nabla g} - \nabla f \tag{4 - 67}$$

然后,可求得约束边界点的切线方向$\boldsymbol{Y}$。由图有

$$\boldsymbol{Y} = -\lambda\nabla f - \nabla g \tag{4 - 68}$$

由于$\boldsymbol{Y}$与∇g正交,故有

$$\nabla g^{\mathrm{T}} \boldsymbol{Y} = -\nabla g^{\mathrm{T}} \nabla f - \lambda \nabla g^{\mathrm{T}} \nabla g = 0 \tag{4-69}$$

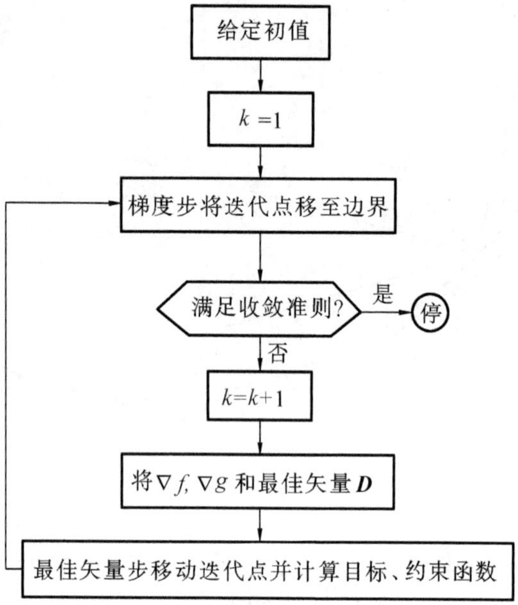

图 4 - 23

得

$$\lambda = \frac{-\nabla g^{\mathrm{T}} \nabla f}{\nabla g^{\mathrm{T}} \nabla g} \tag{4-70}$$

注意到

$$\nabla g^{\mathrm{T}} \nabla g = 1 \tag{4-71}$$

将式(4 - 70) 代回式(4 - 68) 得到

$$\boldsymbol{Y} = (\nabla g^{\mathrm{T}} \nabla f) \nabla g - \nabla f = \boldsymbol{0} \tag{4-72}$$

最后,得到最佳矢量方向 $\boldsymbol{D}$ 为

$$\boldsymbol{D} = \boldsymbol{X} + \boldsymbol{Y} \tag{4-73}$$

上述算法的计算程序框图见图 4 - 23。

文献[34] 和[35] 用上述的最佳矢量法十分有效地求解了基于可靠性分析的结构优化问题。参阅第 10 章。

4.7 梯度投影法和共轭梯度投影法

4.7.1 梯度投影法

在无约束优化中我们介绍了梯度法。对于约束优化问题,由于约束的存在,显然每次取目标函数的负梯度方向有可能违反约束而不可行。但由于最优点通常落在边界上,因此可否沿着边界朝目标函数下降的方向走呢?这种想法就是梯度投影法的基本思想。

梯度投影法是 Rosen J B 于 1961 年提出的[36]。

4.7.1.1 线性约束下的梯度投影法

为了解梯度投影法的基本思想和公式,我们首先介绍约束为线性函数的情况。

如图4 -24 所示,设变量点已在某约束边界上,此时约束梯度$\nabla \boldsymbol{g}_j$是指向非可行区的,且由于约束为线性,而有

$$\boldsymbol{g}_j(\boldsymbol{X}) = \sum_{i=1}^{n} g_{ji} x_i \leqslant 0 \tag{4-74}$$

式中 g_{ji} 是常系数。约束梯度为这个线性约束函数的系数所组成的向量

$$\nabla \boldsymbol{g}_j = [g_{j1}, g_{j2}, \cdots, g_{jn}]^{\mathrm{T}} \tag{4-75}$$

为得到目标函数负梯度向量在约束面上的投影,可以利用约束梯度$\nabla \boldsymbol{g}_j$与约束$\boldsymbol{g}_j = 0$垂直的条件,参见图 4 - 24,有

$$-\nabla f = \lambda_j \nabla \boldsymbol{g}_j + \boldsymbol{P}_k \tag{4-76}$$

式中 λ_j 是对应于$\nabla \boldsymbol{g}_j$ 的系数。

上式的两边点乘$\nabla \boldsymbol{g}_j^{\mathrm{T}}$,注意到 $\boldsymbol{P}^k$ 与$\nabla \boldsymbol{g}_j$ 垂直,得到

$$-\nabla \boldsymbol{g}_j^{\mathrm{T}} \nabla f = \lambda_j \nabla \boldsymbol{g}_j^{\mathrm{T}} \boldsymbol{g}_j$$

故

$$\lambda_j = -\frac{\nabla \boldsymbol{g}_j^{\mathrm{T}} \nabla f}{\nabla \boldsymbol{g}_j^{\mathrm{T}} \boldsymbol{g}_j} \tag{4-77}$$

上式也可以写成如下的标量形式:

$$\lambda_j = -\frac{\sum_{i=1}^{n} g_{ji} \dfrac{\partial f}{\partial x_i}}{\sum_{i=1}^{n} g_{ji}^2} \tag{4-78}$$

从而求得沿边界的搜索方向为

$$P_k = -\nabla f - \lambda_j \nabla \boldsymbol{g}_j \tag{4-79}$$

但是,若 $\boldsymbol{X}_k$ 处目标函数负梯度方向是指向可行区内部的,虽仍可按式(4 - 77) 求出 λ_j 及按式(4 - 79) 求出 $\boldsymbol{P}_k$。但由图4 - 25 可知,沿 $-\nabla f$ 方向是可行时,根本不必再沿边界走,而目标函数下降得更快。反映在 λ_j 的值上便是当 $\lambda_j < 0$ 时,应令式(4 - 79) 中的 $\lambda_j = 0$。

可见,临界约束仍可分为两类。一类是**起作用约束**(Active constraint),另一类是**不起作用约束**(Inactive constraint)。在梯度投影法中,只须将目标函数负梯度往起作用约束面上投影。

若 $\boldsymbol{X}_k$ 在 Q 个约束面的相交超平面上,且它们都是起作用约束,则为了求得沿约束面相交而成的超平面且使目标函数下降的方向,应该将目标函数的负梯度方向向这个相交而成的超平面投影,即应有

$$-\nabla f = \boldsymbol{P}_k + \sum_{q=1}^{Q} \lambda_q \nabla \boldsymbol{g}_q$$

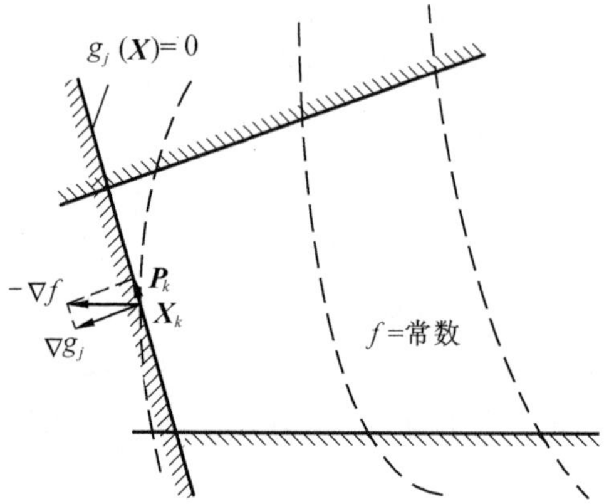

图 4 - 24

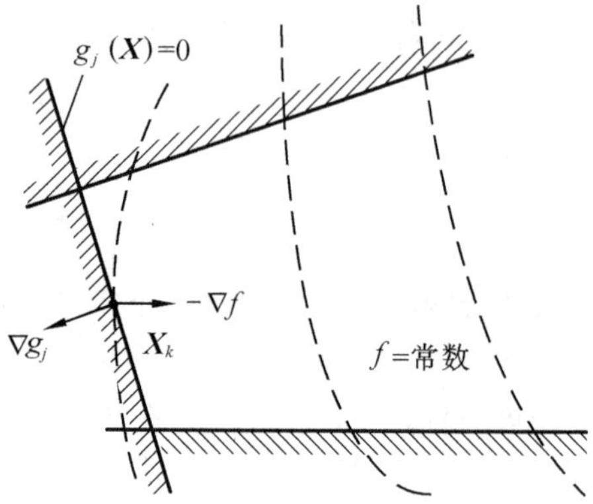

图 4 - 25

从而

$$\boldsymbol{P}_k = -\nabla f - \sum_{q=1}^{Q} \lambda_q \nabla \boldsymbol{g}_q \tag{4 - 80}$$

若将这 Q 个有效约束的梯度排成矩阵,记为 $\boldsymbol{N}$,有

$$\boldsymbol{N} = [\nabla \boldsymbol{g}_1, \nabla \boldsymbol{g}_2, \cdots, \nabla \boldsymbol{g}_Q] = \begin{bmatrix} g_{11} & g_{21} & \cdots & g_{Q1} \\ g_{12} & g_{22} & \cdots & g_{Q2} \\ \vdots & \vdots & & \vdots \\ g_{1n} & g_{2n} & \cdots & g_{Qn} \end{bmatrix} \tag{4 - 81}$$

则式(4 - 80) 可写成

$$\boldsymbol{P}_k = -\nabla f - \boldsymbol{N}\boldsymbol{\lambda} \tag{4 - 82}$$

式中

$$\boldsymbol{\lambda} = [\lambda_1, \lambda_2, \cdots, \lambda_Q]^{\mathrm{T}} \tag{4-83}$$

为了求出 $\boldsymbol{\lambda}$,可在式(4－80) 的两端乘上$\nabla \boldsymbol{g}_j^{\mathrm{T}}(j = 1,2,\cdots,Q)$,并利用 $\boldsymbol{P}_k$ 与$\nabla \boldsymbol{g}_j$ 的正交性,得到 Q 个方程:

$$-\nabla \boldsymbol{g}_j^{\mathrm{T}} \nabla f = \sum_{q=1}^{Q} \lambda_q \nabla \boldsymbol{g}_j^{\mathrm{T}} \nabla \boldsymbol{g}_q (j = 1,2,\cdots,Q) \tag{4-84}$$

上式可写成矩阵形式

$$-\boldsymbol{N}^{\mathrm{T}} \nabla f = \boldsymbol{N}^{\mathrm{T}} \boldsymbol{N} \boldsymbol{\lambda} \tag{4-85}$$

若这些起作用约束是线性无关的,$\boldsymbol{N}^{\mathrm{T}}\boldsymbol{N}$ 将不是奇异矩阵,从而有

$$\boldsymbol{\lambda} = -(\boldsymbol{N}^{\mathrm{T}}\boldsymbol{N})^{-1}\boldsymbol{N}^{\mathrm{T}} \nabla f \tag{4-86}$$

从而

$$\boldsymbol{P}_k = -\nabla f + \boldsymbol{N}(\boldsymbol{N}^{\mathrm{T}}\boldsymbol{N})^{-1}\boldsymbol{N}^{\mathrm{T}} \nabla f \tag{4-87}$$

或

$$\boldsymbol{P}_k = -(\boldsymbol{I} - \boldsymbol{N}(\boldsymbol{N}^{\mathrm{T}}\boldsymbol{N})^{-1}\boldsymbol{N}^{\mathrm{T}}) \nabla f \tag{4-88}$$

令

$$\boldsymbol{p}_k = \boldsymbol{I} - \boldsymbol{N}(\boldsymbol{N}^{\mathrm{T}}\boldsymbol{N})^{-1}\boldsymbol{N}^{\mathrm{T}} \tag{4-89}$$

则式(4－88) 变为

$$\boldsymbol{P}_k = -\boldsymbol{p}_k \nabla f \tag{4-90}$$

可见,$\boldsymbol{p}_k$ 完成了将 $-\nabla f$ 往起作用约束交集上的投影,故称之为投影矩阵。

若 $\boldsymbol{P}_k$ 的长度不为零,当我们在式(4－80) 的两端乘以 $\boldsymbol{P}_k^{\mathrm{T}}$ 时,得到

$$\boldsymbol{P}_k^{\mathrm{T}}\boldsymbol{P}_k = -\boldsymbol{P}_k^{\mathrm{T}} \nabla f - \sum_{q=1}^{Q} \lambda_q \boldsymbol{P}_k^{\mathrm{T}} \nabla \boldsymbol{g}_q$$

由于 $\boldsymbol{P}_k$ 与$\nabla \boldsymbol{g}_q$ 正交,故有

$$\nabla f^{\mathrm{T}} \boldsymbol{P}_k = -\boldsymbol{P}_k^{\mathrm{T}}\boldsymbol{P}_k < 0 \tag{4-91}$$

可见,$\boldsymbol{P}_k$ 是使目标函数下降的方向。如果这样求得的 $\boldsymbol{P}_k = 0$,且 λ_j 都是正的,则式(4－80) 变成

$$-\nabla f = \sum_{q=1}^{Q} \lambda_q \nabla \boldsymbol{g}_q \tag{4-92}$$

上式即K－T条件。可见,在最优点,由梯度投影法求得的系数 λ_j 就是K－T条件中的K－T乘子,式(4－86) 就是式(4－23)。

有了 $\boldsymbol{P}_k$,就可以从 $\boldsymbol{X}_k$ 出发沿 $\boldsymbol{P}_k$ 找到一个改进了的 $\boldsymbol{X}_{k+1}$,由于约束的存在,$\boldsymbol{X}_{k+1}$ 还在约束面上,再进一步迭代直到满足某种收敛准则为止。

这里还存在两个问题需要说明。

第一,虽然我们可以判定在 $\boldsymbol{X}_k$ 点哪些约束是临界的,但这些临界约束不一定都是起作用约束。因此,我们往往是先假定所有的临界约束都是起作用约束,然后按照式(4－86) 求出 $\boldsymbol{\lambda}$。

若其中有负的分量,则说明其对应的约束不是起作用约束,应从起作用约束集中去掉。但由于去掉一个约束,就会使 $\boldsymbol{N}$ 变化,$\boldsymbol{P}_q$ 改变,$\boldsymbol{\lambda}$ 也改变,故每次只能去掉一个不起作用约束,即使原来的约束集中有多个负的 $\boldsymbol{\lambda}$ 分量。通常我们是将负得最多的分量所对应的约束先去掉,再重求 $\boldsymbol{P}_q$ 与 $\boldsymbol{\lambda}$。若 $\boldsymbol{\lambda}$ 中还有负的分量,则重复以上过程,直到起作用约束集不发生变化为止。

第二,在求得 $\boldsymbol{P}_k$ 以求 $\boldsymbol{X}_{k+1}$ 时,需要进行一维搜索,使目标函数有最多的下降,但由于约束的存在,也有可能按无约束的一维搜索时要违反某些约束。这时,步长还应由不违反约束来决定。

由于 $g_j(\boldsymbol{X}_k)$ 关于 $\boldsymbol{X}_k$ 是线性的,因此沿着 $\boldsymbol{P}_k$ 方向它是步长 t_k 的线性函数。注意到在 $\boldsymbol{P}_k$ 方向上

$$g_j(\boldsymbol{X}) = \boldsymbol{a}_j^{\mathrm{T}}\boldsymbol{X}_k - b_j$$

变成

$$g_j(t_k) = \boldsymbol{a}_j^{\mathrm{T}}(\boldsymbol{X}_k + t_k\boldsymbol{P}_k) - b_j = \boldsymbol{a}_j^{\mathrm{T}}\boldsymbol{X}_k - b_j + t_k\boldsymbol{a}_j^{\mathrm{T}}\boldsymbol{P}_k$$

从而对于所有 $\boldsymbol{X}_k$ 处不起作用的约束,可以算出使 $g_j(t_k) = 0$ 的 $t_{k,j}$ 值:

$$t_{k,j} = \frac{b_j - \boldsymbol{a}_j^{\mathrm{T}}\boldsymbol{X}_k}{\boldsymbol{a}_j^{\mathrm{T}}\boldsymbol{P}_k} \quad (\boldsymbol{a}_j^{\mathrm{T}}\boldsymbol{P}_k > 0) \tag{4-93}$$

对于 $\boldsymbol{a}_j^{\mathrm{T}}\boldsymbol{P}_k \leqslant 0$ 的约束,因为总有 $g_j(\boldsymbol{X}_k + t_k\boldsymbol{P}_k) < 0$,故不必考虑。

显然,为了不违反所有在 $\boldsymbol{X}_k$ 处不起作用的约束,应取对所有不起作用约束求出的 $t_{k,j}$ 中的最小者,作为最大步长 $t_{k,\max}$。有了最大步长 $t_{k,\max}$,进而可由一维搜索,在0到 $t_{k,\max}$ 的范围内,求得使目标函数 $f(\boldsymbol{X}_k)$ 有最多下降的 t_k。即求下列的一维最小化问题:

$$\min_{0\leqslant t_k\leqslant t_{k,\max}} f(\boldsymbol{X}_k + t_k\boldsymbol{P}_k) \tag{4-94}$$

下面给出用梯度投影法求解线性约束下的非线性规划问题的迭代步骤:

(1) 给出初始可行点 $\boldsymbol{X}_0$,令 $k = 0$,给定 $\varepsilon > 0$;

(2) 确定临界约束集 $\boldsymbol{I}(\boldsymbol{X}_k)$;若无临界约束,则令 $\boldsymbol{P}_k = -\nabla f(\boldsymbol{X}_k)$;否则按式(4－81)计算 $\boldsymbol{N}_k$,按式(4－89)计算投影矩阵 $\boldsymbol{P}_k$,按式(4－90)计算步长 $\boldsymbol{P}_k$;

(3) 若 $\boldsymbol{P}_k = 0$,则转(4),否则以 $\boldsymbol{P}_k$ 为步向进行一维搜索:

令

$$t_{k,\max} = \min_{j\notin I}\left\{\frac{b_j - \boldsymbol{a}_j^{\mathrm{T}}\boldsymbol{X}_k}{\boldsymbol{a}_j^{\mathrm{T}}\boldsymbol{P}_k}\,\middle|\,\boldsymbol{a}_j^{\mathrm{T}}\boldsymbol{P}_k > 0\right\}$$

并在 $0 \leqslant t_k \leqslant t_{k,\max}$ 上求 t_k 使

$$f(\boldsymbol{X}_k + t_k\boldsymbol{P}_k) = \min_{0\leqslant t\leqslant t_{k,\max}} f(\boldsymbol{X}_k + t\boldsymbol{P}_k)$$

令 $\boldsymbol{X}_{k+1} = \boldsymbol{X}_k + t_k\boldsymbol{P}_k$,转(5);

(4) 若 $\boldsymbol{P}_k = 0$,且 $\boldsymbol{I}(\boldsymbol{X}_k) = \phi$,则 $\boldsymbol{X}_k$ 为最优解;否则,按式(4－86)计算

$$\boldsymbol{\lambda} = (\boldsymbol{N}_k^{\mathrm{T}}\boldsymbol{N}_k)^{-1}\boldsymbol{N}_k^{\mathrm{T}}\nabla f(\boldsymbol{X}_k)$$

若对应于所有起作用约束的 $\lambda_i \geqslant 0$，则 $\boldsymbol{X}_k$ 为最优解；若 $\boldsymbol{\lambda}$ 中有某个对应于起作用约束的分量 λ_j 为负（$\lambda_j = \min\{\lambda_j\} < 0$），则从 $\boldsymbol{N}_k$ 中去掉向量 $\boldsymbol{a}_j$ 得 $\boldsymbol{N'}_k$，在 $\boldsymbol{I}(\boldsymbol{X}_k)$ 中去掉下标 j，求

$$\boldsymbol{P}'_k = \boldsymbol{I} - \boldsymbol{N}'_k(\boldsymbol{N}'^{\mathrm{T}}_k\boldsymbol{N}'_k)^{-1}\boldsymbol{N}'^{\mathrm{T}}_k$$

令 $\boldsymbol{P}_k = -\boldsymbol{P}'_k \nabla f(\boldsymbol{X}_k)$，转(3)；

(5) 若 $\|\boldsymbol{X}_{k+1} - \boldsymbol{X}_k\| < \varepsilon$，则 $\boldsymbol{X}_{k+1}$ 为最优解；否则令 $k = k+1$，转(2)。

例 4-11　用梯度投影法求解线性约束问题：

$$\left.\begin{aligned}
\min \quad & f(\boldsymbol{X}) = 2x_1^2 - 2x_1x_2 + 2x_2^2 - 4x_1 - 6x_2 \\
\text{s.t.} \quad & g_1(\boldsymbol{X}) = \boldsymbol{a}_1^{\mathrm{T}}X - b_1 = x_1 + x_2 - 2 \leqslant 0 \ (\boldsymbol{a}_1^{\mathrm{T}} = [1,1]^{\mathrm{T}}, b_1 = 2) \\
& g_2(\boldsymbol{X}) = \boldsymbol{a}_2^{\mathrm{T}}X - b_2 = x_1 + 5x_2 - 2 \leqslant 0 \ (\boldsymbol{a}_2^{\mathrm{T}} = [1,5]^{\mathrm{T}}, b_2 = 5) \\
& g_3(\boldsymbol{X}) = \boldsymbol{a}_3^{\mathrm{T}}X - b_3 = -x_1 \leqslant 0 \ (\boldsymbol{a}_3^{\mathrm{T}} = [-1,0]^{\mathrm{T}}, b_3 = 0) \\
& g_4(\boldsymbol{X}) = \boldsymbol{a}_4^{\mathrm{T}}X - b_4 = -x_2 \leqslant 0 \ (\boldsymbol{a}_4^{\mathrm{T}} = [0,-1]^{\mathrm{T}}, b_4 = 0)
\end{aligned}\right\}$$

解　(1) 取初始点 $\boldsymbol{X}_0 = [0,0]^{\mathrm{T}}$

$$\nabla f(\boldsymbol{X}) = [4x_1 - 2x_2 - 4, -2x_1 + 4x_2 - 6]^{\mathrm{T}}$$

当 $\boldsymbol{X}_0 = [0,0]^{\mathrm{T}}$ 时，$\nabla f(\boldsymbol{X}_0) = [-4, -6]^{\mathrm{T}}$。

(2) 第一次迭代

在 $\boldsymbol{X}_0$ 处 $g_3(\boldsymbol{X})$ 和 $g_4(\boldsymbol{X})$ 是临界约束。故有

$$\boldsymbol{I}(\boldsymbol{X}_0) = \{3,4\}, \quad \boldsymbol{N}_0 = [\nabla g_3, \nabla g_4] = \begin{bmatrix} -1 & 0 \\ 0 & -1 \end{bmatrix}, \quad \boldsymbol{N}^{\mathrm{T}} = \begin{bmatrix} -1 & 0 \\ 0 & -1 \end{bmatrix}$$

$$\boldsymbol{p}_0 = \boldsymbol{I} - \boldsymbol{N}_q(\boldsymbol{N}_q^{\mathrm{T}}\boldsymbol{N}_q)^{-1}\boldsymbol{N}_q^{\mathrm{T}} = \boldsymbol{I} - \boldsymbol{I} = 0, \quad \boldsymbol{\lambda}_0 = -(\boldsymbol{N}_q^{\mathrm{T}}\boldsymbol{N}_q)^{-1}\boldsymbol{N}_q^{\mathrm{T}} \nabla f(\boldsymbol{X}_0) = [-4, -6]^{\mathrm{T}}$$

去掉 $\boldsymbol{\lambda}_0$ 分量中负得最多的约束 $g_4(\boldsymbol{X})$，得到

$$\boldsymbol{N}_0 = \begin{bmatrix} -1 \\ 0 \end{bmatrix}, \quad \boldsymbol{N}_0^{\mathrm{T}}\boldsymbol{N}_0 = 1$$

故

$$\boldsymbol{p}_0 = \boldsymbol{I} - \boldsymbol{N}_0(\boldsymbol{N}_0^{\mathrm{T}}\boldsymbol{N}_0)^{-1}\boldsymbol{N}_0^{\mathrm{T}} = \begin{bmatrix} 1 & 0 \\ 0 & 1 \end{bmatrix} - \begin{bmatrix} -1 \\ 0 \end{bmatrix}[-1 \quad 0] = \begin{bmatrix} 0 & 0 \\ 0 & 1 \end{bmatrix}$$

从而步向

$$\boldsymbol{P}_0 = -\boldsymbol{P}_0 \nabla f(\boldsymbol{X}_0) = -\begin{bmatrix} 0 & 0 \\ 0 & 1 \end{bmatrix}\begin{bmatrix} -4 \\ -6 \end{bmatrix} = \begin{bmatrix} 0 \\ 6 \end{bmatrix}$$

下面求搜索的步长 t_0，首先考虑目标函数

$$\varphi(t_0) = f(\boldsymbol{X}_0 + t_0\boldsymbol{P}_0) = 72t_0^2 - 36t_0$$

其中 t_0 应使其最小。

再考虑约束条件：

① 对于 $g_1(\boldsymbol{X})$，由于

$$\boldsymbol{a}_1^{\mathrm{T}}\boldsymbol{P}_0 = [1,1]^{\mathrm{T}}\begin{bmatrix}0\\6\end{bmatrix} = 6 > 0,\quad b_1 = 2$$

故为不违反约束应有

$$t_{0,1} = \frac{b_1 - \boldsymbol{a}_1^{\mathrm{T}}\boldsymbol{X}_0}{\boldsymbol{a}_1^{\mathrm{T}}\boldsymbol{P}_0} = \frac{2-0}{6} = \frac{1}{3}$$

② 对于 $g_2(\boldsymbol{X})$，由于

$$\boldsymbol{a}_2^{\mathrm{T}}\boldsymbol{P}_0 = [1,5]^{\mathrm{T}}\begin{bmatrix}0\\6\end{bmatrix} = 30 > 0,\quad b_1 = 5$$

故为不违反约束应有

$$t_{0,2} = \frac{b_1 - \boldsymbol{a}_2^{\mathrm{T}}\boldsymbol{X}_0}{\boldsymbol{a}_2^{\mathrm{T}}\boldsymbol{P}_0} = \frac{5-0}{30} = \frac{1}{6}$$

因此，为不违反约束，最大步长 $t_{0,\max}$ 应有

$$t_{0,\max} = \min\{t_{0,1}, t_{0,2}\} = t_{0,2} = \frac{1}{6}$$

此时，求步长的问题变为以下的一维最小化问题：

$$\left.\begin{aligned}&\min\quad \varphi(t_0) = 72t_0^2 - 36t_0\\ &\text{s. t.}\quad 0 \leqslant t_0 \leqslant \frac{1}{6}\end{aligned}\right\}$$

令 $\nabla\varphi = 0$ 有 $t_0 = \dfrac{1}{4}$，故解为 $t_0 = \dfrac{1}{6}$。从而求得

$$\boldsymbol{X}_1 = \boldsymbol{X}_0 + t_0\boldsymbol{P}_0 = [0,0]^{\mathrm{T}} + \frac{1}{6}[0,6]^{\mathrm{T}} = [0,1]^{\mathrm{T}}$$

(3) 第二次迭代

在 $\boldsymbol{X}_1$ 处，$\nabla f(\boldsymbol{X}_1) = [-6,-2]^{\mathrm{T}}$，$g_2(\boldsymbol{X})$ 和 $g_3(\boldsymbol{X})$ 是临界约束，故有 $\boldsymbol{I}(\boldsymbol{X}_1) = \{2,3\}$，

$$\boldsymbol{N}_1 = [\nabla g_2, \nabla g_3] = \begin{bmatrix}1 & -1\\5 & 0\end{bmatrix},\quad \boldsymbol{N}_1^{\mathrm{T}} = \begin{bmatrix}1 & 5\\-1 & 0\end{bmatrix}$$

$$\boldsymbol{p}_1 = \boldsymbol{I} - \boldsymbol{N}_1(\boldsymbol{N}_1^{\mathrm{T}}\boldsymbol{N}_1)^{-1}\boldsymbol{N}_1^{\mathrm{T}} = \boldsymbol{I} - \boldsymbol{I} = 0$$

$$\boldsymbol{\lambda}_1 = -(\boldsymbol{N}_1^{\mathrm{T}}\boldsymbol{N}_1)^{-1}\boldsymbol{N}_1^{\mathrm{T}}\nabla f(\boldsymbol{X}_1) = -\begin{bmatrix}0 & \frac{1}{5}\\ -1 & \frac{1}{5}\end{bmatrix}\begin{bmatrix}-6\\-2\end{bmatrix} = \begin{bmatrix}\frac{1}{5}\\ -\frac{28}{5}\end{bmatrix}$$

故去掉 $g_3(\boldsymbol{X})$，得到

$$\boldsymbol{N}_1 = \begin{bmatrix}1\\5\end{bmatrix},\quad \boldsymbol{N}_1^{\mathrm{T}}\boldsymbol{N}_1 = 26$$

故

$$\boldsymbol{p}_1 = I - N_1(N_1^{\mathrm{T}}N_1)^{-1}N_1^{\mathrm{T}} = \begin{bmatrix}1 & 0\\0 & 1\end{bmatrix} - \frac{1}{26}\begin{bmatrix}1\\5\end{bmatrix}[1,5] = \begin{bmatrix}\frac{25}{26} & -\frac{5}{26}\\ -\frac{5}{26} & \frac{1}{26}\end{bmatrix}$$

从而步向

$$\boldsymbol{P}_1 = -\boldsymbol{p}_1\nabla f(\boldsymbol{X}_1) = -\begin{bmatrix}\frac{25}{26} & -\frac{5}{26}\\ -\frac{5}{26} & \frac{1}{26}\end{bmatrix}\begin{bmatrix}-6\\-2\end{bmatrix} = \begin{bmatrix}\frac{70}{13}\\ -\frac{14}{13}\end{bmatrix}$$

由于一维搜索与模长无关,因此,为了计算方便,取 $\boldsymbol{P}_1 = [5, -1]^{\mathrm{T}}$。

下面作一维搜索求步长 t_1,此时目标函数为

$$\varphi(t_1) = f(\boldsymbol{X}_1 + t_1\boldsymbol{P}_1) = 62t_1^2 - 28t_1 - 4$$

再考虑约束条件。由于

$$\boldsymbol{a}_1^{\mathrm{T}}\boldsymbol{P}_1 = 4 > 0,\quad \boldsymbol{a}_4^{\mathrm{T}}\boldsymbol{P}_1 = 1 > 0,\quad \boldsymbol{a}_1^{\mathrm{T}}\boldsymbol{X}_1 = 1,\quad \boldsymbol{a}_4^{\mathrm{T}}\boldsymbol{X}_1 = -10$$

因此

$$t_{1,\max} = \min\left\{\frac{2-1}{4}, \frac{0+1}{1}\right\} = \frac{1}{4}$$

故所求一维问题为

$$\left.\begin{array}{ll}\min & 62t_1^2 - 28t_1 - 4\\ \text{s.t.} & 0 \leqslant t_1 \leqslant \frac{1}{4}\end{array}\right\}$$

令 $\nabla\varphi = 0$ 有 $t_1 = \frac{7}{31} < \frac{1}{4}$ 为所求。从而

$$\boldsymbol{X}_2 = \boldsymbol{X}_1 + t_1\boldsymbol{P}_1 = [0,1]^{\mathrm{T}} - \frac{7}{31}[5, -1]^{\mathrm{T}} = \left[\frac{35}{31}, \frac{24}{31}\right]^{\mathrm{T}}$$

(4) 第三次迭代

在 $\boldsymbol{X}_2$ 处,$\nabla f(\boldsymbol{X}_2) = \left[-\frac{32}{31}, -\frac{160}{31}\right]^{\mathrm{T}}$,$g_2(\boldsymbol{X})$ 为临界约束。故有

$$\boldsymbol{I}(\boldsymbol{X}_2) = [2],\quad \boldsymbol{N}_2 = \begin{bmatrix}1\\5\end{bmatrix},\quad \boldsymbol{N}_2^{\mathrm{T}} = [1,5]$$

$$\boldsymbol{p}_2 = \boldsymbol{I} - \boldsymbol{N}_2(\boldsymbol{N}_2^{\mathrm{T}}\boldsymbol{N}_2)^{-1}\boldsymbol{N}_2^{\mathrm{T}} = \boldsymbol{I} - \begin{bmatrix}\frac{1}{26} & \frac{5}{26}\\ \frac{5}{26} & \frac{25}{26}\end{bmatrix} = \begin{bmatrix}\frac{25}{26} & -\frac{5}{26}\\ -\frac{5}{26} & \frac{1}{26}\end{bmatrix}$$

从而步向

$$\boldsymbol{P}_2 = -\boldsymbol{p}_1 \nabla f(\boldsymbol{X}_2) = -\begin{bmatrix} \frac{25}{26} & -\frac{5}{26} \\ -\frac{5}{26} & \frac{1}{26} \end{bmatrix} \begin{bmatrix} -\frac{32}{31} \\ -\frac{160}{31} \end{bmatrix} = \begin{bmatrix} 0 \\ 0 \end{bmatrix}$$

此时

$$\boldsymbol{\lambda}_2 = -(\boldsymbol{N}_2^{\mathrm{T}}\boldsymbol{N}_2)^{-1}\boldsymbol{N}_2^{\mathrm{T}} \nabla f(\boldsymbol{X}_2) = -\left([1,5]\begin{bmatrix} 1 \\ 5 \end{bmatrix}\right)^{-1}[1,5]\begin{bmatrix} -\frac{32}{31} \\ -\frac{160}{31} \end{bmatrix} = \frac{32}{31} > 0$$

可见，$\boldsymbol{X}_2 = \left[\frac{35}{31},\frac{24}{31}\right]^{\mathrm{T}}$ 为K－T点，停止迭代。因为此例为凸规划问题，故 $\boldsymbol{X}_2$ 为全局最优解。有 $\boldsymbol{X}^* = \left[\frac{35}{31},\frac{24}{31}\right]^{\mathrm{T}}$，$f(\boldsymbol{X}^*) = -7.16$。

例4－11的计算迭代参见图4－26。

文献[37]和[38]采用上述的梯度投影法，求解了结构质量约束下最大化结构系统可靠度，这样一类基于可靠性的结构优化问题。详见本书的第10章。

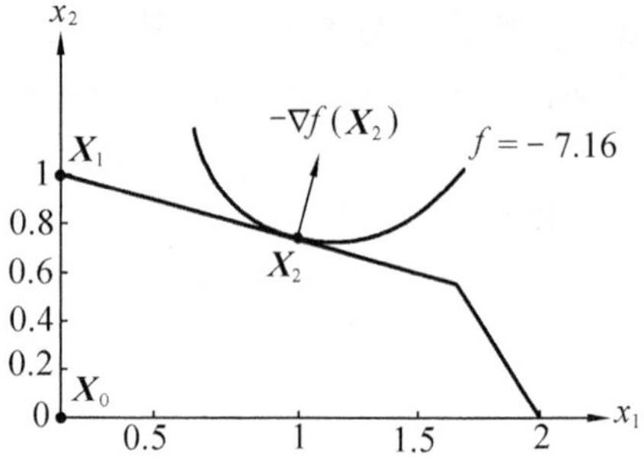

图4－26

4.7.1.2　非线性约束下的梯度投影法

线性约束下的梯度投影法可推广到约束是非线性的情况，只需要把梯度投影到在 $\boldsymbol{X}_K$ 处相交的约束中的起作用约束所组成的超平面即可。确定搜索方向 $\boldsymbol{P}_k$ 的公式，求 $\boldsymbol{P}_k$ 与 $\boldsymbol{\lambda}$ 的公式等完全可以使用。在求 $\boldsymbol{P}_k$ 时区分起作用与不起作用约束的方法也相同，但决定步长却有差别。因为此时约束是非线性的。假设为凸函数，则沿梯度投影方向搜索时，虽然目标函数将会下降，但都要进入非可行区。解决的办法可以是限制进入非可行区的“深度”，为此可建立与约束界面容差带类似的边境区（这个边境区的大小通常要由经验决定），沿梯度投影方向搜索到边境区后再返回到约束界面上，再重复上述步骤直到求得最小点，参见图4－27。当然，也可以不建立边境区，而沿梯度投影方向以小步长移动，然后再返回到约束界面上。

从非可行区返回到约束界面的步骤称为可行性调整。这种可行性调整的方法可以是从 $\boldsymbol{X}_{k+1}$ 点沿此处的目标函数梯度方向回到边界，如图4－28所示。即有

$$\boldsymbol{X}_{k+2} = \boldsymbol{X}_{k+1} + \varepsilon \nabla f(\boldsymbol{X}_{k+1}) \tag{4-95}$$

也可以从边境上沿负的约束梯度方向返回到约束界面，如图4－29所示。即有

$$\boldsymbol{X}_{k+2} = \boldsymbol{X}_{k+1} - \varepsilon \nabla g(\boldsymbol{X}_{k+1}) \tag{4-96}$$

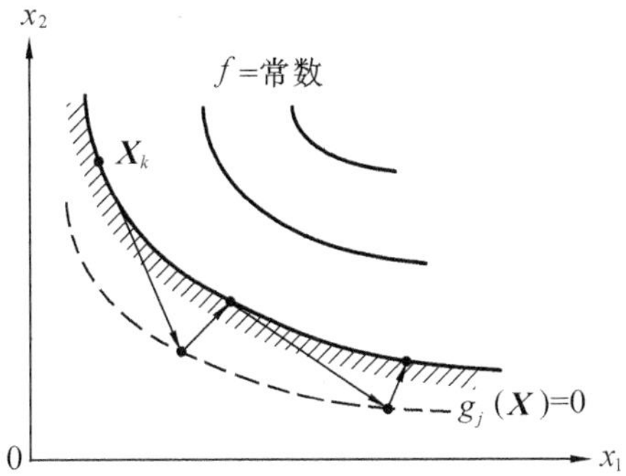

图 4－27

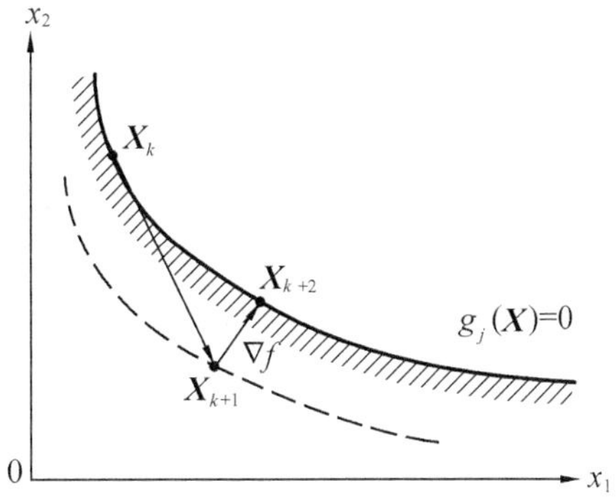

图 4－28

式(4－95)和式(4－96)中的 ε 是返回时的步长。它可由先加倍后减半进行搜索的方法,以一定的误差到达约束界面附近来确定。

由于需要进行可行性调整,不仅很复杂,而且使算法收敛很慢。所以,对非线性约束问题,梯度投影法不是有效的方法。

4.7.2 递推关系式

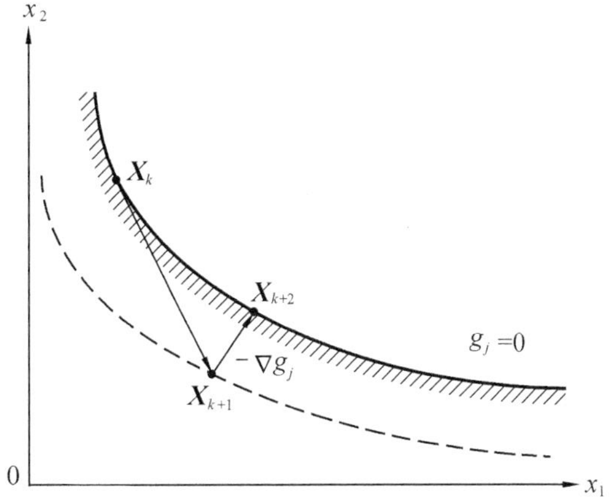

图 4－29

在梯度投影法中,每迭代一次要通过式(4－90)求步向,这可用式(4－89)求得投影矩阵 $\boldsymbol{p}_k$ 来得到。而要求得 $\boldsymbol{p}_k$,必须先求得 $\boldsymbol{N}_q^{\mathrm{T}}(\boldsymbol{N}_q^{\mathrm{T}}\boldsymbol{N}_q)^{-1}\boldsymbol{N}_q$,其中主要的工作量是求 $(\boldsymbol{N}_q^{\mathrm{T}}\boldsymbol{N}_q)^{-1}$。这里的 $\boldsymbol{N}_q$ 是 q 个起作用约束的梯度为其列向量的矩阵。我们通常可以判定哪些约束是临界的,但不能判定哪些是起作用的。而是先认为这 q 个约束都是起作用约束,形成 $\boldsymbol{N}_q$,并按式(4－86)求出 $\boldsymbol{\lambda}$。若 $\boldsymbol{\lambda}$ 中有负的分量,则先将负得最多的一个分量对应的约束,从起作用约束集中去掉,并重求 $(\boldsymbol{N}_q^{\mathrm{T}}\boldsymbol{N}_q)^{-1}$ 直到 $\boldsymbol{\lambda}$ 的全部分量为非负。另一方面,当一次迭代中步长正好到达另一约束的界面时,则将这个约束加入到有效约束集中并求出 $(\boldsymbol{N}_{q+1}^{\mathrm{T}}\boldsymbol{N}_{q+1})^{-1}$。当变量分量和约束较多时,采用通常的矩阵求逆方法工作量是相当大的。下面介绍由 $(\boldsymbol{N}_q^{\mathrm{T}}\boldsymbol{N}_q)^{-1}$ 求 $(\boldsymbol{N}_{q-1}^{\mathrm{T}}\boldsymbol{N}_{q-1})^{-1}$ 或 $(\boldsymbol{N}_{q+1}^{\mathrm{T}}\boldsymbol{N}_{q+1})^{-1}$ 的递推公式,以减少工作量[39]。

4.7.2.1　分块矩阵的逆矩阵

考虑对称矩阵 $\boldsymbol{A}$，将它分块为

$$\boldsymbol{A}=\begin{bmatrix}\boldsymbol{A}_1 & \boldsymbol{A}_2\\ \boldsymbol{A}_2^{\mathrm{T}} & \boldsymbol{A}_3\end{bmatrix} \tag{4-97}$$

式中 $\boldsymbol{A}_1$ 和 $\boldsymbol{A}_3$ 都是方阵。

设 $\boldsymbol{A}$ 的逆矩阵是

$$\boldsymbol{A}^{-1}=\boldsymbol{B}=\begin{bmatrix}\boldsymbol{B}_1 & \boldsymbol{B}_2\\ \boldsymbol{B}_2^{\mathrm{T}} & \boldsymbol{B}_3\end{bmatrix} \tag{4-98}$$

则由

$$\boldsymbol{A}\cdot\boldsymbol{B}=\begin{bmatrix}\boldsymbol{A}_1 & \boldsymbol{A}_2\\ \boldsymbol{A}_2^{\mathrm{T}} & \boldsymbol{A}_3\end{bmatrix}\begin{bmatrix}\boldsymbol{B}_1 & \boldsymbol{B}_2\\ \boldsymbol{B}_2^{\mathrm{T}} & \boldsymbol{B}_3\end{bmatrix}=\boldsymbol{I}\ (\text{单位矩阵})$$

有

$$\boldsymbol{A}_1\boldsymbol{B}_1+\boldsymbol{A}_2\boldsymbol{B}_2^{\mathrm{T}}=\boldsymbol{I} \tag{4-99}$$

$$\boldsymbol{A}_1\boldsymbol{B}_2+\boldsymbol{A}_2\boldsymbol{B}_3=\boldsymbol{0} \tag{4-100}$$

$$\boldsymbol{A}_2^{\mathrm{T}}\boldsymbol{B}_1+\boldsymbol{A}_3\boldsymbol{B}_2^{\mathrm{T}}=\boldsymbol{0} \tag{4-101}$$

$$\boldsymbol{A}_2^{\mathrm{T}}\boldsymbol{B}_2+\boldsymbol{A}_3\boldsymbol{B}_3=\boldsymbol{I} \tag{4-102}$$

由式(4-100)，我们得到

$$\boldsymbol{B}_2=-\boldsymbol{A}_1^{-1}\boldsymbol{A}_2\boldsymbol{B}_3 \tag{4-103}$$

将式(4-103)代入式(4-102)有

$$\boldsymbol{B}_3(\boldsymbol{A}_3-\boldsymbol{A}_2^{\mathrm{T}}\boldsymbol{A}_1^{-1}\boldsymbol{A}_2)=\boldsymbol{I}$$

记

$$\boldsymbol{A}_0=\boldsymbol{A}_3-\boldsymbol{A}_2^{\mathrm{T}}\boldsymbol{A}_1^{-1}\boldsymbol{A}_2 \tag{4-104}$$

则

$$\boldsymbol{B}_2=\boldsymbol{A}_0^{-1} \tag{4-105}$$

将式(4-105)代回式(4-103)得

$$\boldsymbol{B}_2=-\boldsymbol{A}_1^{-1}\boldsymbol{A}_2\boldsymbol{A}_0^{-1} \tag{4-106}$$

再由式(4-99)有

$$\boldsymbol{B}_1=\boldsymbol{A}_1^{-1}-\boldsymbol{A}_1^{-1}\boldsymbol{A}_2\boldsymbol{B}_2^{\mathrm{T}}$$

将式(4-103)代回上式则

$$\boldsymbol{B}_1=\boldsymbol{A}_1^{-1}+\boldsymbol{A}_1^{-1}\boldsymbol{A}_2B_3^{\mathrm{T}}\boldsymbol{A}_2^{\mathrm{T}}\boldsymbol{A}_1^{-1}$$

再将式(4-105)代入上式得

$$\boldsymbol{B}_1=\boldsymbol{A}_1^{-1}+\boldsymbol{A}_1^{-1}\boldsymbol{A}_2\boldsymbol{A}_0^{-1}\boldsymbol{A}_2^{\mathrm{T}}\boldsymbol{A}_1^{-1} \tag{4-107}$$

上面得到的式(4－102)、式(4－105)、式(4－106)和式(4－107)就是计算$\boldsymbol{A}^{-1}$的公式。由它们还可看到，只有当$\boldsymbol{A}_1$和$\boldsymbol{A}_0$都是非奇异矩阵时，这些公式才能成立。

将式(4－107)改写为

$$\boldsymbol{B}_1 = \boldsymbol{A}_1^{-1} + (-\boldsymbol{A}_1^{-1}\boldsymbol{A}_2\boldsymbol{A}_0^{-1})(\boldsymbol{A}_0\boldsymbol{A}_0^{-1})(-\boldsymbol{A}_2^{\mathrm{T}}\boldsymbol{A}_1^{-1})$$

再将式(4－105)和(4－106)代入上式得到

$$\boldsymbol{A}_1^{-1} = \boldsymbol{B}_1 - \boldsymbol{B}_2\boldsymbol{B}_3^{-1}\boldsymbol{B}_2^{\mathrm{T}} \tag{4-108}$$

4.7.2.2　由$(\boldsymbol{N}_q^{\mathrm{T}}\boldsymbol{N}_q)^{-1}$求$(\boldsymbol{N}_{q-1}^{\mathrm{T}}\boldsymbol{N}_{q-1})^{-1}$

当已知$(\boldsymbol{N}_q^{\mathrm{T}}\boldsymbol{N}_q)^{-1}$需求$(\boldsymbol{N}_{q-1}^{\mathrm{T}}\boldsymbol{N}_{q-1})^{-1}$，且减少的是最后一个约束对应的约束梯度时，可令

$$\boldsymbol{B} = (\boldsymbol{N}_q^{\mathrm{T}}\boldsymbol{N}_q)^{-1} = \begin{bmatrix} \boldsymbol{B}_1 & \boldsymbol{B}_2 \\ \boldsymbol{B}_2^{\mathrm{T}} & \boldsymbol{B}_3 \end{bmatrix}$$

式中$\boldsymbol{B}_1$是$(q-1)\times(q-1)$的方阵，$\boldsymbol{B}_2$是$(q-1)$的向量，$\boldsymbol{B}_3$为纯量。并令

$$\boldsymbol{A}_1 = \boldsymbol{N}_{q-1}^{\mathrm{T}}\boldsymbol{N}_{q-1}$$

则利用式(4－108)就可求得$\boldsymbol{A}_1^{-1} = (\boldsymbol{N}_{q-1}^{\mathrm{T}}\boldsymbol{N}_{q-1})^{-1}$。

当要去掉的是对称方阵$(\boldsymbol{N}_q^{\mathrm{T}}\boldsymbol{N}_q)^{-1}$中的第$t$行与第$t$列时$(1\leqslant t\leqslant q)$，则可在事先将$\boldsymbol{B}$中的第$t$列与第$q$列，第$t$行与第$q$行对换后再按式(4－108)求$(\boldsymbol{N}_{q-1}^{\mathrm{T}}\boldsymbol{N}_{q-1})^{-1}$。

4.7.2.3　由$(\boldsymbol{N}_q^{\mathrm{T}}\boldsymbol{N}_q)^{-1}$求$(\boldsymbol{N}_{q+1}^{\mathrm{T}}\boldsymbol{N}_{q+1})^{-1}$

当已知$(\boldsymbol{N}_q^{\mathrm{T}}\boldsymbol{N}_q)^{-1}$需求$(\boldsymbol{N}_{q+1}^{\mathrm{T}}\boldsymbol{N}_{q+1})^{-1}$，且增加的是最后一个约束对应的约束梯度时，可令

$$\left.\begin{aligned} \boldsymbol{A} &= \boldsymbol{N}_{q+1}^{\mathrm{T}}\boldsymbol{N}_{q+1} \\ \boldsymbol{A}_1^{-1} &= (\boldsymbol{N}_q^{\mathrm{T}}\boldsymbol{N}_q)^{-1} \\ \boldsymbol{A}_2 &= \boldsymbol{N}_q^{\mathrm{T}}\,\nabla g_{q+1}(\text{向量}) \\ \boldsymbol{A}_3 &= \nabla g_{q+1}^{\mathrm{T}}\,\nabla g_{q+1}(\text{向量}) \end{aligned}\right\} \tag{4-109}$$

则所求$\boldsymbol{A}^{-1}=\boldsymbol{B}$可由将式(4－104)、式(4－107)、式(4－106)和式(4－105)代入式(4－98)求得。

4.7.2.4　约束梯度线性相关的判别

在上面，当加入的∇g_{q+1}与已在$\boldsymbol{N}_q$中的一个或几个∇g_i线性相关时，则$(\boldsymbol{N}_{q+1}^{\mathrm{T}}\boldsymbol{N}_{q+1})$是奇异的，而不存在$(\boldsymbol{N}_{q+1}^{\mathrm{T}}\boldsymbol{N}_{q+1})^{-1}$。

由于此时∇g_{q+1}与$\nabla g_i(i=1,2,\cdots,q)$中的一个或几个$\nabla g_i$线性相关，故可把$\nabla g_{q+1}$表示成它们的线性组合，而有

$$\nabla g_{q+1} = \sum_{i=1}^{q}\nabla g_i\alpha_i = \boldsymbol{N}_q\alpha \tag{4-110}$$

而将式(4 - 109)代入式(4 - 93)时,得

$$A_0 = A_3 - A_2^{\mathrm{T}}A_1^{-1}A_2 = \nabla g_{q+1}^{\mathrm{T}} \nabla g_{q+1} - \nabla g_{q+1}^{\mathrm{T}} N_q (N_q^{\mathrm{T}} N_q)^{-1} N_q^{\mathrm{T}} \nabla g_{q+1} \tag{4-111}$$

将式(4 - 110)代入式(4 - 111)有

$$A_0 = \alpha^{\mathrm{T}} N_q^{\mathrm{T}} N_q \alpha - \alpha^{\mathrm{T}} N_q^{\mathrm{T}} N_q (N_q^{\mathrm{T}} N_q)^{-1} N_q^{\mathrm{T}} N_q \alpha = 0 \tag{4-112}$$

可见,当加入的约束梯度与原有的约束集的约束梯度线性相关时,必使式(4 - 112)成立。故我们可以计算式(4 - 111),当其值为零时,则该约束不应加入所考虑的起作用约束集。

4.7.2.5 投影矩阵 p_k 的递推公式

投影矩阵

$$p_k = I - N_q (N_q^{\mathrm{T}} N_q)^{-1} N_q^{\mathrm{T}} \xlongequal{\text{记为}} p_q \tag{4-89}$$

现在,记

$$\tilde{p}_q = N_q (N_q^{\mathrm{T}} N_q)^{-1} N_q^{\mathrm{T}} \tag{4-113}$$

则

$$\tilde{p}_{q+1} = N_{q+1} (N_{q+1}^{\mathrm{T}} N_{q+1})^{-1} N_{q+1}^{\mathrm{T}} \tag{4-114}$$

将式(4 - 109)的第一式与式(4 - 98)代入式(4 - 114)得到

$$\tilde{p}_{q+1} = [N_q, \nabla g_{q+1}] \begin{bmatrix} B_1 & B_2 \\ B_2^{\mathrm{T}} & B_3 \end{bmatrix} \begin{bmatrix} N_q^{\mathrm{T}} \\ \nabla g_{q+1}^{\mathrm{T}} \end{bmatrix} \tag{4-115}$$

展开上式有

$$\begin{aligned} \tilde{p}_{q+1} &= [N_q B_1 + \nabla g_{q+1} B_2^{\mathrm{T}}, N_q B_2 + \nabla g_{q+1} B_3] \begin{bmatrix} N_q^{\mathrm{T}} \\ \nabla g_{q+1}^{\mathrm{T}} \end{bmatrix} \\ &= N_q B_1 N_q^{\mathrm{T}} + \nabla g_{q+1} B_2^{\mathrm{T}} N_q^{\mathrm{T}} + N_q B_2 \nabla g_{q+1}^{\mathrm{T}} + \nabla g_{q+1} B_3 \nabla g_{q+1}^{\mathrm{T}} \end{aligned} \tag{4-116}$$

将式(4 - 105)、式(4 - 106)与式(4 - 107)代入式(4 - 116)得

$$\begin{aligned} \tilde{p}_{q+1} = {} & N_q (A_1^{-1} + A_1^{-1} A_2 A_0^{-1} A_2^{\mathrm{T}} A_1^{-1}) N_q^{\mathrm{T}} + \nabla g_{q+1} (-A_0^{-1} A_2^{\mathrm{T}} A_1^{-1}) N_q^{\mathrm{T}} \\ & + N_q (-A_1^{-1} A_2 A_0^{-1}) \nabla g_{q+1}^{\mathrm{T}} + \nabla g_{q+1} A_0^{-1} \nabla g_{q+1}^{\mathrm{T}} \end{aligned} \tag{4-117}$$

将式(4 - 109)代入式(4 - 117)并注意到 $A_0^{-1} = \dfrac{1}{A_0}$,得到

$$\begin{aligned} \tilde{p}_{q+1} = {} & N_q (N_q^{\mathrm{T}} N_q)^{-1} N_q^{\mathrm{T}} + \frac{1}{A_0} [N_q (N_q^{\mathrm{T}} N_q)^{-1} N_q^{\mathrm{T}} \nabla g_{q+1} \nabla g_{q+1}^{\mathrm{T}} N_q (N_q^{\mathrm{T}} N_q)^{-1} N_q^{\mathrm{T}} \\ & - \nabla g_{q+1} \nabla g_{q+1}^{\mathrm{T}} N_q (N_q^{\mathrm{T}} N_q)^{-1} N_q^{\mathrm{T}} - N_q (N_q^{\mathrm{T}} N_q)^{-1} N_q^{\mathrm{T}} \nabla g_{q+1} \nabla g_{q+1}^{\mathrm{T}} \\ & + \nabla g_{q+1} \nabla g_{q+1}^{\mathrm{T}}] \end{aligned} \tag{4-118}$$

另一方面,

$$
\begin{aligned}
&(\boldsymbol{p}_k \nabla g_{q+1})(\boldsymbol{p}_k \nabla g_{q+1})^{\mathrm{T}} = (\boldsymbol{p}_k \nabla g_{q+1})(\nabla g_{q+1}^{\mathrm{T}} \boldsymbol{p}_k^{\mathrm{T}}) \\
&\xlongequal{(\text{式} 4-89)} (\nabla g_{q+1} - \boldsymbol{N}_q(\boldsymbol{N}_q^{\mathrm{T}}\boldsymbol{N}_q)^{-1}\boldsymbol{N}_q^{\mathrm{T}} \nabla g_{q+1})(\nabla g_{q+1}^{\mathrm{T}} - \nabla g_{q+1}^{\mathrm{T}}\boldsymbol{N}_q^{\mathrm{T}}(\boldsymbol{N}_q^{\mathrm{T}}\boldsymbol{N}_q)^{-1}\boldsymbol{N}_q) \\
&= \nabla g_{q+1} \nabla g_{q+1}^{\mathrm{T}} - \nabla g_{q+1} \nabla g_{q+1}^{\mathrm{T}}\boldsymbol{N}_q^{\mathrm{T}}(\boldsymbol{N}_q^{\mathrm{T}}\boldsymbol{N}_q)^{-1}\boldsymbol{N}_q - \boldsymbol{N}_q(\boldsymbol{N}_q^{\mathrm{T}}\boldsymbol{N}_q)^{-1}\boldsymbol{N}_q^{\mathrm{T}} \nabla g_{q+1} \nabla g_{q+1}^{\mathrm{T}} + \\
&\quad \boldsymbol{N}_q(\boldsymbol{N}_q^{\mathrm{T}}\boldsymbol{N}_q)^{-1}\boldsymbol{N}_q^{\mathrm{T}} \nabla g_{q+1} \nabla g_{q+1}^{\mathrm{T}}\boldsymbol{N}_q^{\mathrm{T}}(\boldsymbol{N}_q^{\mathrm{T}}\boldsymbol{N}_q)^{-1}\boldsymbol{N}_q
\end{aligned}
\tag{4-119}
$$

将式(4－113)与式(4－119)代入式(4－118)得

$$\tilde{\boldsymbol{p}}_{q+1} = \tilde{\boldsymbol{p}}_q + (\boldsymbol{p}_q \nabla g_{q+1})(\boldsymbol{p}_q \nabla g_{q+1})^{\mathrm{T}}/\boldsymbol{A}_0 \tag{4-120}$$

因为 $\boldsymbol{p}_{q+1} = \boldsymbol{I} - \tilde{\boldsymbol{p}}_{q+1}, \boldsymbol{p}_q = \boldsymbol{I} - \tilde{\boldsymbol{p}}_q$,故由式(4－120)得

$$\boldsymbol{p}_{q+1} = \boldsymbol{p}_q - (\boldsymbol{p}_q \nabla g_{q+1})(\boldsymbol{p}_q \nabla g_{q+1})^{\mathrm{T}}/\boldsymbol{A}_0 \tag{4-121}$$

又因为

$$
\begin{aligned}
\boldsymbol{A}_0 &= \nabla g_{q+1}^{\mathrm{T}} \nabla g_{q+1} - \nabla g_{q+1}^{\mathrm{T}}\boldsymbol{N}_q(\boldsymbol{N}_q^{\mathrm{T}}\boldsymbol{N}_q)^{-1}\boldsymbol{N}_q^{\mathrm{T}} \nabla g_{q+1} \\
&= \nabla g_{q+1}^{\mathrm{T}}(\boldsymbol{I} - \boldsymbol{N}_q(\boldsymbol{N}_q^{\mathrm{T}}\boldsymbol{N}_q)^{-1}\boldsymbol{N}_q^{\mathrm{T}}) \nabla g_{q+1} \\
&= \nabla g_{q+1}^{\mathrm{T}}\boldsymbol{p}_q \nabla g_{q+1} \neq 0
\end{aligned}
\tag{4-122}
$$

故式(4－121)可写成

$$\boldsymbol{p}_{q+1} = \boldsymbol{p}_q - \frac{\boldsymbol{p}_q \nabla g_{q+1}(\boldsymbol{p}_q \nabla g_{q+1})^{\mathrm{T}}}{\nabla g_{q+1}^{\mathrm{T}}\boldsymbol{p}_q \nabla g_{q+1}} \tag{4-123}$$

此式即投影矩阵的递推公式,用它可由 $\boldsymbol{p}_q$ 与∇g_{q+1} 求得 $\boldsymbol{p}_{q+1}$。利用此式我们还可以从 $\boldsymbol{p}_{q=0} = \boldsymbol{I}$ 开始,逐步形成投影矩阵 $\boldsymbol{p}_q$ 而不必利用式(4－89)去求逆得到。

4.7.3 共轭梯度投影法(*Goldfarb* 算法)

梯度投影法是梯度法对有约束问题的推广,由于梯度法收敛很慢,因此不必期望梯度投影法有较快的收敛速度。人们自然会想到,如何把拟牛顿法或共轭梯度法等收敛得较快的无约束方法,推广到有线性约束的非线性规划问题。Goldfarb 提出的对线性约束问题的**共轭梯度投影法**(Conjugate gradient projection method)[40] 就是很成功的一个。这种称之为 Goldfarb 的算法要比梯度投影法收敛得快许多,是一种很好的算法。其计算步骤和公式类同于梯度投影法,主要不同的是在梯度投影法中,步向是

$$\boldsymbol{P}_k = -\boldsymbol{p}_q \nabla f(\boldsymbol{X}_k) \tag{4-90}$$

而在 Goldfarb 算法中,步向是

$$\boldsymbol{P}_k = -\boldsymbol{H}_q \nabla f(\boldsymbol{X}_k) \tag{4-124}$$

式中 $\boldsymbol{H}_q$ 为 $n \times n$ 的矩阵,称之为投影算子。在梯度投影法中,投影矩阵的递推公式为

$$\boldsymbol{p}_{q+1} = \boldsymbol{p}_q - \frac{\boldsymbol{p}_q \nabla g_{q+1}(\boldsymbol{p}_q \nabla g_{q+1})^{\mathrm{T}}}{\nabla g_{q+1}^{\mathrm{T}}\boldsymbol{p}_q \nabla g_{q+1}} \tag{4-123}$$

而在 Goldfarb 算法中对应有投影算子的递推公式为

$$H_{q+1} = H_q - \frac{H_q \nabla g_{q+1}(H_q \nabla g_{q+1})^{\mathrm{T}}}{\nabla g_{q+1}^{\mathrm{T}} H_q \nabla g_{q+1}} \tag{4-125}$$

下面给出 Goldfarb 算法的迭代步骤：

(1) 选定初始点 X_0 与 $n \times n$ 的初始对称正定矩阵 $H_{q\times q,k=0} = I$（常取 $H_{0,0} = I$），并给定正小数 $\varepsilon > 0$；

(2) 确定临界约束集，形成

$$N_q = [\nabla g_1, \nabla g_2, \cdots, \nabla g_q]$$

由式(4－125)递推求 $H_{q,0}$，即求

$$H_{i,0} = H_{i-1,0} - \frac{H_{i-1,0} \nabla g_i (H_{i-1,0} \nabla g_i)^{\mathrm{T}}}{\nabla g_i^{\mathrm{T}} H_{i-1,0} \nabla g_i} \qquad (i = 1,2,\cdots,q)$$

令 $k = 0$；

(3) 计算 $H_{q,k} \nabla f(X_k)$；对 $q \geqslant 1$ 计算

$$\boldsymbol{\lambda} = -(N_q^{\mathrm{T}} N_q)^{-1} N_q^{\mathrm{T}} \nabla f(X_k)$$

若 $H_{q,k} \nabla f(X_k) = 0$，且对每个起作用约束的 $\boldsymbol{\lambda} \geqslant 0$，则 X_k 为最优点；

(4) 若 $H_{q,k} \nabla f(X_k) = 0$，但有些 $\lambda_i < 0$，则将其对应的约束从起作用约束集中去掉，并用递推公式由 $(N_q^{\mathrm{T}} N_q)^{-1}$ 计算 $(N_{q-1}^{\mathrm{T}} N_{q-1})^{-1}$，并求

$$p_{q-1} = I - N_{q-1}(N_{q-1}^{\mathrm{T}} N_{q-1})^{-1} N_{q-1}^{\mathrm{T}}$$

$$H_{q-1,k} = H_{q,k} + \frac{p_{q-1} \nabla g_q (p_{q-1} \nabla g_q)^{\mathrm{T}}}{\nabla g_q^{\mathrm{T}} p_{q-1} \nabla g_q}$$

令 $q = q - 1$，转(3)；

若 $H_{q,k} \nabla f(X_k) \neq 0$，则转(5)；

(5) 令 $P_k = -H_{q,k} \nabla f(X_k)$，沿 P_k 进行一维搜索使既不违反约束又使目标函数下降最多，令 $X_{k+1} = X_k + t_k P_k$，并计算$\nabla f(X_{k+1})$；

(6) 若 $t_k < t_{\max}$ 则转(7)，否则将对应于 $t_{\max}$ 的约束作为 $q+1$ 个约束加入起作用约束集并得到 N_{q+1}，再由递推关系式由 $(N_q^{\mathrm{T}} N_q)^{-1}$ 计算 $(N_{q+1}^{\mathrm{T}} N_{q+1})^{-1}$；再计算

$$H_{q+1,k+1} = H_{q,k} - \frac{H_{q,k} \nabla g_{q+1}(H_{q,k} \nabla g_{q+1})^{\mathrm{T}}}{\nabla g_{q+1}^{\mathrm{T}} H_{q,k} \nabla g_{q+1}}$$

令 $q = q + 1$，转(8)；

(7) 当 $t_k < t_{\max}$ 时，起作用约束集不变，用 DFP 或 BFGS 公式修正投影算子。如果用 DFP 公式，则有

$$H_{q,k+1} = H_{q,k} + \frac{\Delta X_k \Delta X_k^{\mathrm{T}}}{\Delta X_k^{\mathrm{T}} Y_k} - \frac{(H_{q,k} Y_k)(H_{q,k} Y_k)}{Y_k^{\mathrm{T}} H_{q,k} Y_k}$$

式中 $\Delta X_k = X_{k+1} - X_k$，$Y_k = \nabla f(X_{k+1}) - \nabla f(X_k)$；

(8) 若$\|X_{k+1}-X_k\|<\varepsilon$,则$X^*=X_{k+1}$,结束迭代;否则,令$k=k+1$,转(3)。

例 4-12 用 Goldfarb 算法求

$$\left.\begin{aligned}\min\quad & f(X)=(x_1-3)^2(4-x_2)\\ \text{s.t.}\quad & g_1(X)=x_1+x_2-3\leqslant 0\\ & g_2(X)=x_1-2\leqslant 2\\ & g_3(X)=x_2-2\leqslant 0\\ & g_4(X)=-x_1\leqslant 0\\ & g_5(X)=-x_2\leqslant 0\end{aligned}\right\}$$

解

(1) 取$X_0=[0.2,1.8]^{\mathrm T}$,$H_0=I=\begin{bmatrix}1&0\\0&1\end{bmatrix}$。

(2) 第一次迭代

① 确定临界约束集求步向P_0

由于$g_1(X_0)=-1$,$g_2(X_0)=-1.8$,$g_3(X_0)=-0.2$,$g_4(X_0)=-0.2$,$g_5(X_0)=-1.8$,故$q=0$;即$I(X_0)=\{0\}$。

取$P_0=-H_0\nabla f(X_0)$。因为

$$\nabla f(X_0)=\begin{bmatrix}2(x_1-3)(4-x_2)\\-(x_1-3)^2\end{bmatrix}_{X=X_0}=\begin{bmatrix}-12.32\\-7.84\end{bmatrix}$$

故$P_0=[12.32,7.84]^{\mathrm T}$。

② 从X_0出发沿P_0进行一维搜索求t_0

先沿P_0求到达$g_i=(i=1,2,3,4,5)$诸约束界面的步长,并取$t_i>0$中最小者,由

$$g_1(X_0+t_{0,1}P_0)=(0.2+12.32t_{0.1})+(1.8+7.84t_{0,1})-3=0$$

得$t_{0,1}=\dfrac{1}{20.16}$,同理有$t_{0,2}=\dfrac{1.8}{12.32}$,$t_{0,3}=\dfrac{0.2}{7.84}$。故

$$t_{\max}=\min(t_{0,1},t_{0,2},t_{0,3})=t_{0,3}=\frac{5}{196}$$

再求$\varphi_0(t_0')=f(X_0+t_0'P_0)=[(4-(1.8+7.84t'_0))((0.2+12.32t_0')-3)]$的极小,得$t'_0=0.263$,从而所求步长$t_0=\min\{t',t_{\max}\}=t_{\max}=\dfrac{5}{196}$;

③ 求得$X_1=X_0+t_0P_0=[0.512,2]^{\mathrm T}$。

(3) 第二次迭代

① 确定临界约束集

由于$t_0=t_{\max}=t_{0,3}$,故只有$g_3(X)$为临界约束,$q=1$,$I(X_1)=\{3\}$。

② 求步向 $\boldsymbol{P}_1$

此时

$$\boldsymbol{N}_1 = \nabla g_3(\boldsymbol{X}_1) = [0,1]^{\mathrm{T}},\quad \boldsymbol{N}_1\boldsymbol{N}_1^{\mathrm{T}} = 1,\quad (\boldsymbol{N}_1\boldsymbol{N}_1^{\mathrm{T}})^{-1} = 1$$

投影矩阵

$$\boldsymbol{p}_1 = \boldsymbol{I} - \boldsymbol{N}(\boldsymbol{N}_1\boldsymbol{N}_1^{\mathrm{T}})^{-1}\boldsymbol{N}_1^{\mathrm{T}} = \begin{bmatrix}1 & 0\\ 0 & 1\end{bmatrix} - \begin{bmatrix}0\\ 1\end{bmatrix}[0,1] = \begin{bmatrix}1 & 0\\ 0 & 0\end{bmatrix}$$

$$\boldsymbol{H}_{1,1} = \boldsymbol{H}_0 - \frac{\boldsymbol{H}_0\nabla g_3\nabla g_3^{\mathrm{T}}\boldsymbol{H}_0}{\nabla g_3^{\mathrm{T}}\boldsymbol{H}_0\nabla g_3} = \begin{bmatrix}1 & 0\\ 0 & 1\end{bmatrix} - \frac{\begin{bmatrix}1 & 0\\ 0 & 1\end{bmatrix}\begin{bmatrix}0\\ 1\end{bmatrix}[0,1]\begin{bmatrix}1 & 0\\ 0 & 1\end{bmatrix}}{[0,1]\begin{bmatrix}1 & 0\\ 0 & 1\end{bmatrix}\begin{bmatrix}0\\ 1\end{bmatrix}} = \begin{bmatrix}1 & 0\\ 0 & 0\end{bmatrix}$$

故

$$\boldsymbol{P}_1 = -\boldsymbol{H}_{1,1}\nabla f(\boldsymbol{X}_1) = -\begin{bmatrix}1 & 0\\ 0 & 1\end{bmatrix}\begin{bmatrix}-9.95\\ -6.19\end{bmatrix} \neq 0$$

③ 求步长 t_1

同第一次迭代,先由

$$g_1(\boldsymbol{X}_2) = g_1(\boldsymbol{X}_1 + t_{1,1}\boldsymbol{P}_1) = 0.512 + 9.95t_{1,1} + 2 - 3 = 0$$

得 $t_{1,1} = 0.049$;同理,$t_{1,2} = 0.149\,5$,得 $t_1 = t_{\max} = t_{1,1} = 0.049$。

再求 $\varphi(t_1')$ 的极小,并取

$$t_1 = \min\{t_1', t_{\max}\} = t_{\max} = t_{1,1} = 0.049$$

④$\boldsymbol{X}_2 = \boldsymbol{X}_1 + t_1\boldsymbol{P}_1 = \begin{bmatrix}0.512\\ 2\end{bmatrix} + 0.049\begin{bmatrix}0.95\\ 0\end{bmatrix} = \begin{bmatrix}1\\ 2\end{bmatrix}$。

(4) 第三次迭代

① 确定临界约束集。由于 $t_1 = t_{1,1}$,故将 $g_1(\boldsymbol{X})$ 加入,从而 $q = 2$,$\boldsymbol{I}(\boldsymbol{X}_2) = \begin{bmatrix}3\\ 1\end{bmatrix}$。

② 求步向

$$\boldsymbol{N}_2 = [\nabla g_3(\boldsymbol{X}_2), \nabla g_1(\boldsymbol{X}_2)] = \begin{bmatrix}0 & 1\\ 1 & 1\end{bmatrix}$$

下面用递推关系由求$(\boldsymbol{N}_1\boldsymbol{N}_1^{\mathrm{T}})^{-1} = 1$ 求$(\boldsymbol{N}_2\boldsymbol{N}_2^{\mathrm{T}})^{-1}$:

此时按式(4-109)有

$$\boldsymbol{A}_1^{-1} = (\boldsymbol{N}_q\boldsymbol{N}_q^{\mathrm{T}})^{-1} = (\boldsymbol{N}_1\boldsymbol{N}_1^{\mathrm{T}})^{-1} = 1$$

$$\boldsymbol{A}_2 = \boldsymbol{N}_q^{\mathrm{T}}\nabla g_{q+1} = \boldsymbol{N}_1^{\mathrm{T}}\nabla g_1 = [0,1]\begin{bmatrix}1\\ 1\end{bmatrix} = 1$$

$$\boldsymbol{A}_3 = \nabla g_{q+1}^{\mathrm{T}}\nabla g_{q+1} = \nabla g_1^{\mathrm{T}}\nabla g_1 = [1,1]\begin{bmatrix}1\\ 1\end{bmatrix} = 2$$

从而可由式(4－104)、式(4－105)得

$$\boldsymbol{A}_0=\boldsymbol{A}_3-\boldsymbol{A}_2^{\mathrm{T}}\boldsymbol{A}_1^{-1}\boldsymbol{A}_2=2-1\times1\times1=1$$

$$\boldsymbol{B}_1=\boldsymbol{A}_1^{-1}+\boldsymbol{A}_1^{-1}\boldsymbol{A}_2\boldsymbol{A}_0^{-1}\boldsymbol{A}_2^{\mathrm{T}}\boldsymbol{A}_1^{-1}=1+1\times1\times1\times1=2$$

$$\boldsymbol{B}_2=-\boldsymbol{A}_1^{-1}\boldsymbol{A}_2\boldsymbol{A}_0^{-1}=-1\times1\times1=-1$$

$$\boldsymbol{B}_3=\boldsymbol{A}_0^{-1}=1$$

可见所求

$$(\boldsymbol{N}_2\boldsymbol{N}_2^{\mathrm{T}})^{-1}=\boldsymbol{A}^{-1}=\boldsymbol{B}=\begin{bmatrix}\boldsymbol{B}_1 & \boldsymbol{B}_2\\ \boldsymbol{B}_2^{\mathrm{T}} & \boldsymbol{B}_3\end{bmatrix}=\begin{bmatrix}2 & -1\\ -1 & 1\end{bmatrix}$$

计算

$$\boldsymbol{H}_{2,2}=\boldsymbol{H}_{1,1}-\frac{\boldsymbol{H}_{1,1}\nabla g_1(\boldsymbol{H}_{1,1}\nabla g_1)^{\mathrm{T}}}{\nabla g_1^{\mathrm{T}}\boldsymbol{H}_{1,1}\nabla g_1}=\begin{bmatrix}1 & 0\\ 0 & 0\end{bmatrix}-\frac{\begin{bmatrix}1 & 0\\ 0 & 0\end{bmatrix}\begin{bmatrix}1\\ 1\end{bmatrix}[1,1]\begin{bmatrix}1 & 0\\ 0 & 0\end{bmatrix}}{[1,1]\begin{bmatrix}1 & 0\\ 0 & 0\end{bmatrix}\begin{bmatrix}1\\ 1\end{bmatrix}}=\begin{bmatrix}0 & 0\\ 0 & 0\end{bmatrix}$$

从而 $\boldsymbol{H}_{2,2}\nabla f(\boldsymbol{X}_2)=\begin{bmatrix}0\\ 0\end{bmatrix}$。故计算

$$\boldsymbol{\lambda}=(\boldsymbol{N}_2\boldsymbol{N}_2^{\mathrm{T}})^{-1}\boldsymbol{N}_2^{\mathrm{T}}\nabla f(\boldsymbol{X}_2)=-\begin{bmatrix}2 & -1\\ -1 & 1\end{bmatrix}\begin{bmatrix}0 & 0\\ 1 & 1\end{bmatrix}\begin{bmatrix}-8\\ -4\end{bmatrix}=\begin{bmatrix}-4\\ 8\end{bmatrix}$$

可见 λ_1(对应于约束 $g_3(\boldsymbol{X})$) <0,故应从起作用约束集中去掉 $g_3(\boldsymbol{X})$。即

$$q=1,\boldsymbol{N}_q=\boldsymbol{N}_1=\nabla g_1=\begin{bmatrix}1\\ 1\end{bmatrix}$$

下面用递推关系式由 $(\boldsymbol{N}_2\boldsymbol{N}_2^{\mathrm{T}})^{-1}=\begin{bmatrix}2 & -1\\ -1 & 1\end{bmatrix}$,求 $(\boldsymbol{N}_1\boldsymbol{N}_1^{\mathrm{T}})^{-1}$。由于去掉的不是 $\boldsymbol{N}_2$ 中最后的向量,故应先将 $(\boldsymbol{N}_2\boldsymbol{N}_2^{\mathrm{T}})^{-1}$ 的行列互换成 $(\boldsymbol{N}_2\boldsymbol{N}_2^{\mathrm{T}})^{-1}=\begin{bmatrix}2 & -1\\ -1 & 1\end{bmatrix}$,此时

$$\boldsymbol{A}^{-1}=\boldsymbol{B}=\begin{bmatrix}\boldsymbol{B}_1 & \boldsymbol{B}_2\\ \boldsymbol{B}_2^{\mathrm{T}} & \boldsymbol{B}_3\end{bmatrix}=\begin{bmatrix}1 & -1\\ -1 & 2\end{bmatrix}$$

从而由式(4－108)得

$$\boldsymbol{A}_1^{-1}=(\boldsymbol{N}_1\boldsymbol{N}_1^{\mathrm{T}})^{-1}=\boldsymbol{B}_1-\boldsymbol{B}_2\boldsymbol{B}_3^{-1}\boldsymbol{B}_3^{\mathrm{T}}=1-(-1)\frac{1}{2}(-1)=\frac{1}{2}$$

再求投影矩阵

$$\boldsymbol{p}_q=\boldsymbol{p}_1=\boldsymbol{I}-\boldsymbol{N}(\boldsymbol{N}_1^{\mathrm{T}}\boldsymbol{N}_1)^{-1}\boldsymbol{N}_1^{\mathrm{T}}=\begin{bmatrix}1 & 0\\ 0 & 1\end{bmatrix}-\frac{1}{2}\begin{bmatrix}1\\ 1\end{bmatrix}[1,1]=\begin{bmatrix}\frac{1}{2} & -\frac{1}{2}\\ -\frac{1}{2} & \frac{1}{2}\end{bmatrix}$$

以及

$$H_{1,2}=H_{2,2}+\frac{p_1\nabla g_3(p_1\nabla g_3)^{\mathrm T}}{\nabla g_3^{\mathrm T}p_1\nabla g_3}=\begin{bmatrix}0&0\\0&0\end{bmatrix}+\frac{\begin{bmatrix}\frac{1}{2}&-\frac{1}{2}\\-\frac{1}{2}&\frac{1}{2}\end{bmatrix}\begin{bmatrix}0\\1\end{bmatrix}[0,1]\begin{bmatrix}\frac{1}{2}&-\frac{1}{2}\\-\frac{1}{2}&\frac{1}{2}\end{bmatrix}}{[0,1]\begin{bmatrix}\frac{1}{2}&-\frac{1}{2}\\-\frac{1}{2}&\frac{1}{2}\end{bmatrix}\begin{bmatrix}0\\1\end{bmatrix}}$$

$$=\begin{bmatrix}\frac{1}{2}&-\frac{1}{2}\\-\frac{1}{2}&\frac{1}{2}\end{bmatrix}$$

从而步向

$$P_2=-H_{1,2}\nabla f(X_2)=-\begin{bmatrix}\frac{1}{2}&-\frac{1}{2}\\-\frac{1}{2}&\frac{1}{2}\end{bmatrix}\begin{bmatrix}-8\\-4\end{bmatrix}=\begin{bmatrix}2\\-2\end{bmatrix}$$

③ 步长 t_2

经一维搜索得 $t_2=t_{\max}=t_{2,2}=\dfrac{1}{2}$,故

$$X_3=X_2+t_2P_2=\begin{bmatrix}1\\2\end{bmatrix}+\frac{1}{2}\begin{bmatrix}2\\-2\end{bmatrix}=\begin{bmatrix}2\\1\end{bmatrix}$$

(5) 第四次迭代

① 确定临界约束集

由于 $t_2=t_{\max}=t_{2,2}$,故 $g_2(X)$ 应加入临界约束集,得 $q=2$,$I(X_3)=\begin{bmatrix}2\\1\end{bmatrix}$。

② 求步向 P_3

此时 $N_q=N_2=[\nabla g_1(X_3),\nabla g_2(X_3)]=\begin{bmatrix}1&1\\1&0\end{bmatrix}$;仍用递推关系式 $(N_1N_1^{\mathrm T})^{-1}=\dfrac{1}{2}$,求得 $(N_2N_2^{\mathrm T})^{-1}=\begin{bmatrix}1&-1\\-1&2\end{bmatrix}$。并求得投影矩阵 $p_q=p_2=\begin{bmatrix}0&0\\0&0\end{bmatrix}$,以及

$$H_{2,3}=H_{1,2}-\frac{H_{1,2}\nabla g_2(H_{1,2}\nabla g_2)^{\mathrm T}}{\nabla g_2^{\mathrm T}H_{1,2}\nabla g_2}=\begin{bmatrix}0&0\\0&0\end{bmatrix}$$

故此时 $H_{2,3}\nabla f(X_3)=0$。

求解

$$\boldsymbol{\lambda} = -(\boldsymbol{N}_2\boldsymbol{N}_2^{\mathrm{T}})^{-1}\boldsymbol{N}_2\nabla f(\boldsymbol{X}_3) = \begin{bmatrix} 1 & -1 \\ -1 & 2 \end{bmatrix}\begin{bmatrix} 1 & 1 \\ 1 & 0 \end{bmatrix}\begin{Bmatrix} -6 \\ -1 \end{Bmatrix} = \begin{bmatrix} 1 \\ 5 \end{bmatrix} \geqslant 0$$

故 $\boldsymbol{X}_3 = \boldsymbol{X}^* = [2,1]^{\mathrm{T}}$ 为最优解。

Goldfarb算法是求解带线性约束的最优化问题的相当有效的方法。因此,我们往往可以用一系列约束子问题的解去逼近一般的非线性规划问题的解,而用 Goldfarb 算法求解这些线性约束子问题。

4.8* 简约梯度法与广义简约梯度法

4.8.1 简约梯度法

Wolfe P 将线性规划的单纯形法推广到具有非线性目标函数而约束仍为线性函数的非线性规划问题,这就是简约梯度法[41]。

线性约束的非线性规划问题为

$$\left.\begin{aligned} \min \quad & f(\boldsymbol{X}) \\ \text{s. t.} \quad & \boldsymbol{AX} = \boldsymbol{B} \\ & \boldsymbol{X} \geqslant 0 \end{aligned}\right\} \tag{4-126}$$

与线性规划类同,我们将变量分为基本变量和非基本变量,即有

$$\boldsymbol{X} = \begin{bmatrix} \boldsymbol{X}_D \\ \boldsymbol{X}_N \end{bmatrix} \tag{4-127}$$

对应的系数矩阵是

$$\boldsymbol{A} = [\boldsymbol{D},\boldsymbol{N}] \tag{4-128}$$

并且类同式(3-9)有

$$[x_1,x_2,\cdots,x_m]^{\mathrm{T}} = \boldsymbol{X}_D(\boldsymbol{X}_N) = \boldsymbol{D}^{-1}\boldsymbol{B} - \boldsymbol{D}^{-1}\boldsymbol{N}\boldsymbol{X}_N \tag{4-129}$$

目标函数梯度为

$$\nabla f(\boldsymbol{X}) = \begin{bmatrix} \nabla f_D(\boldsymbol{X}) \\ \nabla f_N(\boldsymbol{X}) \end{bmatrix} = \left[\frac{\partial f}{\partial x_1},\frac{\partial f}{\partial x_2},\cdots,\frac{\partial f}{\partial x_m},\frac{\partial f}{\partial x_{m+1}},\frac{\partial f}{\partial x_{m+2}},\cdots,\frac{\partial f}{\partial x_n}\right]^{\mathrm{T}} \tag{4-130}$$

在线性规划中,最优解总是基本可行解,即总有 $\boldsymbol{X}_N = 0$;但在非线性规划中一般不是这样,即 $\boldsymbol{X}_N \neq 0$。

将式(4-127)与式(4-128)代入$f(\boldsymbol{X})$,有

$$f(\boldsymbol{X}) = f(\boldsymbol{X}_D,\boldsymbol{X}_N) = f(\boldsymbol{X}_D(\boldsymbol{X}_N),\boldsymbol{X}_N) = F(\boldsymbol{X}_N) \tag{4-131}$$

可见,这时目标函数只是非基本变量向量的函数,我们可以用梯度法来求解,使这个目标函数在约束条件下极小。由于这时的梯度是 $F(\boldsymbol{X}_N)$ 关于 $\boldsymbol{X}_N$ 的梯度,而 $\boldsymbol{X}_N$ 的分量个数为 $n-$

m,比原来的变量个数 n 缩减或简约了 m 个。故称这种梯度为**简约梯度**(Reduced gradient),记为$\nabla F(\boldsymbol{X}_N)$,这时的梯度法称为**简约梯度法**(Reduced gradient method)。

4.8.1.1 简约梯度$\nabla F(\boldsymbol{X}_N)$的计算公式

简约梯度$\nabla F(\boldsymbol{X}_N)$是目标函数$f(\boldsymbol{X})$作为$\boldsymbol{X}_N$的复合函数时关于$\boldsymbol{X}_N$的梯度。根据复合函数求导法有

$$\nabla F_{(n-m)\times 1}(\boldsymbol{X}_N)=\begin{bmatrix}\dfrac{\partial F}{\partial x_{m+1}}\\ \dfrac{\partial F}{\partial x_{m+2}}\\ \vdots\\ \dfrac{\partial F}{\partial x_n}\end{bmatrix}=\begin{bmatrix}\sum\limits_{i=1}^{n}\dfrac{\partial f}{\partial x_i}\dfrac{\partial x_i}{\partial x_{m+1}}\\ \sum\limits_{i=1}^{n}\dfrac{\partial f}{\partial x_i}\dfrac{\partial x_i}{\partial x_{m+2}}\\ \vdots\\ \sum\limits_{i=1}^{n}\dfrac{\partial f}{\partial x_i}\dfrac{\partial x_i}{\partial x_n}\end{bmatrix}=\nabla_N\boldsymbol{X}_D^{\mathrm{T}}\nabla_D f(\boldsymbol{X})+\nabla_N\boldsymbol{X}_N^{\mathrm{T}}\nabla_N f(\boldsymbol{X}) \tag{4-132}$$

式中

$$\nabla_N\boldsymbol{X}_D^{\mathrm{T}}\underset{(n-m)\times 1}{\nabla_D} f(\boldsymbol{X})=\begin{bmatrix}\dfrac{\partial x_1}{\partial x_{m+1}} & \dfrac{\partial x_2}{\partial x_{m+1}} & \cdots & \dfrac{\partial x_m}{\partial x_{m+1}}\\ \dfrac{\partial x_1}{\partial x_{m+2}} & \dfrac{\partial x_2}{\partial x_{m+2}} & \cdots & \dfrac{\partial x_m}{\partial x_{m+2}}\\ \vdots & \vdots & & \vdots\\ \dfrac{\partial x_1}{\partial x_n} & \dfrac{\partial x_2}{\partial x_n} & \cdots & \dfrac{\partial x_m}{\partial x_n}\end{bmatrix}_{(n-m)\times m}\begin{bmatrix}\dfrac{\partial f}{\partial x_1}\\ \dfrac{\partial f}{\partial x_2}\\ \vdots\\ \dfrac{\partial f}{\partial x_m}\end{bmatrix}_{m\times 1} \tag{4-133}$$

$$\nabla_N\boldsymbol{X}_N^{\mathrm{T}}\underset{(n-m)\times 1}{\nabla_N} f(\boldsymbol{X})=\begin{bmatrix}\dfrac{\partial x_{m+1}}{\partial x_{m+1}} & \dfrac{\partial x_{m+2}}{\partial x_{m+1}} & \cdots & \dfrac{\partial x_n}{\partial x_{m+1}}\\ \dfrac{\partial x_{m+1}}{\partial x_{m+2}} & \dfrac{\partial x_{m+2}}{\partial x_{m+2}} & \cdots & \dfrac{\partial x_n}{\partial x_{m+2}}\\ \vdots & \vdots & & \vdots\\ \dfrac{\partial x_{m+1}}{\partial x_n} & \dfrac{\partial x_{m+2}}{\partial x_n} & \cdots & \dfrac{\partial x_n}{\partial x_n}\end{bmatrix}_{(n-m)(n-m)}\begin{bmatrix}\dfrac{\partial f}{\partial x_{m+1}}\\ \dfrac{\partial f}{\partial x_{m+2}}\\ \vdots\\ \dfrac{\partial f}{\partial x_n}\end{bmatrix}_{(n-m)\times 1} \tag{4-134}$$

将式(4-129)代入式(4-132)并注意到$\nabla_N\boldsymbol{X}_N^{\mathrm{T}}$为单位矩阵,得到

$$\nabla F(\boldsymbol{X}_N)=\nabla_N f(\boldsymbol{X})-(\boldsymbol{D}^{-1}\boldsymbol{D})^{\mathrm{T}}\nabla_D f(\boldsymbol{X}) \tag{4-135}$$

4.8.1.2 简约梯度法的步向

首先,每一次迭代时变量向量$\boldsymbol{X}_N$取负的简约梯度为步向,即此时$\boldsymbol{X}_N$的迭代公式为

$$X_N^{k+1} = X_N^k + t_k P_N^k \quad (t^k > 0) \tag{4-136}$$

式中步向

$$P_N^k = -\nabla F(X_N^k) \tag{4-137}$$

而且迭代后还应满足 $X_N^{k+1} \geqslant 0$。而由式(4-136)和(4-137)可见,若 X_N^k 中某个分量 $x_j^k = 0$ $(m+1 \leqslant j \leqslant n)$,而且对应的简约梯度分量$\dfrac{\partial F}{\partial x_j} > 0$ $(m+1 \leqslant j \leqslant n)$时,则对于任意的 $t^k > 0$,总有 $x_j^{k+1} < 0$ $(m+1 \leqslant j \leqslant n)$。因此,这时我们可将对应于该分量的方向 $p_j^k (m+1 \leqslant j \leqslant n)$ 取为零。即有

$$P_N^k = \begin{cases} 0 & \left(当\ x_j^k = 0\ 和\dfrac{\partial f}{\partial x_j} > 0\ (m+1 \leqslant j \leqslant n)\right) \\ -\dfrac{\partial f}{\partial x_j} & (其他情况\ m+1 \leqslant j \leqslant n) \end{cases} \tag{4-138}$$

另一方面,迭代后应有

$$X_D^{k+1} = D^{-1}B - D^{-1}NX_N^{k+1} \tag{4-139}$$

将式(4-136)代入并注意到式(4-129)得到

$$X_D^{k+1} = X_D^k - t^k D^{-1} N P_N^k \tag{4-140}$$

可见

$$P_D^k = -D^{-1} N P_N^k \tag{4-141}$$

综上,我们有

$$P_k = \begin{bmatrix} P_D^k \\ P_N^k \end{bmatrix} \tag{4-142}$$

式中的 P_D^k 和 P_N^k 分别由式(4-141)与式(4-138)确定。

4.8.1.3 步长的确定

首先,为了保证 $X^{k+1} \geqslant 0$,即

$$x_j^{k+1} = x_j^k + t^k p_j^k \geqslant 0 \qquad (j = 1,2,\cdots,n) \tag{4-143}$$

需要确定步长 t^k 的取值范围。即:

当 $p_j^k \geqslant 0$ $(j = 1,2,\cdots,n)$ 时,$t^k > 0$ 可取任意值;而当 $p_j^k < 0$ $(j = 1,2,\cdots,n)$ 时,由式(4-143)应有

$$t^k \leqslant -\frac{x_j^k}{p_j^k} \qquad (j = 1,2,\cdots,n)$$

因而,有

$$t_{\max}^k = \min\left\{ -\frac{x_j^k}{p_j^k} \,\middle|\, p_j^k < 0 \quad (j = 1,2,\cdots,n) \right\} \tag{4-144}$$

然后,再在 $0 \leqslant t^k \leqslant t^k_{\max}$ 上求 $f(\boldsymbol{X}_k + t\boldsymbol{P}^k)$ 的极小以求得步长 t^k。

4.8.1.4　换基

在简约梯度法的迭代过程中,基变量和非基变量不是不变的。开始迭代时可任取 $\boldsymbol{X}$ 中的任意 m 个分量为基变量;也可以取 m 个 $\boldsymbol{X}$ 中较大正值分量为基变量,其他为非基变量。

迭代后若有某个基变量等于零,则应将它离基而将有最大正值分量的非基变量换入;若迭代后各基变量都大于零,则基变量与非基变量可以不变。

另外,不论迭代后有否基变量小于零,都可以在迭代后重新取 m 个有最大正值变量分量的作为新的基变量,而其他的作为新的非基变量。

例 4－13　用简约梯度法求解:

$$\left.\begin{aligned} &\min\quad f(\boldsymbol{X}) = 2x_1^2 + 2x_2^2 - 2x_1x_2 - 4x_1 - 6x_2 \\ &\text{s. t.}\quad x_1 + x_2 + x_3 = 2 \\ &\qquad\quad x_1 + 5x_2 + x_4 = 5 \\ &\qquad\quad x_1, x_2, x_3, x_4 \geqslant 0 \end{aligned}\right\}$$

解

(1) 取初始可行点 $\boldsymbol{X}^{(0)} = [0,0,2,5]^{\mathrm{T}}$,并取

$$\boldsymbol{X}_D^{(0)} = [x_3, x_4]^{\mathrm{T}},\quad \boldsymbol{X}_N^{(0)} = [x_1, x_2]^{\mathrm{T}}$$

则

$$\boldsymbol{D} = \begin{bmatrix} 1 & 0 \\ 0 & 1 \end{bmatrix},\quad \boldsymbol{N} = \begin{bmatrix} 1 & 1 \\ 1 & 5 \end{bmatrix}$$

(2) 第一次迭代

① 求步向 $\boldsymbol{P}^{(0)}$:由

$$\nabla_D f(\boldsymbol{X}^{(0)}) = \begin{bmatrix} 0 \\ 0 \end{bmatrix},\quad \nabla_N f(\boldsymbol{X}^{(0)}) = \begin{bmatrix} 4x_1 - 2x_2 - 4 \\ 4x_2 - 2x_1 - 6 \end{bmatrix}_{\boldsymbol{X} = \boldsymbol{X}^{(0)}} = \begin{bmatrix} -4 \\ -6 \end{bmatrix}$$

简约梯度

$$\nabla F(\boldsymbol{X}_N^{(0)}) = \nabla_N f(\boldsymbol{X}^{(0)}) - [\boldsymbol{D}^{-1}\boldsymbol{N}]^{\mathrm{T}} \nabla_N f(\boldsymbol{X}^{(0)}) = \begin{bmatrix} -4 \\ -6 \end{bmatrix} - \left(\begin{bmatrix} 1 & 0 \\ 0 & 1 \end{bmatrix}\begin{bmatrix} 1 & 1 \\ 1 & 5 \end{bmatrix}\right)^{\mathrm{T}} \begin{bmatrix} 0 \\ 0 \end{bmatrix} = \begin{bmatrix} -4 \\ -6 \end{bmatrix}$$

$$\boldsymbol{P}_N^{(0)} = -\nabla F(\boldsymbol{X}_N^{(0)}) = \begin{bmatrix} 4 \\ 6 \end{bmatrix},\quad \boldsymbol{P}_D^{(0)} = -\boldsymbol{D}^{-1}\boldsymbol{N}\boldsymbol{P}_N^{(0)} = -\begin{bmatrix} 1 & 0 \\ 0 & 1 \end{bmatrix}\begin{bmatrix} 1 & 1 \\ 1 & 5 \end{bmatrix}\begin{bmatrix} 4 \\ 6 \end{bmatrix} = \begin{bmatrix} -10 \\ -34 \end{bmatrix}$$

从而 $\boldsymbol{P}^{(0)} = [4, 6, -10, -34]^{\mathrm{T}}$。

② 求步长 $t^{(0)}$

首先,求

$$t_{\max}^{(0)} = \min\left\{ -\frac{x_j^{(0)}}{p_j^{(0)}} \,\middle|\, p_j^{(0)} < 0 \right\} = \min\left\{ -\frac{x_3^{(0)}}{p_3^{(0)}},\ -\frac{x_4^{(0)}}{p_4^{(0)}} \right\}$$

$$= \min\left\{\frac{2}{10},\frac{5}{34}\right\} = \frac{5}{34}$$

再在 $0 \leqslant t^{(0)} \leqslant 0.147$ 上求 $f(\boldsymbol{X}^{(0)})$ 的极小。

由 $\varphi'_{t^{(0)}}(\boldsymbol{X}^{(0)}) = 0$ 求得 $t' = 0.463 > 0.147 = t_{\max}^{(0)}$,故所求 $t^{(0)} = t_{\max}^{(0)} = \dfrac{5}{34} = 0.147$。

③$\boldsymbol{X}^{(1)} = \boldsymbol{X}^{(0)} + t^{(0)}\boldsymbol{P}^{(0)} = \left[\dfrac{10}{17},\dfrac{15}{17},\dfrac{9}{17},0\right]^{\mathrm{T}}$

(3) 第二次迭代

① 换基:取 $\boldsymbol{X}^{(1)}$ 中较大的两个分量为基变量,故有

$$\boldsymbol{X}_D^{(1)} = [x_1^{(1)},x_2^{(1)}]^{\mathrm{T}},\quad \boldsymbol{X}_N^{(1)} = [x_3^{(1)},x_4^{(1)}]^{\mathrm{T}}$$

此时

$$\boldsymbol{D} = \begin{bmatrix}1 & 1\\1 & 5\end{bmatrix},\quad \boldsymbol{D}^{-1} = \begin{bmatrix}\frac{5}{4} & -\frac{1}{4}\\ -\frac{1}{4} & \frac{1}{4}\end{bmatrix},\quad \boldsymbol{N} = \begin{bmatrix}1 & 0\\0 & 1\end{bmatrix}$$

② 步向

由

$$\nabla_D f(\boldsymbol{X}^{(1)}) = \begin{bmatrix}4x_1 - 2x_2 - 4\\4x_2 - 2x_1 - 6\end{bmatrix}_{X=\boldsymbol{X}^{(1)}} = \begin{bmatrix}-\frac{58}{17}\\ -\frac{62}{17}\end{bmatrix},\quad \nabla_N f(\boldsymbol{X}^{(1)}) = \begin{bmatrix}0\\0\end{bmatrix}$$

得

$$\nabla F(\boldsymbol{X}_N^{(1)}) = \nabla_N f(\boldsymbol{X}^{(1)}) - [\boldsymbol{D}^{-1}\boldsymbol{N}]^{\mathrm{T}}\nabla_D f(\boldsymbol{X}^{(1)})$$

$$= \begin{bmatrix}0\\0\end{bmatrix} - \left(\begin{bmatrix}\frac{5}{4} & -\frac{1}{4}\\ -\frac{1}{4} & \frac{1}{4}\end{bmatrix}\begin{bmatrix}1 & 0\\0 & 1\end{bmatrix}\right)^{\mathrm{T}}\begin{bmatrix}-\frac{58}{17}\\ -\frac{62}{17}\end{bmatrix} = \begin{bmatrix}\frac{57}{17}\\ \frac{1}{17}\end{bmatrix}$$

注意到 $x_4^{(1)} = 0$ 且其对应的简约梯度分量大于零,故有

$$\boldsymbol{P}_N^{(1)} = \left[-\frac{57}{17},0\right]^{\mathrm{T}}$$

$$\boldsymbol{P}_D^{(1)} = -\boldsymbol{D}^{-1}\boldsymbol{N}\boldsymbol{P}_N^{-1} = -\begin{bmatrix}\frac{5}{4} & -\frac{1}{4}\\ -\frac{1}{4} & \frac{1}{4}\end{bmatrix}\begin{bmatrix}1 & 0\\0 & 1\end{bmatrix}\begin{bmatrix}-\frac{57}{17}\\ 0\end{bmatrix} = \begin{bmatrix}\frac{285}{68}\\ -\frac{57}{68}\end{bmatrix}$$

即

$$\boldsymbol{P}^{(1)} = \left[\frac{285}{68},-\frac{57}{68},-\frac{57}{17},0\right]^{\mathrm{T}}$$

③ 步长

先求

$$t_{\max}^{(1)} = \min\left\{-\frac{x_2^{(1)}}{p_2^{(1)}}, -\frac{x_3^{(1)}}{p_3^{(1)}}\right\} = \min\left\{\frac{60}{57},\frac{9}{57}\right\} = \frac{3}{19} = 0.158$$

再由 $\varphi'_{t^{(1)}}(\boldsymbol{X}^{(2)}) = 0$ 求得 $t' = 0.129 < 0.158 = t_{\max}^{(1)}$，故所求

$$t^{(1)} = t' = 0.129$$

④$\boldsymbol{X}^{(2)} = \boldsymbol{X}^{(1)} + t^{(1)}\boldsymbol{P}^{(1)} = [1.129, 0.774, 0.097, 0]^{\mathrm{T}}$。

(4) 第三次迭代

① 由于 x_1, x_2 仍较大，故基本变量、非基本变量不变。$\boldsymbol{D}, \boldsymbol{D}^{-1}, \boldsymbol{N}$ 不变。

② $\nabla_D f(\boldsymbol{X}^{(2)}) = \begin{bmatrix} 4x_1 - 2x_2 - 4 \\ 4x_2 - 2x_1 - 6 \end{bmatrix}_{\boldsymbol{X}=\boldsymbol{X}^{(2)}} = \begin{bmatrix} -1.032 \\ -5.162 \end{bmatrix}$，$\nabla_N f(\boldsymbol{X}^{(2)}) = \begin{bmatrix} 0 \\ 0 \end{bmatrix}$，故

$$\nabla F(\boldsymbol{X}_N^{(2)}) = \nabla_N f(\boldsymbol{X}^{(2)}) - [\boldsymbol{D}^{-1}\boldsymbol{N}]^{\mathrm{T}} \nabla_D f(\boldsymbol{X}^{(2)}) = \begin{bmatrix} 0 \\ 0 \end{bmatrix} - \left(\begin{bmatrix} \frac{5}{4} & -\frac{1}{4} \\ -\frac{1}{4} & \frac{1}{4} \end{bmatrix}\begin{bmatrix} 1 & 0 \\ 0 & 1 \end{bmatrix}\right)^{\mathrm{T}}\begin{bmatrix} -\frac{58}{17} \\ -\frac{62}{17} \end{bmatrix}$$

$$= \begin{bmatrix} -1.032 \\ -5.162 \end{bmatrix} \approx \begin{bmatrix} 0 \\ 1.0325 \end{bmatrix}$$

注意到 $x_4^{(2)} = 0$ 且对应的简约梯度分量大于零。故

$$\boldsymbol{P}_n^{(2)} = \begin{bmatrix} 0 \\ 0 \end{bmatrix}, \quad \boldsymbol{P}_D^{(2)} = -\boldsymbol{D}^{-1}\boldsymbol{N}\boldsymbol{P}_N^{(2)} = -\begin{bmatrix} \frac{5}{4} & -\frac{1}{4} \\ -\frac{1}{4} & \frac{1}{4} \end{bmatrix}\begin{bmatrix} 1 & 0 \\ 0 & 1 \end{bmatrix}\begin{bmatrix} 0 \\ 0 \end{bmatrix} = \begin{bmatrix} 0 \\ 0 \end{bmatrix}$$

即 $\boldsymbol{P}^{(2)} = [0,0,0,0]^{\mathrm{T}}$。故所求 $\boldsymbol{X}^* = \boldsymbol{X}^{(2)} = [1.129, 0.774, 0.097, 0]^{\mathrm{T}}$，$f(\boldsymbol{X}^*) = -7.16$。

4.8.2 广义简约梯度法（*GRG* 法）

简约梯度法消去了部分独立变量，使得用简约梯度形成迭代步向时降低了问题的维数，并且去掉了一些约束条件。1969 年 Abadie J. 与 Carpentier J. 将这种方法推广到了非线性约束的非线性规划问题，提出了著名的**广义简约梯度法**（Generalized reduced gradient method）[42]，成为解非线性规划问题十分有效的方法之一，并获得相当广泛的应用。

对于一般的非线性规划问题，通过引进松弛变量可将不等式约束化为等式约束，从而有如下形式：

$$\left.\begin{aligned} \min\quad & f(\boldsymbol{X}) \\ \text{s.t.}\quad & h_i(\boldsymbol{X}) = 0 \ (i = 1,2,\cdots,m) \\ & \alpha \leqslant \boldsymbol{X} \leqslant \beta \end{aligned}\right\} \tag{4-145}$$

类同于线性约束问题,设可行解 $\boldsymbol{X}^{(0)}$ 可分解为基向量和非基向量,即有

$$\boldsymbol{X} = \begin{bmatrix} \boldsymbol{X}_D^{(0)} \\ \boldsymbol{X}_N^{(0)} \end{bmatrix} \tag{5 - 146}$$

相应地有

$$\boldsymbol{\alpha} = \begin{bmatrix} \boldsymbol{\alpha}_D^{(0)} \\ \boldsymbol{\alpha}_N^{(0)} \end{bmatrix}, \quad \boldsymbol{\beta} = \begin{bmatrix} \boldsymbol{\beta}_D^{(0)} \\ \boldsymbol{\beta}_N^{(0)} \end{bmatrix} \tag{4 - 147}$$

当

$$\nabla_D h_i(\boldsymbol{X}^{(0)}) = \left(\left[\frac{\partial h_i(\boldsymbol{X}^{(0)})}{\partial x_{D,1}^{(0)}}, \frac{\partial h_i(\boldsymbol{X}^{(0)})}{\partial x_{D,2}^{(0)}}, \cdots, \frac{\partial h_i(\boldsymbol{X}^{(0)})}{\partial x_{D,m}^{(0)}}\right]^{\mathrm{T}}\right)_{m\times 1} \tag{4 - 148}$$

线性无关时,则

$$\nabla_D H(\boldsymbol{X}^{(0)}) = [\nabla_D h_1(\boldsymbol{X}^{(0)}), \nabla_D h_2(\boldsymbol{X}^{(0)}), \cdots, \nabla_D h_m(\boldsymbol{X}^{(0)})]_{m\times m} \tag{4 - 149}$$

是非奇异的。

记

$$\nabla_N H(\boldsymbol{X}^{(0)}) = [\nabla_N h_1(\boldsymbol{X}^{(0)}), \nabla_N h_2(\boldsymbol{X}^{(0)}), \cdots, \nabla_N h_m(\boldsymbol{X}^{(0)})]_{(n-m)\times m} \tag{4 - 150}$$

式中

$$\nabla_N h_i(\boldsymbol{X}^{(0)}) = \left(\left[\frac{\partial h_i(\boldsymbol{X}^{(0)})}{\partial x_{N,1}^{(0)}}, \frac{\partial h_i(\boldsymbol{X}^{(0)})}{\partial x_{N,2}^{(0)}}, \cdots, \frac{\partial h_i(\boldsymbol{X}^{(0)})}{\partial x_{N,n-m}^{(0)}}\right]^{\mathrm{T}}\right)_{(n-m)\times 1} \tag{4 - 151}$$

4.8.2.1 简约梯度 $\nabla \mathbf{F}(X_N)$ 的计算公式

与约束为线性的简约梯度法不同,此时式(4 - 129)不再成立。但由隐函数存在定理,在 $\boldsymbol{X}^{(0)}$ 附近,可由约束方程组

$$H(\boldsymbol{X}_D, \boldsymbol{X}_N) = 0 \tag{4 - 152}$$

解出 $\boldsymbol{X}_D = [x_{D,1}, x_{D,2}, \cdots, x_{D,M}]^{\mathrm{T}}$。即有

$$x_{D,i} = \varphi_i(\boldsymbol{X}_N) \qquad (i = 1,2,\cdots,m) \tag{4 - 153}$$

根据复合函数求导法,有目标函数的简约梯度为

$$\nabla F_{(n-m)\times 1}(\boldsymbol{X}_N) = \begin{bmatrix} \dfrac{\partial F}{\partial x_{m+1}} \\ \dfrac{\partial F}{\partial x_{m+2}} \\ \vdots \\ \dfrac{\partial F}{\partial x_n} \end{bmatrix} = \begin{bmatrix} \sum\limits_{i=1}^{m} \dfrac{\partial f}{\partial x_i}\dfrac{\partial x_i}{\partial x_{m+1}} + \sum\limits_{i=m+1}^{n} \dfrac{\partial f}{\partial x_i}\dfrac{\partial x_i}{\partial x_{m+1}} \\ \sum\limits_{i=1}^{m} \dfrac{\partial f}{\partial x_i}\dfrac{\partial x_i}{\partial x_{m+2}} + \sum\limits_{i=m+1}^{n} \dfrac{\partial f}{\partial x_i}\dfrac{\partial x_i}{\partial x_{m+2}} \\ \vdots \\ \sum\limits_{i=1}^{m} \dfrac{\partial f}{\partial x_i}\dfrac{\partial x_i}{\partial x_n} + \sum\limits_{i=m+1}^{n} \dfrac{\partial f}{\partial x_i}\dfrac{\partial x_i}{\partial x_n} \end{bmatrix} = \begin{bmatrix} \sum\limits_{i=1}^{m} \dfrac{\partial f}{\partial x_{D,i}}\dfrac{\partial \varphi_i}{\partial x_{m+1}} + \dfrac{\partial f}{\partial x_{m+1}} \\ \sum\limits_{i=1}^{m} \dfrac{\partial f}{\partial x_{D,i}}\dfrac{\partial \varphi_i}{\partial x_{m+2}} + \dfrac{\partial f}{\partial x_{m+2}} \\ \vdots \\ \sum\limits_{i=1}^{m} \dfrac{\partial f}{\partial x_{D,i}}\dfrac{\partial \varphi_i}{\partial x_n} + \dfrac{\partial f}{\partial x_n} \end{bmatrix}$$

$$
= \begin{bmatrix} \frac{\partial f}{\partial x_{m+1}} \\ \frac{\partial f}{\partial x_{m+2}} \\ \vdots \\ \frac{\partial f}{\partial x_n} \end{bmatrix} + \begin{bmatrix} \frac{\partial \varphi_1}{\partial x_{m+1}} & \frac{\partial \varphi_2}{\partial x_{m+1}} & \cdots & \frac{\partial \varphi_m}{\partial x_{m+1}} \\ \frac{\partial \varphi_1}{\partial x_{m+2}} & \frac{\partial \varphi_2}{\partial x_{m+2}} & \cdots & \frac{\partial \varphi_m}{\partial x_{m+2}} \\ \vdots & \vdots & & \vdots \\ \frac{\partial \varphi_1}{\partial x_n} & \frac{\partial \varphi_2}{\partial x_n} & \cdots & \frac{\partial \varphi_m}{\partial x_n} \end{bmatrix}
$$

即

$$
\nabla F(\boldsymbol{X}_N) = \nabla_N f(\boldsymbol{X}) + \nabla_N \varphi(\boldsymbol{X}_N)\, \nabla_D f(\boldsymbol{X}) \tag{4-154}
$$

再根据复合函数求导法,有约束函数的简约梯度为

$$
\nabla h_i(\boldsymbol{X}_N)_{(n-m)\times 1} = \begin{bmatrix} \frac{\partial h_i(\boldsymbol{X}_N)}{\partial x_{m+1}} \\ \frac{\partial h_i(\boldsymbol{X}_N)}{\partial x_{m+2}} \\ \vdots \\ \frac{\partial h_i(\boldsymbol{X}_N)}{\partial x_n} \end{bmatrix} = \begin{bmatrix} \frac{\partial h_i(\boldsymbol{X})}{\partial x_{m+1}} \\ \frac{\partial h_i(\boldsymbol{X})}{\partial x_{m+2}} \\ \vdots \\ \frac{\partial h_i(\boldsymbol{X})}{\partial x_n} \end{bmatrix} + \begin{bmatrix} \frac{\partial \varphi_1}{\partial x_{m+1}} & \frac{\partial \varphi_2}{\partial x_{m+1}} & \cdots & \frac{\partial \varphi_m}{\partial x_{m+1}} \\ \frac{\partial \varphi_1}{\partial x_{m+2}} & \frac{\partial \varphi_2}{\partial x_{m+2}} & \cdots & \frac{\partial \varphi_m}{\partial x_{m+2}} \\ \vdots & \vdots & & \vdots \\ \frac{\partial \varphi_1}{\partial x_n} & \frac{\partial \varphi_2}{\partial x_n} & \cdots & \frac{\partial \varphi_m}{\partial x_n} \end{bmatrix} \begin{bmatrix} \frac{\partial h_i(\boldsymbol{X})}{\partial x_{D,1}} \\ \frac{\partial h_i(\boldsymbol{X})}{\partial x_{D,2}} \\ \vdots \\ \frac{\partial h_i(\boldsymbol{X})}{\partial x_{D,m}} \end{bmatrix}
$$

即

$$
\nabla h_i(\boldsymbol{X}_N) = \nabla_N h_i(\boldsymbol{X}) + \nabla_N \varphi(\boldsymbol{X})\, \nabla_D h_i(\boldsymbol{X}) \tag{4-155}
$$

由隐函数存在定理,在 $\boldsymbol{X} = \boldsymbol{X}^{(0)}$ 处下式成立:

$$
\nabla h_i(\boldsymbol{X}_N^{(0)}) = \nabla_N h_i(\boldsymbol{X}_N^{(0)}) + \nabla_N \varphi(\boldsymbol{X}_N^{(0)})\, \nabla_D h_i(\boldsymbol{X}^{(0)}) = 0 \quad (i = 1,2,\cdots,m) \tag{4-156}
$$

上式可写成矩阵形式,即

$$
\nabla_N H(\boldsymbol{X}^{(0)}) + \nabla_N \varphi(\boldsymbol{X}_N^{(0)})\, \nabla_D H(\boldsymbol{X}^{(0)}) = 0 \tag{4-157}
$$

从而当 $\nabla_D H(\boldsymbol{X}^{(0)})$ 非奇异时有

$$
\nabla_N \varphi(\boldsymbol{X}_N^{(0)}) = -\nabla_N H(\boldsymbol{X}^{(0)})(\nabla_N H(\boldsymbol{X}^{(0)}))^{-1} \tag{4-158}
$$

将式(4 - 158) 代回式(4 - 154) 得到

$$
\nabla F(\boldsymbol{X}_N^{(0)}) = \nabla_N f(\boldsymbol{X}^{(0)}) - \nabla_N H(\boldsymbol{X}^{(0)})(\nabla_N H(\boldsymbol{X}^{(0)}))^{-1}\, \nabla_D f(\boldsymbol{X}^{(0)}) \tag{4-159}
$$

这就是 GRG 法的简约梯度公式。

4.8.2.2　GRG 法的步向

求出简约梯度 $\nabla F(\boldsymbol{X}_N)$ 后,类同简约梯度法,步向可由下式确定:

$$\underset{(j=1,2,\cdots,n-m)}{\boldsymbol{P}_{N,j}} = \begin{cases} 0 & \left(当\ x_{N,j}^k = \alpha_{N,j}^k\ 且\dfrac{\partial F}{\partial x_{N,j}} > 0\ 或\ x_{N,j}^k = \beta_{N,j}^k\ 且\dfrac{\partial F}{\partial x_{N,j}} < 0\right) \\ -\dfrac{\partial F}{\partial x_{N,j}} & (其他情况) \end{cases} \tag{4-160}$$

4.8.2.3 GRG 法的步长

由于式(4 - 152)是非线性的，当沿 $\boldsymbol{P}_N$ 求 $f(\boldsymbol{X})$ 的极小时，一般难以保证式(4 - 152)始终满足。为此，采用试探法一维搜索来确定步长。方法是先取适当步长 t，令

$$\overline{\boldsymbol{X}}_N = \boldsymbol{X}_N^{(0)} + t\boldsymbol{P}_N$$

若 $\boldsymbol{\alpha}_N^{(0)} \leqslant \overline{\boldsymbol{X}}_N \leqslant \boldsymbol{\beta}_N^{(0)}$，则从式(4 - 152)可解出 $\overline{\boldsymbol{X}}_D$ 使

$$H(\overline{\boldsymbol{X}}_D, \overline{\boldsymbol{X}}_N) = 0 \tag{4-161}$$

若 $f(\overline{\boldsymbol{X}}_D, \overline{\boldsymbol{X}}_N) < f(\overline{\boldsymbol{X}}_D^{(0)}, \overline{\boldsymbol{X}}_N^{(0)})$，且 $\boldsymbol{\alpha}_D^{(0)} \leqslant \overline{\boldsymbol{X}}_D \leqslant \boldsymbol{\beta}_D^{(0)}$，则此点 $(\overline{\boldsymbol{X}}_D, \overline{\boldsymbol{X}}_N)$ 为所求的新点，一次迭代完成。否则应缩小步长并重复以上过程直到目标函数下降且变量满足边界约束条件。

4.8.2.4 换基

当迭代后某个基变量等于上界 β_j 或下界 α_j 时，应将其换出而代之以非基变量中较大者。

4.8.2.5 GRG 法的迭代步骤

(1) 选取基本可行解 $\boldsymbol{X}^{(0)} = \begin{bmatrix} \boldsymbol{X}_D^{(0)} \\ \boldsymbol{X}_N^{(0)} \end{bmatrix}$，以及正小数 $\varepsilon_1, \varepsilon_2 > 0$ 和正大数 K。

(2) 计算简约梯度 $\nabla F(\boldsymbol{X}_N^{(0)})$ 和方向 $\boldsymbol{P}_N^{(0)}$，若 $\|\boldsymbol{P}_N^{(0)}\| < \varepsilon_1$，则 $\boldsymbol{X}^{(0)}$ 为最优点。否则，转(3)。

(3) 取 $t > 0$，令 $\overline{\boldsymbol{X}}_N = \boldsymbol{X}_N^{(0)} + t\boldsymbol{P}_N^{(0)}$。若 $\boldsymbol{\alpha}_N^{(0)} \leqslant \overline{\boldsymbol{X}}_N \leqslant \boldsymbol{\beta}_N^{(0)}$，则转(4)；否则以 $\frac{1}{2}t$ 代替 t，再求 $\overline{\boldsymbol{X}}_N$，直至满足 $\boldsymbol{\alpha}_N^{(0)} \leqslant \overline{\boldsymbol{X}}_N \leqslant \boldsymbol{\beta}_N^{(0)}$，转(4)。

(4) 用牛顿法或拟牛顿法求解非线性方程组式(4 - 161)。令 $\overline{\boldsymbol{X}}_D^{(1)} = \boldsymbol{X}_D^{(0)}$，$k = 1$。

① 令 $\overline{\boldsymbol{X}}_D^{k+1} = \overline{\boldsymbol{X}}_D^k - [\nabla_D H(\overline{\boldsymbol{X}}_D^k, \overline{\boldsymbol{X}}_N)]^{-1} H(\overline{\boldsymbol{X}}_D^k, \overline{\boldsymbol{X}}_N)$。

若 $f(\overline{\boldsymbol{X}}_D^k, \overline{\boldsymbol{X}}_N) < f(\boldsymbol{X}^{(0)})$，$\boldsymbol{\alpha}_D^{(0)} \leqslant \overline{\boldsymbol{X}}^{k+1} \leqslant \boldsymbol{\beta}_D^{(0)}$，且 $\|H(\overline{\boldsymbol{X}}_D^{k+1}, \overline{\boldsymbol{X}}_D)\| < \varepsilon_2$，转(5)。否则转②。上述是牛顿法，若以 $(\nabla_D H(\boldsymbol{X}^{(0)}))^{-1}$ 代替 $(\nabla_D H(\overline{\boldsymbol{X}}_D^k, \overline{\boldsymbol{X}}_N))^{-1}$ 则可大大减少工作量，因为在求 $\nabla F(\boldsymbol{X}_N)$ 时已求过 $(\nabla_D H(\boldsymbol{X}^{(0)}))^{-1}$。

② 若 $k = K$，以 $\frac{1}{2}t$ 代替 t，令 $\overline{\boldsymbol{X}}_N = \boldsymbol{X}_N^{(0)} + t\boldsymbol{P}_N$，$\overline{\boldsymbol{X}}_D^{(1)} = \boldsymbol{X}_D^{(0)}$，$k = 1$，转①。否则，令 $k = k + 1$ 转①。

(5) 令 $\boldsymbol{X}^{(0)}=(\overline{\boldsymbol{X}}_D^{k+1},\overline{\boldsymbol{X}}_N)$,必要是进行换基。换基与否均有新的 $\boldsymbol{X}^{(0)}=\begin{bmatrix}\boldsymbol{X}_D^{(0)}\\ \boldsymbol{X}_N^{(0)}\end{bmatrix}$,转(2)。

例 4 - 14 用 GRG 法求解

$$\left.\begin{aligned}\min\quad & f(\boldsymbol{X})=x_1^2+2x_1x_2+x_2^2+12x_1-4x_2\\ \text{s. t.}\quad & x_1^2+x_2^2\leqslant 4\\ & x_1\geqslant 1,x_2\leqslant 3\end{aligned}\right\}$$

解 首先引进松弛变量 $x_3=4-x_1^2-x_2^2$,则有 $x_3\geqslant 0$ 和 $x_2\leqslant 2$,即 $0\leqslant x_3\leqslant 2$。此时原问题化为以下形式:

$$\left.\begin{aligned}\min\quad & f(\boldsymbol{X})=x_1^2+2x_1x_2+x_2^2+12x_1-4x_2\\ \text{s. t.}\quad & h(\boldsymbol{X})=x_1^2+x_2^2-4=0\\ & 1\leqslant x_1\leqslant 3,1\leqslant x_2\leqslant 3,0\leqslant x_3\leqslant 2\end{aligned}\right\}$$

(1) 取 $\boldsymbol{X}^{(0)}=\left[\frac{3}{2},1,\frac{3}{4}\right]^{\mathrm{T}}$,$F(\boldsymbol{X}^{(0)})=20.25$,以 x_1 为基变量,x_2,x_3 为非基变量,则

$$\boldsymbol{X}_D^{(0)}=x_1=\frac{3}{2},\quad \boldsymbol{X}_N^{(0)}=[x_2,x_3]^{\mathrm{T}}=\left[1,\frac{3}{4}\right]^{\mathrm{T}}$$

(2) 第一次迭代

① 求简约梯度与步向

$$\nabla F(\boldsymbol{X}_N^{(0)})=\nabla_N f(\boldsymbol{X}^{(0)})-\nabla_N H(\boldsymbol{X}^{(0)})(\nabla_D H(\boldsymbol{X}^{(0)}))^{-1}\nabla_D f(\boldsymbol{X}^{(0)})$$

因为

$$\nabla_N f(\boldsymbol{X}^{(0)})=\begin{bmatrix}2x_1+2x_2-4\\ 0\end{bmatrix}_{\boldsymbol{X}=\boldsymbol{X}^{(0)}}=\begin{bmatrix}1\\ 0\end{bmatrix}$$

$$\nabla_D f(\boldsymbol{X}^{(0)})=2x_1+2x_2+12\big|_{\boldsymbol{X}=\boldsymbol{X}^{(0)}}=17$$

$$\nabla_N H(\boldsymbol{X}^{(0)})=\nabla_N h(\boldsymbol{X}^{(0)})=\begin{bmatrix}2x_2\\ 1\end{bmatrix}_{\boldsymbol{X}=\boldsymbol{X}^{(0)}}=\begin{bmatrix}2\\ 1\end{bmatrix}$$

$$\nabla_D H(\boldsymbol{X}^{(0)})=\nabla_D h(\boldsymbol{X}^{(0)})=2x_1\big|_{\boldsymbol{X}=\boldsymbol{X}^{(0)}}=3$$

$$[\nabla_D H(\boldsymbol{X}^{(0)})]^{-1}=\frac{1}{3}$$

故

$$\nabla F(\boldsymbol{X}_N^{(0)})=\begin{bmatrix}1\\ 0\end{bmatrix}-\frac{1}{3}\begin{bmatrix}2\\ 1\end{bmatrix}\cdot 17=\begin{bmatrix}-\frac{31}{3}\\ -\frac{17}{3}\end{bmatrix}$$

从而步向

$$P_N^{(0)} = -\nabla F(X_N^{(0)}) = \begin{bmatrix} \dfrac{31}{3} \\ \dfrac{17}{3} \end{bmatrix} = \begin{bmatrix} 10.333 \\ 5.667 \end{bmatrix}$$

② 试探法求步长并求迭代点

$$X_N^{(1)} = X_N^{(0)} + tP_N^{(0)} = \begin{bmatrix} 1 + \dfrac{31}{3}t \\ \dfrac{3}{4} + \dfrac{17}{3}t \end{bmatrix}$$

取 $t = 0.1$,则

$$X_N^{(1)} = \begin{bmatrix} x_2^{(1)} \\ x_3^{(1)} \end{bmatrix} = \begin{bmatrix} 2.033 \\ 1.317 \end{bmatrix}$$

再由 $x_1^2 + x_2 + x_3 - 4 = 0$,解得

$$x_1 = \sqrt{4 - x_3 - x_2^2} = \sqrt{4 - 1.317 - 1.517^2} = \sqrt{-1.45}$$

x_1 无解。

再取 $t = 0.05$,$X_N^{(1)} = \begin{bmatrix} 1.517 \\ 1.033 \end{bmatrix}$,解得

$$x_1 = \sqrt{4 - 1.033 - 1.517^2} = 0.816 < 1 = \alpha_1^{(0)}$$

不满足变量的边界条件,故再取

$$t = 0.025, \quad X_N^{(1)} = \begin{bmatrix} 1.258 \\ 0.892 \end{bmatrix}$$

解得

$$x_1 = \sqrt{4 - 0.892 - 1.258^2} = 1.235$$

满足

$$1 = \alpha_1^{(0)} \leqslant x_1 \leqslant \beta_1^{(0)} = 3$$

且$f(X^{(1)}) = 16 < f(X^{(0)})$,故得

$$X^{(1)} = [1.235, 1.258, 0.892]^{\mathrm{T}}$$

(3) 第二次迭代

① 确定基变量

由于原有基变量 $\alpha_1^{(0)} \leqslant x_1 \leqslant \beta_1^{(0)}$,故仍取 x_1 为基变量。

② 求步向

$$\nabla_N f(X^{(1)}) = \begin{bmatrix} 2x_1 + 2x_2 - 4 \\ 0 \end{bmatrix}_{X = X^{(1)}} = \begin{bmatrix} 0.986 \\ 0 \end{bmatrix}$$

$$\nabla_D f(\boldsymbol{X}^{(1)}) = 2x_1 + 2x_2 + 12 \mid_{\boldsymbol{X}=\boldsymbol{X}^{(1)}} = 16.986$$

$$\nabla_N H(\boldsymbol{X}^{(1)}) = \nabla_N h(\boldsymbol{X}^{(1)}) = \begin{bmatrix} 2x_2 \\ 1 \end{bmatrix}_{\boldsymbol{X}=\boldsymbol{X}^{(1)}} = \begin{bmatrix} 2.516 \\ 1 \end{bmatrix}$$

$$\nabla_D H(\boldsymbol{X}^{(1)}) = \nabla_D h(\boldsymbol{X}^{(1)}) = 2x_1 \mid_{\boldsymbol{X}=\boldsymbol{X}^{(1)}} = 2.47$$

$$[\nabla_D H(\boldsymbol{X}^{(1)})]^{-1} = \frac{1}{2.47}$$

故

$$\nabla F(\boldsymbol{X}_N^{(1)}) = \begin{bmatrix} 0.986 \\ 0 \end{bmatrix} - \frac{1}{2.47}\begin{bmatrix} 2.516 \\ 1 \end{bmatrix} \cdot 16.986 = \begin{bmatrix} -16.316 \\ -6.877 \end{bmatrix}$$

从而步向

$$\boldsymbol{P}_N^{(1)} = -\nabla F(\boldsymbol{X}_N^{(1)}) = \begin{bmatrix} 16.316 \\ 6.877 \end{bmatrix}$$

③ 求步长与迭代点：

$$\boldsymbol{X}_N^{(2)} = \boldsymbol{X}_N^{(1)} + t\boldsymbol{P}_N^{(1)} = \begin{bmatrix} 1.258 + 16.316t \\ 0.892 + 6.877t \end{bmatrix}$$

取 $t = 0.01$，则

$$\boldsymbol{X}_N^{(2)} = \begin{bmatrix} x_2^{(2)} \\ x_3^{(2)} \end{bmatrix} = \begin{bmatrix} 1.421 \\ 0.961 \end{bmatrix}$$

由

$$h(\boldsymbol{X}) = x_1^2 + x_2^2 + x_3 - 4 = 0$$

解得

$$x_1 = \sqrt{4 - 0.968 - 1.421^2} = 1.01$$

满足

$$1 = \alpha_1^{(0)} \leqslant x_1 \leqslant \beta_1^{(0)} = 3$$

且 $f(\boldsymbol{X}^{(2)}) = 12.35 < 16 = f(\boldsymbol{X}^{(1)})$，故得

$$\boldsymbol{X}^{(2)} = [1.01, 1.421, 0.961]^{\mathrm{T}}$$

（4）第三次迭代

① 确定基变量

由于基变量 $x_1 \approx \alpha_1^{(0)} = 1$，故换基，以较大的 x_2 代 x_1。

② 求步向

$$\nabla_N f(\boldsymbol{X}^{(2)}) = \begin{bmatrix} 2x_1 + 2x_2 + 12 \\ 0 \end{bmatrix}_{\boldsymbol{X}=\boldsymbol{X}^{(2)}} = \begin{bmatrix} 16.862 \\ 0 \end{bmatrix}$$

$$\nabla_D f(\boldsymbol{X}^{(1)}) = 2x_1 + 2x_2 - 4 \mid_{\boldsymbol{X}=\boldsymbol{X}^{(2)}} = 0.862$$

$$\nabla_N H(\boldsymbol{X}^{(2)}) = \nabla_N h(\boldsymbol{X}^{(2)}) = \begin{bmatrix} 2x_1 \\ 1 \end{bmatrix}_{\boldsymbol{X}=\boldsymbol{X}^{(2)}} = \begin{bmatrix} 2.02 \\ 1 \end{bmatrix}$$

$$\nabla_D H(\boldsymbol{X}^{(2)}) = \nabla_D h(\boldsymbol{X}^{(2)}) = 2x_2 \mid_{\boldsymbol{X}=\boldsymbol{X}^{(2)}} = 2.842$$

故

$$\nabla F(\boldsymbol{X}_N^{(2)}) = \begin{bmatrix} 16.862 \\ 0 \end{bmatrix} - \frac{1}{2.842}\begin{bmatrix} 2.02 \\ 1 \end{bmatrix} \cdot 0.862 = \begin{bmatrix} -16.25 \\ -0.3 \end{bmatrix}$$

由于 $x_{N,1}^{(2)} = 1.01 \approx \alpha_1^{(0)}$，且 $\dfrac{\partial F}{\partial x_{N,1}^{(2)}} = 16.25 > 0$

故取 $p_{N,1}^{(2)} = 0$，从而 $\boldsymbol{P}_N^{(2)} = \begin{bmatrix} 0 \\ 0.3 \end{bmatrix}$。

③ 求步长与迭代点

$$\boldsymbol{X}_N^{(3)} = \boldsymbol{X}_N^{(2)} + t\boldsymbol{P}_N^{(2)} = \begin{bmatrix} 1.01 \\ 0.961 + 0.3t \end{bmatrix}$$

取 $t = 3$，则

$$\boldsymbol{X}_N^{(3)} = \begin{bmatrix} x_2^{(3)} \\ x_3^{(3)} \end{bmatrix} = \begin{bmatrix} 1.01 \\ 1.861 \end{bmatrix}$$

由

$$h(\boldsymbol{X}) = x_1^2 + x_2^2 + x_3 - 4 = 0$$

解得

$$x_2 = \sqrt{4 - 1.861 - 1.01^2} = 1.058$$

满足 $\alpha_2^{(0)} \leqslant x_2 \leqslant \beta_2^{(0)}$。且 $f(\boldsymbol{X}^{(2)}) = 12.35 < 16 = f(\boldsymbol{X}^{(1)})$，故得

$$\boldsymbol{X}^{(3)} = [1.01, 1.058, 1.861]^{\mathrm{T}}$$

已很接近最优解：$\boldsymbol{X}^* = [1,1,2]^{\mathrm{T}}$，$f(\boldsymbol{X}^*) = 12$。

计算表明，GRG 法消去了若干变量，降低了问题的维数，而且求解非线性规划问题的成功率较高。从收敛速度和收敛精度来看也都是好的，特别是对大型问题，具有优越性。因此，是目前广为利用的求解约束优化问题的方法。但也有人认为 GRG 法每迭代一次都要求解非线性代数方程组，效果有时并不太好。

4.9 罚函数法

本节介绍另一大类求解约束优化问题的最优化方法。这类方法是将有约束的优化问题以一定的方式转化为无约束优化问题，再用求解无约束优化问题的方法来求解。我们将分别介

绍外罚函数法、内罚函数法、混合罚函数法、乘子法与精确罚函数法。

在罚函数法中,通常是如同拉格朗日函数法那样,将约束函数以一定的方式加到目标函数中去形成罚函数。然后,求这个无约束目标函数的极小。在这种方法中,约束项在无约束优化问题的求解中会使企图违反约束的那些迭代点受到很大的惩罚,即给以很大的目标函数值,从而迫使一系列的无约束问题的极小点收敛到原有约束优化问题的解点。

具体地说,对于式(4 - 1) 表达的非线性规划问题:

$$\left.\begin{aligned} \min\quad & f(\boldsymbol{X}) \\ \text{s.t.}\quad & g_i(\boldsymbol{X}) \leqslant 0 \ (i = 1,2,\cdots,I) \\ & h_j(\boldsymbol{X}) = 0 \ (j = 1,2,\cdots,J) \end{aligned}\right\}$$

有罚函数

$$F(\boldsymbol{X},r_k,t_k) = f(\boldsymbol{X}) + r_k \sum_{i=1}^{I} G(g_i(\boldsymbol{X})) + t_k \sum_{j=1}^{J} H(h_j(\boldsymbol{X})) \tag{4 - 162}$$

式中的 r_k 和 t_k 为正实数,称为罚系数,它取序列值。对于每一固定的 k,r_k 和 t_k 为定值。

则求

$$\min F(\boldsymbol{X},r_k,t_k) \tag{4 - 163}$$

就是一个关于变量 $\boldsymbol{X}$ 的无约束优化问题,可以用无约束优化方法解出 $\boldsymbol{X}_k^*$。随着 k 的增大,r_k 与 t_k 也按一定人为的规律变化,从而可得到一系列的解点。如果 r_k,t_k 和函数 G,H 选择得合适,就可使这一系列解点逐渐逼近非线性规划问题的解。可见,这种方法是用一系列的无约束优化的解逼近最优点。故通常称为**序列无约束优化方法**(Sequential unconstrained minimization technique),简称 SUMT 法[43]。

可以证明,若目标函数和约束函数都连续,则上述算法所产生的任何收敛序列 $\boldsymbol{X}_k^*$ 的极值点必是原约束问题的极小点。

4.9.1 外罚函数法(外点法)

对式(4 - 1) 的非线性规划问题,外罚函数法(Exterior penalty function method) 将它转化为以下形式的无约束优化问题

$$\min_{\boldsymbol{X}} F(\boldsymbol{X},r_k,t_k) = f(\boldsymbol{X}) + r_k \sum_{i=1}^{I} \{\max[0,g_i(\boldsymbol{X})]\}^2 + t_k \sum_{j=1}^{J} H(h_j(\boldsymbol{X})) \tag{4 - 164}$$

$$(0 < r_1 < r_2,\cdots,0 < t_1 < t_2,\cdots)$$

对不等式约束 $g_i(\boldsymbol{X})$,$G_i(\boldsymbol{X})$ 取 $\{\max[0,g_i(\boldsymbol{X})]\}^2$ 的形式。它表示当满足约束条件 $g_i(\boldsymbol{X}) \leqslant 0$ 时,该项为零,不受惩罚;而当违反约束,即 $g_i(\boldsymbol{X}) > 0$ 时,函数受罚 $r_k[g_i(\boldsymbol{X})]^2$。对于等式约束 $h_j(\boldsymbol{X})$,式(4 - 162) 中的 $H(h_j(\boldsymbol{X}))$ 通常取为 $h_j^2(\boldsymbol{X})$,从而式(4 - 164) 变为

$$\min_{X} F(X, r_k, t_k) = f(X) + r_k \sum_{i=1}^{I} \{\max[0, g_i(X)]\}^2 + t_k \sum_{j=1}^{J} h_j^2(X) \tag{4-165}$$

$(0 < r_1 < r_2, \cdots, 0 < t_1 < t_2, \cdots)$

外点法的计算步骤

(1) 选初始点 X_0 和适当的 $r_1 > 0, t_1 > 0$;给定正小数 ε_1 与 ε_2;

(2) 对 $k = 1,2,\cdots$ 以 X_{k-1} 为起点用无约束优化算法求 $f(X,r,t)$ 的极小点 X_k;

(3) 检查收敛准则 $\|X_k - X_{k-1}\| \leqslant \varepsilon_1$ 与 $|f(X_k) - f(X_{k-1})| \leqslant \varepsilon_2$ 是否成立,若满足则 $X^* = X_k$,停止迭代;否则转(4);

(4) 计算 $r_{k+1} = c_1 r_k, t_{k+1} = c_2 t_k$($c_1, c_2$ 都是大于 1 的常数),转(2)。

例 4 - 15 用外罚函数法求解:

$$\left.\begin{aligned} \min\quad & f(X) = ax \\ \text{s.t.}\quad & g(X) = x - b \geqslant 0 \ (a, b \text{ 为常数}) \end{aligned}\right\}$$

解

$$F(X, r_k) = ax + r_k \min[0, x-b]^2$$

先假定 $x - b < 0$,函数受罚,则有

$$F(X, r_k) = ax + r_k (x-b)^2$$

由 $\dfrac{\partial F}{\partial x} = a + 2r_k(x-b) = 0$,得 $X_k^* = b - \dfrac{a}{2r_k}$,从而 $F(X, r_k) = ab - \dfrac{a^2}{4r_k}$。当 $r_k \to \infty$ 时,$X_k^* \to b$,$F(X, r_k) \to ab$。这一过程示于图 4 - 30。

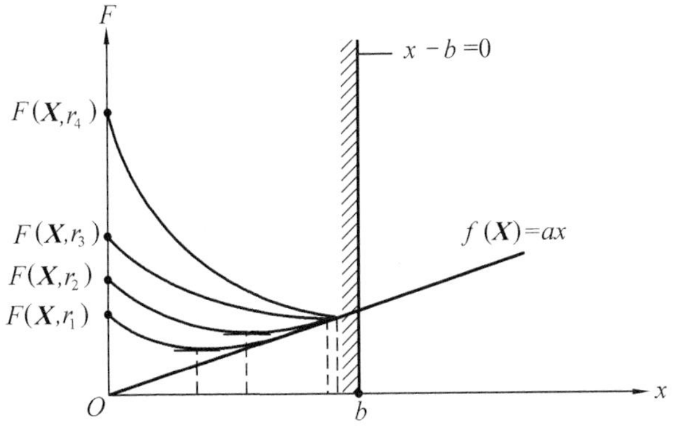

图 4 - 30

例 4 - 16 用外罚函数法求解:

$$\left.\begin{aligned}\min \quad & f(\boldsymbol{X}) = (x_1-3)^2+(x_2+2)^2 \\ \text{s.t.} \quad & g(\boldsymbol{X}) = 6-x_1-x_2 \leqslant 0\end{aligned}\right\}$$

解

$$F(\boldsymbol{X},r_k) = (x_1-3)^2+(x_2-2)^2+r_k\max[0,6-x_1-x_2]^2$$

假定$6-x_1-x_2>0$,则

$$F(\boldsymbol{X},r_k) = (x_1-3)^2+(x_2-2)^2+r_k(6-x_1-x_2)^2$$

取$r_1=1$,则有

$$F_1(\boldsymbol{X}) = (x_1-3)^2+(x_2-2)^2+(6-x_1-x_2)^2$$

解此无约束优化问题,由

$$\left.\begin{aligned}\frac{\partial F_1}{\partial x_1} &= 2(x_1-3)-2(6-x_1-x_2)=0 \\ \frac{\partial F_1}{\partial x_2} &= 2(x_2-2)-2(6-x_1-x_2)=0\end{aligned}\right\}$$

得

$$\left.\begin{aligned}2x_1+x_2&=9 \\ x_1+2x_2&=8\end{aligned}\right\}$$

故有

$$\boldsymbol{X}_1^* = \left[\frac{10}{3},\frac{7}{3}\right]^{\mathrm{T}},\quad f(\boldsymbol{X}_1^*)=\frac{2}{9},\quad g(\boldsymbol{X}_1^*)=\frac{1}{3}>0$$

$\boldsymbol{X}_1^*$ 在非可行区内。

取$r_2=100r_1=100$,同理可求得

$$\boldsymbol{X}_2^* = [3.497\,6,2.497\,4]^{\mathrm{T}},\quad f(\boldsymbol{X}_2^*)=0.495,\quad g(\boldsymbol{X}_2^*)=0.005>0$$

$\boldsymbol{X}_2^*$ 在非可行区内。

再取$r_3=100r_2=10^4$,同理解得

$$\begin{aligned}\boldsymbol{X}_3^* &= [3.499\,97,2.499\,98]^{\mathrm{T}} \\ f(\boldsymbol{X}_3^*) &= 0.499\,95 \\ g(\boldsymbol{X}_3^*) &= 0.000\,05>0\end{aligned}$$

$\boldsymbol{X}_3^*$ 仍在非可行区内。

图4-31示出了例题4-16的迭代过程。从此例可见,当r_k增大时,$\boldsymbol{X}_k^*$从不可行区逐步逼近边界$g(\boldsymbol{X})=0$。

通过此例题,易提出这样的问题:既然r_k越大越好,那么迭代一开始就把r_k取得很大不好吗?这样可能求解一次无约束优化问题就可求得约束问题的最优点,至少可少迭代几次。

可以证明,r_k越大,$F(\boldsymbol{X},r_k)$的状态将越坏,无约束优化问题的求解困难越大,甚至无法求

解。因此,不得不在迭代开始时取较小的 r_k。当然,这样就增加了计算工作量。而这正是罚函数的缺点。下面用例 4 - 17 进一步说明这个问题。

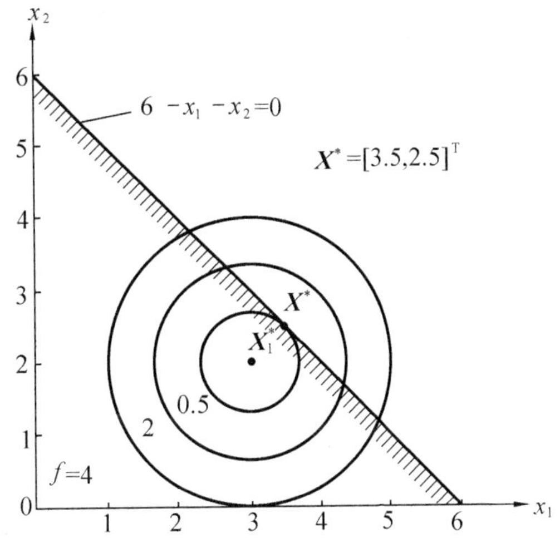

图 4 - 31

例 4 - 17 图 4 - 32 所示为一平面桁架,元件为在 F 点铰支的钢管。在 F 点结构受到垂直载荷 $2P$,管壁厚度为 T,支座间半跨长为 B。要求设计管的平均直径和桁架高度,使结构质量最小,并要求杆既不屈服,也不失稳。

解 目标函数 $f(\boldsymbol{X}) = 2\pi\rho DT(B^2+H^2)^{\frac{1}{2}}$,$D$,$T$ 为设计变量。

屈服应力(σ_y)约束为

$$g_1 = \frac{P}{\pi T}\frac{(B^2+H^2)^{\frac{1}{2}}}{HD} - \sigma_y \leqslant 0$$

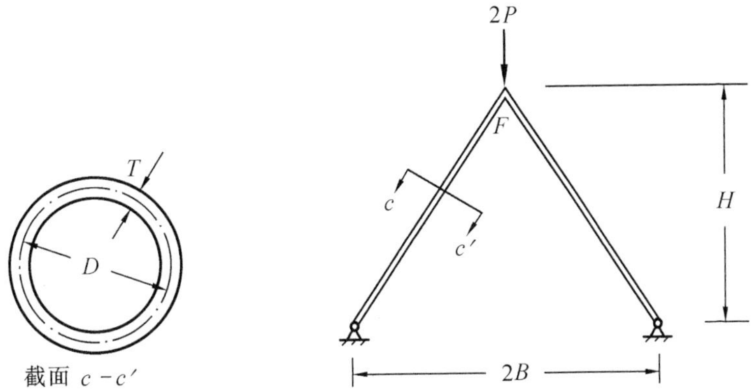

图 4 - 32

欧拉屈曲约束为

$$g_2 = \frac{P}{\pi T}\frac{(B^2+H^2)^{\frac{1}{2}}}{HD} - \frac{\pi^2 E}{8}\frac{(D^2+T^2)^{\frac{1}{2}}}{B^2+H^2} \leqslant 0$$

式中的 ρ 为材料的比重,E 为弹性模量。

用外罚函数求解时,罚函数为

$$F(\boldsymbol{X},r_k) = f(\boldsymbol{X}) + r_k\{\max[0,g_1]^2 + \max[0,g_2]^2\}$$

图 4 - 33 画出了 $r_k = 10^{-10}, 10^{-9}, 10^{-8}, 10^{-7}$ 时 F 的等值线,图中虚线代表约束边界。由图(a)可见,此时 F 的等值线具有比较圆滑的拐角和一个易于确定的无约束最小点。将图(d)与前三图比较可见,由于 r_k 的增大,使最小点更靠近了可行区,然而同时使等值线的偏心和扭曲更大。因此在外点法中,一开始不能把 r_k 取得太大,否则将给无约束最优化造成困难。

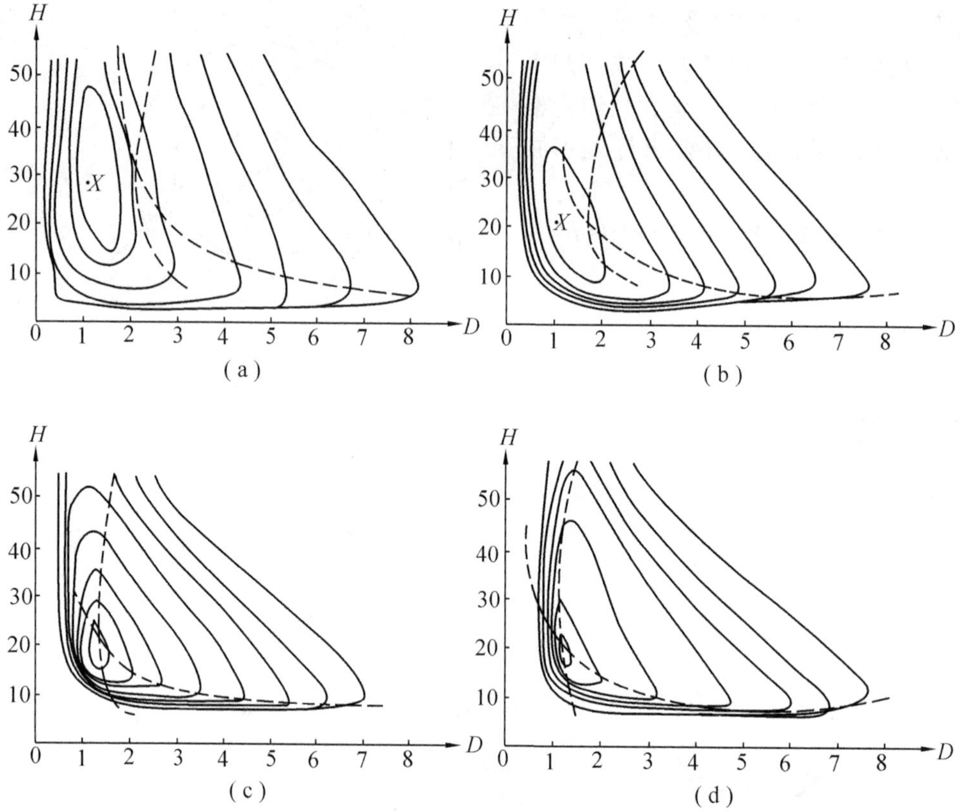

图 4 - 33

(a) $r_k = 10^{-10}$;(b) $r_k = 10^{-9}$;(c) $r_k = 10^{-8}$;(d) $r_k = 10^{-7}$

由以上例题可见,给定一个 r_k 时,对应有一个罚函数 $F(\boldsymbol{X}, r_k)$,可用无约束优化方法求得一个极小点 $\boldsymbol{X}_k^*$。当取一系列递增的 r_k 时,可得到一系列位于可行区外的无约束极小点,并随 r_k 的增大而逼近原问题的极小点。所以这种方法称外罚函数法或外点法。

4.9.2 内罚函数法(内点法)

内罚函数法(Internal penalty function method)与外罚函数法相反,是从一个位于可行区内的点出发，在各个可行点之间进行迭代的方法。为了使在迭代中得到的点始终为可行点，故选取的罚项应具有在可行区离边界较远时取值不大但趋向边界时罚项陡然增大的特点。

对于不等式约束 $g_i(\boldsymbol{X}) \leqslant 0\ (i = 1,2,\cdots,I)$，通常取如下的内罚函数：

$$F(\boldsymbol{X},r_k) = f(\boldsymbol{X}) + r_k \sum_{i=1}^{I} \frac{1}{g_i(\boldsymbol{X})} \tag{4-166}$$

或

$$F(\boldsymbol{X},r_k) = f(\boldsymbol{X}) + r_k \sum_{i=1}^{I} \ln(-g_i(\boldsymbol{X})) \tag{4-167}$$

上两式中的 r_k 是一递减的正实数序列，即 $r_0 > r_1 > r_2 > \cdots$。

因此可见：

(1) 由于罚函数中有依赖于约束函数的罚项(也称为障碍函数)，所以各次无约束极值点由可行区靠近约束边界时，不会在边界上而保持一定的距离，更不会越过边界而到达非可行区；

(2) 随着 r_k 的减小，罚项的作用也随之减小，各项的最优点也从可行区内部越来越靠近可行区边界；

(3) 由于内点法从可行区逐次求得最优解，故不能用于等式约束；而且要求初始点一定位于可行区内；

(4) 内点法的迭代过程得到一系列可行的无约束极值点，从而即使最优化过程没有收敛到最后，过程中的每一点也都可作为结束点，它总是可行的。

内点法的计算步骤是：

(1) 选一初始可行点 $\boldsymbol{X}_0$ 和适当的 r_k 及常数 $t > 1$，令 $k = 1$；

(2) 从点 $\boldsymbol{X}_{k-1}$ 出发用无约束最小化算法优化 $F(\boldsymbol{X},r_k)$ 得到最优点 $\boldsymbol{X}_k^*$；

(3) 检查收敛准则，满足则停机；否则转(4)；

(4) 计算 $r_{k+1} = r_k/t$，令 $k = k + 1$，转(2)。

上述算法的收敛速度很大程度上取决于 r_0，t 及 $\boldsymbol{X}_0$ 的值。r_0 太大，迭代次数增大；r_0 太小则一开始的无约束优化可能收敛很慢，甚至不收敛。

例 4-18 用内罚函数法求解：

$$\left.\begin{aligned} \min \quad & f(\boldsymbol{X}) = ax \\ \text{s.t.} \quad & g(\boldsymbol{X}) = x - b \geqslant 0 \end{aligned}\right\}$$

解

$$F(\boldsymbol{X},r_k) = ax + r_k \frac{1}{x-b}$$

由

$$\frac{\partial F}{\partial x} = a - \frac{r_k}{(x-b)^2} = 0$$

得

$$x^* = \sqrt{\frac{r_k}{a}} + b$$

故

$$F(\boldsymbol{X}^*, r_k) = ab + 2\sqrt{ar_k}$$

当 $r_k \to 0$ 时，$\boldsymbol{X}^* \to b$，$F(\boldsymbol{X}, r_k) \to ab$。

上述过程示于图 4 - 34。

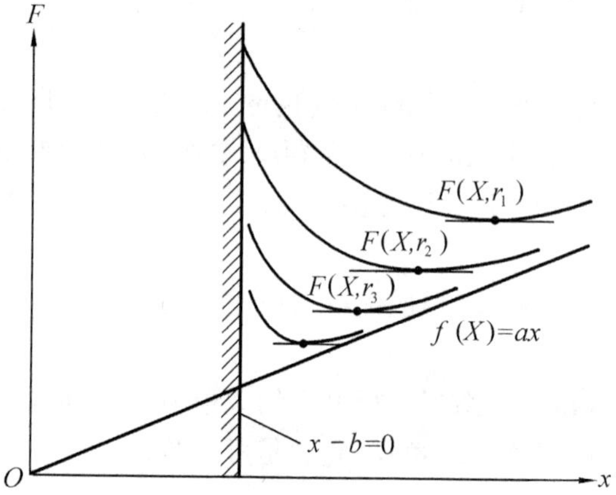

图 4 - 34

例 4 - 19 用内罚函数法求解：

$$\left.\begin{array}{ll} \min & f(\boldsymbol{X}) = (x_1 - 3)^2 + (x_2 - 2)^2 \\ \text{s.t.} & g(\boldsymbol{X}) = 6 - x_1 - x_2 \leqslant 0 \end{array}\right\}$$

解

$$F(\boldsymbol{X}, r_k) = (x_1 - 3)^2 + (x_2 - 2)^2 - r_k \ln(x_1 + x_2 - 6)$$

(1) 取 $r_1 = 1$，则

$$F_1(\boldsymbol{X}) = (x_1 - 3)^2 + (x_2 - 2)^2 - \ln(x_1 + x_2 - 6)$$

由

$$\left.\begin{array}{l} \dfrac{\partial F_1}{\partial x_1} = 2(x_1 - 3) - \dfrac{1}{x_1 + x_2 - 6} = 0 \\ \dfrac{\partial F_1}{\partial x_2} = 2(x_2 - 2) - \dfrac{1}{x_1 + x_2 - 6} = 0 \end{array}\right\}$$

有

$$\left.\begin{aligned}2(x_1-3)(x_1+x_2-6)&=1\\2(x_2-2)(x_1+x_2-6)&=1\end{aligned}\right\}$$

即有 $4x_2^2-18x_2+19=0$,可解得 $x_2=2.81$ 与 1.69,$x_1=3.81$ 与 2.69。

因为应有 $x_1+x_2\geqslant 6$,故 $\boldsymbol{X}_1^*=\begin{bmatrix}3.81\\2.81\end{bmatrix}$。从而 $f(\boldsymbol{X}_1^*)=1.312$,$g(\boldsymbol{X}_1^*)=-0.62<0$。

(2) 取 $r_2=0.1$,则

$$F_2(\boldsymbol{X},r_k)=(x_1-3)^2+(x_2-2)^2-0.1\ln(x_1+x_2-6)$$

由

$$\left.\begin{aligned}\frac{\partial F_1}{\partial x_1}&=2(x_1-3)-\frac{1}{10(x_1+x_2-6)}=0\\\frac{\partial F_1}{\partial x_2}&=2(x_2-2)-\frac{1}{10(x_1+x_2-6)}=0\end{aligned}\right\}$$

可解得

$$\boldsymbol{X}_2^*=\begin{bmatrix}3.546\\2.546\end{bmatrix},\quad f(\boldsymbol{X}_2^*)=0.596,\quad g(\boldsymbol{X}_2^*)=-0.092<0$$

(3) 取 $r_3=0.01$,同理可解得

$$\boldsymbol{X}_3^*=\begin{bmatrix}3.505\\2.505\end{bmatrix},\quad f(\boldsymbol{X}_3^*)=0.51,\quad g(\boldsymbol{X}_3^*)=-0.01<0$$

(4) 取 $r_4=0.001$,同理解得

$$\boldsymbol{X}_4^*=\begin{bmatrix}3.500\,7\\2.500\,3\end{bmatrix},\quad f(\boldsymbol{X}_4^*)=0.504\,1,\quad g(\boldsymbol{X}_4^*)=-0.001\,4<0$$

若容许 $g(\boldsymbol{X})$ 误差小于2%,则计算可结束。迭代过程参见图4-35。

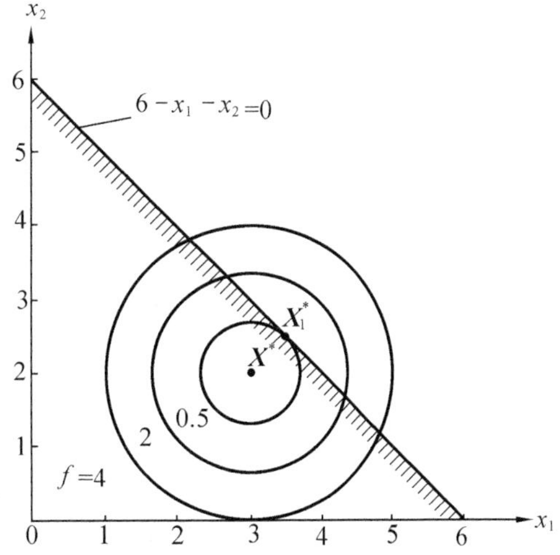

图4-35

例4-20 对例4-17的两杆桁架的最优设计问题。现在改用内罚函数法求解。

取 $F(\boldsymbol{X},r_k)=f(\boldsymbol{X})-r_k\left(\frac{1}{g_1}+\frac{1}{g_2}\right)$。图4-36画出了 $r_k=10^7$,10^6 和 10^5 时 F 的等值线和约束 g_1 和 g_2 的边界。逐渐减小 r_k 值时最小点逼近原约束问题的最优点。r_k 愈小,F 的等值线扭曲愈大,各种无约束优化算法将难以从任意一起始点出发找到 F 的最小点,故开始迭代时 r_k 不能取得太小。

由于内罚函数法简单、可靠且具有一

般性，而且每次的迭代点都是可行点，因而得到比较广泛的应用。

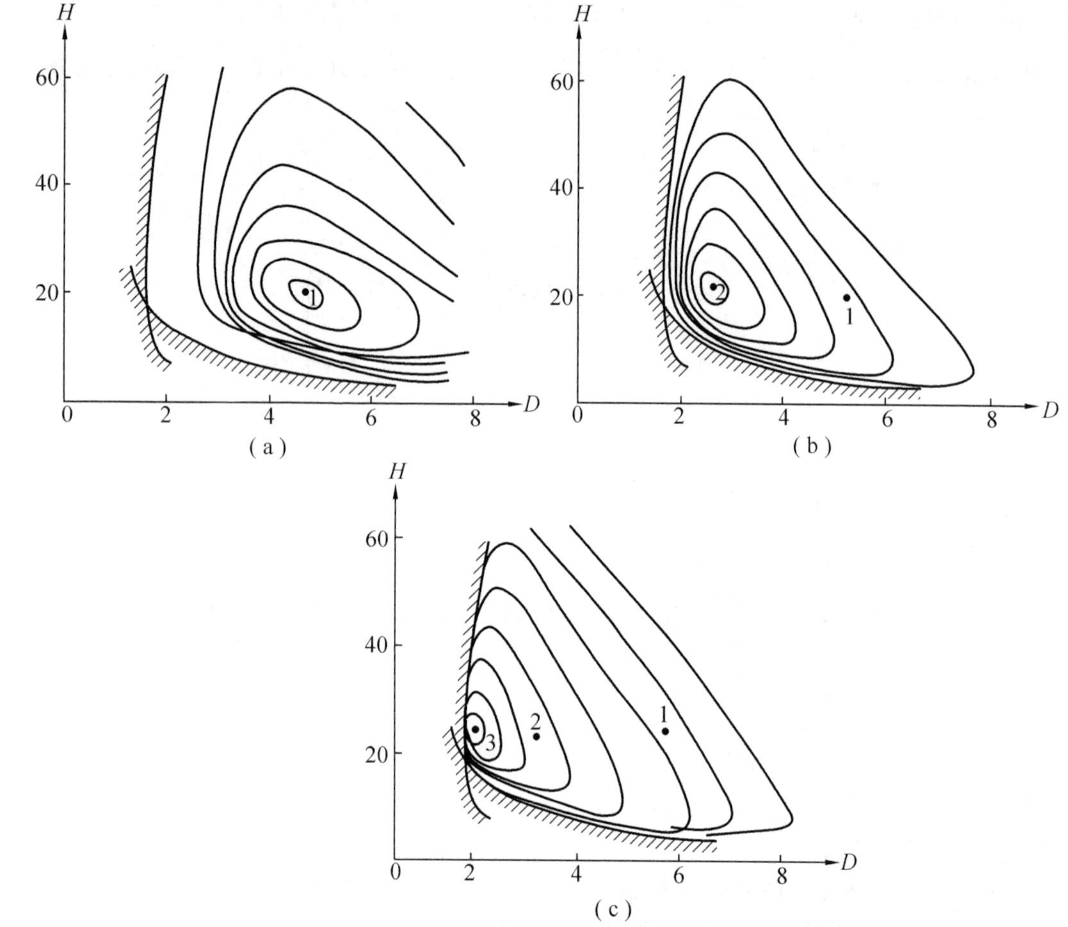

图 4 – 36

(a) $r_k = 10^7$；(b) $r_k = 10^6$；(c) $r_k = 10^5$

4.9.3 扩展内罚函数法

上述的内罚函数法存在一个缺点是，由于罚项的约束排斥特性，使在正的变量空间的不可行区内罚函数没有定义，从而要求初始点必须在可行区内，而且在整个最小化过程中都保持在可行区。这个缺点可采用**扩展内罚函数法**（Extended interior penalty function method）得到有效的克服。

1971 年 Kavalie D 和 Moe J 提出了如下形式的线性扩展内罚函数[44]：

$$F(\boldsymbol{X},r_k) = f(\boldsymbol{X}) - r_k \sum_{i=1}^{I} G_i(\boldsymbol{X}) \tag{4-168}$$

式中

$$G_i(\boldsymbol{X}) = \begin{cases} \dfrac{1}{g_i(\boldsymbol{X})} & (\text{当 } g_i(\boldsymbol{X}) \leqslant g_0) \\ [2g_0 - g_i(\boldsymbol{X})]/g_0^2 & (\text{当 } g_i(\boldsymbol{X}) > g_0) \end{cases} \tag{4-169}$$

式中 g_0 为转换参数，可取 $g_0 = cr_k$，c 为一常数。

内点法中所用内罚函数的另一缺点是当用惯常使用的共轭梯度法、变尺度法等无约束优化方法时，优化过程所需要的函数计算次数是变量分量的线性函数。因此，对于有大量变量分量的问题采用牛顿法比较合适，因为此时函数的计算次数与设计变量分量数无关，而且牛顿法所需的罚函数的二阶导数可以用一阶导数得到近似值。但是上述的线性扩展内罚函数在转换点 g_0 处二阶导数不连续，故也不适合于牛顿法。因而为了使用上述在整个变量空间要求有二阶连续偏导数的牛顿法，1975 年 Haftka R T 和 Starnes J H 提出了如下形式的二次扩展内罚函数[45]：

$$G_i(\boldsymbol{X}) = \begin{cases} \dfrac{1}{g_i(\boldsymbol{X})} & (\text{当 } g_i(\boldsymbol{X}) \leqslant g_0) \\ \dfrac{1}{g_0}[(g_i(\boldsymbol{X})/g_0)^2 - 3(g_i(\boldsymbol{X})/g_0) + 3] & (\text{当 } g_i(\boldsymbol{X}) > g_0) \end{cases} \tag{4-170}$$

式中的转换系数 $g_0 = cr_k^P$，$\frac{1}{3} \leqslant P \leqslant \frac{1}{2}$，$c$ 为一常数。线性和二次扩展内罚函数与一般内罚函数示于图 4-37。

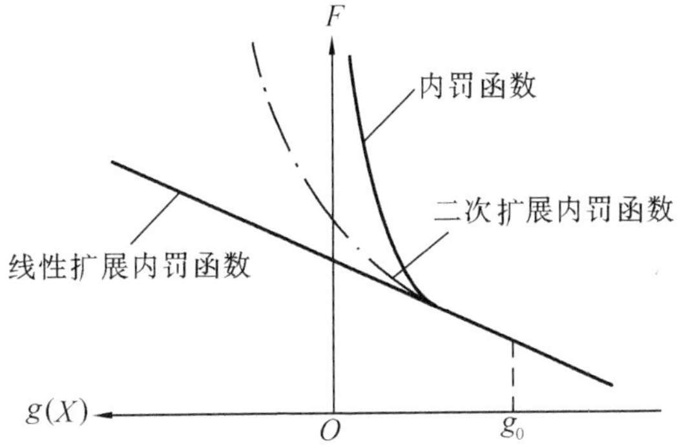

图 4-37

在内罚函数方法中，罚系数 r_k 的选取对优化过程的收敛特性影响较大。通常的办法是取一初始 r_0，它一般可令罚项等于目标函数的一倍左右而得到。然后按

$$r_k = c_a r_{k-1} \tag{4-171}$$

减小。这里的 c_a 称为减削系数，一般可取 $c_a = 0.1 \sim 0.5$。

文献[46]用二次扩展内罚函数法成功地进行了最小化结构质量的结构优化设计。详见第 10 章。

4.9.4 混合法

内点法和外点法有各自的限制条件,例如内点法不能用于等式约束,外点法不能用于在可行区外无定义的情况等。而混合法则可以处理那些单纯用内点法或外点法不能解决的问题。它对不等式约束用内罚函数,而对等式约束用外罚函数。混合罚函数可取为

$$F(\boldsymbol{X},r_k,t_k) = f(\boldsymbol{X}) - r_k \sum_{i=1}^{I} \frac{1}{g_i(\boldsymbol{X})} + t_k \sum_{j=1}^{J} h_j^2(\boldsymbol{X}) \tag{4-172}$$

混合法的计算步骤是:

(1) 选择不等式约束的一个内点 $\boldsymbol{X}_0$ 作为起始点,并选择适当的 $r_1 > 0, t_1 > 0$;

(2) 对 $k = 1,2,\cdots$ 以 $\boldsymbol{X}_{k+1}$ 为起始点,用无约束最小化算法求 $F(\boldsymbol{X},r_k,t_k)$ 的极小点 $\boldsymbol{X}_k^*$;

(3) 检查收敛准则,若满足则停机;否则转(4);

(4) 令 $r_{k+1} = r_k/c, t_{k+1} = t_k/c$,式中的 $c > 1$;转(2)。

例 4-20 求解:

$$\left.\begin{aligned} \min \quad & f(\boldsymbol{X}) = -x_1 + x_2 \\ \text{s.t.} \quad & g(\boldsymbol{X}) = -\ln x_2 \leqslant 0 \\ & h(\boldsymbol{X}) = x_1 + x_2 - 1 = 0 \end{aligned}\right\}$$

解 由于 $g(\boldsymbol{X})$ 在 $x_2 = 0$ 点无界,不能用外点法;又由于 $h(\boldsymbol{X})$ 为等式约束而不能用内点法。故用混合法求解:

$$F(\boldsymbol{X},r_k,t_k) = -x_1 + x_2 + \frac{r_k}{\ln x_2} + t_k(x_1 + x_2 - 1)^2$$

由

$$\left.\begin{aligned} \frac{\partial F_1}{\partial x_1} &= -1 + 2t_k(x_1 + x_2 - 1) = 0 \\ \frac{\partial F_2}{\partial x_2} &= 1 - \frac{r_k}{x_2 \ln^2 x_2} + 2t_k(x_1 + x_2 - 1) = 0 \end{aligned}\right\}$$

有

$$2 - \frac{r_k}{x_2 \ln^2 x_2} = 0$$

故

$$x_2 = \mathrm{e}^{\left(\frac{r_k}{2x_2}\right)^{\frac{1}{2}}} = 0$$

当 $r_k \to 0$ 时 $x_2 \to 1$。当 $t_k \to \infty$ 时有 $x_1 + x_2 - 1 \to 0$,故取极限值 $x_1 \to 0$。因而最优解为 $\boldsymbol{X}^* = [0,1]^{\mathrm{T}}$。这个问题的求解参见图 4-38。

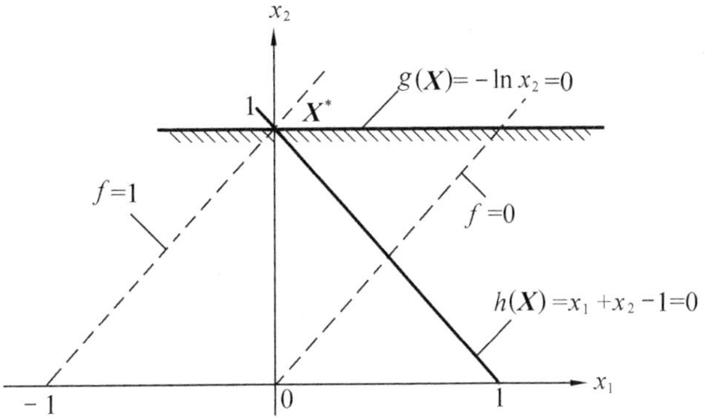

图 4 - 38

4.10* 乘 子 法

前面介绍的罚函数法计算简单,对目标函数和约束函数没有特别的要求,适用范围广,因此已得到广泛应用。但是这种方法计算工作量较大,因为要求解一系列的无约束优化问题;而且从理论上讲,这种方法只有当迭代次数 $k \to \infty$ 时才能使无约束极小点列 $\boldsymbol{X}_k^*$ 逼近约束极小点 $\boldsymbol{X}^*$。因此,不仅整个迭代过程收敛较慢,而且由于罚函数的无穷增大(对于外点法)或无穷减小(对内点法),将导致罚函数的病态而使无约束优化难以进行下去。

乘子法就是对罚函数法的一种改进。1969 年 Hestenes M R 和 Powell M J D 各自独立地提出了这种方法[47,48]来求解等式约束优化问题。以后,1973 年 Rockafellar R T 又将它推广到了求解不等式约束的优化问题[49]。这是目前最为有效的约束优化方法之一。

4.10.1 等式约束问题

首先,对于等式约束问题

$$\left.\begin{aligned}&\min \quad f(\boldsymbol{X})\\&\text{s.t.} \quad h_j(\boldsymbol{X})=0\ (j=1,2,\cdots,J)\end{aligned}\right\} \tag{4-3}$$

拉格朗日函数

$$L(\boldsymbol{X},\boldsymbol{\lambda})=f(\boldsymbol{X})+\sum_{j=1}^{J}\lambda_j h_j(\boldsymbol{X}) \tag{4-4}$$

它取极值的必要条件是

$$\nabla L(\boldsymbol{X}^*,\boldsymbol{\lambda}^*)=\nabla f(\boldsymbol{X}^*)+\sum_{j=1}^{J}\lambda_j^*\nabla h_j(\boldsymbol{X}^*)=0 \tag{4-173}$$

因此,若能找到$\boldsymbol{\lambda}^*$,使$L(\boldsymbol{X},\boldsymbol{\lambda}^*)$的极小点就是$\boldsymbol{X}^*$,则求解式(4-3)就化成了一个无约束极小问题。但是,$L(\boldsymbol{X},\boldsymbol{\lambda})$的极小点往往不存在。这是因为求$L(\boldsymbol{X},\boldsymbol{\lambda})$的极小要由求其鞍点来达到,而往往这个鞍点并不一定存在,因此虽然$f(\boldsymbol{X})$有极小点,但通过拉格朗日乘子法也找不到它。

现在,我们考虑如下的增广拉格朗日函数

$$\Phi(\boldsymbol{X},\boldsymbol{\lambda},r) = f(\boldsymbol{X}) + \sum_{j=1}^{J}\lambda_j h_j(\boldsymbol{X}) + \frac{r}{2}\sum_{j=1}^{J}h_j^2(\boldsymbol{X})$$

即

$$\Phi(\boldsymbol{X},\boldsymbol{\lambda},r) = L(\boldsymbol{X},\boldsymbol{\lambda}) + \frac{r}{2}\sum_{j=1}^{J}h_j^2(\boldsymbol{X}) \tag{4-174}$$

显然

$$\nabla\Phi(\boldsymbol{X}^*,\boldsymbol{\lambda}^*,r) = \nabla L(\boldsymbol{X}^*,\boldsymbol{\lambda}^*) + r\sum_{j=1}^{J}h_j(\boldsymbol{X}^*)\nabla h_j(\boldsymbol{X}^*) = 0 \tag{4-175}$$

因为$h_j(\boldsymbol{X}^*) = 0$,必有

$$r\sum_{j=1}^{J}h_j(\boldsymbol{X}^*)\nabla h_j(\boldsymbol{X}^*) = 0$$

故

$$\nabla\Phi(\boldsymbol{X}^*,\boldsymbol{\lambda}^*,r) = \nabla L(\boldsymbol{X}^*,\boldsymbol{\lambda}^*)$$

可见,不论r取值如何,式(4-174)表达的增广拉格朗日函数的无约束极值问题与式(4-3)有相同的解,而且有相同的拉格朗日乘子向量$\boldsymbol{\lambda}^*$。

但要注意的是,拉格朗日函数L的二阶偏导数矩阵,一般来说不一定是正定的。然而可以证明,在通常的条件下,必定存在一个r',当$r \geqslant r'$时,$\Phi(\boldsymbol{X},\lambda,r)$的二阶导数矩阵却总是正定的。例如,对于问题

$$\left.\begin{aligned} \min \quad & f(\boldsymbol{X}) = x_1^2 - 3x_2 - x_2^2 \\ \text{s.t.} \quad & h(\boldsymbol{X}) = x_2 = 0 \end{aligned}\right\}$$

此时

$$L(\boldsymbol{X},\boldsymbol{\lambda}) = x_1^2 - 3x_2 - x_2^2 + \lambda x_2$$

由

$$\frac{\partial L}{\partial x_1} = 2x_1 = 0,\quad \frac{\partial L}{\partial x_2} = -3 - 2x_2 + \lambda = 0,\quad \frac{\partial L}{\partial \lambda} = x_2 = 0$$

可解得$\boldsymbol{X}^* = [0,0]^{\mathrm{T}}$,$\boldsymbol{\lambda}^* = [3]$。

此时L的二阶导数矩阵$\boldsymbol{H} = \begin{bmatrix} 2 & 0 \\ 0 & -2 \end{bmatrix}$非正定。而

$$\Phi(\boldsymbol{X},\boldsymbol{\lambda},r) = x_1^2 - 3x_2 - x_2^2 - \boldsymbol{\lambda}x_2 + \frac{r}{2}x_2^2$$

同样由

$$\frac{\partial L}{\partial x_1} = 2x_1 = 0, \quad \frac{\partial L}{\partial x_2} = -3 - 2x_2 + \lambda + rx_2 = 0, \quad \frac{\partial L}{\partial \lambda} = x_2 = 0$$

仍可解得 $\boldsymbol{X}^* = [0,0]^{\mathrm{T}}$ 与 $\boldsymbol{\lambda}^* = [3]$;但 Φ 的二阶导数矩阵 $H_{\Phi} = \begin{bmatrix} 2 & 0 \\ 0 & r-2 \end{bmatrix}$。

可以看到,若 $r > 2$,则 H_{Φ} 总是正定的。加上式(4 - 175),由无约束优化问题的充要条件可知:当 $r \geqslant r'$ 而不必趋于无穷,且恰好 $\boldsymbol{\lambda} = \boldsymbol{\lambda}^*$ 时,$\boldsymbol{X}^*$ 一定是 $\Phi(\boldsymbol{X},\boldsymbol{\lambda}^*,r)$ 的极小点。换言之,为求式(4 - 3),只需求

$$\min_{X} \Phi(\boldsymbol{X},\boldsymbol{\lambda}^*,r) \ (r \geqslant r') \tag{4 - 176}$$

然而,$\boldsymbol{\lambda}^*$ 也是未知的,为此我们考虑对任一乘子向量 $\boldsymbol{\lambda}$ 来求解无约束极小问题:

$$\min_{X} \Phi(\boldsymbol{X},\boldsymbol{\lambda}) \tag{4 - 177}$$

这里我们已假定 r 取大于 r' 的某常值。

由于

$$\nabla \Phi(\boldsymbol{X},\boldsymbol{\lambda}) = \nabla f(\boldsymbol{X}) + r\sum_{j=1}^{J} h_j(\boldsymbol{X}) \nabla h_j(\boldsymbol{X}) + \sum_{j=1}^{J} \lambda_j \nabla h_j(\boldsymbol{X}) = 0 \tag{4 - 178}$$

而且在$(\boldsymbol{X}^*,\boldsymbol{\lambda}^*)$处,上式关于$\boldsymbol{X}$的一阶偏导数矩阵就是$\Phi$的二阶导数矩阵$\boldsymbol{H}_{\Phi}$,它是正定而非奇异的。因此根据隐函数定理,式(4 - 178) 确定了一个以 $\boldsymbol{\lambda}$ 为自变量的隐函数,即至少对 $\boldsymbol{\lambda}^*$ 附近的 $\boldsymbol{\lambda}$,式(4 - 178) 必存在唯一的解 $\boldsymbol{X}(\boldsymbol{\lambda})$,并且有 $\boldsymbol{X}^* = \boldsymbol{X}(\boldsymbol{\lambda}^*)$。

由上所述,我们有

$$\widetilde{\Phi}(\boldsymbol{\lambda}) \equiv \Phi(X(\boldsymbol{\lambda}),\boldsymbol{\lambda}) \tag{4 - 179}$$

可以证明,$\boldsymbol{\lambda}^*$ 是 $\widetilde{\Phi}$ 的极大点。因此,为求得 $\boldsymbol{\lambda}^*$,要求得 $\widetilde{\Phi}(\boldsymbol{X})$ 的无约束极大点。这可以用近似牛顿法来求解,从而得到如下的求乘子向量 $\boldsymbol{\lambda}$ 的迭代公式:

$$\boldsymbol{\lambda}_{k+1} = \boldsymbol{\lambda}_k + r\nabla_{\lambda}\widetilde{\Phi}(\boldsymbol{\lambda}_k) = \boldsymbol{\lambda}_k + r\boldsymbol{H}(\boldsymbol{X}_k) \tag{4 - 180}$$

式中

$$\boldsymbol{H}(\boldsymbol{X}_k) = [h_1(\boldsymbol{X}_k), h_2(\boldsymbol{X}_k), \cdots, h_J(\boldsymbol{X}_k)]^{\mathrm{T}} \tag{4 - 181}$$

$$\boldsymbol{X}_k = X(\boldsymbol{\lambda}_k) \tag{4 - 182}$$

综上所述,我们可以任选一初始乘子向量 $\boldsymbol{\lambda}$ 及 r 先求 $\Phi(\boldsymbol{X})$ 的极小点 $\boldsymbol{X} = X(\boldsymbol{\lambda})$,再由式(4 - 180) 求解新的乘子向量,一般来说它应更接近 $\boldsymbol{\lambda}^*$,再由它来构成新的 Φ,求得新的极小点 $\boldsymbol{X}$,这个 $\boldsymbol{X}$ 也应更接近 $\boldsymbol{X}^*$。这样,求 Φ 的无约束极小点及乘子迭代的过程交替进行,使 $\boldsymbol{X} \to \boldsymbol{X}^*$,同时 $\boldsymbol{\lambda} \to \boldsymbol{\lambda}^*$。这就是乘子法的基本思路和方法。

Powell 提出的乘子法的大致计算步骤是:

(1) 选初始乘子向量 $\boldsymbol{\lambda}_0$ 及适当的初始罚系数 $r_0 > 0$ 以及罚系数的增长系数 $\beta > 1$,正小数 ε,正小数 $\rho < 1$;令 $k = 0$;

(2) 求 $\min\limits_{X}\Phi(\boldsymbol{X},\boldsymbol{\lambda}_k,r_k)$ 得到 $\boldsymbol{X}_k^*$;

(3) 求 $\boldsymbol{\lambda}_{k+1}=\boldsymbol{\lambda}_k+r_k\boldsymbol{H}(\boldsymbol{X}_k)$；

(4) 计算 $\|\boldsymbol{H}(\boldsymbol{X}_k)\|=\left(\sum_{j=1}^{J}h_j^2(\boldsymbol{X})\right)^{\frac{1}{2}}$，若 $\|\boldsymbol{H}(\boldsymbol{X}_k)\|<\varepsilon$，则 $\boldsymbol{X}^*=\boldsymbol{X}_k^*$，$\boldsymbol{\lambda}^*=\boldsymbol{\lambda}_{k+1}$，运算结束；否则转(5)；

(5) 根据 $\boldsymbol{X}_k$ 趋近约束面的快慢来选取罚系数，即有

$$r_{k+1}=\begin{cases}\beta r_k & (当\|\boldsymbol{H}(\boldsymbol{X}_k)\|/\|\boldsymbol{H}(\boldsymbol{X}_{k-1})\|>\rho)\\ r_k & (当\|\boldsymbol{H}(\boldsymbol{X}_k)\|/\|\boldsymbol{H}(\boldsymbol{X}_{k-1})\|\leqslant\rho)\end{cases}\tag{4-183}$$

令 $k=k+1$，转(2)。

关于以上算法还有以下几点说明。

(1) Powell 建议取式(4-183)中的 $\beta=10$，$\rho=0.25$。他证明了当 r 足够大以后必有 $\|\boldsymbol{H}(\boldsymbol{X}_k)\|\leqslant\rho\|\boldsymbol{H}(\boldsymbol{X}_{k-1})\|$，因此若干次迭代以后必有 $r_{k+1}=r_k$，即增大到一定程度后自动保持常值而不再增大。

(2) 可取 $\boldsymbol{\lambda}_0=\boldsymbol{0}$，此时增广罚函数 $\boldsymbol{\Phi}$ 即外罚函数。因此 r_0 的选取可参照外罚函数法的取法。

(3) 有人建议迭代中总取 $r_{k+1}=\beta r_k$，而 $\beta=2\sim4$。由于 r 变大时将使 $\boldsymbol{\lambda}$ 越快接近 $\boldsymbol{\lambda}^*$，$\boldsymbol{\Phi}$ 的极小点也更快逼近 $\boldsymbol{X}^*$。因此，这里虽然从形式上看可能 r 要趋于无穷大，但由于有乘子迭代，使 r 还不是非常大时就能结束运算而不会使无约束极小化遇到困难。

(4) 与罚函数法一样，可以把每次无约束最小化得到的解作为下一次无约束最小化过程的初始点，以提高计算效率。

例 4-21 用乘子法求解：

$$\left.\begin{aligned}\min\quad f(\boldsymbol{X})&=\frac{1}{2}\left(x_1^2+\frac{1}{3}x_2^2\right)\\ \text{s.t.}\quad h(\boldsymbol{X})&=x_1+x_2-1=0\end{aligned}\right\}$$

其增广拉格朗日函数为

$$\Phi(\boldsymbol{X},\lambda,r)=f(\boldsymbol{X})+\lambda h(\boldsymbol{X})+\frac{r}{2}h^2(\boldsymbol{X})=\frac{1}{2}\left(x_1^2+\frac{1}{3}x_2^2\right)+\lambda(x_1+x_2-1)+\frac{r}{2}(x_1+x_2-1)^2$$

求偏导数

$$\frac{\partial\Phi}{\partial x_1}=x_1+\lambda+r(x_1+x_2-1)=0$$

$$\frac{\partial\Phi}{\partial x_2}=\frac{1}{3}x_2+\lambda+r(x_1+x_2-1)=0$$

得到无约束问题 $\min\Phi(\boldsymbol{X},\lambda,r)$ 的最优解，即

$$\overline{\boldsymbol{X}}(\lambda,r)=\left[\frac{r-\lambda}{1+4r},\frac{3(r-\lambda)}{1+4r}\right]^{\mathrm{T}}\tag{1}$$

当 λ 固定，$r\to\infty$ 时，由(1)式得到

$$\overline{X}(\lambda,r)\to\left[\frac{1}{4},\frac{3}{4}\right]^{T}=X^*$$

讨论 r 固定,$\lambda\to\lambda^*$ 的情况:

由乘子迭代公式有

$$\hat{\lambda}=\lambda+rh(\overline{X}(\lambda,r))=\lambda-r\frac{1+4\lambda}{1+4r}=\frac{\lambda-r}{1+4r}$$

令 $\hat{\lambda}\to\lambda^*,\lambda\to\lambda^*$,解方程得到 $\lambda^*=\left[-\frac{1}{4}\right]$,因此由(1)式得到当 $\lambda\to\left[-\frac{1}{4}\right]$时,有

$$\overline{X}(\lambda,r)\to\left[\frac{1}{4},\frac{3}{4}\right]^{T}=X^*$$

由此可见,当 $\lambda\to\lambda^*$ 和 $r\to+\infty$ 时都有 $\overline{X}(\lambda,r)\to X^*$。

下面将乘子法与罚函数作一下比较。对于罚函数的最优解(相当于 $\lambda=0$)有

$$\overline{X}(r)=\left[\frac{r}{1+4r},\frac{3r}{1+4r}\right]^{T}\tag{2}$$

取 $r_k=0.1\times2^{k-1},k=1,2,\cdots,\lambda^{(1)}=0$,乘子迭代公式为

$$\lambda^{(k+1)}=\lambda^{(k)}+r_kc(x^{(k)})$$

乘子法得到的点列为

$$X^{(k)}=\left[\frac{r_k-\lambda^{(k)}}{1+4r_k},\frac{3(r_k-\lambda^{(k)})}{1+4r_k}\right]^{T}$$

由罚函数得到的点列为

$$X^{(k)}=\left[\frac{r_k}{1+4r_k},\frac{3r_k}{1+4r_k}\right]^{T}$$

其计算结果见表4-7。

表4-7 例4-21的计算结果

k	$X^{(k)}$(罚函数法)	$X^{(k)}$(乘子法)	k	$X^{(k)}$(罚函数法)
01	(0.071 43,0.201 29)	(0.071 43,0.214 29)	11	(0.249 39,0.748 17)
02	(0.111 11,0.333 33)	(0.150 79,0.452 38)	12	(0.249 70,0.749 09)
03	(0.153 85,0.461 54)	(0.211 84,0.635 53)	13	(0.249 85,0.749 54)
04	(0.190 48,0.571 43)	(0.240 92,0.722 75)	14	(0.249 92,0.749 77)
05	(0.216 22,0.648 65)	(0.248 77,0.746 32)	15	(0.249 96,0.749 89)
06	(0.231 88,0.695 65)	(0.249 91,0.749 73)	16	(0.249 98,0.749 94)
07	(0.240 60,0.721 80)	(0.250 00,0.749 99)	17	(0.249 99,0.749 97)
08	(0.245 21,0.735 63)	(0.250 00,0.750 00)	18	(0.250 00,0.749 99)
09	(0.247 58,0.742 75)		19	(0.250 00,0.749 99)
10	(0.248 79,0.746 36)		20	(0.250 00,0.750 00)

由表4－7可以看出,乘子法的收敛速度要比罚函数法快得多。乘子法在第8步与罚函数法第20步得到的结果相同。并注意到$r_{20} = 0.1 \times 2^{19} = 52\ 428.8$,而$r_8 = 0.1 \times 2^7 = 12.8$。相比之下,乘子法不会有过大的惩罚因子。

从这个例子可以粗略地看出乘子法优于罚函数法。

4.10.2 不等式约束问题

对于式(4－13)为等式优化问题:

$$\left.\begin{aligned} &\min \quad f(\boldsymbol{X}) \\ &\text{s.t.} \quad g_i(\boldsymbol{X}) \leqslant 0 \ (i = 1,2,\cdots,I) \end{aligned}\right\}$$

首先引进松弛变量向量 $\boldsymbol{Z}$ 可将不等式约束优化问题变为以下的等式约束优化问题:

$$\left.\begin{aligned} &\min \quad f(\boldsymbol{X}) \\ &\text{s.t.} \quad g_i(\boldsymbol{X}) + z_i^2 = 0 \ (i = 1,2,\cdots,I) \end{aligned}\right\} \tag{4－184}$$

其增广拉格朗日函数为

$$\Phi(\boldsymbol{X},\boldsymbol{Z},\boldsymbol{\lambda},r) = f(\boldsymbol{X}) + \sum_{i=1}^{I} \lambda_i (g_i(\boldsymbol{X}) + z_i^2) + \frac{r}{2} \sum_{i=1}^{I} (g_i(\boldsymbol{X}) + z_i^2) \tag{4－185}$$

1. 不等式约束优化问题增广拉格朗日函数的简化

在r,$\boldsymbol{\lambda}$为定值的情况下,求$\Phi(\boldsymbol{X},\boldsymbol{Z},\lambda,r)$的极小可先对$\boldsymbol{Z}$求极小再对$\boldsymbol{X}$求极小,因为$\boldsymbol{Z}$的极小点与$\boldsymbol{X}$有关。即有

$$\min_{X,Z} \Phi(\boldsymbol{X},\boldsymbol{Z}) = \min_{X} \{ \min_{Z} \Phi(\boldsymbol{X}) \} = \min_{X} \psi(\boldsymbol{X}) \tag{4－186}$$

式中

$$\psi(\boldsymbol{X}) = f(\boldsymbol{X}) + \min_{Z} \left[\sum_{i=1}^{I} \lambda_i (g_i(\boldsymbol{X}) + z_i^2) + \frac{r}{2} \sum_{i=1}^{I} (g_i(\boldsymbol{X}) + z_i^2) \right] \tag{4－187}$$

现在,先考虑以下的单变量极小问题

$$\min_{Z} \varphi(\boldsymbol{Z})$$

式中

$$\varphi(\boldsymbol{Z}) = \sum_{i=1}^{I} \lambda_i (g_i(\boldsymbol{X}) + z_i^2) + \frac{r}{2} \sum_{i=1}^{I} (g_i(\boldsymbol{X}) + z_i^2) \tag{4－188}$$

由令$\varphi(Z)$的一阶导数为零得到

$$z_i(\boldsymbol{\lambda}_i + r g_i(\boldsymbol{X}) + r z_i^2) = 0 \qquad (i = 1,2,\cdots,I) \tag{4－189}$$

由上式可见:

若$\lambda_i + r g_i(\boldsymbol{X}) \geqslant 0$,则应有

$$z_i^2 = 0 \qquad (i = 1,2,\cdots,I) \tag{4－190}$$

若$\lambda_i + r g_i(\boldsymbol{X}) < 0$,则$z_i^2 \neq 0 \ (i = 1,2,\cdots,I)$。

因为$r > 0$,$\lambda_i > 0$,必有$g_i(\boldsymbol{X}) < 0$,$z_i \neq 0$,而有

$$z_i^2 = -\frac{1}{r}(\lambda_j + rg_i(\boldsymbol{X})) \tag{4-191}$$

式(4－190)和式(4－191)可以统一写为

$$z_i^2 = -\frac{1}{r}\max\{0, -[\lambda_j + rg_i(\boldsymbol{X})]\} \tag{4-192}$$

将式(4－190)代回式(4－187)得到(当 $\lambda_i + rg_i(\boldsymbol{X}) \geqslant 0$ 时)

$$\psi(\boldsymbol{X}) = f(\boldsymbol{X}) + \sum_{i=1}^{I}\frac{1}{2r}[2r\lambda_j g_i(\boldsymbol{X}) + (rg_i(\boldsymbol{X}))^2] \tag{4-193}$$

将式(4－191)代回式(4－187)得到(当 $\lambda_i + rg_i(\boldsymbol{X}) < 0$ 时)

$$\psi(\boldsymbol{X}) = f(\boldsymbol{X}) + \sum_{i=1}^{I}\left(-\frac{\lambda_i^2}{2r}\right) \tag{4-194}$$

式(4－193)与式(4－194)又可统一写为

$$\psi(\boldsymbol{X}) = f(\boldsymbol{X}) + \frac{1}{2r}\sum_{i=1}^{I}\{\max[0,\lambda_i + rg_i(\boldsymbol{X})]^2 - \lambda_i^2\} \tag{4-195}$$

可见,此时式(4－186)变为

$$\min_{\boldsymbol{X}}\psi(\boldsymbol{X}) = \min_{\boldsymbol{X}}\left\{f(\boldsymbol{X}) + \frac{1}{2r}\sum_{i=1}^{I}\{\max[0,\lambda_i + rg_i(\boldsymbol{X})]^2 - \lambda_i^2\}\right\} \tag{4-196}$$

式(4－195)表达的 $\psi(\boldsymbol{X})$ 就是不等式约束优化问题的增广拉格朗日函数,其中松弛变量已消失。

2. 不等式约束优化问题的乘子迭代公式

由式(4－180),引进松弛变量后有

$$\boldsymbol{\lambda}_{k+1} = \boldsymbol{\lambda}_k + r\boldsymbol{H}(\boldsymbol{X}_k,\boldsymbol{Z}_k)$$

即

$$\lambda_{i,k+1} = \lambda_{i,k} + r(g_i(\boldsymbol{X}) + z_i^2) \qquad (i = 1,2,\cdots,I) \tag{4-197}$$

故由式(4－190)有

$$\lambda_i + rg_i(\boldsymbol{X}) \geqslant 0 \text{ 时} \quad \lambda_{i,k+1} = \lambda_{i,k} + rg_i(\boldsymbol{X}) \qquad (i = 1,2,\cdots,I) \tag{4-198}$$

由式(4－191)有

$$\lambda_i + rg_i(\boldsymbol{X}) < 0 \text{ 时} \quad \lambda_{i,k+1} = 0 \qquad (i = 1,2,\cdots,I) \tag{4-199}$$

式(4－198)与式(4－199)可统一写为

$$\lambda_{i,k+1} = \max\{0,\lambda_{i,k} + rg_i(\boldsymbol{X}(\boldsymbol{\lambda}))\} \qquad (i = 1,2,\cdots,I) \tag{4-200}$$

由上式可见,不论乘子向量的初值 $\boldsymbol{\lambda}_0$ 如何选取,经过迭代后得到的 $\boldsymbol{\lambda}$ 总是非负的,即K－T条件中乘子为非负的要求总可满足。

3. 乘子法求解不等式约束优化问题的计算

计算框图见图4－39。

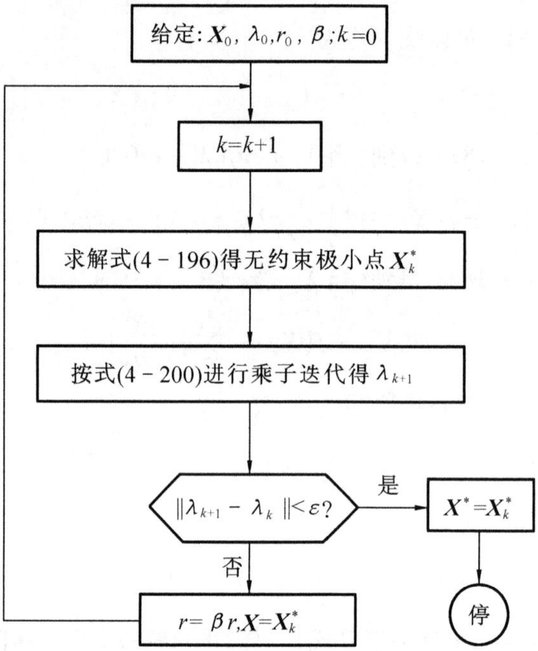

图 4 － 39

例 4 － 22　用乘子法求解:

$$\left.\begin{aligned} \min \quad & f(X) = ax \\ \text{s.t.} \quad & g(X) = b - x \leqslant 0 \end{aligned}\right\}$$

解

$$\psi(X) = ax + \frac{1}{2r}\{\max[0, \lambda + r(b-x)]^2 - \lambda^2\}$$

当 $\lambda + rg(X) = \lambda + r(b-x) < 0$ 时

$$\psi(X) = ax - \frac{\lambda^2}{2r}$$

由 $\frac{\partial\psi}{\partial x} = a = 0$,又因为 $a \neq 0$,上述假设不成立故总有 $\lambda + rg(X) \geqslant 0$。

当 $\lambda + rg(X) = \lambda + r(b-x) \geqslant 0$ 时,

$$\psi(X) = ax + \lambda(b-x) + \frac{r}{2}(b-x)^2$$

由 $\frac{\partial\psi}{\partial x} = a - \lambda - r(b-x) = 0$ 得

$$x_k^* = \frac{\lambda - a}{r} + b$$

取 $\lambda_0 = 0, r_0 = 1, \beta = 2$ 进行迭代,得

$$x_1^* = \frac{0 - a}{1} + b = b - a$$

$$\lambda_1 = \max\{0, \lambda_0 + r_0 g(\boldsymbol{X})\} = \max\{0, 0 + b - x_1^*\} = a$$

$$x_2^* = \frac{\lambda_1 - a}{r_1} + b = \frac{a - a}{1 \times 2} + b = b$$

$$\lambda_2 = \max\{0, a + 2(b - b)\} = a$$

$|\lambda_2 - \lambda_1| = |a - a| = 0$ 已收敛。

可见 $\boldsymbol{\lambda}^* = a, \boldsymbol{X}^* = x^* = b$。两次迭代完成计算。问题为凸规划,$r > 0$ 即可。

例 4 - 23 用乘子法求解:

$$\left.\begin{aligned} \min \quad & f(\boldsymbol{X}) = (x_1 - 3)^2 + (x_2 - 2)^2 \\ \text{s.t.} \quad & g(\boldsymbol{X}) = 6 - x_1 - x_2 \leqslant 0 \end{aligned}\right\}$$

解

$$\psi(\boldsymbol{X}) = f(x) + \frac{1}{2r}\{\max[0, \lambda + r(6 - x_1 - x_2)]^2 - \lambda^2\}$$

$$= \begin{cases} (x_1 - 3)^2 + (x_2 - 2)^2 + \dfrac{r}{2}(6 - x_1 - x_2)^2 + \lambda(6 - x_1 - x_2) \ (\text{当}\lambda + r(6 - x_1 - x_2) \geqslant 0) \\ (x_1 - 3)^2 + (x_2 - 2)^2 - \dfrac{\lambda^2}{2r} \ (\text{当}\lambda + r(6 - x_1 - x_2) < 0) \end{cases}$$

当 $\lambda + r(6 - x_1 - x_2) \geqslant 0$ 时,由

$$\begin{cases} \dfrac{\partial \psi}{\partial x_1} = 2(x_1 - 3) - r(6 - x_1 - x_2) - \lambda = 0 \\ \dfrac{\partial \psi}{\partial x_2} = 2(x_2 - 2) - r(6 - x_1 - x_2) - \lambda = 0 \end{cases}$$

可解得

$$\begin{cases} x_1 = \dfrac{3r^2 + 10r + 6 + \lambda(1 + r)}{(1 + r)(2 + r)} \\ x_2 = \dfrac{3r + 2}{(1 + r)} \end{cases}$$

当 $\lambda + r(6 - x_1 - x_2) < 0$ 时,由

$$\begin{cases} \dfrac{\partial \psi}{\partial x_1} = 2(x_1 - 3) = 0 \\ \dfrac{\partial \psi}{\partial x_2} = 2(x_2 - 2) = 0 \end{cases}$$

可解得

$$\begin{cases} x_1 = 3 \\ x_2 = 2 \end{cases}$$

可以看到,当 $r = 1 > 0,\lambda = 1$ 时,$\psi(\boldsymbol{X},\lambda)$ 的极小点(3.5,2.5)为原问题的最优解。

取 $r = 1,\lambda_0 = 0$ 从不同初始点迭代时有:

(1) 取 $\boldsymbol{X}_0 = [4,4]^{\mathrm{T}}$(不可行点)时

$$\lambda_0 + rg_0(\boldsymbol{X}) = 0 + (6 - 4 - 4) = -2 < 0$$

故

$$x_{1,1} = 3, x_{2,1} = 2$$

$$\lambda_1 = \max\{0,\lambda_0 + r(6 - x_{1,1} - x_{2,1})\} = 1$$

此时

$$\lambda_1 + rg_1(\boldsymbol{X}) = 1 + (6 - 3 - 2) = 2 > 0$$

故

$$x_{1,2} = \frac{3r^2 + 10r + 6 + \lambda_1(1 + r)}{(1 + r)(2 + r)} = 3.5, \quad x_{2,2} = \frac{2 + 3r}{1 + r} = 2.5$$

$$\lambda_2 = \max\{0,\lambda_1 + r_1(6 - x_{1,2} - x_{2,2})\} = 1$$

因为 $|\lambda_2 - \lambda_1| = 0$,故已收敛。

(2) 取 $\boldsymbol{X}_0 = [0,0]^{\mathrm{T}}$(可行点)时

$$\lambda_0 + rg_0(\boldsymbol{X}) = 6 > 0, \quad r = 1, \quad \lambda_0 = 0$$

故

$$x_{1,1} = \frac{19}{6}, \quad x_{2,1} = \frac{5}{2}$$

$$\lambda_1 = \max\{0,\lambda_0 + r(6 - x_{1,1} - x_{2,1})\} = \frac{1}{3}$$

此时

$$\lambda_1 = rg_1(\boldsymbol{X}) = \frac{1}{3} + \frac{1}{3} = \frac{2}{3} > 0$$

故

$$x_{1,2} = \frac{19 + 2 \times \frac{2}{3}}{6} = \frac{61}{18}, \quad x_{2,2} = 2.5$$

$$\lambda_2 = \max\{0,\lambda_1 + r(6 - x_{1,2} - x_{2,2})\} = \frac{7}{9}$$

一般,有 $\lambda_k + rg_k(\boldsymbol{X}) > 0$

$$x_{1,k}=\frac{19+2\lambda_k}{6}=\frac{61}{18},\quad x_{2,k}=2.5$$

$$\lambda_{k+1}=\lambda_k+6-x_{1,k}-x_{2,k}=\frac{1}{3}(1+2\lambda_k)$$

所以,当 $\lambda_k\to 1$ 时,$x_{1,k}\to 3.5$,$x_{2,k}\to 2.5$。$\boldsymbol{X}^*=[3.5,2.5]^{\mathrm{T}}$。

乘子法一般也需要求解一系列的无约束极小问题;但由于 r 是某个有限值,λ_k 也收敛到有限极限,故不会出现罚函数中可能出现的病态而优于罚函数法且较罚函数法收敛得快,是一种较好的约束优化方法。

4.11 约束优化的直接解法

在某些工程优化问题中,无法求得目标和约束函数的导数,这时可采用直接解法,即在不违反约束的条件下比较目标函数值来确定极小点。这类方法由于不需计算函数导数,算法比较简单,但往往计算工作量大。对于变量分量少、函数复杂和精度要求不高的问题较适用。下面介绍几种较常用的方法,即随机方向法、复合形法和序列加权系数法。

4.11.1 随机方向法

随机方向法是在可行区内利用随机产生的可行方向进行搜索的一种直接解法。

这种方法是从选定的可行初始点出发,随机产生搜索方向,再按一定的步长在可行区内搜索好点,直到达到收敛准则为止。

1. 随机数的产生

随机方向的产生要用到[0,1]区间内均匀分布的随机数。产生随机数的方法很多。用数学模型产生的随机数称为伪随机数,它有形成速度快、占用内存少且概率统计特性(包括抽样的随机性,分布的均匀性,试验的独立性和前后的一致性)好的优点。一般计算机上都备有在[0,1]区间内均匀分布的伪随机数列可供调用。它们通常是用乘同余法形成的,这种方法因产生伪随机数的周期长和统计性质好而得到广泛应用。其形成方法是先给出随机数

$$t_0=2Z-1 \tag{4-201}$$

式中的 Z 为任意整数。

然后按下式产生随机数列

$$t_1=\lambda t_{i-1}(\mathrm{mod}M)\qquad(i=1,2,\cdots) \tag{4-202}$$

此式表示数列 t_1 是取 λt_{i-1} 被 M 整除后得到的余数。式中 λ 和 M 是使随机数列的周期最长且相关性最小的两个常数。其中 $\lambda=8a\pm 3$,正负号可任选,a 为任意正整数;$M=2^k$,k 为二进制计算机上的尾部字长的位数。

将式(4 - 202)得到的随机数列除以 M,就得到[0,1]区间内的伪随机数列,即有

$$r_i = \frac{t_i}{M} \qquad (i = 1,2,\cdots) \tag{4-203}$$

若已产生了[0,1]区间上的伪随机数 r,则任意区间$[a,b]$上的伪随机数为

$$R = a + r(b - a) \tag{4-204}$$

2. 初始点的选取

随机方向法的初始点必须是可行点,可以人为选定;但当约束条件较复杂时就可能比较困难,此时可用随机的方法来选取。首先,应输入各变量分量的上、下限,即

$$a_i \leqslant x_i \leqslant b_i \qquad (i = 1,2,\cdots,n) \tag{4-205}$$

然后按下式产生随机点分量:

$$x_{i,0} = a_i + r_i(b_i - a_i) \qquad (i = 1,2,\cdots,n) \tag{4-206}$$

式中 r_i 为[0,1]区间的伪随机数。

在求得随机初始点 $\boldsymbol{X}_0$ 后再进行可行性搜索,若 $\boldsymbol{X}_0$ 为非可行点,则再选取新的随机初始点 $\boldsymbol{X}_0$,直到该点为可行点。

3. 随机方向的产生

下面介绍一种用伪随机数产生搜索方向的方法。设 $r_1,r_2,\cdots,r_n$ 为(-1,1)区间内的 n 个伪随机数,则可按下式求得单位随机方向 $\boldsymbol{E}$:

$$\boldsymbol{E} = \frac{1}{\sqrt{r_1^2 + r_2^2 + \cdots + r_n^2}}\begin{bmatrix} r_1 \\ r_2 \\ \vdots \\ r_n \end{bmatrix} \tag{4-207}$$

这样的随机方向我们可根据需要产生多个,例如 Q 个,则按下式可产生 Q 个随机点:

$$\boldsymbol{X}_q = \boldsymbol{X}_0 + \rho_0 \boldsymbol{E}_q \qquad (q = 1,2,\cdots,Q) \tag{4-208}$$

式中 ρ_0 为试验步长,可取 0.1 ~ 0.01 或更小。

得到 Q 个随机点后,求它们中既为可行又使目标函数有最多下降的一个点,即求 $\overline{\boldsymbol{X}}$ 使

$$f(\boldsymbol{X}_0) > f(\overline{\boldsymbol{X}}) = \min(f(\boldsymbol{X}_q)) \qquad (q = 1,2,\cdots,Q \text{ 且 } g_q(\boldsymbol{X}) \leqslant 0) \tag{4-209}$$

最后得到随机方向为

$$\boldsymbol{P} = \overline{\boldsymbol{X}} - \boldsymbol{X}_0 \tag{4-210}$$

4. 搜索步长的确定

在初始点和搜索方向确定后,可用两种方法确定步长。一种是用相等的步长一直向前搜索,只要新点的目标函数值下降且可行即可。另一种是变步长法,即按一定的大于 1 的增长倍数,例如 1.3,使步长递增,直到违背约束或目标函数已不能下降为止。这样可减少工作量而提高效率。

5. 随机方向法的步骤

(1) 选择初始可行点 $\boldsymbol{X}_0$。

(2) 产生 Q 个随机单位向量 $\boldsymbol{E}_q(q=1,2,\cdots,Q)$,然后在变量空间以 $\boldsymbol{X}_0$ 为中心,ρ_0 为半径的超球面上产生 Q 个随机点 $\boldsymbol{X}_q$。按式(4-209)求 $\overline{\boldsymbol{X}}$,得 $\boldsymbol{P}=\overline{\boldsymbol{X}}-\boldsymbol{X}_0$。若按式(4-209)找不到 $\overline{\boldsymbol{X}}$,则重复上述过程,直到找到 $\overline{\boldsymbol{X}}$ 为止;或者将 ρ_0 减到 $0.5\sim0.7\rho_0$ 再求 $\overline{\boldsymbol{X}}$。

(3) 从 $\boldsymbol{X}_0$ 出发,沿方向 $\boldsymbol{P}$ 以步长 $t=1.3\rho_0$ 移动,若新点可行且目标函数下降,则令步长为 $1.3t$ 前进,否则令步长为 $0.7t$ 移动,直到目标函数不再下降同时又不违反约束为止,得 $\boldsymbol{X}_K^*$ 完成一次迭代。

(4) 计算迭代起点和终点的函数值,并检查是否满足下列二式:

$$\left|\frac{f(\boldsymbol{X}_k^*)-f(\boldsymbol{X}_0)}{f(\boldsymbol{X}_0)}\right|\leqslant\varepsilon_1\quad(\text{正小数})\tag{4-211}$$

$$\|\boldsymbol{X}_k^*-\boldsymbol{X}_0\|\leqslant\varepsilon_2\quad(\text{正小数})\tag{4-212}$$

若满足则结束运算,否则以终点作为下次迭代的起点,转(2)。

随机方向法不仅可用于目标函数、约束函数不连续或无法求得函数导数的情况,而且当目标函数有若干局部极小时可用来求得全局极小。

文献[50]用上述方法进行了基于可靠性分析的结构优化设计。

4.11.2 复合形法(复形法)

复合形法是无约束优化问题直接解法的单纯形法对约束优化问题的推广。是一种应用比较广泛的求解约束优化问题的直接解法[51]。为了防止单纯形法反复遇到一个约束时产生退化现象,在这种方法中选取顶点数 $k\geqslant n+2$(一般取 $k=2n$)的多面体进行迭代,并称这样的多面体为复合形(复形),方法称为复合形法(复形法)。复形法在可行域内对复形各顶点的目标函数进行比较,不断去掉最坏点,代之以既能下降目标函数又满足约束条件的新点,这样迭代下去而逼近最优点。在迭代中复形不必保持规则图形而可灵活易变。

1. 初始复合形的形成

一种方法是人为初选初始复合形,但当设计变量分量多或约束条件复杂时可能比较困难,此时可先给定一个初始顶点,再随机产生 $k-1$ 个其他顶点,即有

$$x_i^{(k)}=a_i+\gamma_i^{(k)}(b_i-a_i)\qquad(i=1,2,\cdots,n;k=2,3,\cdots,K)\tag{4-213}$$

式中 a_i,b_i 分别是各设计变量分量 x_i 的上、下界;$\gamma_i^{(k)}$ 是[0,1]区间内均匀分布的伪随机数。

这样随机产生的 $k-1$ 个顶点,虽然满足变量的边界约束条件,但不一定满足其他约束条件,因此必须逐个检查它们的可行性。若有不可行点,则可按下述方法将其移至可行区内。设已有 Q 个顶点为可行点,则先求出这 Q 个顶点的中心

$$x_i^{(c)}=\frac{1}{Q}\sum_{q=1}^{Q}x_i^{(q)}\qquad(i=1,2,\cdots,n)\tag{4-214}$$

然后将上述的非可行点向中心靠拢，即有

$$X_{Q+1} = X_C + 0.5(X'_{Q+1} - X_C) \tag{4-215}$$

若仍为非可行点，则重复使用上式直到 X_{Q+1} 为可行点。

若可行区为凸集，则显然式(4-214)求得的中心一定是可行点，因而总可形成复合形。若可行区为非凸集，则中心可能为非可行点，此时可缩小随机选点的边界值并重新选点。

2. 搜索方向的确定与复合形的变形方法

类同于无约束优化的单纯形法，复合形法的搜索方向也是利用复合形各顶点目标函数值，按照统计规律来确定的。不同的是得到的新点不仅要目标函数是下降的，而且应是可行的。

通常是将连接最坏点 X_B 和中心点 X_C 的方向作为搜索方向，沿此方向可得到一个较好的反射点 X_R 来代替 X_B，组成新的复合形，即有

$$X_R = X_C + \alpha(X_C - X_B) \tag{4-216}$$

式中 α 是反射系数，常取 $\alpha = 1$ 或 1.3。

显然 X_R 应是比 X_B 好(即 $f(X_R) < f(X_B)$)的可行点；若不满足，则可改用次坏点 X_D 代替 X_B 进行反射，即改变搜索方向。

若在反射后反射点 X_R 比最好点 X_G 还好，则可进一步沿此方向扩大，即有

$$X_E = X_C + \gamma(X_R - X_C) \tag{4-217}$$

式中的 $\gamma > 1$ 是扩大系数，常取 $\gamma = 2$。形成新的复形后完成一次迭代。

若在中心点 X_C 以外已找不到好的反射点，则可沿 X_B 与 X_C 的连线方向，向 X_C 内收缩来求新点代替 X_B，即有

$$X_K = X_C - \beta(X_C - X_B) \tag{4-218}$$

式中的 β 为收缩系数，一般 $0 < \beta < 1$。

若上述办法都无效，还可采取向最好点 X_G 靠拢的办法，即有

$$X'_D = X_G - 0.5(X_G - X_D) \tag{4-219}$$

$$X'_B = X_G - 0.5(X_G - X_B) \tag{4-220}$$

再重新寻求新顶点。

3. 复合形法的迭代步骤

(1) 确定初始复合形；给定 $\alpha,\beta,\gamma,\rho,\varepsilon$；

(2) 计算 k 个顶点的目标函数值，并确定最坏点 X_B、次坏点 X_D 与最好点 X_G；

(3) 计算除最坏点 X_B 以外的 $k-1$ 个顶点的中心

$$X_C = \frac{1}{K-1}\sum_{k=1}^{k-1} x_i^{(k)} \qquad (i = 1,2,\cdots,n;k = 1,2,\cdots,K;k \neq B) \tag{4-221}$$

检查 X_C 是否为可行点。若为可行点，转(4)；否则转(5)；

(4) X_C 为可行点，沿 X_B 和 X_C 的联线方向取反射点

$$X_R = X_C + \alpha(X_C - X_B)$$

若 $\boldsymbol{X}_R$ 不可行，则将 α 减半，直到 $\boldsymbol{X}_R$ 为可行，转(6)；

(5) 若 $\boldsymbol{X}_C$ 为不可行点，可行区为非凸集，则利用 $\boldsymbol{X}_C$ 和 $\boldsymbol{X}_G$ 重新确定一区域，在此区域内重新随机产生 k 个顶点构成复合形。区域的边界值可如下确定：

① 若 $x_{i,G} < x_{i,C}(i = 1,2,\cdots,n)$，则取

$$\left.\begin{aligned} a_i &= x_{i,G} \\ b_i &= x_{i,C} \end{aligned}\right\} \quad (i = 1,2,\cdots,n) \tag{4-222}$$

② 若 $x_{i,G} > x_{i,C}(i = 1,2,\cdots,n)$，则取

$$\left.\begin{aligned} a_i &= x_{i,C} \\ b_i &= x_{i,G} \end{aligned}\right\} \quad (i = 1,2,\cdots,n) \tag{4-223}$$

重新构成复合形，转(8)；

(6) 若 $f(\boldsymbol{X}_R) < f(\boldsymbol{X}_B)$，则用 $\boldsymbol{X}_R$ 代替 $\boldsymbol{X}_B$，构成新的复合形，完成一次迭代，转(8)，否则转(7)；

(7) 此时 $f(\boldsymbol{X}_R) \geqslant f(\boldsymbol{X}_B)$，应将 α 减半并重求反射点，若新点可用且可行，则完成本次迭代转(8)，否则再将 α 减半直到 α 小于预定的正小数 ρ，例如 $\rho = 10^{-5}$；若此时仍无改进，则转(3)，并用次坏点 $\boldsymbol{X}_D$ 代替 $\boldsymbol{X}_B$ 进行反射；

(8) 每次迭代后应进行以下终止准则的检查：

$$\left\{\frac{1}{K}\sum_{k=1}^{K}\left[f(\boldsymbol{X}_k) - f(\overline{\boldsymbol{X}}_C)\right]^2\right\}^{\frac{1}{2}} \leqslant \varepsilon \tag{4-224}$$

若上式得到满足则取最好点为最优点，并结束运算；否则转(2)。

例 4-24 用复形法求解：

$$\left.\begin{aligned} &\min \quad f(\boldsymbol{X}) = 60 - 10x_1 - 4x_2 + x_1^2 + x_2^2 - x_1x_2 \\ &\text{s.t.} \quad x_1 + x_2 - 9.5 \leqslant 0 \\ &\qquad\quad 0 \leqslant x_1 \leqslant 6, 0 \leqslant x_2 \leqslant 6 \end{aligned}\right\}$$

解 设 $\varepsilon = 0.5, \alpha = 1.3$，取 $k = 2n = 4$。

(1) 选以下可行点为初始复合形的顶点

$$\boldsymbol{X}_1 = [1,5.5]^{\mathrm{T}}, \quad \boldsymbol{X}_2 = [1.5,4]^{\mathrm{T}}, \quad \boldsymbol{X}_3 = [2.5,6]^{\mathrm{T}}, \quad \boldsymbol{X}_4 = [3,3.5]^{\mathrm{T}}$$

(2) 计算 $\boldsymbol{X}_C$

初始复合形各顶点的目标函数值为

$$f(\boldsymbol{X}_1) = 53.75, \quad f(\boldsymbol{X}_2) = 41.25, \quad f(\boldsymbol{X}_3) = 38.25, \quad f(\boldsymbol{X}_4) = 26.75$$

故 $\boldsymbol{X}_1$ 是最坏点。计算除 $\boldsymbol{X}_1$ 以外的各顶点的中心 $\boldsymbol{X}_C$：

$$\boldsymbol{X}_C = \frac{1}{3}[\boldsymbol{X}_2 + \boldsymbol{X}_3 + \boldsymbol{X}_4] = [2.333\,3, 4.500\,0]^{\mathrm{T}}$$

经检查 $\boldsymbol{X}_C$ 为可行点。

(3) 求反射点 $\boldsymbol{X}_R$

$$\boldsymbol{X}_R = \boldsymbol{X}_C + 1.3(\boldsymbol{X}_C - \boldsymbol{X}_1) = [4.066\,6, 3.2]^{\mathrm{T}}$$

经检查 $\boldsymbol{X}_R$ 为可行点。

(4) 比较反射点与最坏点的函数值

$$f(\boldsymbol{X}_R) = 20.298\,1 < 53.75 = f(\boldsymbol{X}_1)$$

故令 $\boldsymbol{X}_R$ 代替 $\boldsymbol{X}_1$,从而新的复合形的四顶点为

$$\boldsymbol{X}_1 = [4.066\,6, 3.2]^{\mathrm{T}},\quad \boldsymbol{X}_2 = [1.5, 4]^{\mathrm{T}},\quad \boldsymbol{X}_3 = [2.5, 6]^{\mathrm{T}},\quad \boldsymbol{X}_4 = [3, 3.5]^{\mathrm{T}}$$

$$f(\boldsymbol{X}_1) = 20.298\,1,\quad f(\boldsymbol{X}_2) = 41.25,\quad f(\boldsymbol{X}_3) = 38.25,\quad f(\boldsymbol{X}_4) = 26.75$$

(5) 终止准则判别

$$\overline{\boldsymbol{X}}_C = \frac{1}{4}[\boldsymbol{X}_1 + \boldsymbol{X}_2 + \boldsymbol{X}_3 + \boldsymbol{X}_4] = [2.766\,7, 4.175\,0]^{\mathrm{T}}$$

$$f(\overline{\boldsymbol{X}}_C) = 29.167\,3$$

$$\left\{\frac{1}{4}\sum_{k=1}^{4}[f(\boldsymbol{X}_k) - f(\overline{\boldsymbol{X}}_C)]^2\right\}^{\frac{1}{2}} = 8.845\,8 > \varepsilon$$

故需继续迭代。

(6) 计算新的中心点 $\boldsymbol{X}_C$

$\boldsymbol{X}_2$ 为最坏点,故

$$\boldsymbol{X}_C = \frac{1}{3}[\boldsymbol{X}_2 + \boldsymbol{X}_3 + \boldsymbol{X}_4] = [3.188\,9, 4.233\,3]^{\mathrm{T}}$$

经检查 $\boldsymbol{X}_C$ 为可行点。

(7) 求新的反射点 $\boldsymbol{X}_R$

$$\boldsymbol{X}_R = \boldsymbol{X}_C + 1.3(\boldsymbol{X}_C - \boldsymbol{X}_1) = [5.384\,5, 4.536\,6]^{\mathrm{T}}$$

经检查 $\boldsymbol{X}_R$ 为非可行点,故令 $\alpha = \dfrac{1.3}{2} = 0.65$,重求 $\boldsymbol{X}_R$:

$$\boldsymbol{X}_R = \boldsymbol{X}_C + 0.65(\boldsymbol{X}_C - \boldsymbol{X}_1) = [4.286\,7, 4.384\,9]^{\mathrm{T}}$$

经检查 $\boldsymbol{X}_R$ 为可行点。

(8) 重新比较反射点与最坏点

由于

$$f(\boldsymbol{X}_R) = 18.399\,8 < 41.25 = f(\boldsymbol{X}_2)$$

故 $\boldsymbol{X}_R$ 代替 $\boldsymbol{X}_2$ 得到新复合形四顶点为

$$\boldsymbol{X}_1 = [4.066\,6, 3.2]^{\mathrm{T}},\quad \boldsymbol{X}_2 = [4.286\,7, 4.384\,9]^{\mathrm{T}},\quad \boldsymbol{X}_3 = [2.5, 6]^{\mathrm{T}},\quad \boldsymbol{X}_4 = [3, 3.5]^{\mathrm{T}}$$

其对应的函数值为

$$f(\boldsymbol{X}_1) = 20.298\,1,\quad f(\boldsymbol{X}_2) = 18.399\,8,\quad f(\boldsymbol{X}_3) = 38.25,\quad f(\boldsymbol{X}_4) = 26.75$$

(9) 终止准则判别

$$\overline{X}_C = \frac{1}{4}[X_1 + X_2 + X_3 + X_4] = [3.463\,3, 4.271\,2]^T$$

$$f(\overline{X}_C) = 23.727\,3$$

$$\left\{\frac{1}{4}\sum_{k=1}^{4}[f(X_k) - f(\overline{X}_C)]^2\right\}^{\frac{1}{2}} = 8.065\,2 > \varepsilon$$

故需继续迭代。

在迭代 11 次后,新的复合形的四个顶点是

$$X_1 = [5.074\,1, 4.372\,7]^T, \quad X_2 = [4.968\,9, 4.510\,7]^T$$

$$X_3 = [4.969\,7, 4.231\,9]^T, \quad X_4 = [5.242\,4, 4.163\,5]^T$$

对应的函数值是

$$f(X_1) = 14.447\,7, \quad f(X_2) = 14.936\,1, \quad f(X_3) = 14.95, \quad f(X_4) = 13.912\,8$$

此时

$$\overline{X}_C = \frac{1}{4}[X_1 + X_2 + X_3 + X_4] = [5.063\,8, 4.319\,7]^T$$

$$f(\overline{X}_C) = 14.511\,0$$

$$\left\{\frac{1}{4}\sum_{k=1}^{4}[f(X_k) - f(\overline{X}_C)]^2\right\}^{\frac{1}{2}} = 0.428\,7 < \varepsilon = 0.5$$

故已满足终止准则,最优解为

$$X^* = X_4 = [5.242\,4, 4.163\,5]^T, \quad f(X^*) = 13.912\,8$$

复合形法的收敛效果除取决于问题的规模和收敛精度外,还取决于初始复合形的好坏以及各种系数的选取。

总地来说,复合形法迭代次数较多,收敛不快。特别是当变量分量多或约束条件多时计算工作量大。但它不需要目标和约束函数的任何导数信息,始终在可行域内寻优,有一定收敛精度,能有效处理不等式约束的优化问题,而且是在可行区进行较广泛的搜索,求出的最优解通常是全局最优解,故在工程优化设计中得到较广泛的应用。

4.11.3 序列加权系数法(SWIFT 法)

SWIFT(Sequential weight increasing factor technique) 法是 1975 年由 Sheela B V 和 Amaoorthy R P 提出的。这种方法用无约束优化的单纯形法求解每次罚函数的极小。而且每次迭代时的罚函数由前次迭代的结果给出。

对于式(4-1) 的非线性规划问题,罚函数为

$$F(X, \gamma_k) = f(X) + \gamma_k\left\{\sum_{c1} g_i(X) + \sum_{c2} h_j(X) + \sum_{c3} h_j(X)\right\} \qquad (4-225)$$

式中

$$C_1 = \{i \mid g_i(\boldsymbol{X}) > 0\}$$
$$C_2 = \{j \mid g_j(\boldsymbol{X}) > 0\} \tag{4-226}$$
$$C_3 = \{j \mid g_j(\boldsymbol{X}) < 0\}$$

在用单纯形法求 $F(\boldsymbol{X},\gamma_k)$ 的极小时，先选取初始点 $\boldsymbol{X}_0$，并以 $\boldsymbol{X}_0$ 为基点构造单纯形；同时取初始罚函数 $\gamma_1 = 1$。每次迭代中按单纯形法的反射、扩大、缩小等构造出新的单纯形，并求单纯形的中心

$$\boldsymbol{X}_G = \frac{1}{n+1}\sum_{i=1}^{n+1}\boldsymbol{X}_i \tag{4-227}$$

再令单纯形各顶点到中心的平均距离为

$$d = \frac{1}{n+1}\sum_{i=1}^{n+1}\|\boldsymbol{X}_i - \boldsymbol{X}_G\| \tag{4-228}$$

然后按下式确定下次迭代的罚系数

$$\gamma_{k+1} = \max\left\{\gamma_k, \frac{1}{d}\right\} \tag{4-229}$$

经过多次迭代，单纯形各顶点越来越接近其中心，因而 d 越来越小，罚系数越取越大，直到达到收敛准则为止。

SWIFT 法不需要计算导数，方法简单，收敛较快，适于变量较少的约束优化问题。

复习思考题

4-1　拉格朗日函数取极值的必要条件是什么？

4-2　K-T 条件的表达式是怎样的？

4-3　如何形成对偶问题的表达式？什么是对偶定理？

4-4　试述系列线性规划法的思路。割平面法与移动限的作用是什么？

4-5*　二次规划的 Lemke 算法的原理与步骤是什么？

4-6　什么是可行方向，什么是可用方向，什么是可用可行方向？

4-7　可行方向法的基本思路是什么，为什么要修正，怎样修正？

4-8　什么是临界约束，什么是起作用约束？

4-9　梯度投影法的解题步骤是怎样的？

4-10　递推关系式的目的与主要公式是什么？

4-11　如何判断约束线性相关？

4-12　共轭梯度投影法的方法与步骤是怎样的？

4－13* 简约梯度的概念是怎样的?简约梯度法的方法和步骤是怎样的?

4－14 GRG 法的思路和解题步骤是怎样的?

4－15 什么是罚函数,什么是罚系数,罚函数法的思路是怎样的?

4－16 内罚函数与外罚函数法的区别何在,各有何优缺点?

4－17 扩展内罚函数的意义和公式是怎样的?

4－18* 乘子法与罚函数法的主要区别何在,其计算步骤如何?

4－19 随机方向法中的步向是怎样确定的?

4－20 复形法的初始复形如何形成,有哪些变形的方法?

4－21 序列加权系数法有何特点?

习　题

4－1 求下列约束问题的 K－T 点:

(1) $\left.\begin{aligned} \min\quad & f(\boldsymbol{X}) = x_1^2 + x_2 \\ \text{s.t.}\quad & x_1^2 + x_2^2 - 9 \leqslant 0 \\ & x_1 + x_2 - 1 \leqslant 0 \end{aligned}\right\}$;

(2) $\left.\begin{aligned} \min\quad & f(\boldsymbol{X}) = -3x_1^2 - x_2^2 - 2x_3^2 \\ \text{s.t.}\quad & -x_1 + x_2 \geqslant 0 \\ & x_1, x_2, x_3 \geqslant 0 \\ & x_1^2 + 2x_2^2 + x_3^2 = 3 \end{aligned}\right\}$。

4－2 用 K－T 条件求解:

(1) $\left.\begin{aligned} \min\quad & f(\boldsymbol{X}) = (x_1 - 2)^2 + (x_2 - 1)^2 \\ \text{s.t.}\quad & x_1^2 + x_2^2 - 1 \leqslant 0 \end{aligned}\right\}$;

(2) $\left.\begin{aligned} \min\quad & f(\boldsymbol{X}) = (x_1 - 2)^2 + (x_2 - 1)^2 \\ \text{s.t.}\quad & x_1^2 + x_2^2 - 9 \leqslant 0 \end{aligned}\right\}$;

(3) $\left.\begin{aligned} \min\quad & f(\boldsymbol{X}) = 2x_1^2 + 2x_1x_2 + x_2^2 - 10x_1 - 10x_2 \\ \text{s.t.}\quad & x_1^2 + x_2^2 - 5 \leqslant 0 \\ & 3x_1 + x_2 - 6 \leqslant 0 \end{aligned}\right\}$。

4－3 用非线性规划的对偶方法求解:

(1) $\left.\begin{aligned} \min\quad & f(\boldsymbol{X}) = x_1^2 + x_2^2 \\ \text{s.t.}\quad & -x_1 - x_2 + 1 \leqslant 0, x_1 \geqslant \frac{1}{4}, x_2 \leqslant 1 \end{aligned}\right\}$;

(2) $\left.\begin{aligned} \min\quad & f(\boldsymbol{X}) = x_1^2 + x_2^2 \\ \text{s.t.}\quad & x_1 + x_2 - 4 \geqslant 0, x_1, x_2 \geqslant 0 \end{aligned}\right\}$。

4－4* 用二次规划的 Lemke 算法求解：

(1) $\left.\begin{array}{ll}\min & f(\boldsymbol{X}) = x_1^2 - x_1x_2 + 2x_2^2 - x_1 - 10x_2 \\ \text{s. t.} & 3x_1 + 2x_2 \leqslant 6 \\ & x_1, x_2 \geqslant 0\end{array}\right\}$；

(2) $\left.\begin{array}{ll}\min & f(\boldsymbol{X}) = 3x_1^2 + 2x_1x_2 + x_2^2 - 30x_1 - 14x_2 \\ \text{s. t.} & x_1 + x_2 \leqslant 3 \\ & 2x_1 - x_2 \leqslant 4 \\ & x_1, x_2 \geqslant 0\end{array}\right\}$；

(3) $\left.\begin{array}{ll}\min & f(\boldsymbol{X}) = x_1^2 + 2x_1x_2 + 2x_2^2 - 12x_1 - 18x_2 \\ \text{s. t.} & -3x_1 + 6x_2 \leqslant 9 \\ & -2x_1 + x_2 \leqslant 1 \\ & x_1, x_2 \geqslant 0\end{array}\right\}$。

可取 $\boldsymbol{X}^0 = [0,0]^{\mathrm{T}}$

4－5 用 Zoutendijk 可行方向法求解：

(1) $\left.\begin{array}{ll}\min & f(\boldsymbol{X}) = 2x_1^2 + 2x_2^2 - 2x_1x_2 - 4x_1 - 6x_2 \\ \text{s. t.} & x_1 + x_2 \leqslant 2 \\ & x_1 + 5x_2 \leqslant 5 \\ & x_1, x_2 \geqslant 0\end{array}\right\}$；

可取 $\boldsymbol{X}^0 = [0,0]^{\mathrm{T}}$。

(2) $\left.\begin{array}{ll}\min & f(\boldsymbol{X}) = x_1^2 + 2x_2^2 \\ \text{s. t.} & x_1 + x_2 \geqslant 1 \\ & 15x_1 + 10x_2 \geqslant 12 \\ & x_1, x_2 \geqslant 0\end{array}\right\}$；

可取 $\boldsymbol{X}^0 = [0,2]^{\mathrm{T}}$。

(3)* $\left.\begin{array}{ll}\min & f(\boldsymbol{X}) = 4x_1^2 + x_2^2 - 32x_1 - 34x_2 \\ \text{s. t.} & x_1 \leqslant 2 \\ & x_1 + 2x_2 \leqslant 6 \\ & x_1, x_2 \geqslant 0\end{array}\right\}$。

并验证所求得的点满足 K－T 条件。

4－6 用梯度投影法求解：

$$(1)\left.\begin{aligned}&\min\quad f(\boldsymbol{X})=x_1^2+4x_2^2\\&\text{s. t.}\quad x_1+x_2\geqslant 1\\&\qquad 15x_1+10x_2\geqslant 12\\&\qquad x_1\geqslant 0,x_2\geqslant 0\end{aligned}\right\};$$

可取 $\boldsymbol{X}^0=[0,2]^{\mathrm{T}}$。

$$(2)\left.\begin{aligned}&\min\quad f(\boldsymbol{X})=x_1^2+2x_1+x_2^2\\&\text{s. t.}\quad 2x_1+x_2\geqslant 2\\&\qquad x_1\geqslant 0,x_2\geqslant 0\end{aligned}\right\};$$

可取 $\boldsymbol{X}^0=[0,3]^{\mathrm{T}}$。

$$(3)^*\left.\begin{aligned}&\min\quad f(\boldsymbol{X})=(x_1-3)^2(4-x_2)\\&\text{s. t.}\quad x_1+x_2\leqslant 3\\&\qquad x_1\leqslant 2,x_1\geqslant 0,x_2\leqslant 2,x_2\geqslant 0\end{aligned}\right\};$$

可取 $\boldsymbol{X}^0=[0.2,1.8]^{\mathrm{T}}$。

$$(4)^*\left.\begin{aligned}&\min\quad f(\boldsymbol{X})=(x_1-1)^2+(x_2-2)^2+(x_3-3)^2+(x_4-4)^2\\&\text{s. t.}\quad x_1+x_2+x_3+x_4\leqslant 5\\&\qquad 3x_1+3x_2+2x_3+x_4\leqslant 10\\&\qquad x_j\geqslant 0\ (j=1,2,3,4)\end{aligned}\right\}。$$

可取 $\boldsymbol{X}^0=[\frac{1}{2},1,\frac{3}{2},2]^{\mathrm{T}}$。

4－7　用共轭梯度投影法求解：

$$(1)\left.\begin{aligned}&\min\quad f(\boldsymbol{X})=4x_1^2+x_2^2-32x_1-34x_2\\&\text{s. t.}\quad x_1-2\leqslant 0\\&\qquad x_1+2x_2-6\leqslant 0\\&\qquad x_1,x_2\geqslant 0\end{aligned}\right\};$$

可取 $\boldsymbol{X}^0=[0,0]^{\mathrm{T}}$。

$$(2)\left.\begin{aligned}&\min\quad f(\boldsymbol{X})=x_1^2+x_1x_2+2x_2^2-6x_1-14x_2\\&\text{s. t.}\quad x_1+x_2+x_3=2\\&\qquad -x_1+2x_2\leqslant 3\\&\qquad x_1,x_2,x_3\geqslant 0\end{aligned}\right\}。$$

可取 $\boldsymbol{X}^0=[1,1,0]^{\mathrm{T}}$

4－8* 　用简约梯度法求解：

(1) $\left.\begin{aligned}\min\quad & f(\boldsymbol{X}) = 2x_1^2 + 2x_2^2 - 2x_1x_2 - 4x_1 - 6x_2 \\ \text{s.t.}\quad & x_1 + x_2 + x_3 = 2 \\ & x_1 + 5x_2 + x_4 = 5 \\ & x_1, x_2, x_3, x_4 \geqslant 0\end{aligned}\right\}$；

(2) $\left.\begin{aligned}\min\quad & f(\boldsymbol{X}) = (x_1 - 3)^2(4 - x_2) \\ \text{s.t.}\quad & x_1 + x_2 + x_3 = 3, x_1 + x_4 = 2, x_2 + x_5 = 2 \\ & x_1, x_2, x_3, x_4, x_5 \geqslant 0\end{aligned}\right\}$。

4－9　用 GRG 法求解：

$$\left.\begin{aligned}\min\quad & f(\boldsymbol{X}) = x_1^2 + 2x_1x_2 + x_2^2 - 12x_1 - 4x_2 \\ \text{s.t.}\quad & x_1^2 - x_2 = 0 \\ & x_1 \geqslant 1 \\ & x_2 \leqslant 3\end{aligned}\right\}。$$

4－10　分别用内、外罚函数法求解：

(1) $\left.\begin{aligned}\min\quad & f(\boldsymbol{X}) = \frac{1}{2}\left(x_1^2 + \frac{1}{3}x_2^2\right) \\ \text{s.t.}\quad & x_1 + x_2 - 1 = 0\end{aligned}\right\}$；

(2) $\left.\begin{aligned}\min\quad & f(\boldsymbol{X}) = x_1^2 + x_2^2 \\ \text{s.t.}\quad & 1 - x_1 \leqslant 0\end{aligned}\right\}$；

(3) $\left.\begin{aligned}\min\quad & f(\boldsymbol{X}) = x_1^2 + 4x_2^2 - 2x_1 - x_2 \\ \text{s.t.}\quad & x_1 + x_2 \leqslant 1\end{aligned}\right\}$；

(4) $\left.\begin{aligned}\min\quad & f(\boldsymbol{X}) = \frac{1}{3}(x_1 + 1)^3 + x_2 \\ \text{s.t.}\quad & x_1 - 1 \geqslant 0, x_2 \geqslant 0\end{aligned}\right\}$。

4－11* 　用乘子法求解：

(1) $\left.\begin{aligned}\min\quad & f(\boldsymbol{X}) = \frac{3}{2}x_1^2 + x_2^2 + \frac{1}{2}x_3^2 - x_1x_2 - x_2x_3 + x_1 + x_2 + x_3 \\ \text{s.t.}\quad & x_1 + 2x_2 + x_3 - 4 = 0\end{aligned}\right\}$；

(2) $\left.\begin{aligned}\min\quad & f(\boldsymbol{X}) = x_1^2 + x_2^2 \\ \text{s.t.}\quad & x - 1_1 \geqslant 0\end{aligned}\right\}$；

(3) $\left.\begin{aligned}\min\quad & f(\boldsymbol{X}) = x_1^2 + 2x_2^2 \\ \text{s.t.}\quad & x_1 + x_2 \geqslant 1\end{aligned}\right\}$；

(4) $\left.\begin{array}{ll}\min & f(\boldsymbol{X}) = \frac{1}{3}(x_1+1)^3 + x_2 \\ \text{s.t.} & x_1 - 1 \geqslant 0 \\ & x_2 \geqslant 0\end{array}\right\}$。

4 - 12　用复形法求解：

$$\left.\begin{array}{ll}\min & f(\boldsymbol{X}) = x_1^2 + 2x_2^2 - 2x_1^2x_2^2 \\ \text{s.t.} & x_1x_2 + x_1^2 + x_2^2 \leqslant 2 \\ & x_1, x_2 \geqslant 0\end{array}\right\}$$

可取初始复合形的 4 个顶点为

$$\boldsymbol{X}^{(0)} = [0.25, 0.5]^{\mathrm{T}}, \quad \boldsymbol{X}^{(1)} = [0, 1]^{\mathrm{T}}, \quad \boldsymbol{X}^{(2)} = [1, 0]^{\mathrm{T}}, \quad \boldsymbol{X}^{(3)} = [0.48, 0.55]^{\mathrm{T}}$$

第 5 章* 离散变量优化与整数规划

在很多工程实际设计问题中，设计变量只能选用某些离散值。例如当对由工字型截面（图 5－1）元件所组成的结构进行优化而取这种截面的高 H、宽 W，缘条和腹板的厚度 t_f 和 t_w 为设计变量时，这些变量通常只能取规格化了的离散值。又如在机械设计中，在进行齿轮传动装置的优化设计中，若把齿数、模数作为设计变量，则前者是整数而后者是标准的一系列离散值。

实际上，随着工程设计标准化、规格化程度的不断提高，工程中的绝大部分优化设计问题将都是这类含离散变量的优化设计问题。虽然已经做了许多工作，但是，目前这类优化方法的研究还不成熟，还没有普遍有效的方法。因而，研究含离散变量的工程优化设计方法是一个十分重要的问题。

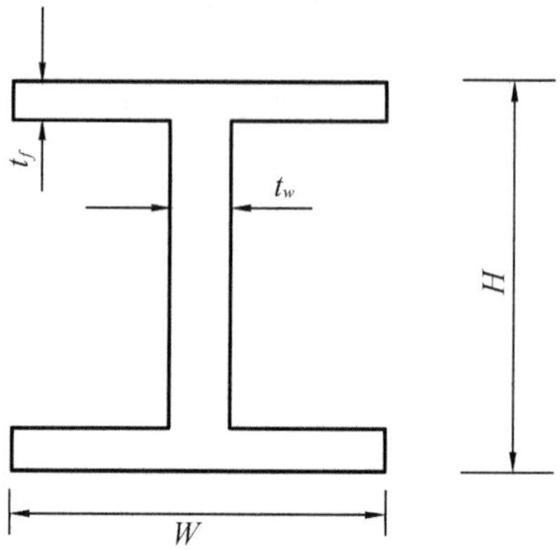

图 5－1

由于变量具有离散性，因而含离散变量的优化具有它本身有异于连续变量优化的许多特点，并使得它通常不能直接应用连续变量的优化方法。例如，最优性的定义就不一样；又如离散点处不具有函数的导数等。这些特点也使得离散变量优化较连续变量优化要困难得多。但是从另一方面看，连续变量优化的许多思想和方法经过一番改造以后又可用于离散变量优化，因为它们都是求目标函数的极值。此外，和连续变量优化相比，因为离散变量优化的算法一般只在有限的离散点计算函数值，故从这方面考虑通常优化所需的计算量有可能显著少于连续变量优化的计算量。

目前，离散非线性优化的主要途径大致有以下几个方面。常用的方法之一是调整连续最优解。即将变量作为连续的处理，在连续最优解附近选择一组可行的离散变量值作为最优解，但它一般不是离散最优解。方法之二是将离散优化问题化为对变量加上离散性约束的非线性规划问题，再用非线性规划来解。例如离散罚函数法，修正的拉格朗日乘子法。将复合形法推广到解决离散变量优化问题等。方法之三是将问题作为线性和非线性整数规划问题用分枝限界法等求解。最后一类方法是直接在离散变量空间搜索离散最优解。

5.1 离散变量优化的基本概念

5.1.1 离散变量与离散空间

(1) 离散变量

在设计问题中,规定只能取离散值的设计变量,称为离散设计变量(简称离散变量),其变量向量记为

$$\boldsymbol{X}^D = [x_1, x_2, \cdots, x_n]^T \tag{5-1}$$

由这 n 个离散变量所形成的变量空间,称为离散空间,记为 $\boldsymbol{R}^D$。

(2) 离散值域

所规定的每个离散变量可取的值,称为该离散变量的值域。通常这些值可按从小到大的顺序排列,记为

$$q_{i,j}(i = 1,2,\cdots,n; j = 1,2,\cdots,l_i)$$

其中 l_i 为第 i 个离散变量可取最大值的序号或可取值的最多个数。在优化过程中,离散变量只能取值域中的值。这个值域可用矩阵表示为以下的离散值域矩阵

$$\boldsymbol{Q} = \begin{bmatrix} q_{11} & q_{12} & \cdots & q_{1l_1} \\ q_{21} & q_{22} & \cdots & q_{2l_2} \\ \vdots & \vdots & & \vdots \\ q_{n1} & q_{n2} & \cdots & q_{nl_n} \end{bmatrix} \tag{5-2}$$

(3) 离散变量增量

称沿离散变量 x_i 坐标方向所取两相邻离散值之间的距离为离散变量增量,记为

$$\left.\begin{aligned} \delta_i^+ &= q_{i,j+1} - q_{ij} \quad (i = 1,2,\cdots,n; j = 1,2,\cdots,l_i - 1) \\ \delta_i^- &= q_{i,j-1} - q_{ij} \quad (i = 1,2,\cdots,n; j = 2,3,\cdots,l_i) \end{aligned}\right\} \tag{5-3}$$

通常规定 $|\delta_i^+| = |\delta_i^-| = |\delta_i|$。

① 离散空间

如图 5 - 2 所示,一维离散空间由一个离散变量所取的离散值所组成。

由两个离散变量形成的离散空间是两个坐标轴形成的网格节点的集合,如图 5 - 3 所示。同理,三维离散变量形成的离散空间是三个坐标轴形成的网格节点,如图 5 - 4 所示。

当 $n > 3$ 时,n 维离散空间是 n 维节点的集合。

② 连续变量的离散化

为了提高优化设计的效率,有时需要将连续变量离散化。这时根据需要确定每个变量的

增量 δ_i，再跟据每个变量可取值的上界（x_i^U）和下界（x_i^L）确定离散值如下：

$$l_i = 1 + \frac{x_i^U + x_i^L}{\delta_i} \tag{5-4}$$

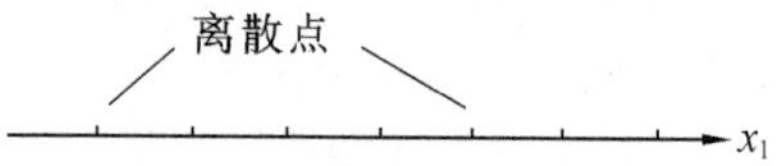

图5－2

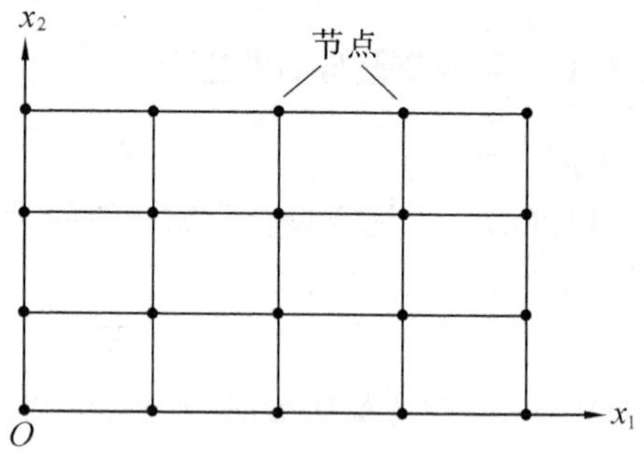

图5－3

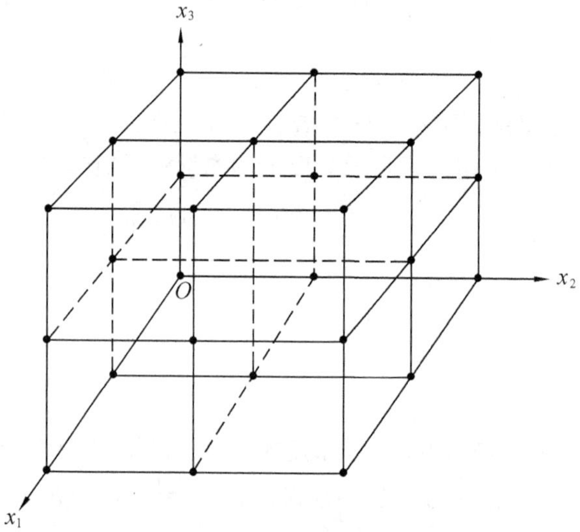

图5－4

和

$$q_{i1} = x_i^L, \quad q_{ij} = q_{i,j-1} + \delta_i \quad (i = 1,2,\cdots,n; j = 2,3,\cdots,l_i) \tag{5-5}$$

5.1.2　离散变量优化的数学表达式

一般，有约束的非线性离散优化问题的数学表达式为

$$\left.\begin{array}{ll}\text{求离散变量} & \boldsymbol{X}^D = [x_1, x_2, \cdots, x_n]^{\mathrm{T}} \in R^D \\ \min & f(\boldsymbol{X}^D) \\ \text{s.t.} & g_q(\boldsymbol{X}^D) \leqslant 0 \ (q = 1,2,\cdots,m) \\ & x_i^L \leqslant x_i \leqslant x_i^U (i = 1,2,\cdots,n)\end{array}\right\} \tag{5-6}$$

其中,满足$g_q(\boldsymbol{X}^D) \leqslant 0$的变量空间称为可行区,记为$\boldsymbol{D}$。它是满足上述不等式约束的离散变量值的集合,是一离散子空间。二维的情况参见图5-5,可见

$$\boldsymbol{D} = \{\boldsymbol{X}^D \mid g_q(\boldsymbol{X}^D) \leqslant 0, q = 1,2,\cdots,m\} \in R^D \tag{5-7}$$

5.1.3 离散变量的单位邻域与主邻域

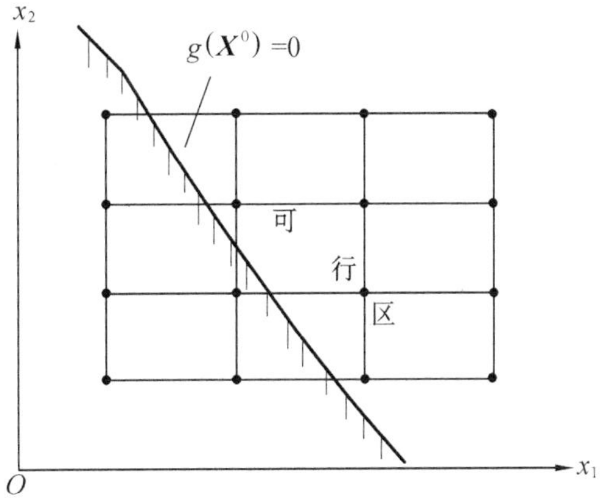

图5-5

定义:$\boldsymbol{X}^D$的单位邻域$\boldsymbol{U}_n(\boldsymbol{X}^D)$是指与$\boldsymbol{X}^D$距离为离散变量增量$|\delta_i|$的离散点的集合。即

$$\boldsymbol{U}_n(\boldsymbol{X}^D) = \{\boldsymbol{X}^D \mid x_i - \delta_i^- \leqslant x_i \leqslant x_i + \delta_i^+, i = 1,2,\cdots,n\} \tag{5-8}$$

例如,图5-6中的离散变量点A,B,C,D,E,F,G,H与$\boldsymbol{X}_0^D$是$\boldsymbol{X}^D$的单位邻域,即

$$\boldsymbol{U}_n(\boldsymbol{X}^D) = \{A,B,C,D,E,F,G,H,\boldsymbol{X}_0^D\}$$

定义:$\boldsymbol{X}^D$的离散主邻域$\boldsymbol{N}_c(\boldsymbol{X}^D)$是指以$\boldsymbol{X}^D$为原点沿坐标轴与离散单位邻域$\boldsymbol{U}_n(\boldsymbol{X}^D)$的交点的集合。即

$$\boldsymbol{N}_c(\boldsymbol{X}^D) = \{\boldsymbol{X}^D \mid \boldsymbol{U}_n(\boldsymbol{X}^D) \cap \boldsymbol{e}_i, i = 1,2,\cdots,n\} \tag{5-9}$$

式中$\boldsymbol{e}_i$为沿第i坐标轴的单位向量。

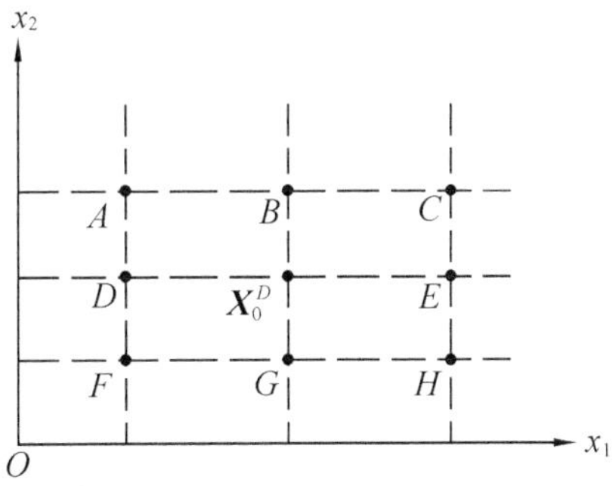

图5-6

例如,图5-6中的离散变量点B,D,E,G和$\boldsymbol{X}_0^D$是$\boldsymbol{X}^D$的离散主邻域。即

$$\boldsymbol{N}_c(\boldsymbol{X}_0^D) = \{B,D,E,G,\boldsymbol{X}_0^D\}$$

显然,$\boldsymbol{N}_c(\boldsymbol{X}^D) \in \boldsymbol{U}_n(\boldsymbol{X}^D)$。

一般,设离散变量维数为n,则离散单位邻域$\boldsymbol{U}_n(\boldsymbol{X}^D)$内的离散点总数为$3^n$,而离散主邻域$\boldsymbol{N}_c(\boldsymbol{X}^D)$内的离散点总数为$2n+1$(以后将$\boldsymbol{X}^D$简写为$\boldsymbol{X}$)。

5.1.4 适时约束

(1) 目标函数梯度

定义:离散变量目标函数梯度为

$$\nabla f = \left[\frac{\Delta f}{\Delta x_1}, \frac{\Delta f}{\Delta x_2}, \cdots, \frac{\Delta f}{\Delta x_n}\right]^{\mathrm{T}} \tag{5-10}$$

式中

$$\frac{\Delta f}{\Delta x_i} = \frac{f(\boldsymbol{X} + \Delta x_i e_i) - f(\boldsymbol{X})}{\Delta x_i} \quad (i = 1,2,\cdots,n) \tag{5-11}$$

式中

$$\Delta x_i = \delta_i^+ \quad (i = 1,2,\cdots,n) \tag{5-12}$$

显然,负的∇f指向目标函数的下降方向。

(2) 集合 $\boldsymbol{W}$

定义:

$$\boldsymbol{W} = \{\Delta \boldsymbol{X} = [\Delta x_1, \Delta x_2, \cdots, \Delta x_n] \mid \Delta \boldsymbol{X}^{\mathrm{T}} \nabla f \leqslant 0\} \tag{5-13}$$

可见,$\boldsymbol{W}$ 为使目标函数下降的 $\Delta \boldsymbol{X}$ 的集合,为一闭半空间。

【证 $f(\boldsymbol{X} + \Delta \boldsymbol{X}) \approx f(\boldsymbol{X}) + \Delta \boldsymbol{X}^{\mathrm{T}} \nabla f(\boldsymbol{X})$,因 $\Delta \boldsymbol{X}^{\mathrm{T}} \nabla f \leqslant 0$,所以$f(\boldsymbol{X} + \Delta \boldsymbol{X}) \leqslant f(\boldsymbol{X})$ 】

(3) 适时约束

当搜索在 $\boldsymbol{U}_n(\boldsymbol{X}^D)$ 内进行时,起作用的约束必然是那些穿过集合 $\boldsymbol{W}$ 的约束。即当此时约束 $g_q(\boldsymbol{X}^D)$ 与 $\boldsymbol{W}$ 相交时,$g_q(\boldsymbol{X}^D)$ 不但离 $\boldsymbol{X}^D$ 点很近,而且对 $\boldsymbol{W}$ 内的各点都有可能起限制作用。我们称这样的约束为适时约束。

(4) 约束函数梯度

定义:离散变量约束函数的梯度为

$$\nabla g = \left[\frac{\Delta g}{\Delta x_1}, \frac{\Delta g}{\Delta x_2}, \cdots, \frac{\Delta g}{\Delta x_n}\right]^{\mathrm{T}} \tag{5-14}$$

式中

$$\frac{\Delta g_q}{\Delta x_i} = \frac{g_q(\boldsymbol{X} + \Delta x_i e_i) - g_q(\boldsymbol{X})}{\Delta x_i} \quad (i = 1,2,\cdots,n) \tag{5-15}$$

而

$$\Delta x_i = \delta_i^+ \quad (i = 1,2,\cdots,n) \tag{5-12}$$

5. 适时约束的判别

对于集合 $\boldsymbol{W}$ 内的 $\Delta \boldsymbol{X}$,当 $\Delta \boldsymbol{X}^{\mathrm{T}} \nabla g_q(\boldsymbol{X}) > 0$ 时,$\boldsymbol{X} + \Delta \boldsymbol{X}$ 不在可行区内。此时

$$g_q(\boldsymbol{X} + \Delta \boldsymbol{X}) \approx g_q(\boldsymbol{X}) + \Delta \boldsymbol{X}^{\mathrm{T}} \nabla g_q > 0$$

即有

$$\Delta x_1\left(\frac{\Delta g_q(\boldsymbol{X})}{\Delta x_1}\right)+\cdots+\Delta x_n\left(\frac{\Delta g_q(\boldsymbol{X})}{\Delta x_n}\right)>-g_q(\boldsymbol{X})$$

可见,当

$$g_q(\boldsymbol{X})>-\left[\Delta x_1\left(\frac{\Delta g_q(\boldsymbol{X})}{\Delta x_1}\right)+\cdots+\Delta x_n\left(\frac{\Delta g_q(\boldsymbol{X})}{\Delta x_n}\right)\right]=C_q \tag{5-16}$$

时,此约束为适时约束。

为保证不漏掉适时约束,可取

$$C_q=-\sum_{j\in J}\Delta x_j\left(\frac{\Delta g_q(\boldsymbol{X})}{\Delta x_j}\right),\quad J=\left\{j\,\middle|\,\Delta x_j\left(\frac{\Delta g_q(\boldsymbol{X})}{\Delta x_j}\right)>0\right\} \tag{5-17}$$

5.1.5 离散变量优化的最优解

在连续变量优化中,最优点通常位于约束边界上。由图 5-7 可见,离散点不一定位于约束边界,因而通常离散最优点不在约束面上,而只在邻近某些起作用的约束面。因此,离散变量最优点可能离连续变量最优点很近,但也可能相差很远。这就是用圆整方法将连续变量优化得到的最优点,圆整到附近的离散点时,有时可能不是最优点甚至是不可行点的原因。当目标与约束函数非线性程度越高时,这种情况尤其容易出现。其次,由于离散点通常不位于边界上,故连续变量优化的 Kuhn - Tucker 条件在此已无意义。

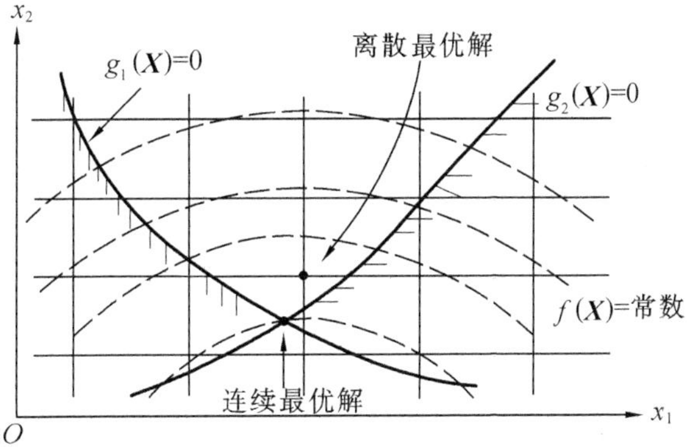

图 5-7

(1) 局部离散最优解

定义:若 $\boldsymbol{X}^*\in\boldsymbol{D}$,对所有的 $\boldsymbol{X}\in\boldsymbol{U}_n(\tilde{\boldsymbol{X}}^*)\cap\boldsymbol{D}$ 恒有 $f(\boldsymbol{X}^*)\leqslant f(\boldsymbol{X})$,则称 $\boldsymbol{X}^*$ 为局部离散最优点。

(2) 伪局部离散最优点

定义:若 $\tilde{\boldsymbol{X}}^*\in\boldsymbol{D}$,对所有的 $\boldsymbol{X}\in\boldsymbol{N}_C(\boldsymbol{X}^*)\cap\boldsymbol{D}$ 恒有 $f(\tilde{\boldsymbol{X}}^*)\leqslant f(\boldsymbol{X})$,则称 $\tilde{\boldsymbol{X}}^*$ 为伪局部离散最优点。

(3) 全域离散最优点

定义:若 $\boldsymbol{X}^{**}\in\boldsymbol{D}$,且对所有 $\boldsymbol{X}\in\boldsymbol{D}$ 恒有 $f(\boldsymbol{X}^{**})\leqslant f(\boldsymbol{X})$,则称 $\boldsymbol{X}^{**}$ 为全域离散最优点。

(4) 局部离散最优解的充要条件

定理:$\boldsymbol{X}^*$ 是局部离散最优点的充要条件是

$$集合\ \boldsymbol{T} = \boldsymbol{W} \cap \boldsymbol{S} = \varnothing(空集) \tag{5-18}$$

式中

$$\boldsymbol{W} = \{\Delta\boldsymbol{X} \mid \Delta\boldsymbol{X}^{\mathrm{T}} \nabla f(\boldsymbol{X}) \leqslant 0\} \tag{5-19}$$

$$\boldsymbol{S} = \{\Delta\boldsymbol{X} \mid \Delta\boldsymbol{X}^{\mathrm{T}} \nabla g_i(\boldsymbol{X}^*) \leqslant -g_i(\boldsymbol{X}^*), (i \in I)\} \tag{5-20}$$

式中 I 是适时约束的下标集。

【证　设 $\boldsymbol{X} = \boldsymbol{X}^* + \Delta\boldsymbol{X}$，若 $\boldsymbol{X}^*$ 是离散最优点，而 $\boldsymbol{T} \neq \varnothing$；则由 $f(\boldsymbol{X}) = f(\boldsymbol{X}^*) + \Delta\boldsymbol{X}^{\mathrm{T}} \nabla f(\boldsymbol{X}^*)$ 与 $g_i(\boldsymbol{X}) = g_i(\boldsymbol{X}^*) + \Delta\boldsymbol{X}^{\mathrm{T}} \nabla g_i(\boldsymbol{X}^*)$ $(i \in I)$，必存在一个 ΔX 使 $\Delta\boldsymbol{X}^{\mathrm{T}} \nabla f(\boldsymbol{X}^*) \leqslant 0$ 与 $\Delta\boldsymbol{X}^{\mathrm{T}} \nabla g_q(\boldsymbol{X}) \leqslant -g_i(\boldsymbol{X})$ $(i \in I)$ 同时成立。即 $f(\boldsymbol{X}) \leqslant f(\boldsymbol{X}^*)$ 且 $\boldsymbol{X}$ 位于可行区，从而 $\boldsymbol{X}^*$ 不是最优点，这与假设不一致，必要性得证。

充分性：只要 $\boldsymbol{T} = \varnothing$，则必不存在 $\Delta\boldsymbol{X}$ 使 $\Delta\boldsymbol{X}^{\mathrm{T}} \nabla f(\boldsymbol{X}^*) \leqslant 0$，且同时 $\Delta\boldsymbol{X}^{\mathrm{T}} \nabla g_q(\boldsymbol{X}) \leqslant -g_i(\boldsymbol{X})$ $(i \in I)$，即已无可用可行方向而 $\boldsymbol{X}^*$ 必为离散最优点。】

式(5-18)中的集合 $\boldsymbol{T}$ 称为可行可用区。该区内任一点 $\Delta\boldsymbol{X}$ 都能同时满足 $\boldsymbol{X} + \Delta\boldsymbol{X} \in \boldsymbol{D}$ 与 $f(\boldsymbol{X} + \Delta\boldsymbol{X}) \leqslant f(\boldsymbol{X})$。可见，当需要在 $\boldsymbol{U}_c(\boldsymbol{X})$ 内寻优时，只需在 $\boldsymbol{T}$ 内进行即可。这就缩小了寻优的范围。

5.2　离散点函数梯度的计算

由于目标函数和约束函数只在离散点上取值，故目标函数 $f(\boldsymbol{X})$ 或约束函数 $g_q(\boldsymbol{X})$ 在离散点的各梯度分量 $\dfrac{\Delta f}{\Delta x_i}$ 或 $\dfrac{\Delta g_q}{\Delta x_i}$，可根据该点主领域内离散点上的函数值来计算。可用双向差分、也可用单向差分方法计算。

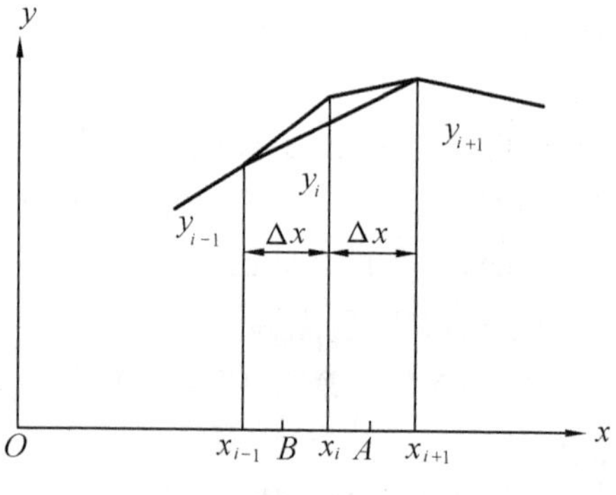

图5-8

如图5-8所示。若从 x_i 向两边取差分，称为双向差分。则求梯度分量 $\dfrac{\Delta y}{\Delta x}$ 的一阶差分公式为

$$\frac{\Delta y}{\Delta x} = \frac{y_{i+1} - y_{i-1}}{2\Delta x} \tag{5-21}$$

同理，二阶差分公式为

$$\frac{\Delta^2 y}{\Delta x^2} = \frac{\Delta}{\Delta x}\left(\frac{\Delta y}{\Delta x}\right) = \frac{\left.\dfrac{\Delta y}{\Delta x}\right|_A - \left.\dfrac{\Delta y}{\Delta x}\right|_B}{\Delta x} = \frac{\dfrac{y_{i+1} - y_i}{\Delta x} - \dfrac{y_i - y_{i-1}}{\Delta x}}{\Delta x} = \frac{y_{i+1} - 2y_i + y_{i-1}}{\Delta x^2} \tag{5-22}$$

若从 x_i 单向取差分，称为单向差分，则一阶差分求梯度分量的公式为

$$\frac{\Delta y}{\Delta x}=\frac{y_{i+1}-y_i}{\Delta x} \qquad (5-23)$$

通常双向一阶差分的函数值的计算次数比单向差分增加一倍，但得到的梯度一般会更精确些。

上述求一阶和二阶差分的精度主要取决于函数值的有效位数，特别是相邻两点的间隔 Δx。Δx 愈小，差分值将愈能反映出函数在该点的变化情况。

5.3 离散变量优化的一维搜索

如同连续变量优化一样，在许多离散优化方法中需要用一维搜索技术来确定沿既定搜索方向的前进步长。因而离散一维搜索也是实现离散优化设计的一种基本方法而占有重要的地位。

由于变量取值的离散性，通常不能直接将连续变量的一维搜索方法用于离散变量的一维搜索。但大多数用于连续变量问题的一维搜索方法在修改后都可用于离散变量问题的一维搜索。当函数值的计算次数是考虑的主要因素时，Fibonacci 法仍是最有效的方法之一。因此，我们主要介绍用于离散优化的 Fibonacci 法。

由第 2 章，我们知道，连续变量一维搜索的 Fibonacci 法是缩短搜索区间最好的方法，但在开始搜索前必须预先知道计算函数值的次数 n，并直接用到 Fibonacci 数而增加了困难。与连续变量一维搜索不同，通常在离散变量优化中，一维搜索范围内的离散点数是已知的，这就给应用这种方法带来了方便。

首先，用连续变量的 Fibonacci 法。设初始搜索区间长为 L_1，含 N 个离散点；L_k 是迭代到第 k 次时区间的长度，l_k 是第 k 次迭代时从 L_k 的两端点算起的新计算点的位置（参见图5－9）。由第2章可知：

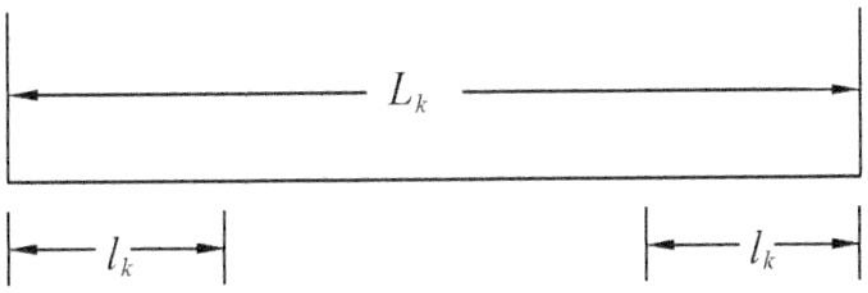

图 5－9

$$l_k=\frac{F_{n-k-1}}{F_{n-k+1}}L_k \qquad (5-24)$$

$$L_k=\frac{F_{n-k+1}}{F_n}l_1 \qquad (5-25)$$

式中的 F 为 Fibonacci 数。

对于离散变量问题，若已知搜索区间内共有 k 个离散点，序号为 $1,2,3,\cdots,K$，且假设有

$$F_n=K-1 \qquad (5-26)$$

这里的 F_n 是一个 Fibonacci 数列中的一个数。则可将 $K-1$ 视为该区间的长度。参照

式(5 - 24)和式(5 - 25),有以下在每次迭代时所需计算函数值的两离散点在该次搜索区中的序号是

$$N_k = F_{n-k-1} + 1 \tag{5-27}$$

【因为
$$N_k = \frac{F_{n-k-1}}{F_{n-k+1}} \cdot \frac{F_{n-k+1}}{F_n}(K-1) + 1$$
】

与

$$N'_K = N'_{k-1} - N_k + 1 \tag{5-28}$$

且

$$N'_1 = K - N_1 + 1 \tag{5-29}$$

$$N'_{n-1} = \begin{cases} 1 \ (y_2 \text{ 优于 } y_3 \text{ 时}) \\ 3 \ (y_2 \text{ 优于 } y_1 \text{ 时}) \end{cases} \quad (y \text{ 为对应的函数值}) \tag{5-30}$$

由于

$$N_{k-1} = N'_k \tag{5-31}$$

故实际每次迭代时只需计算一次函数值,而每次搜索区间内的离散点个数减为

$$K_= K_{k-1} - N_{k-1} + 1 \tag{5-32}$$

而

$$K_1 = K \tag{5-33}$$

例 5 - 1 设已知搜索区间内共有 9 个离散点,其函数值如表 5 - 1。

表 5 - 1 例 5 - 1 的函数值

i	1	2	3	4	5	6	7	8	9
y_i	1	3	9	6	5	4	3	2	1

要求选取 y_i 为最大的 i。

此时 $K = 9, K - 1 = 8 = F_5, n = 5$。

先按式(5 - 27)求 $k = 1$ 时的 N_1 与 N'_1:

$$N_1 = F_{5-1-1} + 1 = F_3 + 1 = 3 + 1 = 4, \quad N'_1 = K - N_1 + 1 = 9 - 4 + 1 = 6$$

因为 $y_4 = 6 > 4 = y_6$,根据函数单峰的假设,故不可能在 $i > 6$ 区间内出现最大值而可去掉,从而新的搜索区间内的离散点个数为 K_2,可令 $k = 2$ 由式(5 - 32)求得 $K_2 = 9 - 4 + 1 = 6$。同样,由式(5 - 27)有

$$N_2 = F_{5-2-1} + 1 = F_2 + 1 = 3, \quad N'_2 = N_1 = 4$$

因为 $y_4 = 6 < 9 = y_3$,故不可能在 $i > 4$ 区间内出现最大值。故同理有

$$K_3 = 6 - 3 + 1 = 4, \quad N_3 = F_{5-3-1} + 1 = F_1 + 1 = 1 + 1 = 2, \quad N'_3 = N_2 = 3$$

因为 $y_3 = 9 > 6 = y_2$,故去掉 $i < 2$ 的区间。从而求得 $i = 3$ 时有最大值 $y_3 = 9$。

由上例可见,虽然 $n = 5$,但只需计算 3 次函数值即可求得最大值。一般的,在 K 个离散点中最多只需计算 $n - 1$ 次函数值就能找到其中的最优点。

对于 $F_n \neq K - 1$ 的情况,可增设 F 个虚构点使

$$K - 1 + F = F_n \tag{5-34}$$

其中 $F_n > K - 1 > F_{n-1}$。对于这些虚构点,不作函数计算,而是令其结果比真实点都坏,因而比较函数值时总是被抛弃。显然,这些虚构点既不会影响寻优结果,也不会增加函数计算次数。

此外,在一维搜索中,可用类同于连续变量一维搜索中确定初始区间的进退算法来确定离散变量一维搜索的初始区间。其中,初始步长可取两离散点之间的距离。

5.4 离散变量的无约束优化

无约束非线性离散变量规划问题可表示为

$$\min F(\boldsymbol{X}), \quad \boldsymbol{X} \in \boldsymbol{R}^D \tag{5-35}$$

类同于连续变量无约束优化方法,主要是按下式在离散变量空间移动搜索点:

$$\boldsymbol{X}^{\mathrm{T}} = \boldsymbol{X}^B + \lambda \boldsymbol{S} \tag{5-36}$$

式中 $\boldsymbol{X}^{\mathrm{T}}$ 是新点,$\boldsymbol{X}^B$ 是移动前的基点(现行点),$\boldsymbol{S}$ 为步向,λ 为步长。

在使用梯度的方法中,可以用现行离散点处的梯度来产生搜索方向,求得搜索方向后再把它化为通过离散点的整数方向。在不使用梯度的方法中,整数方向不根据梯度值产生。在确定了各种方法的整数方向后,最后进行一维搜索以求得该方向上的最优点。

5.4.1 整数方向

式(5-36)中的 $\boldsymbol{S} = \{S_1, S_2, \cdots, S_n\}^{\mathrm{T}}$ 为方向向量,则

$$\boldsymbol{N} = S / \|S\| \tag{5-37}$$

为单位方向向量。再定义相对单位向量为

$$\boldsymbol{d} = \boldsymbol{N}/b, \quad b = \min_i \{\|N_i\|, i = 1, 2, \cdots, n\} \tag{5-38}$$

则整数方向为 $\boldsymbol{M} = [m_1, m_2, \cdots, m_n]^{\mathrm{T}}$,这里的 m_i 是与 d_i 最接近的整数值。

例 5-2 设 $\boldsymbol{N} = [-0.09, -0.81, 0.41, -0.41]^{\mathrm{T}}$,则

$$b = \min_i \{\|N_i\|\} = 0.09, \quad \boldsymbol{d} = [-1.0, -9.0, 4.55, -4.55]^{\mathrm{T}}, \quad \boldsymbol{M} = [-1, -9, 5, -5]^{\mathrm{T}}$$

用 $\boldsymbol{M}$ 作为搜索方向,则式(5-36)变为

$$\boldsymbol{X}^{\mathrm{T}} = \boldsymbol{X}^B + \lambda \boldsymbol{M} \tag{5-39}$$

并有

$$x_i^{T} = x_i^{B} + \lambda m_i \tag{5-40}$$

对于上例,当 $X^B=0$ 时,有 $X^T=[-\lambda,-9\lambda,5\lambda,-5\lambda]^T$。

令 λ 为整数值,则在搜索方向上包含的都是离散点。

5.4.2 梯度方法

这类方法用离散点上的梯度产生搜索方向。

(1) 整数梯度法

这种方法类似于连续变量的梯度法,是梯度方法中最简单的。这种方法中令目标函数的负梯度方向为步向,即有

$$\boldsymbol{S} = -\nabla f(\boldsymbol{X}) \tag{5-41}$$

$$\boldsymbol{N} = -\nabla f(\boldsymbol{X}) / \|\nabla f(\boldsymbol{X})\| \tag{5-42}$$

再将 $\boldsymbol{N}$ 化为整数方向作为搜索方向。

由于搜索方向化成了整数方向,因此整数梯度方向往往不代表函数在该点的真正最速下降方向,但因为梯度只反映函数的局部状态,故整数梯度方向也许不失为较好的下降方向。

整数梯度方向是对目标函数的线性近似,当高次项不可略去时,线性近似只适于一很小的区域,故可能使搜索过程发生停滞或振荡。此时,可用以后提到的重启动方法重新启动。

(2) 偏斜整数梯度法

这类方法类似于连续变量的拟牛顿法,产生搜索方向时用到目标函数的梯度,再将此方向化为整数方向。由于对二次函数 n 步后近似逆矩阵可能并不等于真正的海辛阵的逆,并且很可能所产生的方向和整数梯度方向相同,故这种方法对离散变量问题可能不如对连续变量问题那么有效。

5.4.3 不用梯度的方法

(1) 坐标转换法

这种方法即逐次一维搜索方法。它从当前的最好点出发,依次或随机排列地沿各坐标方向以最小间距为步长进行一维搜索,直到各坐标方向都不能改进目标函数数值为止。显然这种方法的收敛速度慢,效率不高。

(2) 复合形法

这种方法通常在变量空间随机地产生 $2n$ 个顶点的复合形,要求这些顶点都是离散点。然后采用类似于连续变量复合形法用到的反射、扩大、收缩等办法找到新的好点并将它圆整到附近的离散点。直到复合形的所有顶点都收敛到同一点上为止。这种方法也可用于约束问题。

(3) 离散型的 Rosenbrock 法

离散型的 Rosenbrock 法与连续变量的 Rosenbrock 法基本相同,只是可用离散一维搜索来代替连续变量问题步长的确定。

(4) 离散型的修改 Powell 法

这种方法也和连续变量的Powell法基本相同,只是用离散一维搜索来代替连续一维搜索。

5.4.4 重新启动与加速的方法

在各种无约束离散变量优化方法中,可能在搜索时停滞或振荡。这时可采用各种重启动和加速方法以摆脱困境。下面简述两种方法。

第一种方法是用 Gram - Schmidt 法产生一组正交搜索方向,然后将它化为整数方向进行一维离散搜索。每次搜索都取上次搜索得到的最好点作为起点。这样,沿 n 个正交方向搜索后可得到一最好点。连接初始点和最好点可得到一新的方向作为搜索方向。再规格化和整数化后进行离散一维搜索直到得不到改进点为止。

第二种方法是以停滞点为基点进行离散坐标轮换搜索,得一新的停滞点后,连接前后两停滞点得一方向,再沿此方向搜索,很可能这是一个较好的搜索方向。

有人对 12 个考题用各种方法(包括坐标转换法、修改的 Rosenbrock 法、修改的 Powell 法、修改的复合形法、整数梯度法加重启动技术、偏斜梯度法加重启动技术等) 进行了计算比较,结论是:

(1) 没有哪种方法能表明它在求解各类问题时都是最有效的;

(2) 大部分试题中最好的解点都是通过使用梯度的某种方法得到的;

(3) 问题的变量稍多时,最好采用单向差分的整数梯度法和根据坐标转换法得到的重启动技术。

5.5 整数规划

求解离散变量优化的一类方法是用整数规划来求解。本节着重介绍分枝限界法和割平面法。

5.5.1 分枝限界法[52]

分枝限界法(Branch and bound method) 的基本原理是不断地按一定步骤和规则求一系列连续变量解,使解中整数变量逐渐地全部取整数值。这样一系列解的逻辑结构是树状的。

这种方法以求相应的不含整数条件的连续变量问题的最优解为出发点,如果解不符合整数条件,就将原问题分解成两部分,每部分都增加上约束条件,这就缩小了原来的可行区,即分枝中扔掉连续问题可行区中对整数问题不可行的部分。由于整数规划是在相应的连续变量优化时增加了变量为整数的条件,故其最优解不会优于相应的连续变量优化的最优解。可见,相应的连续变量优化的目标函数最优值就是其目标函数的下界,分枝中可利用这一性质来选择分枝的节点以及判定整数解是否已达最优。

算法的主要步骤如下。

(1) 设整数规划问题为问题 A,相应的不考虑整数约束条件的连续变量问题为问题 B。按连续变量优化问题求问题 B 的解。若问题 B 无可行解则问题 A 也无可行解。

(2) 若问题 B 的解符合整数条件,则解为问题 A 的最优解。若不符合整数条件,则解中至少有一个整数变量(例如 x_j) 取非整数值(b_j)。即有

$$b_j = [b_j] + f_j \tag{5-43}$$

其中$[b_j]$ 为整数,$0 < f_j < 1$。

(3) 任选不符合整数条件的变量 x_j,构造两个子问题。即分枝上述解,并称上述解为节点。新的两个子问题分别增加如下的上、下界约束:

$$\left.\begin{aligned} x_j &\leqslant [b_j] \\ x_j &\geqslant [b_j] + 1 \end{aligned}\right\} \tag{5-44}$$

再分别在不考虑整数条件的情况下求解此两子问题。

(4) 分析上述两子问题的解,确定是否再分枝以及分枝的节点。

若解中的目标函数值比所有前面的解都好,且解为整数解,则此解为最优解,停止计算。

若解中的目标函数值比所有前面的解都好,但解不符合整数条件,则将此解作为节点,继续分枝运算,即转(3)。

若解中的目标函数值比所有前面的解中至少一个的目标函数值差,则将诸解中目标函数值最好的解作为新的节点,继续分枝运算,即转(3)。且若此时解已为整数,则此解为最优解的可能性存在,并不再作为节点分枝。

若无解或已为整数解,则在所有解中取得最好的整数解为最优解,停止运算。

例 5-3 求解:

$$\left.\begin{aligned} \min \quad & f(\boldsymbol{X}) = Z = x_1 + 3x_2 \\ \text{s.t.} \quad & x_2 \geqslant 3.13 \\ & 22x_1 + 34x_2 \geqslant 285 \\ & x_1, x_2 \text{ 为非负整数} \end{aligned}\right\}$$

解 这是个线性整数规划问题。

(1) 用线性规划解对应的连续变量问题:

$$\left.\begin{aligned} \min \quad & Z = x_1 + 3x_2 \\ \text{s.t.} \quad & x_2 \geqslant 3.13 \\ & 22x_1 + 34x_2 \geqslant 285 \end{aligned}\right\}$$

解得 $x_1 = 8.12, x_2 = 3.13, Z_{\min} = 17.51$,非整数解;

(2) 以上述解为节点,分枝为两个子问题;

问题 A:

$$\left.\begin{aligned} \min \quad & Z = x_1 + 3x_2 \\ \text{s.t.} \quad & x_1 \geqslant 9 \\ & x_2 \geqslant 3.13 \\ & 22x_1 + 34x_2 \geqslant 285 \end{aligned}\right\}$$

问题 B:

$$\left.\begin{aligned} \min \quad & Z = x_1 + 3x_2 \\ \text{s.t.} \quad & x_1 \leqslant 8 \\ & x_2 \geqslant 3.13 \\ & 22x_1 + 34x_2 \geqslant 285 \end{aligned}\right\}$$

(3) 求问题 A 的连续变量最优解,得 $x_1 = 9, x_2 = 3.13, Z_{\min}^{A} = 18.39$;

(4) 求问题 B 的连续变量最优解,得 $x_1 = 8, x_2 = 3.13, Z_{\min}^{B} = 17.62$;

(5) 上述问题 A 和问题 B 的解都不是整数解,但 $Z_{\min}^{A} > Z_{\min}^{B}$,故取 B 的解为新节点并分枝有:

问题 C:

$$\left.\begin{aligned} \min \quad & Z = x_1 + 3x_2 \\ \text{s.t.} \quad & x_1 \leqslant 8 \\ & x_2 \geqslant 3.13 \\ & 22x_1 + 34x_2 \geqslant 285 \\ & x_2 \geqslant 4 \end{aligned}\right\}$$

问题 D:

$$\left.\begin{aligned} \min \quad & Z = x_1 + 3x_2 \\ \text{s.t.} \quad & x_1 \leqslant 8 \\ & x_2 \geqslant 3.13 \\ & 22x_1 + 34x_2 \geqslant 285 \\ & x_2 \leqslant 3 \end{aligned}\right\}$$

(6) 求问题 C 的解得 $x_1 = 6.77, x_2 = 4, Z_{\min}^{C} = 18.77$;

(7) 问题 D 由于 $x_2 \leqslant 3$ 与 $x_2 \geqslant 3.13$ 矛盾而无解;

(8) 由于 $Z_{\min}^{A} < Z_{\min}^{C}$,故再将问题 A 分枝有:

问题 E:

$$\left.\begin{aligned} \min \quad & Z = x_1 + 3x_2 \\ \text{s.t.} \quad & x_1 \geqslant 9 \\ & x_2 \geqslant 3.13 \\ & 22x_1 + 34x_2 \geqslant 285 \\ & x_2 \geqslant 4 \end{aligned}\right\}$$

问题 F:

$$\left.\begin{aligned} \min \quad & Z = x_1 + 3x_2 \\ \text{s.t.} \quad & x_1 \geqslant 9 \\ & x_2 \geqslant 3.13 \\ & 22x_1 + 34x_2 \geqslant 285 \\ & x_2 \leqslant 3 \end{aligned}\right\}$$

(9) 求问题 E 的解为 $x_1 = 9, x_2 = 4, Z_{\min}^{E} = 21$;

(10) 问题 F 无解;

(11) 问题 E 为整数解,但由于 $Z_{\min}^{C} < Z_{\min}^{E}$,故还要将问题 C 再分枝,因为它分枝后还有可能得到比问题 E 更好的解。

问题 G:

$$\min \quad Z = x_1 + 3x_2$$
$$\left.\begin{aligned} \text{s.t.} \quad & x_2 \geqslant 3.13 \\ & 22x_1 + 34x_2 \geqslant 285 \\ & x_2 \geqslant 4 \\ & x_1 \geqslant 7 \end{aligned}\right\}$$

问题 H:

$$\min \quad Z = x_1 + 3x_2$$
$$\left.\begin{aligned} \text{s.t.} \quad & x_2 \geqslant 3.13 \\ & 22x_1 + 34x_2 \geqslant 285 \\ & x_2 \geqslant 4 \\ & x_1 \leqslant 6 \end{aligned}\right\}$$

(12) 求问题 G 的解为 $x_1 = 7, x_2 = 4, Z_{\min}^G = 19$;

(13) 求问题 H 的解为 $x_1 = 6, x_2 = 4.5, Z_{\min}^H = 19.5$;

(14) 此时问题 G 的解为整数解,且比问题 E 的好;而且 $Z_{\min}^G < Z_{\min}^H$。故不必再将问题 H 分枝,从而问题 G 为最优解。

上述分枝限界的过程可用图示出,如图 5 - 10。

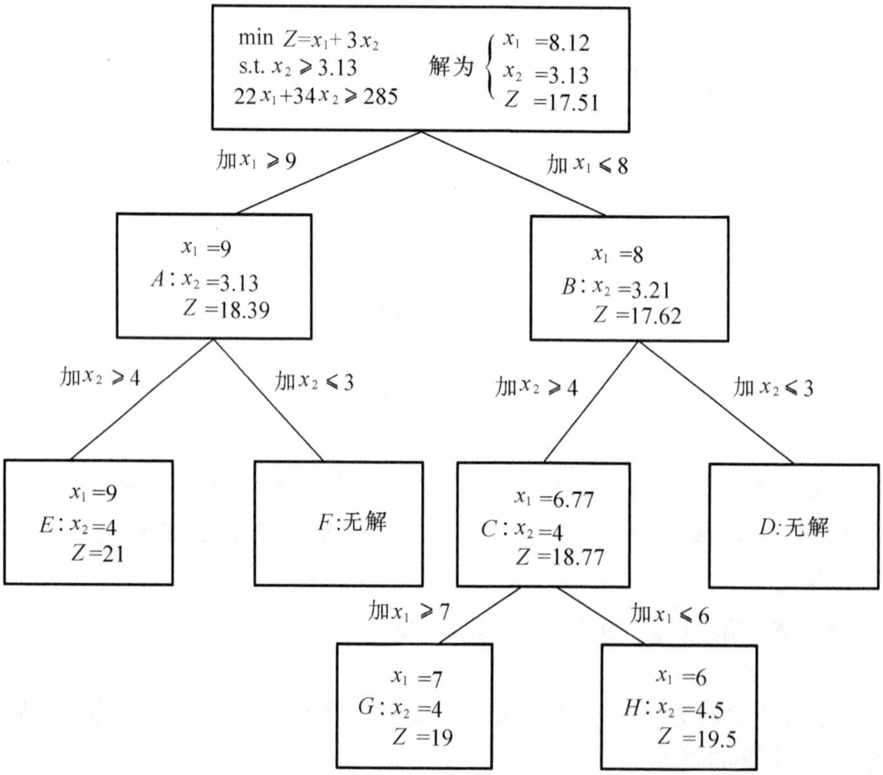

图 5 - 10

由上例可见,由于分枝后约束条件越来越严,每枝的目标函数值越来越大,故若得到的整数解的目标函数值已优于其他子问题的解的目标函数时,显然这些子问题不必再往下进行分枝。这就是限界的含义。

分枝限界法并不能保证用最少的搜索计算工作量得到最优解。但一般情况下它还是一种效率较高而有效的方法,广泛用于求解整数规划问题。

例 5-4 求解:

$$\left.\begin{aligned}\max\quad & Z = 3x_1^2 + 2x_1x_2\\ \text{s.t.}\quad & x_1 + 2x_2 \leqslant 5\\ & 2x_1 + x_2^2 \leqslant 7\\ & x_1, x_2 \geqslant 0 \text{ 且为整数}\end{aligned}\right\}$$

解 这是个非线性整数规划问题。

(1) 先解对应的连续变量问题:

$$\left.\begin{aligned}\max\quad & Z = 3x_1^2 + 2x_1x_2\\ \text{s.t.}\quad & x_1 + 2x_2 \leqslant 5\\ & 2x_1 + x_2^2 \leqslant 7\\ & x_1, x_2 \geqslant 0\end{aligned}\right\}$$

解得 $x_1 = 3.45, x_2 = 0.32, Z = 37.9$;

(2) 将上解分枝:

问题 A:

$$\left.\begin{aligned}\max\quad & Z = 3x_1^2 + 2x_1x_2\\ \text{s.t.}\quad & x_1 + 2x_2 \leqslant 5\\ & 2x_1 + x_2^2 \leqslant 7\\ & x_1, x_2 \geqslant 0\\ & x_2 \leqslant 0\end{aligned}\right\}$$

问题 B:

$$\left.\begin{aligned}\max\quad & Z = 3x_1^2 + 2x_1x_2\\ \text{s.t.}\quad & x_1 + 2x_2 \leqslant 5\\ & 2x_1 + x_2^2 \leqslant 7\\ & x_1, x_2 \geqslant 0\\ & x_2 \geqslant 1\end{aligned}\right\}$$

(3) 解问题 A 得 $x_1 = 3.5, x_2 = 0, Z = 36.75$;

(4) 解问题 B 得 $x_1 = 3, x_2 = 1, Z = 33$,为整数解,但由于 $Z^B < Z^A$,故需将 A 分枝;

(5) 将问题 A 分枝为:

问题 C：

$$\left.\begin{aligned}\max\quad & Z = 3x_1^2 + 2x_1x_2\\ \text{s.t.}\quad & x_1 + 2x_2 \leqslant 5\\ & 2x_1 + x_2^2 \leqslant 7\\ & x_1, x_2 \geqslant 0\\ & x_1 \leqslant 3\end{aligned}\right\}$$

问题 D：

$$\left.\begin{aligned}\max\quad & Z = 3x_1^2 + 2x_1x_2\\ \text{s.t.}\quad & x_1 + 2x_2 \leqslant 5\\ & 2x_1 + x_2^2 \leqslant 7\\ & x_1, x_2 \geqslant 0\\ & x_1 \geqslant 4\end{aligned}\right\}$$

(6) 解问题 C 得 $x_1 = 3, x_2 = 0, Z = 27$,为整数解;

(7) 问题 D 由于 $2x_1 + x_2^2 \leqslant 7$ 与 $x_1 \geqslant 4$ 矛盾而无可行解;

(8) 由于 $Z^C > Z^B$,故问题 C 为最优解。

上述分枝限界的过程示于图 5 - 11。

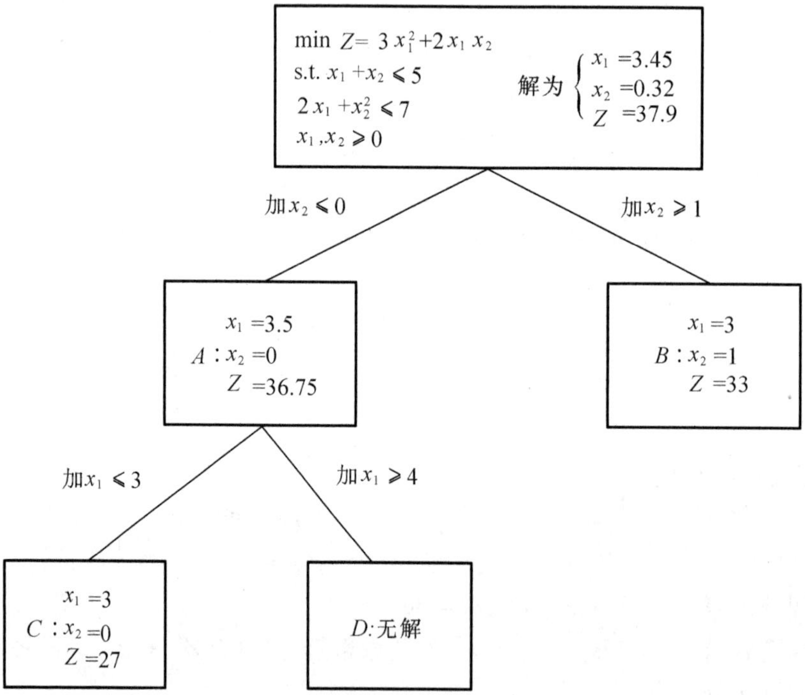

图 5 - 11

5.5.2　割平面法[53]

对于整数线性规划问题,最优解是可行区内的某整数解点(离散点)。当不考虑整数的要求而用线性规划的单纯形法来求解时,它的最优解位于可行区的顶点;若这个顶点恰好是整数解点,则正是所求问题的解;若这个顶点不是整数解点,就设法把这个最优的顶点连同它的邻域切掉但保留其中所有整数解点。即设法把不考虑整数要求的非整数规划问题的可行区用引进的约束超平面去掉一部分,使这部分成为非可行区,这样就使原问题的线性规划最优解也成为不可行点,并且不割去整数解点。再用线性规划的单纯形法来求解这个新问题。若还不是整数解,再重复上述切割办法直到找到最优解为止。这就是割平面法的思想。可见,这里的关键是引进的割平面应怎样确定。

考虑整数线性规划问题:

$$\left.\begin{aligned}\min \quad & Z = CX \\ \text{s.t.} \quad & \boldsymbol{AX} = \boldsymbol{B} \\ & \boldsymbol{X} \geqslant 0 \\ & x_i\ (i = 1,2,\cdots,n)\ \text{为整数}\end{aligned}\right\} \tag{5-45}$$

则由线性规划的单纯形法我们可求得上式中不考虑整数条件的最优解为

$$\left.\begin{aligned}&\boldsymbol{X}^* = [y_{10},\cdots,y_{m0},0,\cdots,0]^{\mathrm{T}} \\ &\boldsymbol{Z}^* = c_1x_1 + \cdots + c_mx_m + c_{m+1}x_{m+1} + \cdots + c_nx_n \\ &\text{式中}\ y_{i0} \geqslant 0, c_j \geqslant 0\ (i = 1,2,\cdots,m; j = m+1,\cdots,n)\end{aligned}\right\} \tag{5-46}$$

可见,若 $y_{i0}(i = 1,2,\cdots,m)$ 全为整数,则 $\boldsymbol{X}^*$ 即为式(5-45)的解。若 $y_{i0}(i = 1,2,\cdots,m)$ 中有一个(例如 y_{q0})不为整数,则对应于最优解的约束方程组为

$$\left.\begin{array}{l}x_1 \qquad\quad + y_{1,m+1}x_{m+1} + \cdots + y_{1n}x_n = y_{10} \\ \quad x_2 \qquad + y_{2,m+1}x_{m+1} + \cdots + y_{2n}x_n = y_{20} \\ \qquad \ddots \qquad\qquad\qquad \vdots \\ \qquad\quad x_m + y_{m,m+1}x_{m+1} + \cdots + y_{mn}x_n = y_{m0}\end{array}\right\} \tag{5-47}$$

相应得第 q 个方程为

$$x_q + \sum_{j=m+1}^{n} y_{qj}x_j = y_{q0} \tag{5-48}$$

若令 $[y_{qj}]$ 表示不超过 y_{qj} 的最大整数,且:

$$\left.\begin{array}{ll}(1)\ f_{qj} = y_{qj} - [y_{qj}] & (2)\ 0 \leqslant f_{qj} < 1 \\ (3)\ f_{q0} = y_{q0} - [y_{q0}] & (4)\ 0 < f_{q0} < 1\end{array}\right\} \tag{5-49}$$

则式(5-48)可写成

$$x_q + \sum_{j=m+1}^{n} ([y_{qj}] + f_{qj})x_j = [y_{q0}] + f_{q0} \tag{5-50}$$

即

$$x_q + \sum_{j=m+1}^{n} [y_{qj}]x_j + \sum_{j=m+1}^{n} f_{qj}x_j = [y_{q0}] + f_{q0}$$

由上式显然有

$$x_q + \sum_{j=m+1}^{n} [y_{qj}] x_j \leqslant [y_{q0}] + f_{q0} \tag{5-51}$$

若式(5－45)有整数解,则由上式可得

$$x_q + \sum_{j=m+1}^{n} [y_{qj}] x_j \leqslant [y_{q0}]$$

或

$$\left.\begin{aligned} & x_q + \sum_{j=m+1}^{n} [y_{qj}] x_j + b_q = [y_{q0}] \\ & b_q \geqslant 0 \text{ 为整数} \end{aligned}\right\} \tag{5-52}$$

用式(5－52)减式(5－50)得

$$b_q - \sum_{j=m+1}^{n} f_{qj} x_j = -f_{q0} \tag{5-53}$$

上式是在原问题有整数解的条件下导出的新的约束条件,它就是割平面方程。式中 b_q 是新引进的变量。通常,先取

$$f_{q0} = \max_{i} \{ f_{i0}, i = 1,2,\cdots,m \} \tag{5-54}$$

可以证明,式(5－53)的引进将保留非整数线性规划问题的所有整数解,但割去了一部分非整数解。

【证 设 $x_1',\cdots,x_m',x_{m+1}',\cdots,x_n'$ 为式(5－45)的非负整数解,代入式(5－53)得

$$b_q = -f_{q0} + \sum_{j=m+1}^{n} f_{qj} x_j'$$

代入式(5－49)与(5－48),得

$$b_q = [y_{q0}] - \sum_{j=m+1}^{n} [y_{qj}] x_j' - x_q'$$

因为$[y_{q0}]$,$[y_{qi}]$,x_j',x_q' 都是整数,故由上式知 b_q 为整数。又$f_{qj} \geqslant 0, x_j' \geqslant 0 \ (j = m+1,\cdots,n)$,故 $b_q \geqslant -f_{q0} > -1$。可见,$b_q$ 不仅为整数,且 $b_q \geqslant 0$。即式(5－45)的解也满足

$$\left.\begin{aligned} & x_i + \sum_{j=m+1}^{n} y_{qj} x_j = y_{i0} \quad (i = 1,2,\cdots,m) \\ & b_q - \sum_{j=m+1}^{n} f_{qj} x_j = -f_{q0} \end{aligned}\right\}$$

而上式的非负整数解显然是原式的非负整数解。从而可见,式(5－45)与下式是等价的:

$$\left.\begin{aligned}\min\quad & Z = CX \\ \text{s.t.}\quad & \boldsymbol{AZ} = \boldsymbol{B} \\ & b_q - \sum_{j=m+1}^{n} f_{qj}x_j = -f_q \\ & x_i (i = 1,2,\cdots,n), b_q \text{ 为非负数}\end{aligned}\right\}$$

例 5 – 5 求解：

$$\left.\begin{aligned}\min\quad & Z = 3x_1 - x_2 \\ \text{s.t.}\quad & x_1 + 2x_2 \geqslant 1 \\ & x_1 - 2x_2 \leqslant 2 \\ & x_1 + x_2 \leqslant 3, x_1, x_2 \text{ 为非负整数}\end{aligned}\right\}$$

解 引入松弛变量 x_3, x_4, x_5 后，用单纯形法求出不计整数值限制的最优解如表 5 – 2。

表 5 – 2 例 5 – 5 不计整数值限制的最优解

	x_1	x_2	x_3	x_4	x_5	
Z	0	0	0	4/3	5/3	23/3
x_1	1	0	0	1/3	2/3	8/3
x_2	0	1	0	– 1/3	1/3	1/3
x_3	0	0	1	– 1/3	4/3	7/3

最优解 $\boldsymbol{X} = \left[\dfrac{8}{3}, \dfrac{1}{3}\right]^{\mathrm{T}}$，它不是整数解。由式(5 – 54) 知此时的式(5 – 48) 为

$$x_1 + \frac{1}{3}x_4 + \frac{2}{3}x_5 = \frac{8}{3}$$

割平面方程式(5 – 53) 为

$$b_1 - \frac{1}{3}x_4 - \frac{2}{3}x_5 = -\frac{2}{3}$$

将上式列入表 5 – 3 有

表 5 - 3

	x_1	x_2	x_3	x_4	x_5	b_1	
Z	0	0	0	4/3	5/3	0	23/3
x_1	1	0	0	1/3	2/3	0	8/3
x_2	0	1	0	- 1/3	1/3	0	1/3
x_3	0	0	1	- 1/3	4/3	0	7/3
b_1	0	0	0	- 1/3	- 2/3	1	- 2/3

可得到一非可行解，再由对偶单纯形法可求得：

表 5 - 4

	x_1	x_2	x_3	x_4	x_5	b_1	
Z	0	0	0	1/2	0	5/2	6
x_1	1	0	0	0	0	1	2
x_2	0	1	0	- 1/2	0	1/2	0
x_3	0	0	1	- 1	0	2	1
b_1	0	0	0	1/2	1	- 2/3	1

于是，已得整数最优解 $x_1 = 2, x_2 = x_4 = 0, x_3 = x_5 = 1$。

参见图 5 - 12，最优解为 C 点。

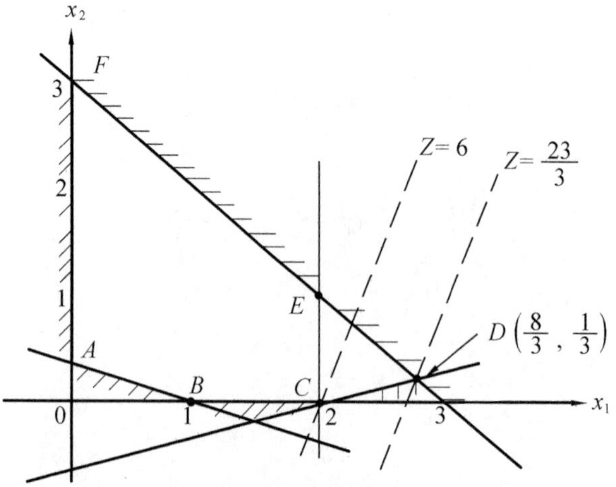

图 5 - 12

5.6　离散变量优化的若干算法

对于目标函数或约束函数为非线性的非线性离散变量优化问题,还没有什么可靠的方法保证在大多数情况下得到最优解。目前,通常采用数值方法,即用某种策略在变量空间进行搜索求最优解。其中一类方法是将离散变量问题按连续变量问题进行优化得到最优解后,再采取某种方法选取最优解。另一类方法是直接在离散变量空间进行搜索以寻求离散最优解。一些研究表明,离散最优解一般不会紧邻全连续最优解,因而要得到离散最优解,必须选用离散变量优化方法。

下面介绍若干离散变量优化方法。

5.6.1　基于连续变量优化的方法

这类方法又称为圆整法,它先不考虑离散性约束而求得连续变量的最优解;然后取最邻近这个最优解且不违反约束的离散点作为解。或者在邻近此最优解的所有可行离散点中选出最优者。当离散性影响不显著时,这类方法可得到令人满意的结果。但当离散性影响显著时,通常得不到离散最优解。

一般,是先用全连续变量最优化方法为离散变量优化产生一较好的起始点,然后再用离散变量优化方法搜索最优解。

5.6.2　嵌套序列搜索法

这种方法是一种直接在离散变量空间根据目标函数梯度进行搜索最优点的方法。它先求出全连续变量优化问题的最优解作为初始点。再将此初始点移到离它最近的离散点,然后沿目标函数负梯度最大的变量分量方向依次(嵌套序列)进行离散一维搜索求最优点。且在每一分量的一维搜索中,都要进行对其余方向的搜索,以求出与正在考察中的分量相应的最优点。即按下式进行嵌套序列一维最小化:

$$\min f(x_1,\min f(x_2,\cdots,\min f(x_n)))\tag{5-55}$$

且有

$$\frac{\Delta f}{\Delta x_1}\geqslant\frac{\Delta f}{\Delta x_2}\geqslant\cdots\geqslant\frac{\Delta f}{\Delta x_n}\tag{5-56}$$

搜索结束后要重新计算梯度。若原来的梯度大小顺序变化了或变化较大,则应按新的顺序重新进行,以检验最优点的最优性。

对于这种方法,若目标函数曲面和沿坐标方向的截面具有单峰性,则能为大多数优化问题至少在局部上提供相当可靠的搜索结果。此外,若能得到一靠近最优解的起始点,则复杂的函数性质的影响常常可降至最小。因此,对大多数优化问题,此法还是相当可靠的。其主要缺点是计算量大,因而不适用于大型问题。通常对6维以下问题较合适。

5.6.3 直接搜索法

这种方法的第一步是从一个给定或随机选择的可行离散点出发,沿梯度方向进行一维离散搜索。在得到一个使目标函数下降同时满足约束条件的新离散点后,再以此点为基点反复进行下去。当得不到这样的点时,则第二步进行下述的子空间轮变搜索。若子空间轮变搜索后得到一个新的可行离散点,则返回到第一步,否则进行第三步。即根据停留点处目标函数和约束函数信息,采用下述的离散单位邻域内查点的方法求出新点,再回到第一步。若查不到新点,则此点即为所求离散最优点。

2.6.3.1 子空间轮变搜索

子空间轮变搜索是从一基点出发,在离散变量空间按目标函数梯度分量从大到小的顺序依次沿各变量分量的方向进行离散一维搜索。通常,这种搜索方法可以保证目标函数以尽可能快的速度下降。

2.6.3.2 离散单位邻域内的查点方法

子空间轮变搜索后若得不到比基点更好的点,则该点必定是一伪离散最优点。下步需要检查 $\boldsymbol{U}_n(\boldsymbol{X})$ 内的其他点,以求离散最优点。

由5.1节的局部最优解的主要条件可知,若式(5-19)与式(5-20)的解 $\Delta\boldsymbol{X}$ 存在,则它一定位于可行可用区 T 内。因此,在 $\boldsymbol{U}_n(\boldsymbol{X})$ 内寻优,实际上要根据目标和约束函数的梯度信息联立求解下式以得到最优点:

$$\left.\begin{array}{l}\Delta\boldsymbol{X}^{\mathrm{T}}\nabla f \leqslant 0 \\ \Delta\boldsymbol{X}^{\mathrm{T}}\nabla g_i \leqslant -g_i(i \in I)\end{array}\right\} \tag{5-57}$$

我们用查点方法来求满足上式的点。由于 Δx_i 可取 Δ_i^+,Δ_i^- 与0值,故对于一个基点 $\boldsymbol{X}$,共可组合出 3^n 个点,虽然其中只有一个点满足式(5-57)。为了减少搜索工作量,下面设法确定 Δx_i 的符号,则 Δx_i 的取值可变为 Δ_i 与0,从而组合点数可减至 2^n。

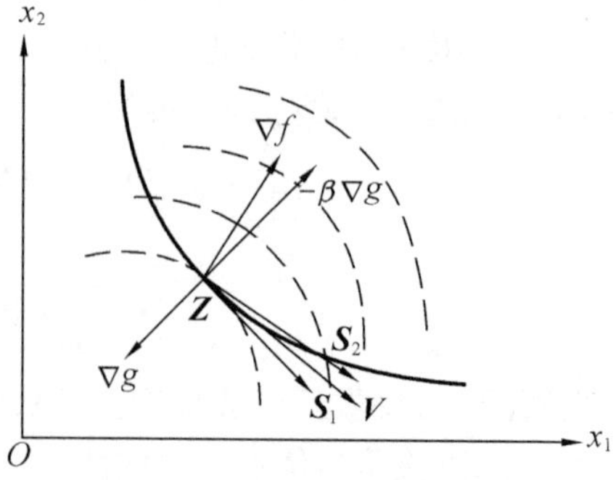

图5-13

为了确定 Δx_i 的符号,我们使 $\Delta\boldsymbol{X}$ 尽量接近于称之为可行可用向量 $\boldsymbol{V}$,这个向量 $\boldsymbol{V}$ 应穿过或至少尽量接近 T。在求得这个 $\boldsymbol{V}$ 后,再令 Δx_i 取 V_i 的符号。根据这种设想(参见图5-13),图5-13中的向量 $\boldsymbol{S}_1$ 和 $\boldsymbol{S}_2$ 形成的可行域是使目标函数下降

同时满足约束的区域，T 内的点必位于该区内。显然，若取

$$\boldsymbol{V} = \alpha_1 \boldsymbol{S}_1 + \alpha_2 \boldsymbol{S}_2 \qquad (\alpha_1, \alpha_2 \geqslant 0) \tag{5-58}$$

则 $\boldsymbol{V}$ 必穿过此角形区。上式中的 $\boldsymbol{S}_1$ 和 $\boldsymbol{S}_2$ 是目标和约束函数负梯度在目标和约束函数切平面上的投影。它们分别可由下面二式求得：

$$\boldsymbol{S}_1 = \nabla G^{\mathrm{T}} \nabla f \nabla G - \nabla f \tag{5-59}$$

$$\boldsymbol{S}_2 = \frac{\nabla G}{\nabla G^{\mathrm{T}} \nabla f} - \nabla f \tag{5-60}$$

其中

$$\nabla \boldsymbol{G} = \sum_{i \in I} \nabla g_i / |\boldsymbol{I}| \tag{5-61}$$

是适时约束梯度的平均合向量，$|I|$表示集合 I 中元素的个数，可用式(5-16)确定适时约束集 I。

【证 由图5-13有

$$\boldsymbol{S}_1 = -\nabla f - \beta \nabla g$$

式中的∇f和∇g均为单位向量。

用∇g左乘上式，并注意到 $\boldsymbol{S}_1^{\mathrm{T}} \nabla g = 0$ 和$\nabla g^{\mathrm{T}} \nabla g = 1$，可求得

$$\beta = -\nabla g^{\mathrm{T}} \nabla f$$

从而

$$\boldsymbol{S}_1 = \nabla g^{\mathrm{T}} \nabla f \nabla g - \nabla f$$

同时，令 $\boldsymbol{S}_2 = \boldsymbol{S}_1 - \upsilon \nabla g$，

用∇g左乘上式，并注意到 $\boldsymbol{S}_2^{\mathrm{T}} \nabla f = 0$ 和$\nabla f^{\mathrm{T}} \nabla f = 1$，有

$$(\nabla g^{\mathrm{T}} \nabla g)^2 - \upsilon \nabla f^{\mathrm{T}} \nabla g - 1 = 0$$

从而得

$$\upsilon = \frac{(\nabla g^{\mathrm{T}} \nabla g)^2 - 1}{\nabla f^{\mathrm{T}} \nabla g}$$

故可求得

$$\boldsymbol{S}_2 = \frac{\nabla g}{\nabla f^{\mathrm{T}} \nabla g} - \nabla f$$

一般情况下，基点 $\boldsymbol{X}$ 可能未必正好落在约束面上，故需用下面的适时约束集的梯度平均合向量$\nabla \boldsymbol{G}$代替∇g：

$$\nabla \boldsymbol{G} = \frac{1}{|\boldsymbol{I}|} \sum_{i \in I} \nabla g_i$$

式中$|I|$表示 I 中的元素个数。】

式(5-58)中的 α_1 和 α_2 可取为

$$\alpha_1 = \frac{1}{\|S_1\|} \tag{5-62}$$

$$\alpha_2 = \frac{1}{\|S_2\|} \tag{5-63}$$

式中$\|S_1\|$和$\|S_2\|$分别为S_1和S_2的模。

有了向量V,则可按下式确定单位邻域内$\Delta x_i(i = 1,2,\cdots,n)$的符号:

$$\mathrm{Sgn}(\Delta x_i) = \mathrm{Sgn}(V_i) \qquad (i = 1,2,\cdots,n) \tag{5-64}$$

大量例题的计算结果表明,上述直接搜索法具有求解可靠、计算效率较高的优点,并适用于多约束、多变量的大型问题。

5.6.4　离散变量的罚函数法

罚函数法是一种求解连续变量优化问题的方法。它也可用来求解离散变量优化问题。问题的关键是如何再构造一个离散性惩罚项,使它影响罚函数迫使其解收敛到离散值上。即要构造一个离散性惩罚项

$$Q_k = \begin{cases} 0 & (\text{当 } X \in R^D) \\ > 0 & (\text{当 } X \bar{\in} R^D) \end{cases} \tag{5-65}$$

因此,当采用内罚函数时,离散变量的罚函数法应是

$$\min \Phi(X,r_k,S_k) = f(X) - r_k \sum_{i=1}^{m} \frac{1}{g_i(X)} + S_k Q_k(X) \tag{5-66}$$

式中r_k和S_k分别是各次无约束最小化中的约束函数惩罚因子和离散性惩罚因子。

可定义如下的离散性惩罚项:

$$Q_k(X) = \sum_{i \in R^D} [4q_i(1 - q_i)]^{\beta_k} \tag{5-67}$$

式中

$$q_i = (x_i - z_i^l)/(z_i^u - z_i^l) \qquad (i = 1,2,\cdots,n) \tag{5-68}$$

而

$$z_i^l \leqslant x_i, \quad z_i^u \leqslant x_i \qquad (i = 1,2,\cdots,n) \tag{5-69}$$

这样,式(5-67)定义的离散性惩罚项如图5-14所示是一个规格化的对称函数。其最大值为1。当x_i取z_i^l或z_i^u时,其值为零。当指数β_k取大于1的不同值时,$Q_k(X)$在离散点之间是连续的,而且一阶导数也是连续的。

式(5-66)中的惩罚因子S_k用来控制离散性惩罚项对罚函数的作用,其值为一递增序列。当$k \to \infty$时$Q_k(X) \to \infty$,迫使变量点收敛到靠近约束边界的离散点上。

对于一维问题,目标函数f、约束函数g和离散性惩罚项S_kQ_k,以及罚函数Φ的图像示于图5-15。其中(a)对应于S_k较小的情况,(b)对应于S_k较大的情况。从图可见,参数r_k,S_k和β_k的选择直接影响罚函数的形状。

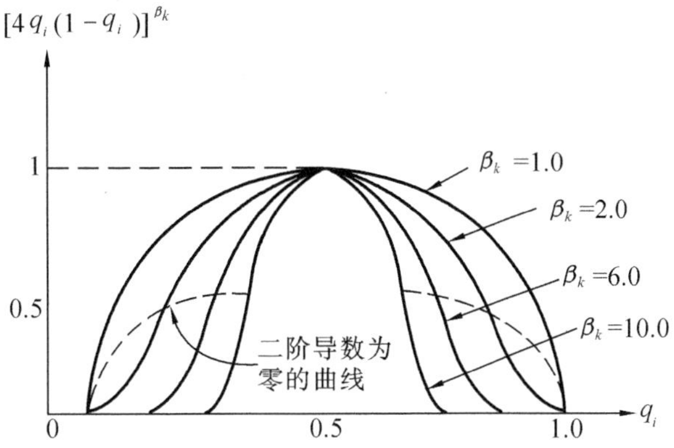

图 5 - 14

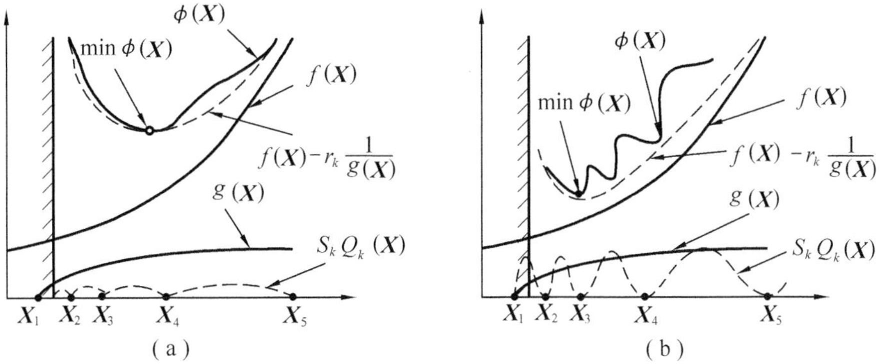

图 5 - 15

初始离散性惩罚因子 S_k 必须选得足够小,使能得到一个比较均匀的函数 $\boldsymbol{\Phi}$。否则易出现找不到全局最优的情况。

r_k, S_k 和 β_k 可由下面各式确定:

$$r_k = 0.05r_{k-1} \tag{5-70}$$

$$S_k = \left(\frac{r_{k-1}}{r_k}\right)^{\frac{1}{2}} = 4.5S_{k-1} \tag{5-71}$$

$$\beta_k = \beta_{k-1}/1.2 \tag{5-72}$$

初始惩罚因子 r_1 凭借连续变量优化问题的经验可选为

$$r_1 \approx (0.1 - 1)\,|f(\boldsymbol{X}_0)| \Big/ \left|\sum_{i=1}^{m}(1/g_i(\boldsymbol{X}))\right| \tag{5-73}$$

初始的$\beta_1 = 2.17$，它大于1。一般说，取一个较大的β_1可改善收敛的条件，但数列β_k的选取对收敛性的影响不大。

根据离散性惩罚函数的性质，如果r_k和S_k选取不当，有可能使运算停留于非离散变量点的伪最优点处而使计算失败。为克服这种情况，可采用加大r_k或减小S_k或两者相结合的方法使现行迭代点离开伪最优点。

离散罚函数法由于对SUMT方法的程序修改不大，使用起来比较方便，并已成功地解决了一些工程实际问题。然而，由于选择参数比较困难，加上计算工作量一般都较大以及罚函数法易出现病态等缺点，因而也不能说是一种好的方法。

除了上面介绍的几种约束离散优化方法以外，还有随机离散搜索法和离散变量的复合形法等。前者更有可能得到全域最优解，后者在设计变量小于20时计算效率较高。

总之，目前已有的离散优化方法还不很完善，因为它们的解题能力和计算效率与数学模型的性态有很大关系。因此，进一步研究通用性强、可靠和效率高的约束非线性离散变量优化方法，是工程优化设计发展的重要课题，具有重要的理论意义和实际意义。

5.7　随机整数规划

对工程实际问题的优化设计所要求的大多是预测其未来表现，而并非是对过去的总结。而某些未来事物具有不确定性即随机性，同时人们对某些客观事物的主客观认识上也存在不确定性即模糊性和未知性，如材料的性能参数、几何尺寸、结构上作用的荷载等都具有随机性。解决事物随机性有效的方法之一就是采用数理统计理论。

只有综合考虑工程问题的离散性和随机性，才能符合客观实际。然而如何对同时含有随机和离散变量的系统进行优化设计，这是一类急需解决的工程难题，现有的优化设计理论和方法对此无能为力。由于离散变量优化设计的低效性和数理统计规律的样本效应，使求解这一问题的计算量很大，难以找到全局最优解，求解十分困难。至今尚未见有这方面的文献报道。本章内容是作者尝试解决这些问题并得到试验验证的一个总结[54,55]。

5.7.1　随机整数规划模型

根据实际工程背景，系统A的方差σ_A有如下的函数形式

$$\sigma_A = f(\boldsymbol{X}, t, \boldsymbol{C}) \tag{5-74}$$

式中$\boldsymbol{X}$为位置向量即$(x_1, x_2, \cdots, x_n)$，x_i为整型变量且$x_i \in [0,1]$；t为时间间隔，为连续变量；$\boldsymbol{C}$为影响σ_A的其他随机向量。

根据对实际问题的理论研究,影响 σ_A 的随机向量 $\boldsymbol{C}$ 的统计特性是不变的。因此 $\boldsymbol{X},t$ 的变化是引起 σ_A 变化的主要因素。

现在已知系统 A_0,即 $x_i = 1\ (i = 1,2,\cdots,n)$;$t = t_0$,$t_0$ 为常数。要确定另一系统 A_1,在满足 $\sigma_{A_1} = \sigma_{A_0}$ 的同时,使 $\sum_{i=1}^{n} x_i$ 最小。根据工程实际问题的要求仍有 $t = t_0$,所以 $\boldsymbol{X}$ 成为主要的设计向量。由于工程实际问题十分复杂,目前无法给出式(5-74)的确切表达式,从而无法用解析的方法计算出 σ_{A_0} 和 σ_{A_1}。但是可以对系统 A_0 和 A_1 进行数值仿真。为了计算 σ_{A_0} 和 σ_{A_1},可以采用 MonteCarlo 模拟技术对系统 A_0 和 A_1 进行随机数值仿真,并用数理统计的方法给出 σ_{A_0} 和 σ_{A_1} 的无偏估计。为了确定系统 A_1,应用假设检验来判别 $\sigma_{A_1} = \sigma_{A_0}$ 是否成立,构造如下形式的随机整数规划模型:

$$\left.\begin{aligned} \min \quad & y = \sum_{i=1}^{n} x_i \\ \text{s.t.} \quad & H_0: \sigma_{A_1}^2 = \sigma_{A_0}^2 \\ & g(\boldsymbol{X}) \geqslant l \end{aligned}\right\} \tag{5-75}$$

式中,y 为目标函数;x_i 是整数设计变量;$H_0: \sigma_{A_1}^2 = \sigma_{A_0}^2$ 是对系统 A_0 与系统 A_1 的方差是否相同进行假设检验。

根据统计学原理,对两系统的方差是否相同进行假设检验可用 F 检验,检验方法如下。

(1) 计算两个样本的标准差

通过对系统 A_0 和系统 A_1 进行随机数值仿真,分别得到关于系统 A_0 和系统 A_1 的两个子样 $\boldsymbol{Y}^{(0)}$(即 $y_1^{(0)},y_2^{(0)},\cdots,y_{n_0}^{(0)}$)和 $\boldsymbol{Y}^{(1)}$(即 $y_1^{(1)},y_2^{(1)},\cdots,y_{n_1}^{(1)}$),$n_0$ 和 n_1 分别为两个子样的大小。得到子样 $\boldsymbol{Y}^{(0)}$ 和 $\boldsymbol{Y}^{(1)}$ 后可计算系统 A_0 和系统 A_1 方差的无偏估计值 S_0^2 和 S_1^2,即

$$S_0^2 = \frac{1}{n_0 - 1}\sum_{i=1}^{n_0}(y_i^0 - \bar{Y}^0)^2 \tag{5-76}$$

$$S_1^2 = \frac{1}{n_1 - 1}\sum_{i=1}^{n_1}(y_i^1 - \bar{Y}^1)^2 \tag{5-77}$$

式中 $\bar{Y}^{(0)} = \dfrac{1}{n_0}\sum_{i=1}^{n_0} y_i^{(0)}$,$\bar{Y}^{(1)} = \dfrac{1}{n_1}\sum_{i=1}^{n_1} y_i^{(1)}$ 分别为两系统均值的无偏估计。

(2) 计算 F 值

当 $S_1^2 > S_0^2$ 时计算 $F = \dfrac{S_1^2}{S_0^2}$;当 $S_1^2 < S_0^2$ 时计算 $F = \dfrac{S_0^2}{S_1^2}$。

(3) 查 $F_{\alpha/2}$

自由度有二个,$v_0 = n_0 - 1$,$v_1 = n_1 - 1$,在给定置信度 α 情况下可以查表得 $F_{\alpha/2}$。

(4) 比较 F 与 $F_{\alpha/2}$

若 $F \geqslant F_{\alpha/2}$ 则 S_1 与 S_0 有显著差异，拒绝原假设。

若 $F < F_{\alpha/2}$ 则 S_1 与 S_0 无显著差异，接受原假设。

5.7.2　随机整数规划的求解方法

由式(5－75)的特点可以看出，设计变量中既有连续变量又有整数变量和随机变量，同时约束条件中又含有假设检验。因此，用传统的优化方法是难于求解的，必须采用一种全新的优化方法，即随机整数规划。

离散变量优化问题在数学上属于组合优化的范围，即从所有可能的组合中寻找一最优解。设问题的设计变量数为 n，每一设计变量可取的离散值个数为 m，则问题的组合个数为 m^n，是设计变量的指数函数。

在以上问题中，若在寻找一最优解过程中搜索的组合个数无法用多项式表示，则这种问题称为指数时间算法问题。指数时间算法问题的难度在于随着设计变量个数的增加，组合的个数以指数速度迅速增加，因而寻求最优解的时间也迅速增加。尽管从理论上讲经过一定的搜索次数，总可以求得问题的全局最优解，但在实际计算中，当设计变量个数较大时，其计算工作因所需时间太长而根本无法完成。由于式(5－75)所构造的优化问题同时包含整数变量、连续变量、随机变量，这就给问题的求解带来更大的困难。因此，在解决这类问题时，必须采用一些有效地策略。本节采用先确定必要解空间，然后确定最优解的策略。

由式(5－74)可知系统方差是由整数向量，连续变量和随机向量共同决定的。若要对式(5－75)进行直接求解，每一步计算必须验证可能解是否为可行解。由于约束条件中含有随机模拟和假设检验，由此将使计算量非常巨大，甚至无法实现。为了有效地对式(5－75)求解，可作如下变换。

由式(5－75)可知

$$\sigma_{A_0}=f_1(\boldsymbol{X},t,\boldsymbol{C}) \tag{5-78}$$

$$\sigma_{A_1}=f_2(\boldsymbol{X},t,\boldsymbol{C}) \tag{5-79}$$

由于 $\boldsymbol{C}$ 为随机扰动参数，对该参数建立随机场模型后，其扰动量可以用一个随机小参数 $\boldsymbol{\varepsilon}$ 来表示，即将 $\boldsymbol{C}$ 表示为确定部分和随机部分之和

$$\boldsymbol{C}=\overline{\boldsymbol{C}}+\boldsymbol{\varepsilon} \tag{5-80}$$

式中 $\overline{\boldsymbol{C}}$ 为 $\boldsymbol{C}$ 的均值；$\boldsymbol{\varepsilon}$ 为均值为零的随机场，它反映了参数 $\boldsymbol{C}$ 的随机性。设随机函数 U，即

$$U(\boldsymbol{X},t,\overline{\boldsymbol{C}},\boldsymbol{\varepsilon})=\sigma_{A_0}-\sigma_{A_1}=f_1(\boldsymbol{X},t,\boldsymbol{C})-f_2(\boldsymbol{X},t,\boldsymbol{C}) \tag{5-81}$$

若 $\sigma_{A_1}=\sigma_{A_0}$，必有

$$U(\boldsymbol{X},t,\overline{\boldsymbol{C}},\boldsymbol{\varepsilon})=0 \tag{5-82}$$

利用摄动法将式(5－82)展成 $\boldsymbol{\varepsilon}$ 幂级数的形式，即

$$U(\boldsymbol{X},t,\overline{\boldsymbol{C}},\boldsymbol{\varepsilon}) = U_0(\boldsymbol{X},t,\overline{\boldsymbol{C}}) + \boldsymbol{\varepsilon}U_1(\boldsymbol{X},t,\overline{\boldsymbol{C}}) + \boldsymbol{\varepsilon}^2U_2(\boldsymbol{X},t,\overline{\boldsymbol{C}}) + \cdots \tag{5-83}$$

式中 $U_i(\boldsymbol{X},t,\overline{\boldsymbol{C}})$ $(i=0,1,2,\cdots)$ 与 $\boldsymbol{\varepsilon}$ 无关；$U_0(\boldsymbol{X},t,\overline{\boldsymbol{C}})$ 是退化方程，即当 $\varepsilon=0$ 时式(5-82)的解。

由于式(5-83)必须对所有的值都成立，又因为 $\boldsymbol{\varepsilon}$ 的序列 $\boldsymbol{\varepsilon}^i$ $(i=0,1,2,\cdots)$ 是线性无关的，所以 $\boldsymbol{\varepsilon}$ 的各次幂的系数必须各自分别为零，即

$$U_i(\boldsymbol{X},t,\overline{\boldsymbol{C}}) = 0 \qquad (i=0,1,2,\cdots) \tag{5-84}$$

由以上推导可知 $U_0(\boldsymbol{X},t,\overline{\boldsymbol{C}})=0$，即 $\sigma_{A_0}\mid_{C=\overline{C}}=\sigma_{A_1}\mid_{C=\overline{C}}$ 是 $U(\boldsymbol{X},t,\overline{\boldsymbol{C}},\boldsymbol{\varepsilon})=0$ 的必要条件。所以式(5-75)的解必满足式(5-84)。由此得到下面的数学规划问题

$$\left.\begin{aligned} \min \quad & y = \sum_{i=1}^{n} x_i \\ \text{s.t.} \quad & \overline{\sigma}_{A_0} = \overline{\sigma}_{A_1} \\ & g(\boldsymbol{X}) \geqslant l \end{aligned}\right\} \tag{5-85}$$

式中 $\overline{\sigma}_{A_0}=f_1(\boldsymbol{X},t,\overline{\boldsymbol{C}})$；$\overline{\sigma}_{A_1}=f_2(\boldsymbol{X},t,\overline{\boldsymbol{C}})$。式(5-85)的解是式(5-75)的必要解空间，所以首先对式(5-75)求解。

由式(5-75)所确定的是不含随机量的整数规划问题，且设计变量 $\boldsymbol{X}$ 取的值只有0或1的可能，所以对整数优化的求解采用了如下的(0,1)规划的二进制算法。

从0开始逐次加1检查，找出第一个可行解，对显然不可能比当前最优可行解(到目前为止求得最优可行解)更好的那些组合就不再进行检查，从而减少了检验的次数。具体策略可采用如下方法。

(1)从 $X=0$ 开始检查，按二进制的递增顺序求第一个可行解，一旦得到了第一个可行解，则以后就不再检查显然得不到更好可行解的那些组合。

(2)若检查出某次组合，或者是当前最优可行解，或者它所对应的目标函数值大于当前最优目标函数值，则为了除去那些显然得不到更好可行解的组合，下一步应该检查的是将对应于该组合的二进制数自右至左的第一个非零元素改为零，第二个非零元素进1所得到的组合，即为“改零进位法”。若该次组合所对应的二进制数只有一位非零元素，或者下一步应该检查的组合位数大于设计变量数，则不论其对应的目标函数值如何，当前的最优可行解就是最优解。通过以上策略可大大提高离散变量的优化效率。

在完成上面的求解后，可得到一个式(5-75)的必要解空间 $\boldsymbol{X}_0$，这一解空间解的个数 $L \ll m^n$，其中 L 为必要解空间中解的个数。

得到了必要解空间后，可采用随机模拟技术、一维搜索技术，对式(5-75)中的设计变量进行精细的优化。$\boldsymbol{X}_0$ 满足式(5-75)中约束条件的必要解就是式(5-75)的最优解。

通过上述变换可大幅度地提高随机整数规划的效率，解决了原来几乎无法求解的问题。

文献[54]、[55]用上述的随机整数规划求解了火箭炮密集度试验方案的优化问题,参见第10章。

复习思考题

5-1　什么是离散变量的单位邻域、主邻域?什么是适时约束?

5-2　离散变量优化的一维搜索通常采用什么方法?

5-3　如何求整数方向?

5-4　分枝限界法的思路是怎样的?什么是分枝?什么是限界?

5-5　割平面法的思路是怎样的,如何求解?

5-6　有哪些和连续变量优化相类似的方法进行离散变量优化?

5-7　离散约束优化的直接搜索法的思路和方法是怎样的?

5-8　离散约束优化的罚函数法的思路和方法是怎样的?

5-9　试述随机整数规划的求解方法。

习　　题

5-1　用分枝限界法求解:

(1)
$$\left.\begin{aligned} \max\quad & f(\boldsymbol{X}) = -7x_1 - 3x_2 - 4x_3 \\ \text{s.t.}\quad & x_1 + 2x_2 + 3x_3 - x_4 = 8 \\ & 3x_1 + x_2 + x_3 - x_5 = 5 \\ & x_1, x_2, x_3, x_4, x_5 \geqslant 0, \text{且取整数} \end{aligned}\right\};$$

(2)
$$\left.\begin{aligned} \max\quad & f(\boldsymbol{X}) = 2x_1 + x_2 \\ \text{s.t.}\quad & x_1 + x_2 \leqslant 5 \\ & -x_1 + x_2 \leqslant 0 \\ & 6x_1 + 2x_2 \leqslant 21 \\ & x_1, x_2 \geqslant 0, \text{且取整数} \end{aligned}\right\};$$

(3)* $\max\ f(\boldsymbol{X}) = 2x_1 + x_2 + 4x_3 + 5x_4$

$$\left.\begin{aligned} \max\quad & f(\boldsymbol{X}) = 2x_1 + x_2 + 4x_3 + 5x_4 \\ \text{s.t.}\quad & x_1 + 3x_2 + 2x_3 + 5x_4 \leqslant 10 \\ & 2x_1 + 16x_2 + x_3 + x_4 \geqslant 4 \\ & 3x_1 - x_2 - 5x_3 - 1 - x_4 \leqslant -4 \\ & x_1, x_2, x_3, x_4 \geqslant 0，\text{且取整数} \end{aligned}\right\}。$$

5－2　用割平面法求解：

(1)

$$\left.\begin{aligned} \max\quad & f(\boldsymbol{X}) = x_1 + x_2 \\ \text{s.t.}\quad & 2x_1 + x_2 \leqslant 6 \\ & 4x_1 + 5x_2 \leqslant 20 \\ & x_1, x_2 \geqslant 0，\text{且取整数} \end{aligned}\right\};$$

(2)

$$\left.\begin{aligned} \max\quad & f(\boldsymbol{X}) = 15x_1 + 32x_2 \\ \text{s.t.}\quad & 7x_1 + 16x_2 \leqslant 52 \\ & 3x_1 + 2x_2 \leqslant 9 \\ & x_1, x_2 \geqslant 0，\text{且取整数} \end{aligned}\right\};$$

(3)*

$$\left.\begin{aligned} \max\quad & f(\boldsymbol{X}) = 4x_1 + 5x_2 + x_3 \\ \text{s.t.}\quad & 3x_1 + 2x_2 \leqslant 10 \\ & x_1 + 4x_2 \leqslant 11 \\ & 3x_1 + 3x_2 + x_3 \leqslant 13 \\ & x_1, x_2, x_3 \geqslant 0，\text{且取整数} \end{aligned}\right\}。$$

第6章* 模糊规划

客观世界中已存在的和已发生的事物都是确定性的。但是,人们对事物的认识和判断,具有一种对事物的共同认识上的不确定性,即模糊性。它主要是由于不可能给某些事物以明确定义或评定标准而形成的。例如,人的年龄可精确到几年几月几日几时,但“中年”与“老年”之间的边界却是模糊的,各人有各人的看法。这种模糊性在工程技术领域也大量存在。例如,“好”与“坏”,“满意”与“不满意”,“大”与“小”,以及允许程度、等级划分等等常常没有严格界限。这时排中律不能成立,即存在一定程度上的“是”,一定程度上又“非”的中间状态。

模糊数学定量研究具有模糊现象事物的各参量之间的关系。当工程优化设计中的目标或约束具有模糊性时,就需要用模糊数学规划的理论和方法进行模糊优化设计。它是模糊集合论与数学规划论相结合的一种优化设计方法。它的理论性和实用性都很强,具有良好的发展前景。本章将介绍模糊集合论和模糊规划中的一些基本概念和方法。

6.1 模糊集合论的一些基础知识[56]

6.1.1 模糊子集和隶属函数

如上所述,事物的模糊性具有“非此非彼”和“亦此亦彼”性,其边界是不分明的,需要用**模糊集合**(Fuzzy Set)来表示。

对于普通集合 $\boldsymbol{A}$ 和 $\boldsymbol{B}$ 来说,论域 U 上的任一元素 x_1,如有特征函数 $C_A(x_1)=1$,说明元素 x_1 是属于集合 $\boldsymbol{A}$ 的;如有 $C_B(x_1)=0$ 表明 x_1 不属于集合 $\boldsymbol{B}$。可见普通集合的特征函数与集合 $\{0,1\}$ 相对应。

在描述一个模糊集合时,我们可以在普通集合的基础上,把特征函数的取值范围从集合 $\{0,1\}$ 扩大到在 $[0,1]$ 闭区间连续取值,以借助经典数学的工具,来定量地描述模糊集合。

为了区别于普通集合,模糊集合用大写字母下边添加波浪线来表示,如 $\underset{\sim}{\boldsymbol{A}}$,$\underset{\sim}{\boldsymbol{B}}$ 等。而模糊集合的特征函数则称为**隶属函数**(Membership function),记作 $\mu_{\underset{\sim}{A}}(x)$,$\mu_{\underset{\sim}{B}}(x)$ 等,它们分别表示元素 x 隶属于模糊集合 $\underset{\sim}{\boldsymbol{A}}$ 和 $\underset{\sim}{\boldsymbol{B}}$ 的程度。

隶属函数是模糊集合论中最基本和最重要的概念。可以用隶属函数来定义模糊集合:在

论域 U 上的模糊集合 $\underset{\sim}{A}$，由一个隶属函数 $\mu_{\underset{\sim}{A}}(x)$ 来表征，隶属函数 $\mu_{\underset{\sim}{A}}(x)$ 在 $[0,1]$ 闭区间中取值，$\mu_{\underset{\sim}{A}}(x)$ 的大小称为**隶属度**（Membership degree），反映了元素 x 对模糊集合 $\underset{\sim}{A}$ 隶属程度或符合程度。

由于模糊集合一般都是某一论域上的子集，所以常常称它为模糊子集。模糊子集完全由其隶属函数来描述。

当隶属函数 $\mu_{\underset{\sim}{A}}(x)$ 只取 $\{0,1\}$ 两个值时，$\mu_{\underset{\sim}{A}}(x)$ 蜕化成一个普通子集的特征函数，模糊子集 $\underset{\sim}{A}$ 蜕化成一个普通子集 A。由此可见，普通集合是模糊集合的特殊情形，而模糊集合是普通集合概念的推广。这也进一步说明了模糊数学是建立在普通集合论的基础上的。

下面我们来看几个模糊子集的例子。

例 6－1　有五项同类工程，记为 x_1,x_2,x_3,x_4,x_5。取论域

$$\boldsymbol{X} = \{x_1,x_2,x_3,x_4,x_5\}$$

现在对这五项工程进行质量检验考评，采取请若干有关人员按百分制打分的办法，规定几项考评的内容，看每项工程对“质量优良”的符合程度。“质量优良”实际上是个模糊概念，即使是哪项工程在“质量优良”的评比中得了第一，不见得就达到了完美无缺，而评在最后的一项工程，也未必对“质量优良”的符合程度一点也没有，这是人所共知的常识。因此，需要用一个模糊集合来表示“质量优良”这个概念，记为 $\underset{\sim}{A}$。设这些考评人员打分后，取其平均值，再除以 100，得到的结果为

$$x_1:85/100 = 0.85 = \mu_{\underset{\sim}{A}}(x_1)$$
$$x_2:76/100 = 0.76 = \mu_{\underset{\sim}{A}}(x_2)$$
$$x_3:32/100 = 0.32 = \mu_{\underset{\sim}{A}}(x_3)$$
$$x_4:91/100 = 0.91 = \mu_{\underset{\sim}{A}}(x_4)$$
$$x_5:64/100 = 0.64 = \mu_{\underset{\sim}{A}}(x_5)$$

上述结果都压缩在了 $[0,1]$ 区间之中，它们是每项工程对“质量优良”的符合程度，亦即对“质量优良”的隶属度，故记为 $\mu_{\underset{\sim}{A}}(x_i)$。这样就确定了论域 $\boldsymbol{X}$ 上的一个模糊子集“质量优良”$\underset{\sim}{A}$。

这里，$\boldsymbol{X}$ 由有限个元素组成，叫做有限论域。

有限论域上的模糊子集，可以用向量来表示。论域 $\boldsymbol{X}$ 上的“质量优良”模糊子集 $\underset{\sim}{A}$ 可写成如下的形式

$$\underset{\sim}{A} = (0.85,0.76,0.32,0.91,0.64)$$

对于一般的模糊子集 $\underset{\sim}{A}$，则可写成

$$\underset{\sim}{A} = (\mu_{\underset{\sim}{A}}(x_1),\mu_{\underset{\sim}{A}}(x_2),\cdots,\mu_{\underset{\sim}{A}}(x_n)) \tag{6－1}$$

若采用文献[57]的记法,上例模糊子集$\underset{\sim}{A}$又可写成以下的形式

$$\underset{\sim}{A} = 0.85/x_1 + 0.76/x_2 + 0.32/x_3 + 0.91/x_4 + 0.64/x_5$$

注意,式中的"+"号并不是求和,"/"也不是除的意思,"分母"位置放置的是论域上的元素,"分子"位置放置的是相应元素对$\underset{\sim}{A}$的隶属度。这只不过是对模糊集合的表示方法而已。

在一般情况下,对有限论域

$$\boldsymbol{X} = \{x_1, x_2, x_3, x_4, x_5\}$$

中的模糊子集$\underset{\sim}{A}$,可写为

$$\underset{\sim}{A} = \sum_{i=1}^{n} \mu_{\underset{\sim}{A}}(x_i)/x_i \tag{6-2}$$

也记作

$$\underset{\sim}{A} = \bigcup_{i=1}^{n} \mu_{\underset{\sim}{A}}(x_i)/x_i \tag{6-3}$$

在上例中,由隶属度确定的模糊集合"质量优良"$\underset{\sim}{A}$,可以使我们对这五项工程的质量情况有一个总的了解和认识,其优劣顺序的排列是很容易的,只要比较一下它们的隶属度大小就行了。

除了用隶属度表示模糊子集的情况外,给出隶属函数的解析式也能表示出一个模糊子集。

例6-2 以年龄为论域,取$U = [0,100]$。文献[57]给出的"年老"O与"年轻"Y这两个模糊子集的隶属函数如下:

$$\mu_{\underset{\sim}{O}}(u) = \begin{cases} 0 & (当 0 \leqslant u \leqslant 50) \\ \left[1 + \left(\dfrac{u-50}{5}\right)^{-2}\right]^{-1} & (当 50 \leqslant u \leqslant 100) \end{cases} \tag{6-4}$$

$$\mu_{\underset{\sim}{Y}}(u) = \begin{cases} 1 & (当 0 \leqslant u \leqslant 25) \\ \left[1 + \left(\dfrac{u-25}{5}\right)^{2}\right]^{-1} & (当 25 \leqslant u \leqslant 100) \end{cases} \tag{6-5}$$

这里U是一个连续的实数区间,U的模糊子集$\underset{\sim}{O}$,$\underset{\sim}{Y}$便可用普通的实函数来表示。图6-1是这两个模糊子集的隶属函数曲线。

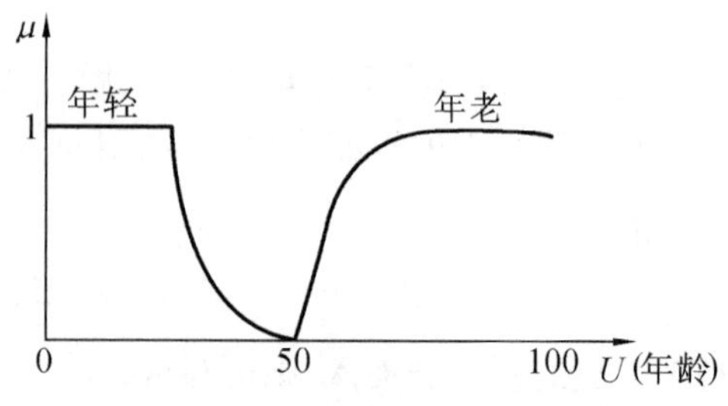

图6-1 "年轻"和"年老"的隶属函数

上述记法从有限论域推广到一般,不论U是有限的、是连续的或是其他情况,模糊子集都可以使用下面的记号

$$\underset{\sim}{A} = \int_U (\mu_{\underset{\sim}{A}}(u)/u) \tag{6-6}$$

其中U是论域,$u \in U$,这里的积分不是普通的积分,也不是求和,而是表示各元素与隶属度对应关

系的一个总括,所以在它后面不需要写 du。

6.1.2 模糊集合的运算

因为模糊集合是由普通集合拓广而来的,故普通集合的运算规则可以拓广到模糊集合。不过,由于模糊集合要由它的隶属函数来确定,因而模糊集合的运算需要从新定义。

我们把论域 U 上的所有模糊子集所构成的集类记作 $F(U)$,$\underset{\sim}{A}$,$\underset{\sim}{B} \in F(U)$,则可定义以下运算。

(1)$\underset{\sim}{A}$与$\underset{\sim}{B}$相等

由于模糊集合的特征函数是它的隶属函数,所以很自然地可把隶属函数全部相同的模糊子集定义为相等,即

对 U 上 $\forall u$,若有 $\mu_{\underset{\sim}{A}}(u) = u_{\underset{\sim}{B}}(u)$,则

$$\underset{\sim}{A} = \underset{\sim}{B} \tag{6-7}$$

(2) 空模糊集合

对 U 上 $\forall u$,若有 $\mu_{\underset{\sim}{A}}(u) = 0$,则

$$\underset{\sim}{A} = \varnothing \qquad (\text{空集}) \tag{6-8}$$

(3)$\underset{\sim}{B}$包含$\underset{\sim}{A}$

对 U 上 $\forall u$,若有 $\mu_{\underset{\sim}{A}}(u) \leqslant \mu_{\underset{\sim}{B}}(u)$,则

$$\underset{\sim}{B} \supset \underset{\sim}{A} \text{或} \underset{\sim}{A} \subset \underset{\sim}{B} \tag{6-9}$$

(4)$\underset{\sim}{A}$和$\underset{\sim}{B}$的并集$\underset{\sim}{A} \cup \underset{\sim}{B}$

模糊子集$\underset{\sim}{A}$和$\underset{\sim}{B}$的并集$\underset{\sim}{A} \cup \underset{\sim}{B}$的隶属函数定义为

$$\mu_{\underset{\sim}{A} \cup \underset{\sim}{B}}(u) = \max(\mu_{\underset{\sim}{A}}(u), \mu_{\underset{\sim}{B}}(u)) \tag{6-10}$$

也可表示为

$$\mu_{\underset{\sim}{A} \cup \underset{\sim}{B}}(u) = \mu_{\underset{\sim}{A}}(u) \vee \mu_{\underset{\sim}{B}}(u) \tag{6-11}$$

式中“$\vee$”表示取大运算,即将 $\vee$ 两端较大的数作为运算结果。

按照文献[57]的记法,则有

$$\underset{\sim}{A} \cup \underset{\sim}{B} = \int_U (\max(\mu_{\underset{\sim}{A}}(u), \mu_{\underset{\sim}{B}}(u))/u) \tag{6-12}$$

(5)$\underset{\sim}{A}$和$\underset{\sim}{B}$的交集$\underset{\sim}{A} \cap \underset{\sim}{B}$

模糊子集$\underset{\sim}{A}$和$\underset{\sim}{B}$的交集的隶属函数定义为

$$\mu_{\underset{\sim}{A} \cap \underset{\sim}{B}}(u) = \min(\mu_{\underset{\sim}{A}}(u), \mu_{\underset{\sim}{B}}(u)) \tag{6-13}$$

也可表示为

$$\mu_{\underset{\sim}{A} \cap \underset{\sim}{B}}(u) = \mu_{\underset{\sim}{A}}(u) \wedge \mu_{\underset{\sim}{B}}(u) \tag{6-14}$$

式中“$\wedge$”表示取小运算,即将 $\wedge$ 两端较小的数作为运算结果。

按照文献[57]的记法,则有

$$\underset{\sim}{A} \cap \underset{\sim}{B} = \int_U (\min(\mu_{\underset{\sim}{A}}(u), \mu_{\underset{\sim}{B}}(u))/u) \tag{6-15}$$

模糊子集的并、交运算可推广到任意多个模糊子集上去。设

$$\underset{\sim}{C} = \bigcup_{j=1}^{m} \underset{\sim}{A}_j, \qquad \underset{\sim}{D} = \bigcap_{j=1}^{m} \underset{\sim}{A}_j \tag{6-16}$$

式中的 m 可以趋于无穷，则有

$$\mu_{\underset{\sim}{C}(x)} = \sup\{\mu_{\underset{\sim}{A}_1}(x), \mu_{\underset{\sim}{A}_2}(x), \cdots, \mu_{\underset{\sim}{A}_m}(x)\} \tag{6-17}$$

$$\mu_{\underset{\sim}{D}(x)} = \inf\{\mu_{\underset{\sim}{A}_1}(x), \mu_{\underset{\sim}{A}_2}(x), \cdots, \mu_{\underset{\sim}{A}_m}(x)\} \tag{6-18}$$

式中sup表示**上确界**(Supermum)，inf表示**下确界**(Infimum)。这是因为m趋于无穷时，各隶属度不一定有最大值和最小值。

(6) 模糊子集 $\underset{\sim}{A}$ 的补集 $\overline{\underset{\sim}{A}}$

对 U 上 $\forall u$，若有

$$\mu_{\overline{\underset{\sim}{A}}}(u) = 1 - \mu_{\underset{\sim}{A}}(u) \tag{6-19}$$

则称 $\overline{\underset{\sim}{A}}$ 为模糊子集 $\underset{\sim}{A}$ 的补集(也称余集)。

按照文献[57]的记法，则有

$$\overline{\underset{\sim}{A}} = \int_U ((1 - \mu_{\underset{\sim}{A}}(u))/u) \tag{6-20}$$

模糊子集的互补关系和普通集合有很大不同。根据定义，对模糊子集而言，

$$\underset{\sim}{C} = \underset{\sim}{A} \cup \overline{\underset{\sim}{A}} \neq U \quad （论域） \tag{6-21}$$

$$\underset{\sim}{D} = \underset{\sim}{A} \cap \overline{\underset{\sim}{A}} \neq \varnothing \quad （空集） \tag{6-22}$$

$$\mu_{\underset{\sim}{C}}(x) = [\max \mu_{\underset{\sim}{A}}(x), 1 - \mu_{\underset{\sim}{A}}(x)] \neq 1 \tag{6-23}$$

$$\mu_{\underset{\sim}{D}}(x) = [\min \mu_{\underset{\sim}{A}}(x), 1 - \mu_{\underset{\sim}{A}}(x)] \neq 0 \tag{6-24}$$

以上规则的意义可参见图6-2。

6.1.3 水平截集与支集

在例6-1中，给出的论域 X 上五项同类工程质量检验考评结果为 $x_1: \mu_{\underset{\sim}{A}}(x_1) = 0.85$，$x_2: \mu_{\underset{\sim}{A}}(x_2) = 0.76$，$x_3: \mu_{\underset{\sim}{A}}(x_3) = 0.32$，$x_4: \mu_{\underset{\sim}{A}}(x_4) = 0.91$，$x_5: \mu_{\underset{\sim}{A}}(x_5) = 0.64$。

如果把得分在85分以上的定为工程质量“优良”，得分60分以上者定为工程质量“及格”。显然有：

质量“优良”以上者集合 $\boldsymbol{A}_{0.85} = \{x_1, x_4\}$；

质量“及格”以上者集合 $\boldsymbol{A}_{0.60} = \{x_1, x_2, x_4, x_5\}$。

这实际上是按不同的水平确定的两个普通集合，这些普通集合是在对原来的模糊集合 $\underset{\sim}{A}$

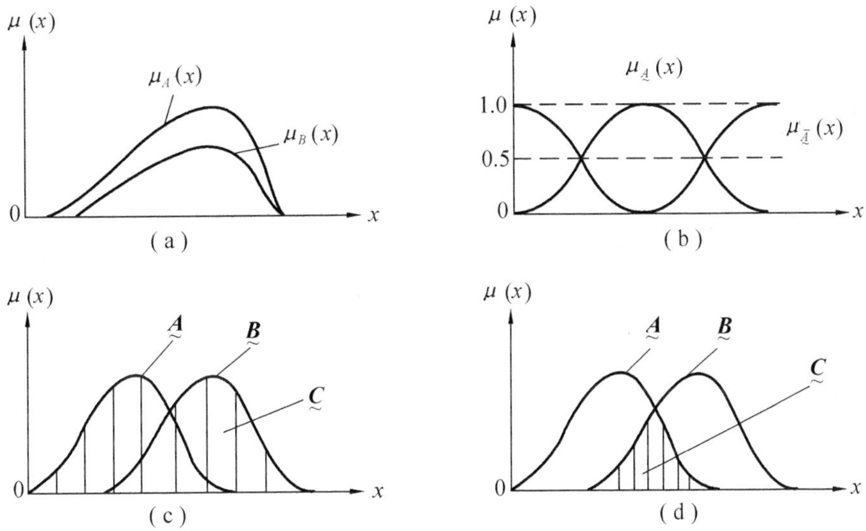

图 6－2 模糊集合的运算

(a)包含;(b)补集;(c)并集;(d)交集

的隶属度$\mu_{\underset{\sim}{A}}$ 先确定一个阈值$\lambda(0 \leqslant \lambda \leqslant 1)$之后,再把隶属度$\mu_{\underset{\sim}{A}}(x) \geqslant \lambda$ 的元素挑选出来而得到的。对于上例来说,就是对模糊集$\underset{\sim}{\boldsymbol{A}} = 0.85/x_1 + 0.76/x_2 + 0.32/x_3 + 0.91/x_4 + 0.64/x_5$,分别确定水平(阈值)$\lambda = 0.85, 0.60$ 之后而得到的两个普通集合,称作 **$\boldsymbol{\lambda}$ 水平截集**(Level cuts)。

$$\boldsymbol{A}_{\lambda=0.85} = \{x_1, x_4\}, \boldsymbol{A}_{\lambda=0.60} = \{x_1, x_2, x_4, x_5\}$$

在一般情况下,模糊集合的 λ 水平截集定义如下:

设给定模糊集合 $\underset{\sim}{\boldsymbol{A}} \in \boldsymbol{F}(U)$,对任意[0,1] 闭区间中的实数 λ(记作 $\lambda \in [0,1]$),称

$$\underset{\sim}{\boldsymbol{A}}_{\lambda} = \boldsymbol{A}_{\lambda} = \{u \mid u \in U, \mu_{\underset{\sim}{A}} \geqslant \lambda\} \tag{6-25}$$

为模糊集合 $\underset{\sim}{\boldsymbol{A}}$ 的水平截集。

利用模糊集合的运算,很容易证明关于 λ 水平截集的三个性质:

(1)
$$(\underset{\sim}{\boldsymbol{A}} \cup \underset{\sim}{\boldsymbol{B}})_{\lambda} = \boldsymbol{A}_{\lambda} \cup \boldsymbol{B}_{\lambda} \tag{6-26}$$

(2)
$$(\underset{\sim}{\boldsymbol{A}} \cap \underset{\sim}{\boldsymbol{B}})_{\lambda} = \boldsymbol{A}_{\lambda} \cap \boldsymbol{B}_{\lambda} \tag{6-27}$$

(3) 若 $\lambda, \mu \in [0,1]$ 且 $\lambda < \mu$,则

$$\boldsymbol{A}_{\lambda} \supset \boldsymbol{A}_{\mu} \tag{6-28}$$

亦即截集水平越低,$\boldsymbol{A}_{\lambda}$ 越大;反之,截集水平越高,$\boldsymbol{A}_{\lambda}$ 越小,当 $\lambda = 1$ 时,$\boldsymbol{A}_{\lambda}$ 最小。

一个模糊集合$\underset{\sim}{A}$的支集是这样定义的：

对任意$\underset{\sim}{A} \in F(U)$，称

$$\text{Supp } \underset{\sim}{A} = \{u \mid u \in U, \mu_{\underset{\sim}{A}}(u) > 0\} \tag{6-29}$$

为模糊集合$\underset{\sim}{A}$的支集。当$\lambda = 1$时，$\underset{\sim}{A}$的截集A_1称为$\underset{\sim}{A}$的核，而$\underset{\sim}{A} - A_1$为模糊子集$\underset{\sim}{A}$的边界。

有关$\underset{\sim}{A}$的截集、支集和核，可参看图6－3。

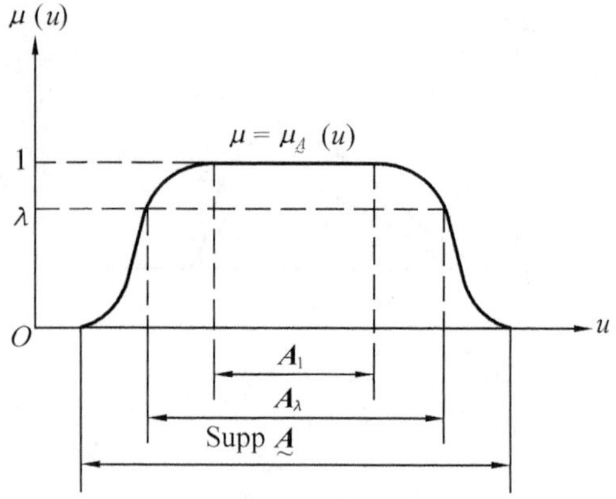

图6－3 $\underset{\sim}{A}$的截集、支集和核

若$\underset{\sim}{A}$的核不空，即$A_1 \neq \varnothing$，则称$\underset{\sim}{A}$为正规模糊集，否则为非正规模糊集。

随着阀值取值的下降趋于零但不达到零，A_λ从$\underset{\sim}{A}$的核逐渐扩张为$\underset{\sim}{A}$的支集 Supp $\underset{\sim}{A}$。

因此，普通子集族$\{A_\lambda \mid 0 < \lambda \leqslant 1\}$象征着一个具有游移边界的集合，也是一个具有弹性边界的集合和一个可变的运动集合。

模糊子集的λ水平截集，在模糊集合和普通集合之间架起了一个互相联系的桥梁，它解决了模糊集合与普通集合互相转化的问题。

6.2 模糊优化设计

6.2.1 模糊优化设计概述

继1965年Zadeh L A在文献[57]提出模糊集合的概念之后，1970年Bellman R F和Zadeh L A又提出了**模糊优化**（Fuzzy Optimization）的概念[58]，于是模糊优化设计便逐渐地引起了工程界的重视和研究。

普通优化可归结为求解一个普通数学规划问题，即在给定的约束条件下使目标函数为最大或最小，其中包含设计变量、目标函数和约束条件三个要素。类似地，模糊优化可归结为求解一个**模糊规划**（Fuzzy programming）问题。同样也包含设计变量、目标函数和约束条件三个要素，但其中设计变量、目标函数和约束条件三者可能都是模糊的，也可能某一方面是模糊的而其他方面是清晰的。本章所述的模糊优化设计，主要是指具有模糊约束的优化设计，因为模糊优化所涉及的模糊因素，往往包含在约束条件之中。

模糊优化设计与普通优化设计的要求相同，仍然是寻求一个设计方案（即一组设计变

量),满足给定的约束条件,并使目标函数为最优值,区别仅在于其中包含有模糊因素。

求解模糊数学规划问题的基本思想是把模糊优化转换成非模糊优化,即普通优化问题。方法可分为两类:一类是利用不同的 λ 截集把模糊优化问题转换为一系列普通优化问题求解;另一类是给出一个特定的清晰解。

6.2.2 水平截集法[59]

6.2.2.1 模糊优化设计数学模型的建立

普通优化设计问题的一般形式为

$$\min_{x \in C} f(x) \tag{6-30}$$

式中 x——n 维设计变量;

$f(x)$—— 目标函数;

$\boldsymbol{C}$—— 包括性态约束和变量的尺寸约束的清晰约束集,即

$$\boldsymbol{C} = \bigcap_{j=1}^{p} C_j = \bigcap_{j=1}^{p} \{x \mid x \in R^n, g_j(x) \leqslant b_j^u, j = 1,2,\cdots,m-1; g_j(x) \geqslant b_j^l, j = m,\cdots,p\} \tag{6-31}$$

其中 b_j^u 和 b_j^l 分别是第 j 约束的容许上下限。

类似地,模糊优化设计的一般问题为

$$\min_{x \in \underset{\sim}{C}} f(x) \tag{6-32}$$

其中 $\underset{\sim}{C}$ 是**模糊约束集**(Fuzzy constraint set),它是实数论域 R^n 上的一个模糊子集,即

$$\underset{\sim}{\boldsymbol{C}} = \bigcap_{j=1}^{p} \underset{\sim}{\boldsymbol{C}}_j = \bigcap_{j=1}^{p} \{x \mid x \in R^n, g_j(x) \lesssim b_j^u, j = 1,2,\cdots,m-1; g_j(x) \gtrsim b_j^l, j = m,\cdots,p\} \tag{6-33}$$

其中,约束条件下带波浪"~"表示约束条件具有模糊性。例如,工程结构设计中的容许应力就是一个模糊概念。通常,对 A3 钢容许应力的上限规定为 176.6 MPa,这意味着结构计算应力 $\sigma = 176.6$ MPa 是容许的,而 $\sigma = 176.7$ MPa 就不容许,但实际上两者无大差异。显见,上述约束条件形似清晰但本质却是不合理的。从完全容许到完全不容许之间,有一个中介过渡阶段。当考虑这一过渡阶段时,容许应力的边界不清晰,是模糊的。类似地,容许位移、尺寸限制、频率禁区等也都具有模糊性。因此,考虑到工程问题中许多约束具有模糊性的实际状况,进行模糊优化设计的研究工作是完全必要的。

6.2.2.2 模糊解(Fuzzy solution)的确定

在模糊约束集 $\underset{\sim}{C}$ 中,实现约束模糊化的途径是采用容差,也就是说,对于每一模糊约束 $\underset{\sim}{C}_j$ 的容许限 b_j^u, b_j^l,分别给出容差的最大值 d_j^u, d_j^l,则得

$$\underset{\sim}{C}=\bigcap_{j=1}^{p}\{x \mid x \in R^n, g_j(x) \leqslant b_j^u + d_j^u, j=1,2,\cdots,m-1; g_j(x) \geqslant b_j^l - d_j^l, j=m,\cdots,p\} \tag{6-34}$$

但是对于满足上式的任一 $x \in \boldsymbol{R}^n$ 应该有所区别,因而每一模糊约束 $\underset{\sim}{C}_j$ 对应于一个实数论域的模糊子集,其隶属函数 $\mu_j(x):\boldsymbol{R}^n \to [0,1]$ 表示任一 $x \in \boldsymbol{R}^n$ 对于 $\underset{\sim}{C}_j$ 的满足程度。

隶属函数 $\mu_j(x)$ 的形式很多,下面介绍常用的线性半梯形和非线性半岭形两种。

(1) 半梯形(见图 6－4)

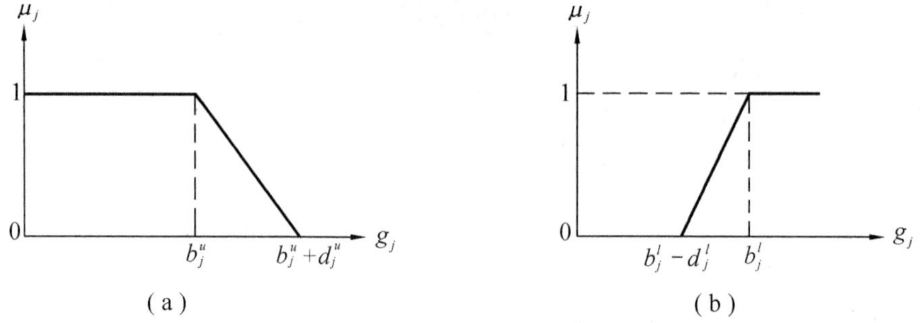

图 6－4 半梯形隶属函数

(a) 降半梯形;(b) 升半梯形

① 降半梯形

$$\mu_j(x)=\begin{cases}1 & (g_j(x) \leqslant b_j^u)\\ \dfrac{(b_j^u+d_j^u)-g_j(x)}{d_j^u} & (b_j^u < g_j(x) \leqslant (b_j^u+d_j^u))\\ 0 & (g_j(x) > (b_j^u+d_j^u))\end{cases} \tag{6-35}$$

② 升半梯形

$$\mu_j(x)=\begin{cases}0 & (g_j(x) \leqslant (b_j^l-d_j^l))\\ \dfrac{g_j(x)-(b_j^l+d_j^l)}{d_j^l} & ((b_j^l-d_j^l) < g_j(x) \leqslant b_j^l)\\ 1 & (g_j(x) > b_j^l)\end{cases} \tag{6-36}$$

(2) 半岭形(见图6－5)

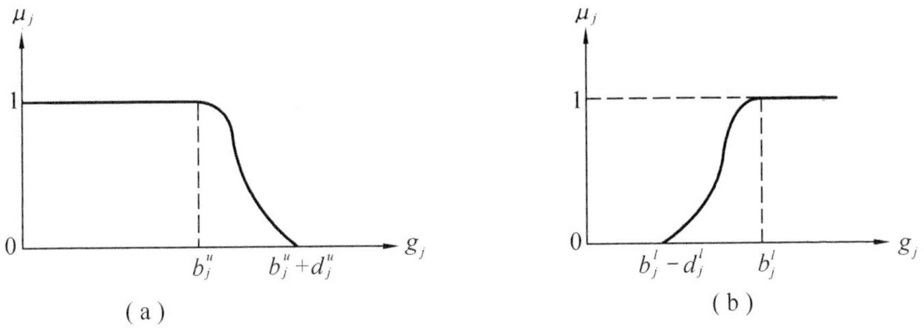

图6－5 半岭形隶属函数

(a) 降半岭形;(b) 升半岭形

① 降半岭形

$$\mu_j(x)=\begin{cases}1 & (g_j(x)\leqslant b_j^u)\\ \dfrac{1}{2}-\dfrac{1}{2}\sin\dfrac{\pi}{d_j^u}\left[g_j(x)-b_j^u-\dfrac{d_j^u}{2}\right] & (b_j^u<g_j(x)\leqslant b_j^u+d_j^u)\\ 0 & (g_j(x)>b_j^l)\end{cases}\qquad(6-37)$$

② 升半岭形

$$\mu_j(x)=\begin{cases}0 & (g_j(x)\leqslant(b_j^l-d_j^l))\\ \dfrac{1}{2}+\dfrac{1}{2}\sin\dfrac{\pi}{d_j^l}\left[g_j(x)-b_j^l+\dfrac{d_j^l}{2}\right] & (b_j^l-d_j^l<g_j(x)\leqslant b_j^l)\\ 1 & (g_j(x)>b_j^l)\end{cases}\qquad(6-38)$$

隶属函数$\mu_j(x)$称为x对于模糊约束$\underset{\sim}{C}_j$的“满足度”。当$\mu_j(x)=1$时,该约束得到严格的满足;当$\mu_j(x)=0$时,该约束未得到满足;当$\mu_j(x)$介于0和1之间时,该约束得到具有某一水平的满足。这样,全部约束就在设计空间中形成了一个具有模糊边界的可行域,称为“**模糊可行域**”(Fuzzy feasible region)。

为了实现把模糊优化转化成普通优化,可以利用模糊约束集$\underset{\sim}{C}$的λ水平截集,即

$$\boldsymbol{C}_\lambda=\{x\mid x\in\boldsymbol{R}^n,\mu_C(x)\geqslant\lambda\},\ \forall\lambda\in[0,1]$$

其中$\mu_C(x)=\inf\limits_{j=1}^{p}\mu_J(x),\forall x\in\boldsymbol{R}^n$。

这表明它是x对所有约束的满足度中的最小者。

由于$\boldsymbol{C}_\lambda$是一个普通子集,因而模糊优化问题可按下列普通优化问题求解:

$$\min_{x \in C_\lambda} f(x), \forall \lambda \in [0,1] \tag{6-39}$$

其中

$$C_\lambda = \bigcap_{j=1}^{p} \{x \mid x \in R^n, g_j(x) \leqslant b_j^u + t_j^u(\lambda), j = 1,2,\cdots,m-1; g_j(x) \geqslant b_j^l - t_j^l(\lambda), j = m,\cdots,p\} \tag{6-40}$$

若将上述两式展开，则模糊优化问题可表达为一个 $\lambda \in [0,1]$ 的参数规划：

$$\left.\begin{aligned} &\min \quad f(x)(x \in \boldsymbol{R}^n) \\ &s.t. \quad g_j(x) \leqslant b_j^u + t_j^u(\lambda) \quad (j = 1,2,\cdots,m-1) \\ &\qquad\ \ g_j(x) \geqslant b_j^l - t_j^l(\lambda) \quad (j = m,\cdots,p) \\ &\qquad\ \ \lambda \in [0,1] \end{aligned}\right\} \tag{6-41}$$

其中 $t_j^u(\lambda)$ 和 $t_j^l(\lambda)$ 分别按模糊约束集采用不同形式的隶属函数求得：

$$t_j^u(\lambda) = \begin{cases} d_j^u(1-\lambda) & (\text{降半梯形}) \\ d_j^u\left[\dfrac{1}{2} + \dfrac{1}{\pi}\arcsin(1-2\lambda)\right] & (\text{降半岭形}) \end{cases} \quad (j = 1,2,\cdots,m-1) \tag{6-42}$$

$$t_j^l(\lambda) = \begin{cases} d_j^l(1-\lambda) & (\text{升半梯形}) \\ d_j^l\left[\dfrac{1}{2} + \dfrac{1}{\pi}\arcsin(1-2\lambda)\right] & (\text{升半岭形}) \end{cases} \quad (j = m,\cdots,p) \tag{6-43}$$

显然，两个不同水平的截集具有如下关系：

$$\lambda_1 \leqslant \lambda_2 \Rightarrow C_{\lambda_1} \supset C_{\lambda_2} \tag{6-44}$$

这表明，λ 值越小，C_λ 的范围就越大。当 $\lambda = 0^+$ 时，C_0 包括全部容许范围；当 $\lambda = 1$ 时，C_1 就是最严格的容许范围。因此，从工程观点来看，λ 具有“设防水平”的含义。

若把水平截集族 $\{C_\lambda \mid 0 \leqslant \lambda \leqslant 1\}$ 看成是一个可变的运动的集合，用它来近似代替 $\underset{\sim}{C}$，则可将一个涉及模糊子集的问题转化为一系列普通子集的问题求解，这就是“水平截集法”。

在此情况下，若取不同的 λ 值，上述的参数优划就可使用普通优化的任一有效算法求解。如图 6-6 所示，模糊优化解族 $f(\boldsymbol{x}^*(\lambda))$ 就定义了模糊优化问题的模糊解。其中 $f(\boldsymbol{x}^*(\lambda))$ 是 $\lambda \in [0,1]$ 的单调增函数，针对不同的设防水平有不同的最优点，其上确界 M 和下确界 m 分别为

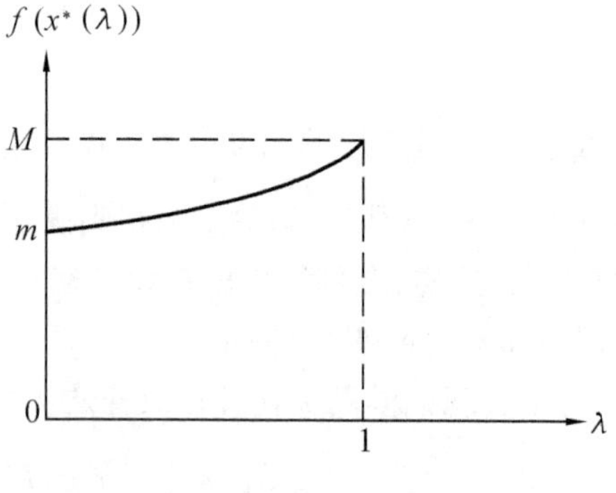

图 6-6 模糊优化问题的模糊解

$$M = \sup_{x \in R^n} f(x) = f(\boldsymbol{x}^*(1)) = \min_{x \in C_1} f(x) \tag{6-45}$$

$$m = \inf_{x \in R^n} f(x) = f(\boldsymbol{x}^*(0)) = \min_{x \in C_0} f(x) \tag{6-46}$$

显然,M 即是 $\lambda = 1$ 时的普通最优解。

例 6-1 三杆桁架如图 6-7 所示。设 $H = 1$ m,材料密度 $\rho = 1.0 \times 10^4$ kg/m³,承受两种载荷工况:(1)$P_1 = 19.62$ kN,$P_2 = 0$;(2)$P_1 = 0$,$P_2 = 19.62$ kN。给出各物理量的容许限及其容差分别为:

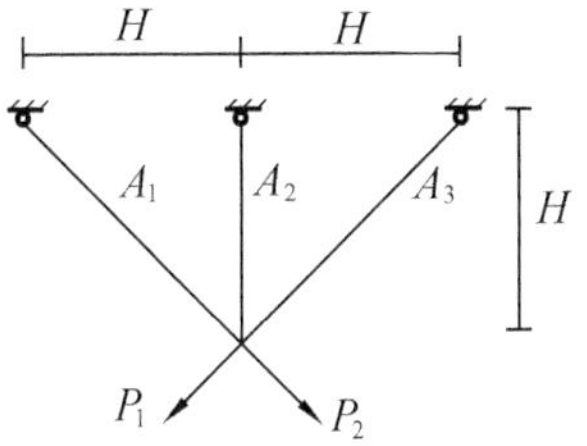

图 6-7 三杆桁架

杆件拉应力 $\sigma^u = 196.2$ MPa,$d_\sigma^u = 39.24$ kN;杆件压应力 $\sigma^l = -147.15$ MPa,$d_\sigma^l = 29.43$ MPa;节点竖向位移 $u^u = \dfrac{10^4}{E}$ cm,$d_u^u = \dfrac{0.2 \times 10^4}{E}$ cm;杆件横截面面积 $A^l = 0.1$ cm²,$d_A^l = 0.02$ cm²。式中 E 是弹性模数。求使该桁架质量最轻的各杆横截面面积 A_1 和 A_2。

解 本例的模糊约束采用半梯形隶属函数,如图 6-8 所示。

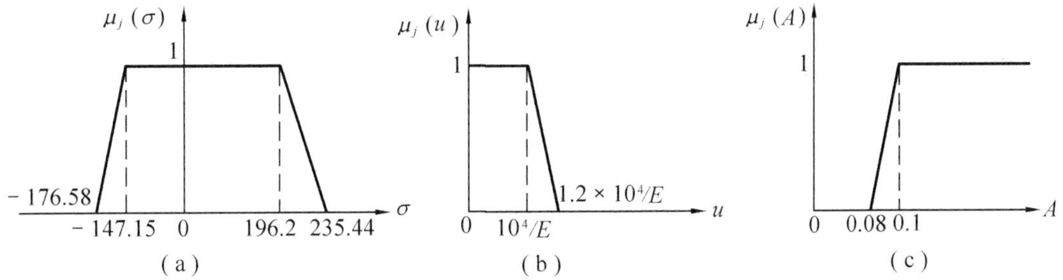

图 6-8 模糊约束的隶属函数

(a) 应力约束;(b) 位移约束;(c) 面积尺寸约束

设 $A_1 = x_1$,$A_2 = x_2$。目标函数为桁架自重 $w = 2\sqrt{2}x_1 + x_2$。计算该桁架的杆件应力和节点竖向位移,并将约束条件模糊化,得到该桁架的模糊优化设计问题为

$$\left.\begin{aligned}
\min \quad & w = 2\sqrt{2}x_1 + x_2 \\
\text{s. t.} \quad & \frac{\sqrt{2}x_1 + x_2}{\sqrt{2}x_1^2 + 2x_1x_2} \leqslant 1 + \frac{1}{5}(1-\lambda) \\
& \frac{\sqrt{2}x_1}{\sqrt{2}x_1^2 + 2x_1x_2} \leqslant 1 + \frac{1}{5}(1-\lambda) \\
& \frac{x_2}{\sqrt{2}x_1^2 + 2x_1x_2} \leqslant \frac{3}{4} + \frac{3}{20}(1-\lambda) \\
& \frac{1}{x_1 + \sqrt{2}x_2} \leqslant \frac{1}{2} + \frac{1}{10}(1-\lambda) \\
& x_1, x_2 \geqslant \frac{1}{10} - \frac{1}{50}(1-\lambda) \\
& \lambda \in [0,1]
\end{aligned}\right\}$$

在上述约束条件中,第1,2,3式是构件应力约束,第4式是节点位移约束,第5式是尺寸约束。

本例中,$\forall \lambda \in [0,1]$,均为第一式和第四式起作用,因而联立求解两式可求出模糊优化解族的解析表达式为

$$\boldsymbol{x}_1^*(\lambda) = \frac{10}{3}(6-\lambda)^{-1}, \quad \boldsymbol{x}_2^*(\lambda) = \frac{10\sqrt{2}}{3}(6-\lambda)^{-1}$$

$$w(\boldsymbol{x}^*(\lambda)) = 10\sqrt{2}(6-\lambda)^{-1}$$

在该解中,当$\lambda = 1$时,上述最优解即为普通最优解。当λ取不同值时,便得到不同设防水平的优化设计方案,可供选用。

6.2.3 限界搜索法

在模糊优化设计中,上一节介绍的水平截集法,利用λ水平截集的概念求得在设计空间中的一个模糊优化域,对于不同的λ水平有不同的最优点。

国内外研究求解模糊数学规划的方法大致可分为两类,即系列的模糊解(如水平截集法)和特定的清晰解。因此,与上一节所述方法不同,我们可以设想模糊优化设计的另一个研究方向,也就是说,如果在确定容差的具体方法中能够较为全面而合理地考虑到设计、施工及结构重要性等诸因素的主观信息,那么在模糊优化设计问题中回避系列的模糊解而直接求出特定的清晰解,这样不失为探讨确定最优水平λ^*的另一良好途径。文献[60]提出了模糊优化设计的限界搜索法。其中,文献[58]阐明的模糊判决原理为该方法提供了合理的数学基础。

6.2.3.1 模糊判决原理(Fuzzy decision principle)

所谓模糊判决,是指在模糊环境下的判决。模糊判决的形式不一,其中最合适的形式是由

文献[58]提出的。

在模糊优化设计问题中，**模糊约束**(Fuzzy constraint)$\underset{\sim}{C}$和**模糊目标**(Fuzzy goal)$\underset{\sim}{G}$是设计方案集合在R^n上的模糊集合，分别由隶属函数μ_C和μ_G表征。在此情况下，模糊约束μ_C和模糊目标$\underset{\sim}{G}$对选择一个设计方案的影响可用它们的“交”表示。也就是说，对于模糊判决$\underset{\sim}{D}$，其隶属函数μ_D应视为μ_C和μ_G的交集，即

$$\mu_D = \mu_C \wedge \mu_G \tag{6-47}$$

最优判决(Optimal decision)是在以隶属函数$\mu_D(x)$表征的模糊判决集$\underset{\sim}{D}$包含的那些设计方案中选择最佳方案。显然，选取x使模糊判决隶属函数为最大的方案是适宜的，即

$$\mu_{\underset{\sim}{D}}(\boldsymbol{x}^*) = \max_{x \in R^n} \mu_{\underset{\sim}{D}}(x) \tag{6-48}$$

可以证明，根据式(6-48)可推导出求特定的最优水平λ^*和最优点$\boldsymbol{x}^*$使下式成立

$$\mu_G(\boldsymbol{x}^*) = \max_{x \in C_{\lambda^*}} \mu_G(x) \tag{6-49}$$

式中C_{λ^*}是模糊约束$\underset{\sim}{C}$的λ^*水平截集。

关于上述的模糊判决原理，举一个简单的例子：设方案集合是一维实空间，模糊目标$\underset{\sim}{G}$和模糊约束$\underset{\sim}{C}$分别为

$\underset{\sim}{G}$：“x应比5大得多”；

$\underset{\sim}{C}$：“x应为7.5左右”。

如果用隶属函数表示上述两个模糊集合，则可选取

$$\mu_{\underset{\sim}{G}} = \begin{cases} 0 & (x \leqslant 5) \\ [x + (x-5)^{-1}]^{-1} & (x > 5) \end{cases}$$

$$\mu_{\underset{\sim}{C}}(x) = [1 + (x - 7.5)^4]^{-1} \qquad (x \text{ 为任意实数})$$

于是，模糊判决$\underset{\sim}{D}$的隶属函数为

$$\mu_{\underset{\sim}{D}}(x) = \begin{cases} 0 & (x \leqslant 5) \\ \min\{[1 + (x-5)^{-1}]^{-1}, [1 + (x-7.5)^4]^{-1}\} & (x > 5) \end{cases}$$

上述隶属函数μ_G,μ_C及它们的交集μ_D，如图6-9所示。图中A点表示最优判决，即$\boldsymbol{x}^* \approx 8.2$，$\mu_{\underset{\sim}{D}}(\boldsymbol{x}^*) \approx 0.76$，因为在模糊判决集$\underset{\sim}{D}$中该点的$\mu_D$为最大。

应该指出，模糊判决的形式不是唯一的，可以根据问题的性质和实际的需要，建立不同的模糊判决。例如，当约束$\underset{\sim}{C}$和目标$\underset{\sim}{G}$的重要程度不同时，便可对$\underset{\sim}{C}$和$\underset{\sim}{G}$加权，建立如下形式的**凸模糊判决**(Convex fuzzy decision)：

$$\mu_{\underset{\sim}{D}} = \alpha\mu_{\underset{\sim}{C}} + \beta\mu_{\underset{\sim}{G}} \tag{6-50}$$

其中α和β分别是约束$\underset{\sim}{C}$和目标$\underset{\sim}{G}$的权数，它们应满足归一性和非负性条件

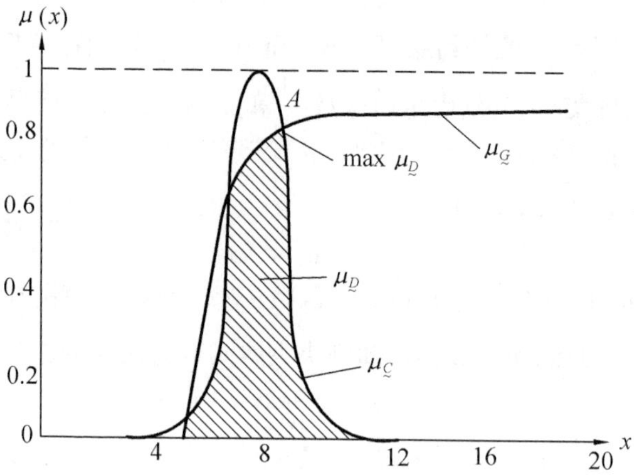

图6-9 模糊判决示例

$$\alpha+\beta=1 \qquad (\alpha,\beta>0) \tag{6-51}$$

此外，还可建立如下形式的**积模糊判决**(Product fuzzy decision)：

$$\mu_D=\mu_C\cdot\mu_G \tag{6-52}$$

6.2.3.2 限界搜索法(Bound Search Method)[60]

如上所述，模糊优化问题可表达为一个 $\lambda\in[0,1]$ 的**参数规划**(Parametric Programming)：

$$\left.\begin{aligned}&\min\quad f(x)\quad(x\in\boldsymbol{R}^n)\\&\text{s.t.}\quad g_j(x)\leqslant b_j^u+d_j^u(1-\lambda)\quad(j=1,2,\cdots,m-1)\\&\qquad\ g_i(x)\geqslant b_j^l-d_j^l(1-\lambda)\quad(j=m,\cdots,p)\\&\qquad\ \lambda\in[0,1]\end{aligned}\right\}\tag{6-53}$$

其中，为了简单起见，模糊约束选用线性的半梯形隶属函数。须注意，如果一个优化设计问题为混合约束，即兼有模糊约束和清晰约束，那么仅对模糊约束采用容差，而清晰约束则被完全满足。

在水平截集法中，对上述参数规划取不同的 λ 值(一般情况下，把 $\lambda\in[0,1]$ 等分取11个值)，使用普通数学规划的任一有效算法求出系列的模糊解 $f(\boldsymbol{x}^*(\lambda))$。这里提出的限界搜索法是求特定的清晰解，因此就不需要这样复杂。

首先，在模糊判决原理的基础上，可以证明，根据最优判决表达式可推导出求最优水平 λ^* 和最优点 $\boldsymbol{x}^*$，使下式成立：

$$\mu_{\underset{\sim}{G}}(\boldsymbol{x}^*)=\max_{x\in C_{\lambda^*}}\mu_G(x) \tag{6-49}$$

式中 C_{λ^*} 是模糊约束 $\underset{\sim}{\boldsymbol{C}}$ 的 λ^* 水平截集。

其次,利用模糊优化解族$f(\boldsymbol{x}^*(\lambda))$是$\lambda\in[0,1]$的单调递增这一特性(见图6-6),仅需求出其上确界M和下确界m:

$$\left.\begin{aligned} M &= f(\boldsymbol{x}^*(1)) = \min_{x\in C_1} f(x) \\ m &= f(\boldsymbol{x}^*(0)) = \min_{x\in C_0} f(x) \end{aligned}\right\} \tag{6-54}$$

然后,在求目标函数最小值的优化设计问题中,模糊目标$\mu_G(x)$可取如下标准化为[0,1]的函数:

$$\mu_{\underset{\sim}{G}}(x) = \frac{m}{f(x)} \tag{6-55}$$

上式表明,随着f值增大,μ_G趋于0;当f值接近于下确界m时,μ_G趋于1。于是μ_G的上下限应为

$$\left.\begin{aligned} \mu^u_{\underset{\sim}{G}} &= 1 \\ \mu^l_{\underset{\sim}{G}} &= \frac{m}{M} \end{aligned}\right\} \tag{6-56}$$

再把模糊目标$\mu_G(x)$表达式代入$\mu_G(\boldsymbol{x}^*)$式中,可得

$$\mu_{\underset{\sim}{G}}(\boldsymbol{x}^*) = \frac{1}{m}\min_{x\in C_{\lambda *}} f(x) \tag{6-57}$$

综上所述,使用限界搜索法求解模糊优化设计问题的步骤可归纳如下:

(1) 计算$f(x)$的上确界M和下确界m;

(2) 计算$\mu_{\underset{\sim}{G}}$的上下限$\mu^u_{\underset{\sim}{G}}$和$\mu^l_{\underset{\sim}{G}}$,$\forall\mu_{\underset{\sim}{G}}(x)\in[\mu^l_{\underset{\sim}{G}},\mu^u_{\underset{\sim}{G}}]$;

(3) 令$k=1$,设$\lambda^{(k)}=0.5(\mu^l_{\underset{\sim}{G}}+\mu^u_{\underset{\sim}{G}})$;

(4) 求解普通数学规划问题:

$$\mu^{(k)}_{\underset{\sim}{G}} = \frac{1}{m}\min_{x\in C_\lambda^{(k)}} f(x)$$

(5) 计算收敛精度$\varepsilon^{(k)}=|\lambda^{(k)}-\mu^{(k)}_{\underset{\sim}{G}}|$,若$\varepsilon^{(k)}>\varepsilon$(一般可取0.01),则转(6),若$\varepsilon^{(k)}\leqslant\varepsilon$则转(7);

(6) 设$\lambda^{(k+1)}=0.5(\lambda^{(k)}+\mu^{(k)}_{\underset{\sim}{G}})$,令$k=k+1$,并转向(4);

(7) 求得最优水平为$\lambda^*=\lambda^{(k)}$,最优解为$\boldsymbol{x}^*=x^{(k)}$和$f^*(\boldsymbol{x}^*)$。

例6-2 三杆桁架如图6-6所示。模糊约束取线性的半梯形隶属函数,采用限界搜索法求其清晰解。

解 由于例6-1已求出模糊解

$$\boldsymbol{x}_1^*(\lambda) = \frac{10}{3}(6-\lambda)^{-1},\boldsymbol{x}_2^*(\lambda) = \frac{10\sqrt{2}}{3}(6-\lambda)^{-1}$$

$$w(\boldsymbol{x}^*(\lambda)) = 10\sqrt{2}(6-\lambda)^{-1}$$

因而$w(x)$的上确界和下确界分别为

$$M = w(\boldsymbol{x}^*(1)) = 10\sqrt{2}(6-1)^- = 2\sqrt{2}$$

$$m = w(\boldsymbol{x}^*(0)) = 10\sqrt{2}(6-0)^{-1} = 5\sqrt{2}/3$$

模糊目标取为

$$\mu_{\underset{\sim}{G}}(x) = \frac{m}{w(x)} = \frac{5\sqrt{2}/3}{10\sqrt{2}(6-\lambda)^{-1}} = 1 - \frac{\lambda}{6}$$

其上下限分别为

$$\mu^u_{\underset{\sim}{G}} = 1$$

$$\mu^l_{\underset{\sim}{G}} = \frac{m}{M} = \frac{5\sqrt{2}/3}{2\sqrt{2}} = \frac{5}{6} = 0.833$$

由此表明$\mu_{\underset{\sim}{G}}(x)$的限界范围是[0.833,1]。于是按该限界范围进行搜索,见表6-1。经过四次迭代,因$\varepsilon^{(4)} = 0.006 < 0.01$,搜索终止。求得最优水平和最优解为

$$\lambda^* = 0.862, \boldsymbol{x}_1^* = 0.648\,8\ \text{cm}^2, \boldsymbol{x}_2^* = 0.917\,5\ \text{cm}^2, w^* = 2.752\,4\ \text{cm}^2$$

表6-1 三杆桁架模糊优化的清晰解

k	$\lambda^{(k)}$	$x_1^{(k)}$	$x_2^{(k)}$	$w(x^{(k)})$	$\mu_G^{(k)}$	$\varepsilon^{(k)}$
1	0.917	0.655 8	0.927 4	2.782 2	0.847	0.070
2	0.882	0.651 3	0.921 1	2.763 2	0.853	0.029
3	0.868	0.649 5	0.918 6	2.755 7	0.855	0.013
4	0.862	0.648 8	0.917 5	2.752 4	0.856	0.006

值得指出,由于本题已有模糊优化解族的解析解,因而可使用更为简捷的方法求出λ^*的解析解。由式(6-49)推得

$$\lambda^* = \mu_G(\boldsymbol{x}^*(\lambda^*)) \tag{6-58}$$

于是本题中的$\lambda^* = 1 - \frac{\lambda^*}{6}$,得$\lambda^* = 0.857, \boldsymbol{x}^* = 0.648\,1\ \text{cm}^2, \boldsymbol{x}_2^* = 0.916\,6\ \text{cm}^2, w^* = 2.749\,8\ \text{cm}^2$。显见,它与数值解的计算结果相当符合,从而也验证了在一般情况下利用限界搜索法确定λ^*的合理性。

6.2.4 中点迭代法[61]

对于式(6-53)表达的参数规划,也可写成:

$$\left.\begin{aligned} &\min \quad f(x) \\ &\text{s.t.} \quad x \in \boldsymbol{C}(\lambda) \quad 0 \leqslant \lambda \leqslant 1 \end{aligned}\right\} \tag{6-59}$$

式中

$$\boldsymbol{C}(\lambda) = \bigcap_{j=1}^{p} \underset{\sim}{\boldsymbol{C}}_j = \bigcap_{j=1}^{p} \{x \mid x \in \boldsymbol{R}^n, g_j(x) \leqslant b_j^u(\lambda), j = 1,2,\cdots,m-1; g_j(x) \geqslant b_j^l(\lambda), j = m,\cdots,p\} \tag{6-60}$$

当用水平截集解法求解(6-59)式时，对于$0 \leqslant \lambda \leqslant 1$中一系列的$\lambda$可求得对应的一系列的解$\boldsymbol{x}^*(\lambda)$和$f^*(\lambda)$，即求得模糊优化解族$f(\boldsymbol{x}^*(\lambda))$。通常$f(\boldsymbol{x}^*(\lambda))$是$\lambda \in (0,1)$的单调递增函数，如图6-6所示，且$f(\boldsymbol{x}^*(\lambda))$是有界的，其中$M$是其上确界，$m$是其下确界，即

$$M = f(\boldsymbol{x}^*(1)) \tag{6-61}$$

和

$$m = f(\boldsymbol{x}^*(0)) \tag{6-62}$$

对于优化解族$f^*(\boldsymbol{x}^*(\lambda))$，文献[61]定义了以下的模糊目标函数的隶属函数：

$$\mu_G(\lambda) = \frac{M - f(\boldsymbol{x}^*(\lambda))}{M - m} \tag{6-63}$$

显然，$\mu_G(\lambda)$与$f(\boldsymbol{x}^*(\lambda))$有关，是$\lambda$的函数。$\mu_G(\lambda)$的上下限分别为

$$\mu_G^u = \frac{M - m}{M - m} = 1 \tag{6-64}$$

和

$$\mu_G^l = \frac{M - M}{M - m} = 0 \tag{6-65}$$

即有

$$0 \leqslant \mu_G(\lambda) \leqslant 1 \tag{6-66}$$

$f(\boldsymbol{x}^*(\lambda))$是$\lambda \in (0,1)$上的模糊子集，为模糊目标集。上面定义的$\mu_G(\lambda)$表明，对于$f(\boldsymbol{x}^*(\lambda))$的极小化，随着$f(\boldsymbol{x}^*(\lambda))$的增大，$\mu_G(\lambda)$趋于零；当$f(\boldsymbol{x}^*(\lambda))$接近于$m$时，$\mu_G(\lambda)$趋于1。

因此，求$f(\boldsymbol{x}^*(\lambda^*))$的问题，可用模糊判决原理求解。即上述问题中模糊约束和模糊目标都是$\boldsymbol{R}^n$的模糊集合，它们对应的隶属函数为$\mu_C(\lambda)$和$\mu_G(\lambda)$。此时问题的满意满足域$\boldsymbol{D}$也是$\boldsymbol{R}^n$上的集合，其隶属函数

$$\mu_D(\lambda) = \mu_C(\lambda) \wedge \mu_G(\lambda) \tag{6-67}$$

由最优判决求λ^*而有

$$\mu_D(\lambda^*) = \max_{\lambda \in (0,1)} \mu_D(\lambda) \tag{6-68}$$

从而可求得$f(\boldsymbol{x}^*(\lambda^*))$，参见图6-10。其中$\mu_C(\lambda) = \lambda$。由图6-10可见，当$\lambda < \lambda^*$时，$\mu_D(\lambda) = \mu_C(\lambda)$；而当$\lambda > \lambda^*$时，$\mu_C(\lambda) = \mu_G(\lambda)$；当$\lambda = \lambda^*$时，$\mu_D(\lambda^*) = \mu_C(\lambda^*) = \mu_G(\lambda^*)$。

上述方法的计算步骤如下：

(1) 给定ε；并按式(6-53)和(6-54)求出M和m；

(2) 令 $k=1$ 和 $\lambda=0.5$(中点);

(3) 求解式(6－51) 得$f(\boldsymbol{x}^*(\lambda))$;

(4) 由式(6－55) 求$\mu_G^k(\lambda)$;

(5) 计算 $\varepsilon^k=|\lambda^{(k)}-\mu_G^k(\lambda)|$;

(6)$\varepsilon^k>\varepsilon$?是则转(7),否则结束迭代;

(7)$\lambda^{k+1}=0.5(\lambda^k+\mu_G^k(\lambda))$;

(8)$k=k+1$ 转(3)。

文献[61] 运用上述算法求解了带有模糊约束的基于可靠性的结构优化问题,详见第 10 章。

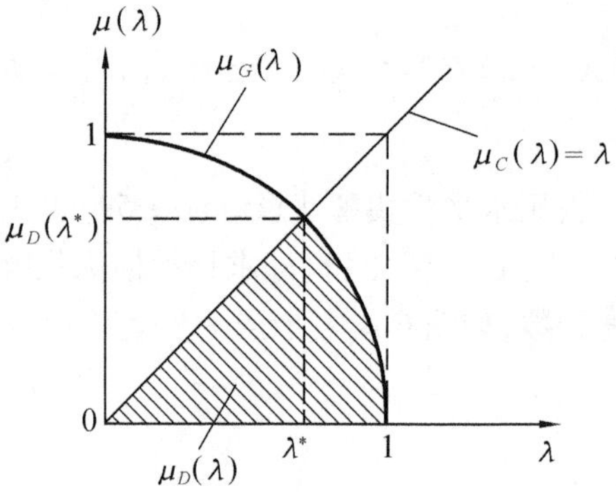

图 6－10

复习思考题

6－1　列举日常生活中遇到的事物具有模糊性的例子。

6－2　事物的模糊性与另一类不确定性(随机性) 有什么不同?

6－3　模糊集合与普通集合有何不同和相同之处?

6－4　隶属函数是如何取值的,它的物理意义是什么?隶属度与隶属函数是什么关系?

6－5　模糊集合的运算与普通集合的运算有何异同?

6－6　模糊子集的水平截集、支集、核是如何定义的?

6－7　水平截集法求解模糊优化问题的思路是怎样的,优化结果是什么?

6－8　文献[58] 提出的模糊判决原理是怎样的,其数学表达式又是怎样的?

6－9　限界搜索法的思路是怎样的,优化结果如何?

6－10　中点迭代法的思路是怎样的,优化结果如何?

第 7 章* 多目标规划

前几章我们所讨论的都是只有一个目标函数的数学规划问题。而在实际问题中，衡量一个设计方案好坏的标准却往往不止一个，也就是说，问题是否最优难以只用一个指标来衡量。这类问题就是多目标规划问题。

多目标规划问题在优化设计中是经常遇到的。例如，在飞机的结构设计中，往往要求质量最轻，它是在飞机外形已定情况下，寻求单一指标——质量最轻时的设计。而当也考虑飞机外形时，则除了考虑质量最轻之外，还要考虑在耗油量一定的情况下"航程最大"作为另一个目标。又如在地—空导弹的设计中，除要求导弹起飞质量最轻之外，还要求脱靶量最小等等。在日常生活中也常常会遇到多目标规划问题。多目标规划问题早期来源于经济领域，现在已广泛应用于工程优化设计等许多领域。

本章主要从实用的角度，简要介绍多目标规划的一些基本概念和求解方法[62,63]。文中的一些定理的证明可参阅文献[62]。

7.1 多目标规划问题的数学表达

现在，以日常生活中常常会遇到的多目标规划问题引进多目标问题的数学表达式。

例 7 - 1 买糖问题

设商店有 A_1,A_2,A_3 三种糖果，单价分别为 4 元/kg，2.8 元/kg 和 2.4 元/kg。今要筹办一次节日茶话会，要求用于买糖的钱不超过20元，糖的总量不少于6 kg，A_1 和 A_2 两种糖的总量不少于 3 kg，问应如何确定最好的买糖方案？

解 设 x_1,x_2,x_3 分别为购买 A_1,A_2,A_3 三种糖的公斤数。用于买糖所花费的总钱数为 y_1，所买糖的总公斤数为 y_2。我们自然希望 y_1 取最小值，y_2 取最大值，即

$$y_1 = f_1(\boldsymbol{x}) = 4x_1 + 2.8x_2 + 2.4x_3 \rightarrow \min$$
$$y_2 = f_2(\boldsymbol{x}) = x_1 + x_2 + x_3 \rightarrow \max$$

而约束条件为

$$\left.\begin{aligned}&4x_1+2.8x_2+2.4x_3\leqslant 20\\&x_1+x_2+x_3\geqslant 6\\&x_1+x_2\geqslant 3\\&x_1,x_2,x_3\geqslant 0\end{aligned}\right\}$$

易见,这是一个包含两个目标的线性规划问题,称为多目标线性规划问题。由于求 y_2 的最大值可转化为求 $-y_2$ 的最小值,所以上述问题可归结为

$$\left.\begin{aligned}\min\quad&\boldsymbol{F}(X)=(f_1(\boldsymbol{x}),f_2(\boldsymbol{x}))^{\mathrm{T}}\\\text{s.t.}\quad&4x_1+2.8x_2+2.4x_3\leqslant 20\\&x_1+x_2+x_3\geqslant 6\\&x_1+x_2\geqslant 3\\&x_1\cdot x_3\cdot x_3\geqslant 0\end{aligned}\right\}\tag{7-1}$$

其中 $f_1(\boldsymbol{x})=y_1,f_2(\boldsymbol{x})=-y_2,\boldsymbol{x}=(x_1,x_2,x_3)^{\mathrm{T}}$。

例7-2　投资问题

假设在一段时间内有 a(亿元)的资金可用于建厂投资。若可供选择的项目记为 $1,2,\cdots,m$。而且,一旦对第 i 个项目投资,则必须用掉 a_i(亿元);而在这段时间内这第 i 个项目可得到的收益为 C_i(亿元),其中 $i=1,2,\cdots,m$。问如何确定最佳的投资方案。

它的数学规划模型为

$$\text{求 } x_i=\begin{cases}1 & (\text{若决定对第 } i \text{ 个项目投资})\\0 & (\text{若对第 } i \text{ 个项目不投资})\end{cases}$$

$$\text{约束条件为}\begin{cases}\sum\limits_{i=1}^{m}a_ix_i\leqslant a\\x_i(x_i-1)\qquad(i=1,2,\cdots,m)\end{cases}$$

此时,最佳投资方案应该是:投资少、收益大。即求目标函数 $f_1(x_1,x_2,\cdots,x_m)=\sum\limits_{i=1}^{m}a_ix_i$ 最小;而另一目标 $f_2(x_1,x_2,\cdots,x_m)=\sum\limits_{i=1}^{m}c_ix_i$ 最大。

例7-3　光学系统的自动设计问题

一个光学系统,如照相机机头,显微镜的物镜和目镜,望远镜及电影放映机的镜头等,一般都是由若干个球面透镜组成的,制造这些透镜的材料是具有不同折射率的光学玻璃。各个镜面都有一定大小的半径和厚度,各镜面之间保持一定的间隔。一个光学系统中各个透镜面的半径、厚度、镜面间距及各透镜所用光学玻璃的折射率等,称为这一光学系统的结构参数。这些参数的大小,直接影响光学系统的成像质量。所谓一个光学系统的自动设计问题就是根据系统的要求,设法自动确定(由计算机计算)各个结构参数的大小,使系统的成像质量最好,而

与成像质量有关的是要考虑若干个像差指标$f_i(\boldsymbol{x})(i=1,2,\cdots,n)$。对于一个光学系统，其像差指标值可以事先选定，设为$f_i^*(i=1,2,\cdots,m)$。因此，光学系统的优化设计问题可以化为如下的多目标规划问题：

$$\left.\begin{array}{ll}\min & F(\boldsymbol{X})=(f_1(\boldsymbol{x})-f_1^*,\cdots,f_m(\boldsymbol{x})-f_m^*)^{\mathrm{T}}\\ \text{s.t.} & \boldsymbol{x}\in A\end{array}\right\}\qquad(7-2)$$

其中$\boldsymbol{x}=(x_1,x_2,\cdots,x_n)^{\mathrm{T}}$为结构参数，$\boldsymbol{x}\in A$表示对结构参数$x_1,x_2,\cdots,x_n$的某些限制条件。

问题式(7－2)是一个含有m个目标的多目标非线性规划问题。

由上可见，类同如单目标的数学规划问题，多目标数学规划问题的数学表达式可写成如下的标准形式：

$$\left.\begin{array}{ll}\min & F(\boldsymbol{x})\\ \text{s.t.} & g_i(\boldsymbol{x})\leqslant 0\quad(i=1,2,\cdots,m)\end{array}\right\}\qquad(7-3)$$

其中

$$\boldsymbol{x}=(x_1,x_2,\cdots,x_n)^{\mathrm{T}}$$

$$F(\boldsymbol{x})=(f_1(\boldsymbol{x}),f_2(\boldsymbol{x}),\cdots,f_p(\boldsymbol{x}))^{\mathrm{T}}\qquad(p\geqslant 2)$$

并令

$$\boldsymbol{D}=\{\boldsymbol{x}\mid g_i(\boldsymbol{x})\leqslant 0,i=1,2,\cdots,m\}$$

另外，在许多实际问题中，各目标的量纲一般是不相同的，所以有必要把每个目标事先规范化，例如对第j个带量纲的目标$F_j(x)$，可令

$$f_i(\boldsymbol{x})=F_j(\boldsymbol{x})/F_j\qquad(7-4)$$

其中$F_j=\min\limits_{x\in\boldsymbol{D}}F_j(\boldsymbol{x})$。这样，$f_j(\boldsymbol{x})$就是规范化的目标了。因此，在以后的叙述中，我们不妨假设多目标规划问题式(7－3)中的目标函数都是已经规范化了的。

7.2 多目标规划问题的解集和像集

7.2.1 多目标问题的解集

下面考虑p个目标的数学规划问题在各种意义下解的定义及其之间的关系。

(1) 绝对最优解

定义 设$\boldsymbol{x}^*\in\boldsymbol{D}=\{\boldsymbol{x}\mid g_i(\boldsymbol{x}\leqslant 0,i=1,2,\cdots,m\}$，若对任意$j=1,2,\cdots,p$以及任意$\boldsymbol{x}\in\boldsymbol{D}$均有

$$f_j(\boldsymbol{x})\geqslant f_j(\boldsymbol{x}^*)$$

则称$\boldsymbol{x}^*$为问题的**绝对最优解**(Absolute optimal solution)。多目标问题的绝对最优解的全体记

为 $\boldsymbol{D}_{ab}^*$，而 $\boldsymbol{F}^* = (f_1(\boldsymbol{x}^*), f_2(\boldsymbol{x}^*), \cdots, f_p(\boldsymbol{x}^*))^{\mathrm{T}}$ 称为绝对最优值。

绝对最优解的几何解释如图 7 - 1 所示。图 7 - 1(a) 表示 $n = 1, p = 2$ 的情形；而图 7 - 1(b) 表示 $n = 2, p = 2$ 的情形。此时目标 $f_1(\boldsymbol{x})$ 与目标 $f_2(\boldsymbol{x})$ 的最优解是重合的。

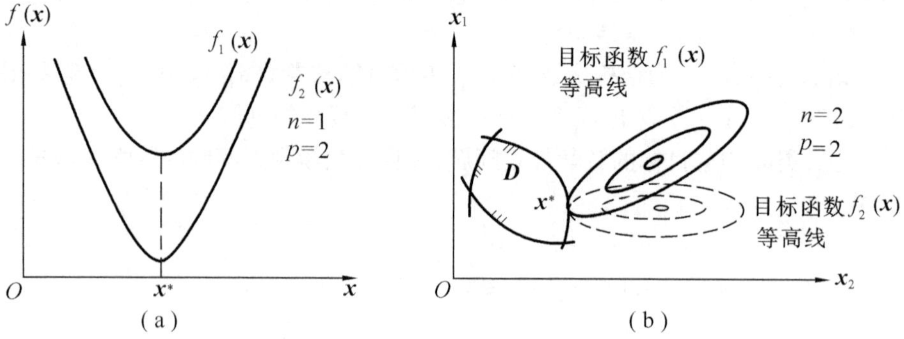

图 7 - 1

不难看出，对于多目标问题，绝对最优解一般是不存在的。如图 7 - 2 所示，它说明两个目标 $f_1(\boldsymbol{x})$ 与 $f_2(\boldsymbol{x})$ 的最优解不重合，因此它的绝对最优解不存在。

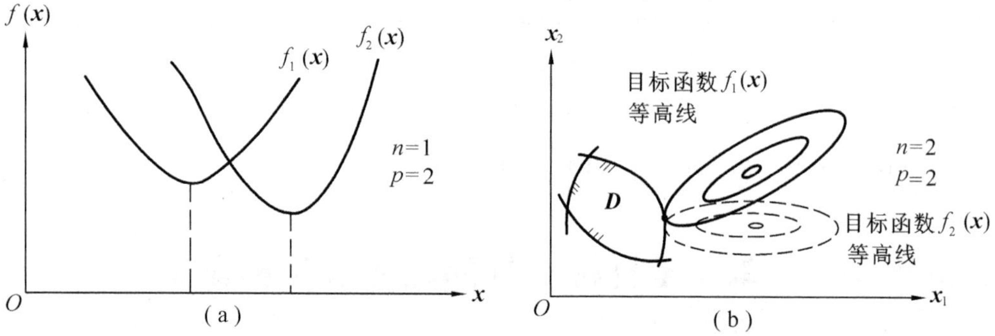

图 7 - 2

又例如，若 $f_1(x) = x^2, f_2(x) = (x - 1)^2$，则问题

$$\left.\begin{array}{ll} \min & F(x) = (f_1(x), f_2(x))^{\mathrm{T}} \\ \text{s.t.} & -4 \leqslant x \leqslant 4 \end{array}\right\} \tag{7-5}$$

没有绝对最优解，或者说它的绝对最优解不存在。

这样，我们就有必要寻找另外的"解"。首先我们给出这些"解"的定义，为此先引进几个向量不等式的符号。设 $\boldsymbol{F}^1 \in \boldsymbol{R}_p, \boldsymbol{F}^2 \in \boldsymbol{R}_p$，即

$$F^1 = [f_1^1, f_2^1, \cdots, f_p^1]^{\mathrm{T}}$$
$$F^2 = [f_1^2, f_2^2, \cdots, f_p^2]^{\mathrm{T}}$$

①“<”

$\boldsymbol{F}^1 < \boldsymbol{F}^2$ 意味着 $\boldsymbol{F}^1$ 的每个分量都严格小于 $\boldsymbol{F}^2$ 的相应分量，即对于 $j = 1,2,\cdots,p$ 均有

$$f_j^1 < f_j^2$$

②“≤”

$\boldsymbol{F}^1 \leqslant \boldsymbol{F}^2$ 意味着 $\boldsymbol{F}^1$ 的每个分量都小于或等于 $\boldsymbol{F}^2$ 的相应分量，而且至少有一个 $\boldsymbol{F}^1$ 的分量严格的小于 $\boldsymbol{F}^2$ 的相应分量，即对于 $j = 1,2,\cdots,p$ 均有

$$f_j^1 \leqslant f_j^2$$

且至少存在某 $j_0(1 \leqslant j_0 \leqslant p)$，使

$$f_{j0}^1 \leqslant f_{j0}^2$$

③“≦”

$\boldsymbol{F}^1 \leqq \boldsymbol{F}^2$ 意味着 $\boldsymbol{F}^1$ 的每个分量都小于或等于 $\boldsymbol{F}^2$ 的相应分量，即对于 $j = 1,2,\cdots,p$ 均有

$$f_j^1 \leqslant f_j^2$$

今后，凡对向量皆引用上述关系符号。由上述定义可知“≦”以及“<”即通常我们使用的向量（或矩阵）之间关系的不等号。而“≤”的意义是等价于 $\boldsymbol{F}^1 \leqq \boldsymbol{F}^2$ 且 $\boldsymbol{F}^1 \neq \boldsymbol{F}^2$。

为方便起见又记

$$D = \{\boldsymbol{x} \mid g_i(\boldsymbol{x}) \leqslant 0, (i = 1,2,\cdots,m)\}$$
$$\boldsymbol{F}(\boldsymbol{x}) = [f_1(x), \cdots, F_p(x)]$$

（2）有效解

设 $\boldsymbol{x}^* \in \boldsymbol{D}$，若不存在 $\boldsymbol{x} \in \boldsymbol{D}$，满足 $\boldsymbol{F}(\boldsymbol{x}) \leqslant \boldsymbol{F}(\boldsymbol{x}^*)$，则称 $\boldsymbol{x}^*$ 为问题的**有效解**（Active solution），亦称**非劣解**。我们把多目标问题的有效解全体记为 $\boldsymbol{D}_{pa}^*$。

不难看出，若 $\boldsymbol{x}^* \in \boldsymbol{D}_{pa}^*$，即我们找不到一个可行解 $\boldsymbol{x}$，使得 $F(\boldsymbol{x}) = [f_1(\boldsymbol{x}),\cdots,f_p(\boldsymbol{x})]^{\mathrm{T}}$ 的每一个目标值都不比 $F(\boldsymbol{x}^*) = [f_1(\boldsymbol{x}^*), f_2(\boldsymbol{x}^*), \cdots, f_p(\boldsymbol{x}^*)]^{\mathrm{T}}$ 的相应目标值“坏”，并且 $\boldsymbol{F}(\boldsymbol{x})$ 至少有一个目标值要比 $\boldsymbol{F}(\boldsymbol{x}^*)$ 的相应目标值“好”。也就是说，当 $\boldsymbol{x}^* \in \boldsymbol{D}_{pa}^*$ 时，$\boldsymbol{x}^*$ 在“≤”的意义下不能找到另一个可“改进”的可行解。图 7－3 说明了 $\boldsymbol{D}_{pa}^*$ 的直观意义。

（3）弱有效解

设 $\boldsymbol{x}^* \in \boldsymbol{D}$，若不存在 $\boldsymbol{x} \in \boldsymbol{D}$，满足

$$\boldsymbol{F}(\boldsymbol{x}) < \boldsymbol{F}(\boldsymbol{x}^*)$$

则称 $\boldsymbol{x}^*$ 为问题的**弱有效解**（Weak active solution）。我们把多目标规划的弱有效解全体记为 $\boldsymbol{D}_{wp}^*$。

不难看出，若 $\boldsymbol{x}^* \in \boldsymbol{D}_{wp}^*$，即我们找不到一个可行解 $\boldsymbol{x}$，使得 $\boldsymbol{F}(\boldsymbol{x}) = [f_1(\boldsymbol{x}),\cdots,f_p(\boldsymbol{x})]^{\mathrm{T}}$ 的每一个目标值都比 $\boldsymbol{F}(\boldsymbol{x}^*) = [f_1(\boldsymbol{x}^*), f_2(\boldsymbol{x}^*), \cdots, f_p(\boldsymbol{x}^*)]^{\mathrm{T}}$ 的相应目标值严格地“好”。换句

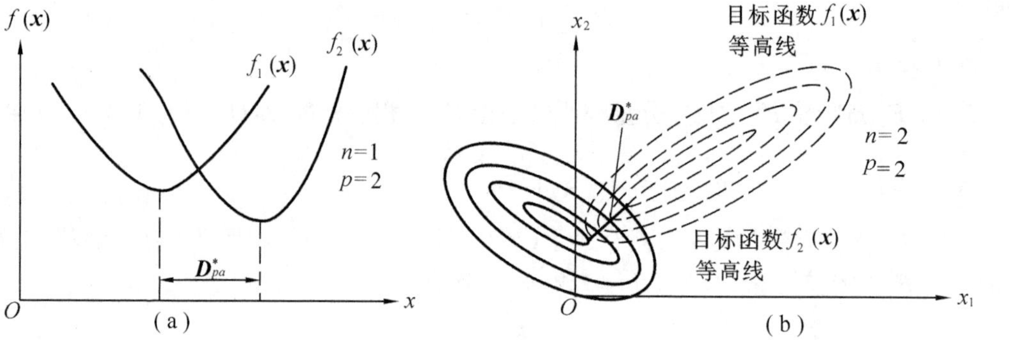

图 7－3

话说，当 $\boldsymbol{x}^* \in \boldsymbol{D}_{wp}^*$ 时，$\boldsymbol{x}^*$ 在"<"的意义下不能找到另一个可"改进"的可行解。其直观意义可由图 7－4 看出。

（4）解与集合之间的关系

记 $\boldsymbol{D}_j^*$ 为单目标问题

$$\left.\begin{aligned}&\min \quad f_j(\boldsymbol{x})\\&\text{s.t.} \quad g_i(\boldsymbol{x}) \geqslant 0 (i = 1,2,\cdots,m)\end{aligned}\right\}$$

的最优解集合，$j = 1,2,\cdots,p$。可见

$$\boldsymbol{D}_{ab}^* = \bigcap_{j=1}^{p} \boldsymbol{D}_j^* \qquad (7-6)$$

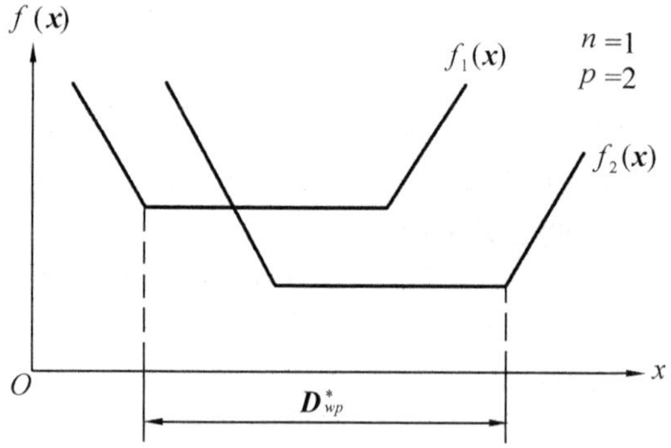

图 7－4

而 $\boldsymbol{D},\boldsymbol{D}_{ab}^*,\boldsymbol{D}_{pa}^*,\boldsymbol{D}_{wp}^*,\boldsymbol{D}_1^*,\cdots,\boldsymbol{D}_p^*$ 之间的关系为

①
$$\boldsymbol{D}_{pa}^* \subset \boldsymbol{D}_{wp}^* \subset \boldsymbol{D} \qquad (7-7)$$

【证　$\boldsymbol{D}_{wp}^* \subset \boldsymbol{D}$ 是显然的。只需证

$$\boldsymbol{D}_{pa}^* \subset \boldsymbol{D}_{wp}^*$$

用反证法：若 $\boldsymbol{x}^* \in \boldsymbol{D}_{pa}^*$，但 $\boldsymbol{x}^* \notin \boldsymbol{D}_{wp}^*$，则由定义可知，必定存在 $\boldsymbol{y}^* \in \boldsymbol{D}$，使得

$$\boldsymbol{F}(\boldsymbol{y}^*) < \boldsymbol{F}(\boldsymbol{x}^*)$$

即对任意 $j = 1,2,\cdots,p$，有

$$f_j(\boldsymbol{y}^*) < f_j(\boldsymbol{x}^*)$$

因此，$\boldsymbol{y}^*$ 满足

$$\boldsymbol{F}(\boldsymbol{y}^*) \leqslant \boldsymbol{F}(\boldsymbol{x}^*)$$

由此推得 $\boldsymbol{x}^* \notin \boldsymbol{D}_{pa}^*$，这便导致矛盾。】

② $$D_j^* \subset D_{wp}^* \quad (j=1,2,\cdots,p) \tag{7-8}$$

【证 用反证法：若对某$j_0(1\leqslant j_0\leqslant p)$有$x^*\notin D_{j_0}^*$，但$x^*\in D_{wp}^*$。则同样由定义可知，存在$y^*\in D$，有

$$F(y^*)\leqslant F(x^*)$$

即对任意$j=1,2,\cdots,p$，有

$$f_j(y^*)<f_j(x^*)$$

特别对$j=j_0$，有

$$f_{j_0}(y^*)<f_{j_0}(x^*)$$

此与$x^*\in D_{j_0}^*$相矛盾。 】

③ $$D_{ab}^*\subset D_{pa}^* \tag{7-9}$$

【证 若

$$D_{ab}^*=(\bigcap_{j=1}^{p}D_j^*)=\phi$$

显然满足

$$D_{ab}^*\subset D_{pa}^*$$

若$D_{ab}^*\neq\phi$，再用反证法：若有$x^*\notin D_{ab}^*$，但$x^*\notin D_{pa}^*$，则必存在$y^*\in D$，有$F(y^*)\leqslant F(x^*)$，即对任意$j=1,2,\cdots,p$，有

$$f_j(y^*)\leqslant f_j(x^*)$$

并且至少存在$j_0(1\leqslant j_0\leqslant p)$，使$f_{j0}(y^*)<f_{j0}(x^*)$，因为

$$x^*\in D_{ab}^*=\bigcap_{j=1}^{p}D_j^*$$

故$x^*\in D_{j0}^*$。

然而，由$y^*\in D$及$f_{j_0}(y^*)<f_{j_0}(x^*)$可知，此与上式矛盾。 】

综上，关于上述几个解集合我们有如下关系：

$$D_{ab}^*\subset D_{pa}^*\subset D_{wp}^*\subset D \tag{7-10}$$

$$D_j^*\subset D_{wp}^*\quad(j=1,2,\cdots,p) \tag{7-11}$$

进而还有

$$D_{pa}^*\cup\{\bigcup_{j=1}^{p}D_j^*\}\subset D_{wp}^* \tag{7-12}$$

例如，如图7－5所示。此时

$$D_1^*=\{x^1\},D_2^*=\{x^2\}$$

并且（因为$D_1^*\subset D_{pa}^*,D_2^*\subset D_{pa}^*$）有

$$D_{wp}^*=D_{pa}^*=[x^1,x^2]$$

又如图7－6所示。

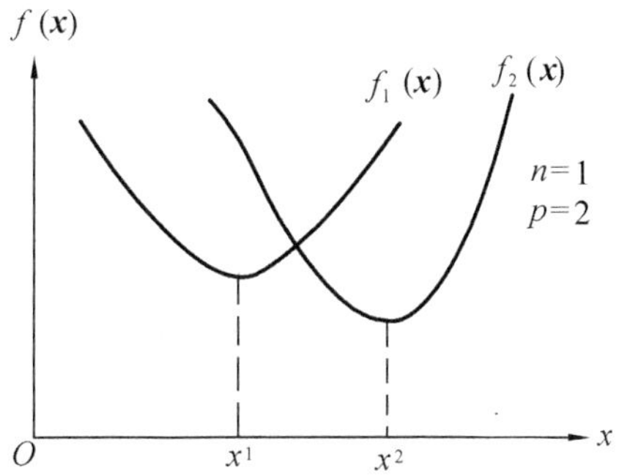

图7－5

此时

$$D_{wp}^{*}=D_{pa}^{*}\cup D_{1}^{*}\cup D_{2}^{*}=[x_{\min}^{*},x_{\max}^{*}]$$

再如图 7－7 所示。

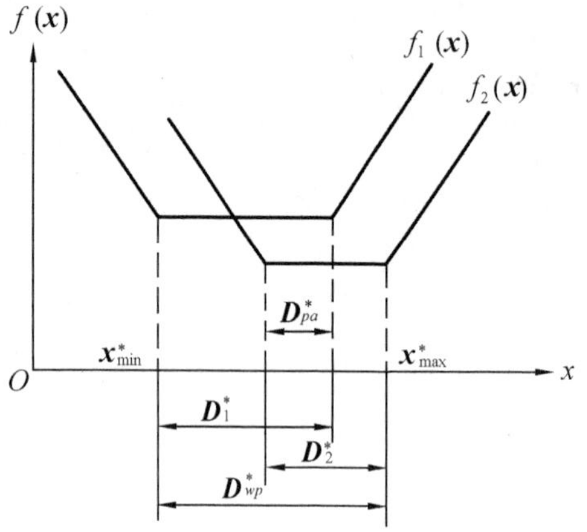

图 7－6

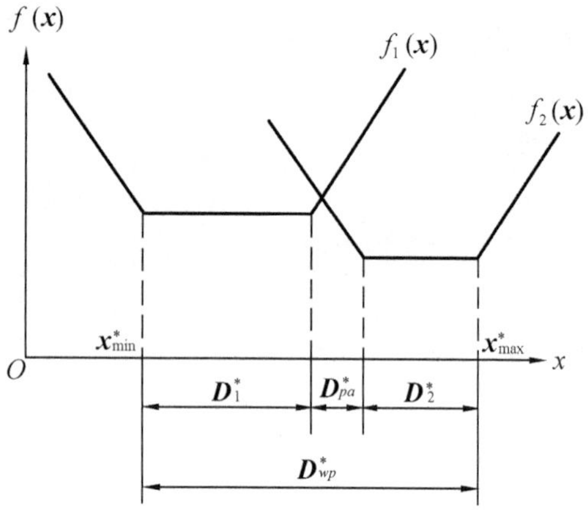

图 7－7

此时

$$\begin{aligned}D_{wp}^{*}&=D_{pa}^{*}\cup D_{1}^{*}\cup D_{2}^{*}\\&=[x_{\min}^{*},x_{\max}^{*}]\end{aligned}$$

另外，如果 $f_1(x)$，$f_2(x)$，…，$f_p(x)$ 和 $g_1(x),g_2(x),\cdots,g_m(x)$ 皆为凸函数，则称多目标数学规划问题为**凸多目标数学规划**。一般说来，即使为凸多目标数学规划，D_{wp}^{*} 及 D_{pa}^{*} 也不一定为凸集，参见图 7－8。

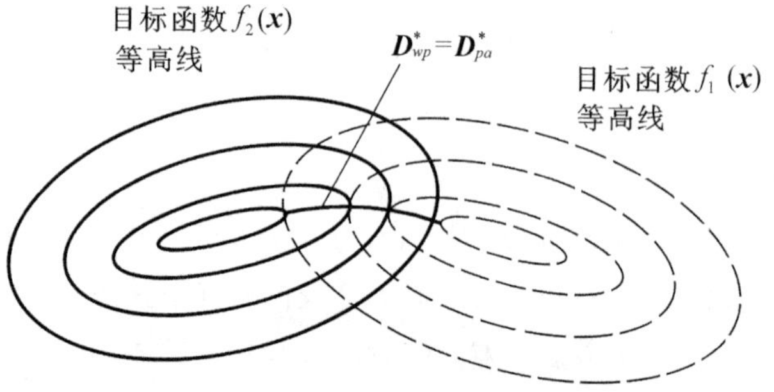

图 7－8

7.2.2　多目标规划问题的像集

仍记

$$D=\{x\mid g_i(x)\leqslant 0,i=1,2,\cdots,m\}$$

$$F(x)=[f_1(x),\cdots,f_p(x)]^{\mathrm{T}}$$

取定 $x^0\in D$ 我们可以得到关于可行解 x^0 的 p 个指标的值：$f_1(x^0),f_2(x^0),\cdots,f_p(x^0)$。如果把它们排列起来，即可得到

$$F(x^0)=[f_1(x^0),f_2(x^0),\cdots,f_p(x^0)]^{\mathrm{T}}$$

$\boldsymbol{F}(\boldsymbol{x}^0)$ 可以看做是p维欧式空间$\boldsymbol{R}_p$中的一个点。一般地，对任意$\boldsymbol{x} \in \boldsymbol{D}$，我们都可得到$\boldsymbol{R}_p$中的一个点$\boldsymbol{F}(\boldsymbol{x})$，这样，我们可以利用上述规则定义一个映射$\boldsymbol{F}$。即

$$\boldsymbol{x} \xrightarrow{F} \boldsymbol{F}(\boldsymbol{x})$$

集合

$$\boldsymbol{F}(\boldsymbol{D}) = \{\boldsymbol{F}(\boldsymbol{x}) \mid \boldsymbol{x} \in \boldsymbol{D}\}$$

称为可行区$\boldsymbol{D}$在映射$\boldsymbol{F}$之下的**像集**。

由像集$\boldsymbol{F}(\boldsymbol{D})$的定义不难看出：对于任意可行解$\boldsymbol{x}^0 \in \boldsymbol{D}$，必有

$$\boldsymbol{F}(\boldsymbol{x}^0) \in \boldsymbol{F}(\boldsymbol{D})$$

我们称$\boldsymbol{F}(\boldsymbol{x}^0)$为在映射$\boldsymbol{F}$之下的像。反之，若某$\boldsymbol{F}^0 \in \boldsymbol{F}(\boldsymbol{D})$，则至少存在一个$\boldsymbol{x}^0 \in \boldsymbol{D}$（此时称$\boldsymbol{x}^0$为$\boldsymbol{F}^0$的一个**原像**），有

$$\boldsymbol{F}(\boldsymbol{x}^0) = \boldsymbol{F}^0$$

即像集$\boldsymbol{F}(\boldsymbol{D})$中的一个点$\boldsymbol{F}^0$，都至少有一个可行解$\boldsymbol{x}^0$，使得它对应的目标函数值为$\boldsymbol{F}^0$。

例 7-4　若

$$\left.\begin{aligned} f_1(x) &= x^2 - 2x \\ f_2(x) &= -x \\ \boldsymbol{D} &= \{x \mid 0 \leqq x \leqq 2\} \end{aligned}\right\}$$

求$\boldsymbol{F}(\boldsymbol{D}) = ?$即求当$0 \leqslant x \leqslant 2$时在$R_2$中$f^1$与$f^2$之间的关系。

其中

$$f_1 = f_1(x) = x^2 - 2x$$

$$f_2 = f_2(x) = -x$$

目标函数与可行区如图7-9所示。

由于

$$x = -f_2$$

因而有

$$-f_1 = (-f_2)^2 - 2(-f_2) = (f_2)^2 + 2f_2 = f_2(f_2 + 2)$$

且当$x = 0$时，有

$$f_1 = f_1(0) = 0, \quad f_2 = f_2(0) = 0$$

当$x = 1$时，有

$$f_1 = f_1(1) = -1, \quad f_2 = f_2(1) = -1$$

当$x = 2$时，有

$$f_1 = f_1(2) = 0, \quad f_2 = f_2(2) = -2$$

从而可得到此问题对应于可行区$\boldsymbol{D}$的像集$\boldsymbol{F}(\boldsymbol{D})$的图形，如图7-10所示。

例7－5　若

$$f_1(x) = x_1 + 2x_2$$
$$f_2(x) = -x_1 - x_2$$

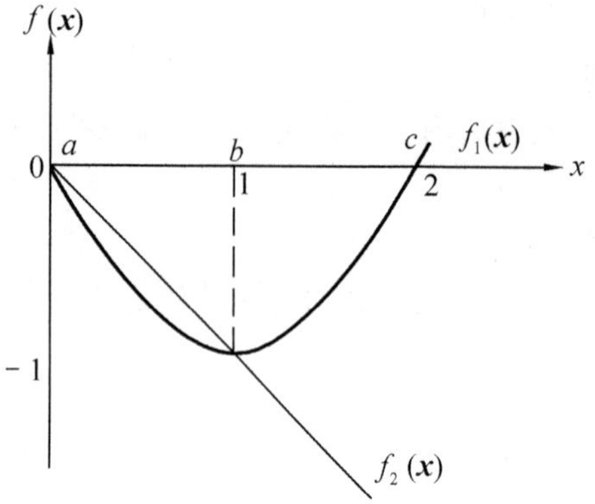

图7－9

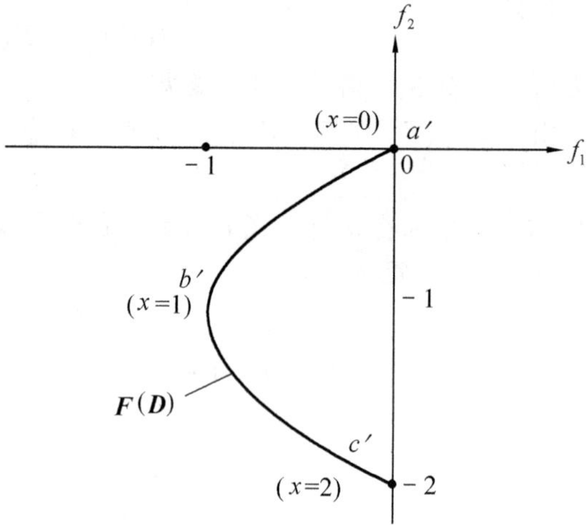

图7－10

$$D = \{(x_1, x_2)^{\mathrm{T}} \mid 0 \leqq x_1 \leqq 1, 0 \leqq x_2 \leqq 1\}$$

求 $F(D) = ?$

可行区 D 如图7－11所示。不难看出

$$D = \left\{\alpha_1\begin{bmatrix}0\\0\end{bmatrix} + \alpha_2\begin{bmatrix}1\\0\end{bmatrix} + \alpha_3\begin{bmatrix}1\\0\end{bmatrix} + \alpha_4\begin{bmatrix}1\\1\end{bmatrix} \,\middle|\, \alpha_i \geqq 0, i = 1,\cdots,4, \sum_{i=1}^{4}\alpha_i = 1\right\}$$

而
$$F(x) = \begin{bmatrix}f_1(x)\\f_2(x)\end{bmatrix} = Cx$$

式中 $C = \begin{bmatrix}1 & 2\\-1 & -1\end{bmatrix}, x = \begin{bmatrix}x_1\\x_2\end{bmatrix}$。因此

$$C\begin{bmatrix}0\\0\end{bmatrix} = \begin{bmatrix}0\\0\end{bmatrix},\quad C\begin{bmatrix}1\\0\end{bmatrix} = \begin{bmatrix}1\\-1\end{bmatrix}$$
$$C\begin{bmatrix}0\\0\end{bmatrix} = \begin{bmatrix}2\\-1\end{bmatrix},\quad C\begin{bmatrix}1\\1\end{bmatrix} = \begin{bmatrix}3\\-2\end{bmatrix}$$

于是像集

$$F(D)=\left\{\alpha_1\begin{bmatrix}0\\0\end{bmatrix}+\alpha_2\begin{bmatrix}1\\-1\end{bmatrix}+\alpha_3\begin{bmatrix}2\\-1\end{bmatrix}+\alpha_4\begin{bmatrix}3\\-2\end{bmatrix}\,\middle|\,\alpha_i\geqq 0,i=1,\cdots,4,\sum_{i=1}^{4}\alpha_i=1\right\}$$

如图 7 - 12 所示。

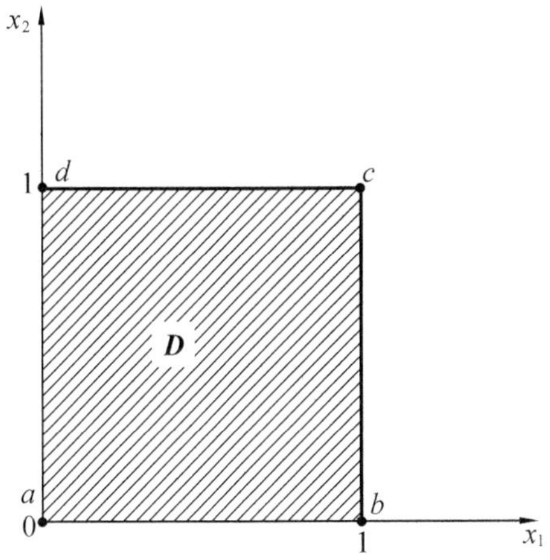

图 7 - 11

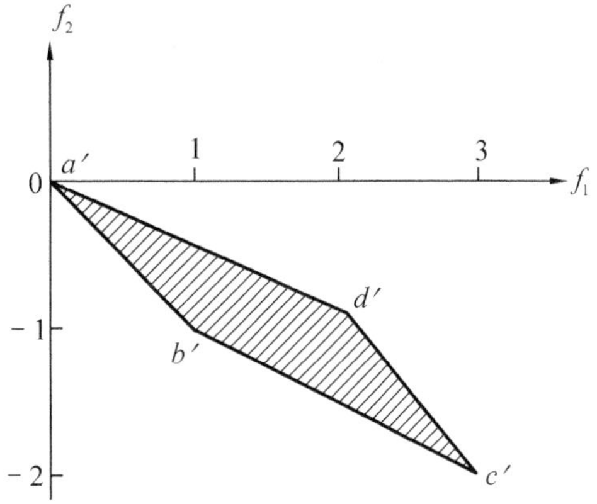

图 7 - 12

一般说来,即使当问题是凸多目标数学规划时,像集 $F(D)$ 也不一定为凸集。但是,当目标函数 $f_1(x),f_2(x),\cdots,f_p(x)$ 为线性函数,可行区 D 为凸多面体时,利用凸多面体分解定理可以证明:像集 $F(D)$ 为 R_p 中的凸多面体。

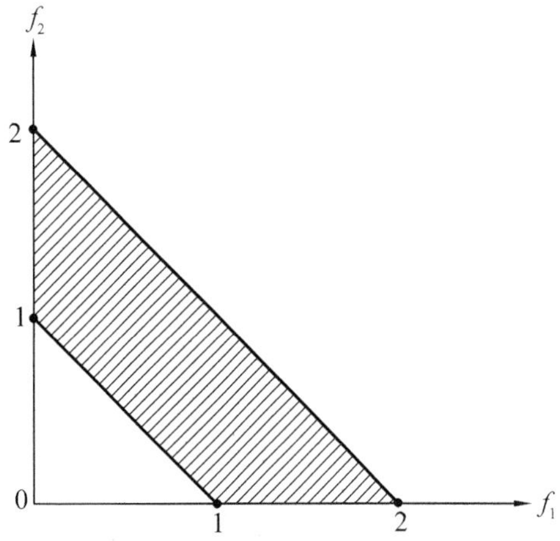

图 7 - 13

对于像集 $F(D)$,我们还可以定义有效点及弱有效点:

(1) 设 $\overline{F}\in F(D)$,若不存在 $F\in F(D)$,满足

$$F\leqslant\overline{F}$$

则称 $\overline{F}$ 为像集 $F(D)$ 的**有效点**。我们记有效点的全体为 R_{pa}^*;

(2) 设 $\overline{F}\in F(D)$,若不存在 $F\in F(D)$,满足

$$F<\overline{F}$$

则称$\overline{\boldsymbol{F}}$为像集$\boldsymbol{F}(\boldsymbol{D})$的**弱有效点**,我们记弱有效点的全体为$\boldsymbol{R}_{wp}^*$。

正如前述的有效解及弱有效解之间的关系那样,可以完全类似地证明:像集$\boldsymbol{F}(\boldsymbol{D})$的有效点一定是弱有效点,即有

$$\boldsymbol{R}_{pa}^* \subset \boldsymbol{R}_{wp}^* \tag{7-13}$$

例7-6　若

$$\boldsymbol{F}(\boldsymbol{R}) = \left\{ \begin{Bmatrix} f_1 \\ f_2 \end{Bmatrix} \middle| f_1 + f_2 \geqq 1, f_1 + f_2 \leqq 2, f_1 \geqq 0, f_2 \geqq 0 \right\}$$

如图7-13所示。

则

$$\boldsymbol{R}_{pa}^* = \left\{ \begin{Bmatrix} f_1 \\ f_2 \end{Bmatrix} \middle| f_1 + f_2 = 1, f_1 \geqq 0, f_2 \geqq 0 \right\}$$

$$\boldsymbol{R}_{wp}^* = \boldsymbol{R}_1^* \cup \boldsymbol{R}_2^* \cup \boldsymbol{R}_{pa}^*$$

式中

$$\boldsymbol{R}_1^* = \left\{ \begin{Bmatrix} f_1 \\ f_2 \end{Bmatrix} \middle| f_1 = 0, 1 \leqq f_2 \leqq 2 \right\}$$

$$\boldsymbol{R}_2^* = \left\{ \begin{Bmatrix} f_1 \\ f_2 \end{Bmatrix} \middle| f_2 = 0, 1 \leqq f_1 \leqq 2 \right\}$$

在讨论多目标数学规划问题时,由于绝对最优解往往不存在,这就使得我们不得不去寻找那些在"$\leqslant$"或"$<$"意义之下方能进行比较的可行解,即有效解或弱有效解。$\boldsymbol{D}$中的非弱有效解显然是不可取的,因为我们总可找到另一个可行解,其每个目标值都不会比原来的"坏",并且至少有一个目标值要明显的"好";而$\boldsymbol{D}$中的非弱有效解则显然更是不可取的,因为此时可找到另一个可行解,其每个目标值都是明显的"好"。值得指出的是,当$p=2$时,如果我们知道像集,就可找出可行集$\boldsymbol{D}$的有效解集$\boldsymbol{D}_{pa}^*$及弱有效解集$\boldsymbol{D}_{wp}^*$。仍以例7-3为例,在图7-10中,像集$\boldsymbol{F}(\boldsymbol{D})$的$a'b'$段上的点(不包括端点$a'$及$b'$)显然不是弱有效点,因为由$a'b'$段上的任意一点$\boldsymbol{F}$向其左下方移动时,总可以找到$b'c'$段上的点$\boldsymbol{F}'$,也就是说总存在$\boldsymbol{F}' \in \boldsymbol{F}(\boldsymbol{D})$有$\boldsymbol{F}' < \boldsymbol{F}$。我们已经知道了$a'b'$段上的点不是弱有效点,当然更不会是有效点了(因为,$\boldsymbol{R}_{pa}^* \subset \boldsymbol{R}_{wp}^*$)。然而,对于像集$\boldsymbol{F}(\boldsymbol{D})$的$b'c'$段上(包括端点$b'$及$c'$)的任何一点向其左下方、或左方、或下方移动都找不到$\boldsymbol{F}(\boldsymbol{D})$中的点,因此,$b'c'$段上的点都是弱有效点及有效点。

在像集$\boldsymbol{F}(\boldsymbol{D})$上,当我们找到了有效点(或弱有效点)以后,就可以确定约束集合$\boldsymbol{D}$上的有效解(或弱有效解)。对此我们有如下的定理:

在像集$\boldsymbol{F}(\boldsymbol{D})$上,若$\boldsymbol{R}_{pa}^*$已知,则在约束集合$\boldsymbol{D}$上,有

$$\boldsymbol{D}_{pa}^* = \bigcup_{\overline{F} \in R_{pa}^*} \{\boldsymbol{x}^* \mid \overline{\boldsymbol{F}} = \boldsymbol{F}(\boldsymbol{x}^*), \boldsymbol{x}^* \in \boldsymbol{D}\} \tag{7-14}$$

【证　设$\overline{\boldsymbol{F}} \in R_{pa}^*$,$\boldsymbol{x}^* \in \boldsymbol{D}$满足

$$F(x^*) = \overline{F}$$

今用反证法证明必有 $x^* \in D_{pa}^*$。设 $x^* \notin D_{pa}^*$，则存在 $\hat{y} \in D$ 有

$$F(\hat{y}) \leqslant F(\hat{x})$$

令 $\hat{F} = f(\hat{y})$

则 $\hat{F} \in F(D)$，且有

$$\hat{F} \leqslant \overline{F}$$

于是得到 $\overline{F} \notin R_{pa}^*$，此与假设 $\overline{F} \in R_{pa}^*$ 相矛盾。 】

对于弱有效点与弱有效解之间的关系，有下面类似的定理：

在像集 $F(D)$ 上，若 R_{pa}^* 已知，则在约束集 D 上有

$$D_{wp}^* = \bigcup_{\overline{F} \in R_{pa}^*} \{x^* \mid \overline{F} = F(\overline{x^*}), x^* \in D\} \tag{7-15}$$

上述两个定理说明，若在 $F(D)$ 上找到了某些有效点或弱有效点（像点），则可在 D 上看它是由哪些可行解（原像）映成的，而那些可行解就是有效解或弱有效解。也就是说：$F(D)$ 上的有效点或弱有效点的原像必是有效解或弱有效解。在例 7 - 3 中，$F(D)$ 上的 $b'c'$ 段是有效点集（也是弱有效点集），而 $b'c'$ 段的原像是 bc 段，故 bc 段是多目标问题的有效解集（也是弱有效解集）。由像集求解解集，这就是为什么要引进像集的主要原因。

我们研究像集还有另外两个很重要的目的，其一，通过像集的研究可以提供一些处理多目标规划的方法；其二，可以从几何上对一些通常使用的某些方法加以解释。

例 7 - 7 考虑 $n = 2, p = 2$ 的多目标规划问题：

$$\left.\begin{aligned} &\min \quad [f_1(x), f_2(x)]^T \\ &\text{s.t.} \quad g_i(x) \leqslant 0 (i = 1,2,\cdots,m) \end{aligned}\right\}$$

令

$$f_1^* = \min_{x \in D} f_1(x)$$

$$f_2^* = \min_{x \in D} f_2(x)$$

式中 $D = \{x \mid g_i(x) \leqq 0, i = 1,2,\cdots,m\}$。

先考虑一种最理想的情况，即 $[f_1^*, f_2^*]^T \in F(D)$，如图 7 - 14 所示。

由于 $[f_1^*, f_2^*] \in F(D)$，故至少存在一个 $x^* \in D$ 使得

$$f_1(x^*) = f_1^*, \quad f_2(x^*) = f_2^*$$

由 f_1^* 及 f_2^* 的定义，知对任意 $x \in D$ 都有

$$\left.\begin{aligned} f_1(x) \geqq f_1^* = f_1(x^*) \\ f_2(x) \geqq f_2^* = f_2(x^*) \end{aligned}\right\}$$

这说明 x^* 是问题的绝对最优解。

当然，一般说来，问题的绝对最优解往往是不存在的，或者说像集 $F(D)$ 不会如图 7 - 14

所示的那样；却常常如图7－15所示，$[f_1^*, f_2^*]^{\mathrm{T}} \notin \boldsymbol{F}(\boldsymbol{D})$，因而不存在某个可行解，使其像点是 $[f_1^*, f_2^*]^{\mathrm{T}}$，亦即绝对最优解不存在。在这后一种情形下，从 R^2 中的像空间上可以看出，在像集 $\boldsymbol{F}(\boldsymbol{D})$ 中距离理想的那个点 $\boldsymbol{A} = [f_1^*, f_2^*]^{\mathrm{T}}$ 最近的点应是可取的，它可由下面的方法来确定，即解如下的问题

$$\min_{[f_1, f_2]^{\mathrm{T}} \in \boldsymbol{F}(\boldsymbol{D})} \sqrt{(f_1 - f_1^*)^2 + (f_2 - f_2^*)^2} \qquad (7-16)$$

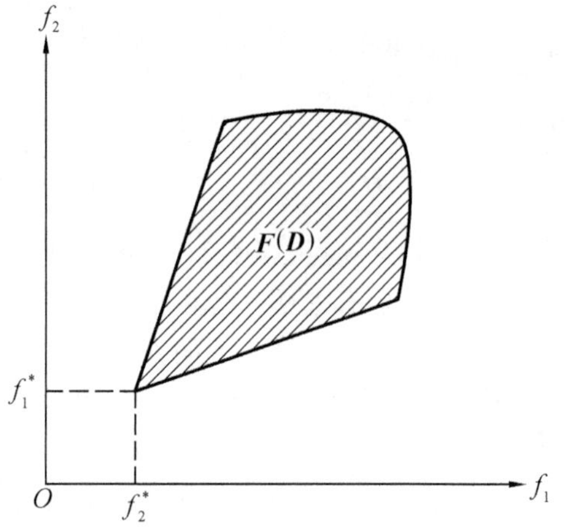

图7－14

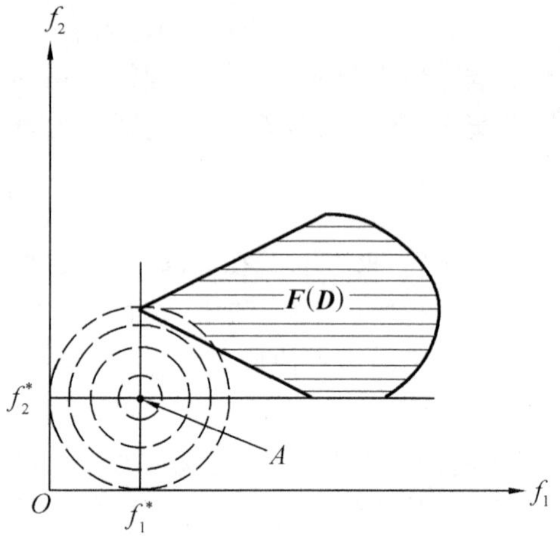

图7－15

设其最优解为 $\overline{\boldsymbol{F}} = [\bar{f}_1, \bar{f}_2]^{\mathrm{T}}$。由于 $\overline{\boldsymbol{F}} \in \boldsymbol{F}(\boldsymbol{D})$，故至少存在某个 $\boldsymbol{x}^* \in \boldsymbol{D}$，有

$$\boldsymbol{F}(\boldsymbol{x}^*) = [f_1(\boldsymbol{x}^*), f_2(\boldsymbol{x}^*)]^{\mathrm{T}} = \overline{\boldsymbol{F}}$$

以下我们说明如何借助于上面的分析来求出“理想解”$\boldsymbol{x}^*$（以后我们将要证明 $\boldsymbol{x}^* \in \boldsymbol{D}_{pa}^*$）。考虑非线性规划问题

$$\min_{\boldsymbol{x} \in \boldsymbol{D}} \sqrt{(f_1(\boldsymbol{x}) - f_1^*)^2 + (f_2(\boldsymbol{x}) - f_2^*)^2} \qquad (7-17)$$

式(7－17)表达的非线性规划的目标函数是在式(7－16)表达的非线性规划问题的目标函数

$$h(\boldsymbol{F}) = \sqrt{(f_1 - f_1^*)^2 + (f_2 - f_2^*)^2}$$

中令

$$\boldsymbol{F} = \boldsymbol{F}(\boldsymbol{x}) = [f_1(\boldsymbol{x}), f_2(\boldsymbol{x})]^{\mathrm{T}}$$

而得到的，即目标为

$$h(\boldsymbol{F}(\boldsymbol{x})) = \sqrt{(f_1(\boldsymbol{x}) - f_1^*)^2 + (f_2(\boldsymbol{x}) - f_2^*)^2}$$

非线性规划式(7－17)的约束条件是将非线性规划式(7－16)的限制条件 $F \in \boldsymbol{F}(\boldsymbol{D})$ 用 $\boldsymbol{x} \in$

$\boldsymbol{D}$ 代替而得到的。如果非线性规划式(7－17)的几何直观如图7－16所示，那么不难看出，"理想解"$\boldsymbol{x}^*$ 就是下述非线性规划问题

$$\min_{\boldsymbol{x}\in\boldsymbol{D}} h(\boldsymbol{F}(\boldsymbol{x}))$$

的最优解(见图7－16)。实际上，若 $\boldsymbol{x}^*$ 不是式(7－17)的最优解，则当设 $\hat{\boldsymbol{x}}\in\boldsymbol{D}$ 是式(7－17)的最优解时，令

$$\hat{\boldsymbol{F}} = \boldsymbol{F}(\hat{\boldsymbol{x}})$$

由于 $\hat{\boldsymbol{F}}\in\boldsymbol{F}(\boldsymbol{D})$，故得

$$h(\hat{\boldsymbol{F}}) = h(\boldsymbol{F}(\hat{\boldsymbol{x}})) < h(\boldsymbol{F}(\hat{\boldsymbol{x}}^*)) = h(\overline{\boldsymbol{F}})$$

此时 $\overline{\boldsymbol{F}}$ 必不是问题式(7－16)的最优解。从而得出的结论是：$\boldsymbol{x}^*$ 应是非线性规划问题式(7－17)的最优解。

上例说明，从像集的研究可以给出处理多目标问题的一种方法，这种方法就是后面要介绍的理想点法。

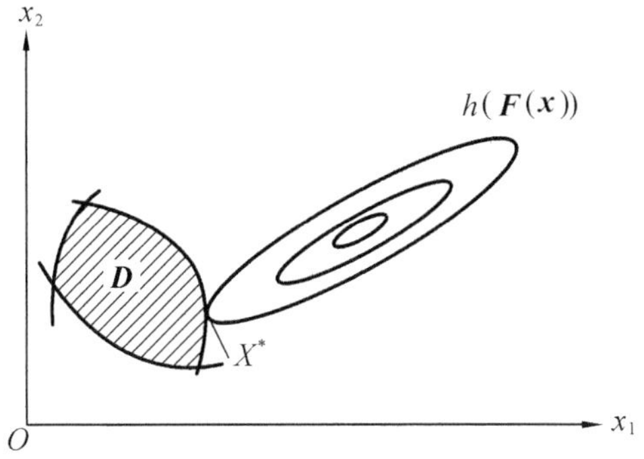

图7－16

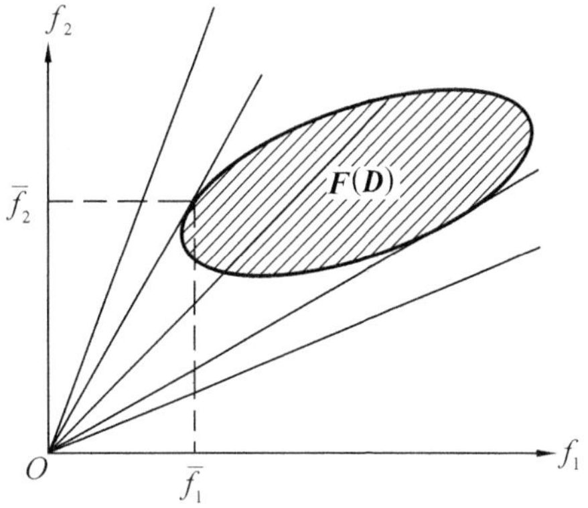

图7－17

例7－8　考虑两个目标的数学规划问题，其中

$$f_1(\boldsymbol{x}) \to \min$$
$$f_2(\boldsymbol{x}) \to \max$$

约束集为

$$\boldsymbol{D} = \{\boldsymbol{x} \mid g_i(\boldsymbol{x}) \leqq 0, i = 1,2,\cdots,m\}$$

设对任意 $\boldsymbol{x}\in\boldsymbol{D}$，$f_1(\boldsymbol{x})>0$，$f_2(\boldsymbol{x})>0$。例7－2的"投资问题"就是这样的多目标数学规划模型，例如 $f_1(\boldsymbol{x})$ 为投资的总金额，$f_2(\boldsymbol{x})$ 为投资后的总收益。要想投资小，而收益大，结合经济上的性能指标应是求利率最大，即单位投资的总收入最大，亦即求

$$\max_{x \in D} f_2(\boldsymbol{x})/f_1(\boldsymbol{x}) \tag{7-18}$$

这也完全可以从数学上去解释是如何把它化为单目标问题的，也就是把求最大的目标作为分子，把求最小的目标作为分母，如此化为单目标问题后再求最大。这就是后面将要进一步介绍的“乘除法”名称的由来。把问题式(7-18)转化为像空间上考虑，即令

$$h(\boldsymbol{F}) = f_2/f_1$$

去求

$$\max_{F \in F(D)} h(\boldsymbol{F}) \tag{7-19}$$

设式(7-19)的最优解为$\bar{\boldsymbol{F}} = [\bar{f}_1, \bar{f}_2]^{\mathrm{T}}$，其几何意义见图7-17。上面的例子说明：通常使用的方法，例如乘除法，也可以通过像集给予几何解释。

7.3　处理多目标规划问题的方法

本节讨论用线性或非线性规划来处理多目标规划问题的常用方法。

7.3.1　约束法

在目标函数$f_1(\boldsymbol{x}), f_2(\boldsymbol{x}), \cdots, f_p(\boldsymbol{x})$中，我们可以找出一个主要目标，例如$f_1(\boldsymbol{x})$，而对其他各目标$f_2(\boldsymbol{x}), f_3(\boldsymbol{x}), \cdots, f_p(\boldsymbol{x})$都可事先给定一个所希望的值，不妨记为$f_2^0, f_3^0, \cdots, f_p^0$。其中

$$f_j^0 \geqq \min_{x \in D} f_j(\boldsymbol{x}) \, (j = 2,3,\cdots,p) \tag{7-20}$$

$$\boldsymbol{D} = \{\boldsymbol{x} \mid g_i(\boldsymbol{x}) \leqq 0, i = 1,2,\cdots,m\}$$

于是可以把原来的多目标问题化为求如下的单目标规划问题

$$\left.\begin{aligned} &\min \quad f_1(\boldsymbol{x}) \\ &\text{s.t.} \quad g_i(\boldsymbol{x}) \leqq 0 \, (i = 1,2,\cdots,m) \\ &\qquad\ \ f_j(\boldsymbol{x}) \leqq f_j^0(\boldsymbol{x}_0) \, (j = 2,3,\cdots,p) \end{aligned}\right\} \tag{7-21}$$

我们也可以先求一个$\boldsymbol{x}^0 \in \boldsymbol{D}$，使得在其他较次要目标$f_2(\boldsymbol{x}), f_3(\boldsymbol{x}), \cdots, f_p(\boldsymbol{x})$的值都不比$f_2(\boldsymbol{x}^0), f_3(\boldsymbol{x}^0), \cdots, f_p(\boldsymbol{x}^0)$“坏”的前提下来求主要目标$f_1(\boldsymbol{x})$的极小，即求问题：

$$\left.\begin{aligned} &\min \quad f_1(\boldsymbol{x}) \\ &\text{s.t.} \quad g_i(\boldsymbol{x}) \leqq 0 \, (i = 1,2,\cdots,m) \\ &\qquad\ \ f_j(\boldsymbol{x}) \leqq f_j(\boldsymbol{x}^0) \, (j = 2,3,\cdots,p) \end{aligned}\right\} \tag{7-22}$$

对于$n = 2, p = 2$的情形如图7-18所示。从图7-18可以看出，采用式(7-22)的好处是，总可以保证集合

$$\tilde{\boldsymbol{D}} = \boldsymbol{D} \cap \{\boldsymbol{x} \mid f_j(\boldsymbol{x}) \leqq f_j \quad (\boldsymbol{x}^0) \, (j = 2,3,\cdots,p)\} \neq \varnothing$$

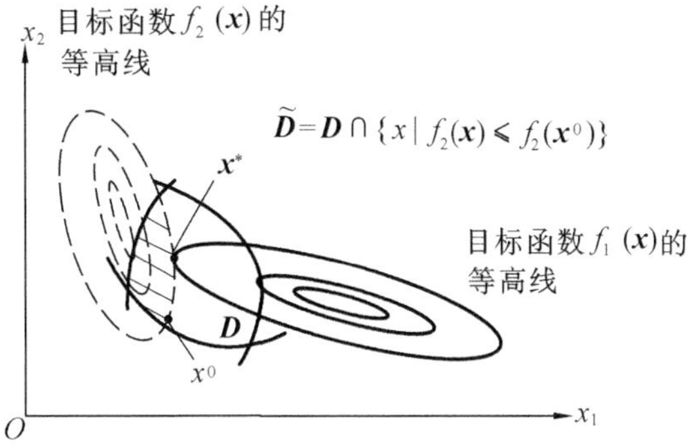

图 7 - 18

7.3.2 分层序列法

考虑多目标数学规划

$$\left.\begin{aligned}\min\quad & [f_1(\boldsymbol{x}),\cdots,f_p(\boldsymbol{x})]^{\mathrm{T}}\\ \text{s.t.}\quad & g_i(\boldsymbol{x})\leqq 0(i=1,2,\cdots,m)\end{aligned}\right\}\tag{7-23}$$

分层序列法是把上式中的 p 个目标 $f_1(\boldsymbol{x}),\cdots,f_p(\boldsymbol{x})$ 按其重要程度排序。例如设问题中 p 个目标的次序已排定:$f_1(\boldsymbol{x})$ 最重要,$f_2(\boldsymbol{x})$ 其次,…… 则可先求出第一个目标 $f_1(\boldsymbol{x})$ 的最优解,问题记为:

$$\left.\begin{aligned}\min\quad & f_1(\boldsymbol{x})=f_1^*\\ \text{s.t.}\quad & g_i(\boldsymbol{x})\leqq 0(i=1,2,\cdots,m)\end{aligned}\right\}\tag{7-24}$$

再求第二个目标的最优解,即求问题

$$\left.\begin{aligned}\min\quad & f_2(\boldsymbol{x})\\ \text{s.t.}\quad & \boldsymbol{x}\in\boldsymbol{D}\cap\{\boldsymbol{x}\mid f_1(\boldsymbol{x})\leqq f_1^*\end{aligned}\right\}\tag{7-25}$$

的最优解,其最优值记为 f_2^*。这实际上是在第一个目标的最优解集合上来求第二个目标 $f_2(x)$ 的最优解。然后求第三个目标的最优解,即求问题

$$\left.\begin{aligned}\min\quad & f_3(\boldsymbol{x})\\ \text{s.t.}\quad & \boldsymbol{x}\in\boldsymbol{D}\cap\{\boldsymbol{x}\mid f_j(\boldsymbol{x})\leqq f_j^*(j=1,2)\}\end{aligned}\right\}\tag{7-26}$$

的最优解,其最优值记为 f_3^*,…… 如此直到求最后的第 p 个问题的最优解,记为 $\boldsymbol{x}^*$。则 $\boldsymbol{x}^*$ 就是多目标问题在分层序列意义下的最优解。对于 $n=1,p=2$ 的简单情形如图 7 - 19 所示。图 7 - 19 中 $\boldsymbol{D}_1^*$ 表示 $\min\limits_{\boldsymbol{x}\in\boldsymbol{D}} f_1(\boldsymbol{x})$ 的最优解集合。

$$\left.\begin{aligned}\min\quad & f_p(\boldsymbol{x})\\ \text{s.t.}\quad & \boldsymbol{x}\in\boldsymbol{D}\cap\{\boldsymbol{x}\mid f_j(\boldsymbol{x})\leqq f_j^*(j=1,2,\cdots,p-1)\}\end{aligned}\right\}\tag{7-27}$$

可以证明 $\boldsymbol{x}^*$ 是问题的有效解。即有:

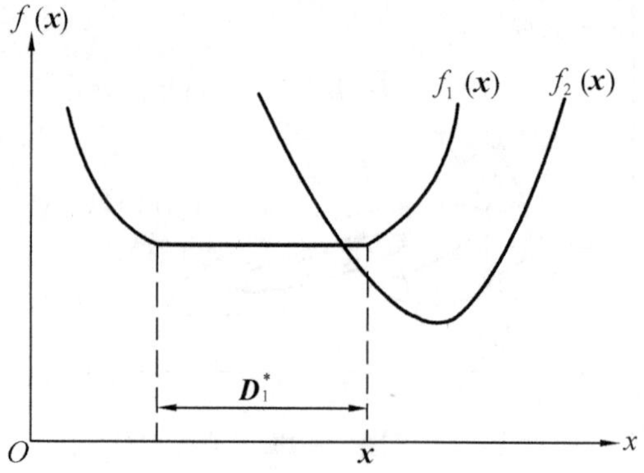

图7-19

若设 $\boldsymbol{x}^*$ 是由分层序列法所得到的最优解，则 $\boldsymbol{x}^* \in \boldsymbol{D}_{pa}^*$。

我们知道，使用分层序列法，若对于第 j 个目标分量问题的最优解唯一时，则再求第 $j+1,j+2,\cdots,p$ 个目标分量的最优解时已经没有意义了。特别，若第1个的最优解唯一时，更是如此。于是，我们可以有如下的较宽容意义下的分层序列法：即取 $\varepsilon_1>0\varepsilon_2>0,\cdots,\varepsilon_{p-1}>0$ 作为一组事先给定的宽容值，亦即作为按各自目标的不同要求预先给定关于相应目标最优值的允许偏差。与分层序列法相类似，逐次求第1，…，第 p 个问题的最优值，其不同处是把原来的第 k 问题修改为

$$\left.\begin{array}{ll}\min & f_k(\boldsymbol{x}) \\ \text{s.t.} & \boldsymbol{x}\in \boldsymbol{D}\cap\{\boldsymbol{x}\mid f_j(\boldsymbol{x})\leqq f_j^*+\varepsilon_j(j=1,2,\cdots,k-1)\} \\ & k=2,3,\cdots,p\end{array}\right\} \tag{7-28}$$

$n=1,p=2,\boldsymbol{D}=R^1$ 的简单情形的宽容分层序列法如图7-20所示。图中

$$\boldsymbol{D}_1=\{\boldsymbol{x}\mid f_1(\boldsymbol{x}\leqq f_1^*+\varepsilon_j\}$$

$$\min_{\boldsymbol{x}\in \boldsymbol{D}_1} f_2(\boldsymbol{x})=f_2^*=f_2(\boldsymbol{x}^*)$$

7.3.3　功效系数法

设有目标 $f_1(\boldsymbol{x}),f_2(\boldsymbol{x}),\cdots,f_k(\boldsymbol{x}),f_{k+1}(\boldsymbol{x}),f_{k+1}(\boldsymbol{x})\cdots$、$f_p(\boldsymbol{x})$，其中前 k 个目标值 $f_1(\boldsymbol{x}),f_2(\boldsymbol{x}),\cdots,f_k(\boldsymbol{x})$ 要求越小越好，而后 $(p-k)$ 个目标值 $f_{k+1}(\boldsymbol{x}),f_{k+2}(\boldsymbol{x}),\cdots,f_p(\boldsymbol{x})$ 要求越大越好。在具体处理这些目标之间的关系时，往往会由于各目标的量纲不同而带来一些困难。所谓“功效系数法”是针对这些目标函数 $f_j(\boldsymbol{x})$ 值的“好坏”用功效系数 d_j 表示，即 $d_j=d_j(f_j(\boldsymbol{x}))\ (j=1,2,\cdots,p)$，并满足 $0\leqslant d_j\leqslant 1$（或 $0\leqslant d_j<1$），且达到最满意时令 $d_j=1$ 或 $(d_j\approx 1)$；

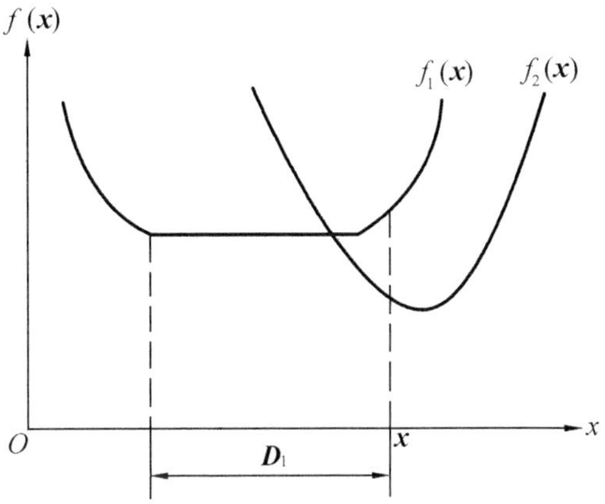

图 7－20

最差时令 $d_j=0$。

关于功效系数 $d_j=d_j(f_j(\boldsymbol{x}))$ 的具体形式是多种多样的。我们下面介绍两种常用的取法：

7.3.3.1 线性型

设

$$\left.\begin{cases}\min\limits_{\boldsymbol{x}\in \boldsymbol{D}} f_j(\boldsymbol{x})=f_{j\min}(j=1,2,\cdots,k)\\ \max\limits_{\boldsymbol{x}\in \boldsymbol{D}} f_j(\boldsymbol{x})=f_{j\max}(j=k+1,k+2,\cdots,p)\end{cases}\right\}\tag{7-29}$$

式中

$$\boldsymbol{D}=\{\boldsymbol{x}\mid g_i(\boldsymbol{x})\leqq 0(i=1,2,\cdots,m)\}$$

由于对 $j=1,2,\cdots,k$ 时，$f_j(\boldsymbol{x})$ 之值越小越好。故令

$$d_j=\begin{cases}1 & (\text{当} f_j=f_{j\min})\\ 0 & (\text{当} f_j=f_{j\max})\end{cases}$$

如图 7－21 所示。于是有

$$(f_j-f_{j\min})/(f_{j\max}-f_{j\min})=(d_j-1)/(0-1)$$

所以得到

$$d_j=1-(f_j(\boldsymbol{x})-f_{j\min})/(f_{j\max}-f_{j\min})\qquad (j=1,2,\cdots,k)\tag{7-30}$$

对于 $j=k+1,k+2,\cdots,p$ 时，由于 $f_j(x)$ 之值越大越好，故令

$$d_{\mathrm{j}}=\begin{cases}1 & (\text{当} f_j=f_{j\max})\\ 0 & (\text{当} f_j=f_{j\min})\end{cases}$$

如图 7－22 所示。

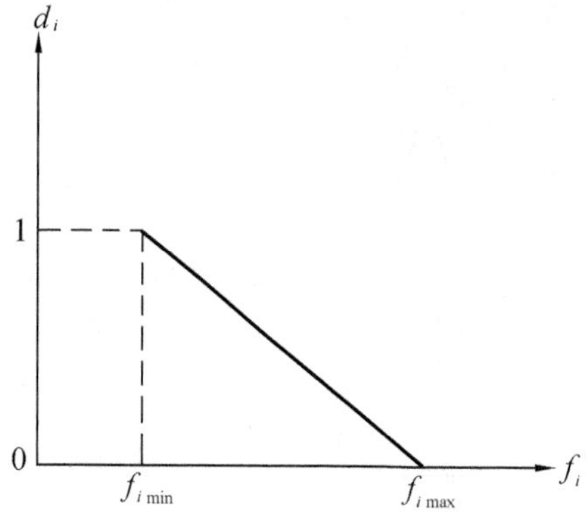

图7－21

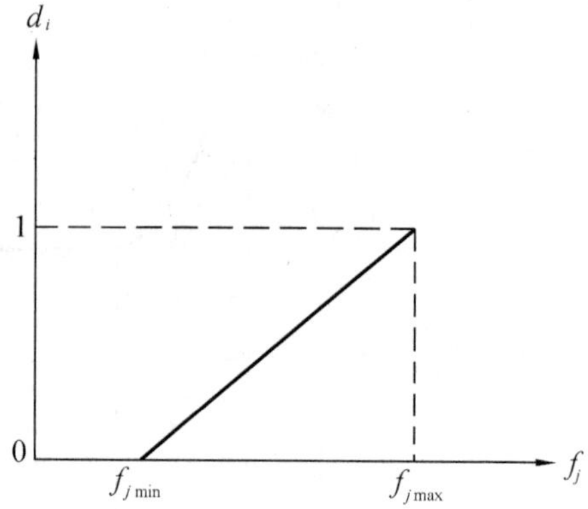

图7－22

类似地可得到

$$d_j = (f_j(\boldsymbol{x}) - f_{j\min})/(f_{j\max} - f_{j\min}) \qquad (j = k+1,\cdots,p) \tag{7-31}$$

7.3.3.2 指数型

对 $j = k+1, k+2, \cdots, p$，$f_j(\boldsymbol{x})$ 之值越大越好，我们考虑如下的指数形式的函数

$$d_j = e^{-[e^{-(b_0+b_1 f_j)}]} \qquad (b_1 > 0) \tag{7-32}$$

可以看出它具有如下的性质：

(1) 当 f_j 足够大时，$d_j \approx 1$；

(2) d_j 是 f_j 的严格增函数，如图7－23所示。

在实际问题中，我们对每个目标 $f_j(\boldsymbol{x})$ 总可以事先估计两个值：f_j^1 及 f_j^0，它具有这样的性质：当 $f_j(\boldsymbol{x}) = f_j^1$ 时，对 $f_j(\boldsymbol{x})$ 来说勉强合适（称合格值），此时，我们给以功效系数 $d_j = e^{-1} \approx 0.37$；当 $f_j(\boldsymbol{x}) = f_j^0$ 时，对 $f_j(\boldsymbol{x})$ 来说不合格（称不合格值），此时我们给以功效系数 $d_j = e^{-e} \approx 0.07$。之所以取 $d_j = e^{-1}$ 及 $d_j = e^{-e}$，是因为用下面的方程组确定 b_0 及 b_1 时较方便：

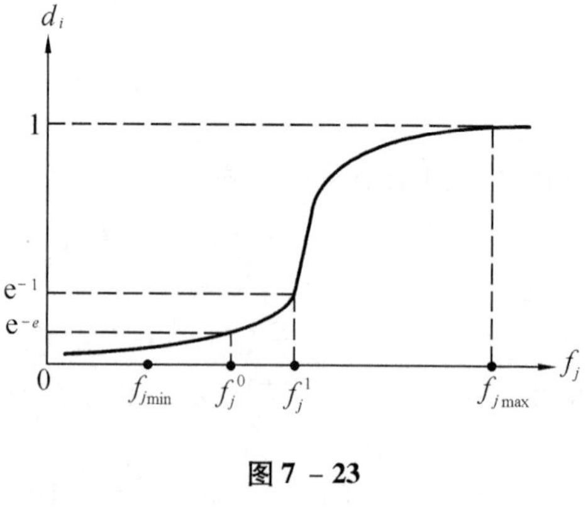

图7－23

$$\begin{cases} e^{-1} = e^{-[e^{-(b_0+b_1 f_j^1)}]} \\ e^{-e} = e^{-[e^{-(b_0+b_1 f_j^0)}]} \end{cases}$$

于是得到线性方程组

$$\begin{cases} b_0 + b_1 f_j^1 = 0 \\ b_0 + b_1 f_j^0 = -1 \end{cases}$$

解得

$$b_0 = f_j^1 / (f_j^0 - f_j^1)$$

$$b_1 = (-1)/(f_j^0 - f_j^1) \quad (>0)$$

故得指数形式的功效系数为

$$d_j = \mathrm{e}^{-[\mathrm{e}^{-(b_0 + b_1 f_j(x))}]} = \mathrm{e}^{-[\mathrm{e}^{-(f_j^1) - f_j(x))/(f_j^0 - f_j^1)}]}$$

即

$$d_j = -\mathrm{e}^{-[\mathrm{e}^{(f_j(x) - f_j^1)/(f_j^0 - f_j^1)}]} \quad (j = k+1, k+2, \cdots, p) \tag{7 - 33}$$

对于 $j = 1,2,\cdots,k$，由于 $f_j(\boldsymbol{x})$ 之值越小越好，故可类似地得到

$$d_j = 1 - \mathrm{e}^{-[\mathrm{e} f_j(x) - f_j^1)/(f_j^0 - f_j^1]} \quad (j = 1,2,\cdots,k) \tag{7 - 34}$$

其几何解释如图 7 - 24 所示。

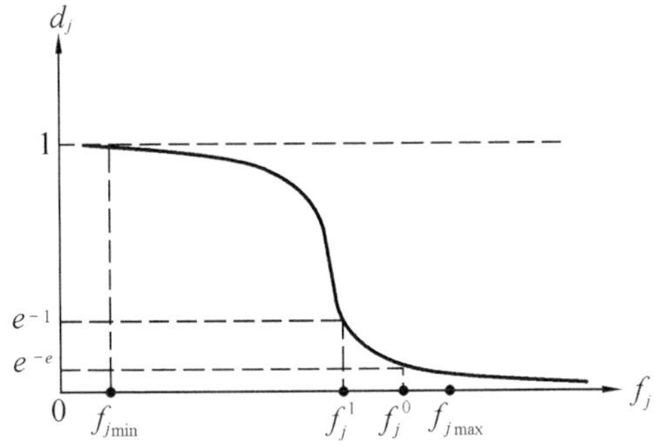

图 7 - 24

在得到了功效系数

$$d_j = d_j(f_j(\boldsymbol{x})), (j = 1,2,\cdots,k,k+1,\cdots,p)$$

以后，令

$$h(\boldsymbol{F}) = \left(\prod_{j=1}^{p} d_j\right)^{1/p} \tag{7 - 35}$$

求问题

$$\max_{\boldsymbol{x}\in D} h(\boldsymbol{F}(\boldsymbol{x})) = \max_{\boldsymbol{x}\in D}\left(\prod_{j=1}^{p} d_j(f_j(\boldsymbol{x}))\right)^{1/p} \tag{7 - 36}$$

的最优解 $\boldsymbol{x}^*$。

这里的 $h(\boldsymbol{F})$ 可以看做是一种评价函数，由于 $h(\boldsymbol{F})$ 是 $\boldsymbol{F}$ 的严格单增函数，可以证明 $\boldsymbol{x}^* \in \boldsymbol{D}_{pa}^*$（见下节）。

7.3.4 评价函数法

评价函数法是一大类方法，它的基本思想是：针对多目标规划问题式(7 - 3) 构造一个评价函数 $h(\boldsymbol{F}(x))$，然后求解问题：

$$\left.\begin{array}{ll} \min & h(f(\boldsymbol{x})) \\ \text{s.t.} & \boldsymbol{x} \in \boldsymbol{D} \end{array}\right\} \tag{7 - 37}$$

用式(7 - 37) 的最优解 $\boldsymbol{x}^*$ 作为问题式(7 - 3) 的最优解。由于可以用不同的方法来构造评价函数，因此有各种不同的评价函数方法。下面介绍常用的几种。

7.3.4.1 理想点法

在问题式(7 - 3) 中,先分别求解 p 个单目标规划问题

$$\left.\begin{aligned}\min \quad & f_i(\boldsymbol{x}) \qquad (i = 1,2,\cdots,p) \\ \text{s.t.} \quad & g_j(\boldsymbol{x}) \leqq 0 \quad (j = 1,2,\cdots,m)\end{aligned}\right\} \tag{7-38}$$

令 $f_i^* = \min\limits_{\boldsymbol{x} \in D} f_i(\boldsymbol{x})(i = 1,2,\cdots,p)$,其中

$$D = \{\boldsymbol{x} \mid g_i(\boldsymbol{x}) \leqslant 0(i = 1,2,\cdots,m)\}$$

构造评价函数

$$h(\boldsymbol{x}) = h(\boldsymbol{F}(\boldsymbol{x})) = \sqrt{\sum_{i=1}^{p} (f_i(\boldsymbol{x}) - f_i^*)^2} \tag{7-39}$$

再求解问题式(7 - 37),取其最优解 $\boldsymbol{x}^*$ 作为问题式(7 - 3) 的最优解。$h(\boldsymbol{x})$ 也可以取为更一般的形式:

$$h(\boldsymbol{x}) = \left[\sum_{i=1}^{p} (f_i(\boldsymbol{x}) - f_i^*)^q\right]^{(1/q)} \qquad (q > 1 \text{ 为整数}) \tag{7-40}$$

以上求得的向量 $\boldsymbol{F}^* = (f_1^*, f_2^*, \cdots, f_p^*)^{\mathrm{T}}$ 只是一个理想点,一般不能达到它。其中心思想是定义一种模,在这种模的意义下,找一个点尽量接近理想点 $\boldsymbol{F}^*$,使 $h(\boldsymbol{x}) = \|\boldsymbol{F}(\boldsymbol{x}) - \boldsymbol{F}^*\|_q \to \min$,故称它为理想点法。

7.3.4.2 平方和加权法

先求出各个单目标规划问题式(7 - 38) 的一个尽可能好的下界 $f_1^0, f_2^0, \cdots, f_p^0$,即

$$\min_{\boldsymbol{x} \in D} f_i(\boldsymbol{x}) \geqslant f_i^0 \qquad (i = 1,2,\cdots,p)$$

然后构造评价函数

$$h(\boldsymbol{x}) = h(\boldsymbol{F}(\boldsymbol{x}))) = \sum_{i=1}^{p} \lambda_i (f_i(\boldsymbol{x}) - f_i^0)^2 \tag{7-41}$$

其中 $\lambda_1, \lambda_2, \cdots, \lambda_p$ 为选定的一组权系数,它们满足

$$\sum_{i=1}^{p} \lambda_i = 1 \qquad (\lambda_i > 0, i = 1,2,\cdots,p) \tag{7-42}$$

再求出问题式(7 - 37) 的最优解 $\boldsymbol{x}^*$ 作为式(7 - 3) 的最优解。权系数 $\lambda_1, \lambda_2, \cdots, \lambda_p$ 的选取方法将在 7.3.4.8 中介绍。

7.3.4.3 虚拟目标法

开始如同平方和加权法那样,先确定 $f_j^0(\neq 0)$,使其满足

$$\min_{\boldsymbol{x} \in D} f_j(\boldsymbol{x}) \geqslant f_j^0, (j = 1,2,\cdots,p)$$

再令评价函数

$$h(\boldsymbol{F}) = \left\{ \sum_{j=1}^{p} [(f_i - f_j^0)/f_j^0)/f_j^0]^2 \right\}^{1/2} \tag{7-43}$$

再求出问题式(7 - 37) 的最优解 $\boldsymbol{x}^*$ 作为式(7 - 3) 的最优解。

7.3.4.4　线性加权和法

对问题式(7 - 3) 中 p 个目标函数 $f_1(\boldsymbol{x}), f_2(\boldsymbol{x}), \cdots, f_p(\boldsymbol{x})$ 按其重要程度给以适当的权系数

$$\lambda_i \geqslant 0 \qquad (i = 1,2,\cdots,p)$$

且

$$\sum_{i=1}^{p} \lambda_i = 1$$

然后构造评价函数

$$h(\boldsymbol{F}) = h(\boldsymbol{F}(\boldsymbol{x})) = \sum_{i=1}^{p} \lambda_i f_i(\boldsymbol{x}) \tag{7-44}$$

作为新的目标函数,再求解问题式(7 - 37) 的最优解 $\boldsymbol{x}^*$,以 $\boldsymbol{x}^*$ 作为问题式(7 - 3) 的最优解。

线性加权和法简单易行,计算量小,而常被采用。下面给出 $p = 2, n = 2$ 情况下的几何描述。此时有

$$\min_{[f_1,f_2]^{\mathrm{T}} \in \boldsymbol{F}(\boldsymbol{D})} (\overline{\lambda}_1 f_1 + \overline{\lambda}_2 f_2)$$

式中 $\overline{\lambda}_1 > 0; \overline{\lambda}_2 > 0; \overline{\lambda}_1 + \overline{\lambda}_2 = 1$。如图 7 - 25 所示。因而存在 $\boldsymbol{x}^* \in \boldsymbol{D}$,使

$$f_1(\boldsymbol{x}^*) = \bar{f}_1, f_2(\boldsymbol{x}^*) = \bar{f}_2$$

易知 $\boldsymbol{x}^*$ 为多目标问题的有效解,即 $\boldsymbol{x}^* \in \boldsymbol{D}_{pa}^*$。但当权系数 $\overline{\lambda}_1, \overline{\lambda}_2$ 中有等于零的时,$\boldsymbol{x}^*$ 可能是弱有效解,如图 7 - 26 所示。即当 $\overline{\lambda}_2 = 0$ 时,上述情形变为求

$$\min_{[f_1,f_2]^{\mathrm{T}} \in F(D)} f_1$$

此时若 $\boldsymbol{x}^* \in \boldsymbol{D}$ 满足 $f_1(\boldsymbol{x}^*) = \bar{f}_1, f_2(\boldsymbol{x}^*) = \bar{f}_2$,则可见 $\boldsymbol{x}^* \in \boldsymbol{D}_{wp}^*$。

7.3.4.5　min - max 法(极小 - 极大法)

在对策论中作决策时,常常要考虑在最不利的情况下找出一个最有利的策略方案,这就是所谓极小 - 极大方法。按照这种思想,可以构造评价函数

$$h(\boldsymbol{F}(\boldsymbol{x})) = \max_{1 \leqslant j \leqslant p} \{f_j(\boldsymbol{x})\} \tag{7-45}$$

然后求解问题

$$\left.\begin{aligned} \min \quad & h(\boldsymbol{F}(\boldsymbol{x})) = \min_{x \in D} \{\max_{1 \leqslant j \leqslant p} f_j(\boldsymbol{x})\} \\ \text{s.t.} \quad & \boldsymbol{x} \in \boldsymbol{D} \end{aligned}\right\} \tag{7-46}$$

得最优解 $\boldsymbol{x}^*$,以 $\boldsymbol{x}^*$ 作为问题式(7 - 3) 的最优解,也可选取一组适当的权系数 $\lambda_1, \lambda_2, \cdots, \lambda_p$,使它们满足

$$\lambda_i \geqslant 0 \qquad (i = 1,2,\cdots,p)$$

和

$$\sum_{i=1}^{p} \lambda_i = 1$$

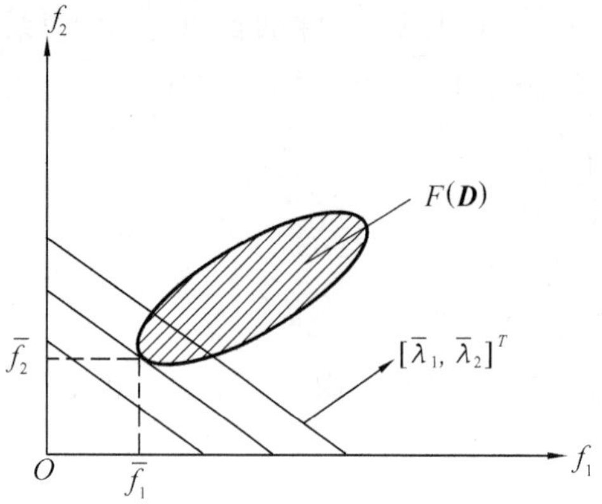

图 7 – 25

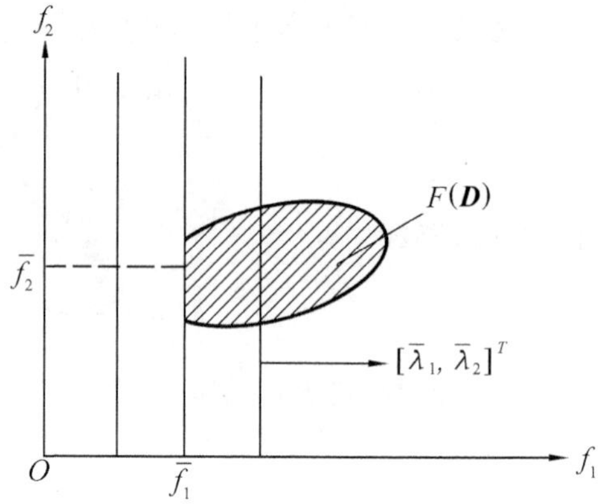

图 7 – 26

然后将评价函数定义为

$$h(\boldsymbol{F}(\boldsymbol{x})) = \max_{1 \leqslant j \leqslant p} \{ \boldsymbol{\lambda}_j f_j(\boldsymbol{x}) \} \tag{7-47}$$

7.3.4.6　乘除法

在问题式(7 – 3) 中,设对任意 $\boldsymbol{x} \in \boldsymbol{D}$,各目标函数值均满足 $f_j(\boldsymbol{x}) > 0\ (j = 1,2,\cdots,p)$。现将目标函数分为两类,不妨设其分别为:

(1)　$f_1(\boldsymbol{x}), f_2(\boldsymbol{x}), \cdots, f_i(\boldsymbol{x}) \to \min$;

(2)　$f_{t+1}(\boldsymbol{x}), f_{i+2}(\boldsymbol{x}), \cdots, f_p(\boldsymbol{x}) \to \max$。

则可构造评价函数

$$h(\boldsymbol{F}(\boldsymbol{x})) = \left[\prod_{j=1}^{t} f_j(\boldsymbol{x}) \right] \Big/ \left[\prod_{j=t+1}^{p} f_j(\boldsymbol{x}) \right] \tag{7-48}$$

然后求解问题式(7 – 37),即可得到问题式(7 – 3) 的最优解。

7.3.4.7　评价函数的单调性与解的性质

上面通过构造评价函数,把求解多目标规划问题式(7 – 3) 转化为求解单目标规划问题式(7 – 38),从而得到原问题式(7 – 3) 在某种意义下的最优解 $\boldsymbol{x}^*$。我们要问:$\boldsymbol{x}^*$ 是问题式(7 – 3) 的有效解(或弱有效解) 吗?如果 $\boldsymbol{x}^*$ 既不是有效解,也不是弱有效解,那么 $\boldsymbol{x}^*$ 一定可以改进,而上述解法(评价函数法) 就没有什么意义了。下面将说明 $h(\boldsymbol{F}(\boldsymbol{x}))$ 满足某种单调性质时,$\boldsymbol{x}^*$ 一定是问题式(7 – 3) 的有效解或弱有效解。为此,有如下的定义和定理。

(1) 若对任意 $\boldsymbol{F},\overline{\boldsymbol{F}} \in \boldsymbol{D}^p$,且 $\boldsymbol{F} \leqslant \overline{\boldsymbol{F}}$,都有 $h(\boldsymbol{F}) < h(\overline{\boldsymbol{F}})$ 成立,则称 $h(\boldsymbol{F})$ 是 $\boldsymbol{F}$ 的严格单调增函数。

(2) 若对任意 $\boldsymbol{F},\overline{\boldsymbol{F}} \in \boldsymbol{D}^p$,且 $\boldsymbol{F} < \overline{\boldsymbol{F}}$,都有 $h(\boldsymbol{F}) < h(\overline{\boldsymbol{F}})$ 成立,则称 $h(\boldsymbol{F})$ 是 F 的单调增函数。

(3) 设 $\boldsymbol{F} \in \boldsymbol{D}^p$,若 $h(\boldsymbol{F})$ 是 F 的严格单调增函数,则问题式(7-37)的最优解 $\boldsymbol{x}^* \in \boldsymbol{D}_{pa}^*$。

【证 用反证法证明。设 $\boldsymbol{x}^* \notin \boldsymbol{D}_{pa}^*$ 则必存在 $\boldsymbol{y} \in \boldsymbol{D}$,使 $\boldsymbol{F}(\boldsymbol{y}) \leqslant \boldsymbol{F}(\boldsymbol{x}^*)$。由于 $h(\boldsymbol{F})$ 是 $\boldsymbol{F}$ 的严格单调增函数,所以有 $h(\boldsymbol{F}(\boldsymbol{y})) < h(\boldsymbol{F}(\boldsymbol{x}^*))$,而这与 $\boldsymbol{x}^*$ 是问题式(7-37)的最优解相矛盾。】

(4) 设 $\boldsymbol{F} \in \boldsymbol{D}^p$,若 $h(\boldsymbol{F})$ 是 $\boldsymbol{F}$ 的单调增函数,则问题式(7-37)的最优解 $\boldsymbol{x}^* \in \boldsymbol{D}_{wp}^*$。

下面来说明本节上述的几种评价函数 $h(\boldsymbol{F})$ 均为严格单调增函数或单调增函数,于是由上述定理可知 $\boldsymbol{x}^* \in \boldsymbol{D}_{pa}^*$ 或 $\boldsymbol{x}^* \in \boldsymbol{D}_{wp}^*$。

(1) 理想点法

$$h(\boldsymbol{F}) = \left[\sum_{j=1}^{p}(f_j(\boldsymbol{x}) - f_j^*)^q\right]^{(1/q)}$$

其中 $q \geqslant 2$,且为整数,$f_j(\boldsymbol{x}) \geqslant f_j^*$,$(j = 1,2,\cdots,p)$。

若 $\boldsymbol{F} \leqslant \overline{\boldsymbol{F}}$,由 $\boldsymbol{F} \geqq \boldsymbol{F}^*$,$\overline{\boldsymbol{F}} \geqq \boldsymbol{F}^*$ 可得

$$\bar{f}_j - f_j^* \geqslant f_j - f_j^* \geqslant 0 \qquad (j = 1,2,\cdots,p)$$

且至少存在某个 $j_0(1 \leqslant j_0 \leqslant p)$,使

$$\bar{f}_{j0} - f_{j0}^* > f_{j0} - f_{j0}^*$$

因此 $h(\boldsymbol{F}) < h(\overline{\boldsymbol{F}})$,即 $h(\boldsymbol{F})$ 为 F 的严格单调增函数。

(2) 平方和加权法

$$h(\boldsymbol{F}) = \sum_{j=1}^{p}\lambda_j(f_j - f_j^0)^2$$

其中 $\lambda_j > 0(j = 1,2,\cdots,p)$ 且 $\sum_{j=1}^{p}\lambda_i = 1$,$f_j \geqslant f_j^0(j = 1,2,\cdots,p)$。用与上面类似的证法易证 $h(\boldsymbol{F})$ 为 F 的严格单调增函数。

(3) 虚拟目标法

$$h(\boldsymbol{F}) = \left\{\sum_{j=1}^{p}\left[(f_j - f_j^0)/f_j^0\right]^2\right\}^{1/2}$$

式中 $f_j \geqslant f_j^0$,$j = 1,2,\cdots,p$,同理可证明 $h(\boldsymbol{F})$ 为 F 的严格单调增函数。

(4) 线性加权和法

$$h(\boldsymbol{F}) = \sum_{i=1}^{p}\lambda_j f_j$$

其中 $\lambda_j \geq 0(j = 1,2,\cdots,p)$，且 $\sum_{j=1}^{p} \lambda_j = 1$。下面将证明：

(1) 当 $\lambda_j > 0(j = 1,2,\cdots,p)$ 时，$h(\boldsymbol{F})$ 为严格单调增函数；

(2) 当 $\lambda_j \geqslant 0(j = 1,2,\cdots,p)$ 时，$h(\boldsymbol{F})$ 为单调增函数。

【证 (1) 因为 $\lambda_j > 0(j = 1,2,\cdots,p)$，且 $F \leqslant \bar{\boldsymbol{F}}$，所以

$$\lambda_j f_j \leqslant \lambda_j \bar{f}_j (j = 1,2,\cdots,p) \tag{7-49}$$

由 $\boldsymbol{F} \leqslant \bar{\boldsymbol{F}}$ 可知：至少存在某个 $j_0(1 \leqslant j_0 \leqslant p)$，使 $f_{j_0} < \bar{f}_{j_0}$，于是

$$\lambda_{j_0} f_{j_0} < \lambda_{j_0} \bar{f}_{j_0} \tag{7-50}$$

由式(7 - 49) 和(7 - 50) 可得

$$h(\boldsymbol{F}) = \sum_{j=1}^{p} \lambda_j f_j < \sum_{j=1}^{p} \lambda_j \bar{f}_j = h(\bar{\boldsymbol{F}})$$

(2) 因为 $\lambda_j \geqslant 0(j = 1,2,\cdots,p)$ 且 $F < \bar{\boldsymbol{F}}$，所以

$$\lambda_j f_j \leqslant \lambda_j \bar{f}_j \qquad (j = 1,2,\cdots,p) \tag{7-51}$$

又因为 $\sum_{j=1}^{p} \lambda_j = 1$，所以至少存在某个 $j_0(1 \leqslant j_0 \leqslant p)$，使得 $\lambda_{j_0} > 0$。于是有

$$\lambda_{j_0} f_{j_0} < \lambda_{j_0} \bar{f}_{j_0} \tag{7-52}$$

由式(7 - 51) 和式(7 - 52) 可得

$$h(\boldsymbol{F}) = \sum_{j=1}^{p} \lambda_j f_j < \sum_{j=1}^{p} \lambda_j \bar{f}_j = h(\bar{\boldsymbol{F}})$$ 】

用类似的方法，可以证明：在 min - max 法中的评价函数 $h(\boldsymbol{F})$ 是 $\boldsymbol{F}$ 的单调增函数，在乘除法中的评价函数 $h(\boldsymbol{F})$ 是 $\boldsymbol{F}$ 的严格单调增函数。

综上所述，用上面的六种方法求得单目标规划问题式(7 - 37) 的最优解 $\boldsymbol{x}^*$ 都是问题式(7 - 3) 的有效解或弱有效解，即必有 $\boldsymbol{x}^* \in \boldsymbol{D}_{pa}^*$ 或 $\boldsymbol{x}^* \in \boldsymbol{D}_{wp}^*$。

7.3.4.8 确定权系数的方法

在这一小节中，介绍评价函数 $h(\boldsymbol{F}(x))$ 的表达式中包含有权系数 $\lambda_1,\lambda_2,\cdots,\lambda_p$ 时，其值的确定方法。

(1) 老手法

老手是指有关方面的专家、有经验的工人和干部等，邀请一批老手 N 个，请他们各自独立的填写如下的调查表(表 7 - 1)。

表 7－1 老手法的调查表

老手 \ 权系数 \ 目标	$f_1(\boldsymbol{X})$	$f_2(\boldsymbol{X})$	…	$f_p(\boldsymbol{X})$
	$\boldsymbol{\lambda}_1$	$\boldsymbol{\lambda}_2$	…	$\boldsymbol{\lambda}_p$
1	λ_{11}	λ_{12}	…	λ_{1p}
⋮	⋮	⋮	⋮	⋮
N	λ_{N2}	λ_{N2}	…	λ_{Np}

表中的 λ_{ij} 是第 i 个老手对第 j 个目标 $f_j(\boldsymbol{X})$ 给出的权系数($j=1,2,\cdots,N;J=1,2,\cdots,P$)。表 7－1 填好后,用下式可算出权系数 $\lambda_j(j=1,2,\cdots,p)$ 的平均值。

$$\lambda_j=\frac{1}{N}\sum_{i=1}^{N}\lambda_{ij}\qquad(j=1,2,\cdots,p)\tag{7-53}$$

然后对每个老手 $i(1\leqslant i\leqslant N)$,算出其估值 λ_{ij} 与平均值 λ_j 之间的偏差,即

$$\delta_{ij}=|\lambda_{ij}-\lambda_j|\qquad(j=1,2,\cdots,p)\tag{7-54}$$

再请偏差最大的老手发表意见,通过充分讨论后,再对权系数作适当调整,以便获得较为可靠的数据。

(2)α－方法

为便于理解,先介绍 $p=2$ 的情形的 α－方法。首先求出问题

$$\left.\begin{aligned}&\min\quad f_i(\boldsymbol{x})(i=1,2)\\&\text{s.t.}\quad \boldsymbol{x}\in\boldsymbol{D}\end{aligned}\right\}\tag{7-55}$$

的最优解,设为 $\boldsymbol{x}^{(i)}(i=1,2)$。令

$$\left.\begin{aligned}f_1^1&=f_1(\boldsymbol{x})^1,f_2^1=f_2(\boldsymbol{x}^1)\\f_1^2&=f_1(\boldsymbol{x}^2),f_2^2=f_2(\boldsymbol{x}^2)\end{aligned}\right\}$$

在像空集的几何图形如图 7－27 所示。

设过点 $(f_1^1,f_2^1)^{\mathrm{T}}$ 和 $(f_1^2,f_2^2)^{\mathrm{T}}$ 的直线方程为

$$\lambda_1f_1+\lambda_2f_2=\beta\tag{7-56}$$

其中系数 $\lambda_1,\lambda_2,\beta$ 待定,不妨假设

$$\lambda_1+\lambda_2=1\tag{7-57}$$

将点 $(f_1^1,f_2^1)^{\mathrm{T}}$ 和 $(f_1^2,f_2^2)^{\mathrm{T}}$ 的坐标代入(7－56)得

$$\left.\begin{aligned}\lambda_1f_1^1+\lambda_2f_2^1&=\beta\\\lambda_1f_1^2+\lambda_2f_2^2&=\beta\end{aligned}\right\}\tag{7-58}$$

若问题式(7－3)不存在绝对最优解,则有

$$\left.\begin{aligned} f_1^2 &= f_1(\boldsymbol{x}^2) > f_1(\boldsymbol{x}^1) = f_1^1 \\ f_2^1 &= f_2(\boldsymbol{x}^1) > f_2(\boldsymbol{x}^2) = f_2^2 \end{aligned}\right\}$$

因为若$f_1^2=f_1^1$,则说明 $\boldsymbol{x}^2$ 也是问题式(7－55)的最优解。$\boldsymbol{x}^2$ 也是问题式(7－3)的绝对最优解。这与假设问题式(7－3)不存在绝对最优解相矛盾。

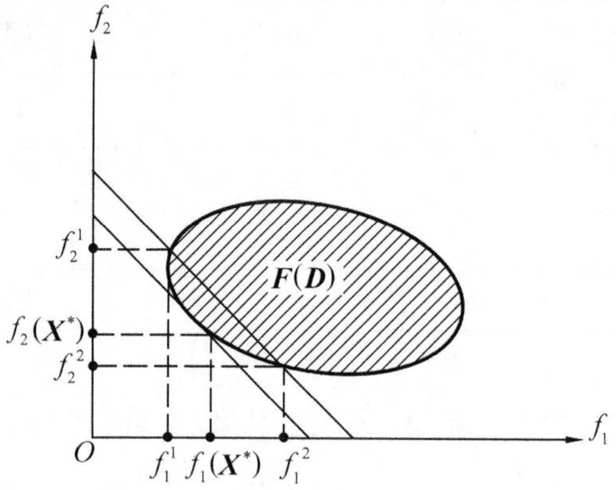

图7－27

由式(7－57)和式(7－58)联立,可求出权系数

$$\left.\begin{aligned} \lambda_1 &= (f_2^1 - f_2^2)/[(f_1^2 - f_1^1) + (f_2^1 - f_2^2)] \\ \lambda_2 &= (f_1^2 - f_1^1)/[(f_1^2 - f_1^1) + (f_2^1 - f_2^2)] \end{aligned}\right\} \quad (7-59)$$

对于一般的具有$p(p\geqslant 2)$个目标的情况,可以完全类似地求出。

首先求出 p 个问题

$$\left.\begin{aligned} \min \quad & f_i(\boldsymbol{x}) \quad (i=1,2,\cdots,p) \\ \text{s.t.} \quad & \boldsymbol{x} \in \boldsymbol{D} \end{aligned}\right\} \quad (7-60)$$

的最优解,记为$\boldsymbol{x}^i(i=1,2,\cdots,p)$。令

$$f_j^i = f_j(x^i)(j=1,2,\cdots,p;i=1,2,\cdots,p)$$

设经过 p 个点$(f_1^i,f_2^i\cdots,f_p^i)^{\mathrm{T}}(i=1,2,\cdots,p)$的超平面方程为

$$\lambda_1 f_1 + \lambda_2 f_2 + \cdots + \lambda_p f_p = \beta$$

其中

$$\lambda_1 + \lambda_2 + \cdots + \lambda_p = 1$$

于是有

$$\left.\begin{aligned} &\sum_{j=1}^{p} \lambda_j f_j^i = \beta \quad (i=1,2,\cdots,p) \\ &\sum_{j=1}^{p} \lambda_j = 1 \end{aligned}\right\} \quad (7-61)$$

式(7－61)是含有$(p+1)$个变量$\lambda_1,\lambda_2,\cdots,\lambda_p,\beta$及$(p+1)$个方程的线性方程组。当问题式(7－3)不存在绝对最优解时,式(7－61)有唯一的一组解,这就是所要求的权系数(β除外)。

7.3.5 逐步法

这是一种求解多目标线性规划问题的迭代方法。在求解过程中的每一步,分析者把计算

结果告诉决策者,决策者对计算结果作出评价,若认为满意,则迭代终止;否则分析者根据决策者的意见再重复计算,如此循环地进行,直到求得满意的解为止。这种方法主要是针对如下的线性多目标问题设计的。

$$\left.\begin{aligned} \min \quad & \boldsymbol{F}(\boldsymbol{x}) = (f_1(\boldsymbol{x}), f_2(\boldsymbol{x}), \cdots, f_p(\boldsymbol{x}))^{\mathrm{T}} \\ \text{s.t.} \quad & AX \leqslant B \\ & \boldsymbol{x} \geqslant 0 \end{aligned}\right\} \tag{7-62}$$

其中

$$\left.\begin{aligned} & f_i(\boldsymbol{x}) = \sum_{j=1}^{n} c_{ij} x_j \qquad (i = 1,2,\cdots,p) \\ & \boldsymbol{A} = (a_{ij})_{m \times n}, \boldsymbol{B} = (b_1, b_2, \cdots, b_m)^{\mathrm{T}} \end{aligned}\right\}$$

令 $\boldsymbol{D} = \{\boldsymbol{x} \mid \boldsymbol{AX} \leqslant \boldsymbol{B}, \boldsymbol{X} \geqslant 0\}$,逐步法的计算步骤如下。

(1) 分别求解如下的 p 个单目标线性规划问题:

$$\left.\begin{aligned} \min \quad & f_i(\boldsymbol{x}) = \sum_{j=1}^{n} c_{ij} x_j \quad (i = 1,2,\cdots,p) \\ \text{s.t.} \quad & \boldsymbol{x} \in \boldsymbol{D} \end{aligned}\right\} \tag{7-63}$$

设所得的最优解为 $\boldsymbol{x}^i (i = 1,2,\cdots,p)$,相应的最优值为$f_i^* (i = 1,2,\cdots,p)$。令

$$f_i^M = \max_j \{f_i(x^{(j)})\}$$

(2) 令

$$\alpha_i = \begin{cases} (f_i^M - f_i^*) \Big/ f_i^* \left[\sum_{j=1}^{n} c_{ij}^2\right]^{1/2} & (若 f_i^* > 0) \\ (f_i^* - f_i^M) / f_i^* \left[\sum_{j=1}^{n} c_{ij}^2\right]^{1/2} & (若 f_i^* < 0) \end{cases} \tag{7-64}$$

$$\lambda_i = \alpha_i \Big/ \sum_{j=1}^{p} \alpha_j \quad (i = 1,2,\cdots,p) \tag{7-65}$$

由式(7-64)和式(7-65)易见:$0 \leqslant \lambda_i \leqslant 1 (i = 1,2,\cdots,p)$,$\sum_{i=1}^{p} \lambda_i = 1$。

(3) 求出问题

$$\left.\begin{aligned} \min \quad & t \\ \text{s.t.} \quad & [f_i(\boldsymbol{x}) - f_i^*] \lambda_i \leqslant t \quad (i = 1,2,\cdots,p) \\ & \boldsymbol{x} \in \boldsymbol{D} \quad (t \geqslant 0) \end{aligned}\right\} \tag{7-66}$$

的最优解 $\boldsymbol{x}^{(1)}$ 及$f_1(\boldsymbol{x}^{(1)}), f_2(\boldsymbol{x}^{(1)}), \cdots, f_p(\boldsymbol{x}^{(1)})$。

(4) 将上面的计算结果 $\boldsymbol{x}^{(1)}, f_1(\boldsymbol{x}^{(1)}), f_2(\boldsymbol{x}^{(1)}), \cdots, f_p(\boldsymbol{x}^{(1)})$ 告诉决策者,若决策者认为满意,则取 $\boldsymbol{x}^{(1)}$ 为式(7-62)的最优解,$\boldsymbol{F}(\boldsymbol{x}^{(1)}) = f_1(\boldsymbol{x}^{(1)}), f_2(\boldsymbol{x}^{(1)}), \cdots, f_p(\boldsymbol{x}^{(1)})^{\mathrm{T}}$ 为最优值,计

算结束；否则由决策者把某个目标（例如第 j 个目标）的值提高 Δf_j（称为宽容值），则式（7 - 66）中的约束集 $\boldsymbol{D}$ 改为 $\boldsymbol{D}^{(1)}$，即令 $\boldsymbol{D} = \boldsymbol{D}^{(1)}$，其中

$$\boldsymbol{D}^{(1)} = \{\boldsymbol{x} \mid \boldsymbol{x} \in \boldsymbol{D}, f_j(\boldsymbol{x}) \leqslant f_j(\boldsymbol{x}^{(1)}) + \Delta f_j, f_i(\boldsymbol{x}) \leqslant f_i(\boldsymbol{x}^{(1)})(i = 1,2,\cdots,p, i \neq j)\}$$

且 $\lambda_j = 0$，再求解问题式（7 - 66），得到最优解 $\boldsymbol{x}^{(2)}, f_1(\boldsymbol{x}^{(2)}), \cdots, f_p(\boldsymbol{x}^{(2)})$，这样继续迭代下去，直到求得一组决策者满意的解为止。由上可见，这是一种人机交互式的方法。

复习思考题

7 - 1　多目标规划问题的解集有何特点？什么是绝对最优解？什么是有效解？什么是弱有效解？

7 - 2　什么是多目标规划问题的像集，它与解集有何关系？

7 - 3　有哪些处理多目标规划的方法，如何求解？

7 - 4　评价函数法的基本思想是什么，有几种具体的方法？

7 - 5　有哪几种确定评价函数法的权系数的方法，怎样确定？

7 - 6　试述求解多目标规划的逐步法。

习　　题

7 - 1　考虑多目标规划问题：

$$\left.\begin{aligned} &\min \quad [f_1(x), f_2(x)]^{\mathrm{T}} \\ &\text{s.t.} \quad x \in \boldsymbol{D} = \{x \mid x \geqq 0\}, x \in R^1 \end{aligned}\right\}$$

式中

$$f_1(x) = (x-1)^2 + 1$$

$$f_2(x) = \begin{cases} -x + 4 & (\text{当 } x \leqq 3) \\ 1 & (\text{当 } 3 \leqq x \leqq 4) \\ x - 3 & (\text{当 } x \geqq 4) \end{cases}$$

（1）求 $\boldsymbol{D}_1^*, \boldsymbol{D}_2^*, \boldsymbol{D}_{wp}^*, \boldsymbol{D}_{pa}^*, \boldsymbol{D}_{ab}^*$；

（2）用图示说明 $\boldsymbol{D}_{wp}^* = \boldsymbol{D}_{pa}^* \cup \{\bigcup_{i=1}^{2} \boldsymbol{D}_i^*\}$。

7 - 2　考虑多目标规划问题：

$$\left.\begin{aligned} &\min \quad [f_1(x), f_2(x)]^{\mathrm{T}} \\ &\text{s.t.} \quad x \in \boldsymbol{D} = \{x \mid 0 \leqslant x \leqslant 2\pi\}, x \in \boldsymbol{R}^1 \end{aligned}\right\}$$

式中

$$f_1(x) = \sin x, f_2(x) = \cos x$$

(1) 求 $\boldsymbol{D}_1^*, \boldsymbol{D}_2^*, \boldsymbol{D}_{wp}^*, \boldsymbol{D}_{pa}^*, \boldsymbol{D}_{ab}^*$；

(2) 求出像集 $\boldsymbol{F}(\boldsymbol{D}), \boldsymbol{R}_1^*, \boldsymbol{R}_2^*, \boldsymbol{R}_{wp}^*, \boldsymbol{R}_{pa}^*, \boldsymbol{R}_{ab}^*$，并由像集求出 $\boldsymbol{D}_1^*, \boldsymbol{D}_2^*, \boldsymbol{D}_{wp}^*, \boldsymbol{D}_{pa}^*, \boldsymbol{D}_{ab}^*$。

7－3　考虑线性规划问题：

$$\left.\begin{array}{ll} \min & [f_1(\boldsymbol{X}), f_2(\boldsymbol{X})]^{\mathrm{T}} \quad \boldsymbol{x} \in R^3 \\ \text{s.t.} & \boldsymbol{x} \in \boldsymbol{D} = \{x \mid 0 \leqslant x_j \leqslant 1, j = 1,2,3\} \end{array}\right\}$$

式中

$$\left.\begin{array}{l} f_1(\boldsymbol{X}) = x_1 + x_2 + x_3 \\ f_2(\boldsymbol{X}) = x_1 - x_2 - x_3 \end{array}\right\}$$

(1) 求 $\boldsymbol{F}(\boldsymbol{D})$；

(2) 求 $\boldsymbol{R}_1^*, \boldsymbol{R}_2^*, \boldsymbol{R}_{wp}^*, \boldsymbol{R}_{pa}^*, \boldsymbol{R}_{ab}^*$；

(3) 求 $\boldsymbol{D}_1^*, \boldsymbol{D}_2^*, \boldsymbol{D}_{wp}^*, \boldsymbol{D}_{pa}^*, \boldsymbol{D}_{ab}^*$。

7－4　求线性多目标规划问题在分层序列意义下的最优解（设 $f_1(\boldsymbol{X})$ 比 $f_2(\boldsymbol{X})$ 重要）：

$$\left.\begin{array}{ll} \min & [f_1(\boldsymbol{X}), f_2(\boldsymbol{X})]^{\mathrm{T}}, \boldsymbol{x} \in R^4 \\ \text{s.t.} & x_2 + x_3 = 1 \\ & x_1 + x_2 + x_4 = 2 \\ & x_i \geqq 0 (i = 1,2,3,4) \end{array}\right\}$$

式中

$$\left.\begin{array}{l} f_1(\boldsymbol{X}) = -2x_1 - 2x_2 \\ f_2(\boldsymbol{X}) = -x_1 \end{array}\right\}。$$

7－5　用乘除法求解多目标规划问题：

$$\left.\begin{array}{ll} \max & f_1(\boldsymbol{X}) = 2x_1 + x_2 \\ \min & f_2(\boldsymbol{X}) = x_1 - x_2 \\ & x_1 - x_2 \leqq 4 \\ & x_1 + x_2 \leqq 8 \\ & x_1 \geqq 1, x_2 \geqq 0 \end{array}\right\}。$$

7－6　用线性加权和法求解多目标规划问题：

$$\left.\begin{array}{ll} \min & [f_1(\boldsymbol{x}), f_2(\boldsymbol{x})]^{\mathrm{T}}, \boldsymbol{x} \in \boldsymbol{R}^2 \\ & \boldsymbol{x} \in \boldsymbol{D} \end{array}\right\}$$

式中

$$f_1(\boldsymbol{x}) = -x_1 - 8x_2$$

$$f_2(\boldsymbol{x}) = -6x_1 - x_2$$

$$\boldsymbol{D}:\begin{cases}3x_1 + 8x_2 \leqq 12 \\ x_1 + x_2 \leqq 2 \\ 2x_1 \leqq 3 \\ x_1 \geqq 0, x_2 \geqq 0\end{cases}$$

$$\overline{\lambda_1} = \lambda_2 = \frac{1}{2}。$$

7 - 7　用“min - max”法求解多目标规划问题：

$$\left.\begin{aligned} \min \quad [f_1(\boldsymbol{x}), f_2(\boldsymbol{x}), f_3(\boldsymbol{x})]^{\mathrm{T}}, \boldsymbol{x} \in \boldsymbol{R}^3 \\ \boldsymbol{x} \in \boldsymbol{D} \end{aligned}\right\}$$

式中

$$\left.\begin{aligned} f_1(\boldsymbol{x}) &= x_1 + x_2 \\ f_2(\boldsymbol{x}) &= x_1 - x_2 \\ f_3(\boldsymbol{x}) &= 3x_1 + 2x_2 \\ \boldsymbol{D} &= \{\boldsymbol{x} \mid x_1 + x_2 \leqq 1, x_1 \geqq 0, x_2 \geqq 0\} \end{aligned}\right\}。$$

第 8 章* 优化方法的新进展

人类社会已进入 21 世纪,今天的科学技术达到了前所未有的发展程度。工程优化方法不仅在工程技术的各个领域得到了广泛的应用,而且其理论和方法也有了新的发展,使这一理论的基本思想有了许多扩展。如借鉴生物进化的思想产生的进化算法,为解决全局最优解的问题而产生的信赖域法,利用熵的概念而产生了极大熵方法,等等。在本章中对这些新的优化方法的基本概念和基本思想作一一介绍。

8.1 进化算法[63]

进化算法是最近十多年来备受重视的一类优化算法,它与传统的以梯度为基础的优化算法相比,不需要使用梯度,计算过程对函数性态的依赖性较小,具有适应范围广、鲁棒性好、适于并行计算等优点。传统的优化算法虽具有较高的计算效率、较强的可靠性、比较成熟等优点,是一类最重要的、应用最广泛的优化算法;但由于其机理是建立在局部下降的基础上的,因而大多不太适合于全局性优化问题的求解。其次,对于不可微和高度病态的优化问题,以梯度为基础的优化算法往往也无能为力。因此,进化算法具有广阔的应用前景。

8.1.1 进化算法的起源和发展

遗传算法(GA,Genetic Algorithms)是最早广为人知的一类进化算法。20 世纪的 60 年代,美国 Michigan 大学的 John Holland 教授在研究自然和人工系统自适应行为的过程中,认识到生物的自然遗传现象与人工自适应系统行为的相似性,并提出在研究和设计人工自适应系统时,可以借鉴生物自然遗传的基本原理,模仿生物自然遗传的基本方法。1967 年,他的学生 Bagley J. D. 在博士论文中首次提出“遗传算法”一词。1969 年,Holland 提出了一种借鉴生物进化机制的自适应机器学习方法;70 年代初,提出了奠定遗传算法研究理论基础的基本定理——**模式定理**(Schema Theorem);1975 年,出版了名著《自然系统和人工系统的自适应性》,这是一本系统论述遗传算法的专著,它标志着遗传算法的正式诞生。1975 年,De Jong 首先将遗传算法用于函数优化。80 年代,遗传算法被广泛应用于各种复杂系统的控制和优化问题中。1985 年,在美国召开了第一届遗传算法国际会议,并成立了国际遗传算法学会(ISGA,International Society of Genetic Algorithms)。学会以后每两年举行一次。1989 年,Holland 的学生 Goldberg D E 出版了专著《搜索、优化和机器学习中的遗传算法》,系统地总结了遗传算法研究的主要成果,标志着遗传算法已从古典阶段发展到了现代阶段。

进化规划(EP,Evolutionary Programming)是由美国学者 Fogel L J 等在 1966 年为求解预测问题首先提出来的。进化规划的基本思想是基于生物界的自然遗传和自然选择的生物进化原则,利用多点迭代算法来代替普通的单点迭代算法,并根据被正确预测的符合数来度量适应值,通过变异,父辈群体中的每个个体产生一个子代,父辈和子代中最好的那一半被选择生存下来。1992 年,Fogel D F 基于正态分布变异,将进化规划开展到可求解实值问题。

20 世纪 90 年代以前,由于学术界对在人工智能领域采用进化规划持有怀疑,因此,进化规划的思想和方法并未引起人们的足够重视。直到 90 年代初,才逐步引起学术界的重视。1992 年,在美国举行了进化规划的第一届年会,以后每年举行一次,使进化规划得到了迅速的发展、推广和应用。1994 年,Fogel D B 给出了进化规划算法的一个收敛性证明,他把进化规划看作有限维的马尔可夫链,把种群中所有向量的集合对应于一种状态。

进化策略(ES,Evolution Strategics)的思想与进化规划有很多相似之处,但它是在欧洲独立于遗传算法和进化规划而发展起来的。1963 年,德国柏林工业大学的两名学生 Rechenberg I 和 Schwefel H P 利用流体工程研究所的风洞进行试验,以便确定气流中物体的最佳外形。由于当时的优化方法不适于解决这类问题,Rechenberg 提出了生物进化思想,对物体的外形参数进行随机变化并试验其效果,进化策略的思想便由此诞生。当时,人们对这种随机策略无法接受,但他们仍坚持实验。1970 年,Rechenberg 完成了关于进化策略研究的博士论文;1974 年,Schwefel 把有关进化策略研究的成果做了系统的归纳整理。1990 年,在欧洲召开了第一届"基于自然思想的并行问题求解"(PPSN,Parawllel Problem Solving from Nature)国际会议,以后该会每两年举行一次,成为在欧洲召开的有关进化算法的主要国际会议。

1999 年,唐焕文等对一类进化策略的收敛性进行了研究,对于一类水平集有界的连续函数,证明了该算法依概率收敛于问题的全局极小点。

由于遗传算法、进化规划与进化策略是不同研究领域的学者分别独立提出来的,较长一段时间内,相互之间没有正式沟通。直到1990年,从事遗传算法研究的学者才开始与从事进化规划和进化策略研究的学者有所交流;1992 年,进化规划和进化策略这两个领域的研究人员首次接触到对方的工作,通过交流,发现彼此在研究中所依据的基本思想具有惊人的相似之处,都是基于生物界的自然遗传和自然选择等生物进化思想。因此,人们将这类方法统称为进化计算(EC,Evolutionary Computation),而将相应的算法统称为进化算法(EA,Evolutionary Algorithms)。

1993 年,这一领域的第一份国际性杂志《进化计算》在美国正式出版。1994 年,IEEE 神经网络委员会主持召开了第一届进化计算国际会议,以后每年举行一次。1996 年5 月22 日至22 日在日本名古屋召开了第三届进化计算年会,有 100 多位学者参加,发表论文 154 篇。

8.1.2 进化算法的一般框架

进化算法也是一种迭代算法,即从给定的初始解出发,通过逐步迭代,不断改进,直到获得满意的近似最优解为止。在进化计算中,每一次迭代被视为一代生物个体的繁殖,因此称为“代”。但是,进化算法与普通的搜索算法(例如梯度型算法)有所不同:① 普通的搜索算法一般是从一个解出发改进到另一个较好的解;而进化算法一般是从一组解出发改进到另一组较好的解(称为解群,而一个解称为一个“个体”);② 在普通的搜索算法中,解的表示可采用任意的形式,不需要举行特殊的处理;但在进化算法中,每一个解被视为一个生物个体,因此,一般要求用一条染色体来表示,即用一组有序排列的基因来表示,这就要求对每一个解进行编码;③ 普通的搜索算法一般都采用确定性的搜索策略,而进化计算在搜索过程中一般采用随机性的搜索策略。

下面对基因和染色体作简要说明。

基因是英文 gene 的音译。基因是决定生物和人类生、老、病、死和一切生命现象的物质基础,20 世纪上半叶才阐明了其化学本质。基因是由数以千计的碱基对组成的信息功能单位,它按顺序排列在细胞核的染色体上。据估计,人体内约有 3 万个基因。遗传学家认为:基因是染色体上的一个功能单位,它是脱氧核糖核酸,即 DNA 的一个片断。

一切有机体均由细胞构成(病毒除外),单细胞生物仅由一个细胞构成,多细胞生物体一般由数以万计的细胞组成。在分裂期间的人类细胞核内,可以看到被染成深紫色的短棒状小体,这就是由蛋白质和 DNA 分子构成的染色体。

在自然界中,物种的性质是由染色体决定的,而染色体则是由蛋白质和脱氧核糖核酸组成的。

下面给出进化算法的一般步骤。

(1) 选定一组初始解;

(2) 对当前这组解的性能进行评价;

(3) 根据(2) 中的评价结果,从当前这组解中选择一定数量的解作为迭代后的解的基础;

(4) 对(3) 中所得到的解进行操作(如重组和变异),产生迭代后的解群;

(5) 检验(4) 中得到的解群是否满足终止进化条件,若满足,则终止;否则,将这组解作为当前解,返回(2)。

8.1.3 进化策略

考虑如下的优化问题:

$$\min f(\boldsymbol{x}) \quad (\boldsymbol{x} \in \boldsymbol{R}^n) \tag{8-1}$$

求解优化问题式(8 - 1) 的进化策略本质上是一类建立在模拟生物进化过程基础上的随

机搜索方法。其基本思想可概括为：

(1) 将优化问题的目标函数$f(\boldsymbol{x})$理解为(或转换到)某种生物种群对环境的适应性；

(2) 将决策变量$\boldsymbol{x}=(x_1,x_2,\cdots,x_n)^{\mathrm{T}}$对应为生物种群的一个个体，这样的一些个体集合构成一个种群，种群中的个体的数目称为该种群的规模；

(3) 将求解优化问题的算法与生物种群的进化过程类比，每一次的迭代被看成是一代生物个体的繁殖，称之为“代”。

8.1.3.1 标准的进化策略——$\mu+\lambda$—ES

早期的进化策略(简记为($1+1$—ES))是由德国学者Rechenberg于1973年提出来的，采用的是一种简单的变异选择机制，每一代通过Gauss变异作用在一个个体上来产生一个子代。后来他又提出$\mu+1$—ES，这个策略将μ个($\mu>1$)个体重组形成的一个子代，替换掉变异最差的父辈个体。1981年，Schwefel在上述工作的基础上提出了两种通用的进化策略：$\mu+\lambda$—ES和(μ,λ)—ES。这里μ表示当前种群的规模，λ表示由当前种群通过杂交和变异而产生的中间种群的规模。$\mu+\lambda$—ES是从两个种群的并集中选择μ个最好的个体作为下一代种群，而(μ,λ)—ES是从包含λ个个体的中间选择$1\leqslant\mu\leqslant\lambda$个最好的个体作为下一代种群。

下面给出$\mu+\lambda$—ES(简称算法1)的具体计算步骤。

第一步　初始化：在$\boldsymbol{R}^n$中随机产生μ个个体$x_1(0),x_2(0),\cdots,x_\mu(0)$，由它们构成初始种群$\boldsymbol{x}(0)=\{x_1(0),x_2(0),\cdots,x_\mu(0)\}$。选取适应值函数$E=f(\boldsymbol{x})$，令$\boldsymbol{x}^*(0)=\arg\min\limits_{1\leqslant j\leqslant\mu}\{f(x_j(0))\}$，$k=0$。

第二步　初始中间种群。取$\lambda>\mu$，令$i=1$。

(1) 以等概率从$\boldsymbol{x}(k)$中选取两个个体$x_{i_1}(k),x_{i_2}(k)$；

(2) 将杂交算子作用于$x_{i_1}(k),x_{i_2}(k)$，以产生中间个体$x'_{\mu+1}(k)$(例如，令$x'_{\mu+1}(k)=[x_{i_1}(k)+x_{i_2}(k)])/2$；

(3) 进行变异：令$x_{\mu+i}(k)=x'_{\mu+i}(k)+\varepsilon$，其中$\varepsilon$为随机向量，其分量服从均值为0，均方差为$\sigma_i$的正态分布(又叫Gauss分布)，且各个分量之间相互独立；

(4) 若$i=\lambda$，转第三步；否则，令$i=i+1$，转2.1。

第三步　选择从$\{x_1(k),x_2(k),\cdots,x_{\mu+\lambda}(k)\}$中选取$\mu$个函数值最小的个体组成新一代种群$\boldsymbol{x}(k+1)=\{x_1(k+1),x_2(k+1),\cdots,x_\mu(k+1)\}$，令

$$\boldsymbol{x}^*(k+1)=\arg\min_{1\leqslant j\leqslant\mu}\{f(x_i(k+1))\}$$

第四步　终止检验：判别$\boldsymbol{x}(k+1)$是否满足终止进化条件，若满足，则计算结束，输出最优解$\boldsymbol{x}^*(k+1)$；否则，令$k=k+1$，返回第二步。

对于另一种进化策略(μ,λ)—ES，只需修改上述算法中的第三步即可。

8.1.3.2 基于一致分布的进化策略

上述的进化策略是以正态分布(Gauss分布)为基础的，即变异过程是对杂交产生的λ个

个体实施 Gauss 随机摄动实现的,这样做可使新一代种群能够兼顾目标函数(适应性函数)局部下降和整体寻优两个方面。但是,当目标函数$f(\boldsymbol{x})$是单峰函数时,问题式(8-1)的局部最优解也是它的全局最优解。对于这类问题应充分利用这一特点,来构造更有效的算法。构造适合于求解这类问题的算法需考虑以下几点。

(1) 种群无须在大范围内分布。这意味着变异算子可取为在某区间上服从一致分布的随机变量。把变异算子改用在适当区间上服从一致分布的随机向量,将大大减少随机数的调用次数,而产生新的种群的质量不会有显著的差异,数值试验证实了这一分析。

(2) 变异母体的选取。在这种情况,由于无需过多考虑种群中个体的多样性,采用每代种群中的最优个体作为母体进行变异是合适的。假设第 k 次进化得到的最优点(最优个体)为 $\boldsymbol{x}^*(k)$,第 $k+1$ 次进化的种群只通过对 $\boldsymbol{x}^*(k)$ 进行随机摄动产生,将有更多机会使新生的个体落在水平集 $L^*(\boldsymbol{x}^*(k)) = \{\boldsymbol{x} \mid f(\boldsymbol{x}) \leqslant f(\boldsymbol{x}^*(k))\}$ 中,从而较快地得到新的下降点,同时,也省去了算法 1 中排序花费的时间。

(3) 步长的修正策略。Gauss 分布中的均方差 σ,在进行策略中起类似于一般优化算法中的搜索步长的作用,当变异算子采用一致分布的随机向量时,步长即相当于随机变量分布区间的长度。随着迭代的进行,步长也将随之减小,这时不能简单地根据相邻两代的最优点的距离决定步长的大小。可采用如下的步长修正策略:如果若干代内找不到下降点,说明步长太大,应适当缩小,以便较快地找到下降点。

下面给出求解单峰函数优化问题式(8-1)的进化算法——基于一致分布的进化策略:$\mu+\lambda$—ES(简称为算法 2)的计算步骤。

选定初始点 x_0,初始步长 $r_0>0$,计算精度 $\varepsilon>0$,步长压缩系数 $\alpha\in(0,1)$,内循环次数 T,变异种群规模 m_1,杂交种群规模 m_2。令 $r=r_0, i=0$。

(1) 令 $k=1$。

(2) 变异:$\boldsymbol{x}_i^{(j)} = \boldsymbol{x}_i + r\boldsymbol{u}, j=1,2,\cdots,m_1$,其中 $\boldsymbol{u}$ 是一个随机向量,其分量在$(-0.5,0.5)$上服从一致分布。

(3) 杂交:用变异种群$\{x_i^{(1)},\cdots,x_i^{(m_1)}\}$,杂交产生中间种群$\{x_i^{m_1+1},\cdots,x_i^{(m_1+m_2)}\}$。

(4) 寻优:求变异种群和杂交种群的最优个体,令 $\boldsymbol{x}_{i+1}^* = \arg\min\limits_{1\leqslant j\leqslant m_1+m_2}\{f(\boldsymbol{x}_i^j)\}$。

(5) 比较。若$f(\boldsymbol{x}_{i+1}^*) < f(\boldsymbol{x}_i^*)$,则令 $i=i+1, r=r_0$,返回(1);否则,转(6)。

(6) 若 $k\leqslant T$,则令 $k=k+1$,返回(2);否则,转(7)。

(7) 若 $r<\varepsilon$,则计算结束,输出最优解 $\boldsymbol{x}_i^*$;否则,令 $r=\alpha r$,返回(1)。

8.1.3.3 求解约束优化问题的进化策略

考虑一般的约束优化问题:

$$\left.\begin{array}{ll}\min & f(\boldsymbol{x}) \\ \text{s.t.} & c_i(\boldsymbol{x}) = 0 \quad (i \in E = \{1,2,\cdots,m\}) \\ & c_i(\boldsymbol{x}) \geqslant 0 \quad (i \in I = \{m+1,\cdots,p\})\end{array}\right\} \tag{8-2}$$

其中 $\boldsymbol{x} = (x_1, x_2, \cdots, x_n)^{\mathrm{T}}$。用 $\boldsymbol{\Omega}$ 表示问题式(8－2)的可行集。

引入 L_1 不可微精确罚函数:

$$P(\boldsymbol{x},r) = f(\boldsymbol{x}) + r\sum_{i\in E} |c_i(\boldsymbol{x})| - r\sum_{i\in I}\min(0,c_i(\boldsymbol{x})),(r > \bar{r} > 0)$$

其中 $r > 0$ 为足够大的参数。则求解问题式(8－2)可转化为求解如下的无约束优化问题:

$$\min P(\boldsymbol{x},r) \tag{8-3}$$

因此,应用前述的两种进化策略均可通过求解问题(8－3)来获取问题(8－2)的最优解。彭宏等在文献[64]、[65]中给出了一种求解如下的约束优化问题式(8－4)的进化策略实施方案,下面做一简介。

$$\left.\begin{array}{ll}\min & f(\boldsymbol{x}) \\ \text{s.t.} & c_i(\boldsymbol{x}) = 0(i = 1,2,\cdots,m_e) \\ & L_i \leqslant c_i(\boldsymbol{x}) \leqslant H(i = m_e+1,\cdots,m)\end{array}\right\} \tag{8-4}$$

其中 $\boldsymbol{x} = (x_1, x_2, \cdots, x_n)^{\mathrm{T}}, L_i, H_i \in \boldsymbol{R}, \boldsymbol{\Omega}$ 为式(8－4)的可行集。

定义 L_1 不可微精确罚函数为

$$P(\boldsymbol{x},r) = f(\boldsymbol{x}) + r\sum_{i=1}^{m} |g_i(\boldsymbol{x})| \tag{8-5}$$

其中

$$g_i(\boldsymbol{x}) = \begin{cases} 0 & (\boldsymbol{x} \in \boldsymbol{\Omega}) \\ c_i(\boldsymbol{x}) & (\boldsymbol{x} \bar{\in} \boldsymbol{\Omega}, i = 1,2,\cdots,m_e) \\ \max(L_i - c_i(\boldsymbol{x}), c_i(\boldsymbol{x}) - H_i) & (\boldsymbol{x} \bar{\in} \boldsymbol{\Omega}, i = m_e+1,\cdots,m)\end{cases} \tag{8-6}$$

$r > 0$ 为罚因子。则求解式(8－4)等价求解问题(8－3)

$$\min P(\boldsymbol{x},r)$$

这里的 $P(\boldsymbol{x},r)$ 由式(8－5)和式(8－6)定义。

在进化计算过程中,方差 σ 的选取是重要的,它直接影响进化策略的收敛速度。文献[64]、[65]给出了方差调整方案如下:

(1) 在第 k 代中,适应性最好的个体记为 $x_{0,k}$;

(2) 若从第 k 代到第 $k+m$ 代,$x_{0,k+m}$ 的第 i 个分量没有改进,则令其相应的方差 σ_i 适当减小,即令 $\sigma_i = \delta\sigma_i, \delta \in [0.7, 0.9]$;

(3) 若一次进化后,x_0 的第 i 个分量改变了 n_i,则这一改变可能最优,期望下一次进化能以概率 p 保持这种速度。令 $\sigma_i = \varphi\eta_i$,其中 φ 满足

$$\frac{1}{\sqrt{2\pi}\varphi\eta_i}\int_{-\eta_i}^{\eta_i}\exp\left(-\frac{x^2}{2(\varphi\eta_i)^2}\right)\mathrm{d}x = 1-p, p\in[0.4,0.5]$$

在进化过程中,引入杂交机制。设杂交概率为 p_c,每一代进化时产生一个随机数 t,当 $t < p_c$ 时,执行 N 步产生 N 个新个体(N 为种群规模)。

下面给出求解约束优化问题(8 - 4) 的进化策略(简称算法 3) 的计算步骤。

(1) 输入种群规模 N,进化代数 K_M,初始罚因子 $r>0$(在文献[64]、[65]中取 $K_M\in[200, 300]$,$N\in[200,400]$,$r=100$),令 $k=0$。

(2) 随机产生 N 个产生父本 $x_1,\cdots,x_N$,选取方差向量 $\boldsymbol{\sigma}$ 的初始值为 $(1,1,\cdots,1)^{\mathrm{T}}\in\boldsymbol{R}^n$。

(3) 构造个体适应性函数 $E(\boldsymbol{x})$,(常取 $E(\boldsymbol{x})=P(\boldsymbol{x},r)$)。

(4) 根据上述的方差调整方案设置进化过程的方差向量,对第 k 次父本进行变异,选择适应性最好的个体进入第 $k+1$ 次。

(5) 令 $k=k+1$,若 $k>K_M$,则计算结束;若连续 50 代 x_0 没有改进,则令 $r=10r$,转(3);否则转(4)。

8.1.3.4 数值例子

下面的数值结果取自王云诚的博士论文[66] 及文献[64]、[65]。

例 8 - 1 (Polak(1992)) 求解

$$\min f(\boldsymbol{x})$$

其中

$$\boldsymbol{x}=(x_1,x_2)^{\mathrm{T}}, f(\boldsymbol{x})=\max(f_1(\boldsymbol{x}),f_2(\boldsymbol{x}))$$

$$f_1(\boldsymbol{x})=\left(x_1-\sqrt{x_1^2+x_2^2}\cos\left(\sqrt{x_1^2+x_2^2}\right)\right)^2+0.005(x_1^2+x_2^2)$$

$$f_2(\boldsymbol{x})=\left(x_1-\sqrt{x_1^2+x_2^2}\sin\left(\sqrt{x_1^2+x_2^2}\right)\right)^2+0.005(x_1^2+x_2^2)$$

问题的最优解为 $\boldsymbol{x}^*=(0,0)^{\mathrm{T}}$。

例 8 - 2 (彭宏(1998)) 求解

$$\left.\begin{aligned}\min\quad & f(\boldsymbol{x})=(x_1-2)^2+(x_2-2)^2\\ \text{s.t.}\quad & x_1-2x_2+1=0\\ & 1-\frac{x_1^2}{4}-x_2^2\geqslant 0\end{aligned}\right\}$$

对例 8 - 1,采用算法 1 与算法 2 的计算结果如表 8 - 1 所示。对例 8 - 2,采用算法 2 与算法 3 的计算结果见表 8 - 2。

表8－1 例8－1的计算结果

算法＼项目		计算时间/s	调用目标函数次数	误差$\|\hat{x}-\boldsymbol{x}^*\|_\infty$
杂交	算法1	0.71	57 100	$0.154\,344\times10^{-21}$
	算法2	0.05	2 878	$0.585\,687\,1\times10^{-9}$
不杂交	算法1	0.83	57 121	$0.105\,879\,1\times10^{-21}$
	算法2	2.48	183 121	$0.351\,868\,6\times10^{-9}$

表8－2 例8－2的计算结果

算法＼项目	初始种群	近似最优解	近似最优值	调用目标函数次数
算法2	随机产生	0.822 875 7 0.911 437 8	1.393 465	530 11
算法3	随机产生	0.822 9 0.911 4	1.393 47	1 520 000

8.1.3.5 进化策略的收敛性

关于进化策略的数学基础,包括收敛性、收敛速度、计算复杂性、稳定性等的研究结果还不多。下面介绍的是关于标准的进化策略——$\mu+\lambda$—ES的收敛性的一个结果[63]。

考虑全局优化问题(8－1)

$$\min f(\boldsymbol{x})$$

其中$f:\boldsymbol{R}^n\to\boldsymbol{R}$为连续函数。

假设$\boldsymbol{S}=\{\boldsymbol{x}\mid\arg\min\limits_{x\in R^n}f(\boldsymbol{x})\}\neq\varnothing$,记$f^*=\min\limits_{x\in R^n}f(\boldsymbol{x})$。

设$\{x_1(0),x_2(0),\cdots,x_\mu(0)\}$为由算法1产生的初始种群,令$\alpha=\max\limits_{1\leqslant j\leqslant\mu}\{f(\boldsymbol{x}_i(0))\}$。

在上述条件下,可以证明如下结果。

定理8.1 设$\{\boldsymbol{X}(k)\}$是由$\mu+\lambda$—ES产生的种群序列,$\boldsymbol{x}^*(k)\in\boldsymbol{X}(k)$为第$k$代种群的最优个体,即$\boldsymbol{x}^*(k)=\arg\min\limits_{1\leqslant j\leqslant\mu}\{f_j(x_j(k))\}$,如果算法的初始种群对应的水平集$L_\alpha=\{\boldsymbol{x}\mid f(\boldsymbol{x})\leqslant\alpha\}$有界,则$\forall\varepsilon>0$,都有$\lim\limits_{k\to\infty}P(|f(\boldsymbol{x}^*(k))-f^*|<\varepsilon)=1$。

这就是说:$\mu+\lambda$—ES,对于一类水平集有界的连续函数$f(\boldsymbol{x})$,它依概率收敛于问题(8－1)的全局极小点。

定理8.1的证明比较复杂,有兴趣的读者可参看文献[67]。进一步的结果也已经得到,参见文献[68]。

8.1.4 遗传算法

考虑如下的全局优化问题：

$$\left.\begin{aligned}\min\quad & f(\boldsymbol{x})\\ \text{s.t.}\quad & \boldsymbol{x}\in\boldsymbol{S}\end{aligned}\right\}\tag{8-7}$$

其中 $\boldsymbol{x}=(x_1,x_2,\cdots,x_n)^{\mathrm{T}}$,$\boldsymbol{S}$ 为问题式(8 - 7)的可行集。

在遗传算法中,常需对问题的解进行编码,即通过变换 F 将 $\boldsymbol{S}$ 映射为 $\boldsymbol{S}_g$。要求变换 F 可逆,逆变换称 F^{-1} 为解码变换。通常,$\boldsymbol{S}_g$ 中的点是字符串的形式,假设 $\boldsymbol{S}_g=\boldsymbol{B}^l$,即 $\boldsymbol{S}_g$ 是长度为 l 的二进制串的全体,一个长度为 l 的二进制串称为一个染色体,染色体的每一位称为基因。

8.1.4.1 遗传算法的基本结构

遗传算法的主要计算过程是:从随机产生的一个初始种群开始,通过一些算子的作用,产生下一代种群,再以新产生的种群为出发点,重复上述过程,直到满足结束准则为止。

遗传算法主要采用三个算子:选择、交叉、变异。不同的编码方案,选择策略和遗传算子相结合构成了不同的遗传算法,但其基本结构相同,可描述如下。

(1) 随机产生初始种群 $\boldsymbol{X}(0)=\{x_1(0),x_2(0),\cdots,x_\mu(0)\}$ 作为父代种群,令 $k=0$。

(2) 计算种群 $\boldsymbol{X}(k)$ 中每一个个体的适应值,并对个体进行编码。

(3) 从种群 $\boldsymbol{X}(k)$ 中选取 $\mu/2$ 对个体进入交配池。

(4) 对交配池中的每对个体进行交叉,产生两个新个体。

(5) 对每个新个体依变异概率 p_m 进行变异,并把变异后的个体作为下一代种群 $\boldsymbol{X}_{k+1}$ 的个体,令 $k=k+1$。

(6) 判断是否满足结束准则,若满足,则计算结束;否则转(2)。

8.1.4.2 遗传算法实施中一些问题的处理

(1) 适应值函数的选取

在传统优化方法中,判断一个解点的好坏是根据目标函数值的大小,而在遗传算法中,则是根据适应值的大小。因此,存在目标函数到适应值函数的对应问题。适应值函数应满足:

① 非负性;

② 目标函数的优化方向对应适应值增大方向。

对于无约束优化问题

$$\min f(\boldsymbol{x})\tag{8-1}$$

可取适应值函数 $\boldsymbol{F}(\boldsymbol{x})=C_M-f(\boldsymbol{x})$。其中 C_M 为常数,应保证 $\boldsymbol{F}(\boldsymbol{x})\geqslant 0$。

对于

$$\max f(\boldsymbol{x})\tag{8-8}$$

可取适应值函数 $\boldsymbol{F}(\boldsymbol{x})=f(\boldsymbol{x})+C_m$。其中 C_m 为常数,应保证 $\boldsymbol{F}(\boldsymbol{x})\geqslant 0$。

上面所述是适应值函数最简单的一种选取方法,有时根据需要,还需对适应值进行调整,以保证适应值之间差距既不是很大,又要适当拉开差距,以便强化竞争,又能避免过早收敛。

(2) 编码

编码的目的是为实现交叉、变异等类似于生物界的遗传操作。编码方式有许多种,它与求解速度、计算精度有直接关系,对算法具有重要影响。常用的编码方式是二进制编码。因为每个实数都与一个二进制数相对应,可取这个二进制字符串为该实数的编码。

(3) 遗传策略

在遗传算法中,每一个个体都有相应的适应值,用以表示该个体对环境的适应能力,它是遗传算法中用到的唯一信息。选择就是按一定方式从旧个体中选出若干个个体作为父本来产生下一代的过程。选择应保证高适应值的个体被选择的机会高。它实际是对"自然选择,适者生存"的模拟。

最简单一种选择策略是根据(0,1) 区间内的均匀分布的随机变量的试验值进行选择。具体方法是:将(0,1) 区间按种群中个体的适应值的百分比划分为若干个小区间,按均匀分布产生随机数,选择随机数所在的区间对应的个体(即随机数落在哪个小区间,则相应的个体被选中)进入交配池,以按比例选择为例,每个个体所占的百分比γ为$\gamma = 100f_i\Big/\sum\limits_i f_i(\%)$,$f_i$表示个体$i$的适应值。下面举例说明。

例 8-3 设由4个个体组成的一个种群,每个个体适应值的比例关系如表8-3所示。

若按均匀分布产生的随机数为$y_1 = 0.34$,则它位于第二个区间内,对应的个体2被选中进入交配池。若随机数为$y_2 = 0.86$,则个体4被选中进入交配池。如此生产4个随机数,确定4个个体进入交配池。然后对交配池中的个体进行交叉操作。

表 8-3 例 8-3 的个体适应值

个体	1	2	3	4	合计
适应值	169	576	64	361	1 170
γ(%)	14.4	49.2	5.5	30.9	100

(4) 交叉算子

交叉算子是使种群内个体中的性状进行重新组合,产生新型后代,以实现高效搜索的重要算子,可分为一点交叉算子、两点交叉算子和多点交叉算子。

一点交叉操作就是随机地从交配池中选取一对待交叉的个体,并随机选择一个交叉位置,将其中一个个体串从交叉位置到右端的子串与另一个进行交叉的个体串对应位置的子串交换。

例如:两个待交叉的个体串为$A = 101101$和$B = 100010$,交叉位置在第4位后,则经过一点交叉操作后产生的两个新个体为 $A_1 = 101110$ 和 $B_1 = 100001$。

两点交叉算子等价于连续使用两次一点交叉算子。例如：$A = 110010$，$B = 001101$，欲由 A，B 产生新个体串 $C = 101100$，可采用两点交叉操作来实现。

$$
\begin{array}{ccccc}
A\text{——}1\mid 1001\mid 0 & & 1\mid 10011 & & 010011 \\
 & \Rightarrow & & \Rightarrow & \\
B\text{——}0\mid 0110\mid 1 & & 0\mid 01100 & & 101100\text{—}C
\end{array}
$$

(5) 变异算子

在标准的遗传算法中，变异算子一般是作为辅助算子使用的。它作用在个体的二进制位串上，以较小的概率 p_m 随机地改变个体串上的每一位（即将位上的0变为1，1变为0）。变异概率 p_m 一般取为0.0001 ~ 0.01。设个体 $\boldsymbol{S} = (S_1, S_2, \cdots, S_L)^{\mathrm{T}}$ 经变异算子作用后变为 $\boldsymbol{S}' = (S'_1, S'_2, \cdots, S'_L)^{\mathrm{T}}$），其中

$$
\boldsymbol{S}' = \begin{cases} S_i & \theta_i > p_m \\ 1 - S_i & \theta_i \leqslant p_m \end{cases} \quad (i = 1, 2, \cdots, L)
$$

这里 θ_i 是0与1之间的由均匀分布产生的随机数。

(6) 结束准则和最优解的确定

自然界的进化过程是无终止的，遗传程序设计也是如此。但作为一次实际的运行，必须给出计算结束的条件或准则。经典的遗传算法是固定遗传代数 G，达到后即结束。改进的方法是利用某种判别准则，判定种群已经成熟，并不再有进化趋势后作为计算结束的条件。常用的方法是：根据连续几代个体平均适应度变化很小（其差小于 $\varepsilon > 0$）作为结束准则。

近似最优解的确定方法有两种：

(1) 当计算结束时，以当前代中的最佳个体作为最优解；

(2) 在进化过程中，保存最佳个体，当计算结束时，以保存的最佳个体作为最优解。

8.1.4.3 数值例子

例 8 - 4 求如下优化问题的最优解：

$$
\begin{cases} \min & f(x) = x^2 \\ \text{s.t.} & 0 \leqslant x \leqslant 31 \end{cases}
$$

解 (1) 在区间(0,31)上随机选取4个初始点组成初始种群。

(2) 对初始点进行编码。计算种群中每个个体的目标函数值和适应值。本题取适应值等于目标函数值。计算结果见表8 - 4。

表8－4　例8－4的计算结果

个体	决策变量值(x)	编码后的位串	适应值($f(\boldsymbol{x})$)	占总数的百分比(%)
A_1	13	01101	169	14.4
A_2	24	11000	576	49.2
A_3	8	01000	64	5.5
A_4	19	10011	361	30.9

(3) 按$100f_i\Big/\sum\limits_{i=1} f_i(\%)$计算每个个体所占的百分比,列入表8－4中。根据个体所占的比例随机选取4个个体进入交配池,不妨设这4个个体是A_1,A_2,A_3,A_4。

(4) 交叉

任选两对个体进行交叉,并随机选取交叉位置,产生两对新个体,如表8－5所示。

表8－5　例8－4的交叉操作

交配池中的个体	(x)	交配位置	新的个体	(x)	适应值($f(\boldsymbol{x})$)
0110 | 1	13	4	01100	12	144
1100 | 0	24	4	11001	25	625
11 | 000	24	2	11011	27	729
10 | 011	19	2	10000	16	256

(5) 变异

取变异概率$p_m = 0.000\,1$,对每个位串进行变异。在本例中没有发生变异。

由表8－4和表8－5可以看出:经过一次迭代,种群中个体的目标函数值的平均值增大,由292.5增加到438.5,最优个体由24变为27。这说明种群正向优化方向前进。

上面简要地介绍了遗传算法的基本框架,由于时间和篇幅的限制,还有许多重要内容未能写入书中。例如遗传算法中一个很棘手但又必须解决的问题是它的过早收敛问题。事实上也就是大范围粗糙搜索与小范围精细搜索之间的平衡问题,或者说种群内的多样性与算法运行速度之间的协调问题。若不能保证种群的多样性,致使种群过于集中,将无法搜索其他区域,陷入局部极小点。对于这个问题,国内外已有许多学者进行过研究,可参看文献[69]、[70]。

8.1.5　进化规划

进化规划(EP)与进化策略有许多相似之处,但它是由美国学者Fogel L J等在1966年首先提出来的。早期主要用于离散优化问题,1992 年,Fogel D B 将进化规划扩展到可求解连续函数的优化问题。1994 年,Fogel D B 给出了 EP 算法的一个收敛性证明。

在一般的 EP 算法中,有时会遇到最优值几十代甚至几百代无改进的情况,白白浪费了很多的计算时间。文献[63] 对 EP 算法进行了研究与改进。数值试验表明:经过改进的 EP 算法不仅可行、有效,而且简单易行,容易编程计算。

8.1.5.1 一种改进的 EP 算法

考虑如下的约束优化问题:

$$\begin{cases}\min & f(\boldsymbol{x}) \\ \text{s.t.} & \boldsymbol{x} \in \boldsymbol{\Omega}\end{cases} \tag{8-9}$$

其中 $\boldsymbol{x} = (x_1, x_2, \cdots, x_n)^{\mathrm{T}}, f \in \boldsymbol{C}, \boldsymbol{\Omega}$ 为有界闭集。

求解问题式(8 - 9) 的改进的 EP 算法(简记为算法 A) 计算步骤如下。

(1) 初始化

在 $\boldsymbol{\Omega}$ 中随机选取 m 个点 $x_1(0), x_2(0), \cdots, x_m(0)$,构成初始种群 $\boldsymbol{X}(0) = \{x_1(0), \cdots, x_m(0)\}$,计算初始种群中每个个体 $x_i(0), i = 1,2,\cdots,m$ 处的目标函数值 $f(x_i(0)), i = 1,2, \cdots, m$,令 $t = 0, x^*(0) = \arg\min\limits_{1\leqslant j\leqslant m}\{f(x_j(k))\}$。

(2) 进行变异:令 $x_{i+m}(t) = x_i(t) + \alpha\xi_i, i = 1,2,\cdots,m$,其中 $\boldsymbol{\xi} \sim N(0,\sigma) = (N(0,\sigma_1), N(0,\sigma_2),\cdots,N(0,\sigma_n))^{\mathrm{T}}, N(0,\sigma_i)$ 表示均值为0,方差为 σ_i^2 的正态分布,且 $\boldsymbol{\xi}$ 的 n 个分量相互独立。$\alpha \in (0,1]$ 为压缩因子。

若 $x_{i+m}(t) \in \boldsymbol{\Omega}$,则转第 3 步;否则重复第 2 步。

(3) 计算新个体 $x_{i+m}(t), (i = 1,2,\cdots,m)$ 处的目标函数值 $f(x_{i+m}(t)), i = 1,2,\cdots,m$。

(4) 进行选择:从 $\{x_1(t), x_2(t), \cdots, x_{2m}(t)\}$ 中选取 m 个函数值最小的个体构成新一代种群 $\boldsymbol{X}(t+1) = \{x_1(t+1), x_2(t+1), \cdots, x_m(t+1)\}$,令 $x^*(t+1) = \arg\min\limits_{1\leqslant j\leqslant m}\{f(x_j(t+1))\}$。

(5) 终止检验:判别 $\boldsymbol{X}(t+1)$ 是否满足终止条件,若满足,则计算结束,输出最优解 $x^*(t+1)$;否则,令 $t = t+1$,返回第 2 步。

8.1.5.2 实值例子

为了检验改进的进化规划算法的可行性和有效性,选取了三个典型的优化算例进行测试,其中两个是多峰函数优化问题,另一个是非光滑优化问题。数值试验都是在方正 133 微机上进行的。每个问题的求解精度均为 $\varepsilon = 10^{-5}$,为了提高算法的执行效率,当迭代次数超过 10 次以后,取压缩因子 $\alpha = 0.02$,10 次以内取 $\alpha = 1$。

例 8 - 5

$$f(x) = -2\pi x - \sum_{i=0}^{10}\sin(2^{i+1}\pi x), x \in [0,1]$$

该函数在区间[0,1] 内有多个局部极值点。其全局最优值为 $f(0.566\,713) = -8.817\,893$。

例 8 - 6

$$f(x,y) = [\cos(2\pi x) + \cos(2.5\pi x) - 2.1] \times [2.1 - \cos(3\pi y) - \cos(3.5\pi y)]$$

其中$(x,y) \in [0,3] \times [0,1.5]$。该函数在区域$[0,3] \times [0,1.5]$内有多个局部极值点和一个全局最优点。全局最优值为$f(0.438\ 974, 0.305\ 734) = -16.091\ 72$。

例 8 - 7

$$f(x,y) = \max(f_1(x,y), f_2(x,y))$$

其中

$$f_1(x,y) = \left(x - \sqrt{x^2+y^2}\cos\sqrt{x^2+y^2}\right)^2 + 0.005(x^2+y^2)$$

$$f_2(x,y) = \left(x - \sqrt{x^2+y^2}\sin\sqrt{x^2+y^2}\right)^2 + 0.005(x^2+y^2)$$

该函数虽然是一个单峰函数，但却是非光滑的，其全局最优值为$f(0,0) = 0$。

表 8 - 6 给出了算法 A 的计算结果。

表 8 - 6　例 8 - 5,8 - 6,8 - 7 的数值结果

算例	方差	种群规模	迭代参数	CPU 时间（秒）	最优解	最优值
1	$\sigma = 0.5$	40	64	0.39 s	0.566 713 8	-8.817 891
	$\sigma = 0.9$	40	36	0.27 s	0.566 712 9	-8.817 884
2	$\sigma_1,\sigma_2 = 0.5$	50	104	0.98 s	(0.438 597 6, 0.305 877 2)	-16.091 710
	$\sigma_1,\sigma_2 = 0.25$	50	38	0.33 s	(0.439 879 49, 0.305 835 5)	-16.091 720
3	$\sigma_1,\sigma_2 = 1$	60	25	0.28 s	$(2.070\ 863 \times 10^{-3}, 4.478\ 674 \times 10^{-3})$	$8.320\ 674 \times 10^{-6}$
	$\sigma_1,\sigma_2 = 2$	60	12	0.11 s	$(1.219\ 543 \times 10^{-4}, 2.346\ 760 \times 10^{-3})$	$4.991\ 443 \times 10^{-6}$

典型实例的优化计算表明，改进的进化规划算法具有良好的全局搜索能力和较快的收敛速度。在实际计算中，参数σ,m和α的取值因题而异，主要应考虑以下几点。

（1）种群规模m的选取对进化算法的性能影响很大。种群规模选择过小，算法的全局搜索能力将受到影响，可能会过早地收敛于局部极小点；种群规模选择过大，将降低算法的计算速度，造成计算资源上的浪费。

（2）变异算子是改进的进化规划算法的主要进化手段，它体现了算法的全局搜索能力。其主要作用在于不断开拓解的新空间，并使算法达到局部最优时能够使解逃离出局部极小陷阱，因为在理论上变异后的个体可以是整个解空间的任何一个点。正态分布中的均方差σ，在算法中起类似于古典优化算法中的搜索步长的作用，在这里也称之为步长。随着迭代的进行，为了提高计算精度和收敛速度，步长应该随之减小。改进的进化规划算法采用的步长修正策略为：如果若干代内找不到下降点，说明步长太大，此时将步长适当压缩，以便较快地找到下降点。对于可行域范围较大的优化问题,初始步长 σ 也应较大,以便增强算法的空间搜索能力。反之,则可令 σ 相对小些,压缩因子 α 应该与初始步长相互协调,其主要功能在于控制算法的计算精度和收敛速度。

8.1.5.3 改进 *EP* 算法的收敛性[63]

首先,对全局优化问题式(8-9)作如下假设。

假设 8.1 (ⅰ)问题式(8-9)的可行域 $\boldsymbol{\Omega}$ 为 $\boldsymbol{R}^n$ 中的紧集。

(ⅱ)目标函数 $f(x)$ 是区域 $\boldsymbol{\Omega}$ 上的连续函数。

由假设 8.1 易知 $S = \{x \mid \arg\min\limits_{x\in R^n} f(x)\} \neq \varnothing$。任给 $\varepsilon > 0$,若记

$$\boldsymbol{D}_0 = \{\boldsymbol{x} = \boldsymbol{\Omega} \mid |f(x) - f^*| < \varepsilon\};D_1 = \boldsymbol{\Omega}/\boldsymbol{D}_0 \tag{8-10}$$

其中 $f^* = \min\limits_{x\in\Omega} f(\boldsymbol{x})$,则上述算法中产生的 m 个点可以分成两种状态:

(1)至少有一个点属于 $\boldsymbol{D}_0$,记为状态 S_0;

(2)m 个点均属于 $\boldsymbol{D}_1$,记为状态 S_1。

在上述条件下,可以证明如下结果。

定理 8.2 假设 $\{\boldsymbol{X}(t)\}$ 是由改进的进化规划算法产生的种群序列,其中 $x^*(t) \in \{X(t)\}$ 是第 t 代种群中的最优个体,即 $\boldsymbol{x}^*(t) = \arg\min\limits_{1\leqslant i\leqslant m}\{f(\boldsymbol{x}_i(t))\}$。如果假设 8.1 成立,则有

$$P\{\lim_{t\to\infty} f(\boldsymbol{x}^*(t)) = f^*\} = 1 \tag{8-11}$$

即种群序列以概率 1 渐进收敛于优化问题式(8-9)的全局最小点。

定理 8.2 的证明需要用到较多的预备知识,故从略,有兴趣的读者,可参看文献[66]。

8.1.6 模拟退火方法

20 世纪 80 年代中期以后,随着高性能计算机的飞速发展,一系列新的优化方法,如模拟退火方法(SA,Simulated Annealing)、遗传算法(GA)、进化规划(EP)、进化策略(ES)等获得了极其迅速的发展和广泛的应用。它们对解决大型复杂系统中出现的许多困难优化问题表现出很好的适应性。这些方法往往不仅具有简单、通用、自组织、自适应、自学习、适于并行处理等优点,而且有望成为将数值计算与语义表达、形象思维等高级智能行为联系的桥梁。因此,被一些学者称为智能优化方法。上世纪 90 年代以来,对这类算法的研究日渐成为计算机科学、信息科学和运筹优化领域研究的一个热点,并被广泛应用于机器学习、模式识别、蛋白质结果预测、图像处理、人工生命、经济预测等许多领域。前面已对进化策略、进化规划和遗传算法作了简要介绍。本节将对模拟退火方法(SA)及其在蛋白质结果预测中的应用作一介绍。

8.1.6.1 模拟退火方法的基本思想和步骤

模拟退火方法是一种随机性的全局优化方法,其基本思想来源于固体的退火过程。其思

想最早是由 Metropolis 等在 1953 年提出的，但未受到科学界的足够重视。直到 1983 年，Kirkpatrick 等首先认识到固体退火过程与组合优化问题之间的相似性，给出了一种模拟固体退火过程的迭代算法 —— 模拟退火算法，这一方法才逐渐引起人们的重视，并在解决大规模组合优化问题中获得了成功的应用。

考虑(8 - 1)的优化问题：

$$\min f(\boldsymbol{x}) \quad (\boldsymbol{x} \in \boldsymbol{R}^n)$$

模拟退火方法的基本思想是将优化问题比拟成一个物理系统，将优化问题的目标函数 $f(\boldsymbol{x})$ 比拟为物理系统的能量 $E(\boldsymbol{x})$，模拟退火方法从某一较高的初始温度 $T_0 > 0$ 开始，通过模拟物理系统逐步降温以达到最低能量状态的退火过程来获得优化问题的全局最优解。模拟退火算法的基本步骤可简述如下：

(1) 任给初始点 $\boldsymbol{x}^{(0)}$，足够大的初始温度 $T_0 > 0$，令 $\boldsymbol{x}^{(i)} = \boldsymbol{x}^{(0)}, k = 0$，计算能量值 $E(\boldsymbol{x}^{(0)})$；

(2) 若在该温度下达到内循环停止条件，则转第 3 步；否则从邻域 $N(\boldsymbol{x}^{(i)})$ 中随机选取一个解 $\boldsymbol{x}^{(j)}$，计算能量差 $\Delta E_{ij} = E(\boldsymbol{x}^{(j)}) - E(\boldsymbol{x}^{(i)})$，若 $\Delta E_{ij} \leqslant 0$，则令 $\boldsymbol{x}^{(i)} = \boldsymbol{x}^{(j)}$；否则若 $p = \exp(-\Delta E_{ij}/T_k) > \eta$($\eta$ 为(0,1)上均匀分布的随机数)，则令 $\boldsymbol{x}^{(i)} = \boldsymbol{x}^{(j)}$，重复第 2 步；

(3) 置 $T_{k+1} = d(T_k), k = k + 1$；若满足结束准则，则计算结束；否则返回第 2 步，其中 $d(T_k)$ 为降温方式。

上述算法常称为经典模拟退火方法(CSA)。

8.1.6.2 连续变量的模拟退火方法

早期的 SA 是针对组合优化问题的，但实践中还经常会遇到连续变量的优化问题，1996 ~ 1997 年，清华大学胡山鹰、陈丙珍等和中科院系统所杨若黎、顾基发对连续变量优化问题的模拟退火方法进行了有价值的探讨。

对模拟退火算法的研究主要分为两个方面，一是基于马尔可夫链的有关理论，研究算法的渐进收敛性；二是研究算法及其在各类问题中的应用。文献[72]，[73] 指出，模拟退火算法收敛到全局最小点要求满足如下条件：(1) 初始温度足够高，使该温度下所有状态以相同的概率出现；(2) 降温速度足够慢，每一温度下达到准平衡状态；(3) 终止温度趋近于零。但在实现过程中这些条件都难以完全满足，所以模拟退火算法只能以一定的概率找到近似的全局最优解。冷却进度表、领域结构和新解产生器、接受准则和随机数产生器被称为模拟退火算法的三大支柱，它们对算法的收敛性起决定性作用，将模拟退火算法引入连续变量函数的优化问题，关键是邻域结果和新解产生器的构造，不合适的领域结构可能导致算法不收敛。关于邻域结构的一个重要结论是：算法收敛性要求任意两个可行解或互为邻近解，或互不为邻近解。在某些情况下要求邻近解具有相同的产生概率。

数值试验表明，以往提出的模拟退火算法在变量较少时能得到很好的求解效果，但是随着变量数目的增加,就难以收敛到全局最优解。针对蛋白质结构预测模型等自然科学与工程实际问题多变量多极值的特点,给出了一种邻域结构的构造方式和新解产生方法[63],使算法能较快收敛到全局最优解,并且在解决多维的全局优化问题时显示出良好的数值稳定性。下面就来介绍这一改进的SA,简称算法A(简记为SAA)。

考虑如下的简单约束优化问题:

$$\left.\begin{aligned} &\min \quad f(\boldsymbol{x}) \\ &\text{s.t.} \quad \boldsymbol{x} \in [\boldsymbol{x}^D, \boldsymbol{x}^U] \end{aligned}\right\} \tag{8-12}$$

其中 $\boldsymbol{x} = (x_1, x_2, \cdots, x_n)^{\mathrm{T}}, f \in \boldsymbol{c}$。

首先给出了一种新解产生方法:假设某一状态下决策变量 $\boldsymbol{x}$ 取值 $(x_1, x_2, \cdots, x_n)^{\mathrm{T}}$;从当前解 $\boldsymbol{x} = (x_1, x_2, \cdots, x_n)^{\mathrm{T}}$ 中随机选取一个分量 x_r 产生随机扰动:$x_r' = x_r + \text{rand} \cdot \text{scale} \cdot (x_r^U - x_r^D)$,然后进行边界处理得到新解:

$$x_r^N = \begin{cases} x_r^U - (x_r^D - x_r') & x_r' < x_r^D \\ x_r' & x_r^D \leqslant x_r' \leqslant x_r^U \\ x_r^D + (x_r' - x_r^U) & x_r' > x_r^U \end{cases} \tag{8-13}$$

这样处理之后,任意两个可行解满足了或互为邻近解或互不为邻近解的条件:(1) 每一点(包括边界点)的领域规模相同,新解的产生概率相同,保证了算法要求的收敛性条件;(2) 产生随机扰动的分量随机选取。

算法A的计算步骤为:

(1) 设定初始温度 $T_{\max}$,每一温度下迭代次数 $L_{\max}$,领域规模因子 scale,温度下降因子 $\mathrm{d}t$;

(2) 随机产生初始解 $\boldsymbol{x}^0 = (x_1^0, x_2^0, \cdots, x_n^0)^{\mathrm{T}} \in [\boldsymbol{x}^D, \boldsymbol{x}^U]$,计算目标函数值 $f_{un^0} = f(\boldsymbol{x}^0)$;

(3) 判断是否满足终止条件,若满足,则结束;否则,令 $T = T * \mathrm{d}t, L = 1$,转(4);

(4) 从 $\{1, 2, \cdots, n\}$ 中随机选取一个数 r,使 $\boldsymbol{x}^0$ 中第 r 个变量产生随机扰动:$x_r = x_r^0 + \text{rand} \cdot \text{scale} \cdot (x_r^u - x_r^d)$,(rand 为 -1 到 1 之间一个随机数)。如果 x_r 超出上下边界,则按式(8-13)进行边界处理,从而得到一个新解 $\boldsymbol{x} = (x_1, x_2, \cdots, x_n)^{\mathrm{T}}$,计算新解的目标函数值 $f_{un} = f(\boldsymbol{x})$;

(5) 计算目标函数差 $Df = f_{un} - f_{\mathrm{un}^0}$,根据 Metropolis 法则,判断是否接受新解。若接受,则令 $x_r = x_r^0, f_{un} = f_{un^0}$,转(2);否则转(6);

(6) 若满足 $L > L_{\max}$,转(3),否则令 $L = L + 1$,转(4)。

该算法有以下几个可调参数:

(1) 初始温度 $T_{\max}$:主要根据目标函数差来确定,保证初始接受率足够高即可;

(2) 终止条件:在最优值未知的情况下,终止条件比较难确定,一般采取两种准则:一是给定终止温度;二是连续多次降温,能量函数值不再下降;

(3) 温度下降因子 $\mathrm{d}t$:一般取 0.95 ~ 0.98;

(4) 同一温度迭代次数(Markov 链长度)$L_{\max}$:$L_{\max}$ 选取与问题规模和解空间大小有关;

(5) 领域规模因子 scale:领域规模因子与解空间的规模有直接关系,下面的算例取0.2 ~ 0.5。

在第(5) 步中,根据 Metropolis 法则,判断是否接受新解是指:若 $Df \leqslant 0$,则接受新解;否则,若 $p = \exp(-Df/T) > \eta$(η 为(0,1) 上均匀分布的随机数),则接受新解。

8.1.6.3　数值例子

为了说明上述算法 A(SAA) 的有效性,下面给出了两个数值例子的结果。

例 8 - 8　求解:

$$\left.\begin{aligned} &\min \quad f(\boldsymbol{x}) = \frac{1}{100}\sum_{i=1}^{100}(x_i^4 - 16x_i^2 + 5x_i) \\ &\text{s.t.} \quad -10 \leqslant x_i \leqslant 10, i = 1,2,\cdots,100 \end{aligned}\right\}$$

引自文献[74],最优值为$f^* = -78.3323$。

例 8 - 9　求解:

$$\left.\begin{aligned} &\min \quad f(\boldsymbol{x}) = n + \sum_{i=1}^{n}[x_i^2 - \cos(2\pi x_i)] \\ &\text{s.t.} \quad -5.12 \leqslant x_i \leqslant 5.12, i = 1,2,\cdots,n \end{aligned}\right\}$$

最优值为$f(0) = 0$。

表8 -7 给出了例8 -8、例8 -9 的数值试验结果。从中可以看出:SAA 的计算效率要比文献[74] 的算法高。

表 8 - 7　例 8 - 8,8 - 9 数值计算结果

		目标数调用次数			精度
		最小	最大	平均	
例 8 - 8	SAA	16 741	17 581	17 052	0.001
	文献[74]	19 980	27 899	23 664	0.001
例 8 - 9	$n = 100$	44 691	45 391	45 171	0.000 01
	$n = 1\,000$	192 501	194 101	193 389	0.001
	$n = 3\,000$	1 192 601	1 193 401	1 192 867	0.001

8.1.6.4　蛋白质结构预测的一个优化模型

为了说明模拟退火方法在蛋白质结构预测中的应用,先介绍蛋白质结构预测的一个优化模型。

联合残基力场是一种平均力场,它是通过对蛋白质数据库PDB(Protein Data Bank)中195种高分辨率的非同源蛋白质晶体结构进行统计分析,结合全原子力场平均化建立起来的。

在联合残基力场中,氨基酸序列的主链被简化为一系列用虚键 $C^{\alpha}—C^{\alpha}$ 连接的 α 碳原子(C^{α}),每个 α 碳原子接一个联合侧链(SC),两个 α 碳原子之间的 —NH—CO— 基因团用一个联合肽基(P) 表示。其中只有 SC 和 P 为作用点,C^{α} 仅辅助确定作用点的几何位置;虚键 $C^{\alpha}—C^{\alpha}$ 链长固定不变(3.8埃),侧链键 C^{α}—SC链长仅跟残基类型有关,自由变量为:虚键二面角 γ、虚键键角 θ 和侧链键角 α_{SC} 和 β_{SC}。在文献[75]中模型一和模型二仅考虑了联合残基力场的一个和三个能量项,这里的模型包括五个能量项,称为模型三:

$$\min f(\boldsymbol{x}) = U = \sum_{i<1} U_{SC_iSC_j}(\gamma,\theta,\alpha_{SC},\beta_{SC}) + \omega_{tor}\sum_{i} U_{tor}(\gamma) + \omega_{toc}\sum_{i} U_b(\theta) + \sum_{i\neq j} U_{SC_iP_f}(\gamma,\theta,\alpha_{SC},\beta_{SC}) + \omega_{el}\sum_{i<j-1} U_{P_iP_j}(\gamma,\theta), \boldsymbol{X}\in[\boldsymbol{X}^D,\boldsymbol{X}^U] \tag{8-14}$$

$\boldsymbol{X} = (\gamma_1,\cdots,\gamma_{N-1},\theta_1,\cdots,\theta_{N-2},\alpha_{SC_1},\cdots,\alpha_{SC_N},\beta_{SC_1},\cdots,\beta_{SC_N})^{T}$,其中 $U_{SC_iSC_j}$ 表示联合侧链 SC_i 与 SC_j 相互作用,包含了侧链间疏水/亲水作用的平均自由能;$U_{SC_iP_j}$ 为联合侧链 SC_i 与联合肽基 P_j 相互作用;$U_{P_iP_j}$ 为联合肽基 P_i 与 P_j 相互作用,主要指它们之间的静电作用;U_{tor} 和 U_b 两项说明了局部性质,U_{tor} 为虚键二面角扭转能,U_b 为虚键键角变形能。其中,$U_{SC_iSC_j}$,U_{tor} 和 U_b 的描述可参考文献[75],下面列出另外两项。

联合侧链 SC_i 与联合肽基 P_j 之间的相互作用 $U_{SC_iP_j}$[94,95]。

该项是为了防止一个残基的侧链与另一个残基的主链靠得太近而造成的不合理结构加入的惩罚项。对于相邻的两个残基,$U_{SC_iP_j}$ 可忽略不计。当第 i 个残基和第 j 个残基不相邻时,$U_{SC_iP_j}$ 通过下式(8-23)计算。

$$U_{SC_iP_j} = \varepsilon_{SCP}\left(\frac{r_{SCP}^0}{r_{ij}}\right)^6 \tag{8-15}$$

其中,$\varepsilon_{SCP} = 0.3$ kcal/mol,$r_{SCP}^0 = 4.0$ 埃,r_{ij} 表示残基 i 和残基 j 之间的距离。

联合肽基 P_i 和 P_j 之间的相互作用 $U_{P_iP_j}$ 由下式确定

$$U_{P_iP_j} = \frac{A_{P_iP_j}}{r_{ij}^3}(\cos\alpha_{ij} - 3\cos\beta_{ij}\cos\gamma_{ij}) - \frac{B_{P_iP_j}}{r_{ij}^6}[4 + (\cos\alpha_{ij} - 3\cos\beta_{ij}\cos\beta_{ij})^2 - 3(\cos^2\beta_{ij} + \cos^2\gamma_{ij})] + \varepsilon_{P_iP_j}\left[\left(\frac{r_{P_iP_j}^0}{r_{ij}}\right)^2 - 2\left(\frac{r_{P_iP_j}^0}{r_{ij}}\right)^6\right] \tag{8-16}$$

其中,α_{ij},β_{ij},γ_{ij} 是定义肽基 P_i,P_j 相对位置的角度 r_{ij} 表示 P_i 和 P_j 之间的距离。常数项 $A_{P_iP_j}$ 和 $B_{P_iP_j}$ 可参考文献[76]。

8.1.6.5 模拟退火方法(SAA)在蛋白质结构预测中应用举例

利用算法 A 对脑啡肽和牛胰岛素的 B(D) 链的空间结构进行了预测。

脑啡肽（Met—enkephalin）是一条五残基的肽链，它的氨基酸顺序是：H—Tyr—Gly—Gly—Phe—Met—OH。它的空间结构为典型的Ⅱ′β转角。在全原子力场中，脑啡肽有24个可变的主链和侧链二面角和键角，据估计能量表面的局部极小点超过 3^{24}（10^{11}）个。Cornell大学Beker化学实验室用Monte Carlo能量极小化方法和构象空间退火（Conformation Space Annealing）方法计算了脑啡肽的全原子力场ECEPP能量函数值，两种方法得到的最低能量值分别为－12.90 kcal/mol和－11.707 kcal/mol。在本书所描述的联合残基力场模型中，可变二面角和键角的数量减少到17，而由于甘氨酸GLY在该模型中虚键键长为0，相应键角 α_{SC} 和 β_{SC} 的改变对能量变化不产生影响，所有脑啡肽的联合残基力场模型实质上只有13个变量。利用算法 A 对脑啡肽的联合残基模型进行了20次运算，其中13次运算收敛到同一个极小点，能量极小值为－13.857 kcal/mol，其他7次运算结果高于此能量值。初始温度分别设为10，20和50；终止条件为温度降至 10^{-7}。在PⅢ733微机上运行时间为900～1 460秒。结果见表8－8。

表8－8 脑啡肽能量极小化结果

能量（kcal/mol）	γ_1	γ_2	γ_3	γ_4	θ_1	θ_2	θ_3	α_{SC_1}	α_{SC_4}	α_{SC_5}	β_{SC_1}	β_{SC_4}	β_{SC_5}
－13.857	127.12	－165.00	105.26	－127.86	113.91	89.44	84.14	94.55	102.46	155.51	39.04	72.81	－116.44

注：由于第2，3个残基为Gly，其侧链键虚长度为零，所以 α_{SC_2}，α_{SC_3}，β_{SC_2}，β_{SC_3} 的变化对能量的计算不产生影响。

分析模型一、模型二和模型三的优化结果可以得到以下结论：联合侧链相互作用在联合残基力场中起主导作用；模型三的优化结果比模型一和模型二的结果更合理些，说明其他能量项在蛋白质的结构预测中同样是不可忽略的；蛋白质的能量表面存在极多的局部极小点，而且它们的极小值差别微小，在得到的极小值非常相近的情况下，解的情况可能完全不同，这就进一步增加了蛋白质结构预测的难度。

牛胰岛素（Bovine Despentapeptide Insulin）含有4条肽链。空间结构呈典型的全α螺旋结构域，由25个氨基酸残基组成，其氨基酸序列为：H—PHE—VAL—ASN—GLN—HIS—LEU—CYS—GLY—SER—HIS—LEU—VAL—GLU—ALA—LEU—TYR—LEU—VAL—CYS—GLY—GLU—ARG—GLY—PHE—PHE—OH。从第8个氨基酸残基GLY到第22个氨基酸残基ARG为一个完整的α螺旋结构。在联合残基力场模型中，25个残基的蛋白质共有97个变量，注意到3个甘氨酸GLY的存在，对能量变量起作用的变量有91个，能量表明的局部极小点超过 3^{91}（10^{44}）个。假定初始温度为10，降温因子为0.98，终止条件为温度低于 10^{-7}，10次运算有3次收敛到同一个极小点，极小值为－126.313 kcal/mol，其他7次运算结果都比该极小值高10 kcal/mol以上。在PⅢ733微机上运行时间为4.5～5.0小时。

8.2 信赖域方法[77]

信赖域方法是一种新的能保证算法全局收敛的算法。该法不需要进行线性搜索,而且也可以解决目标函数的 Hesse 矩阵不正定时给算法实现所带来的困难。这里初步介绍无约束优化问题和线性约束非线性优化问题的信赖域方法。

8.2.1 无约束规划问题的信赖域方法

8.2.1.1 基本描述

考虑一般无约束规划问题(8 - 1)

$$\min f(\boldsymbol{x}) \quad (\boldsymbol{x} \in \boldsymbol{R}^n)$$

并假设$f(\boldsymbol{x})$ 二次连续可微。

设 $\boldsymbol{x}^{(k)}$ 为问题式(8 - 1) 的最优解的一个当前近似解,定义$f(\boldsymbol{x})$ 的二次模型为

$$q_k(\boldsymbol{s}) = f(\boldsymbol{x}^{(k)}) + \boldsymbol{g}_k^{\mathrm{T}} s + \frac{1}{2}\boldsymbol{s}^{\mathrm{T}}\boldsymbol{G}_k s \tag{8 - 17}$$

其中,$\boldsymbol{g}_k = \nabla f(\boldsymbol{x}^{(k)})$,$\boldsymbol{G}_k = \nabla^2 f(\boldsymbol{x}^{(k)})$ 或 $\boldsymbol{G}_k$ 为 $\Delta^2 f(\boldsymbol{x}^{(k)})$ 的一个近似(矩阵)。

信赖域方法的基本思想是:先确定一个步长上界 h_k,由此定义 $\boldsymbol{x}^{(k)}$ 的一个邻域 $\boldsymbol{\Omega}_k$:

$$\boldsymbol{\Omega}_k = \{\boldsymbol{x} \in \boldsymbol{R}^n \mid \|\boldsymbol{x} - \boldsymbol{x}^{(k)}\| \leqslant h_k\} \tag{8 - 18}$$

使得在 $\boldsymbol{\Omega}_k$ 中的 $q_k(\boldsymbol{s})$ 与$f(\boldsymbol{x}^{(k)} + \boldsymbol{s})$ 一致,即二次模型 $q_k(\boldsymbol{s})$ 是目标函数$f(\boldsymbol{x})$ 的一个合适的模拟,且步长 h_k 的大小取决于 $q_k(\boldsymbol{s})$ 对$f(\boldsymbol{x})$ 的拟合程度。然后用二次模型 $q_k(\boldsymbol{s})$ 确定搜索方向 $\boldsymbol{s}^{(k)}$,即求解下列例子问题:

$$\left.\begin{aligned} \min \quad & q_k(\boldsymbol{s}) = f(\boldsymbol{x}^{(k)}) + \boldsymbol{g}_k^{\mathrm{T}}\boldsymbol{s} + \frac{1}{2}\boldsymbol{s}^{\mathrm{T}}\boldsymbol{G}_k\boldsymbol{s} \\ \text{s. t.} \quad & \|\boldsymbol{s}\| \leqslant h_k \end{aligned}\right\} \tag{8 - 19}$$

并取下一个迭代点为 $\boldsymbol{x}^{(k+1)} = \boldsymbol{x}^{(k)} + \boldsymbol{s}^{(k)}$。这种方法既具有 Newton 法的快速局部收敛性,也具有理想的全局收敛性(注:此处所取范数为 Euclid 范数)。

现在的问题是:如何确定 h_k 以及如何保证目标函数的单减性,即

$$f(\boldsymbol{x}^{(k)} + \boldsymbol{s}^{(k)}) < f(\boldsymbol{x}^{(k)})$$

为避免对步长 h_k 过分地限制,在 $q_k(\boldsymbol{s}^{(k)})$ 能很好地拟合$f(\boldsymbol{x}^{(k)} + \boldsymbol{s}^{(k)})$ 时,应选取尽可能大的 h_k。设 Δf_k 为f 在第 k 步的实际下降量,即

$$\Delta f_k = f(\boldsymbol{x}^{(k)}) - f(\boldsymbol{x}^{(k)} + \boldsymbol{s}^{(k)}) \tag{8 - 20}$$

Δq_k 为对应的预测下降量,即

$$\Delta q_k = f(\boldsymbol{x}^{(k)}) - q_k(\boldsymbol{s}^{(k)}) = -\boldsymbol{g}_k^{\mathrm{T}}\boldsymbol{s}^{\mathrm{T}} - \frac{1}{2}(\boldsymbol{s}^{(k)})^{\mathrm{T}}\boldsymbol{G}_k\boldsymbol{s}^{\mathrm{T}} \tag{8-21}$$

定义比值

$$r_k = \frac{\Delta f_k}{\Delta q_k} \tag{8-22}$$

以 r_k 来衡量二次模型 $q_k(\boldsymbol{s}^{(k)})$ 近似目标函数 $f(\boldsymbol{x}^{(k)}+\boldsymbol{s}^{(k)})$ 的程度。如果 r_k 的值接近1,则表明在 $\boldsymbol{\Omega}_k$ 内这种近似程度较好,此时可以保持 h_k 不变或增大。如果 r_k 的值接近零或取负值,则表明在 $\boldsymbol{\Omega}_k$ 内这种近似程度不够理想,因此必须减小 h_k 的值,缩小 $\boldsymbol{\Omega}_k$,以改善 $q_k(s)$ 在新邻域 $\boldsymbol{\Omega}_k$ 内对 $f(\boldsymbol{x})$ 的拟合程度。

8.2.1.2 算法

基于以上描述,通常的信赖域方法如下。

算法1

(1) 给定初始点 $\boldsymbol{x}^{(1)}$,初始步长 h_1,精度 $\varepsilon>0$,有关参数值 $\eta\in(0,1)$,$\gamma\in(0,1)$,置 $k=1$(如取 $\eta=0.25$,$\gamma=\eta$)。

(2) for $k=1,2,\cdots$

    if $\|\boldsymbol{g}_k\|\leqslant\varepsilon$,则 $\boldsymbol{x}^*=\boldsymbol{x}^{(k)}$,stop

    else

        形成矩阵 $\boldsymbol{G}_k$

    end if

(3) 求解子问题式(8-19)的解 $\boldsymbol{s}^{(k)}$。

(4) 计算 $f(\boldsymbol{x}^{(k)}+\boldsymbol{s}^{(k)})$ 和 r_k 的值。

(5) if $r_k<0.25$ then

$$h_{k+1}=\frac{\|\boldsymbol{s}^{(k)}\|}{4}(=\gamma\|\boldsymbol{s}^{(k)}\|)$$

    else

        if $r_k>0.75$ and $\|\boldsymbol{s}^{(k)}\|=h_k$ then

        $h_{k+1}=2h_k$

    else

        $h_{k+1}=h_k$

    end if

  end if

(6) if $r_k\leqslant 0$ then

        $\boldsymbol{x}^{(k+1)}=\boldsymbol{x}^{(k)}$

    else

$x^{(k+1)} = x^{(k)} + s^{(k)}$

end if

end (for)

注 1 G_k 通常用修正矩阵 B_k 取代为:给定 $v_k > 0$ 使得

$$B_k = \nabla^2 f(x^{(k)}) + v_k I = G_k + v_k I$$

为对称正定矩阵。显见,当$\nabla^2 f(x^{(k)})$ 正定时,$v_k = 0$。

注 2 多数实际执行的方法在求解子问题式(8 - 19) 中采用范数 $\|\cdot\|_2$。而且可以证明 $s^{(k)} = -B_k^{-1}g_k$ 为子问题式(8 - 19) 的解。因而此向量可作为 h_k 的估值(如取 $h_k = \|s^{(k)}\|$)。

例 8 - 10 用算法 1 求解:

$$\min f(x) = \frac{3}{2}x_1^2 + \frac{1}{2}x_2^2 - x_1x_2 - 2x_1$$

取 $x^{(1)} = (-2,4)^T$。

解 $f_1 = f(x^{(1)}) = 26, g_1 = \nabla f(x^{(1)}) = [-12,6]^T$

$$G_1 = \nabla^2 f(x^{(1)}) = \begin{bmatrix} 3 & -1 \\ -1 & 1 \end{bmatrix}, G_1^{-1} = \frac{1}{2}\begin{bmatrix} 1 & 1 \\ 1 & 3 \end{bmatrix}$$

解子问题式(8 - 19),即 $s^{(1)} = -G_1^{-1}g_1 = [3, -3]^T$。

计算

$$\Delta f_1 = f_1 - f(x^{(1)} + s^{(1)}) = 5$$

$$\Delta q_1 = f_1 - q_1(s^{(1)}) = 27$$

$$r_1 = \frac{\Delta f_1}{\Delta q_1} = \frac{5}{27} = 0.186$$

由本算法的(5),取

$$h_2 = 0.25\|s^{(1)}\| = 0.75\sqrt{2}$$

转(6),得 $x^{(2)} = x^{(1)} + s^{(1)}$,即 $x^{(2)} = [1,1]^T$。第一次迭代结束。

第二次迭代,因为

$$g(x^{(2)}) = \nabla f(x^{(2)}) = [0,0]^T$$

故 $x^* = x^{(2)} = [0,0]^T$ 为最优解。

8.2.1.3 收敛性讨论

下面讨论有关算法 1 的收敛性。

定理 8.3 为子问题式(8 - 19) 的解,当且仅当 $x^{(k)}$ 为满足$f(x)$ 的二阶必要条件的极小点。

事实上,若 $x^{(k)}$ 为$f(x)$ 满足二阶必要条件的极小点,即 $g_k = 0, B_k = G_k$ 半正定,那么对任意的 s,有

$$q_k(s) \geqslant q_k(\mathbf{0}) + \frac{1}{2}s^{\mathrm{T}}B_k s \geqslant q_k(\mathbf{0})$$

从而 $s^{(k)} = \mathbf{0}$ 为子问题式(8 - 19)的解(注意 $\|s^{(k)}\| \leqslant h_k$)。

另一方面,如果 $s^{(k)} = \mathbf{0}$ 为子问题式(8 - 19)的解,从而 $s^{(k)} = \mathbf{0}$ 也是

$$q_k(s) = f(x^{(k)}) + g_k^{\mathrm{T}}s + \frac{1}{2}s^{\mathrm{T}}B_k s$$

的一个极小点。因此有 $\nabla q_k(\mathbf{0}) = \mathbf{0}, \nabla^2 q_k(\mathbf{0})$ 半正定。此即 $g_k = \mathbf{0}, G_k$ 半正定。

定理8.4 设 $x^{(k)}$ 不是 $f(x)$ 满足二阶必要条件的极小点,则存在 $h_k > 0$,使得子问题式(8 - 19)的解 $s^{(k)}$ 满足

$$f(x^{(k)} + s^{(k)}) < f(x^{(k)})$$

【**证** 假设对于 $h_m = \frac{1}{m}(m = 1,2,\cdots)$,问题式(8 - 19)的解 s_m 使得

$$f(x^{(k)} + s_m) \geqslant f(x^{(k)})(m = 1,2,\cdots) \tag{8 - 23}$$

成立。下面证明这种情况是不可能发生的。

显见,$0 < \|s_m\| \leqslant h_m$,且 $\|s_m\| \to 0$。若不然,有 $\|s_m\| = 0$,从而 $s_m = \mathbf{0}$,由定理8.3知,$x^{(k)}$ 满足二阶必要条件。因此,令 $d_m = \frac{s_m}{\|s_m\|}$,则 $\{d_m\}$ 存在收敛的子序列。不妨设为 $\{d_m\}$,且 $d_m \to \bar{d}(m \to +\infty)$。显见 $\|\bar{d}\| = 1$。

因为 $x^{(k)}$ 不满足二阶必要条件,从而,或者有 $g_k = \nabla f(x^{(k)}) \neq \mathbf{0}$,或者 $g_k = \mathbf{0}$ 但 G_k 不是半正定矩阵。】

(1) 若 $g_k \neq \mathbf{0}$,由 $f(x)$ 在 $x^{(k)}$ 处的一阶泰勒展开式

$$f(x^{(k)} + s_m) = f(x^{(k)} + \|s_m\| d_m) = f(x^{(k)}) + \|s_m\| g_k^{\mathrm{T}} d_m + o(\|s_m\|)$$

由式(8 - 23)得

$$\|s_m\| g_k^{\mathrm{T}} d_m + o(\|s_m\|) \geqslant 0 \quad (m = 1,2,\cdots)$$

两边除以 $\|s_m\|$,并令 $m \to +\infty$,可得

$$g_k^{\mathrm{T}} \bar{d} \geqslant 0 \tag{8 - 24}$$

另一方面,s_m 作为子问题式(8 - 19)的解,必有

$$q_k(s_m) \leqslant q_k\left(-\|s_m\| \cdot \frac{g_k}{\|g_k\|}\right)$$

此即

$$\|s_m\| \cdot \|g_k^{\mathrm{T}} d_m\| + \frac{\|s_m\|^2}{2} d_m^{\mathrm{T}} G_k d_k \leqslant -\|s_m\| \cdot \|g_k\| + \frac{\|s_m\|^2}{2\|g_k\|^2} g_k^{\mathrm{T}} G_k g_k (m = 1,2,\cdots)$$

两边除以 $\|s_m\|$,并令 $m \to +\infty$,有

$$g_k^{\mathrm{T}} \bar{d} \leqslant -\|g_k\| < 0 \tag{8 - 25}$$

从而有式(8 - 24)与式(8 - 25)矛盾。

(2)$\boldsymbol{g}_k=\boldsymbol{0}$,但 $\boldsymbol{G}_k$ 不是半正定矩阵。

由$f(\boldsymbol{x})$ 在 $\boldsymbol{x}^{(k)}$ 的二阶泰勒展开式(注意 $\boldsymbol{g}_k=\boldsymbol{0}$)

$$f(\boldsymbol{x}^{(k)}+\boldsymbol{s}_m)=f(\boldsymbol{x}^{(k)}+\|\boldsymbol{s}_m\|\boldsymbol{d}_m)=f(\boldsymbol{x}^{(k)})+\frac{\|\boldsymbol{s}_m\|^2}{2}\boldsymbol{d}_m^{\mathrm{T}}\boldsymbol{G}_k\boldsymbol{d}_m+o(\|\boldsymbol{s}_m\|^2)$$

由式(8 - 23)有

$$\frac{\|\boldsymbol{s}_m\|^2}{2}\boldsymbol{d}_m^{\mathrm{T}}\boldsymbol{G}_k\boldsymbol{d}_m+o(\|\boldsymbol{s}_m\|^2)\geqslant 0$$

从而有

$$\bar{\boldsymbol{d}}^{\mathrm{T}}\boldsymbol{G}_k\bar{\boldsymbol{d}}\geqslant 0 \tag{8-26}$$

由于假设 $\boldsymbol{G}_k$ 不是正定的,则有 $\boldsymbol{d}\neq\boldsymbol{0}$,使得

$$\boldsymbol{d}^{\mathrm{T}}\boldsymbol{G}_k\boldsymbol{d}<0 \tag{8-27}$$

另一方面,因为 $\boldsymbol{s}_m$ 为式(8 - 19)的解,则有

$$q_k(\boldsymbol{s}_m)\leqslant q_k\left(\|\boldsymbol{s}_m\|\cdot\frac{\boldsymbol{d}}{\|\boldsymbol{d}\|}\right)$$

此即

$$\frac{\|\boldsymbol{s}_m\|^2}{2}\boldsymbol{d}_m^{\mathrm{T}}\boldsymbol{G}_k\boldsymbol{d}_m\leqslant\frac{\|\boldsymbol{s}_m\|^2}{2\|\boldsymbol{d}\|^2}\boldsymbol{d}^{\mathrm{T}}\boldsymbol{G}_k\boldsymbol{d}$$

两边除以 $\|\boldsymbol{s}_m\|^2$,并令 $m\to+\infty$,有

$$\bar{\boldsymbol{d}}^{\mathrm{T}}\boldsymbol{G}_k\bar{\boldsymbol{d}}\leqslant\frac{\boldsymbol{d}^{\mathrm{T}}\boldsymbol{G}_k d}{\|\boldsymbol{d}\|^2}$$

从而有(利用式(8 - 26))$\mathrm{d}^{\mathrm{T}}\boldsymbol{G}_k\boldsymbol{d}\geqslant 0$。可见此式与式(8 - 27)矛盾。 】

定理 8.5 设二阶连续可微,给定初始点 $\boldsymbol{x}^{(1)}$,水平集

$$L(\boldsymbol{x}^{(1)})=\{x\in\boldsymbol{R}^n\mid f(\boldsymbol{x})\leqslant f(\boldsymbol{x}^{(1)})\}$$

有界,且存在常数 $M>0$,使得对任意的 $\boldsymbol{x}^{(k)}\in L(\boldsymbol{x}^{(1)})$ 有 $\|\boldsymbol{G}_k\|\leqslant M$。则算法 1 产生的序列 $\{\boldsymbol{x}^{(k)}\}$ 至少有一个聚点满足$f(\boldsymbol{x})$ 的一阶和二阶必要条件。

【**证** 若序列$\{\boldsymbol{x}^{(k)}\}$ 为有限的,那么由算法迭代过程知结论成立(由定理 8.3)

现设$\{\boldsymbol{x}^{(k)}\}$ 为无穷序列,那么必有子序列满足下列条件之一:

(1)$r_k<0.25$,$h_{k+1}\to 0$(因而 $\|\boldsymbol{s}^{(k)}\|\to 0$);

(2)$r_k\geqslant 0.25$,$\mathrm{glb}(h_k)>0$,其中 $\mathrm{glb}(h_k)$ 表示 h_k 的总体最小界。

不妨设$\{\boldsymbol{x}^{(k)}\}$ 的子序列仍为其自己,$\bar{x}$ 为其任一聚点。

在情况(1),假设 $g(\bar{x})=\nabla f(\bar{x})\neq\boldsymbol{0}$。对任意的 $\boldsymbol{x}^{(k)}$,考虑其最速下降步,使得

$$q_k\left(-\alpha\frac{\boldsymbol{g}_k}{\|\boldsymbol{g}_k\|}\right)=f(\boldsymbol{x}^{(k)})-\alpha\|\boldsymbol{g}_k\|+\frac{1}{2}\alpha^2\frac{\boldsymbol{g}_k^{\mathrm{T}}\boldsymbol{G}_k\boldsymbol{g}_k}{\|\boldsymbol{g}_k\|^2} \tag{8-28}$$

若 $\boldsymbol{g}_k^{\mathrm{T}}\boldsymbol{G}_k\boldsymbol{g}_k > 0$,则当 $\alpha_k = \dfrac{\|\boldsymbol{g}_k\|^3}{\boldsymbol{g}_k^{\mathrm{T}}\boldsymbol{G}_k\boldsymbol{g}_k}$ 时,$q_k\left(-\alpha\dfrac{\boldsymbol{g}_k}{\|\boldsymbol{g}_k\|}\right)$取极小值。记

$$\Delta_{\min} = \frac{1}{2}\frac{\|\boldsymbol{g}_k\|^4}{\boldsymbol{g}_k^{\mathrm{T}}\boldsymbol{G}_k\boldsymbol{g}_k}$$

由于 $\boldsymbol{s} = -\dfrac{h_k\boldsymbol{g}_k}{\|\boldsymbol{g}_k\|}$ 为子问题式(8－19)的可行解,故有

$$\Delta q_k = f(\boldsymbol{x}^{(k)}) - q_k(\boldsymbol{s}^{(k)}) \geqslant f(\boldsymbol{x}^{(k)}) - q_k(\boldsymbol{s}) = f(\boldsymbol{x}^{(k)}) - q_k\left(-\frac{h_k\boldsymbol{g}_k}{\|\boldsymbol{g}_k\|}\right)$$

$$= h_k\|\boldsymbol{g}_k\| - \frac{1}{2}h_k^2\frac{\boldsymbol{g}_k^{\mathrm{T}}\boldsymbol{G}_k\boldsymbol{g}_k}{\|\boldsymbol{g}_k\|^2} = \frac{1}{2}h\|\boldsymbol{g}_k\|\left(2 - h_k\frac{\boldsymbol{g}_k^{\mathrm{T}}\boldsymbol{G}_k\boldsymbol{g}_k}{\|\boldsymbol{g}_k\|^3}\right) = \frac{\Delta_{\min}h_k}{\alpha_k}\left(2 - \frac{h_k}{\alpha_k}\right) \qquad (8-29)$$

因为　$\alpha_k \geqslant \dfrac{\|\boldsymbol{g}_k\|}{M} \to \dfrac{\|g(\bar{\boldsymbol{x}})\|}{M}(h_k \to 0^+)$,从而对所有充分大的 k 有

$$\Delta q_k \geqslant \frac{\Delta_{\min}h_k}{\alpha_k} = \frac{1}{2}h_k\|\boldsymbol{g}_k\| \qquad (8-30)$$

若 $\boldsymbol{g}_k^{\mathrm{T}}\boldsymbol{G}_k\boldsymbol{g}_k < 0$,从式(8－29)中第四式可直接得到式(8－30),因此,当 $\|\boldsymbol{s}^{(k)}\| \to 0^+$,有

$$\frac{\|\boldsymbol{s}^{(k)}\|^2}{\Delta q_k} \leqslant \frac{2\|\boldsymbol{s}^{(k)}\|^2}{h_k\|\boldsymbol{g}_k\|} \leqslant \frac{\alpha}{\|\boldsymbol{g}_k\|}\|\boldsymbol{s}^{(k)}\| \to 0 \qquad (8-31)$$

今由$f(\boldsymbol{x})$的泰勒展开式,有

$$\nabla f_k = f(\boldsymbol{x}^{(k)}) - f(\boldsymbol{x}^{(k)} + \boldsymbol{s}^{(k)}) = \Delta\boldsymbol{g}_k + 0(\|\boldsymbol{s}^{(k)}\|^2)$$

于是得到 $r_k = \dfrac{\Delta f_k}{\Delta q_k} \to 1$。

这与 $r_k < 0.25$ 矛盾,故 $g(\bar{\boldsymbol{x}}) = 0$。

再假设 $G(\bar{\boldsymbol{x}})$ 的最小特征值 $\lambda < 0$,其对应的单位特征向量为 v。考虑 $\boldsymbol{x}^{(k)} + h_k$　使得 ${}^{\mathrm{T}}\boldsymbol{g}_k \leqslant 0$。于是,由子问题(8－19)的可行性(即　为其可行解),有

$$\Delta q_k \geqslant -h_k \quad {}^{\mathrm{T}}\boldsymbol{g}_k - \frac{1}{2}h_k^2 \quad {}^{\mathrm{T}}\boldsymbol{G}_k$$

$$\geqslant -\frac{1}{2}h_k^2 \quad {}^{\mathrm{T}}\boldsymbol{G}_k \quad = \frac{1}{2}h_k^2(-\lambda + o(1))$$

注意到 $\Delta f_k = \Delta q_k + o(\|\boldsymbol{s}^{(k)}\|^2)$,从而得到 $r_k = \dfrac{\Delta f_k}{\Delta q_k} \to 1$。这与 $r_k < 0.25$ 矛盾,故 $G(\bar{\boldsymbol{x}})$ 半正定。

在情况(2),注意到$f(\boldsymbol{x}^{(k)}) - f(\bar{\boldsymbol{x}}) \geqslant \sum\limits_k \Delta f_k$(对子序列所求的和),由于$f(\boldsymbol{x}^{(k)}) - f(\bar{\boldsymbol{x}})$为常数,因而由 $r_k \geqslant 0.25$ 有 $\sum\limits_k \Delta f_k \geqslant 0.25\sum\limits_k \Delta q_k$。从而可得 $\Delta q_k \to 0$。

定义 $q(\boldsymbol{s}) = f(\bar{\boldsymbol{x}}) + \boldsymbol{s}^{\mathrm{T}} g(\bar{\boldsymbol{x}}) + \frac{1}{2}\boldsymbol{s}^{\mathrm{T}} G(\bar{\boldsymbol{x}})\boldsymbol{s}$。设 $\bar{h}$ 满足 $0 < \bar{h} < \mathrm{glb}(h_k)$，并令 $\bar{s}$ 对所有 $\|\boldsymbol{s}\| \leqslant \bar{h}$ 使得 $q(\boldsymbol{s})$ 取极小值。对充分大的 k，$\tilde{\boldsymbol{x}} = \bar{\boldsymbol{x}} + \bar{s}$ 关于 $\boldsymbol{\Omega}_k$ 可行，因而

$$q_k(\tilde{x} - \boldsymbol{x}^{(k)}) \geqslant q_k(\boldsymbol{s}^{(k)}) = f(\boldsymbol{x}^{(k)}) - \Delta q_k$$

取极限（令 $k \to \infty$）有

$$f(\boldsymbol{x}^{(k)}) \to f(\bar{\boldsymbol{x}}), \boldsymbol{g}_k \to g(\bar{\boldsymbol{x}}) = \nabla f(\bar{\boldsymbol{x}}), \boldsymbol{G}_k \to G(\bar{\boldsymbol{x}}) = \nabla^2 f(\bar{\boldsymbol{x}}), \tilde{x} - \boldsymbol{x}^{(k)} \to \bar{s}$$

从而得到 $q(\bar{s}) \geqslant f(\bar{\boldsymbol{x}}) = q(\boldsymbol{0})$。

因此 $\boldsymbol{s} = \boldsymbol{0}$ 也对约束条件 $\|\boldsymbol{s}\| \leqslant \bar{h}$ 之下使 $q(\boldsymbol{s})$ 取极小值。由于 $\bar{h} > 0$，故此时约束条件为非有效约束，其对应的乘子为零。由此可得约束问题

$$\left.\begin{aligned} \min \quad & q(\boldsymbol{s}) \\ \mathrm{s.t.} \quad & \|\boldsymbol{s}\| \leqslant \bar{h} \end{aligned}\right\}$$

的一阶必要条件为 $g(\bar{\boldsymbol{x}}) = 0$，二阶必要条件为 $G(\bar{\boldsymbol{x}})$ 半正定矩阵。 】

8.2.1.4 进一步说明

在求解无约束优化信赖域算法中，一般使用 $f(\boldsymbol{x})$ 及其一阶信息形成一个对称正定矩阵 $\boldsymbol{B}_k$ 来取代子问题式(8－19)中的矩阵 $\boldsymbol{G}_k$，即求解

$$\left.\begin{aligned} \min \quad & q_k(\boldsymbol{d}) = \boldsymbol{g}_k^{\mathrm{T}}\boldsymbol{d} + \frac{1}{2}\boldsymbol{d}^{\mathrm{T}}\boldsymbol{B}_k\boldsymbol{d} \\ \mathrm{s.t.} \quad & \|\boldsymbol{d}\| \leqslant h_k \end{aligned}\right\} \tag{8-32}$$

如 Khalfan 修正公式：

$$\boldsymbol{B}_{k+1} = \boldsymbol{B}_k + 2\left[f(\boldsymbol{x}_k^{(k)} + \boldsymbol{d}^{(k)}) - f(\boldsymbol{x}^{(k)}) - \boldsymbol{g}_k^{\mathrm{T}}\boldsymbol{d}^{(k)} - \frac{1}{2}(\boldsymbol{d}^{(k)})^{\mathrm{T}}\boldsymbol{B}_k\boldsymbol{d}^{(k)}\right]\frac{\boldsymbol{d}^{(k)}(\boldsymbol{d}^{(k)})^{\mathrm{T}}}{\|\boldsymbol{d}^{(k)}\|^4} \tag{8-33}$$

其中 $\boldsymbol{d}^{(k)}$ 为问题式(8－32)的解。

或者由拟牛顿方法形成 $\boldsymbol{B}_k$ 的修正公式（如 BFGS 公式等）。

剩下的问题是如何有效求解子问题式(8－19)。尽管可以利用二次规划中的有关方法来求解，但由于子问题式(8－19)约束条件的特殊性，可以寻求更有效的方法来求解子问题，如折线法、预共扼梯度法等都是比较有效的方法。有兴趣的读者请参阅[78]、[79]及相关文献。

8.2.2 线性约束问题的信赖域方法

考虑如下线性约束问题

$$\left.\begin{aligned} \min \quad & f(\boldsymbol{x}) \\ \mathrm{s.t.} \quad & \boldsymbol{a}_i\boldsymbol{x} = \boldsymbol{b}_i \quad i \in E = (1,2,\cdots,l) \\ & \boldsymbol{a}_j\boldsymbol{x} \geqslant \boldsymbol{b}_j \quad j \in I = (1,2,\cdots,m) \end{aligned}\right\} \tag{8-34}$$

下面介绍求解问题式(8－34)的信赖域方法。该方法实际上是可行点法信赖域技巧的结合。

例 8 - 11　设第 k 次迭代时的当前迭代点为 $\boldsymbol{x}^{(k)}$，且 $\boldsymbol{x}^{(k)}$ 可行，那么信赖域子问题为

$$\left.\begin{aligned} \min \quad & q_k(\boldsymbol{d}) = \boldsymbol{g}_k^{\mathrm{T}}\boldsymbol{d} + \frac{1}{2}\boldsymbol{d}^{\mathrm{T}}\boldsymbol{B}_k\boldsymbol{d} \\ \text{s.t.} \quad & \boldsymbol{a}_i\boldsymbol{d} = 0 (i \in E) \\ & \boldsymbol{a}_j\boldsymbol{d} \geqslant b_j - \boldsymbol{a}_j\boldsymbol{x}^{(k)} (j \in I) \\ & \|\boldsymbol{d}\| \leqslant h_k \end{aligned}\right\} \tag{8-35}$$

该问题是一个二次规划问题，可用二次规划的有关方法求解。设 $\boldsymbol{d}^{(k)}$ 为问题(8 - 35) 的解，那么实际下降量与预测下降量之比值定义为

$$r_k = \frac{f(\boldsymbol{x}^{(k)}) - f(\boldsymbol{x}^{(k)} + \boldsymbol{d}^{(k)})}{f(\boldsymbol{x}^{(k)}) - q_k(\boldsymbol{d}^{(k)})} \tag{8-36}$$

由于 $\boldsymbol{d}^{(k)}$ 为式(8 - 35) 的解，因此当 $\boldsymbol{d}^{(k)} = 0$ 时当且仅当 $\boldsymbol{x}^{(k)}$ 为原问题式(8 - 34) 的 KT 点。类似于无约束优化问题信赖域方法，有如下信赖域算法。

算法 2

(1) 任给初始可行点 $\boldsymbol{x}^{(1)}$，初始对称正定矩阵 $\boldsymbol{B}_1$，$h_1 > 0$，精度 $\varepsilon > 0$，置 $k = 1$。

(2) for　$k = 1, 2, \cdots$

　求解子问题式(8 - 35) 得解 $\boldsymbol{d}^{(k)}$

　　if　$\|\boldsymbol{d}^{(k)}\| \leqslant \varepsilon$　then　$\boldsymbol{x}^* = \boldsymbol{x}^{(k)}$, stop

　　else

　　　由式(8 - 36) 计算 r_k

　　end if

(3) if　$r_k < 0.25$　then

$$h_k = \frac{1}{2}h_k$$

　　else

　　　if　$r_k \geqslant 0.25$　and　$\|\boldsymbol{d}^{(k)}\| \leqslant h_k$　then

$$h_k = 2h_k$$

　　　else if

$$h_{k+1} = h_k$$

　　end if

(4) if　$r_k \leqslant 0$　then

$$\boldsymbol{x}^{(k+1)} = \boldsymbol{x}^{(k)}$$

　　else

$$\boldsymbol{x}^{(k+1)} = \boldsymbol{x}^{(k)} + \boldsymbol{d}^{(k)}$$

　　end if

(5) 修正矩阵 $\boldsymbol{B}_{k+1}$

$k+1 \Rightarrow k$

end for

注 $\boldsymbol{B}_{k+1}$ 可用拟 Newton 法中的 BFGS 公式或 DFP 公式给出。

定理 8.6 设

(1) $f(\boldsymbol{x})$ 在 $\boldsymbol{D} \subset \boldsymbol{R}^n$ 上连续可微;

(2) 矩阵序列 $\{\boldsymbol{B}_k\}$ 一致有界,即存在正常数 M,使得

$$\|\boldsymbol{B}_k\| \leqslant M \tag{8-37}$$

对一切 k 值都成立;

(3) $\{\boldsymbol{x}^{(k)}\}$ 由算法 4 产生的序列,且 $\{\boldsymbol{x}^{(k)}\}$ 至少有一个聚点,则此聚点必为原问题式(8-34)的 K-T 点。

【**证** 假设结论不真。则有

$$\lim_{k\to\infty} \boldsymbol{h}_k = 0 \tag{8-38}$$

如果式(8-38)不成立,则存在常数 $\delta > 0$,使得有无穷多个 k 值,有

$$h_k \geqslant \delta \text{ 且 } r_k \geqslant 0.25 \tag{8-39}$$

记所有满足式(8-39)的 k 组成的集合为 K_0。不妨设

$$\lim_{\substack{k \in K_0 \\ k\to\infty}} \boldsymbol{x}^{(k)} = \bar{\boldsymbol{x}} \tag{8-40}$$

据假设,$\bar{\boldsymbol{x}}$ 不是问题式(8-34)的 K-T 点,故 $\boldsymbol{d} = \boldsymbol{0}$ 不是问题

$$\left.\begin{aligned} \min \quad & q(\boldsymbol{d}) = g(\bar{\boldsymbol{x}})^{\mathrm{T}}\boldsymbol{d} + \frac{M}{2}\|\boldsymbol{d}\|^2 \\ \text{s.t.} \quad & \boldsymbol{a}_i\boldsymbol{d} = 0 (i \in E) \\ & \boldsymbol{a}_j\boldsymbol{d} \geqslant b_j - \boldsymbol{a}_j\bar{\boldsymbol{x}} (j \in I) \\ & \|\boldsymbol{d}\| \leqslant \frac{\delta}{2} \end{aligned}\right\} \tag{8-41}$$

的解,其中 $g(\bar{\boldsymbol{x}}) = \nabla f(\bar{\boldsymbol{x}})$,记 $\bar{\boldsymbol{d}}$ 为问题式(8-41)的解,则有

$$\eta = g(\bar{\boldsymbol{x}})^{\mathrm{T}}\bar{\boldsymbol{d}} + \frac{1}{2}M\|\bar{\boldsymbol{d}}\|^2 < 0 \tag{8-42}$$

于是由式(8-39)、式(8-41)和式(8-42)知

$$f(\boldsymbol{x}^{(k)}) - q_k(\boldsymbol{d}^{(k)}) \geqslant -\frac{1}{2}\eta > 0 \tag{8-43}$$

对所有充分大的 $k \in K_0$ 都成立。利用上式和 $r_k \geqslant 0.25$ 知

$$f(\boldsymbol{x}^{(k)}) - f(\boldsymbol{x}^{(k)} + \boldsymbol{d}^{(k)}) \geqslant -\frac{1}{8}\eta > 0 \tag{8-44}$$

对所有充分大的 $k \in K_0$ 都成立。

由于$\lim\limits_{k\to\infty} f(\boldsymbol{x}^{(k)}) = f(\bar{\boldsymbol{x}})$，式(8－44)不可能对无穷多个$k$成立。由此表明式(8－32)成立。从而，必存在一个子序列K_1，使得

$$r_k < 0.25 \qquad \forall k \in K_1 \tag{8-45}$$

不妨设

$$\lim_{\substack{k\in K_1\\ k\to\infty}} \boldsymbol{x}^{(k)} = \tilde{\boldsymbol{x}} \tag{8-46}$$

由反证法知$\tilde{\boldsymbol{x}}$不是原问题式(8－34)的K－T点，令$\tilde{\boldsymbol{d}}$是问题

$$\left.\begin{aligned} \min \quad & g(\tilde{\boldsymbol{x}})^{\mathrm{T}}\boldsymbol{d} + \frac{M}{2}\|\boldsymbol{d}\|^2 \\ \text{s.t.} \quad & \boldsymbol{a}_i d = 0 (i \in E) \\ & \boldsymbol{a}_j d \geqslant b_j - \boldsymbol{a}_j \bar{\boldsymbol{x}} (j \in I) \\ & \|\boldsymbol{d}\| \leqslant 1 \end{aligned}\right\} \tag{8-47}$$

的解，则必有

$$g(\tilde{\boldsymbol{x}})^{\mathrm{T}}\tilde{\boldsymbol{d}} + \frac{M}{2}\|\tilde{\boldsymbol{d}}\|^2 = \tilde{\eta} < 0 \tag{8-48}$$

于是，由$(h_k\tilde{\boldsymbol{d}})$是问题

$$\left.\begin{aligned} \min \quad & g(\tilde{\boldsymbol{x}})^{\mathrm{T}}\boldsymbol{d} + \frac{M}{2}\|\boldsymbol{d}\|^2 \\ \text{s.t.} \quad & \boldsymbol{a}_i \boldsymbol{d} = 0 (i \in E) \\ & \boldsymbol{a}_j \boldsymbol{d} \geqslant b_j - \boldsymbol{a}_j \bar{\boldsymbol{x}} (j \in I) \\ & \|\boldsymbol{d}\| \leqslant h_k \end{aligned}\right\} \tag{8-49}$$

的可行点，则只要$h_k \leqslant 1$就有

$$g(\tilde{\boldsymbol{x}})^{\mathrm{T}}\tilde{\boldsymbol{d}}^{(k)} + \frac{M}{2}\|\tilde{\boldsymbol{d}}^{(k)}\|^2 = h_k\tilde{\eta} \tag{8-50}$$

这里$\tilde{\boldsymbol{d}}^{(k)}$是问题式(8－49)的解。利用式(8－46)和(8－50)知

$$f(\boldsymbol{x}^{(k)}) - q_k(\tilde{\boldsymbol{d}}^{(k)}) \geqslant -\frac{1}{2}\tilde{\eta}h_k \tag{8-51}$$

对所有充分大的$k \in K_1$都成立。由定理假设条件(1)和(2)，有

$$f(\boldsymbol{x}^{(k)}) - q_k(\tilde{\boldsymbol{d}}^{(k)}) = f(\boldsymbol{x}^{(k)}) - f(\boldsymbol{x}^{(k)} + \tilde{d}^{(k)}) + o(\|\tilde{\boldsymbol{d}}^{(k)}\|) \tag{8-52}$$

从式(8－51)和式(8－52)可得

$$\lim_{\substack{k\in K_1\\ k\to\infty}} r_k = 1 \tag{8-53}$$

从而与式(8－54)矛盾。此矛盾表明定理结论为真。 】

说明

(1) 在适当条件下，可以证明算法 8.2 具有全局收敛性，而且是超线性收敛的；

(2) 由于信赖域方法的一个关键组成部分是试探步 $\boldsymbol{d}^{(k)}$ 的计算,从而寻求 $\boldsymbol{d}^{(k)}$ 等价于某一子问题的构造。因此,利用更有效的序列二次规划(SPQ)方法,将文献[77]中4.3节中的二次规划子问题((4.38),(4.39))和信赖域技巧结合起来可形成一个更有效的信赖域方法。

8.3 极大熵方法[80]

8.3.1 引言

极大熵方法是近年来出现的一种新的优化方法,它的基本思想是:利用最大熵原理推导出一个可微函数 $G_p(\boldsymbol{x})$(通常称为极大熵函数),用函数 $G_p(\boldsymbol{x})$ 来逼近最大值函数 $G_p(\boldsymbol{x}) = \max\limits_{1\leqslant i\leqslant m}(\boldsymbol{g}_i(\boldsymbol{x}))$,就可把求解多约束优化问题转化为单约束优化问题,把某些不可微优化问题转化为可微问题,使问题简化。数值试验说明:这种算法效果良好,它为求解大型多约束优化问题和某些不可微问题提供了一种新的思路和途经。为了能真正有效地求解大规模约束优化问题,还需要解决如下两个问题。

(1) 必须找到一种计算速度块、存贮容量小、适于求解大规模无约束优化问题的好算法与之配套。

(2) 研制一种性能优良的计算软件,它具有计算速度得快、存贮容量小、精度高、通用性强和较好的健壮性。这就需要很好地解决算法实现过程中的一些难点。例如,用差商代替导数如何计算精度;一维搜索法、无约束优化方法与极大熵方法的配合;如何避免计算过程中可能发生的上溢和下溢等。

通过对适于求解大规模无约束优化问题的若干共轭梯度法,有限内存 BFGS 方法进行分析、研究和数值试验,证实有限内存 BFGS 方法确是一种较好的大系统优化方法,它具有与 BFGS 方法基本相同的快速收敛的优点,而占用的内存容量当变量数目 n 较大时比一般的 BFGS 方法少得多,将它与极大熵方法结合,取得了良好的数值结果。

8.3.2 极大熵方法

考虑一般的约束优化问题:

$$\left.\begin{aligned} \min\quad & F(\boldsymbol{x}) = \max_{1\leqslant k\leqslant s} f_k(\boldsymbol{x}) \\ \text{s.t.}\quad & \boldsymbol{g}_i(\boldsymbol{x}) \leqslant 0 (i = 1,2,\cdots,m) \\ & h_j(\boldsymbol{x}) = 0 (j = 1,2,\cdots,l) \\ & \boldsymbol{x} \in \boldsymbol{R}^n \end{aligned}\right\} \tag{8-54}$$

其中 $f_k(\boldsymbol{x}),\boldsymbol{g}_i(\boldsymbol{x}),h_j(\boldsymbol{x}):\boldsymbol{R}^n\to\boldsymbol{R}$,$f_k(\boldsymbol{x}),\boldsymbol{g}_i(\boldsymbol{x}),h_j(\boldsymbol{x})\in C^1$。若 $s\geqslant 2$,一般来说,问题式(8 -

54）是一个不可微的优化问题，它的求解是困难的，当$n, m+1$较大时难度更大。下面给出求解问题式(8 - 54)的一种有效的近似方法——极大熵方法。

令$G(\boldsymbol{x}) = \max\limits_{1\leqslant 1\leqslant m}\{\boldsymbol{g}_i(\boldsymbol{x})\}$，$H(\boldsymbol{x}) = \max\limits_{1\leqslant j\leqslant i}\{h_j^2(\boldsymbol{x})\}$。易证下面的引理成立。

引理 8.1 问题式(8 - 55)与下面的问题式(8 - 55)等价。

$$\begin{aligned}&\min \quad F(\boldsymbol{x})\\ &\text{s.t.}\quad \left.\begin{aligned}&G(\boldsymbol{x}) \leqslant 0\\ &H(\boldsymbol{x}) = 0\\ &x \in \boldsymbol{R}^n\end{aligned}\right\}\end{aligned} \tag{8-55}$$

令

$$F_p(\boldsymbol{x}) = \frac{1}{p}\ln\sum_{i=1}^{s}\exp(pf_i(\boldsymbol{x}))\,(p>0)$$

$$G_q(\boldsymbol{x}) = \frac{1}{q}\ln\sum_{i=1}^{m}\exp(q\boldsymbol{g}_i(\boldsymbol{x}))\,(q>0)$$

$$H_i(\boldsymbol{x}) = \frac{1}{t}\ln\sum_{j=1}^{t}\exp(th_j^2(\boldsymbol{x}))\,(t>0)$$

不难证明如下结果。

定理 8.7

(1) 当$p\to+\infty$时，$F_p(\boldsymbol{x})$一致收敛于$F(\boldsymbol{x})$，且有

$$F(\boldsymbol{x}) \leqslant F_p(\boldsymbol{x}) \leqslant F(\boldsymbol{x}) + (\ln s)/p$$

(2) 当$q\to+\infty$时，$G_q(\boldsymbol{x})$一致收敛于$G(\boldsymbol{x})$，且有

$$G(\boldsymbol{x}) \leqslant G_q(\boldsymbol{x}) \leqslant G(\boldsymbol{x}) + (\ln m)/q$$

(3) 当$t\to+\infty$时，$H_t(\boldsymbol{x})$一致收敛于$H(\boldsymbol{x})$，且有

$$H(\boldsymbol{x}) \leqslant H_t(\boldsymbol{x}) \leqslant H(\boldsymbol{x}) + (\ln l)/t$$

【证

(1) ~ (3)的证明类似，下面仅给出(3)的证明，(1)、(2)的证明从略。注意到$h_j^2(\boldsymbol{x}) \leqslant H(\boldsymbol{x})$，即知

$$H_t(\boldsymbol{x}) \leqslant \frac{1}{t}\ln\sum_{j=1}^{t}\exp(tH(\boldsymbol{x})) = \frac{1}{t}\ln[l\exp(tH(\boldsymbol{x}))] = H(\boldsymbol{x}) + (\ln l)/t\,(t>0)$$

又

$$H_t(\boldsymbol{x}) - H(\boldsymbol{x}) = \frac{1}{t}\ln\sum_{j=1}^{t}\exp(th_j^2(\boldsymbol{x})) - \frac{1}{t}\ln\exp(tH(\boldsymbol{x})) = \frac{1}{t}\Big[\ln\sum_{j=1}^{t}\exp t(h_j^2(\boldsymbol{x}) - H(\boldsymbol{x}))\Big] \tag{8-56}$$

而$h_j^2(\boldsymbol{x}) - H(\boldsymbol{x}) \leqslant 0$，且至少有一个$j(1\leqslant j\leqslant l)$，使$h_j^2(\boldsymbol{x}) - H(\boldsymbol{x}) = 0$。

因此必有$\sum\limits_{j=1}^{t}\exp[t(h_j^2(\boldsymbol{x}) - H(\boldsymbol{x}))] \geqslant 1$。

所以 $H_t(\boldsymbol{x}) - H(\boldsymbol{x}) \geqslant 0$，即 $H(\boldsymbol{x}) \leqslant H_t(\boldsymbol{x})$。

由式(8－56)易见当 $t \to +\infty$ 时，$H_t(\boldsymbol{x})$ 一致收敛于 $H(\boldsymbol{x})$。 】

根据引理8.1和定理8.7可知，求问题式(8－54)的近似最优解，可转化为求解当p,q,t为正且充分大时如下的优化问题。

$$\left.\begin{aligned} \min \quad & F_p(\boldsymbol{x}) \\ \text{s.t.} \quad & G_p(\boldsymbol{x}) \leqslant 0 \\ & H_t(\boldsymbol{x}) \leqslant (r\ln l)/t \\ & \boldsymbol{x} \in \boldsymbol{R}^n \end{aligned}\right\} \tag{8－57}$$

其中 $r \in (1, +\infty)$ 为常数。而问题式(8－57)仅含有两个不等式约束，且目标函数和约束函数，当$f_k, \boldsymbol{g}_i, h_j \in C'$ 时，均是连续可微的，因而比问题式(8－54)容易求解。利用增广拉格朗日乘子可进一步将问题式(8－57)转化为无约束优化问题来求解，这样就为求解大规模的约束优化问题和某些不可微问题提供了一种比较简单而有效的近似方法。下面通过构造问题式(8－57)的增广拉格朗日函数来给出具体的算法。令

$$\varphi(\boldsymbol{x},\boldsymbol{\mu}) = f(\boldsymbol{x}) + \frac{1}{2c}\{[\max(0,\mu_1 + cG_q(\boldsymbol{x}))]^2 - \mu_1^2 + [\max(0,\mu_2 + c(H_t(\boldsymbol{x}) - (r\ln l)/t))]^2 - \mu_2^2\} \tag{8－58}$$

它就是问题式(8－57)的增广拉格朗日函数。

算法的计算步骤如下。

(1) 给定初始点$\boldsymbol{x}^{(0)}$，初始拉格朗日乘子$\mu_1^{(1)} = 0, \mu_2^{(1)} = 0, c > 0, p,q,t \in [10^3, 10^6], r \geqslant 1$，计算精度 $\varepsilon > 0$，令 $k = 1$。

(2) 以 $\boldsymbol{x}^{(k-1)}$ 为初始点，用有限内存 BFGS 方法求解 $\min\varphi(\boldsymbol{x},\mu^{(k)})$，设其解为 $\boldsymbol{x}^{(k)}$，其中 $\varphi(\boldsymbol{x},\boldsymbol{\mu})$ 由式(8－54)确定。

(3) 计算

$$\tau = \left\{[\max(G_q(\boldsymbol{x}^{(k)}), \mu_1^{(k)}/c)]^2 + \left[\max\left(H_t(\boldsymbol{x}^{(k)}) - \frac{r\ln l}{t}, \frac{\mu_2^{(k)}}{c}\right)\right]^2\right\}$$

若 $\tau \leqslant \varepsilon$，计算结束，取 $\boldsymbol{x}^{(k)}$ 为问题式(8－54)的近似最优解；否则计算

$$\beta = \left[G_q^2(\boldsymbol{x}^{(k)}) + \left(H_t(\boldsymbol{x}^{(k)}) - \frac{r\ln l}{t}\right)^2\right]^{\frac{1}{2}} \Big/ \left[G_q^2(\boldsymbol{x}^{(k-1)}) + \left(H_t(\boldsymbol{x}^{(k-1)}) - \frac{r\ln l}{t}\right)^2\right]^{\frac{1}{2}}$$

若 $\beta < \frac{1}{4}$，转(4)；否则令 $c = 2c$，转(4)。

(4) 计算

$$\mu_1^{(k+1)} = \max(0, \mu_1^{(k)} + \mu_1^{(k)} + cG_q(\boldsymbol{x}^{k(x)}))$$

$$\mu_2^{(k+1)} = \max\left[0, \mu_2^{(k)} + C\left(\boldsymbol{H}_t(\boldsymbol{x}^{(k)}) - \frac{r(ln)}{t}\right)\right]$$

令 $k=k+1$,返回(2)。

称上述算法为算法 A,它的可行性和有效性是人们关注的重要问题,作者从理论分析和数值计算与应用两方面进行了研究。在文献[80]、[81]中,就问题式(8-63)是凸规划的情况,证明当参数 $p,q,t\to+\infty$ 时,近似问题式(8-66)的最优解序列为任何极限点 $\boldsymbol{x}^*$。在一定的条件下,都是问题式(8-54)的最优解。

8.3.3　数值结果

为使上述算法实际可行和有效,必须研制一种性能优良的近似软件,解决好算法实现过程中的一些难点。下面列举三个数值例子的结果[63]。

例8-12

$$\min f(\boldsymbol{x})=\sum_{i=1}^{n/2}[100(\boldsymbol{x}_{2i}-\boldsymbol{x}_{2i-1}^2)+(1-\boldsymbol{x}_{2i-1})^2]$$

$$\boldsymbol{x}^*=(1,1,\cdots,1)^{\mathrm{T}},f(\boldsymbol{x}^*)=0$$

分别计算了 $n=10,100,200$,均取得了较好的结果,为节省篇幅,下面仅列出 $n=10$ 的数值结果。

初值取为 $\boldsymbol{x}_i^{(0)}=500(i=1,2,\cdots,10)$,则可得到如下近似最优解

$$\begin{aligned}\boldsymbol{x}^*=(&1.000\,022\,979\,5\quad 1.000\,045\,949\,4\quad 0.999\,923\,484\,0\\&0.999\,846\,222\,4\quad 1.000\,070\,767\,8\quad 1.000\,141\,855\,8\\&1.000\,070\,622\,1\quad 1.000\,141\,563\,9\quad 0.999\,903\,260\,1\\&0.999\,806\,287\,3)\end{aligned}$$

例8-13

$$\left.\begin{aligned}\min\quad & f(\boldsymbol{x})=5.357\,854\,7x_3^2+0.835\,689\,1x_1x_5+37.293\,239x_1-40\,792.141\\ \text{s.t.}\quad & 0\leqslant g_1(\boldsymbol{x})\leqslant 92\\ & 90\leqslant g_2(\boldsymbol{x})\leqslant 110\\ & 20\leqslant g_3(\boldsymbol{x})\leqslant 25\\ & 78\leqslant \boldsymbol{x}_1\leqslant 102\\ & 33\leqslant \boldsymbol{x}_2\leqslant 45\\ & 27\leqslant \boldsymbol{x}_3\leqslant 45\\ & 27\leqslant \boldsymbol{x}_4\leqslant 45\\ & 7\leqslant \boldsymbol{x}_5\leqslant 45\end{aligned}\right\}$$

其中

$$g_1(\boldsymbol{x})=85.334\,407+0.005\,685\,8\boldsymbol{x}_2\boldsymbol{x}_5+0.000\,626\,2\boldsymbol{x}_1\boldsymbol{x}_4-0.002\,205\,3\boldsymbol{x}_3\boldsymbol{x}_5$$

$$g_2(\boldsymbol{x})=80.512\,49+0.007\,131\,7\boldsymbol{x}_2\boldsymbol{x}_5+0.002\,995\,5\boldsymbol{x}_1\boldsymbol{x}_2+0.002\,181\,3x_3^2$$

$$g_3(\boldsymbol{x}) = 9.300\ 961 + 0.004\ 702\ 6\boldsymbol{x}_3\boldsymbol{x}_5 + 0.001\ 254\ 7\boldsymbol{x}_1\boldsymbol{x}_3 + 0.001\ 908\ 5\boldsymbol{x}_3\boldsymbol{x}_4$$

取 $p = q = t = 10^3, c = 10^6, \varepsilon_1 = 10^{-3}, \varepsilon_2 = 10^{-6}$(算法 A),结果如表 8 - 8 所示。

表 8 - 8 例 8 - 13 的结果

文献【82】方法			算法 4	
变量	初值	近似解	初值	近似解
$\boldsymbol{x}_1$	78.62	78.000	500.0	78.001 961 6
$\boldsymbol{x}_2$	33.44	33.000	500.0	33.001 417 6
$\boldsymbol{x}_3$	31.07	29.995	500.0	29.993 742 1
$\boldsymbol{x}_4$	44.18	45.000	500.0	44.997 430 6
$\boldsymbol{x}_5$	35.22	36.776	500.0	36.774 175 8
$f(\boldsymbol{x})$		– 30 665.5		– 30 665.997 926 8

例 8 - 14 求解:

$$\left.\begin{aligned}
\min\quad & f(\boldsymbol{x}) = \sum_{i=1}^{10} \boldsymbol{x}_i\Big(c_i + \ln\Big(\boldsymbol{x}_i / \sum_{j=1}^{10} \boldsymbol{x}_j\Big)\Big) \\
\text{s.t.}\quad & h_1(\boldsymbol{x}) = \boldsymbol{x}_1 + 2\boldsymbol{x}_2 + 2\boldsymbol{x}_3 + \boldsymbol{x}_6 + \boldsymbol{x}_{10} - 2 = 0 \\
& h_2(\boldsymbol{x}) = \boldsymbol{x}_4 + 2\boldsymbol{x}_5 + \boldsymbol{x}_6 + \boldsymbol{x}_7 - 1 = 0 \\
& h_3(\boldsymbol{x}) = \boldsymbol{x}_3 + \boldsymbol{x}_7 + \boldsymbol{x}_8 + 2\boldsymbol{x}_9 + \boldsymbol{x}_{10} - 1 = 0 \\
& \boldsymbol{x}_i \geqslant 0, i = 1,2,\cdots,10
\end{aligned}\right\}$$

其中

$$\begin{aligned}
&c_1 = -6.089 && c_2 = -17.164 && c_3 = -34.054 \\
&c_4 = -5.194 && c_5 = -24.721 && c_6 = -14.986 \\
&c_7 = -24.10 && c_8 = -10.708 && c_9 = -26.662 \\
&c_{10} = -22.179
\end{aligned}$$

取 $p = q = 10^3, c = 10^6, \varepsilon_1 = 0.01, \varepsilon_2 = 10^{-6}$。初值 $\boldsymbol{x}_i^{(0)} = 0.1(i = 1,2,\cdots,10)$,近似结果如表 8 - 9 所示。

表8－9 例8－14的近似结果

	可变容差法【82】	GRG法【82】	算法4
$f(\boldsymbol{x})$	－47.736	－47.761	－47.678 5
$\boldsymbol{x}_1$	0.012 8	0.040 6	0.041 7
$\boldsymbol{x}_2$	0.143 3	0.177 7	0.144 6
$\boldsymbol{x}_3$	0.807 8	0.783 2	0.775 7
$\boldsymbol{x}_4$	0.006 2	0.001 4	0.020 1
$\boldsymbol{x}_5$	0.479 0	0.485 3	0.469 5
$\boldsymbol{x}_6$	0.003 3	0.000 7	0.019 6
$\boldsymbol{x}_7$	0.032 4	0.027 4	0.028 5
$\boldsymbol{x}_8$	0.028 1	0.018 0	0.024 3
$\boldsymbol{x}_9$	0.025 0	0.037 5	0.036 7
$\boldsymbol{x}_{10}$	0.081 7	0.096 9	0.098 1
$h_1(\boldsymbol{x})$	0	0	0
$h_2(\boldsymbol{x})$	-10^4	10^4	0
$h_3(\boldsymbol{x})$	0	5×10^4	0

8.3.4 有限内存BFGS方法

通过理论分析和数值计算与应用两个方面的研究和试算，得到的初步结论是：极大熵方法与有限内存BFGS方法的有机结合，为求解大系统的非线性约束优化问题提供了一种新的思路和途径，它具有计算速度快、存贮容量小、简单易用、具有大范围收敛性等优点，初步的数值计算与应用实例说明：这是一种比较有效的大系统优化方法。当然，现在的工作还是初步的，需要继续深入和完善。

为了便于读者学习和编写计算程序，下面以附录的形式对有限内存BFGS方法做一简介。

附录

考虑无约束优化问题

$$\min f(\boldsymbol{x}) \tag{8-1}$$

其中 $\boldsymbol{x}\in\boldsymbol{R}^n, f:\boldsymbol{R}^n\to\boldsymbol{R}, f\in C^1$。

拟牛顿方程可写成

$$\boldsymbol{x}_{k+1} = \boldsymbol{x}_k + \boldsymbol{H}_{k+1}\boldsymbol{y}_k \quad (k = 1,2,\cdots) \tag{8-59}$$

其中,$\boldsymbol{y}_k = \boldsymbol{g}_{k+1} - \boldsymbol{g}_k = \nabla f(\boldsymbol{x}_{k+1}) - \nabla f(\boldsymbol{x}_k)$,$\boldsymbol{x}_{k+1} = \boldsymbol{x}_k + \alpha_k \boldsymbol{d}_k$,$\boldsymbol{d}_k$ 为搜索方向,α_k 为搜索步长,$\boldsymbol{d}_k = -\boldsymbol{H}_k\boldsymbol{g}_k$,BFGS 修正公式可写成。

$$\boldsymbol{H}_{k+1} = \left(I - \frac{\boldsymbol{s}_k\boldsymbol{y}_k^{\mathrm{T}}}{\boldsymbol{s}_k^{\mathrm{T}}\boldsymbol{y}_k}\right)\boldsymbol{H}_k\left(\boldsymbol{I} - \frac{\boldsymbol{y}_k\boldsymbol{s}_k^{\mathrm{T}}}{\boldsymbol{s}_k^{\mathrm{T}}\boldsymbol{y}_k}\right) + \frac{\boldsymbol{s}_k\boldsymbol{s}_k^{\mathrm{T}}}{\boldsymbol{s}_k^{\mathrm{T}}\boldsymbol{y}_k} \tag{8-60}$$

其中 $\boldsymbol{s}_k = \boldsymbol{x}_{k+1} + \boldsymbol{x}_k$。有限内存 BFGS 方法的基本出发点是减少内存。

记$\rho_k = 1/(\boldsymbol{s}_k^{\mathrm{T}}\boldsymbol{y}_k)$ · $\boldsymbol{V}_k = (\boldsymbol{I} - \rho_k\boldsymbol{y}_k\boldsymbol{s}_k^{\mathrm{T}})$,则式(8-60)可改写成为

$$\boldsymbol{H}_{k+1} = (\boldsymbol{V}_k^{\mathrm{T}}\cdots\boldsymbol{V}_{k-i}^{\mathrm{T}})\boldsymbol{H}_{k-i}(\boldsymbol{V}_{k-i}\cdots\boldsymbol{V}_k) + \sum_{j=0}^{i-1}\rho_{k-i+j}\left(\prod_{l=0}^{i-j-1}\boldsymbol{V}_{k-l}^{\mathrm{T}}\right)\cdot\boldsymbol{s}_{k-i+j}\boldsymbol{s}_{k-i+j}^{\mathrm{T}}\left(\prod_{l=0}^{i-j-1}\boldsymbol{V}_{k-l}^{\mathrm{T}}\right)^{\mathrm{T}} + \rho_k\boldsymbol{s}_k\boldsymbol{s}_k^{\mathrm{T}} \tag{8-61}$$

令 $i = m$,$\boldsymbol{H}_{k-m} = H_k^{(0)}$,则得到有限内存 BFGS 方法的矩阵修正公式为

$$\boldsymbol{H}_{k+1} = (\boldsymbol{V}_k^{\mathrm{T}}\cdots\boldsymbol{V}_{k-m}^{\mathrm{T}})\boldsymbol{H}_k^0(\boldsymbol{V}_{k-m}\cdots\boldsymbol{V}_k) + \sum_{j=0}^{m-1}\rho_{k-m+j}\left(\prod_{l=0}^{m-j-1}\boldsymbol{V}_{k-l}^{\mathrm{T}}\right)\cdot\boldsymbol{s}_{k-m+j}\boldsymbol{s}_{k-m+j}^{\mathrm{T}}\left(\prod_{l=0}^{m-j-1}\boldsymbol{V}_{k-l}^{\mathrm{T}}\right)^{\mathrm{T}} + \rho_k\boldsymbol{s}_k\boldsymbol{s}_k^{\mathrm{T}} \tag{8-62}$$

其中 $\boldsymbol{H}_k^0$ 可取为

$$\boldsymbol{H}_k^0 = \frac{\boldsymbol{s}_k^T\boldsymbol{y}_k}{\|\boldsymbol{y}_k\|_2^2}\boldsymbol{I} \tag{8-63}$$

综上所述可知,有限内存 BFGS 方法只需存贮$\boldsymbol{s}_i$,$\boldsymbol{y}_i(i = k-m,\cdots,k)$少数几个 n 维向量就够了。下面给出有限内存 BFGS 方法(简称算法 B)的计算步骤。

(1) 给定$\boldsymbol{x}_1 \in \boldsymbol{R}^n$,$\boldsymbol{H}_1 \in \boldsymbol{R}^{n\times n}$ 对称正定,取非负整数 $\hat{m}$(一般取$3 \leqslant \hat{m} \leqslant 8$),取精度$\varepsilon > 0$,$0 < b_1 \leqslant b_2 < 1$,令 $k = 1$。

(2) 若 $\|\boldsymbol{g}_k\| \leqslant \varepsilon$,则计算结束,取最优解为$\boldsymbol{x}^* \approx \boldsymbol{x}_k$;否则,计算 $\boldsymbol{d}_m = -\boldsymbol{H}_k\boldsymbol{g}_k$。

(3) 利用不精确线搜索确定步长 α_k,令 $\boldsymbol{x}_{k+1} = \boldsymbol{x}_k + \alpha_k\boldsymbol{d}_k$。

(4) 令 $m = \min\{k,\hat{m}\}$,按式(8-62)计算 $\boldsymbol{H}_{k+1}$,若 $k = 1$,则 $H_1^{(0)} = \boldsymbol{H}_1$;否则 $H_k^{(0)}$ 由式(8-63)给定。

(5) 令 $k = k+1$,转(2)。

与上述算法相应的不精确搜索算法的计算步骤如下。

(1) 给定$0 < b_1 \leqslant b_2 < 1$,令$\alpha = 1$,$\alpha_1 = 0$,$f_1 = f(\boldsymbol{x})$,$f_1' = \boldsymbol{d}^{\mathrm{T}}\nabla f(\boldsymbol{x})$,$\alpha_2 = +\infty$,$f_2' = -1$。

(2) 计算$f = f(\boldsymbol{x} + \alpha\boldsymbol{d})$,若$f_1 - f \geqslant -\alpha b_1 f_1'$,则转 4°;否则令 $\alpha_2 = \alpha$,$f_2 = f$。

(3) 利用f_1,f_1',f_2 进行 2 次插值求 α,即

$$\alpha = \alpha_1 + \frac{1}{2}(\alpha_2 - \alpha_1)/[1 + (f_1 - f_2)/(\alpha_2 - \alpha_1)f_1']$$

转(2)。

(4) 计算$f' = d^{\mathrm{T}} \nabla f(x + \alpha d)$,若$|f'| \leqslant -b_2 f'_1$,则结束;否则,若$f' < 0$,则转(6),否则令$\alpha_2 = \alpha, f_2 = f', f'_2 = f$。

(5) 利用f_1, f'_1, f_2, f'_2进行3次插值求α,即

$$\alpha = \alpha_1 - f'_1(\alpha_2 - \alpha_1)/(\sqrt{(\beta - f'_1)^2 - f'_1 f'_2} + \beta)$$

其中$\beta = 2f'_1 + f'_2 - 3(f_2 - f_1)/(\alpha_2 - \alpha_1)$ 转(2)。

(6) 若$\alpha_2 = +\infty$,则转(7),否则,令$\alpha_1 = \alpha, f_1 = f, f'_1 = f$;若$f'_2 > 0$,则转(5),否则转(3)。

(7) 利用f_1, f'_1, f, f'进行3次插值求$\hat{\alpha}$,即

$$\hat{\alpha} = \alpha - f(\alpha - \alpha_1)/(\sqrt{(\hat{\beta} - f')^2 - f' f'_1} + \hat{\beta})$$

其中$\hat{\beta} = 2f' + f'_1 - 3(f_1 - f)/(\alpha_1 - \alpha)$,令$\alpha_1 = \alpha, f_1 = f, f'_1 = f, \alpha = \hat{\alpha}$,转(2)。

注　在(3)和(5)中要求$\alpha \in [\alpha_1 + \lambda(\alpha_2 - \alpha_1), \alpha_2 - \tau(\alpha_2 - \alpha_1)]$,其中$\tau > 0$(通常令$\tau = 0.1$, 若(3)和(5)中求得的$\alpha$不满足上式,则令

$$\alpha = \min\{\max\{\alpha, \alpha_1 + \tau(\alpha_2 - \alpha_1)\}, \alpha_2 - \tau(\alpha_2 - \alpha_1)\}$$

在(7)中要求$\hat{\alpha} \in [\alpha + (\alpha - \alpha_1), \alpha + 9(\alpha - \alpha_1)]$,若计算所得$\hat{\alpha}$不满足上式,令$\hat{\alpha} = \min\{\max\{\hat{\alpha}, \alpha + (\alpha - \alpha_1)\alpha + 9(\alpha - \alpha_1)\}\}$

关于BFGS方法及有限内存BFGS方法的详细论述可参看文献[83]、[84]。

复习思考题

8-1　进化算法有何优点?

8-2　简述遗传算法的主要计算过程以及所采用的主要算子。

8-3　模拟退火方法的基本思想是什么,模拟退火算法的基本步骤是什么?

8-4　什么是信赖域方法?

8-5　极大熵方法的基本思想是什么?

习　题

8-1　用进化策略(算法1)求解如下的优化问题:

(1) $\min f(x) = x^4 - 16x^2 + 5x$;

(2) $\min f(x) = 100(x_1^2 - x_2^2)^2 + (1 - x_1)^2$;

(3) $\min f(x) = |x_1| + 4 - \cos x_2 - \cos x_3 - \cos(2x_3) + (|x_2| + |x_3|)/3$。

8-2　画出用进化策略(算法1)求解无约束优化问题$\min f(x), x \in R^n$的程序框图,编写

计算程序,并求解 8 - 1 中(2),(3)。

8 - 3　画出求解单峰函数优化问题的进化策略(算法 2) 的程序框图,编写计算程序,并求解如下问题:

(1)$\min f(\boldsymbol{x}) = \sum_{j=1}^{n} \boldsymbol{x}_j^2$;　(2)8.1.2 节例 8 - 1;　(3)8.1.2 节例 8 - 2。

8 - 4　用遗传算法求解习题 8.1 中的(1),(2),(3) 及(4)$\min f(\boldsymbol{x}) = \frac{1}{100}\sum_{i=1}^{100}(\boldsymbol{x}_i^4 - 16\boldsymbol{x}_i^2 + 5\boldsymbol{x}_i)$,其中 $\boldsymbol{x}_i \in [-10,10], i = 1,2,\cdots,100$。

8 - 5　画出遗传算法的程序框图,编写计算程序,并求解 8.1 中的(2),(3) 及 8.4 中的(4)。

8 - 6　画出改进的进化规划算法(算法 4) 的程序框图,编写计算程序,并求解:

(1)
$$\left.\begin{array}{ll} \min & f(\boldsymbol{x}) = \sum_{i=1}^{100} \frac{x_i^2}{200} - \prod_{i=1}^{100} \cos\left(\frac{\boldsymbol{x}_i}{\sqrt{i}}\right) + 1 \\ \text{s.t.} & -100 \leqslant \boldsymbol{x}_i \leqslant 100 (i = 1,2,\cdots,10) \end{array}\right\};$$

(2)
$$\left.\begin{array}{ll} \min & f(\boldsymbol{x}) = n + \sum_{i=1}^{n} [\boldsymbol{x}_i^2 - \cos(2\pi \boldsymbol{x}_i)] \\ \text{s.t.} & -5.12 \leqslant \boldsymbol{x}_i \leqslant 5.12 (i = 1,2,\cdots,100) \end{array}\right\}。$$

8 - 7　画出改进的模拟退火方法(SAA) 的程序框图,编写计算程序,并求解 8.1 中的(1),(2)。

8 - 8　求解如下的优化问题:

(1)
$$\left.\begin{array}{ll} \min & f(\boldsymbol{x}) = \sum_{i=1}^{n-1} [(\boldsymbol{x}_i^2 - \boldsymbol{x}_{i+1})^2 + (1 - \boldsymbol{x}_i)^2] \\ \text{s.t.} & |\boldsymbol{x}_i| \leqslant 30 (i = 1,2,\cdots,n) \end{array}\right\};$$

(2)
$$\left.\begin{array}{ll} \min & f(\boldsymbol{x}) = -\sum_{i=1}^{n} \boldsymbol{x}_i \sin(\sqrt{|\boldsymbol{x}_i|}) \\ \text{s.t.} & |\boldsymbol{x}_i| \leqslant 500 (i = 1,2,\cdots,n) \end{array}\right\};$$

(3)
$$\left.\begin{array}{ll} \min & f(\boldsymbol{x}) = \sum_{i=1}^{n} (\boldsymbol{x}_i^2 - 10\cos(2\pi \boldsymbol{x}_i) + 10) \\ \text{s.t.} & |\boldsymbol{x}_i| \leqslant 5.12 (i = 1,2,\cdots,n) \end{array}\right\}。$$

8 - 9　用极大熵法求解如下问题:

(1)
$$\left.\begin{array}{ll} \min & f(\boldsymbol{x}) = \boldsymbol{x}_1^2 + 2\boldsymbol{x}_2^2 - 2\boldsymbol{x}_1^2\boldsymbol{x}_2^2 \\ \text{s.t.} & \boldsymbol{x}_1\boldsymbol{x}_2 + \boldsymbol{x}_1^2 + \boldsymbol{x}_2^2 \leqslant 2 \\ & \boldsymbol{x}_1 \geqslant 0, \boldsymbol{x}_2 \geqslant 0 \end{array}\right\};$$

(2)
$$\left.\begin{aligned} \min\quad & f(\boldsymbol{x}) = \boldsymbol{x}_1^2 + 2\boldsymbol{x}_2^2 - 16\boldsymbol{x}_1 - 10\boldsymbol{x}_2 \\ \text{s. t.}\quad & \boldsymbol{g}_1(\boldsymbol{x}) = 11 - \boldsymbol{x}_1^2 + 6\boldsymbol{x}_1 - 4\boldsymbol{x}_2 \geqslant 0 \\ & \boldsymbol{g}_2(\boldsymbol{x}) = \boldsymbol{x}_1\boldsymbol{x}_2 - 3\boldsymbol{x}_2 - e^{x_1 - 3} + 1 \geqslant 0 \\ & \boldsymbol{x}_1 \geqslant 0, \boldsymbol{x}_2 \geqslant 0 \end{aligned}\right\};$$

(3)
$$\left.\begin{aligned} \min\quad & f(\boldsymbol{x}) = \boldsymbol{x}_1\boldsymbol{x}_2\boldsymbol{x}_3\boldsymbol{x}_4\boldsymbol{x}_5 \\ \text{s. t.}\quad & \boldsymbol{g}_1(\boldsymbol{x}) = \sum_{i=1}^{5} \boldsymbol{x}_i^2 - 10 = 0 \\ & \boldsymbol{g}_2(\boldsymbol{x}) = \boldsymbol{x}_2\boldsymbol{x}_3 - 5\boldsymbol{x}_4\boldsymbol{x}_5 = 0 \\ & \boldsymbol{g}_3(\boldsymbol{x}) = \boldsymbol{x}_1^3 + \boldsymbol{x}_2^3 + 1 = 0 \end{aligned}\right\}。$$

第9章 优化方法的选择及提高优化效率的方法

随着计算技术的飞速发展,工程设计方法日新月异,使对最优设计方案的追求成为可能。因此,工程设计者不仅需要非常熟悉他所设计对象的设计内容和方法,而且有必要熟悉和了解最优化方法并用以形成新的设计方案。那么,在形成最优化设计问题的数学模型以后,如何根据最优化方法所涉及的因素来简化这个数学模型并合理地选择最优化方法就是至关重要的了。

9.1 优化方法的选择

9.1.1 选择原则

究竟选择哪种优化方法来求解面临的最优化问题?这和许多因素有关。

通常,我们需要借助于电子计算机来完成运算过程。因此,必须考虑计算机运算的特点。这些特点主要包括需要一定的计算存储量和一定的计算效率,而后者又和计算精度和计算速度有关。同时,要用计算机运算,必须通过计算机程序设计将问题转化为计算机高级语言由机器执行。因此在考虑优化方法时,自然要考虑所选方法是否有现成的程序,还是要自己编写。若要自己编写,这方面的工作量大否?为执行编制的程序,计算机需要多少时间和费用,程序的调试和使用是否复杂等。

就优化方法本身来说,选择时需要考虑的方面如下。

(1) 方法的可靠性如何?即成功解决某类问题的把握怎样?这对一个方法来说是至关重要的。

(2) 方法的普遍适用性如何?即方法能用来解决问题的类型多否,通用性如何?显然,方法的适用性越广,通用性越强,则其效率越高。

(3) 方法的效率如何?包括方法的收敛速度和收敛精度。显然,收敛快且精度高的方法是有利的,在相同的精度下效率高的方法用的机时少;反之,用相同的机时效率高的方法可提高解的精度。在某种意义上说,这点是选择方法的主要原则。

(4) 初始点和初始参数选取的容易程度及其对运算经验的依赖性如何?显然,应选取初始点和参数容易确定的方法。

9.1.2　各类最优化问题求解方法的选择

各类最优化问题的求解方法及它们的优缺点,前几章已作过介绍。现在再进行一下综合的评价。

(1) 关于无约束优化方法

① 一维搜索目前常用的是区间消去法和曲线拟合法。对于连续变量,一般来说,只要求目标函数是光滑连续的。黄金分割法的程序简单,数值稳定性较好,不需要求导数,因此得到广泛应用。若函数的导数比较容易求得或者所选择的约束优化方法必须求得导数,则含导数的抛物线法是比较有效而简便的。对于离散变量,则常采用 Fibonacci 法进行一维离散搜索。

② 多维无约束优化目前最为有效的,仍是拟牛顿法,其中校正公式采用 BFGS 公式则更受推荐,因为它的数值稳定性好。但是,对于维数很高的问题且存储量成为主要考虑因素时,则用共轭梯度法是有利的。若函数的二阶导数矩阵比较容易求得而存储量不是考虑的主要因素时,则采用牛顿法是有利的,因为它有较快的收敛速度。对于无法求得函数导数的最优化问题,只有采用直接解法,其中 Powell 法有较好的效率,应用较为广泛;其次是无约束优化的单纯行法。

(2) 关于线性规划问题

修正单纯形法是比较成熟而有效的,且一般能找到现成的程序。若最后形成的线性规划问题的维数低,则采用对偶单纯形法是有利的。一般地说,第 3 章介绍的各种改进的内点算法都是很有效的。对比测试表明,对较大型问题,内点法要明显地优于单纯形法,对同一问题,其计算速度要比单纯形法快 2.5 ~ 20 倍。

(3) 若为二次规划问题,则采用二次规划的各种解法较为有利,而不必采用各类非线性规划的求解方法。

(4) 关于非线性规划问题

① 若目标和约束函数的性态较好,即函数的非线性程度不高,则采用序列线性规划是可取的。

② 对于一般的非线性规划的约束问题,推荐以下几种途径来求解问题。

a. 将非线性规划的约束问题化为无约束优化问题求解。其中乘子法是比较更为有效的。扩展内罚函数法也比较可靠且迭代过程中的每个设计点都是可行的。

b. 将非线性规划问题化为系列线性规划或系列二次规划问题求解。

c. 将非线性规划问题化为约束是线性的序列非线性规划问题,再用共轭梯度投影法求解。

d. 用广义简约梯度法求解非线性规划问题。

e. 将非线性规划问题简化为约束很少的非线性规划问题，用非线性对偶方法求解，此时计算效率有可能大大提高。

(5) 关于离散变量的最优化问题，在第 5 章已述及，在此不再重复。

9.2 提高优化效率的若干方法[39,84]

当我们采用某种优化方法进行工程优化问题的求解时，除了优化方法本身的可靠性、适用性和效率以外，问题的求解还与优化问题的规模及其有关性质密切相关。这些方面包括以下几点：一是设计变量向量的分量数，称为问题的维数；二是约束条件数，从数学上讲通常要联立求解与这个数目有关的联立方程组来求解问题，故通常称约束数为问题的阶数；三是问题的求解精度，要求停止运算的精度越高时计算量越大；四是计算目标和约束函数及它们的导数的复杂程度；五是初始参数的选取是否合适。因此，提高优化效率的方法有以下几种。

9.2.1 减少设计变量数及一些对设计变量的处理方法

设计变量数是一个优化问题规模大小的重要标志，而且许多优化方法的效率是随设计变量数的增大而减小的。

(1) 减少设计变量数的方法之一是进行变量连接。这种方法是利用事先已经知道的变量之间的数量关系减少独立变量数。例如，在以元件尺寸作为设计变量的结构优化设计中，不希望结构模型的每一元件的尺寸都作为独立的设计变量。因此，可用设计变量连接的方法减少独立的设计变量数。这种方法简单地固定某些事先规定的元件组的相对尺寸，因而一个独立的设计变量，控制着所有该连接组中元件的尺寸。这时，尺寸变量 a_i($i = 1,2,\cdots,n$；n 为结构的元件数) 可表示为

$$a_i = T_{ib(i)}\delta_{b(i)} \qquad (i = 1,2,\cdots,n;b = 1,2,\cdots,B) \tag{9-1}$$

式中 $T_{ib(i)}$ 为连接常数，下标中的 $b(i)$ 表示第 i 元件包括在共有 B 个连接组中的第 b 个连接组，而 $\delta_{b(i)}$ 是第 b 个连接组的独立设计变量。从而，通过上式，独立设计变量数由 n 个减少为 B 个。而连接常数是已知的，优化中不变的。

(2) 减少设计变量数的方法之二是减缩变量空间的基底。这种方法要求选取一组已知的基底向量，而将新求解的变量转换为维数较低的一组变量，它们使得原有问题的解是已知基底向量的线性组合，而线性组合的常数就是这组新的变量，参见文献[84]。

(3) 设计变量的规格化问题。在工程设计问题中，通常设计变量具有不同的量纲和数量级，有的甚至相差很大。为了消除这种差别，应使设计变量变为无量纲且规格化的设计变量，其办法可以是将每个变量除以其初始值而变为取相对值的无量纲量。即令无量纲设计变量

$$\bar{x}_i = \frac{x_i}{x_{i,0}} \qquad (i = 1,2,\cdots,n) \tag{9-2}$$

式中 x_i 是带量纲的设计变量，$x_{i,0}$ 是 x_i 的初值。

若事先已规定设计变量值的取值范围：$x_i^{(L)} \leqslant x_i \leqslant x_i^{(U)} (i = 1,2,\cdots,n)$ 则可令

$$\bar{x}_i = \frac{x_i - x_i^{(L)}}{x_i - x_i^{(U)}} \qquad (i = 1,2,\cdots,n) \tag{9-3}$$

式中 $x_i^{(U)}$ 和 $x_i^{(L)}$ 分别是 x_i 的上、下限。

(4) 设计变量的某种变形。在有的情况下，对设计变量进行某种变形是有利的。例如，在以元件尺寸为设计变量，以应力、位移为约束的静力结构优化中，由于对于静定结构，应力和位移都是元件尺寸变量倒数的线性函数，因此可以认为在超静定结构中仍近似保持线性关系。这样，若采用元件尺寸的倒数作为设计变量，可以想像上述约束函数的线性化近似程度一定是很高的。因此，在上述类型的结构优化中，已广泛采用结构元件尺寸的倒数作为设计变量。

9.2.2　目标函数的尺度转换

当目标函数严重非线性时，函数的性态将会使优化问题的求解遇到很大困难。此时，将目标函数进行尺度变换有可能改善目标函数的性态从而提高优化效率。目标函数的尺度变换可通过缩小和放大各个变量来达到。具体方法是取

$$\bar{\boldsymbol{X}} = \boldsymbol{D}\boldsymbol{X} \tag{9-4}$$

式中

$$\boldsymbol{D} = \begin{bmatrix} \left[\dfrac{\partial^2 f}{\partial x_1^2}\Big/2\right]^{\frac{1}{2}} & 0 & \cdots & 0 \\ 0 & \left[\dfrac{\partial^2 f}{\partial x_2^2}\Big/2\right]^{\frac{1}{2}} & \cdots & 0 \\ 0 & 0 & \ddots & 0 \\ 0 & 0 & \cdots & \left[\dfrac{\partial^2 f}{\partial x_n^2}\Big/2\right]^{\frac{1}{2}} \end{bmatrix} \tag{9-5}$$

当求得 $\bar{\boldsymbol{X}}^*$ 后，所求 $\boldsymbol{X}^*$ 为

$$\boldsymbol{X}^* = \boldsymbol{D}^{-1}\bar{\boldsymbol{X}}^* \tag{9-6}$$

式中

$$
D^{-1}=\begin{bmatrix}\dfrac{1}{\left[\dfrac{\partial^2 f}{\partial x_1^2}\Big/2\right]^{\frac{1}{2}}} & 0 & \cdots & 0\\ 0 & \dfrac{1}{\left[\dfrac{\partial^2 f}{\partial x_2^2}\Big/2\right]^{\frac{1}{2}}} & \cdots & 0\\ \vdots & \vdots & \ddots & \vdots\\ 0 & 0 & \cdots & \dfrac{1}{\left[\dfrac{\partial^2 f}{\partial x_n^2}\Big/2\right]^{\frac{1}{2}}}\end{bmatrix} \tag{9-7}
$$

对于非二次型函数,矩阵 $\boldsymbol{D}$ 非常数。此时可用初始点处的二阶偏导数形成 $\boldsymbol{D}$。

例 9-1 设 $f(\boldsymbol{X})=x_1^2+25x_2^2=[x_1,x_2]\begin{bmatrix}1&0\\0&25\end{bmatrix}\begin{bmatrix}x_1\\x_2\end{bmatrix}$ 为一椭圆。

$$
\boldsymbol{D}=\begin{bmatrix}\left[\left(\dfrac{\partial^2 f}{\partial x_1^2}\right)\Big/2\right]^{\frac{1}{2}} & 0\\ 0 & \left[\left(\dfrac{\partial^2 f}{\partial x_2^2}\right)\Big/2\right]^{\frac{1}{2}}\end{bmatrix}=\begin{bmatrix}\sqrt{2/2} & 0\\ 0 & \sqrt{50/2}\end{bmatrix}=\begin{bmatrix}1&0\\0&5\end{bmatrix}
$$

即有

$$
\bar{x}_1=x_1,\quad \bar{x}_2=5x_2,\quad x_2=\bar{x}_2/5
$$

从而有 $f(\boldsymbol{X})=x_1^2+25x_2^2=\bar{x}_1^2+25\left(\dfrac{\bar{x}_2}{5}\right)^2=\bar{x}_1^2+\bar{x}_2^2=f(\overline{\boldsymbol{X}})$ 为一圆。

例 9-2 设 $f(\boldsymbol{X})=144x_1^2+4x_2^2-8x_1x_2$

$$
\boldsymbol{H}=\begin{bmatrix}288&-8\\-8&8\end{bmatrix},\quad \boldsymbol{D}=\begin{bmatrix}12&0\\0&2\end{bmatrix},\quad \boldsymbol{X}=\boldsymbol{D}^{-1}\overline{\boldsymbol{X}}=\begin{bmatrix}\dfrac{1}{12}&0\\0&\dfrac{1}{2}\end{bmatrix}\begin{bmatrix}\bar{x}_1\\\bar{x}_2\end{bmatrix}=\begin{bmatrix}\dfrac{\bar{x}_1}{12}\\\dfrac{\bar{x}_2}{2}\end{bmatrix}=\begin{bmatrix}x_1\\x_2\end{bmatrix}
$$

$$
\begin{aligned}
f(\boldsymbol{X})&=144\left(\frac{\bar{x}_1}{12}\right)^2+4\left(\frac{\bar{x}_2}{2}\right)^2-8\left(\frac{\bar{x}_1}{12}\right)\left(\frac{\bar{x}_2}{2}\right)\\
&=\bar{x}_1^2+\bar{x}_2^2-\frac{1}{3}\bar{x}_1\bar{x}_2=f(\overline{\boldsymbol{X}})
\end{aligned}
$$

可见,变换后改变了目标函数的偏心程度,从而比较容易求解。

9.2.3 约束函数的规格化

通常在工程设计问题中,约束条件较多且在量级上也可能相差悬殊。因此在迭代中各个约束条件所起的作用相差很大而给算法带来困难。因此，我们应使各约束条件取相近的数量级，方法是使诸约束函数在可行区内取 -1 ~ 0之间的值(对于约束函数小于零)。这种办法就是约束函数的规格化。

例如，某个性态约束函数 $u(X)$ 有上下限为

$$u^{(L)} \leqslant u(x) \leqslant u^{(U)} \tag{9-8}$$

则有约束条件为

$$\left.\begin{aligned} g_1(X) &= u(X) - u^{(U)} \leqslant 0 \\ g_2(X) &= u^{(L)} - u(X) \leqslant 0 \end{aligned}\right\} \tag{9-9}$$

此时，我们可将约束函数规格化如下：

$$\left.\begin{aligned} g_1'(X) &= \frac{u(X) - u^{(U)}}{u^{(U)} - u^{(L)}} \leqslant 0 \\ g_2'(X) &= \frac{u^{(U)} - u(X)}{u^{(U)} - u^{(L)}} \leqslant 0 \end{aligned}\right\} \tag{9-10}$$

则优化中 $g_1'(X)$ 和 $g_2'(X)$ 在 -1 ~ 0 之间取值。

9.2.4　约束的删除

在优化算法中，通常仅有部分约束在迭代中的一个阶段中是临界或是几乎临界的，而且只有这些约束中的一部分对问题的求解才是起作用的。因此，为了简化计算，我们可以设法删除那些一阶段迭代中非临界或几乎临界的约束。

另外，在工程设计问题的约束条件中，有可能某些约束是线性相关的，而这些线性相关的约束显然是不必要的，而且某些优化算法还特别要求约束梯度向量不线性相关。因此也有必要删去某些约束。

9.2.4.1　用容差带删去约束

对于已规格化了的约束函数，在可行区内取值为 $-1 \leqslant g_i(X) \leqslant 0$。当 $g_i(X) = 0$ 时 $g_i(X)$ 为迭代中的临界约束。因此，我们可以规定一个容差带 $[-\delta, 0]$，这里的 $\delta < 1$。例如 $\delta = 0.6$ 或更小。则当 $g_i(X) \leqslant -\delta$ 时可以删除该约束，因为在迭代中这样的约束一般不会成为临界或几乎临界的约束。

9.2.4.2　利用函数的导数信息删除约束

(1) 迭代中目标与约束函数的切平面及现行设计点到约束面的距离

为了利用目标和约束函数及其导数的信息来删除某些约束，下面介绍在迭代中可以利用的某些关系式。

设现行迭代点为 $\boldsymbol{X}_p$，过 $\boldsymbol{X}_p$ 的目标函数等值线为 $f(\boldsymbol{X}_p)$，过 $\boldsymbol{X}_p$ 的约束函数为 $g(\boldsymbol{X}_p) = C$。参见图 9 - 1。

则过 $\boldsymbol{X}_p$ 的目标函数切平面为

$$S_f(\boldsymbol{X}) = (\boldsymbol{X} - \boldsymbol{X}_p)^{\mathrm{T}} \nabla f(\boldsymbol{X}_p) = 0 \tag{9-11}$$

过 $\boldsymbol{X}_p$ 的约束函数切平面为

$$S_g(\boldsymbol{X}) = (\boldsymbol{X} - \boldsymbol{X}_p)^{\mathrm{T}} \nabla g(\boldsymbol{X}_p) = 0 \tag{9-12}$$

则过 $\boldsymbol{X}_p$ 沿 $\nabla g(\boldsymbol{X}_p)$ 方向可到达约束面 $g(\boldsymbol{X}) = 0$。即有

$$\boldsymbol{X} = \boldsymbol{X}_p + t \frac{\nabla g(\boldsymbol{X}_p)}{\|\nabla g(\boldsymbol{X}_p)\|} \tag{9-13}$$

即

$$\boldsymbol{X} - \boldsymbol{X}_p = t \frac{\nabla g(\boldsymbol{X}_p)}{\|\nabla g(\boldsymbol{X}_p)\|}$$

式中 t 为步长。

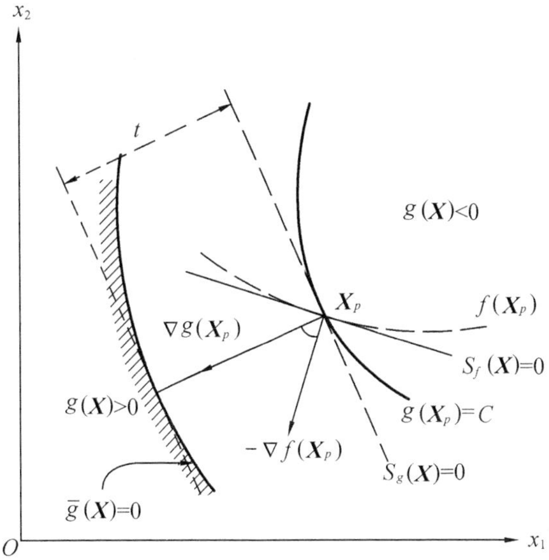

图 9-1 目标和约束函数的切平面

另一方面,由泰勒公式,在 $g(\boldsymbol{X}) = 0$ 的任一点有

$$\bar{g}(\boldsymbol{X}) \approx g(\boldsymbol{X}) = g(\boldsymbol{X}_p) + (\boldsymbol{X} - \boldsymbol{X}_p)^{\mathrm{T}} \nabla g(\boldsymbol{X}_p) = 0 \tag{9-14}$$

将式(9-13)代入上式得到

$$g(\boldsymbol{X}_p) + t \frac{\nabla g(\boldsymbol{X}_p)^{\mathrm{T}} \nabla g(\boldsymbol{X}_p)}{\|\nabla g(\boldsymbol{X}_p)\|} = 0$$

注意到

$$\nabla g(\boldsymbol{X}_p)^{\mathrm{T}} \nabla g(\boldsymbol{X}_p) = \|\nabla g(\boldsymbol{X}_p)\|^2$$

可见

$$t = -\frac{g(\boldsymbol{X}_p)}{\|\nabla g(\boldsymbol{X}_p)\|} \tag{9-15}$$

是从现行点 $\boldsymbol{X}_p$ 沿 $\nabla g(\boldsymbol{X}_p)$ 方向到达 $g(\boldsymbol{X}) = 0$ 的距离。

同时

$$-\nabla f(\boldsymbol{X}_p)^{\mathrm{T}} \nabla g(\boldsymbol{X}_p) = \|-\nabla f(\boldsymbol{X}_p)\| \cdot \|\nabla g(\boldsymbol{X}_p)\| \cos\alpha$$

即

$$\cos\alpha = -\frac{\nabla f(\boldsymbol{X}_p)^{\mathrm{T}} \nabla g(\boldsymbol{X}_p)}{\|\nabla f(\boldsymbol{X}_p)\| \cdot \|\nabla g(\boldsymbol{X}_p)\|} \tag{9-16}$$

则从 $\boldsymbol{X}_p$ 沿 $\nabla f(\boldsymbol{X}_p)$ 到达 $\bar{g}(\boldsymbol{X})$ 的距离为

$$d = \frac{t}{\cos \alpha} = \frac{-g(\boldsymbol{X}_p)}{\|\nabla g(\boldsymbol{X}_p)\|} \cdot \frac{-\|\nabla f(\boldsymbol{X}_p)\| \cdot \|\nabla g(\boldsymbol{X}_p)\|}{\nabla f(\boldsymbol{X}_p)^{\mathrm{T}} \nabla g(\boldsymbol{X}_p)}$$

即

$$d = \frac{\|\nabla f(\boldsymbol{X}_p)\|}{\nabla f(\boldsymbol{X}_p)^{\mathrm{T}} \nabla g(\boldsymbol{X}_p)} g(\boldsymbol{X}_p) \tag{9-17}$$

(2) 约束的删除

① 因为由现行点到达约束界面的距离 t 与 $g(X_p)$ 成正比。故在未求得梯度信息前可根据 $g(X_p)$ 的大小来删除约束,此即用容差带来删除约束。

② 当求得梯度信息后,可用以下方法来删除约束:

a. 删除背离目标函数负梯度的约束,即当 $\cos \alpha \leqslant 0$ 时可删除该约束;

b. 删去线性相关约束:有了约束的梯度信息后,则可根据第4章中有关约束梯度线性相关的判别方法,逐个选取保留约束而删去线性相关约束;

c. 删去沿目标函数梯度方向距离较远的约束,即比较 d 值,删去 d 值较大的约束。

从以上分析可见,对于线性约束,这种删除方法是较可靠的,而对于非线性约束则有其近似性。

9.2.5 目标和约束函数的分析

在工程问题的最优设计中,十分重要的工作是对提出的设计方案进行分析。即计算数学模型中的目标、约束函数及其导数。在某些情况下,这些分析比较简单,然而,多数情况下,特别是对较复杂的问题,这些计算是十分复杂和艰巨的。因此,在工程问题优化中,如何在这些分析中寻找一些方法来简化计算、减少计算量,如何进行近似计算,如何采取一些策略减少计算量都是十分重要的。下面就这方面的问题介绍一些行之有效的办法。

9.2.5.1 利用函数的可分离性

若目标或约束函数具有可分离性,则计算可以简化。

在某些问题中,若目标函数可写成

$$F(\boldsymbol{X}) = \sum_{i=1}^{n} f_i(x_i) \tag{9-18}$$

或约束函数可写成

$$g_j(\boldsymbol{X}) = \sum_{i=1}^{n} G_{ij}(x_i) - b_j \tag{9-19}$$

的形式,则 $F(X)$ 或 $g_j(X)$ 的计算就可得到简化。例如,如果函数中只有一个变量变化,那么在和式中也就只有一项改变。这样的目标函数或约束函数称为可分离的目标函数或约束函数。顺便指出,若优化问题中的目标函数和约束函数都是可分离的,我们就得到一个可分离规划问题。

9.2.5.2 矩阵的分块运算

对于分析中的矩阵运算，利用矩阵的分块，只在重分析时计算函数值有变化的区域。例如，在结构分析的有限元法中，需由下面的线性方程组由载荷列向量求解位移向量 $\boldsymbol{Y}$:

$$\boldsymbol{KY}=\boldsymbol{P} \tag{9-20}$$

一般来说，刚度矩阵 $\boldsymbol{K}$ 中的各元素是与设计变量有关的。但是，由于我们选择了一个特定的改进设计的方向，或者是由于这个问题本身的特征使得当设计方案变化时，矩阵 $\boldsymbol{K}$ 中往往只有相当少的元素会改变。在这样的情况下，一个值得我们重视的求解方程组(9-20)的方法是把 $\boldsymbol{K}$ 分成两类子矩阵：一类是元素要变化的矩阵，另一类则完全不会改变。此时我们可把矩阵分块为

$$\boldsymbol{K}=\left[\begin{array}{ccc|ccc} k_{11} & \cdots & k_{1r} & k_{1\,r+1} & \cdots & k_{1n} \\ k_{21} & \cdots & k_{2r} & k_{2r+1} & \cdots & k_{2n} \\ \vdots & & \vdots & \vdots & & \vdots \\ k_{r1} & \cdots & k_{rr} & k_{r\,r+1} & \cdots & k_{rn} \\ \hline k_{r+1\,1} & \cdots & k_{r+1\,r} & k_{r+1\,r+1} & \cdots & k_{r+1\,n} \\ \vdots & & \vdots & \vdots & & \vdots \\ k_{n1} & \cdots & k_{nr} & k_{n\,r+1} & \cdots & k_{nn} \end{array}\right] \tag{9-21}$$

或者简写为

$$\boldsymbol{K}\equiv\begin{bmatrix} \boldsymbol{K}_{11} & \boldsymbol{K}_{12} \\ \boldsymbol{K}_{21} & \boldsymbol{K}_{22} \end{bmatrix} \tag{9-22}$$

其中方阵 $\boldsymbol{K}_{22}$ 是不变的，而 $\boldsymbol{K}_{11},\boldsymbol{K}_{12},\boldsymbol{K}_{21}$ 则从一个设计点移动到另一个设计点时可能会变化。如果我们把 $\boldsymbol{K}$ 和 $\boldsymbol{Y}$ 也分成两部分，则方程组(9-20)可写成

$$\boldsymbol{K}_{11}\boldsymbol{Y}_1+\boldsymbol{K}_{12}\boldsymbol{Y}_2=\boldsymbol{P}_1 \tag{9-23}$$

$$\boldsymbol{K}_{21}\boldsymbol{Y}_1+\boldsymbol{K}_{22}\boldsymbol{Y}_2=\boldsymbol{P}_2 \tag{9-24}$$

其中 $\boldsymbol{P}_1=(p_1,p_2,\cdots,p_r)$，$\boldsymbol{P}_2=(p_{r+1},\cdots,p_n)$，$\boldsymbol{Y}_1$ 与 $\boldsymbol{Y}_2$ 的情况也与此类似。则由式(9-24)可以写出

$$\boldsymbol{Y}_2=\boldsymbol{K}_{22}^{-1}[\boldsymbol{P}_2-\boldsymbol{K}_{21}\boldsymbol{Y}_1] \tag{9-25}$$

再把它代到式(9-23)中去，我们便得到

$$[\boldsymbol{K}_{11}-\boldsymbol{K}_{12}\boldsymbol{K}_{22}^{-1}\boldsymbol{K}_{21}]\boldsymbol{Y}_1=\boldsymbol{P}_1-\boldsymbol{K}_{12}\boldsymbol{K}_{22}^{-1}\boldsymbol{P}_2 \tag{9-26}$$

最后得到

$$\boldsymbol{Y}_1=[\boldsymbol{K}_{11}-\boldsymbol{K}_{12}\boldsymbol{K}_{22}^{-1}\boldsymbol{K}_{21}]^{-1}[\boldsymbol{P}_1-\boldsymbol{K}_{12}\boldsymbol{K}_{22}^{-1}\boldsymbol{P}_2] \tag{9-27}$$

因此，求出了式(9-20)的初始解，包括求得 $\boldsymbol{K}_{22}^{-1}$ 后，在后面的一系列设计点处进行分析时，我们需要求逆的矩阵就只是一个 $r\times r$ 阶矩阵 $[\boldsymbol{K}_{11}-\boldsymbol{K}_{12}\boldsymbol{K}_{22}^{-1}\boldsymbol{K}_{21}]$ 了。当然我们假定已把 $\boldsymbol{K}_{22}^{-1}$

存放起来。这样就可以非常有效地减少后面再作分析时的计算量,特别是当式(9－21)中的 r 比 n 小很多时。例如,当我们碰到一个复杂结构的设计问题时,如果在它众多的构件中只有少数构件的尺寸会改变,那么就可以应用上面所说的方法。

9.2.5.3　用迭代的方法进行线性方程组的求解

由于大多数最优设计过程都具有逐步前进的特点,因此当从一个设计点变换到下一个设计点时,这两点上的分析结果通常不会有很大的变化。这个事实使得我们更倾向于使用迭代式的分析方法。因为用迭代法求解时,上一个设计点的分析结果可以成为现行的设计点分析时的良好初始值。

求解线性方程组的典型方法之一是 Jacobi 迭代法。它的基本思想很简单:把原来的线性方程组(9－20)中的矩阵 $\boldsymbol{K}$ 写成

$$\boldsymbol{K} \equiv \tilde{\boldsymbol{K}} + \boldsymbol{D} \tag{9-28}$$

其中矩阵 $\boldsymbol{D}$ 的主对角线上的元素与 $\boldsymbol{K}$ 相同,其余元素皆为零;而 $\tilde{\boldsymbol{K}}$ 的主对角线上的元素都是零,其余部分与 $\boldsymbol{K}$ 相同。这样,原来的方程组就可以写成

$$[\tilde{\boldsymbol{K}} + \boldsymbol{D}]\boldsymbol{Y} = \boldsymbol{P} \tag{9-29}$$

由此可导出

$$\boldsymbol{Y} = \boldsymbol{D}^{-1}[P - \tilde{K}Y] \tag{9-30}$$

其中的 $\boldsymbol{D}^{-1}$ 非常简单,即为

$$\boldsymbol{D}^{-1} = \begin{bmatrix} \frac{1}{k_{11}} & 0 & \cdots & 0 \\ 0 & \frac{1}{k_{22}} & \ddots & \vdots \\ \vdots & \vdots & \ddots & 0 \\ 0 & 0 & \cdots & \frac{1}{k_{nn}} \end{bmatrix} \tag{9-31}$$

于是 Jacobi 迭代法就可以按照下列规定进行:给出方程组(9－20)解的一个估计值 $\boldsymbol{Y}_q$,按公式

$$\boldsymbol{Y}_{q+1} = \boldsymbol{D}^{-1}[P - \tilde{K}Y_q] \tag{9-32}$$

求出它的一个新的估计值,或者也可以简单地写为

$$y_i^{(q+1)} = \frac{1}{k_{ii}}\Big(p_i - \sum_{j \neq i} k_{ij} y_j^{(q)}\Big) \qquad (i = 1,2,\cdots,n) \tag{9-33}$$

如果矩阵 $\boldsymbol{K}$ 的系数满足条件

$$\Big(\sum_{\substack{i=1 \\ i \neq j}}^{n} |k_{ji}|\Big) \Big/ |k_{jj}| < 1 \qquad (i = 1,2,\cdots,n) \tag{9-34}$$

那么这个迭代过程总是收敛的。这个方法的收敛率与矩阵 $\boldsymbol{K}$ 有关,但是算到收敛为止的全部计算量,既依赖于收敛率,也与初始点 $\boldsymbol{Y}_0$ 和解的接近程度有关。因此,在一个用迭代法进行分

析的设计过程中，当求解第 $q+1$ 个设计点的方程组时，为了减少计算量，可以把前面第 q 个设计点方程组的解取作初始点。

9.2.5.4 优化设计中采用近似分析方法

从某种意义上说，所有用于工程问题的分析方法都是近似的。不过在给出一个需要求解的物理系统或工程问题后，通常我们还是可以把使用的分析方法分成所谓的精确方法及近似方法两大类。首先，如果我们所得到的只是数学模型的近似解，那么虽然这个数学模型准确地描述了真实情况，我们还是称这种分析是近似的。其次，如果一开始所得到的数学模型只是近似地反映了实际问题，那么不论后来采用的方法如何，我们总认为这是一个近似的分析。现在讨论分析的精确程度与最优化计算之间的关系。这里所要阐明的基本想法是：当所得到的设计方案严重地违反了约束条件，或者相反，是一个离开任何边界曲面都很远的可行点时，我们就不应该为了算得一个精确的分析结果而浪费力气。在这种情况下，我们可以用近似的分析方法。一般来说，近似方法的计算量比精确方法少得多。也就是说，在迭代求解优化问题时，迭代过程中间的优化点一般不必对目标或约束函数进行精确分析。甚至只是在最后求得最优点时进行一次精确分析。文献[85]研究了在基于可靠性的结构优化中，对结构在系统可靠度约束下的最小质量设计，采用不同的系统可靠度计算公式的情况。例如，对于图 9－2 所示 16 元件组成的超静定平面桁架结构，表 9－1 列出了分别用 PNET 公式、近似公式和高精度公式计算结构系统可靠度时优化的最后结果。包括结构的可靠度、结构质量、迭代次数及同一计算机上运行的 CPU 时间。

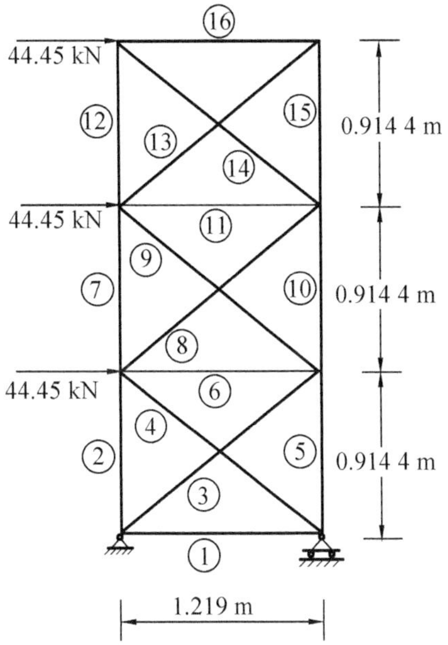

图 9－2 16 元件桁架

表 9－1 16 元件桁架结构的优化结果

	PENT 公式	近似公式	高精度公式
结构可靠度	4. 265	4. 265	4. 265
结构质量	18. 10	18. 38	18. 34
迭代次数	22	20	17
CPU 时间 /s	55. 44	262. 75	373. 26

由表9-1的优化结果可见:结构系统可靠度的计算公式对结构的最后质量影响不大;但结构系统可靠度的计算公式对达到最优所需的CPU时间却有很大影响。这是因为,不仅计算结构可靠度本身计算量不同,尤其是进行结构系统可靠度的敏度分析(计算结构系统可靠度对设计变量的偏导数)所需的计算量大不相同。

9.2.5.5 其他简化分析的方法

(1) 当在设计空间沿某方向移动设计点时,若函数值是一种很简单的变化,例如乘上一个常数,则此时可大大减少计算函数的工作量。结构优化准则法中的射线步就是这种情况。即将各元件尺寸变量都乘以一个常数,使得无需对新的设计点再作分析就能得到新的设计点的性态。

(2) 取函数泰勒展开式的线性项或线性加二次项作为函数的近似值。例如,在以尺寸为设计变量,以应力和位移作为约束的最小质量设计中,将约束函数在现行设计点 $\boldsymbol{A}_p$ 作泰勒展开并取线性项,即有

$$h_j(\boldsymbol{A}) \approx \tilde{h}_j(\boldsymbol{A}) = h_j(\boldsymbol{A}_p) + (\boldsymbol{A} - \boldsymbol{A}_p)\nabla h_j(\boldsymbol{A}_p) \quad (j = 1,2,\cdots,J) \tag{9-35}$$

式中 $\nabla h_j(\boldsymbol{A}_p)$ 是约束 h_j 在 $\boldsymbol{A}_p$ 的梯度,J 是约束数。则在现行设计点 $\boldsymbol{A}_p$ 附近进行搜索以求得目标函数有较大下降的设计点时,不必进行结构重分析,而用上述线性化的约束函数的显式近似值来代替。这就大大减少了整个优化过程的结构分析次数。

9.2.6 收敛精度与初始参数的合理选择

(1) 在工程实践中,往往只需要一个相对足够精确的解。因此,在优化中没有必要选择非常严格的收敛准则。通常,收敛精度可参考以下值。

① 对于一维搜索,可取区间缩减率为 $10^{-3} \sim 10^{-4}$。

② 收敛准则,通常可取

$$\frac{|f(\boldsymbol{X}_k) - f(\boldsymbol{X}_{k+1})|}{|f(\boldsymbol{X}_k)|} = 10^{-3} \sim 10^{-4}$$

式中 k 为迭代次数。

③ 通常对于 $g(\boldsymbol{X}) \leqslant 0$,认为 $g(\boldsymbol{X}) = 10^{-3} \sim 10^{-4}$ 时已达到边界。

(2) 算法中有关初始参数的选择对有些算法有较大影响。例如罚函数法中的初始罚系数、削减系数等。可参考有关文献或对某些简例先行试算。

9.2.7 实施算法的某些注意事项

(1) 运用变量移动限或松弛因子,特别是当运算不稳定而振荡时。因为大部分迭代算法的分析是近似的,有一定的误差,因此变量变化过大将产生过大的误差而使算法失去意义。此时可限制变量的移动范围,或引进松弛因子。例如对于变量 λ,令 $\lambda = \lambda^{\varepsilon}$,其中 $0 < \varepsilon < 1$,而 ε

的选取可根据某些条件来确定。

(2) 注意函数的定义域。优化是对移动的设计变量点的选择,因此当变量移动时有可能发生函数无定义的情况。显然,出现这种情况将使计算无法进行下去。例如,根号内出现负值,正弦、余弦函数值超过1,$y = a^x$ 与 $y = \log_a x$ 中 $a \leqslant 0$。因此,为防止这种情况产生,应加上限制函数取值的约束条件。

复习思考题

9-1 选择优化方法时一般有哪些选择原则?

9-2 什么叫设计变量连接?什么情况下可采用设计变量连接以减少设计变量数?

9-3 什么情况下要对设计变量进行规格化处理,怎样处理?

9-4 目标函数的尺度转换的目的是什么,怎样转换?

9-5 如何进行约束函数的规格化?

9-6 为什么在优化中可以删除某些约束,应当删除哪些约束?

9-7 有哪些方法可以减少对目标或约束函数的分析工作量?

9-8 为什么在优化迭代过程中可采用近似分析的方法?

9-9 通常工程优化中收敛精度可取值多少?

9-10 采用变量移动限和引进松弛因子的目的是什么?

第 10 章** 若干优化方法在工程中的应用

优化方法在工程和管理中有着广泛的应用。其中工程中设计的优化已应用于广泛的工程领域。本章结合我们自上世纪 80 年代初以来开展的结构优化设计的研究实践，介绍结构优化设计中优化方法的若干应用。

10.1 优化方法在传统结构优化中的应用

10.1.1 问题的数学表达式

对于布局已定，由杆元、三角形平面应力元和对称剪切板元模拟的结构，在应力、位移和元件尺寸约束下的最小质量设计可由以下公式表达：

$$\left.\begin{array}{ll}\text{求向量变量} & \boldsymbol{A} = [\boldsymbol{A}_{\mathrm{T}}, \boldsymbol{A}_{\mathrm{C}}, \boldsymbol{A}_{\mathrm{S}}] \\ \text{满足位移约束} & u_j^{(L)} \leqslant u_{jk}(\boldsymbol{A}) \leqslant u_j^{(U)}(j \in J_U, k \in K) \\ \text{应力约束} & \boldsymbol{\sigma}_i^{(L)} \leqslant \boldsymbol{\sigma}_{ik}(\boldsymbol{A}) \leqslant \boldsymbol{\sigma}_i^{(U)}(i \in I_T, k \in K) \\ & \boldsymbol{\sigma}_{ik}(\boldsymbol{A}) \leqslant \boldsymbol{\sigma}_{ai}(i \in I_C \text{ 或 } I_S, k \in K) \\ \text{元件尺寸约束} & \boldsymbol{A}^{(L)} \leqslant A \leqslant \boldsymbol{A}^{U} \\ \text{使结构质量} & W(\boldsymbol{A}) = \sum_{i=1}^{I} C_i \boldsymbol{A}_i \text{ 最小}\end{array}\right\} \quad (10-1)$$

上面的设计变量 $\boldsymbol{A}_{\mathrm{T}}$ 为杆元横截面面积，$\boldsymbol{A}_{\mathrm{C}}, \boldsymbol{A}_{\mathrm{S}}$ 分别为三角元、剪切板元的厚度。下标 T，C，S 分别对应于杆元、三角元和剪切板元。上标 (U) 与 (L) 分别表示上界和下界。J_U 为有位移约束的位移自由度个数。$\boldsymbol{\sigma}_a$ 为板元的 Von Mises 等效应力限。C_i 为与设计变量无关的常数。I 为元件总数，$I_{\mathrm{T}}, I_{\mathrm{C}}, I_{\mathrm{S}}$ 分别为杆元、三角元和剪切板元的个数。

由于由上述三种元素模拟的静定结构的位移、应力线性与设计变量 $\boldsymbol{A}$ 的倒数 $\boldsymbol{\alpha}$，故采用倒数设计变量 α 以得到较高质量的位移、应力约束显示近似值。

为减少独立设计变量数，采用设计变量连接。它由预先规定一类独立设计变量 $\boldsymbol{\alpha}_b$ 与连接在该类中元件的尺寸比 $T_{ib(i)}$，即

$$\boldsymbol{A}_i = T_{ib(i)}/\boldsymbol{\alpha}_b \qquad (i \in I, b \in B) \qquad (10-2)$$

将 $I_{\mathrm{T}},I_{\mathrm{C}},I_{\mathrm{S}}$ 个杆元、三角元与剪切板元分别连接成 $B_{\mathrm{T}},B_{\mathrm{C}},B_{\mathrm{S}}$ 类对应元件，设计变量总数由 I 减至 B。式(10－2)中的 $T_{ib(i)}$ 为连接常数，下标 $b(i)$ 表示第 i 元件属于第 b 类设计变量。当同类元件尺寸变量都取相同值时，则在每一阶段开始 α_b 取 1 时，$T_{ib(i)}$ 取 A_i 值。

为使上、下限的应力和位移约束取相近值，以便统一处理，故对其标准化。标准化后的不等式约束在可行区内取 0 到 1 之间的值。

通过上述变换，由式(10－1)表达的问题变成：

$$\left.\begin{array}{ll}
\text{求倒数设计变量} & \boldsymbol{\alpha}=[\boldsymbol{\alpha}_{\mathrm{T}},\boldsymbol{\alpha}_{\mathrm{C}},\boldsymbol{\alpha}_{\mathrm{S}}] \\
\text{满足位移上限约束} & 2[u_j^{(U)}-u_{jk}(\boldsymbol{\alpha})]\Big/[u_j^{(U)}-u_j^{(L)}]\geqslant 0\ (j\in J_u,k\in K) \\
\text{位移下限约束} & 2[u_{jk}(\boldsymbol{\alpha})-u_j^{(L)}]\Big/[u_j^{(U)}-u_j^{(L)}]\geqslant 0\ (j\in J_u,k\in K) \\
\text{杆元应力上限约束} & 2[\sigma_i^{(U)}-\sigma_{ik}(\boldsymbol{\alpha})]\Big/[\sigma_i^{(U)}-\sigma_i^{(L)}]\geqslant 0\ (i\in I_T,k\in K) \\
\text{杆元应力下限约束} & 2[\sigma_{ik}(\boldsymbol{\alpha})-\sigma_i^{(L)}]\Big/[\sigma_i^{(U)}-\sigma_i^{(L)}]\geqslant 0\ (i\in I_T,k\in K) \\
\text{板元应力上限约束} & 1-\sigma_{ik}(\boldsymbol{\alpha})/\sigma_{ai}\geqslant 0\ (i\in I_C\text{ 或 }I_S,k\in K) \\
\text{各类元件的上限约束} & 1-\alpha_b/\alpha_b^{(U)}\geqslant 0\ (\alpha_b^{(U)}=\min\limits_{i\in b}(A_i/A_i^{(L)}),b\in B) \\
\text{各类元件的下限约束} & \alpha_b/\alpha_b^{(L)}-1\geqslant 0\ (\alpha_b^{(L)}=\max\limits_{i\in b}(A_i/A_i^{(U)}),b\in B) \\
\text{使质量函数} & W(\boldsymbol{\alpha})=\sum\limits_{i\in b}\dfrac{C_b}{\alpha_b}\text{ 最小}
\end{array}\right\}\tag{10－3}$$

式中

$$C_b=\sum_{i\in b}\rho_i l_i T_{ib(i)}\tag{10－4}$$

上式中的 ρ_i 为元件的材料密度，l_i 分别为杆元长度或板元表面积。

经过变量连接、三次约束删除和约束显式近似式的形成[85]，进入优化算法的问题是：

求倒数变量 $\boldsymbol{\alpha}$

$$\left.\begin{array}{l}
\text{在 } h_q(\boldsymbol{\alpha})\approx\tilde{h}_q(\boldsymbol{\alpha})=h_q(\boldsymbol{\alpha}_0)+(\alpha-\alpha_0)^{\mathrm{T}}\nabla h_q(\boldsymbol{\alpha}_0)\geqslant 0\ (q\in E_R)\text{ 的条件下} \\
\text{使 } W(\alpha)=\sum\limits_{b=1}^{B}\dfrac{C_b}{\alpha_b}\text{ 最小。}
\end{array}\right\}\tag{10－5}$$

式中的 E_R 是约束再删除后的保留约束组。

10.1.2 二次扩展内罚函数的应用

文献[46]采用第 4 章中介绍的二次扩展内罚函数公式的序列无约束最小化方法求解了

式(10－5)，无约束最小化用修正牛顿法。

在迭代设计的每一阶段，采用二次扩展内罚函数公式后，由式(10－5)表达的问题变换成下述形式的序列无约束最小化问题。令

$$\phi(\boldsymbol{\alpha},r_a) = W(\boldsymbol{\alpha}) + r_a H(\boldsymbol{\alpha}) \tag{10-6}$$

式中

$$H(\alpha) = \begin{cases} 1/\tilde{h}_q(\boldsymbol{\alpha}) & (\tilde{h}_q(\boldsymbol{\alpha}) \geqslant g_0) \\ \dfrac{1}{g_0}\left[\left(\dfrac{\tilde{h}_q(\boldsymbol{\alpha})}{g_0}\right)^2 - 3\left(\dfrac{\tilde{h}_q(\boldsymbol{\alpha})}{g_0}\right) + 3\right] & (\tilde{h}(\boldsymbol{\alpha}) < g_0) \end{cases} \tag{10-7}$$

而用 ϕ 系列减少的罚系数为

$$r_{a+1} = C_a r_a \tag{10-8}$$

对于 $\boldsymbol{\alpha}$ 最小化，削减系数 C_a 取0.1～0.3。g_0 为转换参数，它随优化阶段数的增加而减少。初始 g_0 取0.002。

为了对于一固定的 r_a 最小化 $\phi(\alpha,r_a)$，需进行一系列一维最小化。其中的每一次对于

$$\boldsymbol{\alpha} = \boldsymbol{\alpha}_m + d\boldsymbol{S}_m \tag{10-9}$$

都要探求 $\phi(\boldsymbol{\alpha},r_a)$ 的最小值。式中 α_m 为现行设计，$\boldsymbol{S}_m$ 为标准化的方向向量，而 d 为步长。

在牛顿法中，需进行最小化的函数由在设计点 $\boldsymbol{\alpha}_m$ 附近进行二阶泰勒级数展开的近似值所代替。然后由取近似值的梯度为零得到二阶近似值的最小值，从而可解得

$$\boldsymbol{\alpha} = \boldsymbol{\alpha}_m - \left[\frac{\partial^2\phi}{\partial\boldsymbol{\alpha}_b\partial\boldsymbol{\alpha}_c}(\boldsymbol{\alpha}_m,r_a)\right]^{-1}\nabla\phi(\boldsymbol{\alpha}_m,r_a)$$

上式与式(10－9)相比较，得

$$\boldsymbol{S}_m = -\frac{\left[\dfrac{\partial^2\phi}{\partial\boldsymbol{\alpha}_b\partial\boldsymbol{\alpha}_c}(\boldsymbol{\alpha}_m,r_a)\right]^{-1}\nabla\phi(\boldsymbol{\alpha}_m,r_a)}{\left|\left[\dfrac{\partial^2\phi}{\partial\boldsymbol{\alpha}_b\partial\boldsymbol{\alpha}_c}(\boldsymbol{\alpha}_m,r_a)\right]^{-1}\nabla\phi(\boldsymbol{\alpha}_m,r_a)\right|} \tag{10-10}$$

式中 b,c 轮换表示 $\boldsymbol{\alpha}$ 的分量。上式中的罚函数梯度可用下式计算其分量求得：

$$\frac{\partial\phi}{\partial\alpha_b}(\boldsymbol{\alpha},r_a) = -\frac{C_b}{\alpha_b^2} + r_a\sum_{q\in E_R}\begin{cases} -\dfrac{1}{\tilde{h}_q^2}\dfrac{\partial\tilde{h}_q}{\partial\alpha_b} & (\tilde{h}_q \geqslant g_0) \\ \dfrac{1}{g_0^2}\left(\dfrac{2\tilde{h}_q}{g_0} - 3\right)\dfrac{\partial\tilde{h}_q}{\partial\alpha_b} & (\tilde{h}_q < g_0) \end{cases} \tag{10-11}$$

式(10－10)中的罚函数二阶偏导数矩阵的各分量可由对式(10－11)再求偏导数得到。注意到近似约束是变量的线性函数，其二阶导数为零，故有

$$\frac{\partial^2\phi}{\partial\alpha_b\partial\alpha_c}(\boldsymbol{\alpha},\gamma_a) = \frac{\partial^2 W}{\partial\alpha_b\partial\alpha_c}(\boldsymbol{\alpha}) + r_a\sum\frac{\partial^2 H}{\partial\alpha_b\partial\alpha_c}(\boldsymbol{\alpha}) \tag{10-12}$$

式中

$$\frac{\partial^2 W}{\partial \alpha_b \partial \alpha_c}(\boldsymbol{\alpha}) = 2\frac{C_b}{\alpha_b^3}\delta_{bc} \quad \left(\delta_{bc} = \begin{cases}1 & (b = c)\\ 0 & (b \neq c)\end{cases}\right) \tag{10-13}$$

$$\frac{\partial^2 H}{\partial \alpha_b \partial \alpha_c}(\boldsymbol{\alpha}) = \begin{cases}2\dfrac{\partial \tilde{h}_q}{\partial \alpha_b}\dfrac{\partial \tilde{h}_q}{\partial \alpha_c}\Big/\tilde{h}_q^3 & (\tilde{h}_q \geqslant g_0)\\ \dfrac{2}{g_0^3}\dfrac{\partial \tilde{h}_q}{\partial \alpha_b}\dfrac{\partial \tilde{h}_q}{\partial \alpha_c} & (\tilde{h}_q < g_0)\end{cases} \tag{10-14}$$

用本节方法编制的计算机程序每一阶段优化后，计算前后两阶段优化所得质量之差的相对值，当达预定值或优化阶段数已达规定最大数时，转向重分析求最后设计的位移、应力后结束整个过程。当不满足上述条件时，转向下一次结构分析，再构成近似问题进一步优化以改进设计。

文献[46]给出了文献[86]计算过的例题。各题的结构尺寸、约束条件与初始设计点等都与文献[86]同。各题最后设计的元件尺寸与文献[86]基本相同。临界约束与文献[86]一致。

例 10-1　25 元件空间桁架

25 元件空间桁架见图 10-1。连接后有八个独立设计变量。用本节方法得到的结果和文献[86]的一起列于表 10-1。结果表明，经本节方法分析后再删除约束的方案在六次分析后得到 545.274 kg 的质量。各次分析的质量均较文献[86]轻。

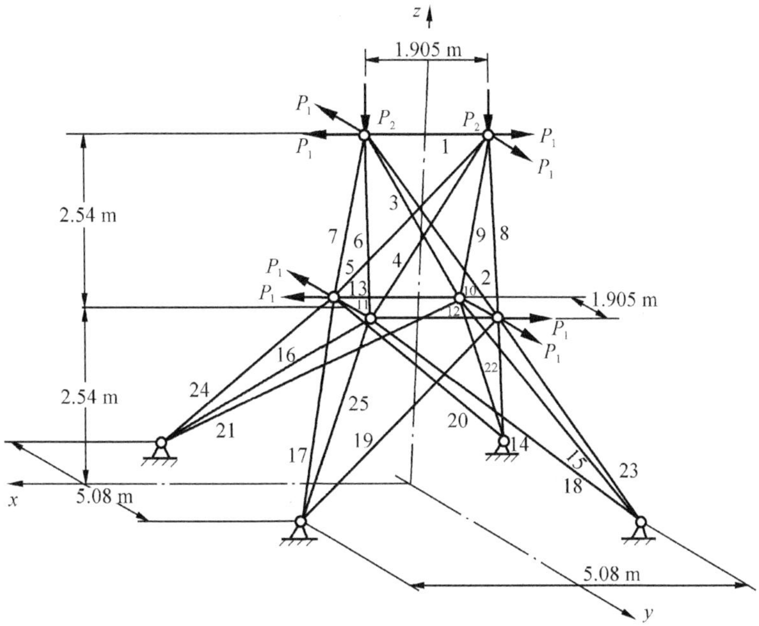

图 10-1　25 元件空间桁架

表 10 - 1　25 元件桁架的优化历程

分析次数	结构质量 /kg	
	文献[46]	文献[86]
1	613.946	783.70
2	562.212	609.72
3	549.954	564.42
4	546.542	552.07
5	545.786	547.36
6	545.274	546.02
7	545.198	545.39
8	545.163	545.22
9		545.17

例 10 - 2　133 元件三角翼

三角翼示于图 10 - 2。机翼的上半部用表示蒙皮的 63 个三角形平面应力元和表示腹板的 70 个对称剪切板元模拟。蒙皮和腹板分别连接成 10 和 12 个独立设计变量。本节方法得到的结果和文献[86] 的一起列于表 10 - 2。最后质量比文献[86] 的略轻。

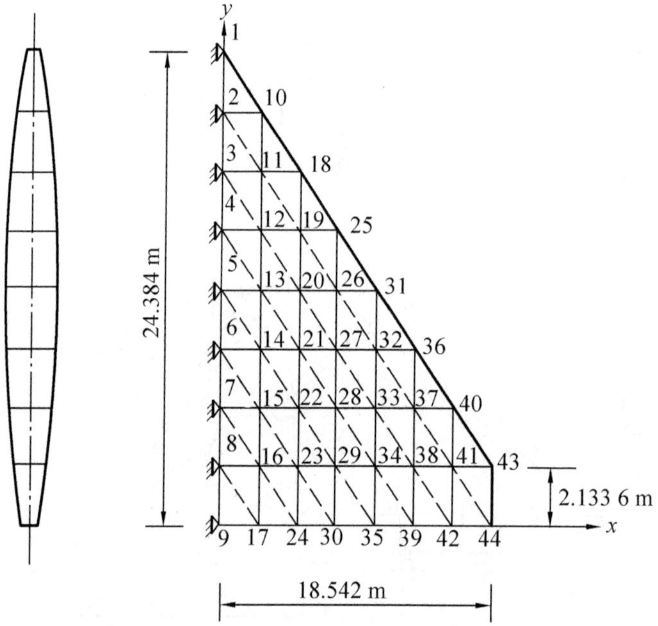

图 10 - 2　三角形机翼

表 10－2　三角形机翼的优化历程

分析次数	结构质量 /kg	
	文献[46]	文献[86]
1	12 798.20	15 207.54
2	11 613.14	12 309.34
3	11 170.64	11 199.10
4	10 978.20	10 882.88
5	10 880.53	10 842.60
6	10 844.70	10 830.14
7	10 829.78	10 826.48
8	10 818.86	10 824.14

10.1.3　非线性规划对偶公式的应用

式(10－3)表达的非线性数学规划问题是一个凸规划问题，且问题中的目标和约束函数都是显式且可分离的，因而文献[26]用对偶规划求解了这个问题的全局最优解。且由于保留的性态约束数通常比原变量少许多，故求解的规模大大减少。

首先，上述的式(10－3)可写成

$$\left.\begin{aligned}&\text{求 }\boldsymbol{\alpha}\text{，在}\\&\qquad \tilde{h}_q(\boldsymbol{\alpha}) = \bar{u}_q + u_q(\boldsymbol{\alpha}) \geqslant 0 \ (q \in E_R)\\&\text{和}\\&\qquad \alpha_b^{(L)} \leqslant \alpha_b \leqslant \alpha_b^{(U)} \ (b \in B)\\&\text{的条件下，使}\\&\qquad W(\boldsymbol{\alpha}) = \sum_{b=1}^{B} \frac{C_b}{\alpha_b}\ \text{最小}\end{aligned}\right\} \tag{10-15}$$

式中

$$\bar{u}_q = h_q(\boldsymbol{\alpha}_0) - \boldsymbol{\alpha}_0^{\mathrm{T}} \nabla h_q(\boldsymbol{\alpha}_0) \ (q \in E_R) \tag{10-16}$$

$$u_q(\boldsymbol{\alpha}) = \boldsymbol{\alpha}^{\mathrm{T}} \nabla h_q(\boldsymbol{\alpha}_0) = \sum_{b=1}^{B} \alpha_b d_{bq} \tag{10-17}$$

这里的 d_{bq} 是第 q 保留性态约束对变量 $\boldsymbol{\alpha}_b$ 的偏导数。它在一阶段中是常数。对于上述的凸规划问题，其相应的拉格朗日对偶规划问题是：

$$\left.\begin{aligned}&\max\min_{\alpha\in A} L(\boldsymbol{\alpha},\boldsymbol{\lambda})\\&\lambda_q \geqslant 0 \qquad\qquad (q \leqslant E_R)\end{aligned}\right\}\tag{10-18}$$

式中 A 表示所有满足边界约束的原设计点的集合。而拉格朗日函数是:

$$L(\alpha,\lambda) = \sum_{b=1}^{B}\frac{C_b}{\alpha_b} - \sum_{q\in E_R}\lambda_q\left(\bar{u}_q + \sum_{b=1}^{B}\alpha_b d_{bq}\right)\tag{10-19}$$

对偶函数

$$l(\boldsymbol{\lambda}) = \sum_{b=1}^{B}\left\{\min_{\alpha_b^{(L)}\leqslant\alpha_b\leqslant\alpha_b^{(U)}}\left[\frac{C_b}{\alpha_b} + \alpha_b Y\right]\right\} - \sum_{b\in E_R}\lambda_q\bar{u}_q\tag{10-20}$$

式中

$$Y = -\sum_{q\in E_R}\lambda_q d_{bq}\tag{10-21}$$

考虑单个变量的最小化问题,显见,若 $Y \leqslant 0$ 有

$$\alpha_b = \alpha_b^{(U)}\tag{10-22}$$

而 $Y > 0$ 时则由令$(C_b/\alpha_b + \alpha_b Y)$ 对 α_b 的一阶偏导数为零可求得极小点 α_b^* 为

$$(\alpha_b^*)^2 = \frac{C_b}{Y}\tag{10-23}$$

然而这个极小点 α_b^* 应满足变量的边界约束,可见依赖于对偶变量 $\boldsymbol{\lambda}_q$ 的原变量 α_b 此时应有:

$$\left.\begin{aligned}&\text{当}(\alpha_b^{(L)})^2 < \frac{C_b}{Y} < (\alpha_b^{(U)})^2\text{ 时}, \alpha_b = \left(\frac{\alpha_b}{Y}\right)^{\frac{1}{2}}\\&\text{当}(\alpha_b^{(L)})^2 \geqslant \frac{C_b}{Y}\text{ 时}, \alpha_b = \alpha_b^{(L)}\\&\text{当}(\alpha_b^{(U)})^2 \leqslant \frac{C_b}{Y}\text{ 时}, \alpha_b = \alpha_b^{(U)}\end{aligned}\right\}\tag{10-24}$$

式(10 - 22) 和式(10 - 24) 即是由 $\boldsymbol{\lambda}_q$ 表示的原变量 α_b 的公式。

至此,对偶规划问题变成求 $\boldsymbol{\lambda}$,使

$$l(\boldsymbol{\lambda}) = \sum_{b=1}^{B}\frac{C_b}{\alpha_b} - \sum_{q\in E_R}\lambda_q\left[u_q(\alpha) + \bar{u}_q\right]\tag{10-25}$$

最大化,并满足非负性条件 $\lambda_q \geqslant 0\ (q \in E_R)$,而 α_b 由式(10 - 22) 与(10 - 24) 求得。

用本节方法编制的计算机程序采用了牛顿型算法,在变量的非负性约束下在对偶空间求解对偶函数的最大值。

在非负的对偶空间,按下式移动对偶变量

$$\boldsymbol{\lambda}_{t+1} = \boldsymbol{\lambda}_t + d_t\boldsymbol{S}_t\tag{10-26}$$

式中 d_t 为第 t 步的步长,$\boldsymbol{S}_t$ 为第 t 步的步向。方向向量为

$$\boldsymbol{S} = -\left[\boldsymbol{F}(\boldsymbol{\lambda})\right]^{-1}\nabla l(\boldsymbol{\lambda})\tag{10-27}$$

式中 $\boldsymbol{F}(\boldsymbol{\lambda})$ 是对偶函数对变量的二阶偏导数为其元素的二阶导数矩阵，$\nabla l(\boldsymbol{\lambda})$ 为对偶函数的梯度。

为了说明方法和程序的有效性，文献[26]计算了文献[86]算过的例题。例题的结构尺寸、约束条件和初始设计点都与文献[86]的相同。

例 10－3　10 元件平面桁架。

10 元件平面桁架见图 10－3。文献[26]算得的结果和文献[86]的一起列于表 10－3。

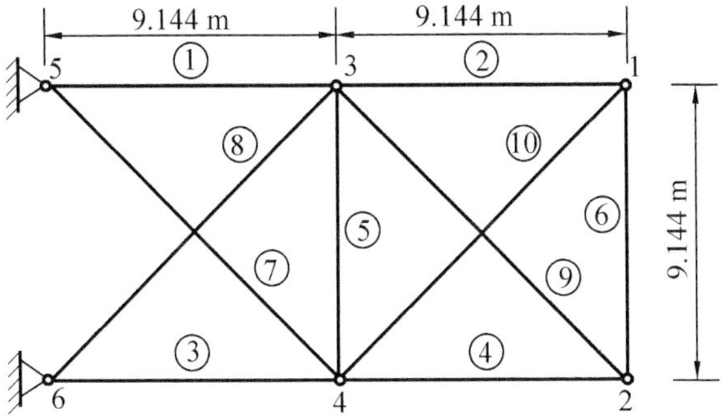

图 10－3　10 元件平面桁架

表 10－3　10 元件平面桁架的迭代历程

分析次数	结构质量/kg	
	文献[86]	文献[26]
1	3 562.1	2 704.29
2	3 016.8	2 626.66
3	2 794.8	2 595.28
4	2 672.9	2 543.13
5	2 562.7	2 486.5
6	2 461.6	2 422.85
7	2 626.7	2 367.41
8	2 337.8	2 319.85
9	2 318.0	2 301.47
10	2 307.6	2 298.10
11	2 304.8	2 295.77
12	2 302.9	2 295.11

例 10 - 4　72 元件空间桁架。

72 元件空间桁架见图 10 - 4。连接后有 16 个独立设计变量。用本节方法编制的计算机程序算得的结果与文献[86] 的一起列于表 10 - 4。

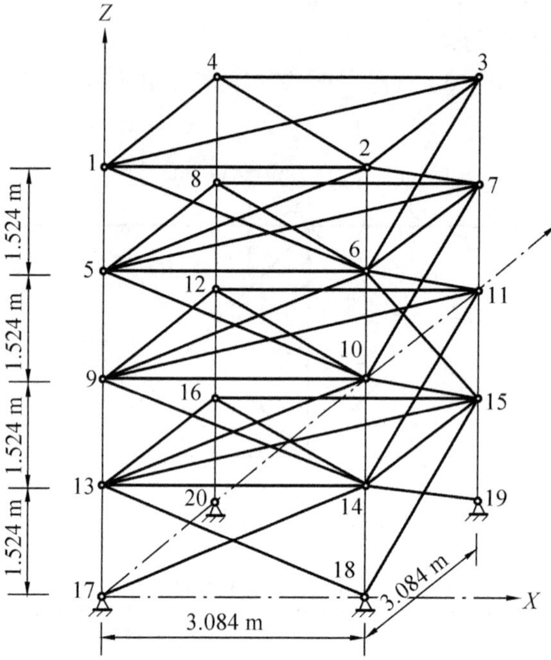

图 10 - 4　72 元件空间桁架

表 10 - 4　72 元件空间桁架的迭代历程

分析次数	结构质量 /kg	
	文献[86]	文献[26]
1	331.650	386.961
2	216.80	183.203
3	180.27	172.400
4	173.85	172.223
5	172.58	172.194
6	172.30	
7	172.22	
8	172.20	

10.2 优化方法在基于可靠性结构优化中的应用

传统的结构优化设计在航空、航天等诸多领域已得到广泛应用，但至少存在以下两个问题。① 在一般情况下，有些复杂的结构并不需要满足所有约束条件方能工作。例如，超静定结构某些元件的强度不足，甚至破坏，但并不导致结构整体的失效。实际上，对结构而言，某些局部性约束（如应力）得不到满足，结构仍能正常工作。因此，以较高的概率保证结构在未来工作环境中能正常工作，才是设计的主要目标和真正约束。② 在传统结构优化的数学模型中，目标和约束函数都是确定的量，没有较全面和确切地考虑结构未来表现的随机性，因而优化结构不能保证均匀的安全水平。基于可靠性的结构优化设计，把结构作为一个整体，同时考虑载荷和强度的变异性，还可考虑结构尺寸等的不确定因素；并全面研究结构在未来工作期间表现的随机性。即将结构参数模拟成随机变量，致使结构的响应（位移、应力等）是随机的。这种结构优化设计方法，把结构的可靠度要求结合到优化问题的约束中或结合到目标函数中。即在一定的结构系统可靠性指标下，通过调整元件参数（如杆件横截面积）使结构质量或费用最小；或在一定的结构质量或费用条件下，通过调整元件参数，使结构系统的可靠度最大。由于对结构物的最主要的要求是，既安全可靠又经济合理，而这两类优化问题可明显提高设计质量和获得显著的经济效益，故该类优化已成为国内外都积极探索和研究的重要课题。

10.2.1 结构系统可靠度约束下最小化结构质量

10.2.1.1 问题的数学表达式

对于有给定材料和外形并由 n 个元件组成的弹塑性结构系统，结构系统可靠度（或结构系统的失效概率）约束下结构质量最小的结构优化问题可表示为

$$\left.\begin{aligned}&\text{求}\quad \boldsymbol{A}\\&\min\quad W(\boldsymbol{A})=\sum_{j=1}^{n}w_j(A_j)\\&\text{s.t.}\quad g(\boldsymbol{A})=\beta_s(\boldsymbol{A})-\beta_s^a\geqslant 0\\&\qquad\quad \boldsymbol{A}^L\leqslant\boldsymbol{A}\leqslant\boldsymbol{A}^U\end{aligned}\right\}\tag{10-28}$$

式中的 $\boldsymbol{A}$ 表示 n 维向量，其中的元素为 $A_j(j=1,2,\cdots,n)$。A_j 可以是拉压杆元或梁元的横截面积，可以是板元的厚度等尺寸，它是优化设计中的设计变量。式中的 W 是结构质量，它是结构元件尺寸的函数。其中的 W_j 为第 j 元件的质量。W 是优化中的目标函数。式中约束条件中的 β_s 为结构系统的可靠性指标，它也是 $\boldsymbol{A}$ 的函数，由结构系统可靠性分析求得。式中的 β_s^a 是容许的

结构系统可靠性指标，是事先给定的，优化中为一常数。式中的 $\boldsymbol{A}^U$ 与 $\boldsymbol{A}^L$ 分别为 $\boldsymbol{A}$ 的上、下限。

上式也可表示为

$$\left.\begin{aligned} &\text{求} \quad \boldsymbol{A} \\ &\min \quad W(\boldsymbol{A}) = \sum_{j=1}^{n} w_j(A_j) \\ &\text{s.t.} \quad g(\boldsymbol{A}) = P_f(\boldsymbol{A}) - P_f^a \leqslant 0 \\ &\qquad \boldsymbol{A}^L \leqslant \boldsymbol{A} \leqslant \boldsymbol{A}^U \end{aligned}\right\} \tag{10-29}$$

式中的 P_f 为结构系统的失效概率，它是 $\boldsymbol{A}$ 的函数，由结构系统的可靠性分析求得，并与 β_s 有一一相对应关系。P_f^a 为事先给定的结构系统的容许失效 概率，优化中为一常量。

通过变量连接和采用倒数变量向量 $\boldsymbol{\alpha}$，式(10 - 28) 变为

$$\left.\begin{aligned} &\text{求} \quad \boldsymbol{\alpha} \\ &\min \quad W(\boldsymbol{\alpha}) = \sum_{b=1}^{B} \frac{C_b}{\alpha_b} \\ &\text{s.t.} \quad g(\boldsymbol{\alpha}) = \beta_s^a - \beta_s(\boldsymbol{\alpha}) \leqslant 0 \\ &\qquad \boldsymbol{\alpha}^L \leqslant \boldsymbol{\alpha} \leqslant \boldsymbol{\alpha}^U \end{aligned}\right\} \tag{10-30}$$

式中

$$\boldsymbol{\alpha}_b^U = \min_{j \in b}(A_j/A_j^L) \quad (b = 1,2,\cdots,B) \tag{10-31}$$

$$\boldsymbol{\alpha}_b^L = \max_{j \in b}(A_j/A_j^U) \quad (b = 1,2,\cdots,B) \tag{10-32}$$

10.2.1.2 非线性规划对偶公式的应用

为求解式(10 - 30)，首先将约束函数在现行设计点 $\boldsymbol{\alpha}_0$ 线性化，得到以下的近似规划问题：

$$\left.\begin{aligned} &\text{求} \quad \boldsymbol{\alpha} \\ &\min \quad W(\boldsymbol{\alpha}) = \sum_{b=1}^{B} \frac{C_b}{\alpha_b} \\ &\text{s.t.} \quad g(\boldsymbol{\alpha}) \approx \beta_s^{\boldsymbol{\alpha}} - \left[\beta_s(\boldsymbol{\alpha}_0) + \sum_{b=1}^{B} \frac{\partial \beta_s}{\partial \alpha_b}(\alpha_b - \alpha_{b0})\right] \leqslant 0 \\ &\qquad \boldsymbol{\alpha}^L \leqslant \boldsymbol{\alpha} \leqslant \boldsymbol{\alpha}^U \quad (b = 1,2,\cdots,B) \end{aligned}\right\} \tag{10-33}$$

式中 $\dfrac{\partial \beta_s}{\partial \alpha_b}$ 是结构可靠性指标对倒数设计变量的偏导数在 $\boldsymbol{\alpha}_0$ 处的值。

式(10 - 33) 的约束函数是设计变量的线性函数。而且目标函数的二阶导数矩阵是正定的且为凸函数，从而式(10 - 33) 表达的数学规划问题就是一个凸规划问题。由于式(10 - 33) 的目标函数和约束函数都是变量可分离的，因此可用对偶规划求解。

首先，将式(10 - 33) 重写成以下形式：

$$\left.\begin{aligned}&\text{求} \quad \boldsymbol{\alpha}\\&\min \quad W(\boldsymbol{\alpha}) = \sum_{b=1}^{B}\frac{C_b}{\alpha_b}\\&\text{s.t.} \quad g(\boldsymbol{\alpha}) \approx \sum_{b=1}^{B} d_b\alpha_b + u \leqslant 0\\&\qquad \boldsymbol{\alpha}^L \leqslant \boldsymbol{\alpha} \leqslant \boldsymbol{\alpha}^U (b = 1,2,\cdots,B)\end{aligned}\right\} \tag{10-34}$$

式中

$$d_b = -\frac{1}{\beta_s^a}\frac{\partial\beta_s}{\partial\alpha_b}(b = 1,2,\cdots,B) \tag{10-35}$$

$$u = -\frac{\beta_s(\boldsymbol{\alpha}_0)}{\beta_s^a} - \sum_{b=1}^{B} d_b\alpha_{b0} + 1 \tag{10-36}$$

式中 u 为与变量无关的量。

对于式(10 - 34) 表达的原问题,相应的拉格朗日对偶公式为

$$\left.\begin{aligned}&\text{求} \quad \boldsymbol{\alpha},\lambda\\&\max_{\lambda\geqslant 0}\{\max_{\boldsymbol{\alpha}^L\leqslant\boldsymbol{\alpha}\leqslant\boldsymbol{\alpha}^U} L(\boldsymbol{\alpha},\lambda)\}\end{aligned}\right\} \tag{10-37}$$

式中,λ—— 对偶变量;$L(\boldsymbol{\alpha},\lambda)$—— 拉格朗日函数,有

$$L(\boldsymbol{\alpha},\lambda) = W(\boldsymbol{\alpha}) + \lambda g(\boldsymbol{\alpha}) \tag{10-38}$$

即

$$L(\boldsymbol{\alpha},\lambda) = \sum_{b=1}^{B}\frac{C_b}{\alpha_b} + \lambda\sum_{b=1}^{B} d_b\alpha_b + \lambda u \tag{10-39}$$

从而对偶函数为

$$l(\lambda) = \min_{\alpha} L(\boldsymbol{\alpha},\lambda) = \min_{\alpha}\left[\sum_{b=1}^{B}\frac{C_b}{\alpha_b} + \lambda\sum_{b=1}^{B} d_b\alpha_b + \lambda u\right] \tag{10-40}$$

即有

$$l(\lambda) = \sum_{b=1}^{B}\left\{\min_{\alpha_b^L\leqslant\alpha\leqslant\alpha_b^U}\left[\frac{C_b}{\alpha_b} + \lambda d_b\alpha_b\right]\right\} + \lambda u \tag{10-41}$$

由于式(10 - 37) 表达的对偶规划的原问题式(10 - 33) 是一个凸规划问题,由非线性规划的强对偶定理可知,此时对偶问题的极大值等于原问题的极小值且为唯一的全局最优解。

下面来求解式(10 - 37) 表达的对偶规划问题。

现在,考虑式(10 - 41) 中单个变量 α_b 的最小化问题。显然可见,当 $d_b \leqslant 0$ 时,极小点 α_b^* 为

$$\alpha_b^* = \alpha_b^U \qquad (b = 1,2,\cdots,B) \tag{10-42}$$

而当 $d_b > 0$ 时,则由

$$\frac{\partial\left(\frac{C_b}{\alpha_b}+\lambda d_b\alpha_b\right)}{\partial\alpha_b}=0 \qquad (b=1,2,\cdots,B) \tag{10-43}$$

$$\alpha_b^{*2}=\frac{C_b}{\lambda d_b} \qquad (b=1,2,\cdots,B) \tag{10-44}$$

这个极小点 α_b^* 应满足变量的边界约束,从而依赖于 λ 的 α_b^* 应有以下关系式:

$$\left.\begin{aligned}&\alpha_b^*=\left(\frac{C_b}{\lambda d_b}\right)^{\frac{1}{2}} && 当(\alpha_b^L)^2<\frac{C_b}{\lambda d_b}<(\alpha_b^U)^2\\&\alpha_b^*=\alpha_b^L && 当(\alpha_b^L)^2\geqslant\frac{C_b}{\lambda d_b}\\&\alpha_b^*=\alpha_b^U && 当(\alpha_b^U)^2\leqslant\frac{C_b}{\lambda d_b}\end{aligned}\right\} \tag{10-45}$$

至此,式(10-37)的对偶规划问题变为

$$\left.\begin{aligned}&求 \quad \lambda\\&\max \quad l(\lambda)=\sum_{b=1}^{B}\frac{C_b}{\alpha_b^*}+\lambda\sum_{b=1}^{B}d_b\alpha_b^*+\lambda u\\&\text{s.t.} \quad \lambda\geqslant 0\end{aligned}\right\} \tag{10-46}$$

式中的 α_b^* 由式(10-45)确定。

下面进一步讨论式(10-46)对偶规划的求解方法。

(1)方法一

式(10-46)是一个极值问题。由对式(10-46)关于 λ 求导并令等于零有

$$\left.\begin{aligned}&\frac{\mathrm{d}l(\lambda)}{\mathrm{d}\lambda}=\sum_{b=1}^{B}d_b\alpha_b^*(\lambda^*)+u=0\ (\lambda^*>0)\\&\frac{\mathrm{d}l(\lambda)}{\mathrm{d}\lambda}=\sum_{b=1}^{B}d_b\alpha_b^*(\lambda^*)+u\leqslant 0\ (\lambda^*=0)\end{aligned}\right\} \tag{10-47}$$

上式中的 λ^* 是式(10-46)取极值时 λ 的解,参见图10-5。式(10-47)即对偶规划问题解的必要条件。实际上,它是原问题式(10-34)在 α^* 处的线性约束,有

$$\sum_{b=1}^{B}d_b\alpha_b^*+u\leqslant 0 \tag{10-48}$$

将式(10-36)代入上式有

$$\sum_{b\in B_2}d_b\alpha_b^*+\left(-\sum_{b\in B_2}d_b\alpha_{b0}^*\right)+\sum_{b\in B_1}(\alpha_b^U-\alpha_{b0}^*)+\left(1-\frac{\beta_s(\boldsymbol{\alpha}_0)}{\beta_s^a}\right)\leqslant 0 \tag{10-49}$$

式中 B_1,B_2 分别表示 $d_b\leqslant 0$ 和 $d_b>0$ 的设计变量集。注意到上式第一项是非负的,因此,若上式成立,必有

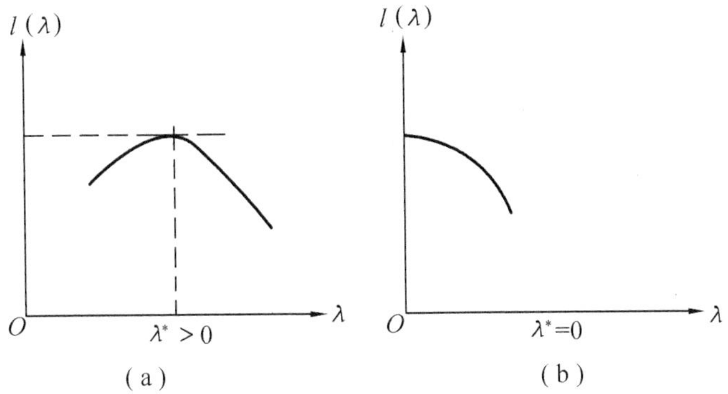

图 10－5

(a)$\lambda^* > 0$ 的情况;(b)$\lambda^* = 0$ 的情况

$$-\sum_{b \in B_2} d_b \alpha_{b0}^* + \sum_{b \in B_1} d_b (\alpha_b^U - \alpha_{b0}^*) + \left(1 - \frac{\beta_s(\boldsymbol{\alpha}_0)}{\beta_s^a}\right) \leqslant 0 \tag{10-50}$$

而上式值的第一、第二项均小于零。令它们的和为 $-\theta(\theta \geqslant 0)$ 则式(10－50)成为

$$\frac{\beta_s(\boldsymbol{\alpha}_0)}{\beta_s} \geqslant 1 - \theta \qquad (\theta \geqslant 0) \tag{10-51}$$

上式即问题有解的必要条件。可见,当设计变量在可行区时

$$\frac{\beta_s(\boldsymbol{\alpha}_0)}{\beta_s^\alpha} \geqslant 1 \tag{10-52}$$

式(10－51)恒能满足。而当设计变量在不可行区时,有

$$\frac{\beta_s(\boldsymbol{\alpha}_0)}{\beta_s^\alpha} < 1 \tag{10-53}$$

此时为使问题有解,设计点不能离约束界面太远。因此在求解中采用以下措施是必要的。

① 对于线性化约束后的原问题,用对偶规划进行迭代求解,以期解点逐步逼近最优点。

② 采用变量移动限,即在迭代求解中限定设计变量的变化范围,令

$$\alpha_b^{(k)} = \begin{cases} \alpha_b^{*(k)} & \text{当} \left|\alpha_b^{*(k)} - \alpha_{b0}^{(k)}\right| \leqslant \delta^{(k)} \alpha_{b0}^{(k)} \\ \alpha_{b0}^{(k)} + \delta^{(k)} (\alpha_b^{*(k)} - \alpha_{b0}^{(k)}) & \text{当} \left|\alpha_b^{*(k)} - \alpha_{b0}^{(k)}\right| > \delta^{(k)} \alpha_{b0}^{(k)} \end{cases} \tag{10-54}$$

式中 $\alpha_{b0}^{(k)}$—— 第 k 次迭代时的初始设计点分量;

$\alpha_b^{*(k)}$—— 第 k 次迭代时的最优点分量;

$\alpha_b^{(k)}$—— 经过移动限后得到的设计点;

$\delta^{(k)}$—— 第 k 次迭代时的移动限系数。

有

$$\delta^{(k)} = \eta\delta^{(k-1)} \tag{10-55}$$

上式中的 $\eta \leqslant 1$ 为事先给定的常数，$\delta^{(0)}$ 也需事先给定。

③将每次迭代后经移动限后的解点移动到约束界面上。方法是沿约束梯度方向 $\nabla g^{(k)}(\alpha)$ 移动设计点，而通过进退算法求得移动的步长 $t^{(k)}$，即有

$$\alpha_{g=0}^{(k)} = \alpha^{(k)} + t^{(k)} \nabla g^{(k)}(\alpha) \tag{10-56}$$

式中的 $t^{(k)}$ 满足

$$g(\alpha^{(k)} + t^{(k)} \nabla g^{(k)}) = 0 \tag{10-57}$$

而 $\nabla g^{(k)}(\boldsymbol{\alpha})$ 的分量为

$$\frac{\partial g(\boldsymbol{\alpha})}{\partial \alpha_b} = d_b = -\frac{1}{\beta_s^a}\frac{\partial \beta_s}{\partial \alpha_b} \quad (b = 1,2,\cdots,B) \tag{10-58}$$

由于设计变量的变化，有可能使得结构系统的主要失效模式集发生改变。因此，在移动限后应进行一次结构系统的可靠性分析，重新判别主要模式并求得结构系统的可靠性指标 β_s。文献[29]、[30]用二分法求零点的方法分别对桁架和框架结构求解了式(10-47)以求得 $\boldsymbol{\lambda}^*$，再用式(10-45)求原变量 $\boldsymbol{\alpha}^*$。

文献[29]给出了用上述方法，进行结构系统可靠度约束下最小化结构质量的如下平面桁架例题。

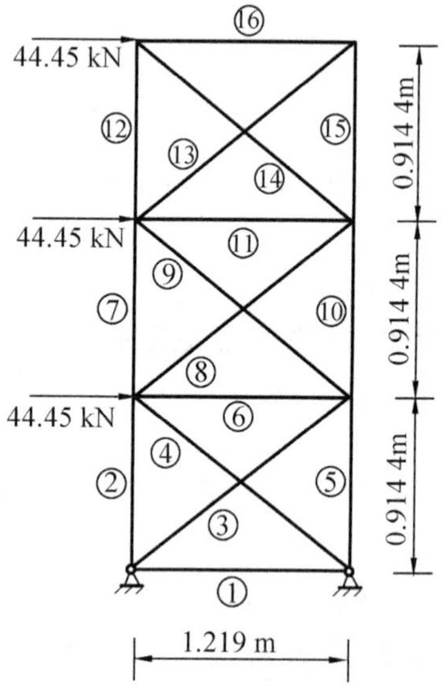

图 10-6　静不定 16 元件桁架

例 10-5　考虑示于图 10-6 的 16 元件静不定桁架结构。元件的拉压屈服应力均值为 276 MPa，屈服应力的变异系数为 0.05；弹性模量为 2.06×10^5 MPa，材料密度为 2.7×10^3 kg/m^3；载荷均值为 44.5 kN，载荷变异系数为 0.1。设计变量连接关系为：$A_1, A_2 = A_5, A_3 = A_4 = A_{14}, A_6, A_7 = A_8 = A_{10}, A_9, A_{11} = A_{12}, A_{15}, A_{13} = A_{16}$，具有连接关系的杆件强度之间完全相关，否则相互独立。$\beta_s^a = 4.265$（即 $P_f^a = 10^{-5}$）。$0 < A_j \leqslant 0.120$ m^2($j = 1,2,\cdots,16$)，$\varepsilon_1 = 0.3 \times 10^{-3}$，$\varepsilon_2 = 0.2 \times 10^{-3}$。表 10-5 给出了优化结果，表 10-6 给出了迭代历程中的结构质量。

表 10 － 5　16 元件静不定桁架结构的优化结果

杆号	杆的横截面积 / $\times 10^{-4}$ m^2	杆号	杆的横截面积 / $\times 10^{-4}$ m^2
1	3.475	7,8,10	3.889
2,5	8.630	9	2.752
3,4,14	4.744	11,12,15	1.448
6	1.678	13,16	0.720
结构质量 /kg	18.189	结构系统可靠度	4.265

初始设计点$[6,10,10,10,10,6,6,6,6,6,6,6,6,10,6,6]^{T}$($\times 10^{-4}$ m^2)。

表 10 － 6　16 元件静不定桁架结构的迭代历程

迭代次数	1	2	3	4	5	6	7	8
结构质量 /kg	37.70	30.35	22.76	21.66	20.52	19.87	19.32	19.30
迭代次数	9	10	11	12	13	14	15	16
结构质量 /kg	18.56	18.54	18.43	18.43	18.27	18.23	18.193	18.189

文献[30]还用上述方法计算了下面的框架例题。

例 10 － 6　图 10 － 7 示出二跨二层框架结构及其受载情况。设强度和载荷均为相互独立的正态随机变量。材料的弹性模量为 2.1×10^{5} MPa,材料密度为 7.85×10^{3} kg/m^3,强度变异系数为 0.15,屈服应力均值为 276 MPa。载荷 P_1 的均值为 169 kN,载荷 P_2 的均值为 89 kN,载荷 P_3 的均值为 116 kN,载荷 P_4 的均值为 62 kN,载荷 P_5 的均值为 31 kN,载荷的变异系数为 0.25。元件的横截面为正方形。初始点的元件截面为 0.2 m × 0.2 m。表 10 － 7 给出了优化结果。表 10 － 8 给出了迭代过程的结构质量和结构系统的可靠性指标。优化中给定的系统可靠性指标为 3.5。从表 10 － 8 的迭代历程可见,优化过程是在非可行区进行的,第九次达到约

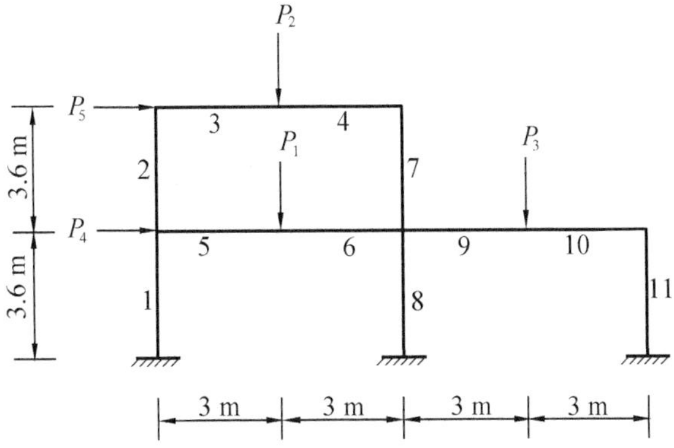

图 10 － 7　二跨二层框架

束边界，并达到稳定收敛。

表 10－7 二跨二层框架优化结果

元件号	1	2	3	4	5	6	7	8	9	10	11
元件截面积 $/10^{-2}\ m^2$	2.000	2.000	2.003	4.191	4.340	4.232	2.000	4.296	2.322	2.231	2.000
结构质量/kg	8 024.67				结构系统可靠性指标			3.500			

表 10－8 二跨二层框架迭代历程

迭代次数	0	1	2	3	4	5	6	7	8	9
结构质量/kg	11 304	7 762.3	8 710.3	7 974.6	8 010.9	8 017.2	8 020.7	8 022.7	8 023.8	8 024.67
可靠性指标	4.574 7	2.962 0	3.199 6	3.474 8	3.492 7	3.495 9	3.497 7	3.498 8	3.499 3	3.500 0

（2）方法二

注意到式（10－46）是一个在 $\lambda \geqslant 0$ 的条件下的一维搜索问题，可用0.618法等一维搜索方法求 λ^*。求得 λ^* 后再用式（10－45）求 $\boldsymbol{\alpha}^*$。同时在迭代中采用移动限和将设计点移动到约束边界的策略。

（3）方法三

在对式（10－41）的单个变量 α_b 求极小值后，我们有式（10－42）和式（10－44）。注意到当 $d_b \leqslant 0$ 时 $\alpha_b^* = \alpha_b^U$ 而与 λ 无关。将式（10－42）和式（10－44）代回到式（10－41）得到

$$l(\lambda) = \sum_{b=1}^{B_1} \frac{C_b}{\alpha_b^U} + \lambda \sum_{b=1}^{B_1} d_b \alpha_b^U + 2\lambda^{\frac{1}{2}} \sum_{b=1}^{B_2} (C_b d_b)^{\frac{1}{2}} + \lambda u \qquad (10-59)$$

上式是对偶函数关于对偶变量 λ 的显示表达式。由令 $\frac{dl(\lambda)}{d\lambda} = 0$ 有

$$\lambda^{*\frac{1}{2}} = \frac{-\sum_{b=1}^{B_2} (C_b d_b)^{\frac{1}{2}}}{u + \sum_{b=1}^{B_1} d_b \alpha_b^U} \qquad (10-60)$$

将上式代回式(10 - 44)有

$$\alpha_b^* = \left(\frac{C_b}{\lambda^* d_b}\right)^{\frac{1}{2}} \quad (d_b > 0, b = 1,2,\cdots,B) \tag{10-61}$$

由于这个极值点应满足变量的边界约束,从而还有

$$\alpha_b^* = \alpha_b^U \quad (当\ \alpha_b^* > \alpha_b^U, d_b > 0) \tag{10-62}$$

$$\alpha_b^* = \alpha_b^L \quad (当\ \alpha_b^* < \alpha_b^U, d_b > 0) \tag{10-63}$$

综上,有以下的求解公式:

$$\left.\begin{aligned} &\alpha_b^* = \alpha_b^U \quad (d_b \leqslant 0) \\ &\alpha_b^L \leqslant \alpha_b^* = \left(\frac{C_b}{\lambda^* d_b}\right)^{\frac{1}{2}} \leqslant \alpha_b^U \quad (d_b > 0) \end{aligned}\right\} \tag{10-64}$$

上式中的 λ^* 由式(10 - 60)求得。

由于原问题是经过线性化约束函数得到的而带来近似性,故式(10 - 64)可作为一迭代公式使用。

下面讨论式(10 - 64)求最优点迭代公式的适用条件。

从物理意义来讲,一般应有 $d_b \geqslant 0$。因为当 α_b 增大时,A_b 减小,从而应该使 β_s 减小,即有 $\frac{\partial \beta_s}{\partial \alpha_b} < 0$,由式(10 - 35)有 $d_b > 0$。因而,一般应有 B_1 为空集。另一方面,为使 $\lambda^* > 0$,应有

$$\lambda^{*\frac{1}{2}} = \frac{-\sum_{b=1}^{B_2}(C_b d_b)^{\frac{1}{2}}}{u} > 0 \tag{10-65}$$

而 $\sum_{b=1}^{B_2}(C_b d_b)^{\frac{1}{2}} > 0$,故应有 $u < 0$,由式(10 - 36),应有

$$1 - \frac{\beta_s(\boldsymbol{\alpha}_0)}{\beta_s^a} < \sum_{b=1}^{B_2} d_b \alpha_{b0} \tag{10-66}$$

① 当 $\beta_s(\boldsymbol{\alpha}_0) > \beta_s^a$ 时,α 在可行区,$\frac{\beta_s(\boldsymbol{\alpha}_0)}{\beta_s^a} > 1$,$\frac{1 - \beta_s(\boldsymbol{\alpha}_0)}{\beta_s^a} < 0$ 而 $\sum_{b=1}^{B_2} d_b \alpha_{b0} > 0$,故式(10 - 66)恒成立。

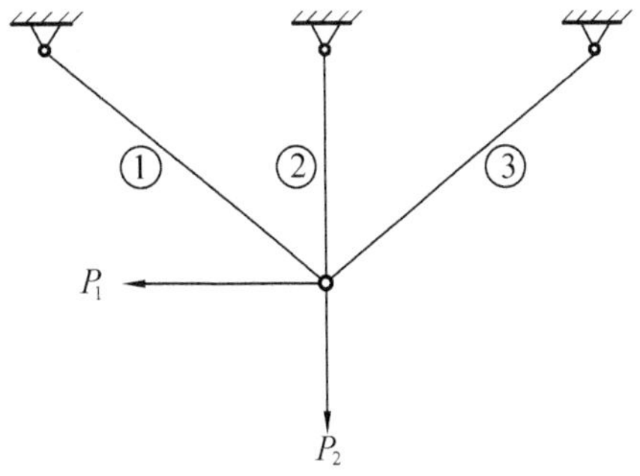

图 10 - 8　3 元件静不定桁架

② 当 $\beta_s(\boldsymbol{\alpha}_0) < \beta_s^a$ 时,α 在不可行区,$\frac{\beta_s(\boldsymbol{\alpha}_0)}{\beta_s^a} < 1$,$\frac{1 - \beta_s(\boldsymbol{\alpha}_0)}{\beta_s^a} > 0$。由此,要使式(10 - 66)成立,应有

$$\beta_s^a - \beta_s(\boldsymbol{\alpha}_0) < \beta_s^a \sum_{b=1}^{B_2} d_b \alpha_{b0} \tag{10-67}$$

即不可行点离约束边界的距离不超过$\beta_s^a \sum\limits_{b=1}^{B_2} d_b \alpha_{b0}$。因此,上面的变量移动限和将设计点移动到约束边界的策略是必要的。

文献[27]用上述算法计算了以下例题。

例 10-7 考虑示于图 10-8 的三元件静不定桁架结构。杆长 l_1, l_3 为 3.54 m,l_2 为 2.50 m。载荷 P_1 的均值为500 kN,P_2 的均值为750 kN。材料的拉压强度均值为270 MPa;材料密度为2.76×10^3 kg/m^3。强度和载荷均为正态分布,变异系数为0.1。P_f^a 为10^{-4}。表10-9给出了优化迭代结果。

表 10-9 三元静不定桁架优化结果

迭代次数	0	1	2	3
$A_1/10^{-4}$ m^2	6.0	5.81	5.78	5.78
$A_2/10^{-4}$ m^2	15.0	14.53	14.47	14.46
$A_3/10^{-4}$ m^2	35.0	33.75	33.61	33.57
结构可靠度	0.9^48893	0.9^45491	0.9^4657	0.9^44379
结构质量/kg	49.31	47.62	47.43	47.37

注:表中9^4表示9999。

10.2.1.3 最佳矢量法的应用

文献[34]用第4章可行方向法中的最佳矢量法求解了式(10-30)表达的基于可靠性的结构优化问题中的空间桁架例题。

例 10-8 图 10-9 示出 25 元件空间桁架。水平载荷均值为 88.9 kN,垂直载荷均值为 22.6 kN,载荷变异系数为0.3,且相互独立。材料的弹性模量为6.895×10^4 MPa。材料的屈服应力均值为276 MPa。变异系数为0.05。材料密度为2.7×10^3 kg/m^3。设计变量连接将25个元件连接为13类,连接关系是 Ⅰ(1),Ⅱ(2,5),Ⅲ(3,4),Ⅳ(6,9),Ⅴ(7,8),Ⅵ(10,11),Ⅶ(12,13),Ⅷ(14,17),Ⅸ(15,16),Ⅹ(18,21),Ⅺ(19,20),Ⅻ(22,25),XⅢ(23,24)。设连接在同一类中的元件的抗力完全相关,否则相互独立。结构系统的目标可靠指标β_s^a为3.5。表10-10示出了最优点和初始点参数。表10-11示出了优化迭代历程,4次迭代稳定收敛,且在可行区内进行。正如所预期的,最佳矢量步既减小了质量,又提高了结构系统的可靠度。

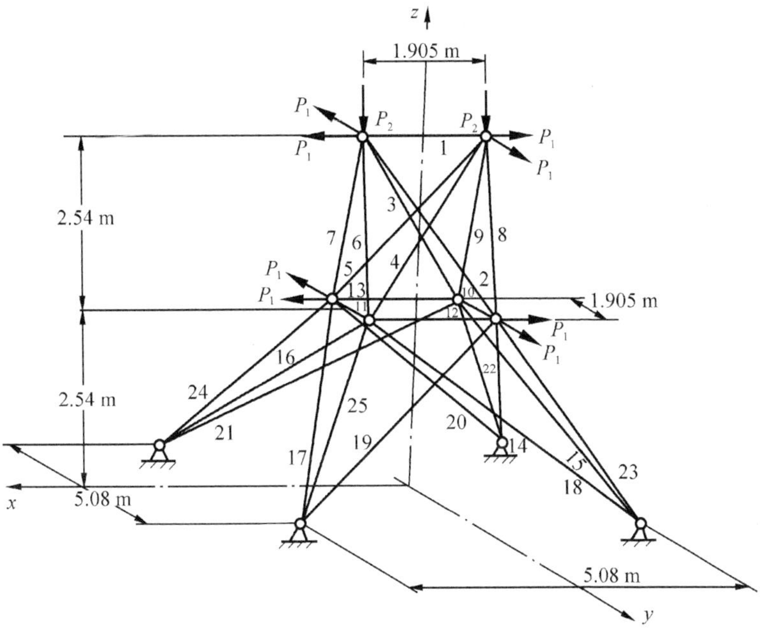

图 10－9　25 元件空间桁架

表 10－10　25 元件桁架的初始点和最优点(截面积 $\times 10^{-4}$ m^2)

元件类型号	Ⅰ	Ⅱ	Ⅲ	Ⅳ	Ⅴ	Ⅵ	Ⅶ
初始点	6.000	6.000	6.000	6.000	6.000	6.000	6.000
最优点	5.711	6.584	2.632	7.271	7.299	5.162	5.162
元件类型号	Ⅷ	Ⅸ	Ⅹ	Ⅺ	Ⅻ	ⅩⅢ	
初始点	6.000	6.000	6.000	6.000	6.000	6.000	
最优点	3.977	3.977	3.977	3.977	4.509	5.208	

表 10 - 11　25 元件桁架的迭代历程

迭代次数		1	2	3	4
梯度步	β_s	3.501	3.516	3.502	3.500
	W/kg	130.4	112.4	108.72	108.71
最佳矢量步	β_s	4.022	3.659	3.502	
	W/kg	123.4	112.1	108.72	
初始 β_s	3.783		初始 W/kg	136.1	

文献[35]还用最佳矢量法求解了下面同时考虑强度和刚度可靠性的结构优化问题。

例 10 - 9　对于图 10 - 9 所示的25元件空间桁架，载荷、材料性质、变量连接、结构的目标可靠指标均同例 10 - 8。另在 6 个自由节点的三个方向容许的位移均为 45×10^{-2} m。表 10 - 12 给出了最优点和初始点参数，初始可靠性指标为 2.758，可见，初始点位于非可行区，此时的结构质量为 136.1 kg。表 10 - 13 示出了优化迭代过程，仅 2 次迭代即稳定收敛。

表 10 - 12　25 杆桁架的初始点和最优点（截面积 10^{-4} m^2）

元件类型号	Ⅰ	Ⅱ	Ⅲ	Ⅳ	Ⅴ	Ⅵ	Ⅶ
初始点	6.000	6.000	6.000	6.000	6.000	6.000	6.000
最优点	6.269	6.939	6.939	6.767	6.767	6.539	6.539
元件类型号	Ⅷ	Ⅸ	Ⅹ	Ⅺ	Ⅻ	XⅢ	
初始点	6.000	6.000	6.000	6.000	6.000	6.000	
最优点	7.309	7.302	7.302	7.302	6.959	6.959	

表 10 - 13　25 元件桁架的迭代历程

迭代次数		1	2
梯度步	β_s	3.501	3.500
	W/kg	159.42	159.40
最佳矢量步	β_s	3.500	
	W/kg	159.40	
初始 β_s	2.758	初始 W/kg	136.1

10.2.1.4 随机方向法的应用[50]

对于由式(10－29)表达的基于可靠性的结构优化问题,文献[50]采用第4章约束优化的直接法中的随机方向法进行了求解。

(1) 随机数的产生

随机方向的产生要用到[0,1]区间均匀分布的随机数。一般计算机上都备有[0,1]区间内均匀分布的伪随机数 d 可供调用。

(2) 初始点的选取

随机方向法的初始点 $\boldsymbol{A}_0$ 必须是可行点,可以人为选定,但当约束条件较复杂时,可用随机的方法选取。求得随机初始点 $\boldsymbol{A}_0$ 后,再进行可行性检查,若 $\boldsymbol{A}_0$ 为非可行点,则再选取新的随机初始点,直到被选择的点满足约束为止。

(3) 随机方向的产生

设 $d_1,d_2,\cdots,d_n$ 为[－1,1]区间内的 n 个伪随机数,则按下式求得单位随机方向:

$$\boldsymbol{E} = \frac{1}{\sqrt{d_1^2 + d_2^2 + \cdots d_n^2}}\begin{Bmatrix} d_1 \\ d_2 \\ \vdots \\ d_n \end{Bmatrix} \tag{10-68}$$

这样的随机方向可根据需要产生 Q 个随机点

$$\boldsymbol{A}_q = \boldsymbol{A}_0 + \rho E_q \qquad (q = 1,2,\cdots,Q) \tag{10-69}$$

式中 ρ 为试验步长,可取 $0.01 \leqslant \rho < 1$ 或更小。得到 Q 个随机点后,求它们中既可行又使目标函数有最多下降的一个点,即

$$\left.\begin{aligned} &\text{求 } \bar{\boldsymbol{A}} \text{ 使} \\ &W(\boldsymbol{A}_0) > W(\bar{\boldsymbol{A}}) = \min(W(\boldsymbol{A}_q)) \quad (q = 1,2,\cdots,Q) \\ &\text{并满足 } P_f(\bar{\boldsymbol{A}}) - P_f^a \leqslant 0 \end{aligned}\right\} \tag{10-70}$$

最后得到随机方向为

$$\boldsymbol{P} = \bar{\boldsymbol{A}} - \boldsymbol{A}_0 \tag{10-71}$$

(4) 确定搜索步长

在初始点和搜索方向确定后,可用两种方法确定步长。一种是用相等的步长一直向前搜索,只要新点的目标函数下降且可行。另一种是变步长法,即按一定的大于1的增长系数使步长递增,直到违反约束函数或目标函数不能下降为止。这样可以减少工作量而提高效率。

(5) 计算步骤

第一步,给定初始值与选定初始点:

设元件数为 n,超静定度为 s,结构失效概率上限最大允许值为 P_f^a,选初始可行点 $\boldsymbol{A}_0$,并计

算结构的初始质量 $W(\boldsymbol{A}_0)$。

第二步,求随机点:

(1) 由式(10 - 68)产生单位随机方向 $\boldsymbol{E}$;

(2) 由式(10 - 69)求 Q 个随机点 $\boldsymbol{A}_q$。

第三步,进行结构可靠性分析:

(1) 进行有限元分析,求元件内力和失效概率;

(2) 确定破坏元件;

(3) 判定结构是否失效;

(4) 计算结构失效模式的失效概率。

第四步,形成随机方向沿此方向搜索好点:

(1) 在第二、第三两步得到的 Q 个可行的随机点中,选取使目标函数下降最多的点 $\overline{\boldsymbol{A}}$;

(2) 确定可行搜索方向 $\boldsymbol{P} = \overline{\boldsymbol{A}} - \boldsymbol{A}_0$;

(3) 从初始点 $\boldsymbol{A}_0$ 沿 $\boldsymbol{P}$ 方向以步长 $H = H_0$ 移动,若新点可行且目标函数下降,则继续以 $H + H_0$ 的步长移动,直到不违反约束目标函数值再不能下降为止,完成了一次迭代。

第五步,检查收敛准则:

当一次迭代的初始点与终点的目标函数值满足

$$\left|\frac{W(\boldsymbol{A}) - W(\boldsymbol{A}_0)}{W(\boldsymbol{A}_0)}\right| \leqslant \varepsilon \tag{10 - 72}$$

或达到给定的迭代次数时,则 $\boldsymbol{A}^* = \boldsymbol{A}, W(\boldsymbol{A}^*) = W(\boldsymbol{A})$,结束优化过程;否则,将迭代的搜索终点作为初始点 $\boldsymbol{A}_0$,转向第二步。

文献[50]给出了下面的算例。

例 10 - 10 对于图 10 - 6 示出的 16 元件平面桁架。元件的拉压屈服应力均值为 276 MPa,屈服应力的变异系数为 0.05;弹性模量为 2.06×10^5 MPa,材料密度为 $2.7 \times 10^3\ \mathrm{kg/m^3}$;载荷均值如图 10 - 6 所示,载荷的变异系数为 0.1,结构的容许失效概率 P_f^U 为 1.0×10^{-3}。结构的初始质量为 848.159 kg,优化后为 717.64 kg。初始结构的失效概率为 1.08×10^{-6},优化后为 0.71×10^{-3}。

10.2.1.5 模糊规划的应用

由式(10 - 29)给出的基于可靠性的结构优化的数学模型,是结构系统失效概率约束下最小化结构质量的问题,即

$$\left.\begin{aligned} &\text{求} && \boldsymbol{A} \\ &\min && W(\boldsymbol{A}) \\ &\text{s.t.} && P_f(\boldsymbol{A}) - P_f^a \leqslant 0 \\ & && \boldsymbol{A}^L \leqslant \boldsymbol{A} \leqslant \boldsymbol{A}^U \end{aligned}\right\} \tag{10 - 29}$$

在工程实践中，约束中形成的界限是具有另一种不确定性——模糊性的。即 $P_f(\boldsymbol{A}) - P_f^a$ 应有一定的允许范围，而不是一刀切的边界。这种模糊性来源于结构可靠性准则的模糊性。因而，考虑这种模糊性的基于可靠性的结构优化更为合理。这时，式(10 - 29)变为

$$\left.\begin{aligned} &\text{求} \quad \boldsymbol{A} \\ &\min \quad W(\boldsymbol{A}) \\ &\text{s.t.} \quad P_f(\boldsymbol{A}) \underset{\sim}{\subseteq} \underset{\sim}{G} \\ &\qquad \boldsymbol{A}^L \leqslant \boldsymbol{A} \leqslant \boldsymbol{A}^U \end{aligned}\right\} \tag{10 - 73}$$

式中的 $P_f(\boldsymbol{A}) \underset{\sim}{\subseteq} \underset{\sim}{G}$ 表示结构系统失效概率 $P_f(\boldsymbol{A})$ 在模糊的意义下落入 $P_f(\boldsymbol{A})$ 的模糊容许区间 $\underset{\sim}{G}$。这里

$$\underset{\sim}{G} = \int_R \mu_G(P_f)/P_f \tag{10 - 74}$$

式中 $\mu_{\underset{\sim}{G}}(P_f)$ 为 P_f 对其模糊允许区间的隶属度；$\underset{\sim}{G}$ 在实数 R 轴上有一模糊边界；$\underset{\sim}{G}$ 具有如图 10 - 10 所示的性质，图中 P_f^U 为设防水平最高时允许区间的上限。显然，此时 $P_f^U = P_f^a$；d^U 是过渡区的长度。

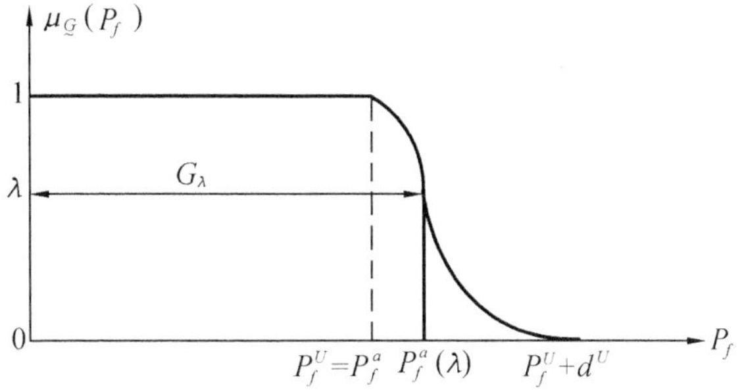

图 10 - 10 P_f 的隶属函数

式(10 - 73)表达的数学规划问题是一个具有普通模糊约束的结构模糊优化问题。通常，可用水平截集解法求得在设计空间的一个模糊优化域。即求得对应于不同水平 λ 的优化解族。对于一定的 λ，此时式(10 - 73)的模糊优化问题转化为具有 λ 水平的非模糊的基于可靠性的结构优化问题。

$$\left.\begin{aligned} &\text{求} \quad \boldsymbol{A} \\ &\min \quad W(\boldsymbol{A}) \\ &\text{s.t.} \quad P_f(\boldsymbol{A}) \subset G_\lambda \\ &\qquad \boldsymbol{A}^L \leqslant \boldsymbol{A} \leqslant \boldsymbol{A}^U \end{aligned}\right\} \tag{10 - 75}$$

式中

$$G_\lambda = [0, P_f^a(\lambda)] \tag{10-76}$$

参见图10－10。这时约束函数$P_f(\boldsymbol{A})$的可行域为G_λ，所求最优解为$W^*(\lambda)$和$\boldsymbol{A}^*(\lambda)$。这样对于$0 \leqslant \lambda \leqslant 1$，可求得一系列的$\boldsymbol{A}^*(\lambda)$和$W^*(\lambda)$。即求得模糊优化解族$W[\boldsymbol{A}^*(\lambda)]$。

通常，$W[\boldsymbol{A}^*(\lambda)]$是$\lambda \in [0,1]$的单调递增函数，如图10－11所示，且$W[\boldsymbol{A}^*(\lambda)]$是有界的，其中$M$是其上确界，$m$是其下确界。即

$$M = W[\boldsymbol{A}^*(1)] \tag{10-77}$$

$$m = W[\boldsymbol{A}^*(0)] \tag{10-78}$$

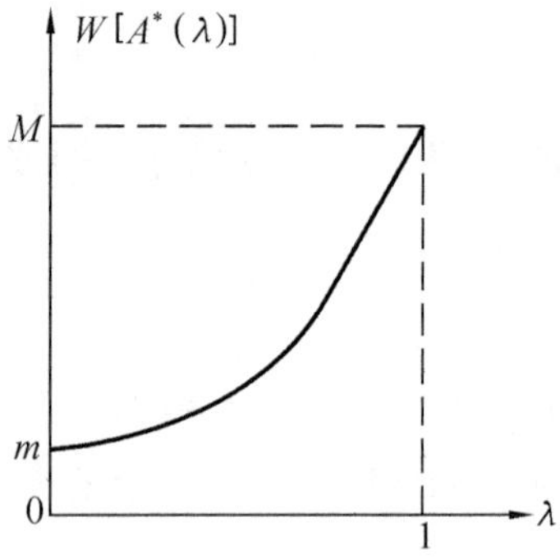

图10－11　目标函数曲线图

下面讨论如何求$W[\boldsymbol{A}^*(\lambda)]$的最优值$W[\boldsymbol{A}^*(\lambda^*)]$。

在对$W[\boldsymbol{A}^*(\lambda)]$ $(\lambda \in [0,1])$求$W[\boldsymbol{A}^*(\lambda^*)]$的问题中，文献[61]提出了如下的模糊目标函数的隶属函数

$$\mu_{\underset{\sim}{W}}(\lambda) = \frac{M - W[\boldsymbol{A}^*(\lambda)]}{M - m} \tag{10-79}$$

显然，$\mu_{\underset{\sim}{W}}(\lambda)$与$W[\boldsymbol{A}^*(\lambda)]$有关，是$\lambda$的函数，$\mu_{\underset{\sim}{W}}(\lambda)$的上、下限分别是：

$$\mu_{\underset{\sim}{W}}^U = \frac{M - m}{M - m} = 1 \tag{10-80}$$

$$\mu_{\underset{\sim}{W}}^L = \frac{M - M}{M - m} = 0 \tag{10-81}$$

即有

$$0 \leqslant \mu_{\underset{\sim}{W}}(\lambda) \leqslant 1 \tag{10-82}$$

$W[\boldsymbol{A}^*(\lambda)]$是$\lambda \in [0,1]$上的一个模糊子集，为模糊目标集。上面定义的$\mu_{\underset{\sim}{W}}(\lambda)$表明：对于$W[\boldsymbol{A}^*(\lambda)]$的极小化，随着$W[\boldsymbol{A}^*(\lambda)]$的增大，$\mu_{\underset{\sim}{W}}(\lambda)$趋于零。当$W[\boldsymbol{A}^*(\lambda)]$接近于$m$时，$\mu_{\underset{\sim}{W}}(\lambda)$趋于1。

因此，求$W[\boldsymbol{A}^*(\lambda)]$的问题，我们可用模糊判决原理求解。即在上述问题中，模糊约束和模糊目标都是设计点集R^B上的模糊集合，它们相应的隶属函数为$\mu_{\underset{\sim}{G}}(\lambda)$和$\mu_{\underset{\sim}{W}}(\lambda)$。则此时设计空间的满意满足域$D$也是$R^B$上的模糊集合，其隶属函数为

$$\mu_{\underset{\sim}{D}}(\lambda) = \mu_{\underset{\sim}{G}}(\lambda) \Lambda \mu_{\underset{\sim}{W}}(\lambda) \tag{10-83}$$

上式中的Λ表示两者的交集。最优判决是

$$\left.\begin{aligned} &\text{求}\quad \lambda^* \\ &\text{使}\quad \mu_{\underset{\sim}{D}}(\lambda^*) = \max_{\lambda \in [0,1]} \mu_{\underset{\sim}{D}}(\lambda) \end{aligned}\right\} \tag{10-84}$$

从而可求得$W[\boldsymbol{A}^*(\lambda^*)]$，参见图10－12。其中，由图10－10可知，$\mu_{\underset{\sim}{G}}(\lambda) = \lambda$。

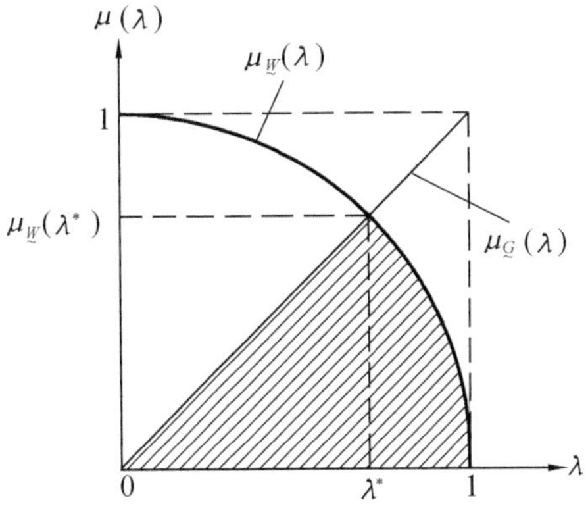

图 10－12　隶属函数 $\mu_{\underset{\sim}{G}}(\lambda)$ 和 $\mu_{\underset{\sim}{W}}(\lambda)$

由图 10－12 可见，当 $\lambda<\lambda^*$ 时，$\mu_{\underset{\sim}{D}}(\lambda)=\mu_{\underset{\sim}{G}}(\lambda)$；当 $\lambda>\lambda^*$ 时，$\mu_{\underset{\sim}{D}}(\lambda)=\mu_{\underset{\sim}{W}}(\lambda)$；当 $\lambda=\lambda^*$ 时，$\mu_{\underset{\sim}{D}}(\lambda^*)=\mu_{\underset{\sim}{G}}(\lambda^*)=\mu_{\underset{\sim}{W}}(\lambda^*)$。用以上算法求解 $W[\boldsymbol{A}^*(\lambda^*)]$ 的计算框图见图 10－13。

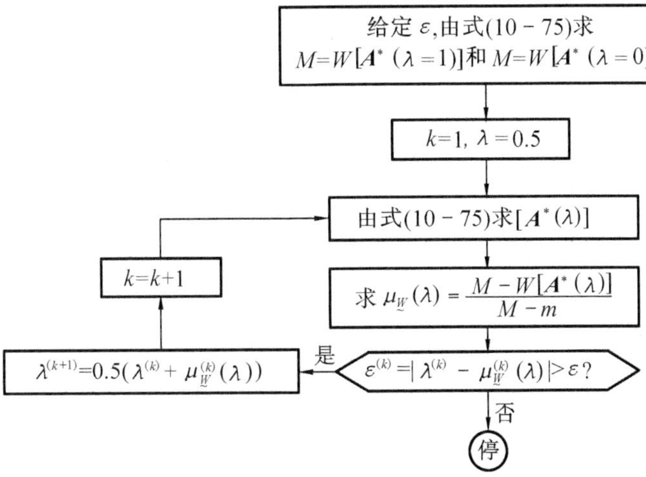

图 10－13　求解的计算框图

在文献[61]中，用结构系统的失效概率上界 P_{fu} 作为结构系统的失效概率：

$$P_f\approx P_{fu}=\sum_{i=1}^{m}P_{fi} \tag{10－85}$$

式中 m 为主要失效模式数。

文中给出了以下的例题,其中用约束优化中的随机方向法[50] 求解了式(10－75) 表达的基于可靠性的结构优化问题。

例10－11 考虑示于图10－6的16元件静不定平面桁架结构。屈服应力均值为276 kPa,弹性模量为 2.06×10^5 MPa,强度变异系数为0.05,载荷变异系数为0.1。表10－14 给出了模糊优化迭代历程及结果。计算中 P_{fu}^a 的模糊区间为:当 $\lambda = 1$ 时,$P_{fu}^a = 10^{-5}$;而当 $\lambda = 0$ 时,$P_{fu}^a = 10^{-3}$, 收敛精度 $\varepsilon = 0.01$。

从表10－14 的计算结果可见,对不同的 λ 值,结构系统具有不同的设防水平。当 λ 较小时,结构更"经济节省",即结构的质量相对小一些;当 λ 较大时,结构更"安全可靠",即结构的失效概率相对小些。经过迭代计算,在[0,1] 区间内,即 $P_f^a = 10^{-5} \sim 10^{-3}$ 时,我们求得一个使结构既安全可靠又经济节省的最优 λ^*。例中,λ^* 为0.589 5,$P_f^a(\lambda^*) = 4.16 \times 10^{-4}$,$W[\boldsymbol{A}^*(\lambda^*)]$ 为754.498 kg。

表10－14 16元件平面桁架的模糊优化迭代历程及结果

迭代次数 K	λ	$P_{fu}^a(\lambda)$	$\mu_{\underset{\sim}{W}}(\lambda)$	ε^k	$W[\boldsymbol{A}^*(\lambda)]$/kg
	0	10^{-3}	1	1	717.640
1	0.5	5.05×10^{-4}	0.618 8	0.118 8	751.080
2	0.559 4	4.46×10^{-4}	0.606 9	0.047 5	752.121
3	0.583 2	4.23×10^{-4}	0.595 7	0.012 5	753.101
4	0.589 5	4.16×10^{-4}	0.579 8	0.009 7	754.498

10.2.2 结构质量约束下最大化结构系统可靠度

10.2.2.1 问题的数学表达式

基于可靠性的结构优化的另一大类问题是,结构系统质量约束下最大化结构系统可靠度。即求解以下的结构优化问题

$$\left.\begin{array}{ll}\text{求} & \boldsymbol{A}\\ \max & \beta_s(\boldsymbol{A})\\ \text{或} & \\ \min & P_f(\boldsymbol{A})\\ \text{s.t.} & g(\boldsymbol{A}) = W(\boldsymbol{A}) - W^a \leqslant 0\\ & \boldsymbol{A}^L \leqslant \boldsymbol{A} \leqslant \boldsymbol{A}^U\end{array}\right\} \quad (10-86)$$

式中 W—— 结构系统的质量或费用,它们都是设计变量 $\boldsymbol{A}$ 的函数,kg 或 yuan;

W^a——W 的容许值。

对于由 n 个元件(变量连接成 B 类)组成的弹塑性结构系统,结构质量约束下最大化结构可靠度的结构优化问题可表示为

$$\left.\begin{aligned}&\text{求}\quad \boldsymbol{A}\\&\max\quad \beta_s(\boldsymbol{A})\\&\text{s.t.}\quad W(\boldsymbol{A}) = \sum_{b=1}^{B} C_b \boldsymbol{A}_b \leqslant W^a\\&\qquad \boldsymbol{A}_b \geqslant 0\ (b = 1,2,\cdots,B)\end{aligned}\right\}\tag{10-87}$$

式中

$$C_b = \sum_{j\in b} \rho_j l_j T_{jb(j)} \qquad (b = 1,2,\cdots,B)\tag{10-88}$$

式中 ρ_j—— 第 j 元件的密度或单位长度费用,kg/m^3 或 yuan/m;

l_j—— 第 j 元件的长度,m;

$T_{jb(j)}$—— 变量连接常数。

10.2.2.2 梯度投影法的应用

式(10-87)表示的数学规划问题是一个线性约束下的非线性规划问题。文献[37]、[38]采用了梯度投影型算法求解。即有迭代式

$$\boldsymbol{A}^{(k+1)} = \boldsymbol{A}^{(k)} + t\boldsymbol{S}^{(k)}\tag{10-89}$$

式中 k—— 迭代次数;

t—— 步长;

$\boldsymbol{S}$—— 步向。

$\boldsymbol{S}$ 由下式确定,见图 10-14,即

$$\boldsymbol{S}^{(k)} = \nabla\boldsymbol{\beta}_s - \lambda\nabla\boldsymbol{g}\tag{10-90}$$

式中 $\nabla\boldsymbol{\beta}_s$—— 以 $\dfrac{\partial\beta_s}{\partial A_b}$ $(b = 1,2,\cdots,B)$ 为其分量的结构系统可靠性指标的梯度向量;

$\nabla\boldsymbol{g}$—— 约束梯度。

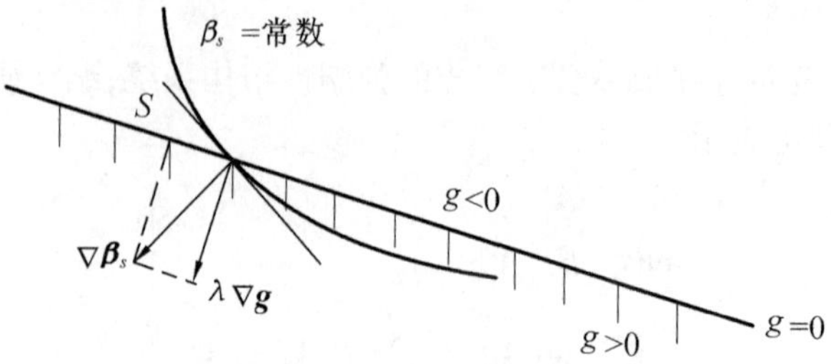

图 10－14　梯度投影方向 S

由式(10－87) 有

$$g(\boldsymbol{A}) = \sum_{b=1}^{B} C_b A_b - W^a \leqslant 0 \tag{10-91}$$

故

$$\frac{\partial g}{\partial A_b} = C_b \qquad (b = 1,2,\cdots,B) \tag{10-92}$$

由于 $\boldsymbol{S}$ 与$\nabla \boldsymbol{g}$ 正交,故有

$$\nabla \boldsymbol{g}^{\mathrm{T}} \boldsymbol{S} = \nabla \boldsymbol{g}^{\mathrm{T}} \nabla \beta_s - \lambda \nabla \boldsymbol{g}^{\mathrm{T}} \nabla \boldsymbol{g} = 0 \tag{10-93}$$

从而式(10－90) 中的 λ 为

$$\lambda = \frac{\nabla \boldsymbol{\beta}_s^{\mathrm{T}} \nabla \boldsymbol{g}}{\nabla \boldsymbol{g}^{\mathrm{T}} \nabla \boldsymbol{g}} = \frac{\sum_{b=1}^{B} \frac{\partial \beta_s}{\partial A_b} C_b}{\sum_{b=1}^{B} C_b^2} \tag{10-94}$$

迭代中步长 t 由一维搜索确定,可采用黄金分割法。迭代中可采用如下的双重收敛准则:

$$\left| 1 - \frac{\beta_s^{(k)}}{\beta_s^{(k-1)}} \right| \leqslant \varepsilon_1 \tag{10-95}$$

和

$$\sum_{b=1}^{B} \left| 1 - \frac{A_b^{(k)}}{A_b^{(k-1)}} \right| \leqslant \varepsilon_2 \tag{10-96}$$

式中　ε_1—— 给定的正小数,文中取 $\varepsilon_1 = 0.5 \times 10^{-4}$;

ε_2—— 给定的正小数,文中取 $\varepsilon_2 = 0.01$。

优化过程中,由于设计点的变动,结构系统的主要失效模式可能发生变化。因此,在求得改进的设计点后,应进行一次结构系统的可靠性分析。同时,为提高优化效率,可采取先将初始点沿约束梯度移动到约束边界的策略。

文献[37]和[38]用上述算法分别求解了式(10－87)表达的桁架和框架结构的优化问题。

例10－12　图10－9示出25元件空间桁架结构。元件的拉压屈服应力均值为276 MPa，拉压屈服应力的变异系数为0.05。材料的弹性模量为6.895×10^4 MPa，材料密度为2 700 kg/m^3。载荷P_1的均值为88.9 kN，P_2的均值为22.6 kN，载荷变异系数为0.1。结构的容许质量为185 kg。表10－15示出了结构的变量连接关系、初始点和优化结果。其中A_i^0与A_i^*分别表示元件的初始截面积和最优截面积。对应于最优点的$\beta_s=6.897$，$W=184.99$ kg。表10－16给出了优化迭代历程。迭代过程是收敛的，中间有小的波动，这主要是由于主要失效模式变化引起的。

表10－15　25元件桁架结构的初始点及优化结果

元件号	1	2,5	3,4	6,9	7,8	10,11	12,13
$A_i^0/10^{-4}$ m^2	44.50	44.50	44.50	44.50	44.50	44.50	44.50
$A_i^*/10^{-4}$ m^4	7.846	9.837	10.95	12.29	12.66	6.285	4.838
元件号	14,17	15,16	18,21	19,20	22,25	23,24	
$A_i^0/10^{-4}$ m^2	44.50	44.50	44.50	44.50	44.50	44.50	
$A_i^*/10^{-4}$ m^4	6.850	6.199	5.849	4.758	9.293	10.91	

表10－16　25元件桁架结构的优化迭代历程

迭代次数	0	1	2	3	4	5	6	7	8
β_s	9.876	4.435	6.419	6.151	6.420	6.151	6.413	6.215	6.472
W/kg	1009.3	184.99	184.99	184.99	184.99	184.99	184.99	184.99	184.99
迭代次数	9	10	11	12	13	14	15	16	17
β_s	6.215	6.469	6.253	6.487	6.686	6.665	6.222	6.961	6.806
W/kg	184.99	184.99	184.99	184.99	184.99	184.99	184.99	184.99	184.99
迭代次数	18	19	20	21	22	23	24		
β_s	7.119	6.362	6.596	6.434	6.785	6.892	6.897		
W/kg	184.99	184.99	184.99	184.99	184.99	184.99	184.99		

例10－13　图10－7示出了两跨两层框架结构及其受载情况。设强度和载荷都是相互独立的正态随机变量。结构材料的有关参数同例10－6。强度变异系数为0.15。载荷 P_1 的均值为169 kN，载荷 P_2 的均值为89 kN，载荷 P_3 的均值为116 kN，载荷 P_4 的均值为62 kN，载荷 P_5 的均值为31 kN，载荷的变异系数为0.25。结构元件的横截面为正方形。初始点的元件截面积为0.2 m × 0.2 m，此时的质量为1 1304 kg，可靠性指标为4.574 7。结构系统的允许质量为7 100 kg。表10－17给出了优化结果，表10－18给出了优化迭代历程。

表10－17　两跨两层框架的优化结果

元件号	1	2	3	4	5	6	7	8	9	10	11
截面积 $/\times10^{-2}\ m^2$	2.042 9	2.000	2.653 8	2.653 8	2.687 4	2.511 8	2.062 3	2.310 1	3.227 6	3.227 6	2.573 3
结构质量/kg	7 100					结构可靠性指标		3.290 8			

表10－18　两跨两层框架迭代历程

迭代次数	0	1	2	3	4	5
可靠性指标	4.574 7	3.157 3	3.097 3	3.065 3	3.290 8	3.290 8
结构质量/kg	11 304	7 100	7 100	7 100	7 100	7 100

10.3　优化方法在火箭炮密集度试验方案中的应用

密集度指标是衡量武器战术技术性能的非常重要的指标之一，在定型试验时，必须通过射击试验对武器是否满足密集度指标给出结论。在进行地面密集度试验时，现行国军标规定，“一般高、低、常温各进行3组射击试验”，“对多管火箭武器连放射击通常每组发数取‘一次连放的弹数’”，也就是说，共需进行9组满管齐射试验。例如某12管远程火箭武器一次齐射有12发火箭弹，仅考核最大射程密集度试验就要消耗108发火箭弹，耗资很大。若执行现行国军标，仅考核最大射程的密集度，将耗费大量弹药，试验耗资巨大。因此军方、工业部门等各方面对减少试验用弹量的呼声愈来愈高。减少多管武器试验用弹量的研究具有重大的理论和实际意义，可带来巨大的经济效益，是多年来世界各国急需解决的重大难题，当今受到了国内外的广泛关注。

影响多管火箭武器密集度的因素分为两类:一类是由非随机的火箭炮系统固有的力学特性决定的,另一类是由各种随机因素决定的。对于同一批次性能稳定的火箭弹和同一门火箭炮来说,各种随机参数的统计特性是稳定的,它们对密集度的影响程度变化不大,而火箭炮系统固有的力学特性的变化是引起密集度变化的主要因素。在确定试验方案时必须充分考虑以上因素对多管火箭武器密集度的影响。多管火箭武器密集度是一个关于离散变量、连续变量和随机变量等许多变量的函数,在此基础上给出的优化模型必含有离散变量、连续变量和随机变量,根据问题的工程背景优化模型中还含有假设检验的约束条件。现有的优化方法对这类优化问题是无能为力的。由于离散变量优化设计的低效性和数理统计规律的样本效应,使求解这一问题的计算量很大,难以找到全局最优解,求解十分困难。至今尚未见有这方面的文献报道。作者在研究这一问题过程中首次提出了求解这一问题的方法 —— 随机整数规划。在文献[54] 和[55] 中介绍了将随机整数规划方法成功地应用于某 40 管火箭武器试验方案的优化,大幅度减少了该火箭武器的试验用弹量。现已通过该火箭武器的 7 发连射方式和 40 发齐射方式的密集度对比试验,验证了新试验方法的正确性。达到了使该火箭武器试验用弹量比常规试验方法减少82.5% 的国际领先的技术水平。受到了总装备部有关部门以及论证、研究、生产等部门的好评。并将进一步深入研究,将该方法推广应用于其他多管火箭武器系统。通过该课题的研究,将为解决大幅度减少某远程多管火箭武器试验用弹量问题,提供直接的理论和计算方法及技术支撑。

10.3.1 试验方案中每组最小用弹量的确定

对同一批次的性能已较稳定的火箭弹,火箭弹的各种因素(如质量偏心、动不平衡、推力偏心、分离、抛撒、简易控制等)对火箭弹的密集度都产生不同程度的影响,且各因素都是随机变量,服从正态分布。故火箭弹的散布也为随机变量,服从正态分布,其分布曲线为椭圆曲线。在弹道理论中常用距离散布中间误差 E_x 和方向散布中间误差 E_Z 表示火箭弹的散布,两者都服从正态分布,且 $E = \sqrt{(E_X)^2 + (E_Z)^2}$。故只需讨论距离散布 E_x 就可说明问题。不妨记 $E = E_x$。

设某批弹药的距离散布真值为 μ,估计值落在某个区间 $[\mu - \Delta\bar{x}, \mu + \Delta\bar{x}]$ 的概率为 P_x,即

$$P_x = \int_{\mu+\Delta x}^{\mu+\Delta x} p(\hat{\mu})\, d\hat{\mu} \tag{10-97}$$

其中 $P(\hat{\mu})$ 为 $\hat{\mu}$ 的分布。

通常,在测试数据处理中,$\Delta\bar{x} = t_\alpha(n-1)\cdot\hat{\sigma}_{\bar{x}}$,$t_\alpha(n-1)$ 为置信因子。

由式(10 - 97) 可知,上式的概率意义为

$$P(|\bar{x} - \mu| \leq \Delta\bar{x}) = P_x = 1 - \alpha \tag{10-98}$$

其中 α 为置信水平。

对任一距离散布随机变量 X,$X \sim N(\mu, \sigma)$,用中间误差 $E = E_x$ 表示火箭弹的密集度的散

布程度。一般取 $E = 0.674\,5\sigma$，使随机变量 X 在区间 $(a - E, a + E)$（其中 a 为分布中心）内出现的概率为50%，即 $P(a - E < X < a + E) = \frac{1}{2}$。对随机变量 X 的一组数据子样 $(x_1, x_2, \cdots, x_n)$，其数学期望的估计量为

$$\hat{\mu} = \bar{x} = \frac{1}{n}\sum_{i=1}^{n} x_i \tag{10-99}$$

方差估计量为

$$\hat{\sigma}_x^2 = \frac{1}{n-1}\sum_{i=1}^{n}(x_i - \bar{x})^2 \tag{10-100}$$

算术平均值 $\bar{x}$ 的方差估计量为

$$\hat{\sigma}_{\bar{x}}^2 = \frac{\hat{\sigma}_x^2}{n} = \frac{1}{n(n-1)}\sum_{i=1}^{n}(x_i - \bar{x})^2 \tag{10-101}$$

由概率论可以导出，统计量

$$t = \frac{\bar{x} - \mu}{\sigma_{\bar{x}}} \tag{10-102}$$

服从自由度为 $k(k = n - 1)$ 的 t 分布，其概率密度函数为

$$P(t,k) = \left(1 + \frac{t^2}{k}\right)^{-\frac{k+1}{2}} \cdot \frac{\Gamma\left(\frac{k+1}{2}\right)}{\sqrt{k\pi} \cdot \Gamma\left(\frac{k}{2}\right)} \qquad |t| < \infty \tag{10-103}$$

式中 Γ 为伽马函数

$$\Gamma(m) = \int_0^{\infty} t^{m-1}\mathrm{e}^{-t}\mathrm{d}t \qquad (m > 0) \tag{10-104}$$

由概率论的计算方法，式(5－86)可表示为

$$P(|t| \leqslant t_\alpha) = \int_{-t_\alpha}^{t_\alpha} P(t,k)\mathrm{d}t = P_x \tag{10-105}$$

对不同的自由度 k 和不同的置信概率 P_x，可得出不同的置信因子 t_α。在弹道理论中，常取 $t_\alpha = 0.674\,5$，使随机变量 X 落在区间 $(a - E, a + E)$ 内的概率为50%。则对置信因子 $t_\alpha = 0.674\,5$，$\bar{x}$ 落在区间 $[\mu - 0.674\,5\hat{\sigma}_{\bar{x}}, \mu + 0.674\,5\hat{\sigma}_{\bar{x}}]$ 内的概率为

$$P_E(\mu - 0.674\,5\hat{\sigma}_{\bar{x}} \leqslant \bar{x} \leqslant \mu + 0.674\,5\hat{\sigma}_x) = \int_{-0.674\,5}^{0.674\,5} P(t,k)\mathrm{d}t \tag{10-106}$$

对不同的 $k = n - 1$，计算得 $P_n(E)$ 的概率，以及 $P_E(n)/P_E(\infty)$ 的值，见表10－19和图10－15。

表 10-19　置信概率随测量次数的变化　$t_\alpha = 0.6745$

n	2	3	4	5	6	7	8	9	10	∞
$P_E(n)$	0.376	0.429	0.450	0.461	0.469	0.474	0.477	0.480	0.482	0.50
$\frac{p_E(n)}{p_E(\infty)}$	0.752	0.858	0.900	0.922	0.938	0.948	0.954	0.960	0.964	1

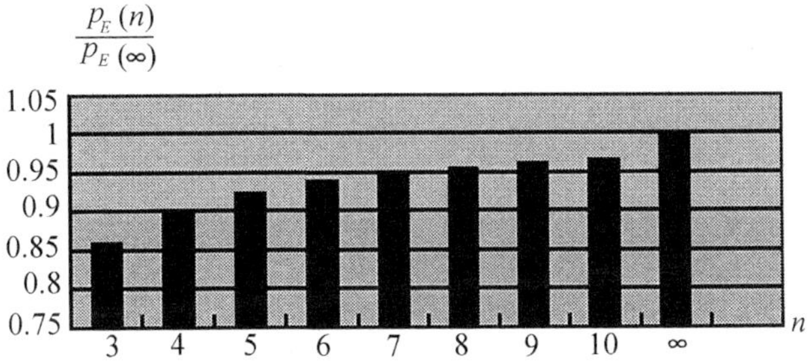

图 10-15　$P_E(n)/P_E(\infty)$ 的直方图

从上面的图表可以看出当试验次数大于或等于 7 后，置信概率增加非常缓慢，此时置信概率值约达无穷次测量的置信概率值的 95% 以上。故对同一批次，同种型号的性能已较稳定的弹药，只需试验 7 发，该批次弹药散布的估计值就可以达到足够的精度。因此，我们确定的非满管装填的火箭炮系统的组发数最少为 7 发。

10.3.2　确定试验方案数学规划模型的建立

通过对多管火箭武器系统火箭弹射弹散的分析，可将散布的影响因素分为两大类。一类是由弹炮系统固有的力学特性决定的，另一类是由各种随机因素决定的。弹炮系统固有的力学特性对散布的影响主要体现在弹炮系统的质量、刚度、弹的射序、射击间隔、射流等引起的弹炮之间的相互作用。各种随机因素对散布的影响主要体现在弹炮间隙、动不平衡、质量偏心、推力偏心等参数的随机扰动而引起的火箭弹的弹道变化。对于同一批次质量稳定的火箭弹和同一门炮来说，各种随机参数的随机扰动是稳定的，而弹炮系统固有的力学特性对散布的影响将较为明显。在确定试验方案时必须充分考虑以上因素对散布的影响。系统弹着点坐标的方差直接决定射弹散布的大小，其中心误差的表达式为

$$E = 0.6745\sigma \tag{10-107}$$

上式中 σ 为弹着点坐标的均方差，系统的弹着点坐标的方差确定了，则系统散布也就唯一确定了，因此，确定系统散布的问题就转化为确定系统弹着点坐标的方差的问题，将系统弹着点坐标简称系统方差，并令系统方差为 σ_A。系统方差是一个关于许多变量的函数，有如下的函数形式：

$$\sigma_A = f(\boldsymbol{X}, t, \boldsymbol{C}) \tag{10-108}$$

其中 $\boldsymbol{X}$ 为装填的位置函数;t 为射击间隔;C 为影响射弹散布的其他随机量(如推力偏心,动不平衡度,质量偏心和定向管的弯曲度,波纹度,不平行度等)。根据发射动力学的理论,影响 σ_A 的随机量 $\boldsymbol{C}$ 主要由火箭弹本身的随机性和外部环境的随机性所决定,因此,这一随机因素对于满管装填的火箭炮系统 A_0 和非满管装填的火箭炮系统 A_1 的影响是稳定的,而 $\boldsymbol{X}, t$ 是造成这两个系统的方差有显著差别的主要因素。要确定非满管装填的系统,应以 $\boldsymbol{X}, t$ 为主要设计变量,同时必须充分考虑各种随机因素对系统散布的影响。而 $\boldsymbol{X}$ 是非连续的离散变量,为了确定系统 A_1,我们构造如下形式的基于数理统计的离散变量的数学规划问题。

$$\left.\begin{aligned} \min \quad & y = \sum_{i=1}^{n} x_i \\ \text{s.t.} \quad & H_0: \sigma_{A_1}^2 = \sigma_{A_0}^2 \\ & y \geqslant 7 \end{aligned}\right\} \tag{10-109}$$

其中,x_i 是火箭炮弹装填的位置函数。对于40管的火箭炮 $i = 1,2,\cdots,40$,x_i 为整数,其取值范围为 $x_i \in [0,1]$。如果 $x_i = 0$,则表示在 x_i 位置上不装弹;如果 $x_i = 1$,则表示在 x_i 位置装弹。$H_0: \sigma_{A_1}^2 = \sigma_{A_0}^2$ 是对满装填的 A_0 系统与目标系统 A_1 的方差进行假设检验,也即相当于对两系统的散布进行假设检验。对于方差的估计和假设检验,可采用前面述及的方法。$\sigma_{A_0}, \sigma_{A_1}$ 由式(5-78)和式(5-79)确定。

通过求解式(5-85),就可得到系统 A_1,并使所确定的系统的射弹散布与满管装填的系统 A_0 的射弹散布没有显著差异的同时,使 A_1 系统的用弹量最少,这样我们就可以达到减少火箭炮的密集度试验用弹量的目的。

10.3.3　大幅减少试验用弹量的试验方案

通过以上的优化设计,以某型122毫米火箭炮系统为试验对象,得到如下替代40发齐射的7发连射地面密集度试验方案,如图10-16。

(1) 每组火箭弹发数:7发;

(2) 射击间隔:0.54 ± 0.05 秒;

(3) 装填位置及发射次序:

1 (2,6),2 (3,6),3 (4,5),4 (1,7),5 (2,4),6 (2,7),7 (3,4)。

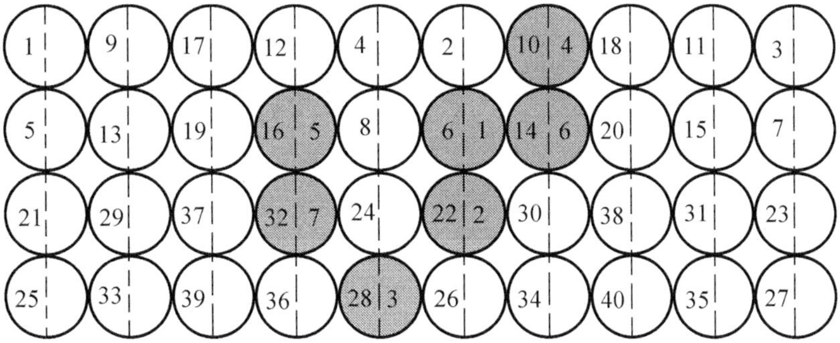

图 10 - 16

注:上面各圆分别代表对应的定向管,圆内左侧数字代表原 40 发齐射方案的射序,圆内右侧数字代表新 7 发连射方案的射序。自上而下是 4,3,2,1 排;从左到右是 1 ~ 10 列。

参 考 文 献

[1] 华尔德 D J,皮特勒 C S. 优选法基础[M]. 龙云程,译. 北京:科学出版社,1978.

[2] Kiefer J. Sequential minimax search for a maximum[J]. Proc. Am. Math. Soc. 1953,4:502 - 506.

[3] 华罗庚. 优选学[M]. 北京:科学出版社,1981.

[4] 席少霖,赵风治. 最优化计算方法[M]. 上海:上海科学技术出版社,1983.

[5] Cauchy A. Method general pour la resolution des systems d' equations simultaneous[J]. Comp. Rend. Acod. Sci. Paris,1847: 536 - 538.

[6] Shan B V,Kempthorne O,Buehler R J. Some algorithms for minimizing a function of several variables[J]. J. SIAM,1964,12:74 - 92.

[7] Fletcher R,Reeres C M. Function minimization by conjugate gradients[J]. Computer Jour., 1964,7:149.

[8] Polak E,Ribiere G. Note sur la convergence de methods de directions conjugates[J]. Rev. Fr. Infoum Rech. Oper.,16 - R1,1969,35 - 43.

[9] Davidon W C. Variable metric method for minimization[M]. Chicago:Argonne Nat. Lab. ANL - 5990,Rev.,1959.

[10] Fletcher R,Powell M J D. A rapidly convergent descent method for minimization[J]. Computer Jour.,1963,6:163.

[11] Hooke R,Jeeres T A. Direct search solution of numerical and statistical problems[J]. Assoc. Comp. Mach.,1961,8:212 - 221.

[12] Rosenbrock H H. An automatic method for finding the greatest or lest value of a function[J]. Computer Journal,1960,3:175 - 184.

[13] Nelder J A,Mead R. A simplex method for function minimization[J]. Computer Jour., 1965,7: 308 - 313.

[14] Powell M J D. An efficient method for finding the minimum of a function of several variable without calculating derivatives[J]. Computer Journal,1964,7:155 - 162.

[15] Dantzig G B. Linear programming and extensions[M]. Princeton:Princeton University Press,1963.

[16] Klee V L,Minty G J. How good is the simplex algorithm[J]. Journal of Non Crystalline Solids,1991,131(91):551 - 555.

[17] Khachiyan L G. A polynomial algorithm for linear programming[J]. Soviet Mathematics Doklady,1979(20):191 - 194.

[18] Karmarkar N K. A new polynomial-time algorithm for linear programming[J]. Combinatorca, 1984(4):373 - 395.

[19] 张干宗. 线性规划[M]. 武汉:武汉大学出版社,2004.

[20] Dikin I I. Interactive solution of problems of linear and quadratic programming[J]. Soviet Mathematics Dokladay,1967(8):674 - 675.

[21] Barnes E R. A Variation on Kamarkars algorithm for solving linear programming problems[J]. Mathematical Programming,1986(36):174 - 182.

[22] Adler I,Resende M G C,Veiga G,et al. An implementation of Karmarkar's algorithm for linear programming[J]. Mathematical Programming,1989(44):297 - 335.

[23] Gill P E,Murray W,Saunders M A,et al. On projecte Newton barrier methods for linear programming and an equivalence to Karmarkar's projective method[J]. Mathematical Programming,1986(36):183 - 209.

[24] Kuhn H W,Tucker A W. Nonlinear programming in proceedings of the second Berkeley symposium on mathematical statistics and probability[M]. Berkeley:University of California Press,1951.

[25] 阿佛里尔 M. 非线性规划[M]. 李元熹,译. 上海:上海科学技术出版社,1980.

[26] 蔡荫林,许宗衡. 基于约束再删除和对偶规划的结构优化设计[J]. 船工科技,1986,4:1 - 9.

[27] 蔡荫林,张广林,周健生. 基于可靠性和对偶规划的结构优化设计[J]. 结构工程学报,1991,2(3,4):839 - 844.

[28] 周健生,蔡荫林. 基于对偶规划和可靠度的一种桁架结构优化方法[J]. 强度与环境,1993(4):53 - 60.

[29] 李建生,谢英魁,蔡荫林. 结构系统可靠度约束下的一种结构优化方法[J]. 哈尔滨船舶工程学院学报,1994,15(4):25 - 35.

[30] 蒋东宇,蔡荫林. 系统可靠度约束下平面框架结构的优化设计[J]. 哈尔滨船舶工程学院学报,1996,17(3):111 - 119.

[31] Lemke C E. Bimatrix equilibrium points and mathematical programming[J]. Management Science,1965,11:681 - 689.

[32] Zoutendijk G. Methods of feasible directions[J]. Elesvier Amsterdam,1960,10(3):31 - 37.

[33] Gellatly R A. Development of procedures for large scale automated minimum weight structural design[J]. AFFDL - TR - 66 - 180,1966.

[34] 蔡荫林,安伟光,陈卫东. 船舶结构可靠性结构优化设计[R]. 上海:中国船舶科技报

告,1997.

[35] 蔡荫林,陈卫东,蒋旭二. 桁架结构强度刚度可靠性优化[J]. 工程力学,1997(a01):647－651.

[36] Rosen J B. The gradient projection method for non-linear programming[J]. JSIAM,1961,9(4):514－532.

[37] 蔡荫林,安伟光,陈卫东. 空间桁架结构基于可靠性的优化设计[C]//第六届空间结构会议论文集. 北京:地震出版社,1992:210－217.

[38] 蔡荫林,蒋东宇. 一种基于可靠性的框架结构优化方法[J]. 强度与环境,1996(3):15－21.

[39] 福克斯 R L. 工程设计的优化方法[M]. 张建中,译. 北京:科学出版社,1981.

[40] Goldfarb D,Lopidus L. Conjugate gradient method for non-linear programming problems with linear constraints[J]. Industrial and Engineering Chemistry Fundamentals,1968,7:142.

[41] Wolfe P. Methods of nonlinear programming in non-linear programming[M]. Amsterdam: Editions Ouest France,1967.

[42] Abadie J,Carpentier J. Generalization of the Wolfe reduced gradient method to the case of non-linear constraints[M]. London:Optimization Academic Press,1969.

[43] Fiacco A V,Mc Cormick G P. Nonlinear programming sequential unconstrained Minimization Techniques[M]. New York:John Wiley,1968.

[44] Kavalie D,Moe J. Automated design of frame structures[J]. J Struct Dir,ASCE,ST1,1971:33－62.

[45] Haftka R T,Starnes J H. Application of a quadratic extended interior penalty function for structural optimization[J]. AIAA Paper,1973,7:75－76.

[46] 蔡荫林,江允正. 应用近似概念和多种约束删除方法的结构优化设计[J]. 哈尔滨船舶工程学院学报,1982,5.

[47] Hestenes M R. Multiplier and gradient methods[J]. Opt. Theory Appl,1969,4:303－320.

[48] Powell M J D. A method for non-linear constraints in minimization problems[M]. London and New York:Academic Press,1969.

[49] Rockafellar R T. The multiplier method of Hestenes and Powell applied to convex programming[J]. Optimization Theory & Appl,1973,12:555－562.

[50] 蔡荫林,张德敏. 一种基于可靠性分析的结构优化方法[J]. 强度与环境,1990(1):13－22.

[51] Paviani D A,Himmelbau D M. Constrained non-linear optimization by heuristic programming[J]. Operations Res. ,1969,17:872.

[52] Lawler E L,Wood D F. Branch and bound methods: a survey operations research[J]. Optimization Theory & Appl,1968,14:699－719.

[53] 余俊,廖道训. 最优化方法及其应用[M]. 武汉:华中工学院出版社,1984.
[54] 陈卫东,芮筱亭,王国平. 基于数理统计的离散变量优化设计[J]. 哈尔滨工业大学学报,2005,3.
[55] 陈卫东. 减少多管火箭武器试验用弹量理论研究[D]. 南京:南京理工大学,2002.
[56] 王凡. 模糊数学与工程科学[M]. 哈尔滨:哈尔滨船舶工程学院出版社,1988.
[57] Zaden L A. Fuzzy sets[J]. Information and Controls,1965:3 – 7.
[58] Bellman R F,Zadeh L A. Decision-making in a fuzzy environment[J]. Manag. Sci. ,1970,17:11 – 14.
[59] 王光远. 工程软设计理论[M]. 北京:北京科技出版社,1992.
[60] 徐昌文. 结构模糊优化设计的界限搜索法[J]. 计算结构力学及其应用,1987,4(2):55 – 61.
[61] 蔡荫林,顾海涛,张德敏. 冗余结构基于可靠性的模糊优化设计[J]. 哈尔滨船舶工程学院学报,1991,12(3):285 – 296.
[62] 魏权龄. 数学规划与优化设计[M]. 北京:国防工业出版社,1984.
[63] 唐涣文. 实用最优化方法[M]. 大连:大连理工大学出版社,2004.
[64] 彭宏. 计算工程优化问题的进化策略[J]. 华南理工大学学报,1997,25(12):17 – 21.
[65] 彭宏. 解约束优化问题的进化策略与混合进化策略的比较[J]. 数值计算与计算机应用,1998,19(1):35 – 40.
[66] 王云诚. 系统优化的若干方法研究[D]. 大连:大连理工大学,1999.
[67] 李宏,唐焕文,郭崇慧. 一类进化策略的收敛性分析[J]. 运筹学学报,1999,3(4):79 – 83.
[68] 郭崇慧,唐焕文. 演化策略的全局收敛性[J]. 计算数学,2001,23(1):105 – 110.
[69] 徐宗本,高勇. 遗传算法过早收敛现象的特征分析及预防[J]. 中国科学(E 辑),1994,26(4):365 – 375.
[70] 刘勇,康立山,陈毓屏. 遗传算法[M]. 北京:科学出版社,1995.
[71] 郭崇慧,唐焕文. 一种改进的进化规划算法及其收敛性[J]. 高校计算数学学报,2002,24(1):51 – 56.
[72] 刑文训,谢金星. 现代优化计算方法[M]. 北京:清华大学出版社,1999.
[73] 康立山,谢云,矢尤勇,等. 非数值并行计算 —— 模拟退火算法[M]. 北京:科学出版社,1994.
[74] 杨若黎,顾基发. 一种高效的模拟退火全局优化算法[J]. 系统工程理论与实践,1997,17(5):29 – 35.
[75] 靳利霞,唐焕文. 蛋白质空间结构预测的一种优化模型及算法[J]. 应用数学与计算数学学报,2000,14(2):33 – 41.
[76] Liwo A,Pincus M R,Wawak R J,et al. Prediction of protein conformation on the basis of a search for compact structures: theme on avian pancreatic polypeptide[J]. Protein

Science, 1993, 2: 1715 - 1731.

[77] 万仲平,费浦生.优化理论与方法[M].武汉:武汉大学出版社,2004.

[78] 徐成贤,陈志平,李乃成.近代优化方法[M].北京:科学出版社,2002.

[79] 袁亚湘,孙文瑜.最优化理论与方法[M].北京:科学出版社,1997.

[80] 唐焕文,张立卫.凸规划的极大熵方法[J].科学通报,1994,39(8):682-684.

[81] 王云诚,张立卫,唐焕文.一般约束凸规划极大熵方法的收敛性[J].大连理工大学学报,1995,35(6):764-769.

[82] Himmelbau D M.实用非线性规划[M].张义新,等译.北京:科学出版社,1981.

[83] 袁亚湘.非线性规划数值方法[M].上海:上海科技出版社,1993.

[84] 蔡荫林.结构优化设计的若干进展[J].力学进展,1984,14(30):275-286.

[85] 蔡荫林,陈卫东.基于可靠性的结构优化设计的研究[J].工程力学(增刊),1993:553-558.

[86] Schmit L A, Miura H. Approximation concepts for efficient structural synthesis[J]. Aiaa Journal, 1976, 12(24): 8-15.